W0269836

Betriebsmittelkunde für Chemiker

Ein Lehrbuch
der Allgemeinen Chemischen Technologie

von

M. Dolch
Direktor des Universitätsinstitutes für Technische Chemie,
Halle a. S.

*

Mit 291 Abbildungen im Text

Springer-Verlag Berlin Heidelberg GmbH
1929

© Springer-Verlag Berlin Heidelberg 1929
Ursprünglich erschienen bei Otto Spamer, Leipzig 1929
Softcover reprint of the hardcover 1st edition 1929

ISBN 978-3-662-33734-9   ISBN 978-3-662-34132-2 (eBook)
DOI 10.1007/978-3-662-34132-2

Meinem lieben Kollegen

Dr.-Ing. E. h. A. THAU

in herzlicher Freundschaft!

Der Verfasser

Vorwort.

Die Frage, ob und gegebenenfalls in welcher Weise der technologische
Unterricht an unseren Hochschulen ausgestaltet werden soll, ist eine um-
strittene; neben Stimmen, welche eine systematische Einstellung des Unter-
richtes auf jene Verhältnisse verlangen, welchen der junge Student nach
seinem Übertritt in die Praxis gegenübersteht, haben sich auch Stimmen
Geltung verschafft, welche eine betonte Berücksichtigung der technischen
Vorbildung ablehnen und diese den Unternehmungen selbst vorbehalten
wissen wollen. Insbesondere sind solche Stimmen in jenen Kreisen laut
geworden, welche über einen so umfangreichen und ausgebauten technischen
Apparat verfügen, daß einerseits eine reinliche Scheidung zwischen Chemiker
und Ingenieur im Betrieb leicht möglich ist, anderseits der ganze Aufbau
und die Gliederung des betreffenden Unternehmens die systematische Ein-
schulung des Chemikers auch in Fragen technischen Charakters gewährleisten kann.

Man wird sich vielleicht klar darüber werden müssen, daß eine Ablehnung
besonderer Berücksichtigung technologischer Vorbildung an den Hochschulen
von seiten der Praxis wohl in erster Linie der erkannten Unzulänglichkeit dieser technologischen Ausbildung von heute zuzuschreiben
ist, weniger wohl grundsätzlichen Erwägungen; kann die technologische Vorbildung auf unseren Hochschulen nicht als Vorschulung betrachtet
werden, auf der später mit vollem Erfolg und organisch weitergebaut
werden kann — und wer wollte dieser Auffassung heute vorbehaltlos zu-
stimmen?! —, dann ist die für sie aufgewendete Zeit zumindest nutzlos, und
sie würde zweckmäßigerweise besser zur Vertiefung der rein wissenschaft-
lichen Ausbildung verwendet werden.

Technologischer Unterricht hat nur dann seine Daseinsberechtigung,
wenn er Grundlagen vermittelt; zur Verwirklichung dieser Absicht können
die Grenzen des Stoffes, soweit es sich wirklich um solche Grundlagen handelt,
nicht weit genug hinaus erstreckt werden; anderseits wird sich aber zwangsläufig eine Beschränkung des Stoffes ergeben, soll der technische Unterricht
nicht zu einem Verflachen, zu einer Vermittlung ganz allgemeiner und ver-
schwommener, nicht in den Grundzügen, sondern nur in mehr oder minder
belanglosen Einzelheiten erfaßter Eindrücke führen.

Zwei Momente erscheinen uns hier besonderer Berücksichtigung wert:
zum ersten die Betonung des wirtschaftlichen Momentes im Unterricht, dessen Abrundung zu jenem organischen Ganzen, als welches sich die

Technik dem Tieferschürfenden zeigt, die Behandlung des Stoffes unter Betonung seiner allgemein wirtschaftlichen Bedeutung und vor allem unter Betonung des Willens zum Gestalten und werktätigen Schaffen gegenüber der vorhergegangenen Pflege wissenschaftlicher Beobachtung allein; und zum anderen die Betonung des konstruktiven Prinzips durch Behandlung von Apparat und Werkstoff.

Die Durchführung chemischer Umsetzungen im Betriebe ist in viel größerem Umfang ein Problem des Baustoffes und der Apparatetechnik als eine Frage der chemischen Reaktionen selbst; ausgehend von der „Spitzenentdeckung", die heute eine viel größere, ja fast die beherrschende Rolle spielt, vollzieht sich der Ausbau unserer chemischen Technik durch die Realisierung dieser Entdeckung in ihren vielen und nach verschiedenen Richtungen gehenden Ausstrahlungen; entscheidet wirtschaftlich die Ausbeute, so technisch in den meisten Fällen die Beherrschung von Apparat und Baustoff; und gilt dies in recht erheblichem Umfang bereits für die uns seit langem geläufigen chemischen Umsetzungen, so in noch viel höherem Ausmaße beim Übergang zu jenen neuen Verfahren, die heute die Entwicklung unserer chemischen Technik und im besonderen die Synthese der Rohstoffe beherrschen und damit die ganze weitere Zukunft unserer chemischen Technik bestimmen.

Man wende nicht ein, daß diese Fragen nicht Sache des Chemikers, sondern Angelegenheit des Ingenieurs seien! Zugegeben, daß dem so sei, auch dann bleibt für die gedeihliche Zusammenarbeit beider die Forderung nach gegenseitigem Verstehen, nach Erfassung und Beherrschung der gebotenen allgemeinen Möglichkeiten durch den Chemiker noch bestehen. Damit bleibt aber auch für den Chemiker die Notwendigkeit, sich auch mit jenen Fragen zu befassen, die auf das engste verbunden erscheinen mit der praktischen Durchführung seiner wissenschaftlich-experimentellen Arbeiten. Und gilt dies ganz allgemein, so gilt es im besonderen für jenen Teil der Chemiker, der nicht in einen der großen chemischen Konzerne übertritt, sondern in eine mittlere oder kleine chemische Fabrik, und gilt weiter auch für die immer mehr anschwellende Zahl von Chemikern, deren späteres Arbeitsgebiet vielfach bereits außerhalb der eigentlichen Chemie und ihr nur mehr lose verbunden liegt. Zwangläufig ergibt sich für ihn dann oft die Notwendigkeit, Chemiker und Ingenieur in einem zu sein und auch solche Fragen zu behandeln, deren Lösung zweckmäßiger vielleicht dem Ingenieur vorbehalten bleiben sollte, die aber im gegebenen Fall eben doch vom Chemiker gelöst werden müssen! Die Tatsache, daß wir in unseren hochentwickelten Konzernen über organisatorisch und technisch so tiefgreifend differenzierte Wirtschaftsgebilde verfügen, daß in ihnen eine weitgehende und genaue Abtrennung der Arbeitsgebiete von Chemiker und Ingenieur möglich ist, enthebt uns noch nicht der Verpflichtung, einen Zweig der Ausbildung besonders zu pflegen, dessen Beherrschung für eine Großzahl junger Chemiker ungemein wichtig ist und auch bleiben wird!

Chemische Technologie ist die Lehre von den Arbeitsmethoden, nach welchen die in der Industrie durchgeführten chemischen Umsetzungen be-

werkstelligt werden. Für diese Umsetzungen ist ebenso bezeichnend der
Chemismus der Umsetzung wie seine apparative Beherrschung: erst
die Beherrschung beider, sowohl der chemischen wie auch der apparativen
und maschinellen Grundlagen, ist „Chemische Technologie"! Die rein hand-
werksmäßige Behandlung der stofflichen Vorgänge bei den chemischen Umsetzungen ist mehr und mehr zurückgedrängt worden von deren systemati-
scher, wissenschaftlich genau durchforschter und auch wissenschaftlich bestimmter Handhabung. Apparatetechnik ist nicht mehr Beiwerk,
sondern gleichberechtigte Wissenschaft neben der eigentlichen chemischen Wissenschaft geworden und wird es immer mehr. Das Kennzeichen
jeder Wissenschaft ist aber Systematik; und in dem gleichen Augenblick,
da wir uns dessen bewußt sind, werden wir es uns nicht mehr genügen lassen,
fallweise da und dort, bei der Besprechung dieses oder jenes Vorganges, Hin-
weise apparativer Natur einzuschalten, die im ganzen genommen zusammen-
hanglos sind und vor allem gerade das vermissen lassen, was unseren jungen
Studenten heute am meisten not tut: die Erfassung der einzelnen Vorgänge in ihrem Wesentlichen, um dadurch zur Beherrschung der Grundlagen zu gelangen!

Von diesem Gesichtspunkt aus betrachtet, bedeutet es zweifellos eine
Unzulänglichkeit, wenn der Kollergang z. B. bei den Explosivstoffen, der
zur gleichen Gruppe von Zerkleinerungsvorrichtungen gehörige Walzenstuhl
bei den Ölen und Fetten und die Schleudermühle wieder im Kapitel „Kokerei"
behandelt wird! Es kann dem jungen Chemiker nur wenig nützen, wenn er
weiß, daß dieser Zerkleinerungsvorgang mit einem Kollergang, jener mit einem
Walzenstuhl und der dritte schließlich mit einer Schleudermühle durchgeführt
wird, wenn er mit diesen ihm zunächst fremden Begriffen nichts anfangen
kann, und wenn ihm vor allem eins nicht vermittelt wird: das Wesen des
Zerkleinerungsvorganges selbst und dessen Beherrschung in einer ganzen
Reihe von Zerkleinerungsvorrichtungen, die auf ganz wenige grundlegende
Momente aufgebaut sind und nur die für den Einzelfall dann besondere Anpassung zeigen. Das Wesen dieses Zerkleinerungsvorganges selbst — um
nur eine der vielen Möglichkeiten herauszugreifen — ist es dann, welches ihm
nähergebracht werden soll, und nicht die mehr oder minder zufällige
Ausführungsform, in die er tiefer ja doch nicht eindringen kann, weil es
ihm dazu an allen Kenntnissen fehlt!

Zudem scheint uns die bisherige Form der Behandlung der apparativen
Momente in der chemischen Technologie auch aus einem anderen Grunde
noch ungenügend, und das ist die ganz unkritische Darstellung, die vielfach
noch üblich ist. Die Zahl der Abbildungen in neueren Werken über chemische
Technologie steht vielfach im umgekehrten Verhältnis zu ihrem lehrhaften
Inhalt: nicht die Ausführungsform, sondern das Wesenhafte, nach dem
der Apparat arbeitet, soll durch die Abbildung zum Ausdruck gebracht
werden, und in diesem Sinne ist die Wiedergabe so vieler Katalogbilder
zweifellos abwegig: niemand wird von einem Chemiker verlangen, daß er
Bescheid weiß über die unzähligen Ausführungsformen einzelner bestimmter

Hilfsmaschinen oder Apparate; worauf aber der technologische Unterricht in jedem Fall abzielen wird müssen, das ist, daß derselbe Chemiker — um bei dem oben angezogenen Beispiel zu bleiben — sich klar ist über die Unterschiede in der Wirkungsweise von Kollergang, Walzenstuhl und Schleudermühle, über die Bedingungen, unter welchen er dieser oder jener Art von Zerkleinerungsvorrichtung im Betrieb den Vorzug geben soll! Die Vermittlung apparativer Grundlagen, auf denen sich das Geschaute aufbaut, ist das Wesentliche, und nicht äußerliche Form und Konstruktionsdetail oder allgemeiner Aufbau der verwendeten Maschine oder des verwendeten Apparates.

Wir sprechen damit nichts Neues aus. Die Tatsache, daß einzelne unserer Hochschulen das Skizzieren einfacher Bauelemente von Apparaten und Maschinen vor langer Zeit bereits in den Studiengang der Chemiker aufgenommen haben, läßt klar und eindeutig die hier verlangte Tendenz erkennen: die Tendenz, den jungen Chemiker mit den baulichen Elementen, mit den einzelnen Organen größerer Apparate in den Grundzügen vertraut zu machen. Die Forderung, daß der junge Chemiker sich bereits während des Studiums mit den Elementen jener Apparate vertraut mache, die später zu seinem täglichen Handwerkszeuge — nicht nur im Betriebe! — gehören, ist eigentlich so selbstverständlich, daß sie kaum besonderer Betonung bedürfte, wenn man in der Praxis nicht immer wieder dem gänzlichen Unverständnis der jungen Chemiker auch den einfachsten Betriebsbehelfen gegenüber begegnen würde!

Solange man Äußerungen vernehmen kann, „diese Sache ist zwar technisch sehr wichtig, aber uns interessiert sie nicht", wird man die Schuld solcher Unkenntnis auch der einfachsten apparativen Behelfe dem System, nicht aber dem Lernenden anlasten müssen, auf jeden Fall aber eine Umstellung auch der Mentalität verlangen und anstreben.

In noch höherem Maße als für die Kenntnis der einfachen Bauelemente gilt das Gesagte aber sinngemäß auch für die Kenntnis der komplizierten Apparate. Der heutige technologische Unterricht bringt eine ganze Reihe solcher Apparate — Destillierapparate, Kolonnen, Pumpen, Schleudern, Pressen, Zerkleinerungsvorrichtungen usw. usw.; der Wert ihrer Darstellung und Behandlung bleibt aber mehr als fragwürdig, wenn der Student zwar gegebenenfalls Aufklärung über einen komplizierten Apparat geben zu können vermeint, aber betreten schweigt, wenn er nach Bau und Wirkungsweise eines einfachen Ventils oder eines Kondenstopfes gefragt wird! Man verzeihe dem Verfasser ein hartes Wort: aber Kenntnis des Äußerlichen, der Form, ohne Beherrschung des Wesentlichen, ist geistige Hochstapelei, und, von diesem Gesichtspunkt aus betrachtet, kann es nur zwei Möglichkeiten geben: entweder den technologischen Unterricht ganz fallen zu lassen oder aber ihn zu einem Beherrschen der Grundlagen auszubauen, die in der Praxis draußen dann später auch nutzbringend sind!

Dem Wunsche, dem jungen Studenten die Möglichkeit zu geben, sich systematisch und nicht fallweise mit jenen Apparaten, Hilfsmaschinen und Behelfen zu befassen, mit denen seine Tätigkeit später eng verbunden sein wird, entsprang die Zusammenstellung des vorliegenden Buches; es ist — und man gestatte dem Verfasser diesen Hinweis — für seine Studenten und nicht für seine Kritiker geschrieben: denn darüber war sich der Verfasser von Anbeginn klar, daß es ungemein schwierig ist, ja vielleicht unmöglich, beiden Forderungen zu genügen; er mußte zwangsläufig auf die Behandlung und Wiedergabe von vielem verzichten, was vom Standpunkt des kritischen Beobachters vielleicht notwendig erscheinen könnte und mit zur Behandlung gehört haben würde; es konnte aber wirklich nicht sein Bestreben sein, zu zeigen, was er weiß, und zu verbergen, was er nicht weiß, sondern einzig und allein zur Darstellung zu bringen, was seines Erachtens für den Studenten wissenswert ist! Daß auch dann noch Schwächen und Angriffspunkte bleiben würden, mußte bei einem ersten Versuch in Kauf genommen werden: der Verfasser wird sachliche Kritik nicht nur begrüßen, sondern auch bestrebt sein, derselben Folge zu leisten. Vielleicht berücksichtigt diese Kritik aber dann auch den räumlich beschränkten Rahmen, der zur Verfügung stand, und der dazu zwang, manches außerhalb der Behandlung zu lassen, was vielleicht zweckmäßigerweise eben doch zur Darstellung hätte gelangen sollen.

Ein Wort darf vielleicht noch über die Art des zur Verwendung gelangenden Bildmaterials gesagt werden: seine Auswahl und Darstellung erfolgte nach den weiter oben entwickelten Gesichtspunkten, das Wesentliche in wenigen, aber dafür haftenden Strichen festzuhalten und verwirrende Einzelheiten nach Möglichkeit auszuschalten. Die Tatsache, daß der Verfasser eine große Anzahl von schematischen Zeichnungen aus dem vorzüglichen Werk von *Hugo Fischer*, Technologie des Scheidens, Mischens und Zerkleinerns, übernommen hat, entsprang nicht allein dem Wunsch, die vorbildliche Auflösung der Konstruktionszeichnung zum lehrhaft wirkenden Schema aus diesem Werk zu übernehmen und dann auch für die anderen Darstellungen beizubehalten, sondern sie möchte auch als das gewertet werden, was sie ist: ein Ausfluß jener Verpflichtung zur Dankbarkeit, die der Verfasser dem genannten Autor gegenüber empfindet, unter dessen Führung er seinerzeit die ersten Schritte auf apparatetechnischem Gebiet getan hat.

Kann dieses Buch dem jungen Studenten auch nur zum Teil jene Auffassung über Apparatetechnik, ihr Wesen und das Beherrschen ihrer Grundlagen vermitteln, wie seinerzeit der Unterricht, welchen der Verfasser beim Autor des genannten Buches erfahren, so wird sein Zweck erreicht sein.

Halle, im Mai 1929.

M. Dolch.

Inhaltsverzeichnis.

Materialbewegung.

I. Transportvorrichtungen für feste Stoffe.

Allgemeines.

Die Frage der Materialbewegung spielt wirtschaftlich insbesondere bei der Bewältigung von Massengütern — Kohle, Salze, Erden —, aber auch ganz allgemein eine wichtige Rolle; der rationelle Betrieb wird dieser Wichtigkeit dann dadurch gerecht werden, daß er

1. das ganze Unternehmen bereits so anlegt, daß die notwendige Arbeit nach Weglänge und Gefälle ein Minimum erreicht;

2. für die einzelnen Transportvorgänge im Hinblick auf das gegebene Material die geeignetsten Transportvorrichtungen wählt.

Punkt 1 kommt überall dort in Frage, wo es sich um die Bewegung größerer Massen im eigenen Betriebe in Form von Zwischenprodukten, Halbfabrikaten usw. handelt; die Bewegung sämtlicher Roh- und Hilfsstoffe, An- und Abfuhr von Hilfs- und Abfallstoffen sollen planmäßig jenem organischen Ganzen eingefügt sein, als welches sich der geordnete Fabrikationsvorgang stets darstellen läßt: verteilt sich der ganze Fabrikationsvorgang z. B. auf eine Reihe hintereinander liegender Einzelvorgänge, so soll deren Reihenfolge bereits bei der Projektierung der Lage der einzelnen Betriebe zueinander berücksichtigt werden, um unnötige und verteuernde Transporte zu vermeiden; der Gesamtweg, welchen Roh- und Hilfsstoffe bis zu ihrer Umwandlung in das Fertigprodukt zurücklegen, soll der kürzeste sein, welcher erreichbar ist; findet — wie bei einzelnen Transportvorrichtungen — ein Umladen während des Transportes statt — vgl. weiter unten —, so soll die Zahl dieser Umladungen auf ein Minimum beschränkt werden; in diesem Falle nicht allein aus Ersparnisgründen, sondern sehr oft auch im Hinblick auf die mit jedem Transport und insbesondere mit jeder Umladung fast stets in Kauf zu nehmende Zerkleinerung des Materials —Abrieb! — und die dadurch bedingten Verluste bzw. die Entwertung des Stoffes in vielen Fällen. Dies gilt z. B., um nur einen Fall herauszugreifen, für den Antransport des gebrannten Kalkes an die Carbidöfen: was hierbei an Abrieb entsteht, geht praktisch für den Betrieb verloren, da der Gross-Carbidofen nur stückiges Material gut verdauen kann. Man vergesse nicht, daß jede Transportvorrichtung nur Mittel zum Zweck und nicht Demonstrationsmaterial zur Darstellung sinnreicher Mechanismen ist, und man wird dann Transportanlagen vermeiden, wie

man sie heute noch vielfach in der chemischen Industrie findet! Die richtige
Anordnung der einzelnen Fabrikationsstätten im Hinblick auf den Material-
strom, der sie dauernd durchfließen soll, führt dann zwangsläufig zu einer
systematischen Durchbildung der Transportanlagen in der Horizontalen;
oft noch wichtiger ist aber dann die richtige Anordnung der transportver-
langenden Arbeitsgänge in der Vertikalen im einzelnen Betrieb: handelt es
sich dort um die Beschränkung zu überwindender Entfernungen auf ein
Mindestmaß, so hier um die Zusammenfassung verschiedener Transportvorgänge zu einem einzigen und Ersatz weiterer durch das dann zur Verfügung stehende natürliche Gefälle von einer Arbeitsbühne zur anschließenden
nächsten. Anstatt eine Reihe aneinanderschließender Arbeitsgänge, wie z. B.
Vermahlen des Rohstoffes (1), Lösen und chemische Umsetzung in der Lösung (2) mit anschließendem Filtrieren (3), Ausfällen des Filtrates und Ab-
schleudern des gewonnenen Fällungsgutes (4), Zubringen desselben in die
Trocknungsvorrichtungen (5) nebeneinander vorzunehmen und dann vier
Transportvorgänge in der Horizontalen zu bewältigen, also mit vier
maschinell betriebenen Transportvorrichtungen zu arbeiten, wird man es in
vielen Fällen vorziehen, Vorgang (1), das Vermahlen, auf einer so hoch gelegten Arbeitsbühne vorzunehmen, daß die weiteren Transporte durch die
Schwerkraft bereits besorgt werden können; man wird also in vielen Fällen
den Rohstoff der höchstgelegenen Arbeitsstätte zuführen, in der nächst-
anschließenden die chemische Umsetzung in der Lösung vornehmen, in der
weiter unten gelegenen dann das Filtrat auffangen und dort die Fällung vornehmen usw.; dabei kann die Ausnutzung der Schwerkraft selbstredend
ebensosehr für den selbsttätigen Abfluß der Flüssigkeiten und Lösungen
verwendet werden wie für den notwendigen Transport der festen Stoffe:
Zentrifugen mit Untenentleerung arbeiten nach diesem Prinzip für einen
einzigen Arbeitsgang, Filtrieren in Filterpressen, gegebenenfalls unter dem
Druck der darüberstehenden Flüssigkeitssäure, ebenfalls. Ob und in welchem
Umfang man eine solche Unterteilung des Arbeitsganges vornehmen soll,
wird sich nur von Fall zu Fall entscheiden lassen, da der geschilderte Vorgang andererseits wieder das Heben einer großen Masse — des gesamten
Rohstoffes — auf ziemlich große Höhen voraussetzt und in manchen Fällen
dann zu hohe Kosten verursachen kann; ergibt sich z. B. bereits nach der
ersten Arbeitsstufe — nach dem Auflösen und Filtrieren — ein sehr hoher
Anfall an unverwertbarem Abfall, so wird man in solchen Fällen zweckmäßigerweise die Hebung des Materials erst nach Vornahme dieser ersten
Umsetzung vornehmen und dadurch die auf die Hebung der Abfallstoffe ent-
fallende Arbeit sparen. Bereits das wenige Mitgeteilte dürfte zeigen, daß die
Frage der Transportvorrichtungen bzw. die Materialbewegung unter Umständen eine sehr erhebliche Rolle spielen kann, und daß es dann eingehender
Überlegungen, nicht zuletzt auch der Berücksichtigung der Eigenart des
gegebenen Betriebes, bedarf, um richtig zu entscheiden.

Eine eingehende Behandlung der hier in Frage kommenden Transportmittel verbietet sich im Hinblick auf den gesteckten Rahmen; aber es dürfte

vielleicht nicht ganz unangebracht sein, darauf zu verweisen, daß vielleicht gerade auf diesem Gebiete der chemischen Technik auch heute noch schwere Mißstände bestehen, viel Leerarbeit geleistet wird, und es gerade hier des Zusammenwirkens des den **Prozeß** beherrschenden **Chemikers** mit dem die Transportmittel überblickenden Ingenieur bedarf, um zu wirklich befriedigenden Kosten für die in vielen Betrieben so wichtige Materialbewegung zu gelangen.

Die Besprechung der Transportvorrichtungen wird sich im vorliegenden Fall dabei auf jene Transportmittel beschränken dürfen, die im **chemischen Betriebe** selbst eine Rolle spielen; liegen dieselben auch räumlich außerhalb des eigentlichen chemischen Betriebes, so ist doch ihre Anwendung einerseits, ihre wirtschaftliche Bedeutung andererseits besonders bei den chemischen Großindustrien eine so große, daß sie eine kurze Besprechung rechtfertigen dürfte. In noch höherem Maße als für die hier zur Behandlung gestellten Transportmittel für feste Stoffe gilt dies für die später zu behandelnden Transportmittel für Flüssigkeiten und Gase, die dann auch ausführlicher besprochen werden sollen.

Wir unterscheiden zwischen einer Bewegung des Materials in der **Horizontalen** und einer solchen, welche Höhenunterschiede zu überwinden hat, also Bewegung in der Vertikalen oder Bewegung in schräger Richtung. Der zuerst genannten Förderung in horizontaler Richtung dienen in erster Linie: Förderband, Förderschnecke, **Kratzerförderer,** Förderrinnen, Schaukelbecherwerke (diese auch bereits der an zweiter Stelle genannten Förderung unter Überwindung von Höhenunterschieden!), dann Saug- und Druckluftförderung, Saug- und Druckwasserförderung und die pneumatisch-hydraulische Förderung, wobei die zuletzt genannten drei Arten der Förderung auch ausgesprochen schon der Förderung über Höhenunterschiede dienen. Ihnen schließen sich dann die Fördervorrichtungen — Hebevorrichtungen — zur Überwindung von Höhenunterschieden an: die Elevatoren, Paternosterwerke, Schöpfwerke, Eimer- und Löffelbagger, Schrägaufzüge usw.

A. Bewegung in der Wagrechten.

1. Bandförderer.

Die allgemeinste Vorrichtung für die Förderung in der Wagerechten sind die **Bandförderer,** auch **Schleppriemen, Gurtförderer** und **Transportbänder** genannt. Im Wesen bestehen sie (vgl. Fig. 1) aus einem endlosen, wagerecht oder manchmal auch schwach geneigt verlegten Band, das durch eine der beiden Endtrommeln a und a_1 angetrieben wird, und zwar wird zum Antrieb bei der angegebenen Laufrichtung stets die Trommel a_1 verwendet, also jene, der das Gut zuläuft; um ein Schleifen des Gurtes zu vermeiden, wird derselbe gespannt, entweder von Hand aus — nur bei ganz kurzen Transportbändern — oder besser durch selbsttätig wirkende Federn oder Rollen mit angehängten Gewichten. Das Band ist auf eine mehr oder minder große Zahl von liegenden Rollen c, c_1, c_2 usw. gelagert und von ihnen gestützt und entweder **ganz flach gehalten,** oder aber von muldenförmiger Form dadurch, daß (vgl. Fig. 2) die Leitrollen dementsprechend ausgeführt sind. Durch diese muldenförmige Gestalt wird die Transportfähigkeit des Bandes wesentlich größer als bei horizontaler flacher Anwendung.

Der Werkstoff, aus welchem der Riemen gefertigt wird, richtet sich nach der Art und Beschaffenheit des zu fördernden Gutes. Gewöhnlich verwendet man Baumwollgurt mit einer mehr oder minder starken Auflage von Gummi — starke Auflage bei schweren, kantigen und grobstückigen Gütern wie Erzen, Steinen, Schlacken —; einfache Baumwoll- oder auch Hanfgurten genügen, wenn ein Feuchtwerden des Transportbandes nicht zu befürchten ist, gegebenenfalls werden mit Balata getränkte Gurte verwendet, am widerstandsfähigsten sind Bänder aus Stahldrahtgurt.

Der Abwurf des geförderten Materials erfolgt gewöhnlich am Ende des Bandes oder aber durch die in Fig. 3 gekennzeichnete Form des Abwurfes

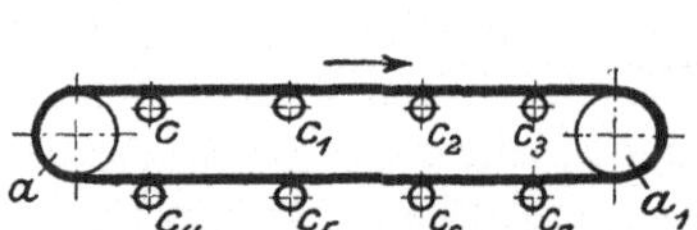

Fig. 1. Bandförderer.

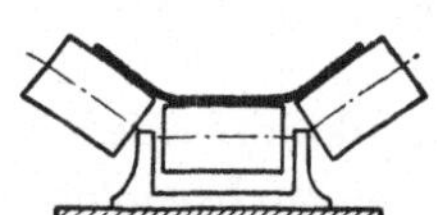

Fig. 2. Bandförderer
mit muldenförmigem Band.

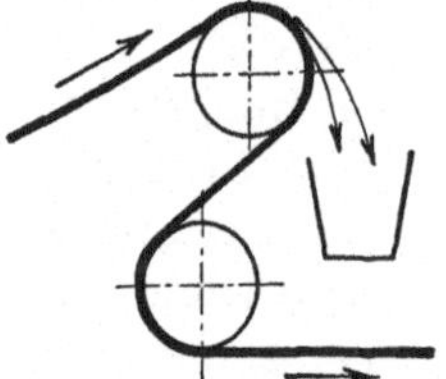

Fig. 3. Abwurf
beim Bandförderer.

unter Bildung einer S-förmigen Schleife des Bandes; Abstreifer verwendet man hier nicht, weil die durch sie verursachte stärkere Beanspruchung des Bandes leicht zu dessen Zerstörung führt. Wichtig ist eine gleichmäßige und der Aufnahmefähi keit bzw. der Laufgeschwindigkeit des Bandes gut angepaßte selbsttätige Aufgabe des Fördergutes. Soll die Förderrichtung des Gutes geändert werden, so werden zwei Bänder verwendet, von denen eines auf das andere abwirft.

Große und durch Einstellung der Laufgeschwindigkeit auch weitgehend regelbare Leistungsfähigkeit, einfacher und billiger Bau, geräuschloser Gang und die Ausschaltung von Berührungen des Fördergutes mit bewegten Teilen des Förderers sind die Vorteile dieser Art der Horizontalförderung, die überdies auch die Überwindung von Höhenunterschieden bis zu etwa 30° gegen die Wagerechte gestattet; ihnen stehen als Nachteile lediglich die fallweise eintretenden Beschädigungen des Bandes, insbesondere durch nasse und heiße Förderstoffe, gegenüber.

2. Schraubenförderer, Förderschnecken.

Für die Förderung von Stoffen, welche gegen die Luft abgeschlossen bleiben sollen, dann insbesondere auch für die Förderung feinkörnigen Materials — Zubringung auf verhältnismäßig kurze Entfernungen — dienen die **Transportschnecken,** deren Arbeitsweise in Fig. 4 gekennzeichnet ist: in einem

Trog a läuft ein rechts- oder linksgängiges, auf eine starke Welle aufgezogenes Schneckengewinde b, welches das in den Trog bei c aufgegebene Fördergut in der Richtung des Pfeils fortschafft; die Aufgabe des Gutes bei c erfolgt durch einen Schütttrichter gewöhnlich selbsttätig in der Weise, daß die aufgegebene Menge mit der von der Schnecke fortgeschafften jeweils übereinstimmt, so daß Verstopfungen durch Stauung im Trog vermieden werden; die Entnahme des Materials kann an jeder beliebigen Stelle des Troges durch ausgesparte Öffnungen m, m_1 in dessen Boden mit anschließenden Ablaufschurren erfolgen. Der Antrieb erfolgt von einem der beiden Enden; der Trog a ist von der in der Zeichnung angegebenen Form und oben mit einem leicht entfernbaren, flachen Deckel verschlossen, der raschen Zugang zum Innern des Apparates gestattet, um bei eintretenden Verstopfungen usw. sofort nachsehen und Abhilfe schaffen zu können. Der Trog selbst soll sich dem Profil der Schnecke möglichst genau anpassen, jedoch ohne an demselben zu reiben, weshalb man bei längeren Schnecken auch Zwischenlager im Innern des Troges vorsieht, um ein Durchhängen der Schnecke und Scheuern derselben an den Trogwänden zu verhindern.

Der wesentlichste Vorteil dieser Form der Materialbewegung ist in der sehr geringen Raumbeanspruchung zu suchen, ferner in der Möglichkeit des Luftabschlusses; auch hier ist eine Schrägförderung bis zu 30° gegen die

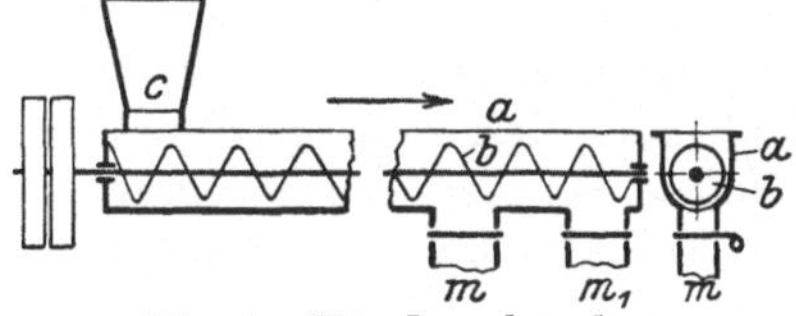

Fig. 4. Förderschnecke.

Wagrechte ohne weiteres möglich, und notwendige Richtungsänderungen in der Bewegung des Materials werden dann in ähnlicher Weise wie bei den Bandförderern durch Zusammenbau von zwei Schnecken vorgenommen, von denen die eine auf die andere arbeitet; den Vorteilen, die eben besprochen wurden, stehen aber recht fühlbare Nachteile gegenüber, einerseits in der nicht immer erwünschten ständigen Umwälzung des Materials — Abrieb —, in der leicht eintretenden Erwärmung desselben durch die ständige Reibung mit der Schnecke und mit den Trogwänden, vor allem aber die große Empfindlichkeit gegen Verstopfungen, die insbesondere dann leicht eintreten, wenn feuchte oder backende Stoffe gefördert werden sollen; dadurch wird nicht allein ein wesentlich höherer Kraftverbrauch verursacht, sondern es kommt nicht selten zu einem Festfahren der Schnecke und zum Zerbrechen derselben.

Eine Abart dieser Förderschnecken sind die sog. **Förderrohre,** bei welchen in das Förderrohr eine Schnecke fest eingebaut ist und der Transport durch Drehen des ganzen Rohres sowohl in der Wagerechten als auch schwach geneigt gegen diese erfolgt; sie arbeiten demnach nach dem gleichen Arbeitsprinzip wie die an anderer Stelle zu besprechenden Trocknungsvorrichtungen — Drehöfen usw. —, das Fördergut wird geschont, bewegliche Teile der Fördervorrichtung treten mit demselben gar nicht mehr in Berührung, Verstopfungen sind ausgeschlossen, doch steht diesen Vorteilen der Nachteil gegenüber, daß die verhältnismäßig dünnen Rohre im Innern nur schwer zugänglich sind und man die Innenteile nicht übersehen kann.

3. Kratzerförderer.

Fig. 5 zeigt eine schematische Skizze dieser vielfach in der Salzindustrie verwendeten Fördervorrichtung, die im wesentlichen aus einem Trog a besteht, in welchem eine Kette oder ein Seil b läuft, an dem dann in gewissen Abständen die sog. Kratzer c so befestigt sind — gewöhnlich durch Anwendung zweier Bänder —, daß sie stets in der einmal festgelegten Vertikalstellung zur Zugvorrichtung bleiben, also sich nicht schief stellen können, wodurch

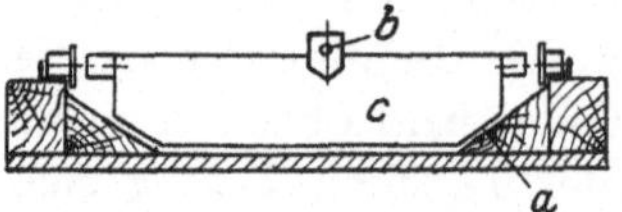

Fig. 5.   Kratzerförderer.

Verstopfungen eintreten würden. Diese **Kratzer** schieben dann das zu fördernde Gut ständig vor sich her, um es am Ende des Förderers abzuwerfen, oder lassen es — in gleicher Weise wie bei den Transportschnecken — durch Aussparungen im Boden des Troges, die mit Schiebern versehen sind, absinken. Die Kratzer können dann entweder voll ausgebildet sein — wie in der Figur —, wobei sie dem Profil des Troges möglichst genau angepaßt sein sollen, ohne an dem Trog zu schleifen, oder sie werden mit Löchern versehen, oder aber wieder man versieht ihre Unterkante mit gehärteten Spitzen und läßt dann das Kratzerband direkt z. B. über einen Salzhaufen laufen, so daß sich eine Förderrinne in dem zu fördernden Stoffe bildet und die Kratzer das abgekratzte Salz weiterfördern. Kratzerförderer stellen — wie dies bereits in dem zuletzt Gesagten zum Ausdruck gelangt — Sonderausführungen für bestimmte Zwecke vor, für den reinen Transport leiden sie unter dem Übelstand des starken Scheuerns des Fördergutes im Trog, das dessen rasche Abnutzung und im Zusammenhang damit dessen Profiländerung und damit auch leicht ein Hängenbleiben der Kratzvorrichtung zur Folge hat.

4. Förderrinnen.

Für Massenleistungen sind wegen ihrer vielfachen Vorzüge die sog. **Förderrinnen** in Gebrauch, deren Wirkungsweise in Fig. 6 schematisch dargestellt ist. Zur Aufnahme des Fördergutes dient ein Trog a, welcher entweder in pendelnde Bewegung — oberer Teil der Figur — oder aber in hin- und hergehende Bewegung — unterer Teil der Figur — versetzt wird; im ersten Fall ist der Trog auf Stützen b gelagert und wird über einen Exzenter d so bewegt, daß das Fördergut im Sinne des Pfeils einen kurzen Wurf schräg nach oben erfährt, während im zweiten Fall — hin- und hergehende Bewegung —

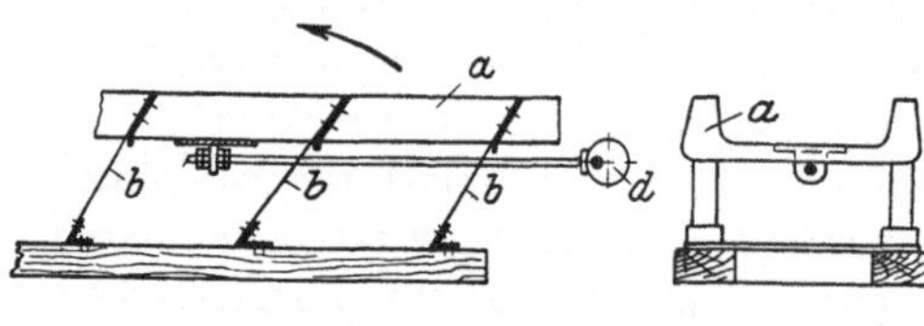

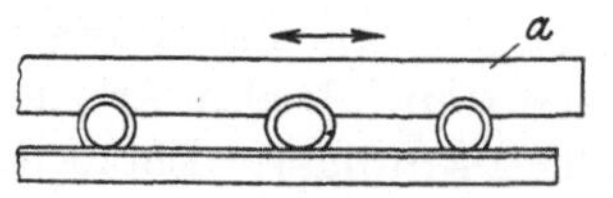

Fig. 6.   Förderrinne.

der Antrieb so ausgeführt ist, daß einer verhältnismäßig langsamen Vorbewegung des hier auf Rollen gelagerten Troges eine rasche Rückwärtsbewegung folgt, die das Gut zufolge der Trägheit nicht mitmachen kann, so daß es sich gegen das Auslaufende der Förderrinne verschiebt. Aufgabe und Abwurf können an beliebigen Stellen des Troges erfolgen, ähnlich wie bei der Förderschnecke.

Die Vorteile einer solchen Förderung sind augenscheinlich: große Schonung des Fördergutes, einfachste Wartung, leichte Übersichtlichkeit aller Teile und dabei auch die Möglichkeit, während des Transportvorganges ein Sortieren oder Klassieren des Gutes vorzunehmen; bei heiß aufgegebenen Gütern auch die Möglichkeit einer einfachen und wirkungsvollen Kühlung; diesen Vorteilen stehen bei guter konstruktiver Durchbildung und sachgemäßer Ausführung fast gar keine Nachteile gegenüber, allerdings stellt die Ausführung der stark beanspruchten Rollen, Stützen und Rinnen an Konstruktion und Baustoff sehr hohe Anforderungen.

5. Schaukelbecherwerke, Becherförderer, sogenannte Conveyer.

Der Transport des Materials erfolgt hier nicht in **einem** Zuge, sondern in einer mehr oder minder großen Anzahl von einzelnen, pendelnd aufgehängten Gefäßen a (vgl. **Fig. 7**!), den sog. **Bechern,** die oberhalb ihres Schwerpunktes aufgehängt sind, also stets mit wagerecht gelagertem Boden laufen.

Die Aufhängung der Becher erfolgt auch hier in einem geschlossenen Zugorgan, vielfach bei doppeltem Zugorgan in sog. **Laschenketten;** die Entladung geschieht durch den sog. **Entladefrosch,** eine fahrbare Vorrichtung, welche das Kippen der einzelnen Becher und damit den Abwurf des Fördergutes besorgt. Eine neuere Form der Ausführung vereinigt die einzelnen Becher zu einem aus gegliederten Segmenten bestehenden Trog.

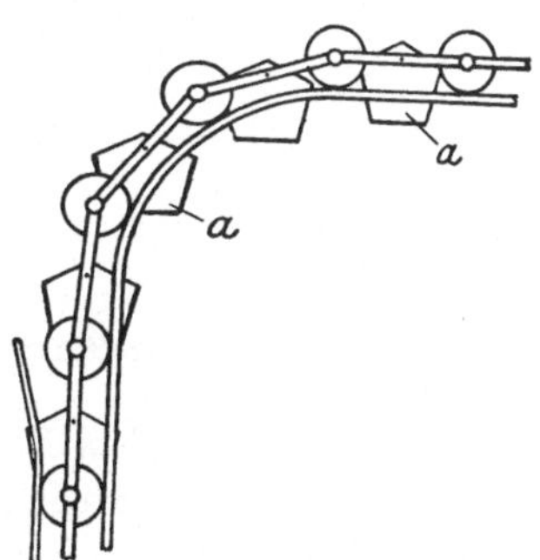

Fig. 7. Schaukelbecherwerk.

Schaukeltransporteure, wie sie z. B. zum Heben der Ziegel bei Bauten verwendet werden, arbeiten nach dem gleichen Prinzip, bei ihnen sind dann die einzelnen Becher durch Bügel oder Plattformen ersetzt, welche zufolge der gleichen Art der Aufhängung ebenfalls immer in der Wagerechten bleiben. Aufgabe und Entnahme des Fördergutes erfolgt hier gewöhnlich von Hand aus.

6. Saug- und Druckluftförderung.

Für rieselbares Gut, wie z. B. für Getreidekörner, Salze, gleichmäßiges kleinstückiges Material anderer Art, werden heute in großem Maßstabe die **Saug- bzw. Druckluftförderer** verwendet, deren Arbeitsweise an Hand der Fig. 8 kurz gekennzeichnet sei. In einem Gefäß a wird mittels einer Luftpumpe Unterdruck erzeugt; wird nun eine Düse d, welche über das Rohr c mit dem Gefäß a durch einen Schlauch s — welcher die Beweglichkeit des Saugstückes und dessen Anpassung an das zu fördernde Material gestattet — in das zu fördernde Material gebracht, so findet Ansaugung des Fördergutes statt, und dieses gelangt, zusammen mit der angesaugten Luft, in das Gefäß a, wo es entweder entnommen werden kann, oder von wo aus es gegebenenfalls unter Anwendung von Druckluft weitergefördert wird.

Um das in a angesaugte Gut ohne Eintreten falscher Luft entnehmen zu können, sind **Zellenräder** oder **Rotationsschleusen** vorgesehen, welche laufend gewisse Mengen Fördergut austreten lassen, dabei aber so gebaut sind, daß jeweils, während die Entleerung einer Zelle des Zellenrades erfolgt, ein Abschluß zwischen Außenluft und Innenraum von a gesichert ist.

Bei Anwendung genügend langer Schlauchstücke sind diese Saugluftförderer ungemein beweglich und anpassungsfähig und haben darum z. B. zum Löschen der Schiffe allgemeine Anwendung gefunden, sofern es sich um Gut handelt, welches nach dieser Methode überhaupt gefördert werden kann. Die bei der Förderung des Fördergutes eintretende **Entstaubung, Reinigung und Durchlüftung,** gegebenenfalls auch **Abkühlung** des Fördergutes, ist in vielen Fällen erwünscht, allerdings verlangt sie auch vielfach die Anwendung von Luftfiltern; nachteilig ist der verhältnismäßig große Kraftverbrauch und die unbedingt notwendige sorgfältige Wartung nicht nur an der Maschine, sondern auch an der Düse, um Einsaugen falscher Luft zu vermeiden.

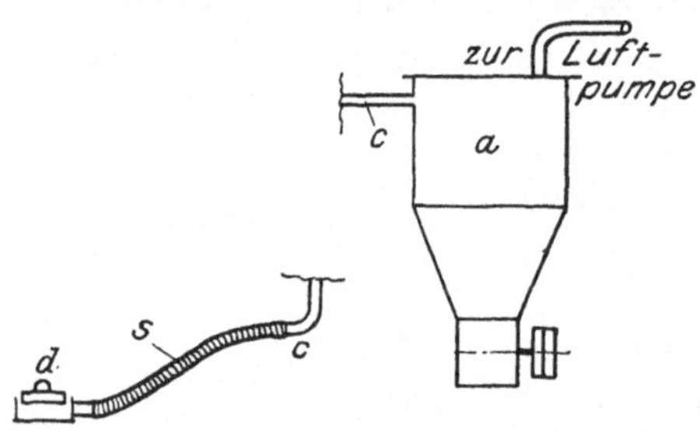

Fig. 8. Saugluftförderung.

Nach dem gleichen Prinzip, aber mit Wasser als Fördermittel an Stelle der Luft bei den Saugluftförderern, arbeiten die **Saug- und Druckwasserförderer,** die in erster Linie zur Bewegung von Schlämmen oder für breiartiges Gut dienen; ihr wesentlichster Nachteil ist neben dem Kraftverbrauch auch der Anfall sehr großer Wassermengen, die dann wieder zur Anlegung großer Klärbecken zwingen.

Auf die **pneumatisch-hydraulische Förderung** soll hier nur verwiesen werden; sie arbeitet in der Weise, daß das Fördergut mittels eines absteigenden Wasserstromes der Steigleitung am tiefsten Punkt zugeführt wird und von dort durch Einblasen von Preßluft mit dem in der Steigleitung nach oben getriebenen Wasserstrom hochgefördert wird; ihre Anwendung ist vereinzelt geblieben, da der Wasserverbrauch groß, die Förderhöhe überdies sehr beschränkt ist.

B. Bewegung zur Überwindung von Höhenunterschieden.

1. Elevatoren, Paternosterwerke, Schöpfwerke.

Zur Überwindung von Höhenunterschieden für schüttbare Stoffe dienen die **Elevatoren, Paternosterwerke, Schöpfwerke** usw. Die Förderung erfolgt hier mit Hilfe von **Bechern,** welche auf Riemen, Gurten, Bändern oder aber auch auf Ketten endlos über zwei **Scheiben,** bzw. bei Ketten über zwei **Kettenräder** a und a_1 geführt werden; dabei ist stets auf richtige Spannung des Gurtes oder der Kette zu sehen, um ein Durchhängen der Aufhängevorrichtung und ein Schlagen der Becher gegen die Wandungen des Gehäuses zu vermeiden. Gewöhnlich wird der ganze Elevator in ein **Gehäuse** aus Holz oder besser aus Eisenblech eingebaut, das dann an verchiedenen Stellen mit Fenstern versehen sein muß, um Kette und Becher jederzeit zugänglich zu halten. Der Antrieb befindet sich am Kopf- oder Austragende, zur Materialaufnahme dient ein Schöpftrog b, in welchen das zu fördernde Material gestürzt wird — gewöhnlich über einen Planrost, um zu verhindern, daß zu große Stücke in den Elevator gelangen! —, oder dem es durch andere Transportvorrichtungen zugeführt wird. Bei der Umkehr der Becher am Kopfende wird das Fördergut ausgeworfen über eine Schurrre, der aufsteigende Strang des Förderbandes oder der Förderkette, an welcher die einzelnen Becher befestigt sind, wird durch Rollen geführt, das absteigende Band wird dadurch geführt, daß Lappen, welche an den Bechern angebracht sind, in Führungsschienen gleiten (vgl. **Fig. 9**).

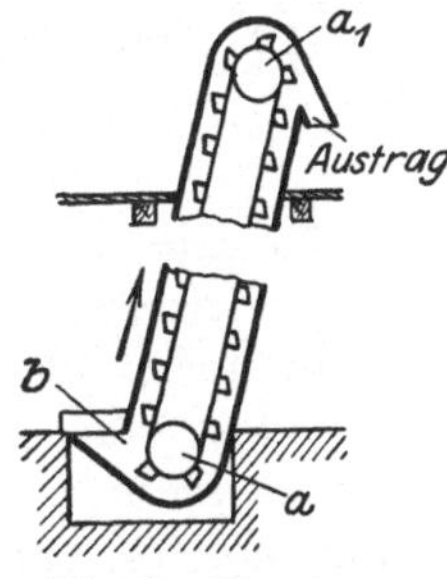

Fig. 9. Elevator.

Der Elevator kann sowohl für Förderung in der Lotrechten als auch für Schrägförderung verwendet werden; seine Leistung ist sehr groß. Ein Nachteil ist, daß auf **gleichmäßige und nicht zu rasche Materialaufgabe** geachtet werden muß, da sonst Verstopfung eintritt, die Becher an den Wandungen klemmen oder unter Umständen die Kette bzw. das Band zerrissen wird.

Sackelevatoren, welche insbesondere für die Getreide- und Salzförderung benutzt werden, erhalten statt der Becher **Tragleisten,** so daß sich der einzelne Sack gegen eine solche Tragleiste aus Holz stützt; bei **Faßelevatoren** lagern die Fässer auf **Gabeln,** welche an Stelle der Becher eingebaut sind.

Zur Bewältigung großer Salzmengen und deren Entnahme vom Lager in Haufen verwendet man in der Kaliindustrie, in der Salzindustrie, besonders auch in der Industrie der künstlichen Düngemittel, **fahrbare Elevatoren,** die mit Bechern ausgestattet sind, welche an der Anschlagseite mit Zähnen aus gehärtetem Material versehen sind, beim Hochgehen das Salz vom Haufen abkratzen und über eine Auslaufschurre in Förderrinnen werfen, aus welchen das Salz dann direkt in die zur Verladung bestimmten Säcke gleitet. Gegebenenfalls werden zwischen Förderung und Abfüllen noch Sieb- und Mahlvorrichtungen geschaltet, um den ganzen Betrieb weitgehend zu mechanisieren.

2. Bagger.

Die eben besprochene Form der Ausbildung der Elevatoren leitet dann bereits zu den sog. **Eimerbaggern** über, welche **Trocken-** oder **Naßbagger** — in diesem Falle mit gelochten Bechern zum Abfließen des mitgenommenen Wassers versehen — sein können. Sie werden in erster Linie für Erdbewegungen größeren Umfanges und zur Gewinnung der weichen und erdigen

Braunkohlen verwendet. Hierher gehören schließlich auch die **Löffelbagger,** die hier nur kurz erwähnt seien, und die wie die .Eimerbagger ebenfalls fast ausschließlich für Erdbewegungen großen Umfanges verwendet werden, sowie zur Gewinnung der Braunkohlen; bei ihnen nimmt ein von unten nach oben gehender Löffel das Fördergut auf, durch Bewehrung mit Stahlspitzen an der Arbeitskante ist die Bewältigung nahezu jeder Bodenbeschaffenheit ohne weiteres möglich; die Entleerung des Löffels nach erreichter Hochlage erfolgt dadurch, daß an dem über einen Waggon geschwenkten Löffel der Löffelboden geöffnet wird und das in ihm enthaltene Material in den Waggon abstürzt. Gegebenenfalls wird bei neueren Bauarten — um das Schwenken des Löffels zu vermeiden — die Entleerung auch durch eine in den Löffelstiel eingebaute Schurre besorgt.

II. Transportvorrichtungen für Flüssigkeiten.

Allgemeines.

Für die Förderung von Flüssigkeiten stehen uns eine ganze Reihe von Fördereinrichtungen zur Verfügung, die dann sowohl hinsichtlich der **Leistung** als auch bei gleichbleibender Leistung hinsichtlich **der Bauart** und **Arbeitsweise** den verschiedensten Ansprüchen ohne weiteres genügen können. Dabei wird es sich in der Mehrzahl der Fälle weniger um Weiterbewegung in der Wagerechten handeln — für sie wird man fast stets durch entsprechende Verlegung der Leitungen das **Gefälle** ausnutzen können — als vielmehr um die **Überwindung von Höhenunterschieden.** Die Überwindung praktisch unbegrenzter Höhenunterschiede gestatten dann nur die maschinell angetriebenen Pumpvorrichtungen, die man ganz allgemein unter dem Sammelnamen „**Pumpen**" zusammenfaßt, und ihnen wollen wir uns zunächst zuwenden. In ihnen wird die zu fördernde Flüssigkeit mit Hilfe motorischer Kräfte angesaugt und auch weitergedrückt, die Art der verwendeten motorischen Kraft ist dann gleichgültig: **Antrieb** durch Dampfmaschinen, direkt oder indirekt, durch Druckluft — im Bergwerksbetriebe, da die ausströmende Druckluft hier gleich als Frischluft die Durchlüftung besorgt —, durch Elektromotoren oder Gas-, Benzin-, Schweröl- usw. Motoren, schließlich auch nach dem alten Göpelbetrieb. Dabei ist es für die Wirkungsweise der Pumpe gleichgültig, ob dieselbe direkt mit der Antriebsmaschine verbunden wird — Kesselspeisepumpen, bei welchen die Bewegung des Dampfkolbens zwangsläufig gekuppelt ist mit der Bewegung des Pumpenkolbens — oder über eine Wellenleitung mit Übertragung erfolgt.

Am gewöhnlichsten ist der Betrieb durch Dampf — die bereits erwähnten **Kesselspeisepumpen** — oder durch Transmissionen, wie bei den sog. **Transmissionspumpen.** Ein unter Umständen wesentlicher Vorteil der direkt angetriebenen Dampfpumpen ist die Möglichkeit starker Änderungen in der Pumpgeschwindigkeit, mithin Einstellung der Pumpenleistung innerhalb sehr weiter Grenzen, und das ist auch der Grund, warum solche Pumpen z. B. auch als Saugpumpen und Vakuumpumpen sich so stark eingeführt haben. Ihnen gegenüber beanspruchen aber die Transmissionspumpen wesentlich geringere Anlagekosten, eine Regelung der Pumpenleistung ist bei ihnen dann durch Einbau von Regulierventilen möglich.

Je nach der Anordnung der Pumpen unterscheiden wir zwischen **liegenden** und **stehenden Pumpen,** wobei zu letzteren noch die sog. **Ständerpumpen** und **Wandpumpen** hinzukommen (vgl. weiter unten). Die stabilste Form der Aufstellung ist die liegende Anordnung, die aber auch den größten Platzbedarf beansprucht: bei ihr sind alle Teile leicht zugänglich; ein Nachteil ist das raschere Auslaufen, da der Pumpenzylinder nicht gleichmäßig beansprucht ist wie bei den stehenden Pumpen; bei ihrer Aufstellung ist darauf Rücksicht zu nehmen, daß in der Längsrichtung der Pumpe genügend Raum zur Verfügung steht zum Herausziehen des Pumpenkolbens.

Ständer- und Wandpumpen werden nur in kleineren Ausführungen, dann aber in der chemischen Industrie sehr zahlreich verwendet, da sie keine Anforderungen an besondere Fundamente stellen, sich leicht aufstellen lassen und sehr wenig Platz beanspruchen, insbesondere die Wandpumpen, die auch bei beschränktestem Raum jederzeit unterzubringen sind.

Die hauptsächlichsten Arten von Pumpen sind die **Kolbenpumpen,** die **Kreiselpumpen** und die **Membranpumpen,** eine Abart der Kolbenpumpen, bei welchen die Übertragung der Pumpwirkung mittels einer Membran erfolgt. Sie sollen im nachstehenden an einzelnen Ausführungsformen kurz besprochen werden.

Neben den Pumpen spielen aber auch die **mit direktem Dampf sowie die mit Luft oder Wasser betriebenen Fördereinrichtungen** für Flüssigkeiten, namentlich für vorübergehende kleine Leistungen, eine wichtige Rolle, wie die **Dampfstrahlapparate (Injektoren),** die **Wasserstrahlapparate** oder **Ejektoren,** die **Pulsometer** oder **Zweikammerpumpen** und schließlich die gerade in der chemischen Industrie weit verbreiteten **Druckfässer oder Montejus.**

Ob man sich für die Aufstellung einer Pumpe oder einer der zuletzt erwähnten Fördereinrichtungen entscheidet, wird nicht zuletzt auch von der Art und Beschaffenheit der zu bewegenden Flüssigkeit und ihren chemischen Eigenschaften abhängen, dann aber weiter auch von der oft mit der Flüssigkeitsbewegung verbundenen weiteren Behandlung des Fördergutes. Im allgemeinen wird man für große und stets wiederkehrende Leistungen Pumpen verwenden, aber auch hier kann gegebenenfalls die Verwendung der zuletzt erwähnten Einrichtungen unter Umständen von Vorteil sein.

A. Maschinelle Fördervorrichtungen.

1. Pumpen.

a) Kolbenpumpen, Plungerpumpen.

Die älteste Form der Pumpen, die für eine ganze Reihe von Zwecken auch heute noch vorwiegend verwendet werden, sind die **Kolbenpumpen,** bei welchen ein in einem Zylinder hin und her gehender Kolben Unterdruck erzeugt,

Flüssigkeit ansaugt und dieselbe dann weiterdrückt; **einfachwirkende Pumpen** sind solche, bei welchem bei einem Hub des Kolbens angesaugt und bei dem darauffolgenden Hub die angesaugte Flüssigkeit weitergedrückt wird; **doppelt-wirkende Pumpen** arbeiten so, daß gleichzeitig mit dem Ansaugen des Kolbens auf der einen Seite — Saugseite — die auf der anderen Seite des Kolbens befindliche und schon vorher angesaugte Flüssigkeit weitergedrückt wird, daß also ein stetiger Strom durch die Pumpe hindurchfließt und Stöße vermieden werden; die Leistung der doppeltwirkenden Pumpe ist bei sonst gleicher Dimensionierung des Zylinders und bei gleichem Kolbenhub und gleicher Umlaufzahl die doppelte wie die der einfachwirkenden Pumpe.

Je nach der Wirkungsweise unterscheidet man dann zwischen **Saug-pumpen** und **Druckpumpen** bzw. auch **Saug- und Druckpumpen**, wenn beide Vorgänge vereinigt sind.

Die **Saugpumpen** haben eine große Saughöhe im Gegensatz zu den Druck-pumpen, denen man die Flüssigkeit gewöhnlich zufließen läßt, Ventile und Klappen sowohl im Kolben als auch an der Stelle, wo die Saugleitung in den Pumpenzylinder übergeht, bewirken die Steuerung; im Gegensatz zu den Saugpumpen haben dann die Druckpumpen fast stets massive Kolben, und Saug- und Druckventile sind im Pumpengehäuse untergebracht. Die Pumpen werden sowohl in der Saugleitung als auch in der Druckleitung mit sog. **Windkesseln** versehen (vgl. die späteren Figuren), deren Zweck ein zweifacher ist: ist die Geschwindigkeit des Kolbens so groß, daß sich beim Ansaugen der Flüssigkeit diese vom Kolben losreißen würde bzw. nicht rasch genug folgen kann, so entstehen in der Pumpe die sog. **Wasserschläge**, und ihrer Beseitigung dienen die Windkessel auf der Saugseite; die Windkessel auf der Druckseite hingegen dienen dazu, die stoßförmige Förderung der Pumpe in ein gleichmäßiges Ausfließen der geförderten Flüssigkeit umzuwandeln, und sie erfüllen diesen Zweck auch sehr gut, wenn sie nicht zu klein bemessen werden; die in ihnen enthaltene Luft wirkt als Puffer und ausgleichend auf die von der Pumpe ausgehende stoßweise Förderung.

Die Abdichtung des Pumpenkolbens gegen den Zylinder kann Metall gegen Metall oder unter Zuhilfenahme von Liderungen erfolgen, die entweder aus Leder oder Hanf oder auch aus Metall selbst hergestellt werden können und einen dichten Abschluß des Kolbens gegen den Zylinder bewirken. **Metall-liderungen setzen reine Flüssigkeiten ohne feste Beimengungen voraus**; an Stelle der scheibenförmigen massiven Kolben, wie sie für Druck-pumpen verwendet werden, können auch die sog. Plunger treten, das sind lange massive Zylinder, deren Durchmesser nur wenig geringer ist als der des Zylinders, in welchem sie bewegt werden; die Abdichtung erfolgt hier mittels einer Stopfbüchse, durch welche der Plunger aus dem Zylinder herausgeführt wird. Einfache Form und dauernde Kontrolle der Dichtigkeit sind Vorzüge dieser Art von Druckvorrichtungen im Pumpenbetrieb und haben zu ihrer starken Verbreitung nicht nur im Kesselbetrieb, sondern auch zur Bewälti-gung großer Flüssigkeitsmengen geführt. Der Baustoff für die Mehrzahl der Pumpen ist Gußeisen, für die Förderung von Flüssigkeiten, welche Gußeisen angreifen, werden dann säurefeste Legierungen, verwendet, oder es wird zu Ausführungen übergegangen, die weiter unten als Membranpumpen, Steinzeugpumpen und Pumpen für Sonderzwecke noch besprochen werden.

Eine einfachwirkende **Plungerpumpe,** bei der also an Stelle des scheibenförmigen Kolbens der Plunger tritt (vgl. oben) ist in Fig. 10 wiedergegeben. Der Zylinder ist an einer Seite offen, so daß der Kolben in ihn hineintaucht, die Abdichtung erfolgt mittels einer Stopfbüchse, deren Anziehen vollständige Abdichtung gewährleistet, an Stelle einer solchen Stopfbüchse tritt vielfach auch eine **Ledermanschettendichtung,** wie sie bei den Preßfiltern[1] eingehender besprochen wird. Wird der Plunger aus dem Zylinder herausgezogen, so entsteht Luftverdünnung, die atmosphärische Luft drückt die zu fördernde Flüssigkeit über das Saugventil in den Pumpenzylinder, bei der Umkehr des Plungers schließt sich das Saugventil, und während der nun einsetzenden Druckperiode drückt der Plunger die angesaugte Flüssigkeit über das Druckventil D in die Druckleitung. Saugventil und Druckventil wirken selbsttätig, an ihrer Stelle können auch einfache Klappen verwendet werden (vgl. Absperrorgane, S. 33). Die Leistung der Pumpe berechnet sich aus dem Hubvolumen mal der Anzahl der Hübe in der Zeiteinheit.

Die Ansaugung ist hier eine Funktion des atmosphärischen Druckes

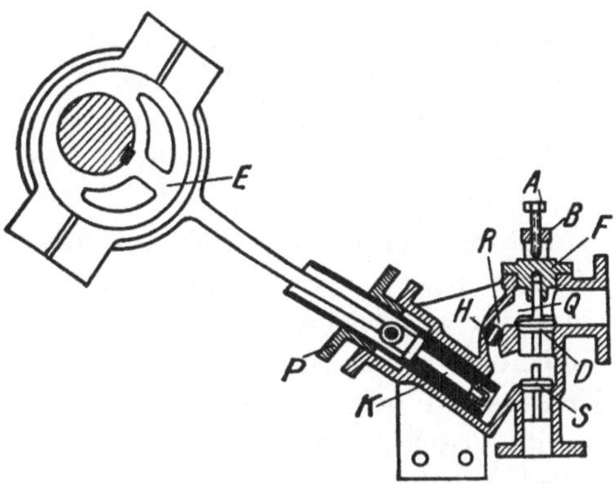

Fig. 10. Plungerpumpe.

und mithin auch durch dessen Höhe begrenzt; da dem Luftdruck eine Wassersäule von 10 m entspricht, ist mit dieser Höhe auch die maximale Saughöhe der Pumpe gegeben; in Wirklichkeit kann dieser Wert wegen der unvermeidlichen Undichtigkeiten, wegen der im Wasser oder der zu fördernden Flüssigkeit gelösten Luft und der bei der Luftverdünnung auftretenden Tension des Wasserdampfes nicht erreicht werden, und sie beträgt maximal etwa 8,5 m, meist aber nur 6 bis 7 m; mit steigender Temperatur der zu fördernden Flüssigkeit vermindert sich die Saugleistung der Pumpen entsprechend dem ansteigenden Dampfdruck der Flüssigkeit rasch und beträgt bei 50° heißem Wasser nur noch etwa die Hälfte; Wasser von 70° und darüber kann nicht mehr angesaugt werden, sondern muß der Pumpe zufließen. Für den Kolbendurchmesser D in cm, den Kolbenhub s in cm und die Umdrehungszahl n in Umdrehungen pro Minute liefert die Pumpe pro Minute, da sich der Zylinderinhalt in der Minute n-mal füllt und n-mal entleert:

$$Q = \frac{\pi \cdot D^2}{4} \cdot s \cdot n \cdot \eta,$$

---

[1] Vgl. dort S. 147.

wobei η den **Wirkungsgrad der Pumpe** bedeutet; dieser Wirkungsgrad liegt stets unter 1; es ist dies eine Folge der Undichtigkeiten, des verspäteten Ventilschlusses usw.; bei guten großen Pumpen beträgt der Wirkungsgrad 96 bis 99 Proz., ist also sehr günstig, bei Pumpen mittlerer Größe und guter Bauart sinkt er auf 0,9 bis 0,95 ab, d. h. 90 bis 95 Proz. der der Pumpe zugeführten Arbeitsleistung werden in Form der Pumpenleistung wieder gewonnen, die restlichen 5 bis 10 Proz. müssen verloren gegeben werden.

Die zum Antrieb der Pumpe notwendige Kraftleistung findet man nach

$$N = \frac{Q \cdot H}{75\,\eta}\,\text{PS} \quad \text{oder} \quad N_1 = \frac{Q \cdot H}{102\,\eta}\,\text{KW} ,$$

wenn Q die sekundlich geförderte Wassermenge, H die Förderhöhe = Saughöhe, vermehrt um die Druckhöhe, ist und η den mechanischen Wirkungsgrad bedeutet, der je nach **Bauart** und **Güte der Ausführung** innerhalb der Grenzen 0,85 bis 0,95 schwankt.

Im vorliegenden Fall ist die Pumpe mittels einer Exzenterscheibe angetrieben, eine Ausführungsform, die nur für Pumpen kleiner Leistung in Anwendung kommt.

Bei den einfachsten Pumpen mit Ventilkolben[1] fallen Saug- und Druckleistung beim Hochziehen des Kolbens zusammen; die Arbeitsleistung ist eine sehr ungleichmäßige, da die Pumpe einmal — beim Niedergehen des Kolbens — leer geht, um dann die gesamte Arbeit beim Hochziehen des Kolbens zu geben; dieser Übelstand ist bei den **doppeltwirkenden Pumpen** bereits stark verringert; bei ihnen wird der Zylinder entweder mit einem Scheibenkolben oder — heute allgemein — mit einem **Plunger** ausgerüstet, welcher in zwei getrennte Zylinderräume taucht: jede Seite des Plungers arbeitet dann wie eine einfachwirkende Pumpe, dadurch findet gleichmäßige Verteilung der Pumpenarbeit über jeden Kolbenhub statt, gleichzeitig steigt die Leistung der Pumpe auch auf das Doppelte. Da jede Seite der Pumpe sowohl mit Druck- wie Saugventil ausgestattet sein muß, ergeben sich dann vier Ventile, die aber von geringeren Abmessungen sein können.

Die solcherart erzielte Gleichmäßigkeit läßt sich aber noch weiter steigern dadurch, daß man 2 oder 3 Pumpen unter Kurbelversetzung um 90 bzw. um 120° vereinigt: **Duplex- und Triplexpumpen.** Vereinigt man nämlich zwei Pumpen unter Kurbelversetzung um 90°, so befindet sich der eine Kolben bzw. Plunger eben im Durchgang durch die Höchstleistung der Pumpe, während der andere eben sich im toten Punkt befindet, also augenblicklich keine Pumpleistung durchführt.

Fig. 11 zeigt die schematische Darstellung einer solchen doppeltwirkenden Plungerpumpe:

Bestehen starke Unterschiede zwischen der Saugleistung und Druckleistung der Pumpe — z. B. geringe Ansaughöhe bei sehr großer Druckhöhe —, so bleiben gewisse und störende Ungleichmäßigkeiten in der Belastung der

---

[1] Die allgemeinste Einführung sind die alten Rohrbrunnen mit dem Schwengel.

Pumpe und damit im Gang bestehen; ihnen kann dann entgegengewirkt werden durch die Bauart der sog. **Differentialpumpen**, deren Wirkungsweise an Hand der Fig. 12 kurz besprochen sei. Der Plunger P wird von einer Kolbenstange K betätigt, welche den halben Querschnitt des Plungers besitzt; der Zylinderraum ist wie bei den doppeltwirkenden Pumpen in zwei Räume R und R_1 unterteilt, von denen nur der erstere mit dem Saugventil S und dem Druckventil D versehen ist, während R_1 durch das Rohr r mit dem Druckraum über S in Verbindung steht. Die angesaugte, dem Plungerquerschnitt entsprechende Wassermenge wird beim Drücken über das Druckventil in den Raum S über demselben gedrückt, zur Weiterförderung gelangt aber nur die Hälfte, während die andere Hälfte in den Raum R_1 abfließt und nun

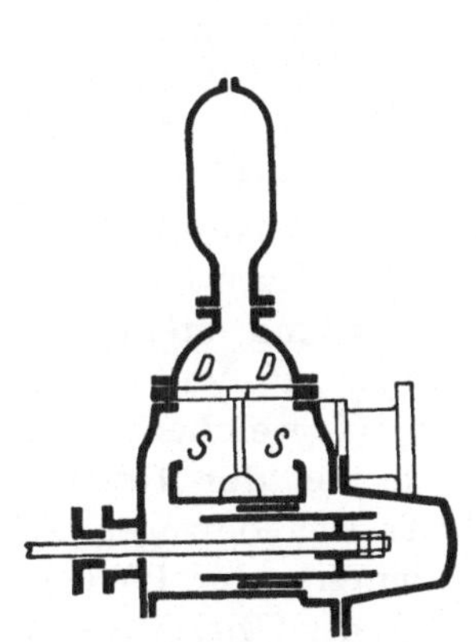

Fig. 11.
Doppeltwirkende Plungerpumpe.

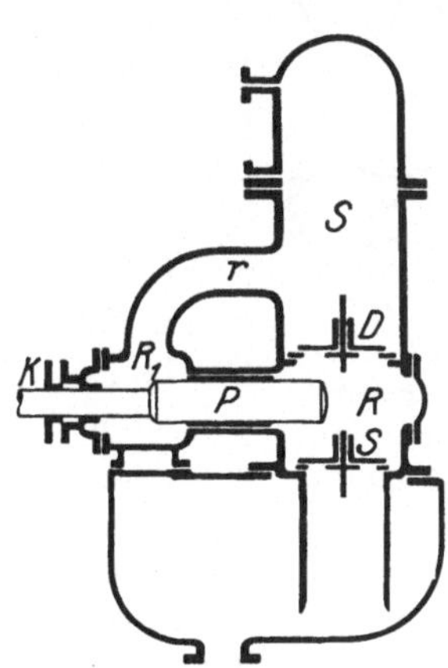

Fig. 12.
Differentialpumpe.

erst während des darauffolgenden Saughubes weitergedrückt wird. Wählt man dann die Arbeitsflächen des Plungers, die einmal gegeben sind durch dessen Querschnitt, das andere Mal durch die Fläche des Kreisringes von Plunger zu Kolbenstange, in dem gleichen Verhältnis wie Saughöhe und Druckhöhe der Pumpe, so läßt sich dann bei dieser Form der Pumpe, der Differentialpumpe, ein vollständiger Ausgleich der Arbeitsleistungen während Hin- und Hergang des Plungers einstellen, die Pumpe arbeitet dann gleichmäßig. Gegenüber der doppeltwirkenden Plungerpumpe ist dann hier auch noch der Vorteil gegeben, daß man mit zwei Ventilen das Auslangen findet, die dann selbstredend bei gleichbleibender Fördermenge der Pumpe doppelten Querschnitt für den Durchgang der Flüssigkeit besitzen müssen.

b) Rotationspumpen.

a′) Verdrängerpumpen.

Bei ihnen tritt ganz allgemein an Stelle der hin und her gehenden Bewegung des Kolbens oder Plungers mit ihren Nachteilen — Herabminderung des Wirkungsgrades, beschränkte Umdrehungszahlen — die fortlaufende rotierende Bewegung; bei den sog. Kapselpumpen arbeiten dann entweder ein oder auch mehrere Rotierer in einem Pumpengehäuse so gegeneinander, daß sie unter Abdichtung gegen das Gehäuse und auch untereinander den Gehäuseraum beim Umlauf **nach der Saugseite hin vergrößern und gleichzeitig nach der Druckseite hin verkleinern;** dadurch entfällt auch die Notwendigkeit, Steuerorgane in Form von Klappen oder Ventilen anzubringen.

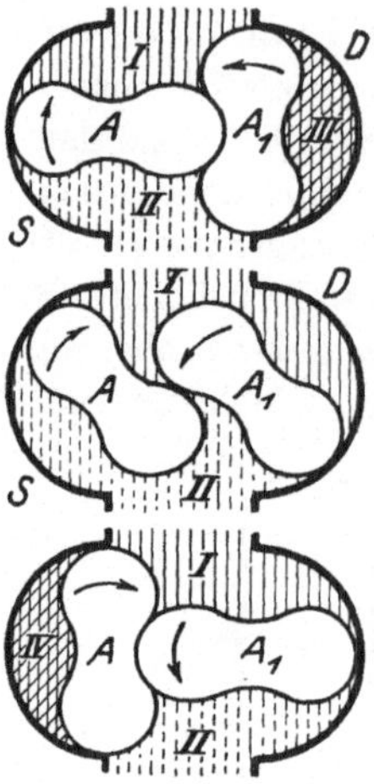

In Fig. 13 ist eine Form dieser „rotierenden Pumpen mit Verdrängerwirkung" wiedergegeben, und zwar in der schematischen Darstellung der einzelnen Vorgänge; im Hinblick auf eigenartige und nicht ganz leicht verständliche Form der an sich so einfachen Wirkungsweise sei dieselbe an Hand der Figur in wenigen Worten besprochen:

Der von den beiden Verdrängerkörpern A und A_1 und dem Plungergehäuse umschlossene Raum wird in Stellung I in drei Räume unterteilt: den Raum I, welcher mit der Druckseite in offener Verbindung steht, den Raum II, welcher mit der Saugseite in offener Verbindung steht, und schließlich den Raum III, welcher in der gegebenen Stellung von A, A_1 sowohl von der Druckseite als von der Saugseite abgeschlossen ist; bewegen sich nun die beiden Körper A und A_1 im Sinn der Pfeile gegeneinander — also A z. B. im Sinne des Uhrzeigers, A_1 entgegengesetzt dem Sinne des Uhrzeigers —, so wird Raum III geöffnet gegen die Druckseite und sein Inhalt aus dem Gehäuse mit fortschreitender Bewegung der beiden Körper herausgedrückt; in Stellung II ist dann Ausgleich der beiden Räume, die einerseits mit der Druckseite, andererseits mit der Saugseite in Verbindung stehen, eingetreten, einmal dadurch, daß ein Teil der in Raum III befindlichen Flüssigkeit herausgedrückt wurde, andererseits dadurch, daß der abgeschlossene Raum II, welcher mit der Saugleitung in offener Verbindung steht, vergrößert wurde, mithin Ansaugung stattgefunden haben muß; bei weiterem Fortschreiten der Bewegung der beiden Körper A und A_1 findet dann zunächst Abtrennung des Raumes IV wieder statt: die mit Druckseite und Saugseite offen in Verbindung stehenden Volumina sind wieder gleich geworden, worauf im nächsten Augenblick bei weiterer Drehung der beiden Körper A und A_1 die Flüssigkeit aus Raum IV wieder in die

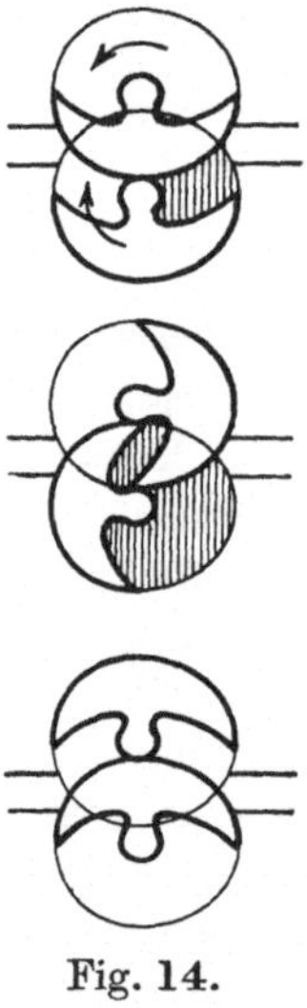

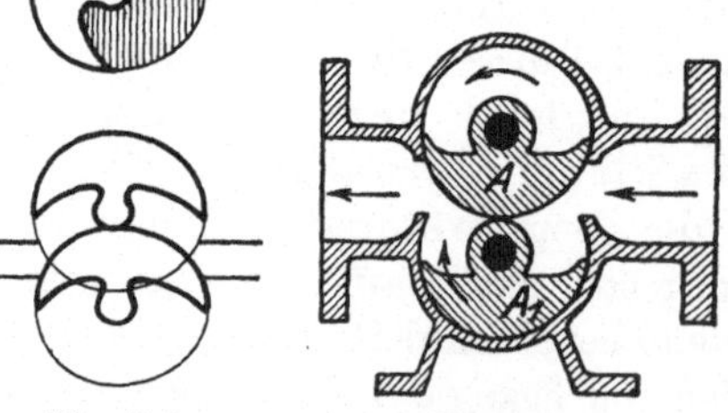

Fig. 13.
Schema einer rotierenden Pumpe mit Verdrängerwirkung

Fig. 14.   Fig. 15.
Besondere Ausführungsformen der Verdrängerkörper.

Druckleitung gedrückt, gleichzeitig der mit der Saugleitung in offener Verbindung stehende Raum *II* vergrößert wird, also neuerliche Ansaugung stattfindet, usw.

Die nach dieser Art arbeitenden Verdrängerpumpen sind sowohl für Flüssigkeiten als auch zur Förderung von Luft und Gasen, und zwar hier am häufigsten, im Gebrauch. — **Kapselgebläße, Blower.** — Die Fig. 14 u. 15 zeigen dann besondere Ausführungen der Rotierer.

b') Zentrifugalpumpen, Kreiselpumpen, Fliehkraftpumpen.

Die eben besprochene Rotationspumpe mit Verdrängerwirkung leitet dann über zu den eigentlichen **Zentrifugalpumpen,** bei welchen die Förderung der Flüssigkeit, wie bereits der Name besagt, mit Hilfe der Zentrifugalkraft vorgenommen wird. In einem flachzylindrischen, stehenden Gehäuse befindet sich auf der horizontalen Welle ein Schaufelrad, das sich in rascher Umdrehung befindet; die Flüssigkeit tritt in der Richtung der Horizontalachse in das Gehäuse ein, wird von den Schaufeln des Schaufelrades erfaßt und mitgenommen, so daß sie in sehr rasche Umdrehung gelangt; unter dem Einfluß der Fliehkraft wird sie gegen das Pumpengehäuse gepreßt und durch das an den Mantel des Pumpengehäuses anschließende Druckrohr weitergefördert; zufolge des durch das Abströmen der Flüssigkeit aus dem Pumpengehäuse entstehenden Unterdruckes wird neue Flüssigkeit angesogen und ebenfalls wieder ausgeschleudert. Die Pumpe besitzt also keinerlei Steuerorgane, ihre Förderung ist vollständig gleichmäßig; dadurch entfällt die Notwendigkeit, Windkessel vorzusehen, überdies gestattet die große und gleichmäßige Geschwindigkeit der ausgeschleuderten Flüssigkeit eine viel kleinere Dimensionierung der Druckleitung bei gleichbleibender Förderleistung.

Die Ansaugung in der Richtung der Pumpenwelle kann dann entweder einseitig erfolgen oder aber auch von beiden Seiten zugleich. Fig. 16 zeigt die schematische Darstellung einer einseitig ansaugenden Fliehkraftpumpe: In dem Pumpengehäuse P ist auf der horizontalen Welle $W\,W_1$ das Schaufelrad A untergebracht, und dessen rascher Umlauf wird mittels einer Riemenscheibe vorgenommen; nun tritt bei der einseitigen Arbeitsweise der Pumpe ein starker, in diesem Falle nach links gerichteter axialer Druck auf; um denselben aufzunehmen und doch ein Heißlaufen der Pumpe zu verhindern, lagert das auf Druck beanspruchte Wellenende W_1 mittels gehärteter Spurzapfen in einem Ölkasten, so daß die Spurzapfen vollständig in Öl laufen und ein Heißwerden derselben nicht zu besorgen ist; auf diese Weise kann zwar dem Nachteil des axialen Schubes bzw. Druckes aller dieser einseitig saugenden **Pumpen** wirksam entgegengetreten werden, es ergibt sich aber als weitere Schwierigkeit die Notwendigkeit einer guten Abdichtung des Ölkastens gegen die Saugseite der Pumpe — Saugkrümmer S —; aus diesem Grund hat man die einseitig wirkenden Fliehkraftpumpen durch die **doppelseitig ansaugenden Zentrifugalpumpen** ersetzt, bei welchen zufolge gleichmäßiger Beanspruchung der Welle keinerlei Schraubwirkung auftreten kann. Bei ihnen ist dann (vgl. Fig. 17) der Bau der Pumpe symmetrisch geworden,

die Ansaugung erfolgt bei S, das von allen Seiten dem Schaufelrad A zu-
strömende Saugwasser wird unter gleichmäßiger Belastung des Schaufelrades
peripherisch in den Wulst im Pumpengehäuse D geschleudert und von hier
durch das tangential angesetzte Druckrohr — Druckrohrstutzen Ds in der
Figur — weitergefördert.

Eine für den Betrieb sehr wertvolle Eigenschaft der Fliehkraftpumpe
ist die Tatsache, daß sie gegen Abstellen der Druckleitung während des
Betriebes ganz unempfindlich ist, im Gegensatz zu den Kolbenpumpen, bei
welchen durch die dann eintretende Drucksteigerung Beschädigung von Leitung oder Pumpe zwangsläufig eintreten muß; dadurch ist die Möglichkeit

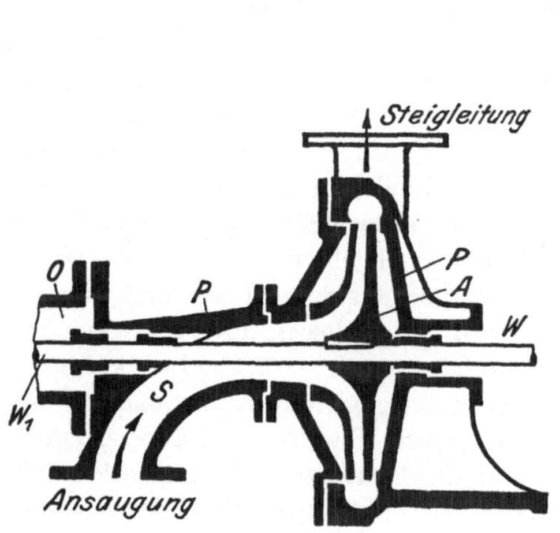

Fig. 16. Einseitig
ansaugende Fliehkraftpumpe.

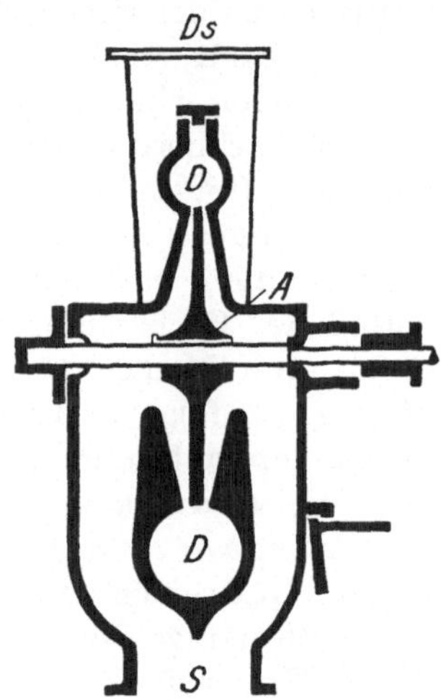

Fig. 17. Doppelseitig
ansaugende Fliehkraftpumpe.

gegeben, die Förderleistung der Pumpe mittels in die Druckleitung eingebauter Schieber beliebig einzustellen, wobei sich der Kraftbedarf der Pumpe
selbsttätig der jeweils geförderten Flüssigkeitsmenge anpaßt.

Allen Fliehkraftpumpen muß die zu fördernde Flüssigkeit entweder zufließen, oder die Pumpe muß vor der Ingangsetzung mit Flüssigkeit gefüllt
werden, um in Wirkung treten zu können; dies kann entweder durch Zufließenlassen von Flüssigkeit erfolgen — in der Saugleitung muß dann ein
Saugventil eingebaut werden, um ein Ausfließen dieser zugefüllten Flüssigkeit zu verhindern — oder dadurch, daß man bei Stillstand der Pumpe mittels
eines Injektors Unterdruck erzeugt und, sobald die Saugseite der Pumpe
gefüllt ist, die Pumpe in Betrieb setzt; in diesem Fall entfällt das Saugventil
in der Saugleitung.

Die Fliehkraftpumpen haben sich eingeführt trotz des etwas höheren
Kraftverbrauches zufolge des tiefer liegenden Wirkungsgrades: er beträgt
für Pumpen mit großer Leistung etwa 0,7 und für Pumpen kleinerer Leistung
etwa 0,6, ist also wesentlich geringer als der Wirkungsgrad der Kolben- und

Plungerpumpen, und daraus ergibt sich der höhere Kraftverbrauch dieser Art von Pumpen. Diesem Nachteil stehen aber sehr gewichtige Vorteile gegenüber, die neben der bereits erwähnten leichten Regelbarkeit der geförderten Flüssigkeitsmenge in dem billigen Preis, dem bequemen Antrieb durch **direkten Anschluß** an schnell laufende Motoren und dem geringen Platzbedarf der Pumpe zu suchen sind.

Die Fliehkraftpumpen werden in erster Linie für große Fördermengen benutzt, weniger empfehlenswert scheint ihre Verwendung bei sehr starken Schwankungen in der Fördermenge sowie bei kleinen Förderleistungen und großen Förderhöhen.

Je nach der zu überwindenden Förderhöhe unterscheidet man dann zwischen den **Niederdruckzentrifugalpumpen** bis etwa 20 m Förderhöhe und in den **Hochdruckzentrifugalpumpen** mit Förderhöhen über 20 m; um eine zu große Abnutzung der Leitschaufeln zu verhüten, baut man dann die Pumpen für Förderhöhen über 30 m gewöhnlich **mehrstufig** und ordnet bis zu sieben Stufen nebeneinander an, um schließlich für sehr große Förderhöhen zwei solcher Pumpen hintereinanderzuschalten und dann auf beliebige Förderhöhen übergehen zu können. Fliehkraftpumpen, welche zur Förderung unreiner Flüssigkeiten dienen, sind stets mit **Reinigungsöffnungen** oder besser noch mit **geteiltem Gehäuse** oder mit **Gehäuse mit Klappdeckel** versehen.

c) Membranpumpen.

Auf die Notwendigkeit einer besonderen Auswahl des Werkstoffes für die Pumpen in der chemischen Industrie ist bereits hingewiesen worden; Verbleiung, Auskleidung mit Hartgummi, gegebenenfalls auch Anfertigung der mit der zu fördernden Flüssigkeit in Berührung kommenden Pumpenteile aus säurebeständigen oder sonstwie widerstandsfähigen Werkstoffen bieten hierzu Möglichkeiten; am schwierigsten ist die Anbringung solcher Überzüge an dem bewegten Kolben, auch läßt sich hier eine Berührung zwischen Flüssigkeit und Stopfbüchse nicht ausschließen. Man verwendet in solchen Fällen mit Vorteil die sog. **Membranpumpe,** wie sie in Fig. 18 schematisch in einer Ausführungsform dargestellt ist. Bei allen diesen Pumpen ist zwischen dem Zylinderende Z und dem Ventilgehäuse V eine Platte aus elastischem Material,

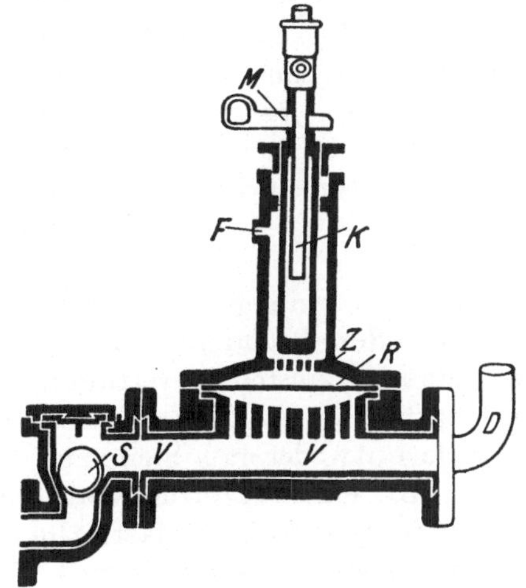

Fig. 18. Membranpumpe.

eine Gummimembran, eingeschaltet, welche sich in einem flachlinsenförmigen Raum R bewegen kann und oben und unten gegen die Wölbungen des Raumes anschlägt, also nicht über Gebühr beansprucht werden kann. Durch zahlreiche zylindrische Öffnungen steht dieser Raum R einerseits mit dem Zylinder, andererseits mit dem Ventilgehäuse in offener Verbindung. Wird nun im Zylinder durch Hochgehen des Plungers Unterdruck erzeugt, so wird die Platte hochgesogen, dadurch entsteht Unterdruck im Ventilgehäuse, es findet Ansaugung von Flüssigkeit statt; beim Niedergehen des Plungers überträgt sich der im Zylinder entstehende Druck auf die Membran, dieselbe wird gegen die untere Wölbung der Kammer R gedrückt, die dadurch eintretende Verminderung des Volumens überträgt sich auf das Ventilgehäuse und drückt die in ihm befindliche Flüssigkeit über das Druckventil D in die Förderleitung; Saugventil S und Druckventil D sind als Kugelventile ausgebildet, verwendet werden Eisenkugeln oder Eisenkugeln, die mit Hartgummi überzogen sind.

Sowohl Saugventil wie Druckventil sind leicht zugänglich und, wie in der Figur angedeutet ist, mit leicht abnehmbaren Deckeln versehen, welche mittels eines Bügelverschlusses festgeschraubt und angedichtet werden.

Die Pumpe ist mit einer Füllvorrichtung versehen, welche bei F angeschlossen ist, und die gleichzeitig auch als Sicherheitsventil wirkt, um Überbeanspruchung des Zylinders zu verhindern; der Zylinder wird vor Inbetriebnahme der Pumpe mit Wasser gefüllt, die Kraftübertragung vom Plunger auf die Membran ist also eine hydraulische; M, das sog. „Schwert“, ist die Einrück- bzw. Abstellvorrichtung: die vielfach zwangsläufig über einen Exzenter mit der Wellenleitung verbundene Pumpe wird dann dadurch eingeschaltet, daß man mittels dieses Schwertes M die Plungerstange mit dem Plunger verbindet, wodurch die auf- und niedergehende Bewegung der ersteren auf den letzteren übertragen wird; soll die Pumpe abgeschaltet werden, so zieht man M heraus und die Plungerstange K gleitet nun lose in der Führung im Plunger, ohne denselben in Bewegung zu setzen. Derartige Membranpumpen sind insbesondere auch häufig zur Füllung von Filterpressen im Gebrauch. In ihrem Wesen sind sie Kolben- oder richtiger Plungerpumpen in besonderer Anpassung an die Bedürfnisse der chemischen Industrie.

d) Steinzeugpumpen.

In noch weitergehendem Ausmaße kommen die aus Steinzeug gefertigten Pumpen den Bedürfnissen der chemischen Industrie entgegen, über Pumpen aus einem Baustoff zu verfügen, der gegen chemischen Angriff weitgehend unempfindlich ist; dadurch, daß hier als Baustoff nur Steinzeug und für die Ventile entweder auch Steinzeug — geschliffene Kugeln — oder aber Steinzeug mit einem Überzug von Gummi verwendet wird, eignen sich diese Pumpen praktisch für fast alle in Frage kommenden Flüssigkeiten; der Pumpenkörper wird hierbei mit eisernen Bandagen versehen, um ihn gegen mechanische Beanspruchung widerstandsfähiger zu machen. Über die Wirkungsweise dieser Pumpen ist besonderes nicht mitzuteilen.

Schließlich sei noch erwähnt, daß man in ähnlicher Weise wie bei den Membranpumpen einen Abschluß der bewegten Pumpenteile — Plunger — vor der zu fördernden Flüssigkeit auch dadurch erreicht hat, daß man mit einer

Ölfüllung arbeitet, welche dann (vgl. die Ausführungen über die Membranpumpe) an Stelle dieser Membran tritt, so daß der Raum R und der Zylinder ständig mit Öl gefüllt bleiben und ein Zutritt der geförderten Flüssigkeit zum Plunger nicht stattfinden kann, da das Öl sich mit der durchgepumpten Flüssigkeit nicht vermischt, sondern dauernd über derselben stehen bleibt.

B. Förderung mit direktem Dampf, mit Luft oder Wasser.

1. Dampfstrahlapparate.

Der aus dem Kesselbetrieb bekannte **Dampfinjektor** ist eine Vorrichtung, welche mittels einer oder mehrerer hintereinander geschalteter Düsen — **ein- und zweidüsige Injektoren** — Luft ansaugt, dadurch in der Saugleitung über der zu fördernden Flüssigkeit Unterdruck erzeugt, diese ansaugt und dann mit dem Dampfstrom weiter fortdrückt.

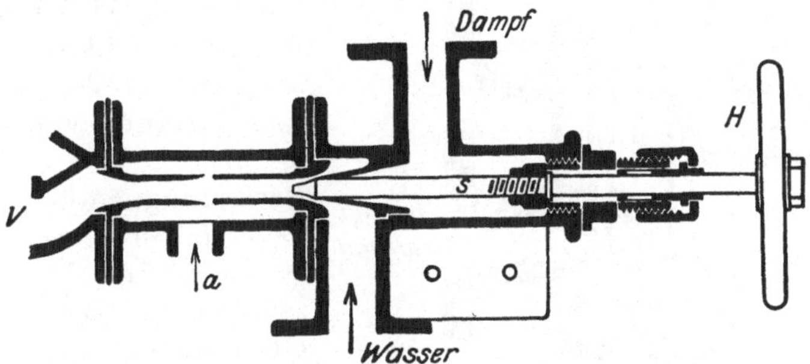

Fig. 19. Eindüsiger, saugender, liegender Dampfinjektor.

Ein einfacher **eindüsiger, saugender, liegender Injektor** ist in der Fig. 19 dargestellt. Zur Inbetriebsetzung des Injektors läßt man zunächst das im Dampfrohr befindliche Kondenswasser ab, indem man durch Herausdrehen der Spindel s mittels des Handrades H solange Dampf durch den Injektor gehen läßt, bis Dampf bei a ausströmt; hierauf schraubt man die Spindel langsam wieder zu, so lange, bis der Injektor Flüssigkeit ansaugt, welche zunächst ebenfalls bei a ausfließt; nun erst dreht man die Spindel langsam wieder heraus, gibt mehr Dampf, bis der Injektor zu arbeiten beginnt, was sofort an dem eigenartigen Geräusch erkennbar ist; die angesogene Flüssigkeit wird nun weitergedrückt und gelangt über ein in der Zeichnung nur angedeutetes Rückschlagventil V in die Druckleitung. Für das Weiterdrücken der Flüssigkeit ist deren Temperatur belanglos, solange nicht der Dampfdruck über den Druck des Injektordampfes hinausgeht; anders liegen die Verhältnisse für das Ansaugen, da hier mit steigender Temperatur der anzusaugenden Flüssigkeit deren Dampfdruck in gleicher Weise störend wirken muß, wie dies bei den Pumpen besprochen wurde; nichtsdestoweniger gestatten gut wirkende Injektoren die Ansaugung von Wasser bis zu etwa 60°. Eine Unzulänglichkeit dieser einfach wirkenden Injektoren ist darin gelegen,

daß dieselben beim Eintreten von Luft in die Saugleitung sofort „abschlagen",
d. h. zu arbeiten aufhören, und dann neu eingestellt werden müssen, also
ständiger Überwachung bedürfen; deshalb sind sie heute allgemein durch
die sog. **Universal- oder Doppelinjektoren** ersetzt, deren Wirkungsweise an
Hand der Fig. 20 besprochen sei. Durch die leichte Drehung eines in der
Figur nicht gezeichneten Handhebels wird zunächst etwas das Ventil V gelüftet, Dampfzutritt freigegeben und Ansaugung von Flüssigkeit eingeleitet,
die aber zunächst über M über den Hahn E noch ins Freie austreten kann;
wird der Hebel dann langsam weitergedreht, so schließt sich der Hahn E

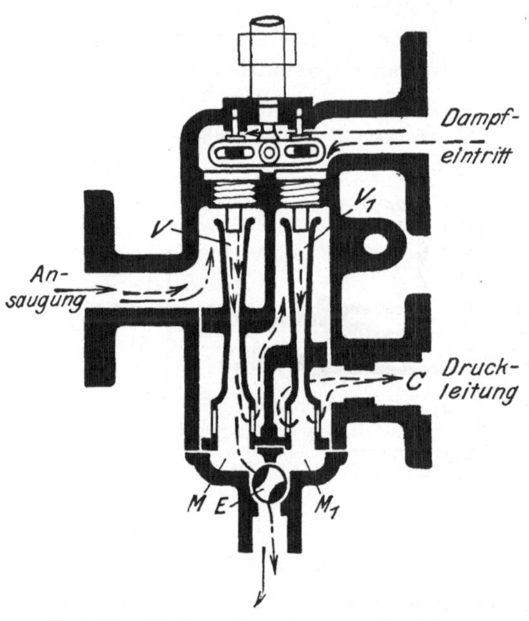

Fig. 20. Universal- oder Doppelinjektor.

gegen M, die Flüssigkeit kann
nicht mehr frei austreten über
M, sondern wird gezwungen, in
V_1 unter Druck einzutreten und
dann über M_1 ins Freie auszutreten[1]; bei weiterem Drehen des
Handhebels wird dann der Hahn
E ganz geschlossen und gleichzeitig das große Dampfventil V_1
ganz geöffnet, worauf das Wasser über C, wo gewöhnlich ein
Rückschlagventil eingebaut ist,
weitergedrückt wird. Es findet
demnach eine Arbeitsteilung
zwischen den beiden zusammen-
gebauten Injektoren in der Weise
statt, daß der eine Injektor V die
Ansaugung des Wassers besorgt
und dasselbe, mit einem bereits
geringen Überdruck versehen,
dem zweiten Injektor V_1 zuführt, der dann nur mehr die
Druckarbeit zu leisten hat; das hat auch zur Folge, daß für die Ansaugung
nur wenig Dampf verwendet werden muß, die Temperatur der zu fördernden
Flüssigkeit nur wenig gesteigert wird, mithin von heißeren Flüssigkeiten ausgegangen werden kann.

Für das klaglose Arbeiten des Injektors ist dessen richtiger Einbau von
großer Bedeutung: vermieden werden muß vor allen Dingen zu enge Rohrleitung mit starken Krümmungen auf der Saugseite, weil durch sie Wider-
stände hereingebracht werden.

Nach dem gleichen Prinzip wie die Injektoren arbeiten die **Dampfstrahlapparate** oder **Elevatoren** zum Heben beliebiger Flüssigkeiten mit Hilfe von
direktem Wasserdampf, nur daß bei ihnen bewegte Teile überhaupt in Fort-
fall kommen und die Bauart sehr vereinfacht ist; je nach der Bauart unterscheidet man auch hier zwischen Elevatoren für geringe Saughöhen bzw.

---

[1] Stellung von E wie in der Figur.

zufließende Förderflüssigkeit und solchen, welche auf größere Ansaughöhen eingestellt sind; gute Dampfstrahlapparate gestatten auch heiße Flüssigkeiten zu fördern, sie sind auch unempfindlich gegen feste und sandige Bestandteile in der Flüssigkeit — Verwendung der Dampfstrahlapparate zum Heben von Maischen, Flüssigkeiten mit Niederschlägen —, und die dadurch abgenutzten Teile können leicht ausgewechselt werden. Überall, wo gespannter Dampf zur Verfügung steht und die durch das Injektorwasser eintretende Verdünnung in Kauf genommen werden kann, bietet sich diesen Apparaten eine ungemein vielseitige Verwendung.

Nach dem gleichen Prinzip wie die Dampfstrahlapparate arbeiten auch die **Wasserstrahlapparate**, deren allgemein bekannter Vertreter im Laboratorium die Wasserstrahlpumpe ist, die ja auch dort sowohl zum Saugen, als auch zur Erzeugung von Überdruck — Gebläseluft — verwendet wird. Nur daß hier an Stelle der Förderung von angesaugter Luft die Förderung von Flüssigkeiten tritt; bei einem Wasserdruck von 3 bis 4 Atm., wie er für Nutzwasserleitungen als normal angenommen werden kann, ist mit diesen Wasserstrahlpumpen eine Förderhöhe von etwa 4 m zu erreichen, dabei verdünnt sich die geförderte Flüssigkeit durch das Druckwasser etwa auf das Doppelte.

2. Druckfässer, Druckbirnen, Montejus.

Eine sehr bequeme Art des Transportes von Flüssigkeiten bieten die sog. **Druckfässer, Druckbirnen,** oder auch **Montejus, Saftheber** genannt. Diese bestehen gewöhnlich aus zylindrisch geformten druckdichten Gefäßen, die mit der zu fördernden Flüssigkeit gefüllt werden und ein bis auf ihren Boden reichendes Steigrohr besitzen; ist die Füllung vorgenommen, so wird Druck mittels gespannten Dampfes oder mittels Druckluft gegeben und dadurch die im Druckfaß befindliche Flüssigkeit in die Steigleitung hinaufgedrückt. Manometer zur Ablesung des jeweils im Druckfaß herrschenden Druckes und fallweise auch Wasserstandsanzeiger dienen zur Kontrolle der Vorgänge und ergänzen die Ausrüstung. Man verwendet dann Dampf in erster Linie zur Förderung heißer Flüssigkeiten — bei kalten Flüssigkeiten tritt naturgemäß starke Kondensation des Dampfes und damit Verdünnung der Flüssigkeit ein! — Luft für heiße oder kalte Flüssigkeiten; die Preßluft wird mittels eines Kompressors erzeugt, den man aber nicht direkt auf das Druckfaß, sondern über einen Luftkessel arbeiten läßt, um starke Druckschwankungen zu vermeiden und gleichzeitig auch die Reinigung der Preßluft von öligen Beimengungen usw. zu erreichen; überdies hat die Einschaltung eines solchen Luftkessels den Vorteil, daß mit einer einzigen Preßluftanlage eine Reihe solcher Druckfässer, welche den verschiedensten Zwecken dienen, betrieben werden können.

In ihrer einfachsten Ausführung werden diese Druckfässer aus Schmiedeeisen gemacht, für kleine Ausführungen auch aus Gußeisen; handelt es sich um die Förderung von Flüssigkeiten, welche diesen Baustoff angreifen würden, so müssen entweder solche Baustoffe verwendet werden, welche den Bedürfnissen des besonderen Falles angepaßt sind, oder aber man kleidet das Druck-

faß mit dichten Überzügen aus widerstandsfähigem Stoff aus: Überzüge aus
Kupfer, Nickel, Silber, Blei, Zinn, Weich- oder Hartgummi, schließlich Steinzeug bieten die Möglichkeit hierzu: bei Bleiauskleidungen ist Rücksicht darauf
zu nehmen, daß durch die ständigen Druckwechsel hier leicht ein Ablösen
des weichen Materials von den Wandungen des Druckfasses eintreten kann;
darum ist homogene Verbleiung sicherer, aber auch wesentlich teurer. Weitest-
gehenden Ansprüchen gegen chemischen Angriff und die dadurch auch bewirkte Verunreinigung der geförderten Laugen und Flüssigkeiten genügen
Steingutgefäße, die aber empfindlich gegen mechanische Beanspruchung sind
und leicht zu Bruch gehen; überdies verbietet die geringe Widerstandsfähigkeit und hohe Empfindlichkeit solcher Steinzeuggefäße in vielen Fällen deren
Verwendung zur Bewältigung großer Flüssigkeitsmengen.

Wenig bekannt, aber von allgemeinster Verwendung sind dann Druckfässer, welche sehr guten Schutz gegen Verunreinigung der Förderflüssig-
keiten bieten, und die dadurch aus ganz einfachen eisernen Druckzylindern
hergestellt werden können, daß man in das eiserne Druckfaß einen Holzbottich einbringt und den Zwischenraum zwischen Eisenmantel und Außen-
seite des Holzfasses oder Holzbottiches mit Zement vergießt; dadurch ist
bei Verwendung von Holz, welches insbesondere gegen Verunreinigung empfindlicher Salzlösungen usw. vielfach mit großem Vorteil benutzt werden kann,
auch die Anwendung starker Drucke zum Fördern möglich, wie sie insbesondere
dann notwendig werden, wenn das Druckfaß nicht allein zum Heben der
Flüssigkeit dienen soll, sondern direkt an eine Filterpresse angeschlossen ist,
also mit dem unter Umständen recht erheblichen Arbeitsdruck derselben belastet werden muß.

Gegebenenfalls kann man auch die eisernen Druckfässer in bekannter
Weise unter Zwischenbringung einer Zementschicht mit Steinplatten oder
auch mit Glasplatten auskleiden, in ähnlicher Weise, wie dies für große Wein-
lagergefäße aus Beton heute an Stelle der großen Holzlagerfässer allgemein
gebräuchlich ist.

Der obere Boden des Druckfasses trägt dann neben dem bereits erwähnten
Manometer und dem Steigrohr noch eine abschließbare Zuführung für die
Förderflüssigkeit — bei großen Druckfässern vielfach ein Mannloch, welches
gleichzeitig zum Befahren des Druckfasses dienen kann und durch welches
mittels eines Schlauches oder einer Rohrleitung das Druckfaß gefüllt wird —
und schließlich noch eine Hahnleitung zum Ablassen der Druckluft nach vor-
genommenem Drücken.

Druckfässer aus Werkstoff, der zu Bruch gehen kann, wie aus Steinzeug,
sollten aus Sicherheitsgründen stets in ein Drahtgewebe nicht zu geringer
Stärke eingeflochten werden, um einem Herumfliegen der Bruchstücke bei
einem etwaigen Zerplatzen vorzubeugen.

Wird das Druckfaß zum Drücken von heißen Flüssigkeiten benutzt,
deren Wärme erhalten bleiben soll — Hochdrücken von leicht krystallisierenden Lösungen — so wird für dessen **Vorwärmung** dadurch gesorgt, daß man
eine gewisse Zeitlang Dampf hindurchstreichen läßt und durch diese Anwär-

mung eine zu rasche Abkühlung der Förderflüssigkeit und die Bildung von Krystallausscheidungen verhindert.

Bezüglich der **Aufstellung von Druckfässern** sollen folgende allgemeine Gesichtspunkte nicht übersehen werden: die vielfach übliche Aufstellung der Druckfässer an den tiefsten Stellen des Betriebes, um alle hochzudrückenden Flüssigkeiten in ihnen durch Zufließenlassen zu sammeln und dann einfach hochdrücken zu können, bietet den Vorteil gewisser Arbeitsersparnisse und auch Vorteile betriebstechnischer Art; ihnen steht aber der schwerwiegende Nachteil gegenüber, daß sie mit der Versenkung der Druckfässer erkauft werden müssen, und daß dann eintretende Undichtigkeiten oft lange nicht erkannt werden und es unter Umständen zu recht erheblichen Flüssigkeitsverlusten kommen kann. Von diesem Gesichtspunkt aus betrachtet ist es zweckmäßiger, die Druckfässer so aufzustellen, daß fallweise eintretende Undichtigkeiten sofort an dem Lecken des Druckfasses erkannt werden; geschieht dies nicht, so soll das versenkte Druckfaß durch wiederholtes Abdrücken laufend auf seine Dichtigkeit geprüft werden.

Die Druckfässer stellen eine ungemein bequeme, einfache und sichere Form der Flüssigkeitsförderung bzw. auch der Versorgung der Filterpressen mit dem Filtriergut vor; im letztgenannten Fall gegebenenfalls auch in Form von Druckfässern mit eingebautem Rührwerk, dessen Welle durch Stopfbüchse gut gegen den Deckel abgedichtet wird. Wenngleich der Arbeitsaufwand für das Heben von Flüssigkeiten auf diese Art erheblich größer ist als bei den mit sehr hohem Wirkungsgrad arbeitenden Pumpen, so bietet die zentrale Versorgung einer Reihe von solchen Anlagen mit einer einzigen Luftpumpe in Verbindung mit dem einfachen Betrieb der Druckfässer, die ja gar keine beweglichen, also abnutzbaren und zu Verunreinigungen Anlaß gebenden Teile enthalten, so wertvolle Vorteile, daß man sie in der chemischen Technik ganz allgemein benutzt. Dazu kommt, daß — eben wegen Fehlens bewegter Teile und der ungemein einfachen Bauart — die Werkstofffrage hier viel leichter gelöst werden kann als bei den maschinellen Fördervorrichtungen der Pumpen, und darum haben sich die Druckfässer auch in erster Linie für die Förderung ätzender und zerstörender Flüssigkeiten eingeführt. Ein Nachteil ist die von Hand aus vorzunehmende Bedienung und Überwachung, die noch bei großen Einheiten in Kauf genommen werden kann, nicht aber bei kleinen Einheiten, wie sie aus betriebstechnischen Gründen vielfach auch für die Förderung großer Flüssigkeitsmengen angewendet werden müssen.

Die Automatisierung kann hier wesentliche Vorteile bieten, und sie ist dann auch in den sog. Pulsometern vorgenommen worden.

3. Pulsometer.

Sie sind zunächst zur Förderung von Wasser verwendet worden, für welchen Zweck sie in einer Reihe von Fällen dadurch den Vorzug gegenüber den wärmewirtschaftlich besser arbeitenden Kolbenpumpen verdienen, daß sie außer den Ventilen keine dem Verschleiß ausgesetzten bewegten Teile besitzen, daß mithin auch stark verunreinigte Flüssigkeiten gefördert werden

können, und daß sie keinerlei Fundamente verlangen, sondern in freier Aufhängung überall sofort in Tätigkeit gesetzt werden können, ein Vorteil, der
besonders dann in Erscheinung tritt, wenn es sich um die Entleerung von
Gruben, Kellern usw. handelt; da kein maschineller Antrieb vorhanden ist,
genügt die Verfügbarkeit von gespanntem Dampf, dessen Druck um 1 bis
2 Atm höher sein muß als der entsprechende Druck der Förderhöhe, auf welche
gearbeitet wird.

Diese Pulsometer bestehen aus zwei birnenförmigen Pumpenkammern —
daher auch der Name **Druckbirne** — mit einem Saugraum und einem Druckraum und einem Saugwindkessel, die gewöhnlich aus einem Stück gegossen
sind; die verjüngten Hälse der Pumpenkammern vereinigen sich dann
zum sog. Steuerkopf, in welchem das Steuerorgan untergebracht ist, der
untere Teil des Pulsometers enthält neben dem Fußventil auch noch je
zwei Druck- und Saugventile.

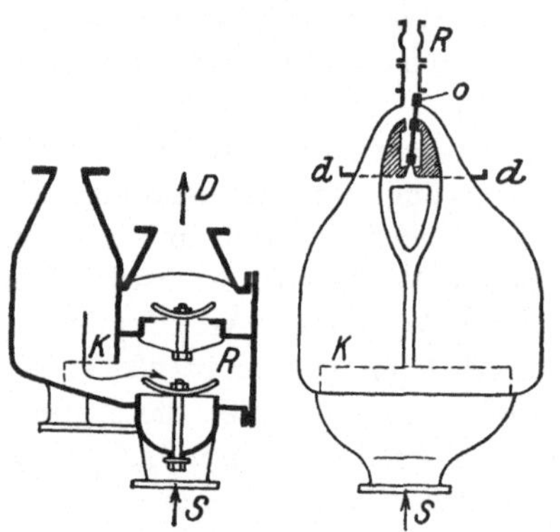

Fig. 21. Pulsometer.

Die Arbeitsweise des Pulsometers in
seiner ursprünglichen Form sei anschließend an Hand der Fig. 21 skizziert. Wird
das Dampfzuströmventil R geöffnet, so
strömt Dampf ein; zwischen den Hals der
beiden Kammern ist nun eine Steuervor-
richtung o derart eingebaut, daß sie immer
den Zugang zu der einen der beiden Kammern freigibt und gleichzeitig den Zugang zur anderen Kammer verschließt;
der Dampf tritt in einer der beiden mit
Wasser gefüllten Kammern ein und drückt
das Wasser weiter in der Richtung nach
der angebauten Druckkammer R — vgl. die linke Seite der Figur! — und aus
dieser über das Druckventil in die Steigleitung; sobald der Flüssigkeitsspiegel
die Kante k erreicht, tritt eine plötzliche Vergrößerung der Flüssigkeitsoberfläche ein, der Dampf streicht ruckweise rascher, dadurch wird die Klappe o —
vgl. den rechten Teil der Figur — mitgerissen und legt sich über die Zuführung
zur linken Kammer, die eben leer gedrückt wurde, so daß hier keine weitere
Dampfzufuhr in diese Kammer mehr stattfindet, der Dampf vielmehr nach
der rechten noch gefüllten Kammer geleitet wird und nun dort das Wasser
über den Druckraum in die Steigleitung solange preßt, bis auch hier durch
die plötzliche Vergrößerung seiner Durchströmungsgeschwindigkeit die
Klappe o wieder herübergerissen wird und den entleerten Raum gegen weitere
Dampfzufuhr abschließt. Der in der Kammer eingeschlossene Dampf gelangt zur Kondensation, und es stellt sich dadurch in der Kammer Unterdruck
ein, unter diesem öffnet sich selbsttätig das Saugventil und läßt Wasser über S
eintreten; um ein möglichst gleichzeitiges Arbeiten in beiden Kammern,
in denen also immer Saug- und Druckperiode nebeneinander gehen, einzustellen, wird dann nach Entleerung jeder Kammer, die nun mit Dampf gefüllt ist, durch nicht gezeichnete Rohre Wasser eingespritzt, welches zu einer

raschen Kondensation des Wasserdampfes und dem damit verbundenen Ansaugen von Wasser über S führt; d, die sog. „**Schnüffelventile**" dienen dazu, um durch Lufteintritt die sonst sehr heftigen Kondensationsstöße abzuschwächen.

Diese Form der Flüssigkeitsförderung hat trotz des hohen Dampfverbrauches sehr starke Anwendung in der chemischen Industrie gefunden, so z. B. zum Abteufen von Brunnen, zum Auspumpen der Ammoniakwässer- und der Teergruben, in den Zuckerfabriken zum Heben der Melasse und des Schnitzelwassers, in einer Reihe von Sonderkonstruktionen dann als **Säureautomat** usw., auch für Flüssigkeiten, deren Förderung zufolge ihres starken Angriffes auf Metalle die Anwendung von Pumpen verbietet oder doch untunlich erscheinen läßt.

4. Druckluftheber, Druckheber, Sauglaftheber, Säureautomaten usw.

Nach der eben beschriebenen Arbeitsweise arbeiten eine Reihe von Vorrichtungen, bei denen aber dann **statt Dampf vielfach auch Druckluft** verwendet wird, durch die weder eine Erwärmung noch eine Verdünnung der zu fördernden Flüssigkeit eintritt; hierher gehören die oben genannten Hebevorrichtungen, welche insbesondere **als Säureautomaten** starke Anwendung gefunden haben.

Hier wird ein Druckgefäß mit der zu fördernden Flüssigkeit durch Zulaufenlassen gefüllt und nach vorgenommener Füllung der Inhalt durch Zuströmenlassen von Preßluft weitergedrückt, worauf sich selbsttätig wieder die Füllung einstellt und wieder Fortdrücken erfolgt usw. Das Abstellen der Druckwirkung kann dann, wie bei den eben beschriebenen Dampfpulsometern, zwangsläufig, also durch irgendwelche Steuerungsorgane geschehen, oder aber auch selbsttätig wie bei dem **Pulsometer nach Laurent,** welches zuerst an Hand der Fig. 22 beschrieben sei: es besteht aus einem stehenden oder liegenden Druckgefäß A, welches seitlich die Zuführung b hat, durch welche aus einem nicht zu engen Rohr r über das Rückschlagventil v aus einem höher gelegenen Vorratsgefäß, welches nicht gezeichnet ist, die zu fördernde Flüssigkeit selbsttätig zufließt; wird dann durch das Druckrohr d Preßluft zugeführt, so findet Schließen des Rückschlagventils v statt und die Preßluft drückt die Flüssigkeit aus dem Druckgefäß A in die Steigleitung st und führt sie über diese der weiteren Verwendung zu; soll das leergedrückte Gefäß A wieder mit neuer Flüssigkeit gefüllt werden, so darf eine weitere Einwirkung

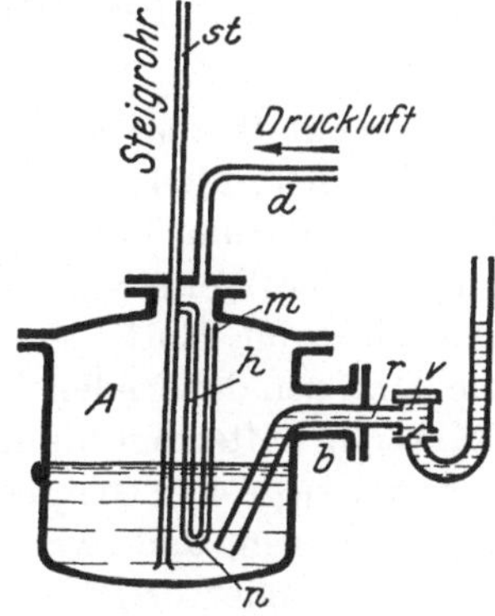

Fig. 22.
Pulsometer nach Laurent.

der Druckluft nicht stattfinden; in sehr sinnreicher Weise ist die Steuerung der Luftzufuhr dann dadurch geregelt, daß das Steigrohr mit einem Heberrohr h verbunden ist; ist z. B. das Druckgefäß A mit Flüssigkeit gefüllt und strömt Druckluft über d zu, so drückt diese die Flüssigkeit hoch, und zwar solange, bis der Flüssigkeitsspiegel bis zur Höhe von n gesunken ist: dann entweicht die Druckluft durch das Heberrohr h nach der Steigleitung st und im Gefäß A stellt sich der normale Druck ein; auch bei weiterem Durchströmen der Preßluft kann dieselbe ohne Drucksteigerung in A dauernd über m durch das Überrohr h nach dem Steigrohr entweichen, und zwar solange, bis durch Zufließen von Flüssigkeit über b die Flüssigkeitssäule hochgestiegen ist bis m: dann kann der Heber h nicht mehr als Umgehungsleitung wirken, die Preßluft kann nicht mehr entweichen, sondern steigert den Druck in A, führt zum Verschluß von v und nun beginnt wieder das Abdrücken solange, bis der Flüssigkeitsspiegel herabgesunken ist bis n. Diese Form des Druckfasses arbeitet also unter dauerndem Durchströmen von Preßluft und benötigt keinerlei Steuerorgane; notwendig ist nur — wie bei allen Hebervorrichtungen und z. B. auch bei dem im Labor üblichen Soxhletapparat —, daß der Heber richtig dimensioniert ist, um zu verhüten, daß beim Erreichen der Flüssigkeitshöhe von m durch die Heberleitung ein Gemisch von Luft und Flüssigkeit abströmt. Gewisse Schwierigkeiten bietet nur die Zuführung der Druckluft: da diese ja ständig durch den Apparat hindurchgehen muß, also auch dann, wenn keine Flüssigkeit gehoben wird, sondern A sich mit solcher füllt, darf die Menge Druckluft, welche während dieser Stillstandsperiode hindurchgeht, nicht zu groß sein, um nicht unnötigen Aufwand an Druckluft zu bewirken; andererseits darf die Strömungsgeschwindigkeit der Druckluft aber auch nicht zu klein sein, weil sonst die Entleerung des Druckfasses zu lange dauert, seine Leistung also ungebührlich absinken würde. Man hat darum Vorrichtungen angebracht, welche eine selbsttätige Regelung in der Weise vornehmen, daß durch Druckschwankungen, die sich im Betrieb beim Entleeren ergeben, Drosselvorrichtungen ausgelöst werden, die dann den dauernden Luftstrom gering halten und nur beim Drücken einen stärkeren Luftstrom hindurchgehen lassen. Oder aber man verwendet, wie bei der zweiten großen Gruppe von solchen Druckapparaten, eben doch Steuerungsvorrichtungen, und zwar Schwimmer, und gelangt dann zu den **Pulsometern mit Schwimmervorrichtung,** von welchen anschließend das in der chemischen Industrie zum Drücken von Säure stark verbreitete **Kestnerpulsometer** in seinen Grundzügen besprochen werden soll.

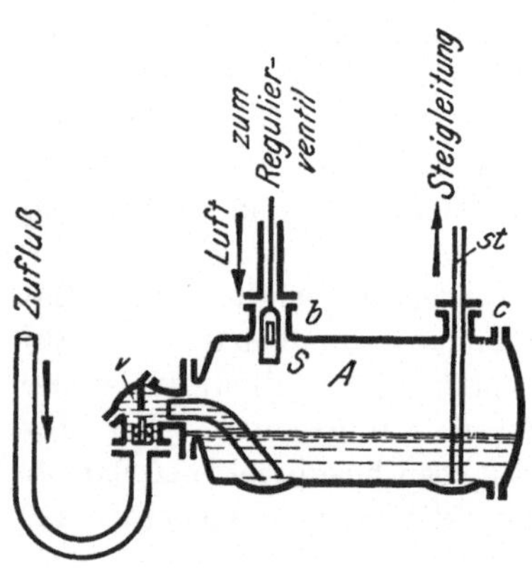

Fig. 23.   Kestnerpulsometer.

In der Fig. 23 ist ein liegendes Pulsometer dargestellt, bestehend aus einem Kessel, welchem durch einen der beiden Stirnböden — der zweite ist abnehmbar eingerichtet, um das Pulsometer reinigen und befahren zu können — die zu fördernde Flüssigkeit aus einem höher gestellten Behälter über ein Rückschlagventil v zufließt; der Kessel trägt zwei Stutzen b und c, von welchen c

zur Aufnahme der bis zum Kesselboden reichenden Steigleitung dient, während
b die Druckluftleitung und gleichzeitig auch die Stange eines Schwimmers *S*
aufnimmt, welche eine in der Zeichnung nicht wiedergegebene Steuervorrich-
tung betätigt; solange das Druckfaß leer ist, befindet sich der Schwimmer in
Tiefstellung, das Druckluftventil ist geschlossen, die zu fördernde Flüssigkeit
kann dem Druckfaß selbsttätig zufließen; sie steigt allmählich und hebt dabei
den Schwimmer hoch, bis schließlich das Druckfaß mit Flüssigkeit gefüllt
ist: der Schwimmer befindet sich in der in der Figur angegebenen Höchstlage,
er löst in dieser die Regulierung der Preßluftzuführung aus, Preßluft tritt in
den Kessel, das Rückschlagventil *v* schließt sich und die Preßluft drückt die
Flüssigkeit über die Steigleitung aus dem Druckfaß hoch; mit dem Sinken
der Flüssigkeit in *A* sinkt auch der Schwimmer, bis er beim Anlangen in seiner
Tiefstellung die Zufuhr von Preßluft wieder drosselt und neue Füllung des
Druckfasses selbsttätig durch Zuströmen aus dem Vorratsgefäß erfolgen kann.

Ohne auf Einzelheiten einzugehen, sei hier nur erwähnt, daß es eine ganze
Reihe solcher sinnreicher Bauarten gibt, die aber alle nach der einen oder
anderen der beiden gekennzeichneten Arbeitsweisen wirken; für ätzende
Flüssigkeiten werden vielfach Bauarten aus Steinzeug oder auch aus Glas
verwendet.

C. Leitungen, Absperrvorrichtungen und anderes.

1. Leitungen.

Im allgemeinen werden die Leitungen aus einzelnen Rohrstücken zusammen-
gesetzt, die auf verschiedene Weise verbunden werden können; den Richtungsänderungen in den Leitungen trägt man durch sog. **Rohrkrümmer**
Rechnung, scharfe Ecken werden nach Möglichkeit vermieden, da sie Anlaß
zu Stauungen geben und nur dort angewendet werden sollen, wo rascheres
Fließen und stärkere Beanspruchung der Leitung nicht in Frage kommen
kann.

Die Verbindung der einzelnen Rohrstücke kann erfolgen:
1. durch Muffen;
2. durch Flanschenverbindungen und
3. durch Vernieten, Verlöten oder Verschweißen der Rohrenden.

Die billigste und allgemein anzuwendende Verbindung für gußeiserne
Rohre ist der Anschluß mittels **Muffe**, und zwar entweder in der Weise, daß
bei Rohren von größerem Durchmesser das eine Rohrende zur Aufnahme
des anschließenden Rohrendes erweitert ist und in den zwischen den beiden
Rohrenden bestehenden freien Raum eine Dichtung oder **Packung** eingepreßt
wird, oder auch dadurch, daß auf die gleichdimensionierten Rohrenden,
namentlich für Rohre kleineren Durchmessers und geringer Wandstärke,
Gewinde aufgeschnitten werden, worauf die Verbindung der Rohrenden
durch eine **aufgeschraubte Muffe** erfolgt. Fig. 24 zeigt eine Muffenverbindung
für gußeiserne Rohre größeren Durchmessers; ein Rohrende der Rohrstücken
ist in der angedeuteten Weise ausgeweitet, so daß das Ende des anderen Rohres

hineingesteckt werden kann; als Abdichtung dient ein mit Teer getränkter Hanfstrick und Blei, welches eingegossen und verstemmt wird. Derartige Verbindungen werden insbesondere auch für Leitungen aus Tonrohren gebraucht, die Rohre müssen aber so gelagert werden, daß Verschiebungen gegen die Längsachse nicht eintreten können; in Böden, welche nicht tragen, verlegt man sie auf Brettern.

Muffenverbindungen für engere Rohre, insbesondere für Rohre aus Schmiedeeisen oder Stahl, zeigt dann in schematischer Darstellung die Fig. 25, I bis III: entweder wird hier noch — wie in I dargestellt — ein Rohrende ausgeweitet, so daß eine ähnliche Verbindung eintritt, wie sie weiter oben für gußeiserne Rohre beschrieben wurde, nur daß durch die Verschraubung mittels **ein- bzw. aufgeschnittener Gewinde** bereits viel festere Verbindung erreicht wird, oder man verbindet, wie dies in II angegeben ist, indem ein Rohrende ein Innen- und das andere ein Außengewinde erhält, oder man geht schließlich zu der am häufigsten gebräuchlichen Form III über, bei welcher bei beiden Rohrenden je ein Rechts- und ein Linksgewinde aufgeschnitten wird und die darübergeschraubte Muffe eine feste und dichte Verbindung herstellt.

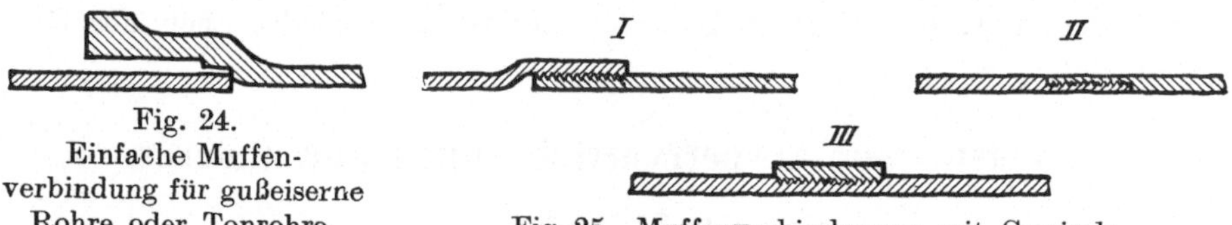

Fig. 24.
Einfache Muffen-
verbindung für gußeiserne
Rohre oder Tonrohre.

Fig. 25. Muffenverbindungen mit Gewinde.

Muffenverbindungen sind die billigste Art der Verbindung von Rohrstücken, sie sind aber mit dem Nachteil behaftet, daß die Lösung der Verbindung viel Zeit in Anspruch nimmt. Im chemischen Betrieb, in welchem solche Lösungen an der Tagesordnung sind, wird man darum Muffenverbindungen nur für fest verlegte Leitungen verwenden, welche keine weiteren Änderungen mehr erfahren sollen; die Anwendung der Muffenverbindungen beschränkt sich im allgemeinen auf eiserne und Stahlrohre, während man für Rohrleitungen aus anderen Werkstoffen, wie Blei, Kupfer, Nickel, Zinn usw. dann zu den **Flanschenverbindungen** übergeht, die zwar teurer sind, aber auch viel zugänglicher als die Muffenverbindungen.

Fig. 26 zeigt einige solcher Flanschenverbindungen, welche in der Weise vorgenommen werden, daß man die zu verbindenden Rohrstücke entweder **umbörtelt**, wie dies in II angegeben ist, zwischen die umgebörtelten Ränder die Dichtung — siehe weiter unten — bringt und dann mittels der übergezogenen **Flanschscheiben** a und a_1 die beiden Umbörtelungen mit der dazwischenliegenden Dichtung zusammenpreßt, bis Abdichtung eingetreten ist. Dieses Anziehen muß stets in der Weise erfolgen, daß zunächst alle Schrauben etwas angezogen und dann langsam hintereinander nachgezogen werden, da die Dichtung sonst durch einseitigen Druck ihre Wirkung einbüßt. Solche Form der Abdichtung mittels umgebörtelter Rohrenden, welchen Flansche hinterlegt werden, ist dann besonders gebräuchlich für Rohrleitungen aus Stoffen,

die leicht zu bearbeiten sind, wie Blei und Kupfer, gegebenenfalls auch Zinn:
hier wird mittels eines Dorns das Rohrende aufgetrieben, zu einem flachen
Rand ausgeklopft und dann die Verbindung hergestellt. Stabiler ist die nach I
angegebene Form, bei welcher der Flansch fest auf dem zylindrischen Rohr-
ende befestigt wird, entweder durch Hartlöten, Anschweißen oder auch durch
Einpressen, wobei dann ein in den Flansch eingeschnittenes Gewinde das
Festsitzen des Flansches am Rohrende unterstützt. Fig. III zeigt eine
Form der Abdichtung solcher Art, bei der aber in dem einen Flansch eine
Aussparung vorgesehen ist, mit welcher eine Ausbuchtung des Gegenflansches
korrespondiert; die Dichtung liegt dann in der flachen Vertiefung des einen
Flansches und kann auch bei starkem Druck nicht herausgeblasen werden.
Auf besondere Ausführungsformen kann hier nicht näher eingegangen werden, nur ein Vorteil der Flanschenverbindungen im chemischen Betrieb sei
hier kurz noch erwähnt: Wechsel in der Art des Betriebes, die hier oft in
Kauf genommen werden müssen, bringen es mit sich, daß ganze Teile des
Leitungsnetzes sowohl für die Dampfverteilung als auch für Flüssigkeits-
bewegungen oder Gas-
transport oft längere Zeit
außer Benutzung sind;
in allen solchen Fällen —
insbesondere bei Dampf-
leitungen auch wegen der
auftretenden Dampfver-
luste —, sollen diese Lei-

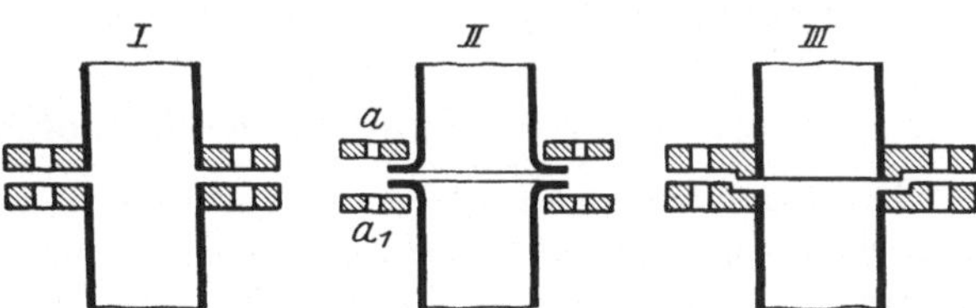

Fig. 26. Flanschenverbindungen.

tungen **abgeflanscht** werden, d. h. sie sollen gegen den in Benutzung befindlichen
Teil des Rohrnetzes dicht abgeschlossen werden. Dies geschieht bei den Flanschverbindungen in einfacher Weise dadurch, daß eine sog. **Blindscheibe** eingezogen
wird; es wird zwischen die beiden Flanschringe nach Lüftung der Schrauben ein
kreisförmiges Blech eingesetzt, welches das Rohr abschließt und dann wieder
verschraubt. Man sollte aber bei dem sehr wünschenswerten Abflanschen
toter Leitungen es niemals unterlassen, sog. „Fahnen" anzubringen: das eingelegte kreisförmige Blech bekommt einen aus der Flanschverbindung herausragenden und deutlich sichtbaren dreieckigen Ansatz, so daß man beim Übergehen der Leitungen ohne weiteres sieht, wo dieselben abgeflanscht sind; geschieht dies nicht, so ergeben sich im Betriebe oft Unzukömmlichkeiten dadurch, daß man vergißt, einen solchen Blindflansch bei Wiederinbetriebnahme
aus der Leitung herauszunehmen, bzw. erst lange suchen muß, wo derselbe
seinerzeit eingesetzt wurde.

Das Dichtungsmaterial.

In erster Linie kommt das für Flanschenverbindungen gebräuchliche
Dichtungsmaterial in Frage; es richtet sich innerhalb sehr weiter Grenzen
nach der mechanischen und chemischen Beanspruchung der Leitungen; für
Wasserleitungsrohre mit Flanschverbindungen wendet man meistens wohl
Gummidichtungen ohne Einlage oder auch **Asbestdichtungen** an; im allge-

meinen finden **Gummidichtungen mit oder ohne Leinwandeinlagen** oder auch **Metalleinlagen, Asbestplatten** oder **Asbestschnüre, Dichtungen aus Bleiplatten, Drahtgewebe mit Mennige oder Schwarzkitt, Bleirohre mit Wolleinlagen** usw. Anwendung; auf dieselben hier näher einzugehen erübrigt um so mehr, als gerade in der chemischen Industrie sich kaum allgemeine Regeln aufstellen lassen, vielmehr in jedem Falle erst dasjenige Dichtungsmaterial ausgewählt werden muß, welches nicht allein der mechanischen und Wärmebeanspruchung, sondern auch der hier besonders wichtigen chemischen Beanspruchung genügen kann. Erwähnt sei nur, daß die einfachste Form der Dichtung gewöhnlich auch die beste ist, und daß man hier durch Verwendung einfacher Dichtungen — insbesondere bei großen abzudichtenden Querschnitten — viel sparen kann; so haben sich Dichtungen aus einfacher Pappe, die über Nacht in Leinöl gelegt wurden, in vielen Fällen gut bewährt und besonders dort fühlbare Ersparnisse ergeben, wo die Apparatur oft geöffnet werden muß und die teuren Dichtungen auch nur einmal zu benutzen sind, da sie beim Öffnen gewöhnlich zerreißen oder doch so beschädigt werden, daß ihre Wiederverwendung nicht mehr möglich ist.

Verlegung der Leitungen.

Leitungen sollen im allgemeinen so verlegt werden, daß der Widerstand, den sie verursachen, der geringste ist: man vermeidet darum Verengung der Leitungen und starke Stauungen, die dadurch entstehen, daß sich scharfe Knicke in der Leitung befinden; Saugleitungen verlegt man nicht etwa in einem Teil senkrecht und im anderen wagrecht, sondern nach Möglichkeit mit gleichmäßig ansteigendem Fall, und das gleiche gilt für Druckleitungen, damit keine Rückstände in denselben verbleiben. Bei der Verlegung von Bleileitungen, die im chemischen Betrieb vielfach verwendet werden und auch sehr leicht verlegt bzw. abgedichtet werden können, sollen die Bleirohre stets auf Holzunterlagen verlegt werden, da beim Durchfließen von heißen Lösungen sonst Durchhängungen und gegebenenfalls auch Undichtwerden der Leitung eintreten kann; dabei wird man hier ganz allgemein zum Verlöten der einzelnen Stücke übergehen und nur an den notwendigen Stellen Flanschverbindungen — andere lösbare Verbindungen kommen hier nicht in Frage — vorsehen.

Daß Dampfleitungen und Leitungen für heiße Flüssigkeiten **isoliert** werden sollen, versteht sich von selbst; ebenso, daß Leitungen, welche einfrieren können, im Winter vor Frost zu schützen sind; dies gilt aber auch z. B. für die Luftleitungen von Pumpen, bei denen — namentlich bei Naßluftpumpen — ebenfalls ein Einfrieren stattfinden kann. Ebenso für Rohrleitungen von Flüssigkeiten, die, wie z. B. Benzol, zum Erstarren neigen.

Werkstoffe.

Als solche kommen Eisen, Schmiedeeisen, Stahl — für sehr hohe Drucke —, Stahllegierungen, Kupfer, Nickel, Blei, Messing, Zinn oder verzinnte Rohre, nicht zuletzt auch Steingut in Frage; in der letzten Zeit hat sich Aluminium stark eingeführt, insbesondere auch im Nitrierungsbetrieb, wegen seiner Widerstandsfähigkeit gegen Nitrose.

2. Absperrvorrichtungen.

a) Hähne.

Zum Abschluß von Leitungen werden vielfach **Hähne** benutzt, von den für geringen Druck genügenden **einfachen Gashähnen** bis zu Bauarten, welche dann auch starker Druckbeanspruchung genügen können. Von Nachteil gegenüber den Ventilen ist die schlechte Einstellbarkeit, welche eine genaue Regelung der Durchgangsöffnung und damit der jeweils durchgehenden Flüssigkeits- oder Gasmenge kaum gestattet, dann aber auch, daß bei ihrem Öffnen eine sehr rasche Druckerhöhung bzw. -verminderung in der Leitung eintreten kann. Aus dem zuletzt genannten Grunde ist die Verwendung von Hähnen im Rohrleitungsnetz der städtischen Wasser-leitungen gewöhnlich verboten, da bei raschem Auf- und Zudrehen Wasserschläge in den Leitungen ent-stehen, welche zu Rohrbrüchen führen können. Da-gegen ist der Hahn die billigste aller regulierbaren Abschlußvorrichtungen und darum dort in Gebrauch, wo man nicht zur Anwendung der erheblich teureren Ventile oder Schieber gezwungen ist.

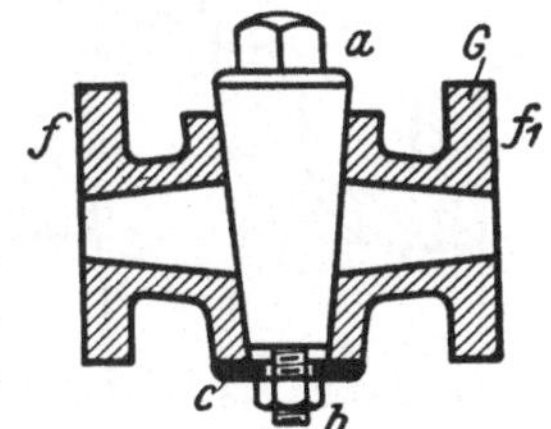

Fig. 27. Kückenhahn.

Fig. 27 zeigt einen **gewöhnlichen Kückenhahn**, wie er für einfache Zwecke und geringe Beanspruchung auf Grund seiner Wohlfeilheit zur Anwendung gelangt: in dem aus einem Stück gegossenen **Gehäuse** G sitzt das kegelförmige **Kücken** a, welches durch eine Schraube b, welche auf einer kleinen Spindel läuft, die an das Kücken angegossen ist, fester angezogen werden kann, um das Kücken gegen die Wandungen des Gehäuses zu pressen und abzudichten; das Kücken trägt oben einen **Vierkant** zum Aufsetzen eines Schlüssels oder ist direkt mit einem Griff verbunden; der in der Zeichnung abgebildete Hahn ist ein **Flanschenhahn**, weil sein Einbau mittels der beiden Flanschen f und f_1 er-folgt, in gleicher Weise kann dies auch durch Muffenverbindungen geschehen — **Muffenhahn;** zum Einbau in Holz — z. B. in die hölzernen Platten der Filter-pressen —. wird das eine Ende des Gehäuses mit einem Holzgewinde versehen, während das andere einen nach unten gebogenen freien Auslauf hat. Gefahr des Undichtwerdens besteht bei diesen Hähnen an zwei Stellen, sowohl oben wie unten am Kücken, durch Nachschleifen mit Glas- oder Schmirgelpulver kann etwas nachgeholfen werden; immerhin verbietet sich die Anwendung dieses einfachen Hahnes überall dort, wo stärkere Beanspruchung in Frage kommt und unbedingtes Dichthalten verlangt wird.

Für diese Zwecke verwendet man dann die sog. **Stopfbüchsenhähne:** bei diesen findet die Abdichtung gegen das breitere Ende des konischen Kückens durch eine Stopfbüchse statt — vgl. Fig. 28 —, die Schraube m dient dazu, um bei einem Festbrennen des Hahnes, oder wenn derselbe zu stramm geht, nach Lockerung der Stopfbüchse das Kücken etwas hochzuschrauben und dadurch wieder drehbar zu machen.

Fig. 29 zeigt dann einen **Kappenhahn,** wie er allgemein gebräuchlich ist als Absperrorgan für Wasserleitungen, nur daß dann auf den Vierkant ein kleines Handrad aufgesetzt ist. Gut bewährt haben sich die sog. **selbstdichtenden Hähne,** deren Wirkungsweise der Fig. 30 zu entnehmen ist: wird der Hahn von Dampf oder einer unter Druck stehenden Flüssigkeit durchströmt, so bewirkt die gleichmäßige Druckverteilung nach allen Richtungen, daß das Kücken gegen das Gehäuse gepreßt wird, und zwar um so stärker, je höher der Druck ansteigt, unter welchem Hahn und Leitung stehen; ein Nachteil dieser Ausführung der selbstdichtenden Hähne ist allerdings darin zu erblicken, daß diese Selbstabdichtung nur dann stattfinden kann, wenn der Hahn geöffnet ist, da das Kücken sonst nicht gefüllt ist und nicht unter

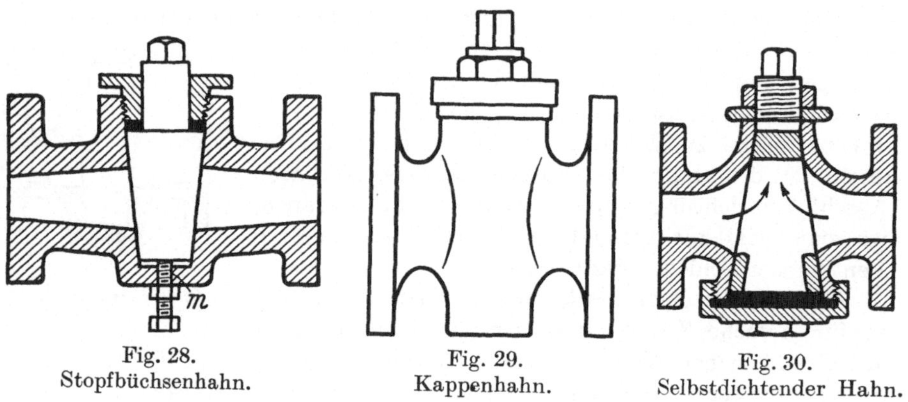

Fig. 28.   Fig. 29.   Fig. 30.
Stopfbüchsenhahn.   Kappenhahn.   Selbstdichtender Hahn.

Druck steht; weiter die einseitige Erhitzung des Kückens, die dann leicht zu einem Festbrennen führt. Beide Übelstände sind bei der nächsten Form der selbstabdichtenden Hähne — vgl. Fig. 31 — vermieden, da das hier **hohle Kücken** jederzeit von der Flüssigkeit bzw. von dem die Leitung durchströmenden Dampf gefüllt bleibt, mithin dauernde Selbstabdichtung gewährleistet ist, allerdings unter Inkaufnahme einer Richtungsänderung der durchströmenden Flüssigkeit; günstig wirkt hier auch die viel größer entwickelte Dichtungsfläche des Hahnes, da ja das Kücken nur einseitig gebohrt ist. Die bisher besprochenen Hähne eignen sich nur für den Einbau in gerade Rohrstrecken: soll der Hahn an einer Stelle eingebaut werden, wo die Leitung einen Winkel macht, so baut man **Winkelhähne** ein, wie ein solcher in Fig. 32 dargestellt ist, der zugleich als Dreiweghahn ausgebildet erscheint.

Auf die Notwendigkeit in der chemischen Industrie, in vielen Fällen **Steinzeug als Baustoff** zu benutzen, ist bereits hingewiesen worden; für den Einbau solcher Hähne ergeben sich dann gewisse Schwierigkeiten. Der Hahn selbst besteht — siehe Fig. 33 — aus einem Steinzeuggehäuse G, welches unten vollständig geschlossen ist, so daß Undichtwerden und Lecken des Hahnes nur nach dem weiteren Ende des Kückens hin eintreten kann; dem

„Lecken" des Hahnes wird dadurch entgegengearbeitet, daß in das Kücken eine Nut n eingelassen ist, welche sich im Betrieb mit der durchlaufenden Flüssigkeit füllt, deren Kohäsion dann bessere Abdichtung gestattet; der

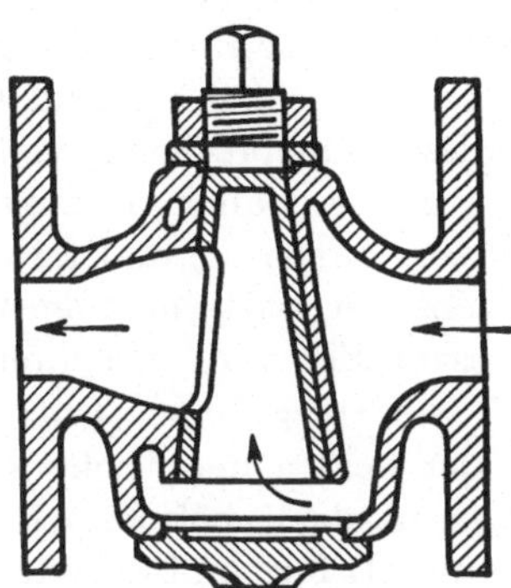

Fig. 31.
Selbstdichtender Kückenhahn
mit hohlem Kücken.

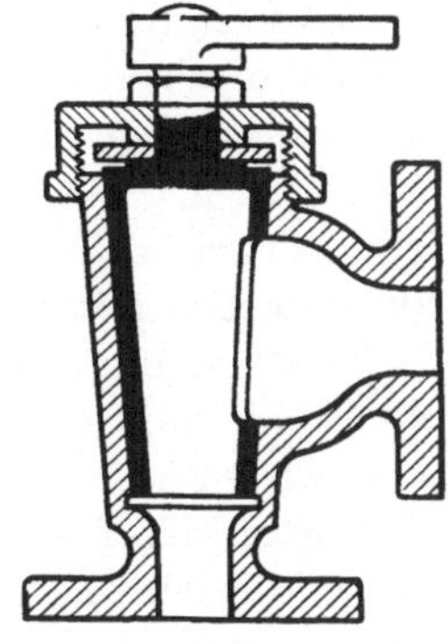

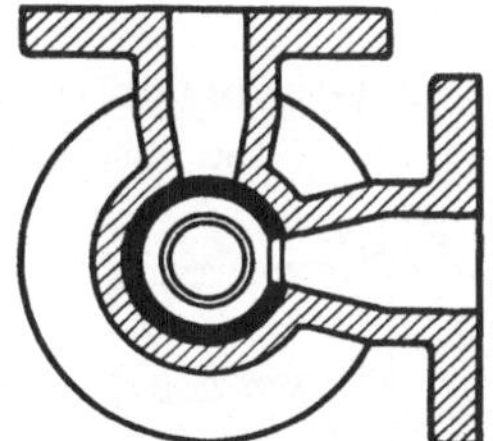

Fig. 32. Winkelhahn zu-
gleich als Dreiweghahn
ausgebildet.

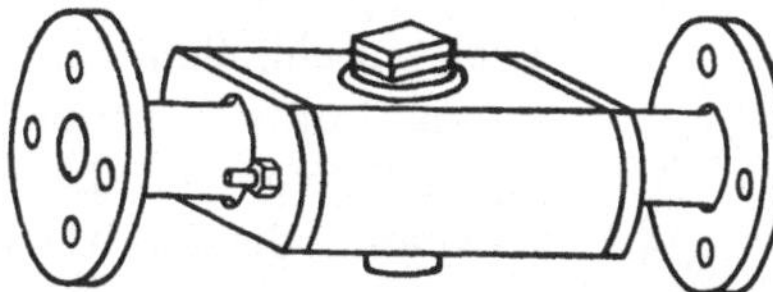

Fig. 34.
Einbau eines Steinzeughahnes mittels
verbleiter Armierung.

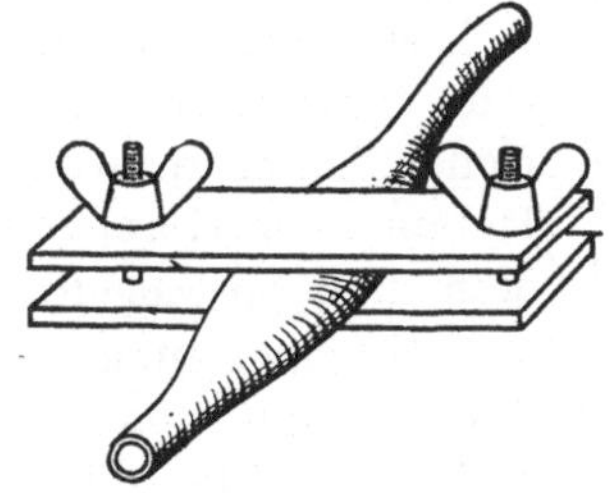

Fig. 35. Quetschhahn für Schlauch-
leitung mit weitem Durchgang.

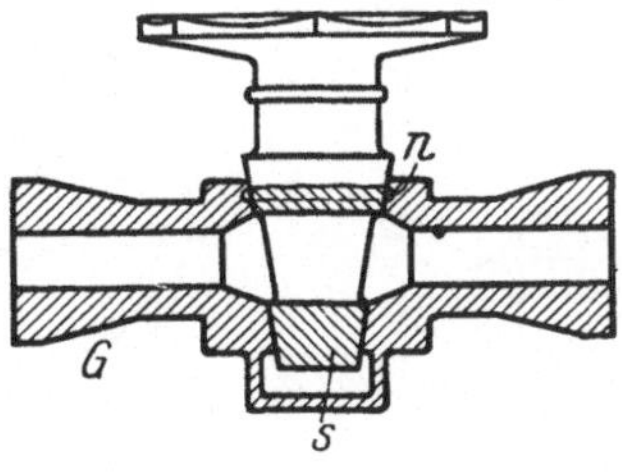

Fig. 33.
Steinzeughahn.

am Hahngehäuse vorgesehene Sack s füllt sich im Betrieb ebenfalls mit Flüssigkeit und gibt eine Federung des Kückens. Zum Einbau verwendet man dann die in der Fig. 34 wiedergegebene Armierung aus verbleitem Eisen oder aus Hartblei, mittels welcher der Hahn dann durch die beiden Flanschen ohne weiteres in eine Leitung dicht eingebaut werden kann.

In vielen Fällen, in welchen die Verwendung von Hähnen im Betrieb auf Schwierigkeiten stößt, insbesondere bei stark angreifenden heißen Lösungen oder Lösungen, welche starke Neigung zum Auskrystallisieren haben, ferner überall dort, wo es sich darum handelt, Metalle unter allen Umständen auszuschalten, um Verunreinigung zu vermeiden, kann man am einfachsten in der auch im Laboratorium üblichen Weise mit Quetschhähnen und Gummischläuchen arbeiten, die dann, den Verhältnissen entsprechend, viel größer dimensioniert werden. So arbeitet man — um nur einen Fall herauszugreifen — z. B. in der Industrie der Sulfite und Bisulfite vielfach so, daß an das verbleite Reaktionsgefäß mittels eines Bleistutzens ein starkwandiger Gummischlauch — bis zu 50 mm im Lichten — angeschlossen wird, der unmittelbar hinter dem Gefäße mit dem in der Fig. 35 wiedergegebenen Quetschhahn abgeschlossen wird und erst beim Ablassen der heißen und leicht krystallisierenden Lauge durch Lockern der beiden Schrauben geöffnet wird. Derartige einfache Vorrichtungen treten oftmals mit Erfolg an Stelle teurer Armaturen und bieten mehr Sicherheit als jene.

b) Ventile.

Diese Absperrvorrichtungen können entweder **selbsttätig** sein oder **gesteuert;** zu der ersten Art gehören die bekannten Klappenventile, von denen

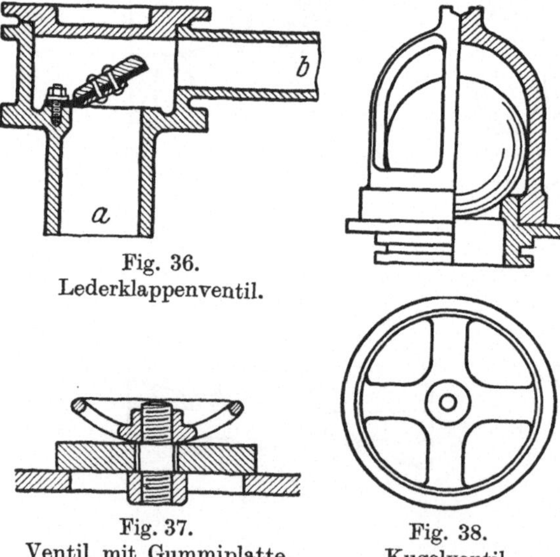

Fig. 36.
Lederklappenventil.

Fig. 37.
Ventil mit Gummiplatte.

Fig. 38.
Kugelventil.

zwei anschließend in ihrem Wesen kurz behandelt seien. Fig. 36 zeigt ein **Lederklappenventil,** dessen Wirkungsweise ohne weiteres klar ist; im Ruhezustande, also wenn keine Druckwirkung vorhanden ist, schließt die Lederklappe die beiden hier über Eck stehenden Leitungen ab: tritt Überdruck in *a* ein, so findet Durchströmung unter Hebung der Klappe statt, in dem gleichen Augenblick, da die Druckwirkung — oder Saugwirkung von *b* aus — aufhört, fällt die Klappe zufolge ihres Eigengewichtes und schließt die nach unten gehende Leitung ab. Die zweite Form ist in Fig. 37 wiedergegeben als **Ventil mit Gummiplatte,** die den Abschluß besorgen will: Saugwirkung über der Platte oder Druckwirkung unter derselben läßt Durchströmung eintreten, sobald dieselbe aufhört, schließt die Platte selbsttätig ab; ein tellerförmiger Aufsatz begrenzt den Hub der Platte. In gleicher Weise wirkt das in Fig. 38 dargestellte **Kugelventil,** wie es besonders in Pumpen, Pulsometern usw. als **Rückschlagventil** zur Verwendung gelangt, selbsttätig, eine Erläuterung der Wirkungsweise dürfte sich erübrigen. In ganz ähnlicher Weise wirkt das in Fig. 39 wiedergegebene **automatische Eckventil**, das sich der Bauart der gesteuerten Ventile bereits stark nähert.

Eine viel gebräuchliche Form der **gesteuerten Ventile** zeigt Fig. 40. Das kugelförmige Ventilgehäuse G ist durch eine schief durchgelegte Querwand in zwei Räume unterteilt, deren Verbindung eine kreisförmige Aussparung im Guß ermöglicht; in diese ist der Ventilsitz s, der aus Rotguß oder Nickel — für Heißdampf — gefertigt ist, und dessen Innenränder abgeschrägt sind, eingesetzt, so daß die ebenfalls abgeschrägte Fläche des **Ventilkegels** K dicht dagegengepreßt werden kann. Dieser Ventilsitz wird meist eingepreßt, seltener auch eingeschraubt, dann abgedreht und der Kegel eingeschliffen, dem Ventilkegel wird nun eine Führung dadurch gegeben, daß derselbe unten Rippen r trägt, welche im Ventilsitz gleiten, aber nicht bis an den Ventilteller selbst herangehen.

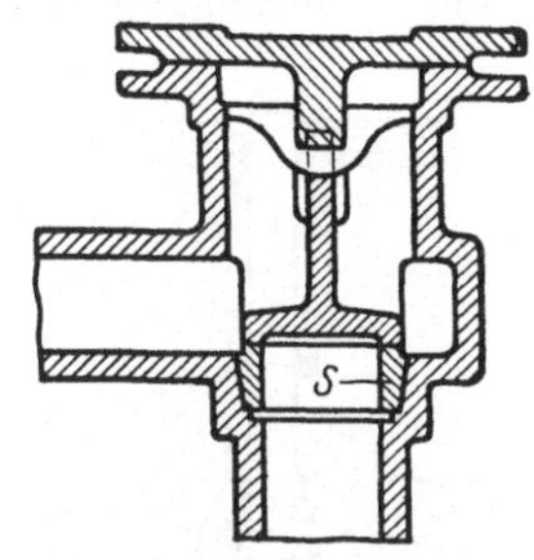

Fig. 39. Automatisches Eckventil.

Die Betätigung des Ventils erfolgt über die mit einem groben Gewinde versehene Spindel mit dem Handrad H; die Verbindung des Ventilkegels mit dieser Spindel muß etwas Spielraum haben, damit sich der Kegel zufolge der Gewindeführung nicht schief auf den Sitz aufsetzt. An sich wäre es natürlich gleichgültig, ob man den Dampf oder die Flüssigkeit in der in der Zeichnung wiedergegebenen Weise durchströmen läßt, also so, daß die Strömungsrichtung von unten gegen den Ventilteller gerichtet ist, mithin die Tendenz zeigt, denselben zu lüften, oder umgekehrt; würde man die Durchströmungsrichtung von oben nach unten, also entgegengesetzt den Pfeilen, wählen, so würde beim Öffnen des Ventils der auf dem Ventilteller lastende Druck zu überwinden sein und die Gefahr bestehen, daß bei größeren Drucken bzw. bei Ventilen mit großer Tellerfläche ein

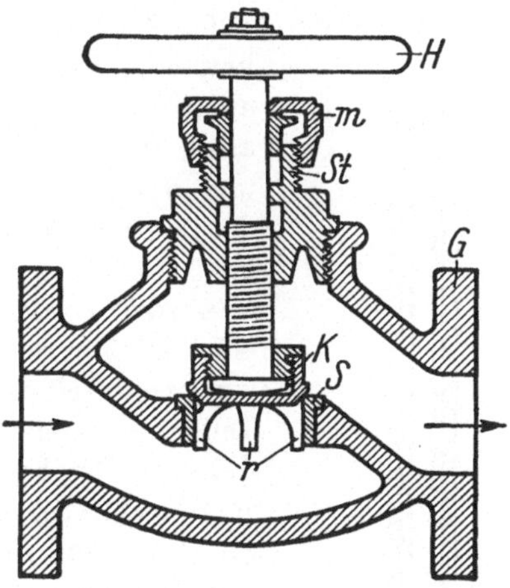

Fig. 40. Gesteuertes Ventil.

Abreißen der Spindel eintritt; deswegen sind die Ventile stets so zu schalten, daß der Druck, welcher im geschlossenen Zustand auf dem Ventilteller lastet, bestrebt ist, diesen zu heben. Dadurch ist auch die Möglichkeit gegeben, die Stopfbüchsenpackung auch an der unter Druck stehenden Leitung zu erneuern. Die Abdichtung der Ventilspindel gegen das Gehäuse erfolgt mittels einer Stopfbüchse St; durch Anziehen der Kappe m ist es möglich, sichere Abdichtung zu erreichen.

Bei der hier zunächst besprochenen Form der Ventile befindet sich das Gewinde der Ventilspindel im Dampf- bzw. Flüssigkeitsstrom und ist dadurch Beschädigungen und Verschmutzungen ausgesetzt: neuere Bauarten vermeiden dies durch Verlegung des Gewindes nach außen unter Anwendung trapezförmiger Träger, wie dies in Fig. 41 angedeutet ist. In Fig. 42 ist ein **entlastetes Ventil** zur Darstellung gebracht, welches bei größeren Drucken in der Leitung und für größere Durchgangsquerschnitte gebräuchlich

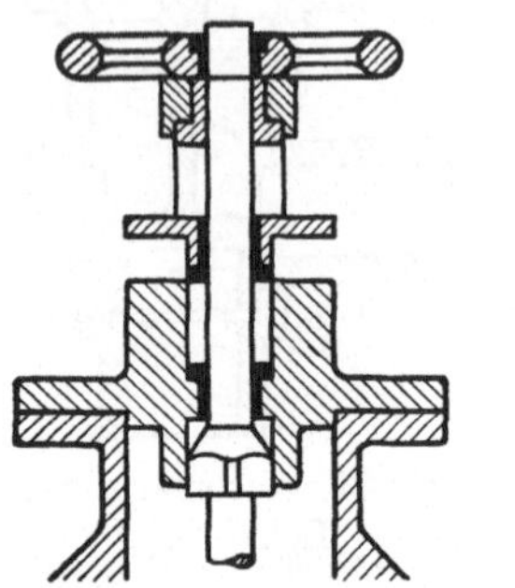

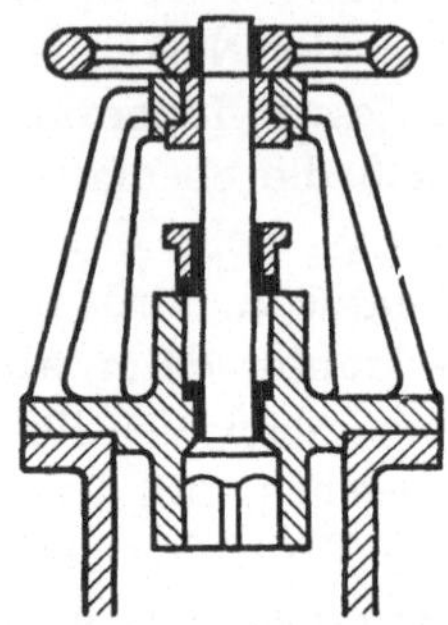

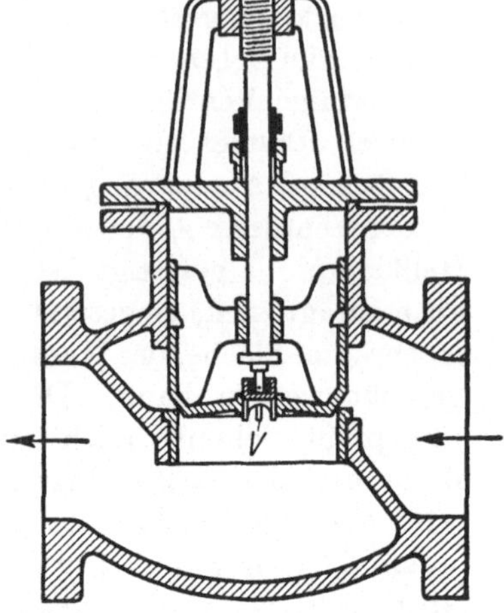

Fig. 41. Trapezförmiger Träger der Ventilspindel.   Fig. 42. Entlastetes Ventil.

ist; in diesen Fällen ist der auf dem Ventilteller lastende Druck sehr groß; er wirkt bei der in der Zeichnung angegebenen Strömungsrichtung der Flüssigkeit oder des Dampfes im Sinne einer Abdichtung des Ventils auch im geschlossenen Zustand; beim Öffnen des Ventils ist aber, entsprechend dem größeren Druck auf den Ventilteller und der größeren Fläche desselben, ein sehr starker Gegendruck zu überwinden; um dies zu vermeiden und den Durchgang nur langsam freizugeben, besteht das entlastete Ventil **aus zwei ineinander geschalteten Ventilen**, von denen beim Drehen des Handrades zuerst das kleine Ventil V gelüftet wird, wodurch ein gewisser Druckausgleich über und unter dem Teller des großen eigentlichen Ventiles stattfinden kann; bei weiterem Drehen der Spindel durch das Handrad wird auch der Ventilteller des eigentlichen Ventils mitgenommen und gelüftet. Auf die verschiedenen Arten von Ventilen, deren Zahl ungemein groß ist, soll nicht näher eingegangen werden, da die Behandlung dieser Frage ins Gebiet der Dampftechnik gehört; nur eine Ventilform, die besonders zum Betrieb von Schwefelsäuredruckfässern verwendet wird und sich auch bewährt hat, sei kurz beschrieben. Dieses **Druckfässerventil** — vgl. Fig. 43 — besteht aus einem röhrenförmigen Gehäuse G, welches für dünne Säuren aus Hartblei, für konzentrierte Säure aus Gußeisen gefertigt wird; in diesem läuft an einer langen Spindel s — oben nur angedeutet — aus Eisen, welche mit einem Bleirohr b überzogen ist, der Ventilkegel K,

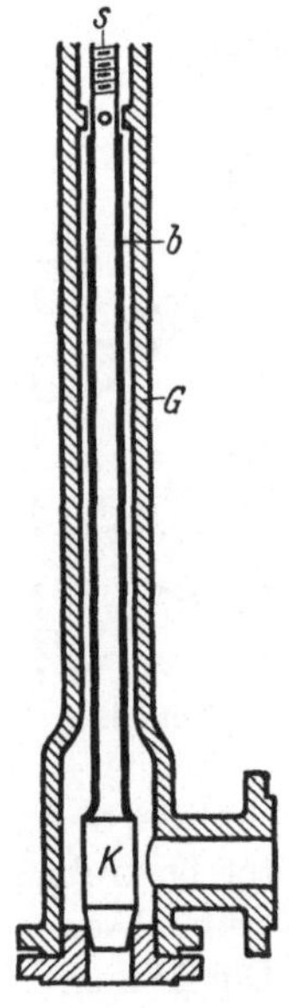

Fig. 43. Druckfässerventil für corrod. Flüssigkeiten.

welcher aus Hartblei gegossen ist; treten Undichtigkeiten ein, die hier gewöhnlich auf Verunreinigungen in der Säure zurückzuführen sind, durch welche der Ventilkegel deformiert wird, so zieht man denselben heraus und glättet ihn durch Abdrehen von einem Spahn.

c) Schieber.

In ihrer Bauart und Wirkungsweise unterscheiden sich die **Schieber** von den Ventilen zunächst dadurch, daß bei ihnen der Abschluß senkrecht zur Strömungsrichtung von Dampf oder Flüssigkeit — oder Gasen — erfolgt, daß mithin eine Änderung der Strömungsrichtung vermieden werden kann und auch keinerlei Verengung der Leitung eintritt, sobald der Schieber ganz geöffnet herausgezogen ist. Aus der Fig. 44 ist ersichtlich, daß die Dichtung in diesem Fall durch eine flache Scheibe, welche den Dichtungsring d trägt, bewirkt wird, so zwar, daß dieser gegen zwei im Gehäuse eingesetzte kreisringförmige Liderungen oder ebenfalls Dichtungsringe l gepreßt wird; als Baumaterial dient für das Gehäuse allgemein Gußeisen, für den Schieber und die Liderungen ebenfalls Eisen oder Rotguß. Die Gehäuse der Schieber haben runden oder ovalen Querschnitt, für Schieber großer Abmessungen sieht man, in ähnlicher Weise wie für Ventile, eine Entlastung in der Weise vor, daß in dem Schieber noch ein zweiter kleiner Schieber eingebaut wird, der sich beim Drehen der gemeinsamen Spindel zuerst öffnet und einen kleinen Querschnitt für den Durchgang freigibt, wodurch bereits teilweiser Druckausgleich bzw. Entlastung eintritt, worauf bei weiterem Drehen der Schieberspindel allmählich auch der große Schieber geöffnet wird. Die Schieberspindel trägt an ihrem freien Ende gewöhnlich einen Vierkant zum Aufsetzen eines Schlüssels oder ein Handrad, bei großen Schiebern erfolgt die Betätigung evtl. durch Kettenrad. Sind die auf dem Schieber lastenden Drucke nur gering — Wasserverschluß von Vorratsbehältern, Stauwehren usw. —, so tritt an Stelle des Handrades ein Hebelarm, mit welchem der Schieber rasch gesenkt oder gehoben werden kann.

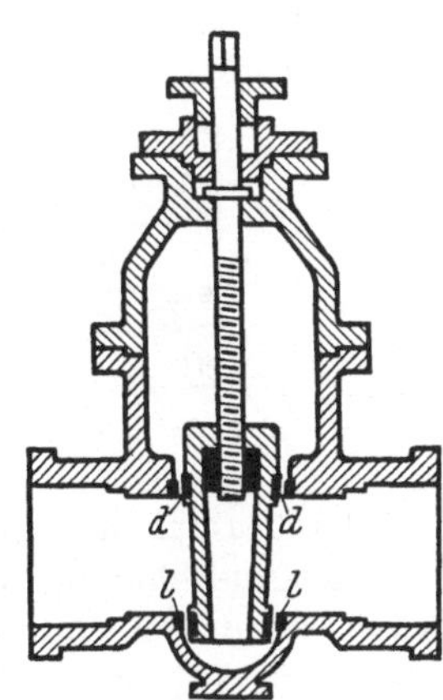

Fig. 44.
Einfacher Schieber.

d) Kondenswasserableiter.

Zu den Betriebsmitteln der chemischen Technologie gehören sie insofern, als sie einen wesentlichen Bestandteil aller auf Dampfheizung eingestellten Apparaturen bedeuten, von dessen richtigem Arbeiten wirtschaftlich viel abhängt.

Wird Dampf irgendeiner Heizvorrichtung — Heizschlange, Doppelboden usw. — zugeführt, so gibt er seine Wärme an die Umgebung ab und kondensiert unter Bildung von **Kondenswasser;** in dem Maße, wie dieses den Heiz-

raum füllt, entzieht es der Wärmeübertragung Heizfläche, es muß demnach
dauernd für seine Entfernung gesorgt werden. Am einfachsten kann dies
dadurch erfolgen, daß der Heizvorrichtung an ihrem tiefsten Punkt ein Hahn
zum zeitweisen Ablassen des Kondenswassers angeschlossen wird. Besser
in jeder Hinsicht sind **kontinuierlich arbeitende Kondenswasserableiter,** bei
denen bei richtigem Arbeiten Dampfverluste praktisch vollständig vermieden
werden können. Die Zahl der Kondenswasserableiter ist Legion, im Wesen
lassen sie sich aber alle auf drei Arbeitsprinzipien zurückführen:

1. Auf die Ausdehnung von Metallen, welche durch den Heizdampf
bewirkt wird. Füllt sich der Kondenswasserableiter mit Wasser, so sinkt
die Heizwirkung ab, die Ausdehnung der Metalle geht zurück, dadurch wird
eine Öffnung freigemacht, durch welche das Kondenswasser vom nachströ-

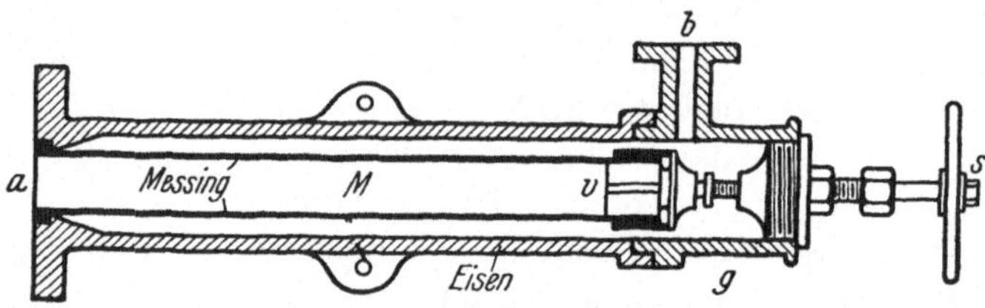

Fig. 45. Kondenswasserableiter.

menden Dampf herausgetrieben wird; letzterer heizt das System wieder auf,
bewirkt Ausdehnung des Metalls und damit wieder Abschluß gegen weiteres
Ausströmen von Dampf.

2. Vorrichtungen, bei welchen der Auftrieb des sich abscheidenden
Kondenswassers zur Betätigung einer Vorrichtung herangezogen wird,
die dem Kondenswasser den Ausfluß freigibt, und

3. Vorrichtungen, bei welchen das Gewicht des Kondenswassers zu diesem Zweck ausgenützt wird.

Der älteste Vertreter der Kondenswasserableiter, welcher auf dem Prinzip der Ausdehnung von Metallen arbeitet, ist der sog. „Fiedelboger", der
heute kaum mehr angewendet wird; eine aber auch heute noch gebräuchliche
Vorrichtung nach diesem Arbeitsprinzip zeigt die Fig. 45: in ein Eisenrohr g
ist bei a ein nach beiden Seiten offenes Messingrohr M fest eingesetzt, dessen
eines Ende — in der Zeichnung rechts — auf einen Ventilverschluß v arbeitet;
steht das bei b angeschlossene System unter Dampf und befindet es sich in
heißem Zustand, so dehnt sich das Messingrohr stärker aus als das Eisenrohr, es erfährt dadurch eine Verlängerung in der Richtung gegen v, und v
bleibt geschlossen; beim Abkühlen zieht sich das Rohrsystem zusammen,
aber M stärker als g, dadurch löst sich der Verschluß bei v, und das im System
befindliche Wasser kann über a ausfließen. Man stellt den Apparat dadurch ein, daß man bei durchströmendem Dampf den Kondenswasserableiter heiß werden läßt und dann mittels des Handrades den Verschluß v
solange hineinschraubt, bis Verschluß eben eingetreten ist; füllt sich der
Apparat mit Kondenswasser, so tritt Abkühlung ein, und beim Zusammen-

ziehen des Messingrohres M löst sich die dichte Verbindung mit v und bleibt
für das Abströmen des Kondenswassers so lange offen, bis durch nachströ-
menden Dampf wieder Erwärmung eingetreten ist. Neben einer gewissen
Unhandlichkeit hat der Apparat auch noch den Nachteil, daß bei schwankendem Druck, also bei schwankender Dampftemperatur, das Ausdehnungs-
verhältnis der Rohre sich ändert, also v nachgestellt werden muß; diese Art
von Kondenswasserableitern ist darum nur für konstant bleibenden
Druck verwendbar.

Nach dem gleichen Prinzip arbeitet der in Fig. 46 dargestellte **Kondenswasserableiter Patent Kuhlmann,** bei welchem ein System von Stäben
auf Grund der verschiedenen Wärmeausdehnung derselben herangezogen
wird, um einen am Boden des Kondens-
wasserableiters befindlichen Verschluß zu
betätigen: die wagerecht verlagerten Stäbe
dehnen sich weniger aus als die mit ihnen
verbundenen schräggestellten Stäbe, bei
der Erwärmung des Stabsystems findet
Verlängerung, bei der Abkühlung Verkürzung statt und dadurch Verschluß
durch den Ventilkegel K in der Wärme,
Öffnung desselben beim Abkühlen. Der
Kondenswasserableiter wird mit dem tiefsten Punkt der Heizvorrichtung verbunden, so daß ihm das dort gebildete Kondenswasser über die Öffnung a leicht zufließen kann, während die Öffnung b dem
Abfließen des Kondenswassers bei geöff-
netem Ventil dient. Eine mit einem
Handrad zu betätigende Ventilspindel
dient auch hier zur genauen Einstellung,
welche so vorgenommen wird, daß man

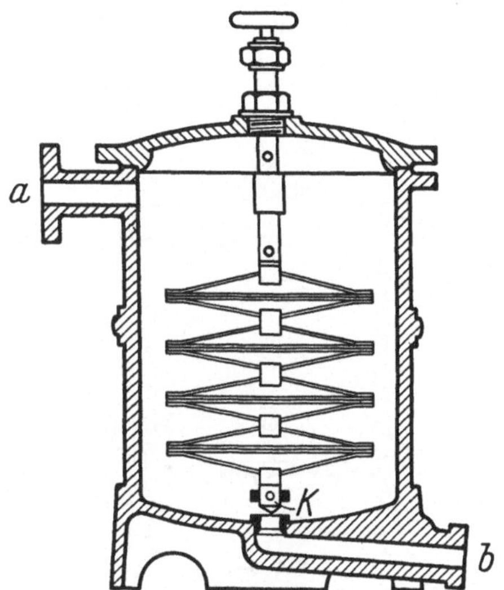

Fig. 46. Kondenswasserableiter nach
Kuhlmann.

den Apparat nach der Erwärmung mit durchströmendem Dampf eben schließt.

Die Anwendung der eben geschilderten Kondenswasserableiter ist vereinzelt geblieben, viel allgemeiner verbreitet sind die Kondenswasserableiter —
Kondenstöpfe —, bei welchen die Betätigung zur Entleerung des Kondenswassers entweder mit Hilfe des Auftriebes des Kondenswassers erfolgt oder
aber mittels dessen Gewichts.

Fig. 47 zeigt eine Form der Ausführung nach dem zuerst genannten Prinzip, einen **Kondenstopf mit Schwimmer:** in einem Kondenstopf K mit dem
Zuführungsanschluß a und dem Auslauf über b befindet sich ein **Schwimmer**
aus einer Hohlkugel aus Metall, dessen Hebelstange in einem angebauten
kleinen Ventilgehäuse verankert ist; der einseitige Hebelarm wirkt auf ein
Ventil V so, daß der Ventilkegel gelüftet wird, sobald die Hebelstange sich
in der Horizontalen befindet, der Schwimmer also hoch steht. Fließt dem Kondenstopf aus der Heizvorrichtung Kondenswasser zu, so füllt dieses den

Topf, hebt den Schwimmer und betätigt dadurch das Ventil, so daß dieses
den Ausfluß des Kondenswassers gestattet; sobald der Schwimmer die Tief-
lage erreicht hat, schließt die Hebelstange das Ventil, und der nun nachströmende Dampf bleibt abgeschlossen; dabei muß der Auftrieb des Schwimmers groß genug sein, um den auf dem Ventilkegel lastenden
Druck überwinden zu können; bei Anwendung hoher Drucke im Heizkörper, mithin auch im Kondenstopf, hilft man sich, indem man den Schwimmer
größer macht und dadurch auch seinen Auftrieb vergrößert, oder aber durch
Hebelgetriebe, welche einen sehr großen Hebelarm auf das Ventil auswirken
lassen; oder noch einfacher dadurch, daß man ein entlastetes Ventil — vgl.

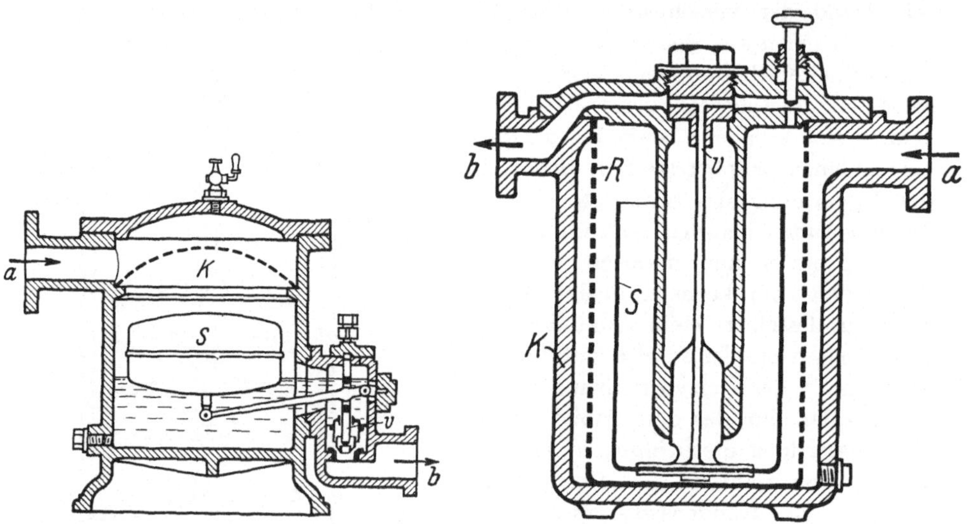

Fig. 47.
Kondenstopf mit Schwimmer.

Fig. 48. Kondenswasserableiter mit offenem
Schwimmer.

weiter oben — zum Abschluß des Kondenswasserableiters verwendet, wie
dies in der Zeichnung auch angedeutet ist. Bei dieser Art der Ausführung
wird zunächst ein Ventil mit kleinem Durchgang geöffnet, dadurch der Druck,
welcher auf dem Kegel des großen Ventils lastet, vermindert, und dieses kann
nun von dem Hebel des Schwimmers ohne weiteres betätigt werden, so daß
rasche Abströmung und sofortiges Schließen nach der Kondenswasserabführung
stattfinden kann.

Ein Nachteil dieser Konstruktionen ist, daß die Bewegung des Schwimmers in der Senkrechten an sich nur eine verhältnismäßig kleine sein kann,
und überdies auch zufolge der starken Hebelübersetzung die auf das Ventil
übertragene Bewegung sehr klein werden muß; man hat darum auch **Kondenswasserableiter mit offenem Schwimmer** gebaut; Fig. 48 zeigt einen solchen:
bei ihm sind bewegliche Teile und Bolzen, Scharniere usw., die immer zu Be-
triebsstörungen Anlaß geben können, weitgehend ausgeschaltet; das Kondenswasser tritt bei a ein und füllt steigend den Kondenstopf K; in diesem

befindet sich der Schwimmer S, welcher als oben offenes, unten geschlossenes, zylindrisches Gefäß ausgebildet ist und dadurch auf dem in den Kondenstopf einströmenden Kondenswasser schwimmt; sobald dieses Wasser aber bis zur Oberkante des Schwimmers gestiegen ist, stürzt es in diesen und bringt

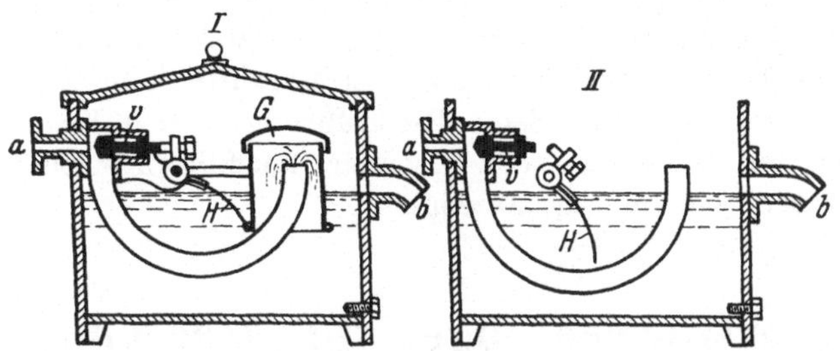

Fig. 49. Kondenstopf mit frei auslaufendem Kondenswasser.

ihn bei fortschreitender Füllung zum Sinken; dadurch wird das Ventil v, das bisher — bei schwimmendem Schwimmer — geschlossen war, freigegeben und der nachströmende Dampf drückt das Kondenswasser solange hinaus, bis Leerung des Schwimmers eingetreten ist und dessen nun in Wirksamkeit

tretender Auftrieb das Ventil wieder schließt. Wichtig für das klaglose Arbeiten des Topfes ist, daß keine Unreinigkeiten in das Ventil gelangen und dessen Sitz verschmutzen; um dies zu verhindern, ist der Schwimmer von einem feinmaschigen Drahtgewebe oder einem Siebkorb R umgeben, welcher die von Dampf und Kondenswasser mitgeführten Unreinigkeiten zurückhält.

Vor der Inbetriebnahme muß jeder Kondenstopf erst entlüftet werden — dadurch wird gleichzeitig auch die Entlüftung der vom Dampf durchströmten Heizvorrichtung bewirkt und dem Dampf die Möglichkeit des Einströmens gegeben.

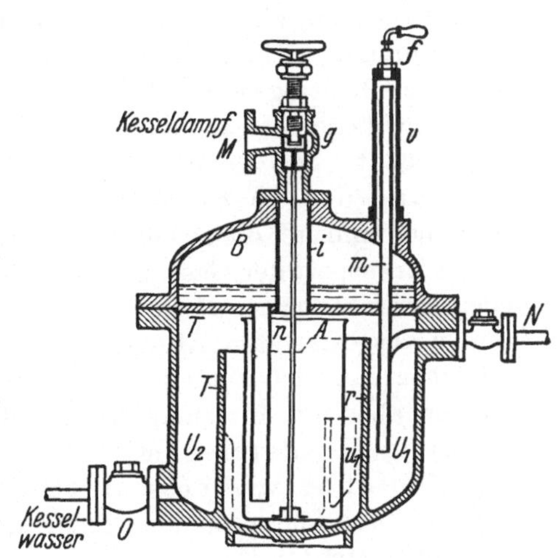

Fig. 50.

Einen Kondenstopf, bei welchem das Wasser frei ausläuft, zeigt die anschließende Fig. 49; das Abschlußorgan befindet sich hier nicht am Ausflußstutzen, sondern der Kondenswasserableiter schließt beim Durchströmen von Dampf die Verbindung mit dem Heizkörper durch ein im Anschlußstutzen angebrachtes zwangsläufig betätigtes Ventil v ab; für gewöhnlich liegt die Glocke G am Boden des Gefäßes — II —, das Ventil v ist in dieser Lage der Glocke geöffnet, und Kondenswasser aus dem Heizapparat kann ohne weiteres ablaufen; sobald aber Dampf zum Ausströmen gelangt, hebt derselbe die

Glocke G — I —, dadurch wird mittels des Hebels H das Ventil v geschlossen und weiteres Nachströmen des Dampfes verhindert.

Während man früher Kondenswasser verloren gab und weglaufen ließ, versucht man heute nicht nur im Maschinenbetrieb, sondern ganz allgemein, das Kondenswasser wieder nutzbar zu machen, um dadurch wesentliche Ersparnisse an Kosten für die Wasserreinigung zu erzielen, da ja das Kondenswasser, namentlich wie es von den Heizapparaten ölfrei kommt, als destilliertes Wasser anzusprechen ist. Seine Rückführung in den Kesselbetrieb ist darum wichtig, und ihr dienen auch besondere Ausführungsformen der Kondenswasserableiter, wie sie Fig. 50 zeigt.

III. Transportvorrichtungen für Gase und Dämpfe.

Allgemeines.

Für die einfache Weiterleitung eines Gases oder Dampfes ist eine bestimmte Arbeit zu leisten, die zunächst gegeben ist durch die Reibungsverluste; der zunächst notwendige Druck ist dann entsprechend der Höhe dieser Reibungsverluste; mit zunehmender Geschwindigkeit des zu bewegenden Gases steigt dieser Druck an, ebenso mit zunehmender Länge der Leitung, entsprechend der dadurch bewirkten Erhöhung des Reibungswiderstandes; dadurch kann bei langen Leitungen und bei steigenden Geschwindigkeiten des Gases eine recht erhebliche Steigerung des notwendigen Druckes eintreten, so daß überhaupt erst von einem gewissen Druck angefangen Weiterförderung des Gases bei gegebenen Geschwindigkeiten möglich wird und dann erst die gewünschte Förderung des Gases erreicht werden kann.

Der Transport der Gase und Dämpfe erfolgt ganz allgemein mittels maschineller Vorrichtungen; ohne solche arbeiten die **Kamine** und die mit Lockflamme ausgestatteten **Abzüge,** ebenso auch die **Dampfstrahl-** und **Wasserstrahlapparate,** auch unter Druck ausströmende Gase; alle diese Vorrichtungen kommen aber nur in jenen Sonderfällen in Betracht, in welchen die Vermischung des Betriebsmittels mit den zu fördernden Gasen und Dämpfen ohne weiteres statthaft ist. Im übrigen aber, und damit in der weitaus überwiegenden Mehrzahl der Fälle, kommen die maschinellen Transportmittel für Gase und Dämpfe in Anwendung. Wir unterscheiden sie hauptsächlich in:

1. die Ventilatoren und Exhaustoren,
2. die Rotationspumpen oder Kapselgebläse und
3. die Luftpumpen, die wieder zu unterteilen sind in die Druckluftpumpen oder Kompressoren und die Vakuumpumpen.

In ihrer Wirkungsweise gleichen die Mehrzahl dieser Fördervorrichtungen für Gase und Dämpfe den entsprechenden Fördervorrichtungen für Flüssigkeiten, gewisse Unterschiede — hinsichtlich Bauart und Betriebsweise — ergeben sich dadurch, daß bei den Gasen einmal starke Volumveränderungen mit dem Druck auftreten, im Gegensatz zu den Flüssigkeiten, bei welchen das Volumen praktisch vollständig konstant bleibt, auch bei hohen Drucken, weiters aber auch dadurch, daß die Masse des Fördergutes hier bei sehr großem Volumen eine sehr kleine ist.

A. Gebläse.

1. Ventilatoren und Exhaustoren.

Handelt es sich um die Überwindung ganz geringer Druckunterschiede, mithin praktisch lediglich um eine Bewegung der Luft ohne deren bleibende oder vorübergehende Verdichtung, so daß also eine nennenswerte Saug- oder Druckarbeit nicht zu leisten ist, so verwendet man die **Ventilatoren** und **Exhaustoren,** wenngleich sich scharfe Grenzen für die Anwendungsgebiete der einzelnen Formen und auch für deren Wirkungsweise nicht ziehen lassen.

Bei den einfachen **Schraubenventilatoren,** welche der oben gegebenen Definition für die Ventilatoren noch am nächsten kommen, da bei ihnen praktisch keinerlei Druckwirkungen auftreten, vielmehr lediglich ein Transport der frei zuströmenden und auch frei abströmenden Gase stattfindet, rotieren Propellerflügel in einem Rahmen, dringen sozusagen in die Luft ein und fördern dieselbe nach der anderen Seite wieder, da sie selbst ja ortsfest sind. Sie werden gewöhnlich in die Wand des zu lüftenden Raumes eingebaut, zur Überwindung von Druck- oder Unterdruckansaugung oder zum Weiterdrücken durch Leitungen sind sie nicht geeignet; sie finden Anwendung zum Entlüften, Entstauben, Kühlen und Trocknen.

Bei den **Schleuderventilatoren** wird — ganz analog wie bei den Schleuderpumpen für Flüssigkeiten — die Luft in der Richtung der Achse angesaugt und durch den raschen Umlauf des Flügelrades unter Einwirkung der Fliehkraft abgeschleudert und durch ein Gehäuse aufgefangen, in welchem dann die Geschwindigkeit der Luft in Druck umgesetzt wird. Die Fig. 51 gibt ein schematisches Bild der Wirkungsweise: in dem flachzylindrischen Gehäuse G rotiert die **Schleuderscheibe** auf einer horizontalen Welle mit großer Geschwindigkeit; die auf der Schleuderscheibe aufgesetzten Bleche bewirken den Transport der zentral eintretenden Luft gegen das Gehäuse, dort findet Umwandlung der großen Geschwindigkeit der abgeschleuderten Luft in Druck statt, und aus dem Anschlußstück T, das viereckigen oder kreisrunden Querschnitt haben kann — viereckigen Querschnitt bei Blechgehäusen, runden bei gegossenen Gehäusen —, tritt dann die angesaugte Luft unter einem gewissen Überdruck in die dort angeflanschte Leitung über. Auch hier findet — ganz ähnlich wie bei Schleuderpumpen — ein achsialer Schub statt, der dadurch aufgehoben werden kann, daß man den Ventilator von beiden Seiten gleichzeitig ansaugen läßt.

Die Flügel können gerade sein — vgl. die schematische Darstellung einiger Ausführungsarten in der Figur — oder gekrümmt, für saugende Ventilatoren ist die Krümmung nach rückwärts gerichtet. Da die Ventilatoren sehr rasch laufen — die kleinsten mit bis zu 4000 Umdrehungen in der Minute —, können sie direkt mit Elektromotoren gekuppelt werden.

Die größten Exhaustoren werden im Bergbau zur Bewetterung der Gruben verwendet, und sie gehen bis zu Leistungen von 15000 cbm in der Minute. Der von diesen Luftfördereinrichtungen erzeugte Druck genügt auch bereits zur Luftzuführung für Feuerungen und Generatoren, weshalb sie auch für diese in ausgedehntem Maße benutzt werden.

Je nach der von ihnen zu leistenden Arbeit unterscheidet man zwischen **drückenden Ventilatoren-Bläsern** und **saugenden Ventilatoren-Saugern, Exhaustoren** — bei denen dann die Druckseite frei ausmündet, die Saugleitung

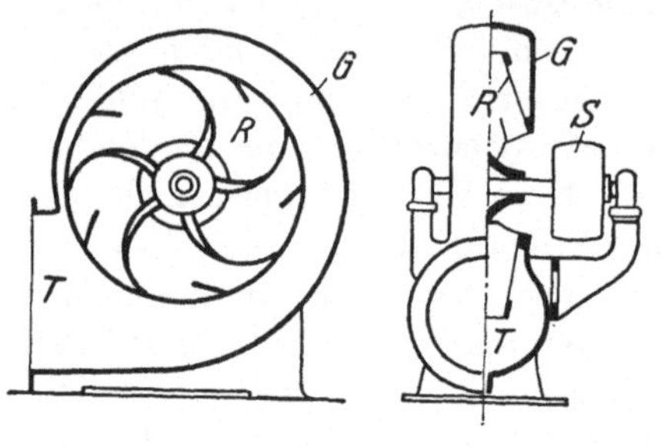

Fig. 51. Schematisches Bild der Wirkungsweise der Schleuderventilatoren.

an eine Rohrleitung angeschlossen werden kann. Exhaustoren, welche gleichzeitig saugen und drücken, sind dann sowohl mit Saug- wie mit Druckleitung angeschlossen.

Erhöhung der Umlaufgeschwindigkeit bewirkt bei diesen Ventilatoren eine annähernd gleiche Steigerung der Leistung, Verdopplung der Umlaufzahl, also annähernd auch Verdopplung der durchgeschickten Luftmenge.

Im allgemeinen kann als kennzeichnend für diese Art der Gasfördervorrichtung angegeben werden, daß sie sehr große Leistungen, jedoch nur bei sehr bescheidenen Druckunterschieden, gestatten.

2. Rotationspumpen bzw. Rotationsgebläse und Kapselpumpen.

In allen jenen Fällen, in welchen es sich darum handelt, mit höheren Drucken zu arbeiten, als sie die Ventilatoren und Exhaustoren uns gestatten, verwendet man die **Rotationsgebläse,** bei denen man zu weit höheren Drucken gelangen kann, deren Leistung aber auch nur ein Bruchteil der Leistung der Ventilatoren beträgt. Während die Schraubengebläse kaum Drucke über

2 bis 6 mm Wassersäule gestatten und auch bei den Exhaustoren man nicht über 500 mm Wassersäule gehen kann, gestatten die Kapselpumpen die Erreichung von Drucken von 2 bis 5 m Wassersäule. Sie entsprechen in Bau und Wirkungsweise genau den Kapselpumpen, welche für Flüssigkeiten verwendet werden — vgl. S. 15 —, und sie haben sich insbesondere dort bewährt, wo es sich um die Bewältigung großer Gasmengen, aber unter Drucken handelt, welche die Exhaustoren nicht mehr leisten können; die größten Ausführungen gehen bis zu Minutenleistungen von 250 cbm — gegenüber den größten Exhaustoren mit 15000 cbm je Minute! — und bieten dann den später zu besprechenden Kolbenpumpen bzw. Kompressoren gegenüber den Vorteil, daß an Stelle der dort hin- und hergehenden Bewegung hier die einfache drehende Bewegung treten kann; die Umdrehungszahl ist hier wesentlich geringer als bei den Exhaustoren — etwa 400 Umdrehungen in der Minute —, zum Antrieb werden gewöhnlich gekapselte Zahnräder verwendet.

Am bekanntesten dürfte das sog. **Roots-Gebläse** sein, dessen schematische Figur anschließend — vgl. Fig. 52 — gegeben ist. In dem Gehäuse A drehen sich die beiden Flügel B und B_1 durch Zahnräderantrieb gegeneinander, so daß sie, sowohl gegeneinander als auch gegen die Gehäusewand abgedichtet, in der früher beschriebenen Weise Saug- und Druckraum bilden und die in den ersteren eingesaugte Luft über den zweiten in die Steigleitung weiterdrücken.

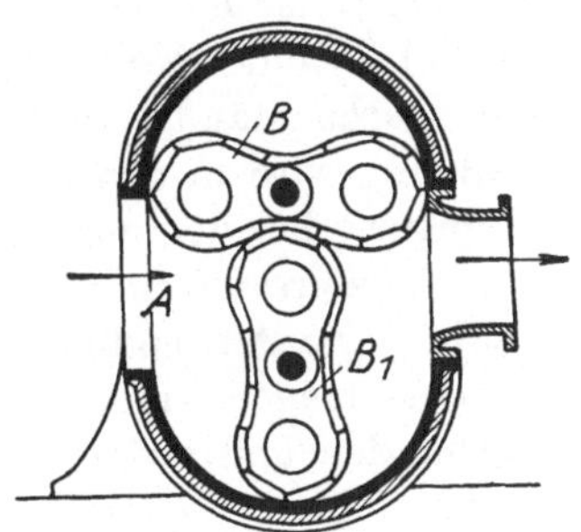

Fig. 52. Roots-Gebläse.

Dadurch, daß an Stelle der früher allgemein üblichen Linienführung der beiden Flügel in Metall sorgfältig hergestellte Dichtungsflächen verwendet werden, ist eine gute Abdichtung möglich, und demgemäß ist auch der Wirkungsgrad solcher Gebläse, solange sie nicht gegen hohen Druck arbeiten müssen, sehr günstig und nähert sich weitgehend dem der Pumpe; erst bei Überwindung höherer Gegendrucke von mehr als 4 m Wassersäule findet dann ein stärkeres Absinken des Wirkungsgrades statt.

3. Kolbengebläse, Kolbenkompressoren.

Bei ihnen wird die Verdichtung der Gase durch einen hin- und hergehenden Kolben in einem Zylinder besorgt, die verdichtete Luft in einem gewöhnlich über dem **Kompressor** angebrachten **Sammler** gesammelt, der als Ausgleichsraum für das stoßweise Arbeiten des Kompressors dient, und von dort dann weitergeleitet. Gegenüber den bisherigen Fördervorrichtungen für Gase bieten die Kolbenkompressoren die Möglichkeit unbeschränkter Drucksteigerung, sie sind aber mit dem Nachteil der durch die hin- und hergehende Bewegung bewirkten erheblich höheren Arbeitsverluste behaftet. Anzuwenden sind sie überall dort, wo höhere Drucke für Kompression oder Transport von Gasen in Frage kommen. Vorteilhafterweise werden sie gewöhnlich in liegender Anordnung gebaut, der Antrieb erfolgt von einer Wellenleitung oder auch durch direkte Kupplung mit der Dampfmaschine, so daß Antriebskolben und Gebläsekolben auf der gleichen Welle sitzen und zwangsläufig die gleichen Bewegungen ausführen.

Da bei der Kompression der Luft und der Gase bekanntermaßen erhebliche Wärmemengen frei werden, ist die **gute Kühlung des Kompressors** Vorbedingung klaglosen Arbeitens; die bei der Kompression entstehende Wärme muß dauernd abgeführt werden; geschieht dies nicht, so erwärmen sich die Gase und dehnen sich aus, es **sinkt mithin die Leistung des Kompressors bei gleicher Umlaufzahl**; die durch Erwärmung des Gases eintretende Drucksteigerung geht beim späteren Abkühlen wieder verloren und damit also. auch der dafür verbrauchte Arbeitsaufwand. Deshalb müssen sowohl die Zylinderwände als auch die zur Kompression gelangenden Gase selbst gekühlt werden, und dies kann erfolgen durch die trockene, die halbnasse und die nasse Kühlung: bei der zuerst genannten **trockenen Kühlung** werden sowohl Zylindermantel als auch die Zylinderdeckel doppelwandig ausgeführt und durch ständig durchlaufendes Kühlwasser gekühlt; bei der **halbnassen Kühlung** wird in den Zylinder während der Druckperiode kaltes Wasser eingespritzt; bei den **nassen Kompressoren** schließlich wird durch den Kolben eine Wassersäule in Bewegung gesetzt und durch diese die Kompression ausgeübt. Die Anwendung von Wasser im Kompressor führt zur Bildung von Niederschlägen, zu Anfressungen; mit ihr ist die Gefahr von Wasserschlägen verbunden und zwingt zu langsamem Lauf des Kompressors; überdies ist in vielen Fällen die Gefahr des Einfrierens vorhanden, so daß heute fast ausschließlich **trockene** Kompressoren in Gebrauch sind.

Die Steuerung erfolgt durch den **Schieber** — wie bei den Dampfmaschinen —, doch sind **Flachschieber nur für Kompressionsdrucke bis zu 2 Atm** geeignet, da sie bei stärkeren Drucken nicht genügend dicht halten! — oder in der Mehrzahl der Fälle durch **selbsttätige Ventile** mit dünnen federbelasteten Stahlblechen.

Um bei schwankendem Druckluftverbrauch im Betrieb mit der Regelung des Kompressors nachzukommen, werden zunächst in die Druckluftleitung Druckluftkessel eingeschaltet; man stellt sie an kühlen Stellen und geschützt vor Sonne auf, um in ihnen Wasserdampf und Öl gut abscheiden zu können. Am Kompressor selbst werden entweder sog. „Aussetzer" angebracht, die bei Überschreitung des Höchstdruckes die Saugventile offenhalten, also die angesaugte Luft nicht zur Kompression bringen, oder man verwendet **Selbstanlasser,** die vom Druckregler des Kompressors betätigt werden und bei erreichtem Höchstdruck der Anlage den treibenden Motor selbsttätig ausschalten, um ihn nach dem Absinken des Druckes selbsttätig wieder anzulassen. Bei direktem Antrieb des Kompressors von einer Dampfmaschine aus wird entweder die Umlaufzahl der letzteren entsprechend dem Verbrauch an Druckluft eingestellt und durch den Regler der Dampfmaschine eingehalten, oder man verwendet bei großen Anlagen eine selbsttätige Regelung, welche auf konstanten Druck des Kompressors einstellt, dadurch, daß der Umlaufregler der Dampfmaschine mit einem Druckregler des Kompressors kombiniert wird.

4. Turbokompressoren.

Turbokompressoren entsprechen den Hochdruckzentrifugalpumpen für Flüssigkeiten, bei denen eine **Reihe von Schaufelrädern hintereinandergeschaltet** sind; die Kompression erfolgt bei ihnen stufenförmig dadurch, daß zwischen den einzelnen rotierenden Schaufelkränzen Leitschaufelkränze sich befinden, in welchen die hohe Geschwindigkeit der Gase, die sie im rotierenden Schaufelkranz erhalten haben, in Druck umgesetzt wird; jede Stufe steigert den Druck des Gases um 10 bis 20 Proz. und auch noch mehr der Eintrittsspannung, und man erzielt auf diese Weise leicht Pressungen bis zu 10 Atm; bei geringen Drucken bis zu 2 Atm ist eine Kühlung nicht notwendig, wohl aber bei größeren Drucken. Zufolge ihrer großen Umlaufzahl ist direkte Kupplung mit einem Elektromotor oder mit einer Dampfturbine möglich, Raumbedarf, Fundamentkosten und Kosten für Wartung und Bedienung sind gering; ein wesentlicher Vorteil gegenüber den Kolbenkompressoren ist auch darin zu erblicken, daß die Turbokompressoren **ölfreie Preßluft** ergeben. Ihre Einführung in die chemische Technik ist erst verhältnismäßig jungen Datums.

B. Vakuumpumpen.

Die bisher beschriebenen Pumpvorrichtungen für Gase können, soweit sie Druckförderung gestatten und nicht praktisch drucklos arbeiten wie die Ventilatoren und Exhaustoren, ohne weiters auch als **Luftverdünnungsvorrichtungen** verwendet werden, und insbesondere gilt dies von den Kolbenkompressoren; wir sehen demnach auch bei den Luftverdünnungs- oder Vakuumpumpen zwei Hauptsysteme: die rotierenden Vakuumpumpen und die Kolbenvakuumpumpen.

1. Rotierende Vakuumpumpen.

Von technisch gebrauchten Pumpen solcher Art sei die für kleinere Leistungen bestimmte und bekannte Gaedekapselpumpe erwähnt: im Prinzip arbeiten auch die rotierenden Kapselpumpen wie die Kolbenpumpen; in einem Zylinder ist eine schmale gußeiserne zylindrische **Walze** exzentrisch gelagert, und der dadurch entstehende sichelförmige Arbeitsraum wird durch eine Anzahl **radialer Schieber** in Zellen unterteilt; die Schieber laufen in radialen Schlitzen der Walze leicht beweglich und werden beim Umlauf der Walze gegen die innere Zylinderwand herausgeschleudert[1], so daß sie an derselben abdichten. Zufolge Verkleinerung der Zellen

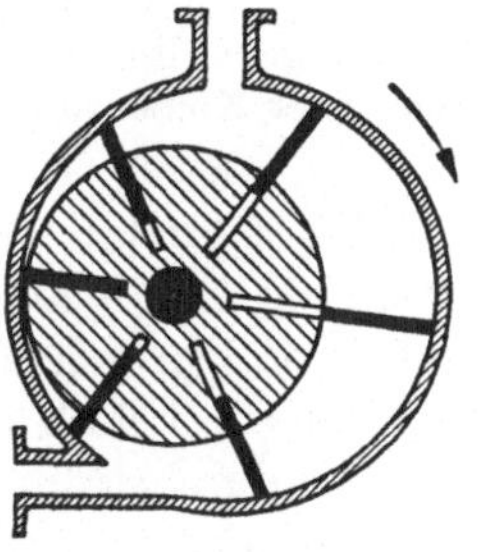

Fig. 53.
Kapselvakuumpumpe mit radialen Schiebern.

beim Umlauf findet Verdichtung, zufolge deren Volumzunahme Verdünnung statt. Fig. 53 zeigt in schematischer Darstellung die Wirkungsweise einer solchen Pumpe.

Erwähnt werden soll hier noch die Westinghouse-Le-Blanc-Pumpe, wie sie hauptsächlich für die Kondensation im Turbinenbetrieb Anwendung findet,

---

[1] Gegebenenfalls durch hintergelagerte Spiralfedern herausgedrückt.

in der chemischen Industrie selbst dürfte sie kaum in Verwendung stehen; bei ihr wird ein Wasserstrahl durch Beaufschlagung auf ein Turbinenrad in eine große Anzahl von Teilströmen zerschlagen, zwischen denen dann beim Austritt aus einer Düse die Absaugung ähnlich wie bei einer Wasserstrahlpumpe stattfindet.

2. Kolbenpumpen für Vakuum.

Am häufigsten werden in der chemischen Industrie **Kolbenvakuumpumpen** verwendet, insbesondere auch im Hinblick auf die mit ihnen leicht erzielbare hohe Luftverdünnung; man unterscheidet dann Schieber- und Ventilvakuumpumpen; bei den **Ventilvakuumpumpen** findet die Steuerung, das ist das rechtzeitige Schließen und Öffnen der Saug- und Drucköffnungen durch leichtbewegliche Ventile verschiedenster Bauart statt — Gummilamellen, dünne Metallplättchen usw. —, bei den **Schieberluftpumpen** hingegen durch Schieber, welche in analoger Weise wie bei den Dampfmaschinen mittels eines Exzenters von der Hauptwelle angetrieben werden. Ventile und Schieber bilden die empfindlichen Teile der Maschine und sollen so eingebaut sein, daß sie zwecks Reinigung und Auswechslung beschädigter Teile möglichst leicht zugänglich sind.

Eine Kühlung ist auch hier notwendig, um die Kompressionswärme abzuführen, und zwar nicht nur im Hinblick auf die Lebensfähigkeit der Maschine und die Aufrechterhaltung der Schmierwirkung des Öls, sondern auch hinsichtlich des Kraftverbrauches der Pumpe, welcher beim Warmwerden der Pumpe stark ansteigt.

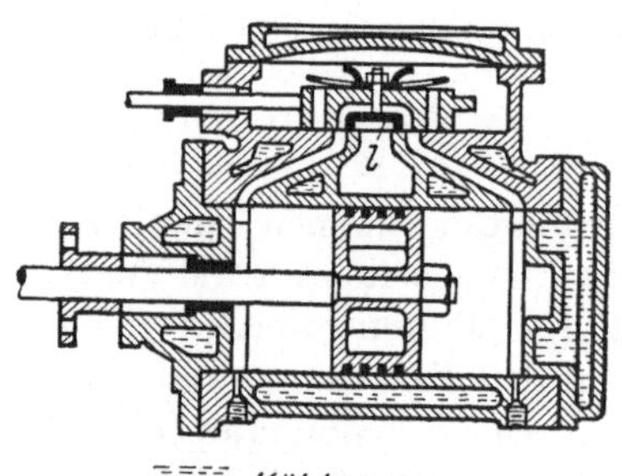

Fig. 54.
Wassergekühlter Pumpenzylinder einer Kolbenvakuumpumpe.

Fig. 54 zeigt einen solchen Pumpenzylinder im Schnitt und läßt die Anordnung des Schiebers erkennen, sowie die Kühlung, die dadurch bewirkt wird, daß in gleicher Weise wie bei den Kompressoren Zylindermantel und Zylinderdeckel als doppelwandige Gefäße ausgebildet sind, welche vom Kühlwasser durchströmt werden; die abgebildete Pumpe ist doppeltwirkend, d. h. es wird der gesamte Zylinderraum ausgenutzt, indem jeweils auf der einen Seite des Kolbens gesaugt, gleichzeitig auf der anderen Seite des Kolbens gedrückt wird; die auf dem Schieber angebrachte Rückschlagklappe soll das zu frühe Rückströmen der abgesaugten Luft und den dadurch bewirkten größeren Kraftverbrauch verhindern.

Maßgebend für den volumetrischen Wirkungsgrad der Pumpe ist der sog. **„schädliche Raum"**, unter welchem man jenes Volumen des Zylinders versteht, welches bei der Kolbenbewegung nicht erfaßt werden kann; dieser schädliche Raum bewirkt, daß bei der gewöhnlichen Bauart der Pumpen höchstens ein **näherungsweises Vakuum** erreicht werden kann, welches sich z. B. bei einem schädlichen Raum von 5 Proz. des Zylinderinhaltes auf etwa 38 mm

Quecksilbersäule absoluten Druck stellt; bei der abgebildeten Pumpe — vgl. Fig. 54 — ist nun in den Schieber ein **Umgehungskanal** l eingebaut, welcher bewirkt, daß die im schädlichen Raum enthaltene Luft durch Verbindung der beiden Zylinderseiten bei der Umkehr des Kolbens, also am Hubende, verdünnt wird und infolgedessen der Verdünnungsgrad ansteigt, so daß ein absoluter Minimaldruck von 4 mm Quecksilbersäule gegen sonst 38 mm erhalten werden kann, die Pumpe mithin die Einstellung eines weit besseren Vakuums gestattet.

In jenen Fällen, in welchen weitere Herabminderung des Druckes verlangt werden muß, wird dies dadurch erreicht, daß man zu den **zweistufigen Vakuumpumpen** übergeht, das sind Pumpen, die mit zwei hintereinandergeschalteten Zylindern arbeiten, bei welchen der eine Zylinder das Vorvakuum für den anderen bildet; bei abgeflanschten Saugstutzen geben sie etwa $1/_2$ mm Quecksilbersäule absoluten Druck.

Pumpen, die gleichzeitig als Saugpumpen und als Kompressor wirken, werden ebenfalls verwendet, so z. B. bei der Holzimprägnierung, wo zum leichteren Eindringen der Imprägnierflüssigkeit zuerst die Luft aus den Hölzern entfernt, dann das Öl zugegeben und die unter Öl befindlichen Hölzer unter Druck gesetzt werden, um das Öl möglichst tief eindringen zu lassen.

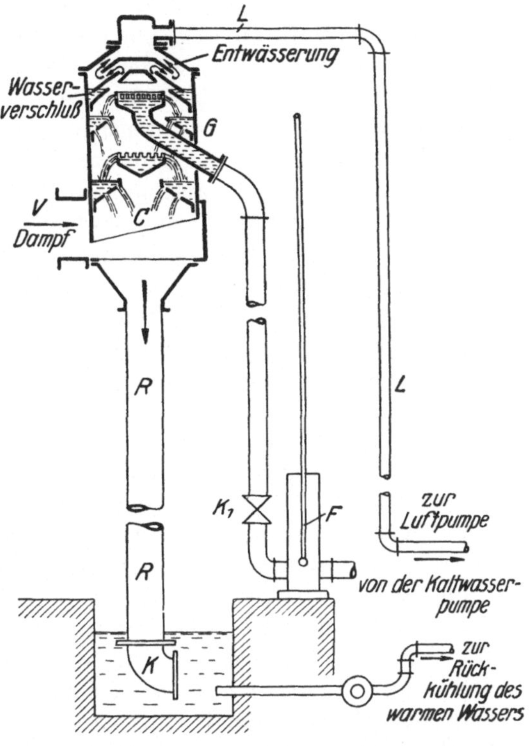

Fig. 55. Absaugung mit barometrischer Leere.

Naßluftpumpen sind Luftpumpen, bei welchen — Absaugung von Brüden! — die Brüden mittels eingespritzten Wassers kondensiert werden und das Luft-Kondensatgemisch von der Pumpe angesaugt und weiter gefördert wird; sie sind heute verhältnismäßig wenig in Gebrauch und werden zweckmäßigerweise, namentlich wenn es sich um größere Leistungen handelt, durch **Einspritzkondensatoren mit barometrischer Leere** und anschließender Trockenluftpumpe ersetzt.

Die Anordnung einer solchen Absaugung mit anschließender barometrischer Leere ist anschließend skizziert: Fig. 55.

Die Vorteile dieser Form der Kondensation sind so groß, daß sie ihr rasch vielseitigen Eingang verschaffen konnten: der Kühlwasserverbrauch ist gering, Luft- und Wasserpumpe können zufolge der nur geringen notwendigen Arbeit knapp bemessen werden; als besonderer Vorteil tritt hinzu, daß keinerlei besondere Anforderungen an die Reinheit und Beschaffenheit des Kühlwassers gestellt werden müssen, da dasselbe ja nur mit den abziehenden Wrasen in Berührung kommt, nicht aber mit der Pumpe selbst, wie bei der Einspritzkondensation.

Die Arbeitsweise ist an Hand des vorstehenden Schemas Fig. 55 zu entnehmen.

Der wichtigste Bestandteil ist der **Gegenstromkondensator**, welcher in vergrößertem Maßstab abgebildet ist, und dessen Wirkungsweise an Hand der Zeichnung wohl ohne weiteres klar ist: bei V treten die Brüden in das Kondensatorgehäuse C ein und steigen in ihm hoch; während dieses Hochsteigens erfahren sie eine intensive Berieselung durch das in den Kondensator durch G eintretende Kühlwasser, welches ständig zugeführt wird, in ein Verteilergefäß eintritt und, in kaskadenartige Schleier zerlegt, dem Dampfstrom entgegenfließt, die Dämpfe kondensierend; der oberste Teil des Kondensators ist dann als Entwässerungsvorrichtung ausgebildet, in welcher die aus dem Kondensator in die Absaugeleitung L abziehenden, nicht kondensierten Gase durch Prall und Stoßwirkung bzw. Richtungsänderung entwässert werden, um dann durch die bereits erwähnte Leitung L von der nicht gezeichneten Vakuumpumpe abgesaugt zu werden. Da ja in diesem Falle die Pumpe nur mehr die Gase und einen ganz kleinen Teil des Wasserdampfes — soweit er nicht kondensiert wurde! — zu bewältigen hat, kann die Pumpenleistung im Gegensatz zu der der Naßluftpumpen, welche das ganze Dampf-Gasgemisch zu bewältigen haben, viel geringer gehalten werden. K und K_1 sind Rückschlagventile, welche in die Leitungen eingeschaltet sind, K_1, um ein Hinüberreißen von Wasser in die Vakuumpumpe zu vermeiden, K, um ein Rücksteigen von Wasser in die Brüdenleitung auszuschließen; das durch die Kondensation der Brüden warm gewordene Kühlwasser läuft in dem Fallrohr R in eine Sammelgrube, das Fallrohr besitzt eine Niveaudifferenz von 10 m, wodurch die Einstellung der notwendigen barometrischen Leere möglich wird: der Kondensator steht stets unter Vakuum, indem sich die Kondenswasserhöhe im Fallrohr entsprechend dem jeweils vorhandenen Unterdruck automatisch einstellt. Das warm abfließende Kühlwasser wird mittels einer kleinen Zentrifugalpumpe der Rückkühlung in einem Kühlturm, Gradierwerk usw. zugeführt, gesammelt und durch die Wasserpumpe dann wieder angesaugt und in kaltem Zustand wieder dem Kondensator zugepumpt, es befindet sich also in ständigem Kreislauf.

F ist eine in die Pumpleitung eingeschaltete Vorrichtung, um die Luft aus dem Kühlwasser dauernd abzuscheiden, da deren Eintritt in den Kondensator das Vakuum verschlechtern würde; es geschieht dies durch eine Art Windkessel, in welchem die im Wasser enthaltene Luft — durch Undichtigkeiten der Ansaugvorrichtung hereingebracht! — abgeschieden und durch das in der Skizze angedeutete kleine Rohr dauernd ins Freie abgeführt wird.

C. Rohrleitungen, Luftfilter und Sonstiges.

Für Druckluftleitungen verwendet man im allgemeinen als Leitungsmaterial schmiedeeiserne Rohre; Leitungen von Exhaustoren, die auf Druck
nicht stark beansprucht sind, werden bei kleinen Dimensionen aus schmiedeeisernen Rohren genommen, für Leitungen großen Querschnittes verwendet
man Blechrohre, die vernietet werden. Im chemischen Betrieb werden zur
Ableitung von Dämpfen und schädlichen Gasen, welche Metall angreifen,
vielfach auch Holzleitungen von quadratischem Querschnitt verwendet mit
eingebauten Holzschiebern zum Abstellen der Leitungen bei verzweigten
Netzen.

Rohrleitungen für komprimierten Sauerstoff werden aus Kupfer, Messing
oder Bronze genommen, bei ganz groß bemessenen Leitungen dieser Art verwendet man elektrolytisch verkupfertes Eisen zum Schutz gegen Rosten.
Besonders wichtig ist die Wahl des Werkstoffes für die Ventile, die ja besonders starker Inanspruchnahme unterliegen: im allgemeinen verwendet man
Stahl oder Rotguß, für Sauerstoff Ventile aus Bronze, für Wasserstoff, Kohlensäure solche aus Stahl oder aus Bronze, für Acetylen Ventile aus weichem
Stahl oder ebenfalls aus Bronze. Die Belastungsfedern der Ventile werden
aus Stahl genommen, der zu seinem Schutz gegen Rosten elektrolytisch verkupfert ist.

Wichtig ist auch die Art der verwendeten Schmierung: Glycerin wird nicht
nur für Sauerstoffkompressoren — verdünnt mit Wasser — verwendet,
sondern auch für die Komprimierung von Kohlensäure in der Mineralwasserindustrie und der Industrie der Nahrungsmittel, da sich hier die Verwendung
der gewöhnlichen Schmieröle wegen ihres Geruches verbietet, der auf die komprimierten Gase übergehen würde! Kompressoren zur Verdichtung von Chlor
können mit organischen Lösungsmitteln nicht geschmiert werden, an deren
Stelle tritt bei ihnen — bei Gußeisen als Werkstoff für die Pumpe — konzentrierte Schwefelsäure. Bei tiefen Temperaturen — Expansionszylinder in der
Verflüssigung der Luft — wird Benzin als Schmiermittel verwendet, dessen
Viscosität bei den hier in Frage kommenden Temperaturen groß genug wird,
um die notwendige Schmierwirkung auszuüben.

Auf die Notwendigkeit, das in der Preßluft enthaltene Öl und die sonstigen
Verunreinigungen abzuscheiden, ist schon verwiesen worden; aber nicht nur
zur Schonung der Pumpe, sondern auch zur Vermeidung von Unglücksfällen
ist sehr oft die Anwendung gut wirkender **Filter** notwendig: so würde z. B.
die Ansaugung von Kaliumchloratstaub in den Pumpenzylinder dort zur Bildung explosibler Gemische mit dem Schmieröl führen und muß unbedingt
vermieden werden. Während man früher für die Luftfiltration vielfach
taschenförmige Filtertücher verwendete, die über Rahmen gespannt waren,
zieht man heute **Filter aus vielfach durchlochten Metallplatten,** die mit Öl
benetzt sind, vor, weil an ihnen leichte Bindung des Staubes stattfindet und
die Reinigung des Filters durch Herausnehmen der am stärksten verschmutzten
Platten sehr einfach ist.

Leitungen, in welchen es zur Abscheidung von Flüssigkeiten kommen kann, sollen mit **Wassersäcken** versehen werden — z. B. beim Absaugen der Crackgase in der Petroleumindustrie.

Ganz besondere Aufmerksamkeit ist den Vakuumleitungen zuzuwenden, vor allem deren richtiger Dimensionierung: die immer wieder in der chemischen Industrie wahrzunehmende viel zu schwache Dimensionierung der Vakuumleitungen kann auch bei bestem Arbeiten der Pumpe zu keinen günstigen Verhältnissen führen: man beachte, daß die Saugleitung die gleiche Weite haben soll, wie der Saugstutzen der Pumpe, ferner daß scharfe Ecken in der Vakuumleitung nach Möglichkeit zu vermeiden sind, und daß Ansätze in den Leitungen, welche deren Innenoberfläche rauh machen, ebenfalls den Wirkungsgrad der Pumpe und das erreichte Vakuum stark verschlechtern können; deswegen ist man für die Anlegung von Vakuumleitungen vielfach zu Kupfer als Werkstoff übergegangen, welches auch den großen Vorteil leichter Bearbeitung bietet.

Materialumsetzung.

I. Umsetzungen mechanisch-physikalischer Art.

A. Zerkleinern.

1. Allgemeines.

Die Vorgänge des Zerkleinerns, Mischens und Scheidens bilden eine sehr wichtige Stufe des chemischen Erzeugungsvorganges, und zwar sowohl für die Vorbereitung der Rohstoffe als auch im Prozeß selbst und schließlich auch für die Fertigung. Ihre starke Auswirkung auf die Selbstkosten und damit auf die Wirtschaftlichkeit des Verfahrens ist einerseits durch den mehr oder minder, aber fast stets erheblichen Kraftaufwand der verwendeten Maschinen, dann aber auch durch deren Lebensdauer und mehr oder minder rasche Abnutzung bestimmt (Anlagekapital, Abschreibungen), bis zu einem gewissen Grade auch durch den Platzbedarf der einzelnen Maschinen. Neben der sorgfältigen Anpassung der zu wählenden Zerkleinerungsvorrichtung an den zu zerkleinernden Stoff ist gleichzeitig auf Erzielung möglichst hoher Wirkungsgrade durch Auflösung des Zerkleinerungsvorganges in einzelne Stufen des Arbeitsganges zu achten, durch welche sich zwangsläufig die Unterteilung des ganzen Zerkleinerungsvorganges in Vorbrechen, Schroten und Vermahlen ergibt.

Die Verschiedenartigkeit der Aufgaben im chemischen Betriebe und die Beschränktheit der zur Verfügung stehenden Arbeitsbehelfe bringt es in vielen Fällen mit sich, daß, insbesondere bei der Aufnahme neuer Fabrikationen, nicht immer die für diesen Fall zweckmäßigsten Arbeitsmaschinen auch tatsächlich verwendet werden; aber auch dann wird bei einigermaßen gut ausgestatteten Betrieben fast stets die Wahl zwischen verschiedenen Vorrichtungen freistehen, die zwar alle zu dem gewünschten Ziel führen können, deren Kraftverbrauch, Durchsatzleistung und Verschleiß aber in sehr weiten Grenzen schwanken kann: nur eingehende Studien mit dem betreffenden Stoff an verschiedenen Zerkleinerungsvorrichtungen werden dann zur Feststellung der günstigsten Bedingungen führen und dann auch die wirtschaftliche Beherrschung des Erzeugungsvorganges gestatten, die für den seiner Verantwortung bewußten Betriebsleiter die Richtschnur seines Arbeitens sein muß.

Dabei wird man aber bei der Wahl der Zerkleinerungsvorrichtungen nicht allein sich von rein wirtschaftlichen Gesichtspunkten leiten lassen dürfen, also lediglich Anschaffungskosten, Kraftverbrauch und Verschleiß bzw. die reinen Kosten der Vermahlung berücksichtigen dürfen, sondern auch jene zahlenmäßig nicht oder nur schwer zu erfassenden Gesichtspunkte einbeziehen, die durch die Eigenart des Betriebes und der in ihm beschäftigten Arbeitskräfte gegeben sind, worüber bei den einzelnen Mahlvorrichtungen noch zu sprechen sein wird. Die mehr oder minder großen Ansprüche, welche hinsichtlich Verständnis und Gewissenhaftigkeit der Bedienung zu stellen sind, werden hier zu behandeln sein, ebenso vielfach die Platzfrage und nicht zuletzt auch die Möglichkeit, die zur Anschaffung gelangenden Maschinen gegebenenfalls auch für andere Zwecke heranziehen zu können: die genaue Anpassung an einen bestimmten Verwendungszweck wird nur dort statthaft sein, wo es sich um ein für allemal gebaute größere Anlagen handelt: der gerade in der chemischen Industrie vielfach wechselnde Betrieb wird es unter Umständen geraten erscheinen lassen, gegebenenfalls auf volle Ausnutzung einer Möglichkeit zu verzichten, dafür aber eine Maschine zur Aufstellung zu bringen, die gegebenenfalls auch für andere Zwecke später herangezogen werden kann; die an die Maschine zu stellenden Anforderungen werden sich in diesem Falle auf einer mittleren Linie bewegen müssen und bei Verzicht auf maximalen Wirkungsgrad der Maschine deren allgemeinere Verwendungsmöglichkeit im Auge behalten.

Da die **mechanische Beanspruchung** aller Zerkleinerungsmaschinen eine sehr große ist, wird man sich bei Beschaffung derselben stets von dem Grundsatz leiten lassen, erprobte und möglichst kräftig dimensionierte Maschinen anzuschaffen und stets Ersatzteile für die der Abnutzung besonders unterliegenden Bestandteile bereit zu haben. Die Eigenart des chemischen Betriebes bringt es in den meisten Fällen mit sich, daß mit der sonst im Maschinenbetrieb üblichen sorgfältigen **Wartung** nicht gerechnet werden kann; dies gilt besonders im Hinblick auf eine möglichst gute Entstaubung: sie schützt nicht nur die Bedienung, sondern auch die maschinelle Anlage vor allzu raschem Verschleiß und macht sich überdies, wie die Erfahrung gezeigt hat — Absaugung des Staubes in Zementfabriken z. B. — in kürzester Zeit bezahlt.

Die Natur des Zerkleinerungsvorganges bedingt unter allen Umständen einen **starken Verschleiß der arbeitenden Maschinenteile:** ohne daß es möglich wäre, von einer bestimmten „Verschleißfestigkeit‘‘ bestimmter Baustoffe zu sprechen, da eine direkte Beziehung zwischen Druck- und Zugfestigkeit des Baustoffes und seinem Verschleiß nicht besteht, der Verschleiß überdies ganz abhängig ist von der Art der zu bearbeitenden Stoffe, verwendet man für die beanspruchten Teile der Zerkleinerungsmaschinen doch in erster Linie Baustoffe besonderer Widerstandsfähigkeit wie Manganstahl, Stahlguß und Schalenhartguß. Mit zunehmender Feinheit des Mahlgutes steigt im allgemeinen auch der Verschleiß.

Kraftverbrauch und Leistungsfähigkeit der Zerkleinerungsvorrichtungen schwanken innerhalb sehr weiter Grenzen mit dem zur Verarbeitung gelangenden Stoff, und dies besonders bei schnellaufenden Mahlvorrichtungen. Die übliche Angabe von Durchsatzleistungen und Kraftverbrauch kann daher nur als **Mittelwert** verwendet werden, sofern nicht Erprobung für den betreffenden Fall vorliegt. Die Berücksichtigung dieser Tatsachen ist besonders wichtig bei der **Wahl der Antriebsmaschinen,** für welche insbesondere auch die Tatsache im Auge zu behalten ist, daß viele dieser Vorrichtungen, z. B. Kugel- und Rohrmühlen, für das Anlassen eine bedeutend höhere Antriebskraft erfordern als im laufenden Betrieb. Bei direktem Antrieb der Mahlvorrichtung durch Motoren usw. ist im Hinblick auf die geringe Energiereserve solcher Maschinen stets mit einem den normalen Betrieb um etwa 30 bis 50 Proz. übersteigenden Kraftverbrauch zu rechnen, obschon hierdurch ein leichtes Absinken des Nutzwirkungsgrades der betreffenden Antriebsmaschine in Kauf genommen werden muß.

Zur Erreichung der möglichen Wirtschaftlichkeit ist es unbedingt notwendig, für **gleichmäßige Beschickung** der Mahlvorrichtungen zu sorgen; an Stelle der unzulänglichen Handbeschickung hat nach Möglichkeit und bei größeren Aggregaten stets die **mechanische Beschickung,** genau eingestellt auf die Durchsatzleistung der Mahlvorrichtung, zu treten.

Für die Aufstellung von Mahlvorrichtungen einigermaßen größerer Leistung, insbesondere aber für die **Aufstellung von Schnelläufern,** gilt — wie für maschinelle Anlagen größerer Leistung und stärkerer Fundamentbeanspruchung ganz allgemein — die Regel, sie auf **festem** Boden und nicht in den oberen Stockwerken der Gebäude vorzunehmen, um unliebsame Überraschungen zu vermeiden.

Die Eignung eines Stoffes für die Vermahlung bzw. der Widerstand, die Arbeit, welche in einem bestimmten Falle zu leisten ist, hängt von einer ganzen Reihe mehr oder minder definierter Umstände ab, unter denen die Härte des betreffenden Stoffes nur **einer** ist, der zudem unter Umständen gegenüber der Zähigkeit ganz zurücktreten kann! Spalten, Schlagen, Drücken, Reiben, Quetschen stellen eine Reihe durchaus verschiedener Kraftanwendungen vor, welche sich der Eigenart des zu zerkleinernden Stoffes anpassen und ihre sinngemäße Durchbildung in den verschiedensten Formen der Zerkleinerungsvorrichtungen und den Prinzipien, nach welchen sie arbeiten, gefunden haben.

Besondere Behandlung erfordern Stoffe, welche die Neigung zeigen, in den plastischen Zustand überzugehen, sei es bei Anwesenheit von Wasser oder anderen Flüssigkeiten, sei es durch die unvermeidliche Erwärmung bei feinerem Vermahlen: so bietet die Vermahlung von Braunkohle, Pech evtl. Schwierigkeiten, die bei zunehmender Feinheit des Zerkleinerungsgutes rasch ansteigen und Entwässerung des Zerkleinerungsgutes, Abführung der Wärme usw. nötig machen.

Gute **Wärmeabfuhr** der durch Reibung in der Mühle entstehenden Wärme ist auch für die Vermahlung einer Reihe organischer Substanzen Grundbedingung, um Schädigung des Mahlgutes zu vermeiden.

Entsprechend den drei wichtigsten Feinheitsgraden der Zerkleinerung unterscheidet man zwischen Zerkleinerungsmaschinen zum **Brechen,** zum **Vorschroten** und schließlich zum **Feinvermahlen.**

Zum **Brechen** dienen in erster Linie: Backen- und Rundbrecher sowie
Walzen- und Hammerbrecher;

zum **Vorschroten:** Walzenmühlen, Kollergänge, Glockenmühlen, Schlag-
kreuzmühlen, Hammermühlen, Schleuder- und Ringmühlen;

zum **Feinmahlen:** Mahlgänge, Horizontalkugelmühlen, Rohrmühlen, Kugelmühlen und schließlich Verbundrohrmühlen.

2. Brechen.

Die wohl für die Grobzerkleinerung in den meisten Fällen in Betracht
kommende Brechvorrichtung ist der von dem Amerikaner *Blake* 1858 erfun-
dene **Backenbrecher.** Er wird mit Vorteil auch für die **festesten** Materialien
zur **Grobzerkleinerung** verwendet. Kennzeichnend für seine Ausführung, die

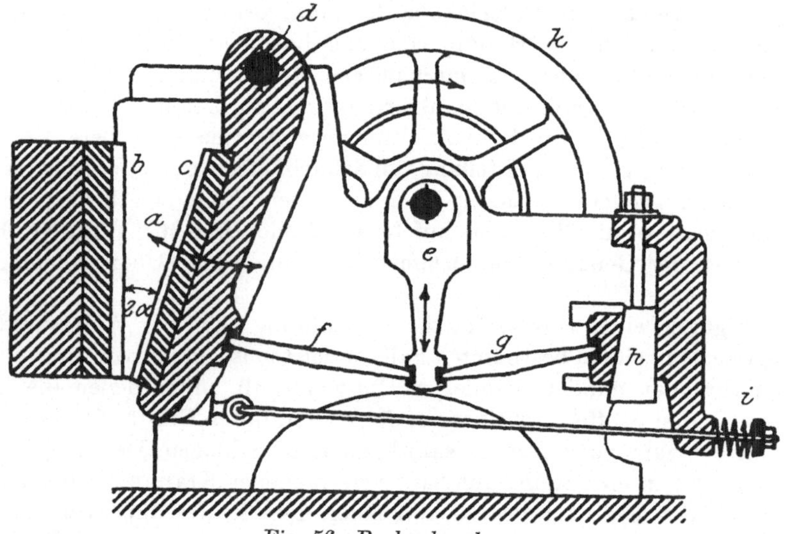

Fig. 56. Backenbrecher.

heute schon eine ganze Reihe von Neukonstruktionen erlangt hat, ist das
Brechmaul *a* — vgl. Fig. 56 —, das sich keilförmig nach unten verjüngt,
und das durch zwei Brechbacken *b* und *c* gebildet wird, von denen *b*
feststeht, während *c* um die bei *d* liegende horizontale Achse schwenkbar
ist und durch ein **Kniehebelgetriebe** *e f g* in Schwingung versetzt wird.
Die von oben in das Brechermaul geworfenen bis kopfgroßen Stücke werden
beim Schwingen der Brechbacke *c* nach links durch **Druck** zerkleinert, sinken tiefer, um beim Linksschwingen der beweglichen Brechbacke immer
wieder zwischen den beiden **Brechbacken** zerdrückt zu werden, und gelangen schließlich, bei genügend weitgehender Zerkleinerung das Brechermaul unten verlassend, zur Austragung. Durch den in der Zeichnung
mit *h* bezeichneten Stellkeil kann die untere Öffnung, das **Brechermaul,**
eingestellt und damit Zerkleinerung des aufgegebenen Gutes auf bestimmte
Korngröße vor dem Verlassen des Brechers gesichert werden. Zwischen den

Stellkeil h und der beweglichen Brecherbacke c ist ein Kniehebel, bestehend aus den beiden Platten f und g, so eingeschaltet, daß er bei jedem Kurbelumlauf einmal gestreckt wird und dadurch die Brecherbacke c in eine pendelnde Bewegung um deren Achse d versetzt; dabei hält die Feder i mit der Schubstange die Backe c, den Kniehebel fg und den im Maschinenrahmen verankerten Stellkeil h im Kraftschluß und bewirkt beim Durchknicken des Kniehebels das Öffnen der unteren Öffnung des Brechermauls. Zum Ausgleich der starken Schwankungen im Kraftverbrauch dienen zwei schwere **Schwungräder,** welche in der Zeichnung durch k angedeutet sind.

Das rahmenartige Gestell des Brechers wird aus Eisen oder Stahl gegossen oder zur Erhöhung der Festigkeit aus gewalzten Stahlplatten zusammengebaut. Die Brechbacken werden in der Regel aus Hartguß hergestellt und sind auswechselbar; für die Verwendung des Brechers zum Brechen weniger harter Stoffe erhalten sie glatte Oberfläche, für mittelhartes Brechgut und Erzielung gröberen Korns werden die Brechbacken mit geriffelter Oberfläche versehen, für sehr harte Materialien verwendet man Brecherplatten mit abgerundeter Riffelung.

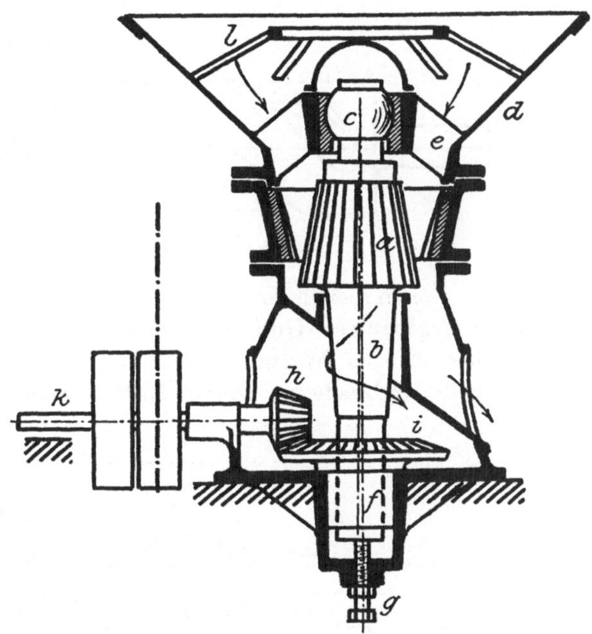

Fig. 57. Kegel- oder Rundbrecher.

Die Größenbezeichnung der Backenbrecher erfolgt durch Angabe der **Maulweite,** z. B. 150 × 100 mm, steigend bis zu 1800 × 1400 mm.

Nach dem gleichen Prinzip und auch gleichen Verwendungszwecken dienend arbeitet der sog. **Rundbrecher,** dessen Wirkungsweise aus der Fig. 57 ohne weiters ersichtlich ist: an Stelle der schwingenden Brechbacke c tritt eine konische Rundbacke, die exzentrisch in einen äußeren Konus eingesetzt ist, der als feststehende Backe dient, das aufgegebene grobstückige Material wird durch die drehende Bewegung der Rundbacke mitgerissen und schließlich nach Erreichung der gewünschten Zerkleinerung nach unten entleert.

Die bei Brechern dieser Art erreichbare Zerkleinerung beträgt ungefähr **Nußgröße.**

Fig. 57 zeigt einen solchen Rund- oder Kugelbrecher in schematischer Darstellung, Fig. 58 einen sog. Schraubenbrecher, wie ihn die Firma Krupp-Grusonwerk baut, und wie sie in erster Linie in der Zementindustrie bis zu

Leistungen von stündlich etwa 7000 kg Zement bei 12 PS Kraftverbrauch verwendet werden und dabei ein etwa bohnengroßes Zerkleinerungsprodukt ergeben. Die Umlaufgeschwindigkeit der Brechschnecken ist bei diesen Apparaten ziemlich groß und steigt von 200 bis zu 600 Umdrehungen in der Minute an.

Eine andere Art von Zerkleinerungsmaschinen, die in erster Linie zum Vorbrechen mittelharter Stoffe dienen, sind die **Walzenbrecher**. Als Brech-

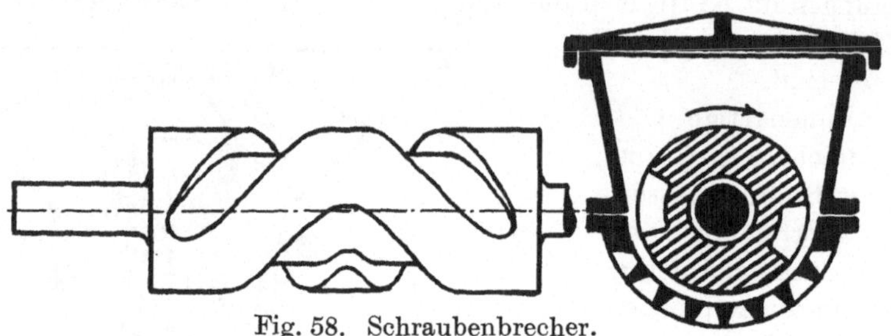

Fig. 58. Schraubenbrecher.

werkzeuge dienen bei ihnen glatte oder geriffelte zylindrische **Brechwalzen**, die sich mit gleicher Umfangsgeschwindigkeit gegeneinander drehen und hierbei das in den **Walzenschluck** eingetragene Brechgut einziehen und in Teilstücke zerbrechen. Durch Riffelung oder Verzahnung der Walzen

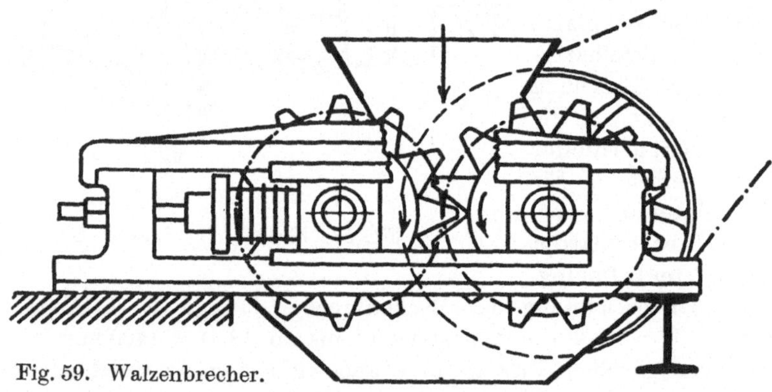

Fig. 59. Walzenbrecher.

kann die Einzugsfähigkeit gesteigert werden. Die einfachen Walzwerke (s. Fig. 59) bestehen aus einem kräftig gebauten Gestell, in welchem die eine der beiden Brechwalzen in festen Lagern läuft, während die Lager der zweiten Walze **verstellbar** sind und durch Federpuffer so gehalten werden, daß die beweglich gelagerte Walze gegen die fest gelagerte gepreßt wird; dadurch werden nicht allein Brüche bei starken Belastungsschwankungen verhütet, sondern auch die Möglichkeit sichergestellt, daß harte Materialstücke und Fremdkörper, welche in die Zerkleinerungsvorrichtung gelangen, ohne Beschädigung der Maschine hindurchgehen können unter Zurückweichen der Pufferfedern bzw. der federnd gelagerten beweglichen Walze. Der Antrieb erfolgt mittels Vorgelege an die fest gelagerte Brechwalze, von welcher mit Zahnradantrieb auch die beweglich gelagerte Walze in Umdrehung versetzt wird. Ist die Korngröße des auf diese Weise gewonnenen zerkleinerten Stoffes noch zu grob, so werden zwei oder auch mehrere Walzenpaare hintereinandergeschaltet, so daß das bereits weitgehend vorgebrochene oder vorgeschrotete Material vom ersten Walzenbrecherpaar auf ein weiteres Walzenbrecherpaar mit engerer Einstellung übergeht usw.; dabei ist es aber in allen Fällen zweckmäßig, die in der anschließenden Abbildung 61 wiedergegebene Anordnung zu wählen, nach welcher das auf dem ersten Walzenbrecher grob zerkleinerte Gut nach Abscheidung des Gruses unmittelbar dem zweiten Walzenpaar zufließt.

Fig. 60 zeigt die Ansicht verschiedener Verzahnungen der Brecherwalzen, Fig. 61 zeigt schematisch die Anordnung mehrerer Walzenpaare übereinander,

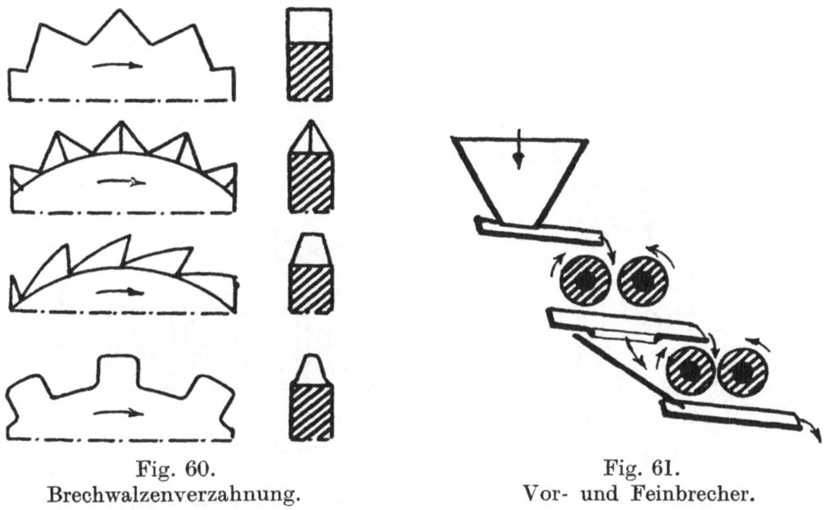

Fig. 60.
Brechwalzenverzahnung.

Fig. 61.
Vor- und Feinbrecher.

wobei aber zwischen dem ersten und zweiten Walzenpaar Siebung stattfindet und das bereits auf dem ersten Walzenpaar genügend zerkleinerte Gut nicht mehr dem zweiten Walzenpaar zugeführt wird, sondern direkt zur Austragung gelangt.

Bei den geriffelten oder gezahnten Walzenbrechern werden sowohl Druck- wie Zugwirkung zur Zerkleinerung des aufgegebenen Stoffes ausgenutzt; gelangen glatte Walzen zur Anwendung, so herrscht die Druckwirkung vor, weshalb man in diesem Falle auch vielfach von **Walzenquetschen** oder **Quetschwalzwerken** spricht. Sie dienen dann sowohl zum Zerkleinern harter Stoffe wie Gestein, Mineralien, Kohle, als auch mittelharter und schließlich weicher und plastischer Stoffe, wie weicher Kalkstein, feuchter Ton und Getreide, Malz usw. Vielfach bleibt die Walze überhaupt unbearbeitet, arbeitet also mit der **Gußhaut,** nur in jenen Fällen, in welchen feineres Korn verlangt wird, werden die Walzen durch Abdrehen oder Schleifen geglättet.

Die Anlage eines für Erzzerkleinerung bestimmten Walzwerkes ist der untenstehenden Fig. 62 zu entnehmen, **welche** auch die bewegliche Lagerung der einen Walze (vgl. oben) deutlich erkennen **läßt**:

Die beiden Walzen a und b sind auf einem starken gußeisernen Rahmen gelagert, so daß die Lager der Walze a mit dem Rahmen fest ver**bunden** sind, die Lager der Walze b aber auf Gleitbahnen ruhen; der Walzenabstand ist für jede gewünschte Durchgangsweite — Korngröße des zu zerkleinernden Stoffes! — mittels der Stellschraube c einstellbar, das Federwerk d drückt die Walze b bzw. deren Lager gegen die Walze a: bei zu großem Druckwiderstand des zu zerkleinernden Stoffes — Fremdkörper, welche in die Vorrichtung gelangen — weicht dann die Walze b zurück, so daß das Hemmnis ohne Beschädigung der Maschine ausgetragen werden kann. Stärkeres oder schwächeres Anziehen der Federspannung gestattet dann beliebige Einstellung. Der

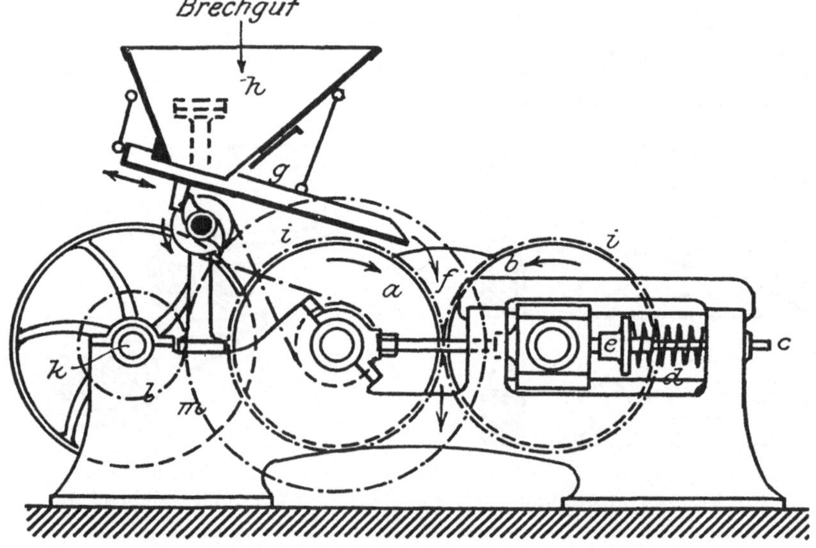

Fig. 62. Quetschwalzwerk für Erzzerkleinerung.

Schluck der Walzen ist seitlich durch die Backenbleche f begrenzt, und seine Beschickung erfolgt dann durch den **Rüttelschuh** g, welcher von der Achse der Walze a betätigt wird, aus dem Fülltrichter h, welcher mit dem zu zerkleinernden Stoff gefüllt ist. Die gleichförmige Bewegung der beiden Walzen wird durch die in der Zeichnung angedeuteten, in der früheren Abbildung deutlich sichtbaren, gleichgroßen Zahnräder i bewirkt, deren lange Zahnung eine weitgehende Verstellung der Walzen gegeneinander bzw. der Schlitzbreite zwischen ihnen gestattet. Zur Ausgleichung von Schwankungen in der Umlaufsgeschwindigkeit bzw. der wechselnden Belastung werden auch hier wie bei den Backenbrechern ein oder zwei schwere **Schwungräder** verwendet; bei kleinen Walzwerken bringt man die Antriebsscheibe auf einer der beiden Walzenachsen an, bei Walzenbrechern mit einem Kraftverbrauch von über 3 PS bringt man zwischen Walzenwelle und Antriebsscheibe gewöhnlich ein **Zahnradvorgelege** *lm* an. Zur Erzielung weitgehender Zerkleinerung bzw. Vermahlung ordnet man dann mehrere Walzenpaare übereinander an und verwendet für die Grobschrotung geriffelte oder gezahnte Walzenpaare, für die weitere Zerkleinerung dann glatte Walzen, wobei man gegebenenfalls mit verschiedenen Umlaufsgeschwindigkeiten der glatten Walzen arbeitet und neben dem Zerdrücken und Zerreißen des Materialstoffes auch gleich-zeitig durch die gleitende Bewe-gung der verschieden rasch um-laufenden Walzen eine reibende Wirkung ausübt. Neigt der zu zer-kleinernde Stoff zum Haften und Kleben an der Walze, wie z. B. Ton, so wird er an der Unterseite der Walzen durch Messer ständig ab-gestrichen: **Farbreibwalzen.**

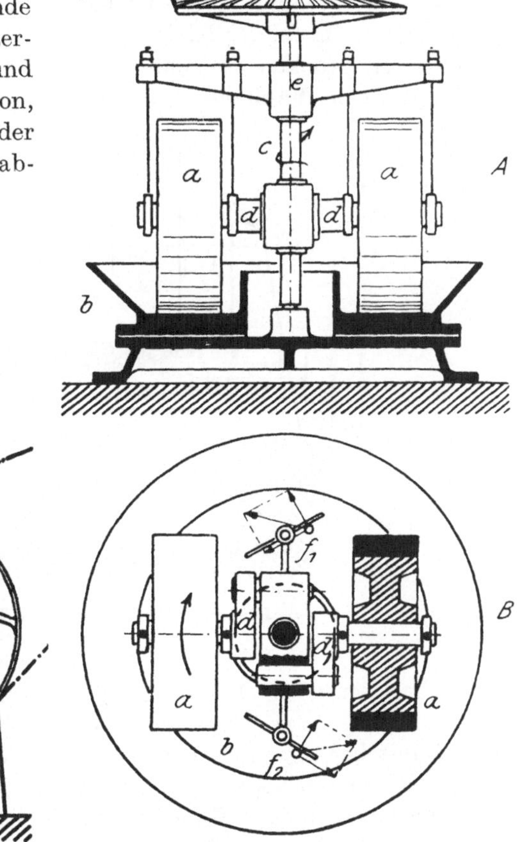

Fig. 63. Ölkuchenbrecher.   Fig. 64. Kollergang mit festem Teller.

Verzahnte Walzen verwendet man zur Zerkleinerung wenig oder mittel-fester, dabei mehr oder weniger spröder Stoffe wie Kalkstein, Stein- und Braun-kohlen, Koks, Kreide, Salz, Zucker, Sulfat, Soda, Knochen, Ölkuchen usw.; die Fig. 63 zeigt als besondere Ausführungsform einen Ölkuchenbrecher nach *Bental.*

3. Schroten und Vermahlen.

Durch die Anordnung mehrerer Walzenpaare leiten die Walzenbrecher bereits zu jenen Zerkleinerungsmaschinen über, welche der Vermahlung, mithin einer schon weitgehenden Zerkleinerung dienen; in noch weitergehendem Ausmaße gestatten dies dann die zu der gleichen Art von Maschinen gehörigen sog. **Kollergänge,** wie sie sowohl zur Zerkleinerung von Drogen als auch von Farben und vor allem in der Sprengmittelindustrie vielfach Anwendung gefunden haben. Kennzeichnend für ihre Arbeitsweise ist das Umwälzen der Läufer a — s. Fig. 64 — auf einer kreisförmigen **Laufbahn:** zwei gleichachsig gelagerte zylindrische Läufer a, auch **Koller** oder **Kollersteine** genannt, werden mittels der **Königswelle** c durch ein Kegelradvorgelege entweder starr verbunden mit der Königswelle, oder auch durch sog. **Schleppkurbeln** d mit ihr beweglich verbunden, wodurch die Kollersteine größeren und härteren Stücken des Mahlgutes durch Heben ausweichen können, und laufen auf einem **Mahlteller** oder **Bodenstein** b, welchem das zu vermahlende

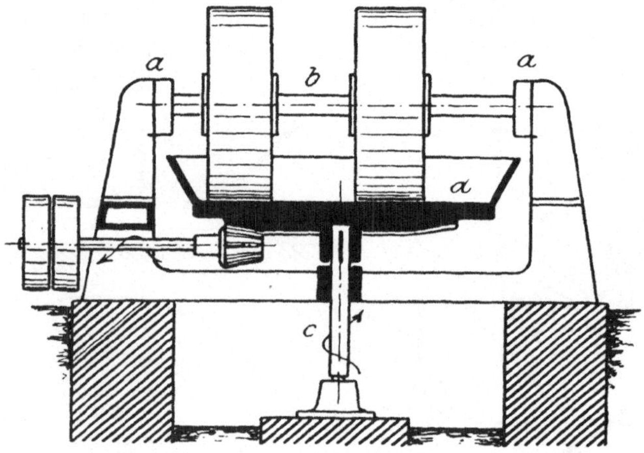

Fig. 65. Kollergang mit festem Teller.

Gut aufgegeben wird. Fig. 65 zeigt eine andere Anordnung, bei welcher die Läufer fest gelagert auf dem von der Königswelle von unten angetriebenen Mahlteller lagern: es bewegt sich in diesem Falle der Mahlteller mit dem Mahlgut gegen die beiden fest gelagerten und nur um ihre Horizontalachse laufenden Kollersteine. Dabei kommt neben der Mahlwirkung durch Druck auch eine sehr erhebliche Mahlwirkung durch Gleiten der Mahlflächen gegeneinander zur Geltung, welche die feinste Vermahlung des Mahlgutes gestattet. Den Mahlteller umgibt ein Bord, der das Mahlgut gegen das Herabgleiten von der Mahlbahn schützt, die eingebauten **Schaber** oder **Scharreisen** f_1 und f_2 (vgl. Fig. 64!) führen bei entsprechender Stellung f_1 das Mahlgut immer wieder der Vermahlung zu, oder sie bringen es nach Stellung von f_2 zur Austragung gegen den Rand des Mahltellers. Diese Austragung erfolgt entweder durch eine verschließbare Öffnung des Tellers nach unten oder eine Öffnung des Tellerrandes seitlich nach außen, oder auch durch einen ringförmigen Rost, welcher den Mahlteller innerhalb des Bordes umgibt.

Mahlbahn und Läufer der Kollergänge bestehen aus Sandstein, Granit, Marmor oder aus **Hartguß**, wobei im zuletzt genannten Fall die Mahlbahn vielfach aus mehreren Plattensegmenten zusammengefügt wird und sowohl diese Platten als auch die Mahlflächen der Kollersteine bei starkem Verschleiß ausgewechselt werden können.

Während bei dieser Form der Zerkleinerungsvorrichtungen das Eigengewicht des Läufers die Mahlwirkung ausübt, findet dies bei den zur gleichen Klasse von Maschinen gehörigen **Rollmühlen** dadurch statt, daß der in raschem Umlauf befindliche Läufer durch die Fliehkraft gegen das Mahlgut gepreßt wird.

Der Vorläufer dieser heute in steigendem Maße angewendeten Rollmühlen ist die alte in Amerika verwendete **Graphitmühle** (Fig. 66), welche das Arbeits-

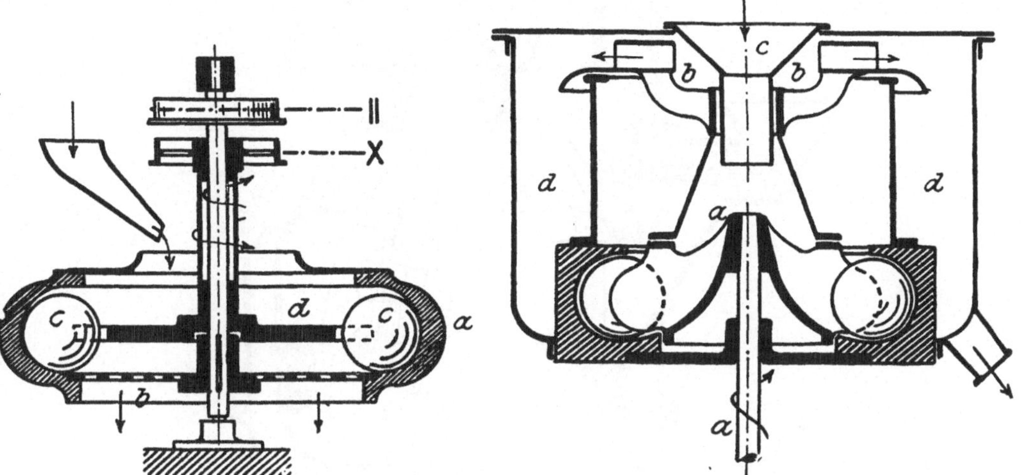

Fig. 66. Amerikanische Graphitmühle.   Fig. 67. Rollmühle von Pfeiffer.

prinzip aller dieser Mühlen klar erkennen läßt und deshalb hier kurz besprochen sei. Die Mühle besteht aus einem umlaufenden Mahlteller a, welcher nach unten mit einem Austragsieb b versehen ist; auf der Mahlbahn werden vier Kugeln von je 15 kg Gewicht durch einen **Treiber** d in raschem Umlauf erhalten: dieser Treiber d ist eine Kreisscheibe mit Ausschnitten, in welchen die vier Kugeln beweglich lagern, so zwar, daß sie bei raschem Umlauf des Treibers durch die Fliehkraft gegen den Mahlteller a gepreßt werden, während sie sich im Sinne der Drehung von d in Umlauf befinden; das Mahlgut fließt der Mühle nahe der Drehachse zu und wird von d gegen die Mahlbahn geschleudert und dort vermahlen; sobald das Material fein genug ist, um durch das Austragsieb b zu gleiten, verläßt es zwangsläufig die Mühle.

Nach dem gleichen Prinzip ist die in letzter Zeit viel verwendete **Rollmühle von Pfeiffer** gebaut: hier findet — vgl. Fig. 67 — gleichzeitig eine **Windsichtung** des Materials dadurch statt, daß ein auf die Treiberachse a aufgesetzter Ventilator b einen ständigen Luftstrom erzeugt, der, am Einlauftrichter c für das

Material eintretend, die durch die Bewegung des Treibers aufgewirbelten **feinst** vermahlenen Stoffteilchen in das die Mühle umschließende Gehäuse d hinüberbläst.

Eine der letzten Formen der Ausführung von Zerkleinerungsvorrichtungen dieser Art ist die **Griffin-Mühle,** eine **Pendelmühle,** deren schematische Darstellung nachstehend wiedergegeben ist: Fig. 68. Das Mahlgut wird durch die Förderschnecke a dem allseitig geschlossenen Mahlgehäuse b zugeführt,

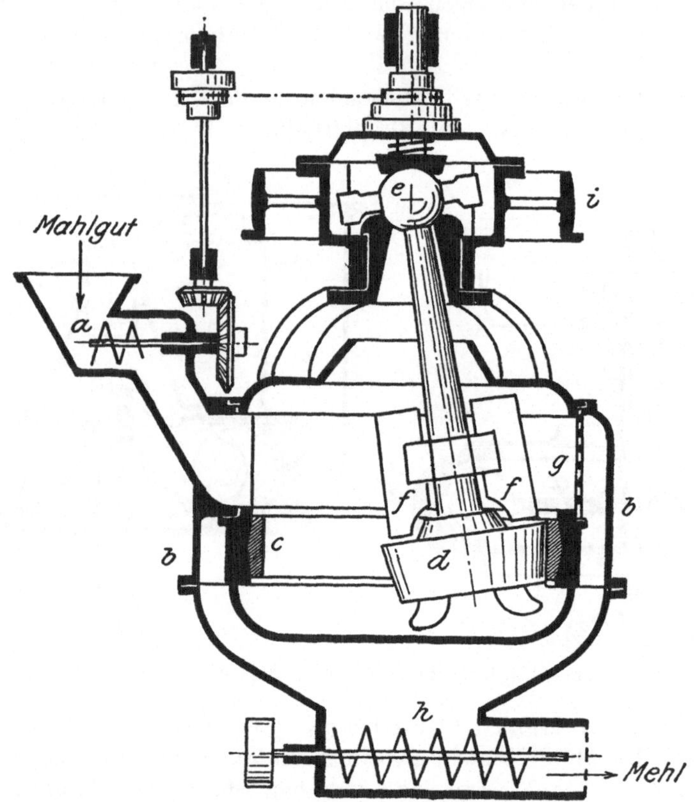

Fig. 68. Rollmühle von Griffin.

welches den zylindrischen Mahlkranz c enthält: gegen diesen Mahlkranz c läuft ein kegelförmiger Läufer d, welcher mittels eines außerhalb des Mahlgehäuses b liegenden Kugelgelenkes e durch die Riemenscheibe i in Umlauf gesetzt wird; durch die dabei entstehende Fliehkraftwirkung wird der Pendelkörper nach außen geschleudert, diese Bewegung erfährt ihre Begrenzung durch den Mahlkranz c: der Pendelkörper d rollt in rascher Umdrehung auf dem Mahlkranz ab und vermahlt dabei das von oben über a zugeführte Mahlgut zu einem feinen Pulver; durch die Pendelbewegung von d wird ein Luftstrom erzeugt, welcher das fein vermahlene Pulver aufwirbelt, gegebenenfalls kann diese Wirbelung auch noch durch die Anbringung von Ventilatorflügeln *f* auf dem Pendelkörper unterstützt werden: der dabei entstehende Luftstrom treibt die feinst vermahlenen Teilchen des Mahlgutes durch das Sieb *g* in den Behälter *b*, aus dem das fertige Mahlgut durch die Förderschnecke *h* ständig ausgetragen wird. Durch den ständig zirkulierenden Luftstrom kann bei Verwendung feuchten Mahlgutes, wie z. B. bei der Vermahlung von Rohphosphat vor dem Aufschluß eine Trocknung mit der Mahlung verbunden werden.

An Stelle eines einzigen Pendels werden deren gewöhnlich zwei oder drei vorgesehen, das Arbeitsprinzip der Pendelmühle ist in einer Reihe mehr oder minder verschiedener Ausführungen verwirklicht worden.

Die bisher besprochenen Zerkleinerungsvorrichtungen leiten bereits zu den **Mühlen,** zu jenen Zerkleinerungsvorrichtungen hinüber, die die weitgehende „Ausmahlung", die Zerkleinerung bis auf Mehlfeinheit, gestatten.

Die Bauart solcher Zerkleinerungsvorrichtungen zeigt insofern eine gewisse Entwicklungsrichtung, als sie sich in der letzten Zeit im Sinne der sog. **Schnelläufer** vollzieht, mithin zu Bauarten übergeht, welche mit verhältnismäßig raschem Gang der mahlenden Organe arbeiten. In dieser Entwicklung ist eine Beschleunigung dadurch eingetreten, daß mit der Aufnahme der sog. „Brennstaubfeuerung" bisher wenig oder gar nicht gepflegte Gebiete der Mahltechnik der industriellen Bearbeitung erschlossen wurden. Mit dem Aufkommen der Brennstaubfeuerung in Amerika und der Übernahme der Entwicklung auf unsere Verhältnisse ist dem Bau von Zerkleinerungsanlagen im allgemeinen und dem Bau von Mahlvorrichtungen der verschiedensten Arten im besonderen ein neuer starker Impuls verliehen worden, da hier nicht allein neue technische Gesichtspunkte, sondern in sehr hohem Maße auch wirtschaftliche Erwägungen zur Behandlung gestellt wurden, indem gerade für die Vermahlung der Brennstoffe zu Brennstaub ein möglichst sicherer und zugleich möglichst billiger Weg gefunden werden mußte.

Die Frage, ob zweckmäßigerweise Schnelläufer — vgl. weiter unten — oder langsam laufende Mühlen zu verwenden sind, ist auch heute noch nicht entschieden, wenn auch kaum zu übersehen sein dürfte, daß die erheblich geringeren Baukosten schnellaufender Mühlen, besonders für kleinere und mittlere Leistungen, hier wesentliche Vorteile bieten können, zu welchen hier der — für bereits bestehende Anlagen recht wichtige — geringere Platzbedarf der Schnelläufer schwer in die Wagschale fällt. Einige der wichtigsten Bauarten solcher Mahlvorrichtungen sollen im nachstehenden kurz beschrieben werden, wobei lediglich auf das in der Mühle angewandte Arbeitsprinzip, nicht aber auf die konstruktiven Einzelheiten Rücksicht genommen werden kann.

Zu den ältesten Formen der Feinvermahlung gehört die Erzzerkleinerung im **Pochwerk;** die Arbeitsweise ist die gleiche wie beim Handmörser, die Zertrümmerung des Mahlgutes wird durch den Fall eines schweren Stempels bewirkt. Fig. 69 zeigt in schematischer Darstellung ein Daumenpochwerk — Stempelpochwerk —, seine wesentlichen Bestandteile sind der **Pochstempel** und der **Pochtrog,** welcher das zu zerkleinernde Pochgut aufzunehmen hat, in den Führungen *b* und *c* des Gerüstes *d* gleitet der Schaft *a* des Stempels; er trägt an seinem unteren Ende den schweren **Pochschuh** *e* und zwischen den beiden Führungsstellen *b* und *c* den „Hebling" *f*; den letzteren untergreift seitlich des Schaftes beim Anhub des Stempels ein Hebedaumen *g*, der mit der Antriebswelle *h* umläuft; am Ende jeden Anhubs gibt der Hebedaumen den Schaft frei, so daß derselbe unter seinem Gewicht auf das in den Pochtrog *i* eingebrachte Pochgut niederfällt und es zerschlägt; der Boden des Pochtroges ist gewöhnlich aus einer vollen Eisenplatte gebildet, im hier gezeichneten Fall ist an Stelle dieser vollen Eisenplatte eine Gitterplatte getreten, die Gittersohle *k*, die rostartig durchbrochen ist, und die das auf eine gewisse Korngröße bereits zerkleinerte Mahlgut in den Austrag *l* durchfallen läßt. Das in der **Pochrolle** *m* aufgegebene Zerkleinerungsgut wird über den Rüttelschuh *n* dem Pochwerk zugeführt; durch das Anschlagen des pendelnd aufgehängten Rüttelschuhs gegen den Prellklotz *q* wird der Vorschub des Materials bzw. dessen Abwurf in den Pochtrog bewirkt. Die anschließende Fig. 70 zeigt Bauart und Wirkungsweise des Stempelantriebes in einer einfachen Form. Fig. 71 zeigt eine Pocheinrichtung für Naßpochwerke, wobei die Pochtrübe dauernd durch einen Siebeinsatz dem Pochtrog entnommen werden kann. Der Verschleiß der Pochwerke ist ein geringer, die Leistung aber ebenfalls sehr gering; man verwendet sie praktisch wohl nur dort, wo es sich um feinste Vermahlung von sehr harten Stoffen handelt, die auf den anschließend zu besprechenden Mühlen nicht vermahlen werden können, da dieselben in erster Linie für mittelharte bis weiche Materialien bestimmt, nur für diese brauchbar sind.

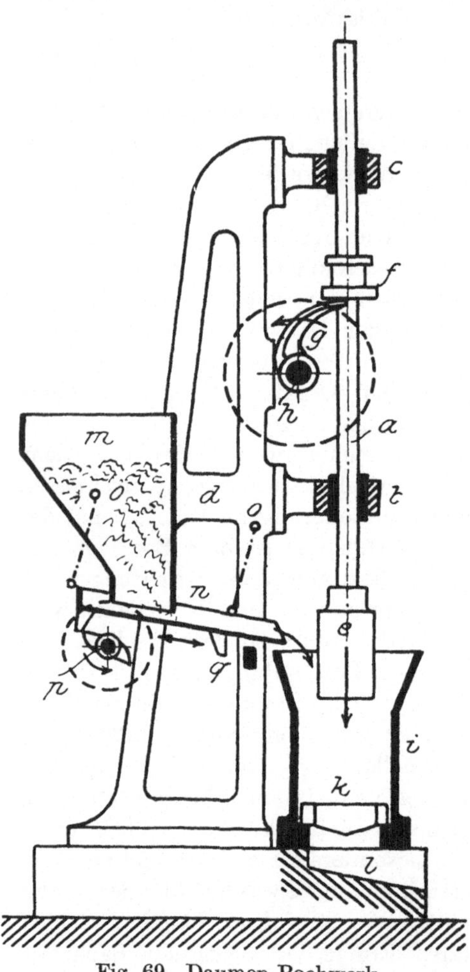

Fig. 69. Daumen-Pochwerk.

Hierher gehört zunächst die sog. **Glockenmühle** oder **Kegelmühle**, die ihre allbekannte Vertreterin in der üblichen Kaffeemühle hat. Sie ist zufolge ihrer Unverwüstlichkeit, der Einfachheit des Baues und der großen Durchsatzleistung für die Vermahlung mittelharten Mahlgutes, wie Steinsalz, Sulfat, Kohle, Ton, gedämpfte Knochen, herab bis zur Linsengröße des vermahlenen Gutes in allgemeiner Anwendung. Wie der Fig. 72 zu entnehmen ist, sitzt in einem kegelförmig nach oben sich öffnenden Mahlgehäuse b ein nach oben verjüngter Läufer a, die Arbeitsflächen beider Kegelflächen sind mit gruppenweise angeordneten Zähnen oder gegebenenfalls mit Längsriffelungen versehen; sowohl die Zahnreihen als auch die Riffelungen beginnen an den unteren Kegelrändern, sind aber verschieden lang, so daß das Mahlgut, das bei großen Mühlen in Stücken bis Kopfgröße eingetragen wird, sicher

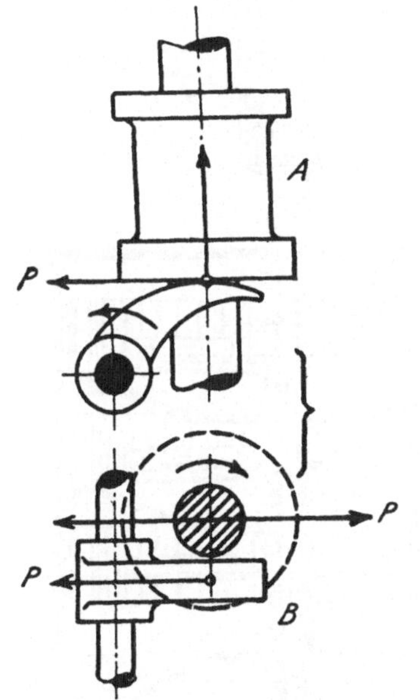

Fig. 70. Stempelantrieb
beim California-Pochwerk.

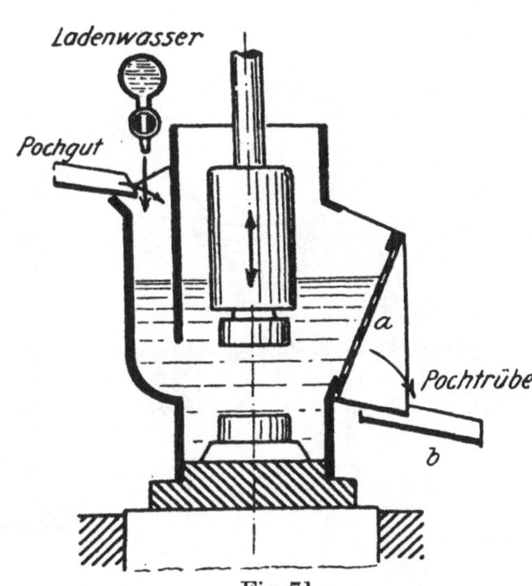

Fig. 71.
Pochtrog mit Siebeinsatz für Naßpochwerke.

erfaßt und vorgebrochen wird, ehe es in die feinere Verzahnung bzw. Riffelung des unteren Teils der beiden Kegel gelangt; beide Kegel gehen unten in einen nahezu zylindrischen Ring mit ganz feiner Verzahnung bzw. Riffelung über, durch dessen Weite die Mahlfeinheit bestimmt wird, mit welcher das Mahlgut zur Austragung gelangt; durch die Höheneinstellung des Läufers mittels der Stellschraube e kann die Kornfeinheit beliebig eingestellt werden. Krupp-Gruson baut Kegelmühlen bis zu Leistungen von etwa 20000 kg stündlich bei etwa 1250 mm unterem Kegeldurchmesser und Umlaufgeschwindigkeiten des unteren Läuferrandes von etwa 3,6 m in der Sekunde. Der Kraftverbrauch solcher Mühlen hängt natürlich in hohem Maße von dem Widerstand des zu zerkleinernden Materials ab, für die oben angegebenen Leistungen wird man mit etwa 8 PS rechnen können.

In einer Reihe von Fällen, z. B. wenn der zerkleinerte Stoff der Extraktion unterworfen werden soll, ist es wünschenswert, ein Mahlgut von genügender

Feinheit, z. B. von Grießfeinheit, zu erhalten, dabei aber die Bildung
größerer Mengen von Staub und ganz feiner Körnung zu vermeiden,
da deren Anwesenheit im angezogenen Falle die Extraktion erschwert. Man
verwendet in solchen Fällen zur Zerkleinerung mit Vorteil die sog. **Schleudermühlen** oder **Desintegratoren.** Die Zerkleinerung erfolgt hierbei dadurch,
daß dem Rohgut eine möglichst hohe Geschwindigkeit gegeben wird und es
mit dieser Geschwindigkeit gegen feste Fläche prallt und dort zerschellt.
Während bei den Brechern die Zerkleinerung durch Druck stattfindet, bei den

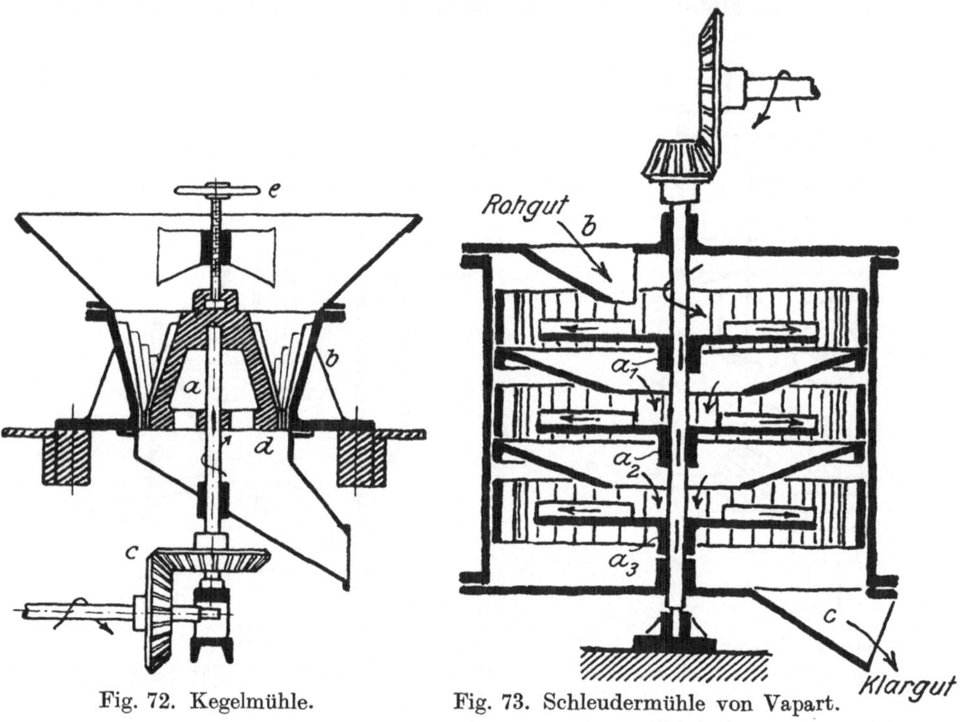

Fig. 72. Kegelmühle.   Fig. 73. Schleudermühle von Vapart.

Walzenbrechern durch Druck und bereits auch durch Zug — bei den gezahnten
Walzen — und bei den später besprochenen Mahlvorrichtungen dann vielfach
Reibung bzw. Quetschung noch hinzukommt, ist hier ein ganz neues Prinzip der Zerkleinerung eingeführt: die Zerkleinerung durch das Aufschlagen
des Mahlgutes mit sehr hohen Geschwindigkeiten auf feste Flächen. Fig. 73
zeigt eine solche **Schleudermühle nach Vapart,** wie sie in neuerer Zeit, zurück-
greifend auf die erste deutsche Ausführung nach *Rittinger*, gebaut wird. Auf
einer senkrechten Achse sind mehrere horizontale Wurfscheiben a_1, a_2, a_3
angeordnet; das Grobgut wird bei b eingetragen, fällt zentral auf die erste
Scheibe, wird durch die in der Zeichnung ersichtlichen Führungsleisten zufolge
der raschen Umdrehung der Wurfscheiben mit großer Gewalt gegen das
zylindrische Gehäuse geschleudert und zerschellt dort; die Anordnung der

drei übereinanderliegenden Wurfscheiben gestattet dann mehrfache Bearbeitung des Mahlgutes in einem Zuge, worauf dasselbe dann als Klargut bei c ausgeworfen wird.

Der einfachste und auch heute noch vielfach gebräuchliche Vertreter dieser **Schlag-** und **Schleudermühlen** ist die **Schlagkreuzmühle**, die sich ganz besonders dort bewährt, wo es sich um die Vermahlung zäher Stoffe mittlerer Festigkeit handelt: Chemikalien, Farbhölzer, Knochen, Klauen, Asphalt, Rinden, Gerbstoffe werden in groben Stücken bis zu Faustgröße und darüber aufgegeben und bis auf Grieß- oder auch Mehlfeinheit zerkleinert. Das Arbeitsprinzip der Schlagkreuzmühle ist der Fig. 74 ohne weiters zu entnehmen: In einem geschlossenen zylindrischen Gehäuse b aus Hartguß, das

im Innern verzahnt ist, und dessen unteren, segmentartigen Abschluß ein Rost c bildet, rotiert mit großer Umlaufgeschwindigkeit ein sechsarmiger **Schläger** — Schlagkreuz — aus Flachstahlstäben; durch einen an der Seitenwand etwas unterhalb der Schlägerachse befindlichen Einlauf d wird der zu zerkleinernde Stoff der Mühle zugeführt, von den Schlägern erfaßt, in der Mühle herumgeworfen und zerschlagen oder richtiger zerschellt.

Eine weitere Ausführung dieser Schlagwerke von besonders hohen Leistungen sind die **Schlagstift-**

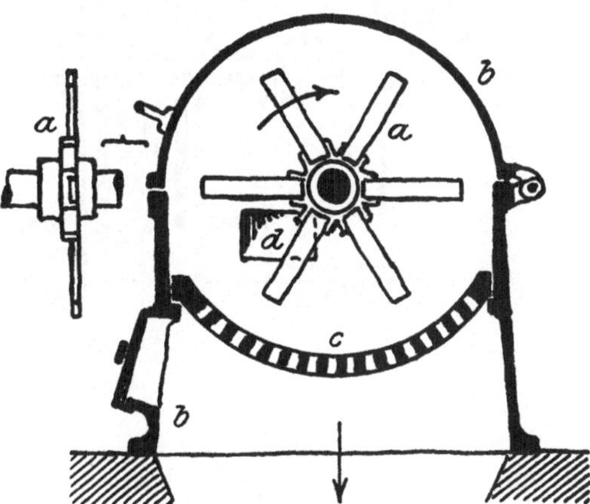

Fig. 74. Schlagkreuzmühle.

maschinen oder **Desintegratoren,** deren anfängliche Bauart sich bis heute erhalten hat. Fig. 75. Gekennzeichnet sind sie durch mehrere, meist vier, konzentrische Reihen von Schlagstiften a_1, a_2, a_3, a_4, von denen die Reihen a_1 und a_3 auf einer Scheibe c befestigt sind und den einen der beiden „**Schlagkörbe**" bilden, während die Reihen a_2 und a_4, wie aus der Figur ersichtlich ist, den zweiten Schlagkorb bilden. Diese Schlagstifte oder Schläger sind zylindrische Stahlstäbe aus besonders widerstandsfähigem Werkstoff von 20 bis 35 mm Durchmesser und 150 bis 300 mm Länge.

Die beiden Körbe tragen Drehachsen, die entweder — wie hier dargestellt — gleichgerichtet hintereinander liegen, oder von denen die eine als Hohlachse ausgebildet ist und die andere umhüllt. Beide Scheiben werden von einer gemeinsamen Antriebswelle aus in Umlauf gesetzt, und zwar durch einen offenen (*II*) und einen verschränkten (*X*) Riemenantrieb, so daß sie also im entgegengesetzten Sinne laufen. Dadurch, daß die benachbarten Schlägerreihen in umgekehrten Sinn umlaufen, wird deren gegenseitige Geschwindigkeit bedeutend erhöht. Das bei e eintretende Mahlgut wird in der Schwebe von den Schlägern getroffen und zertrümmert, die Trümmer gelangen aus dem ersten in den zweiten Schlägerkreis, zerschellen an den ihnen dort mit großer und entgegengesetzter Geschwindigkeit entgegeneilenden Schlägern, so daß eine sehr weitgehende Zertrümmerung ohne weiters erreicht wird. Der fortschreitenden Zerkleinerung des Materials entsprechend, nimmt der Durch-

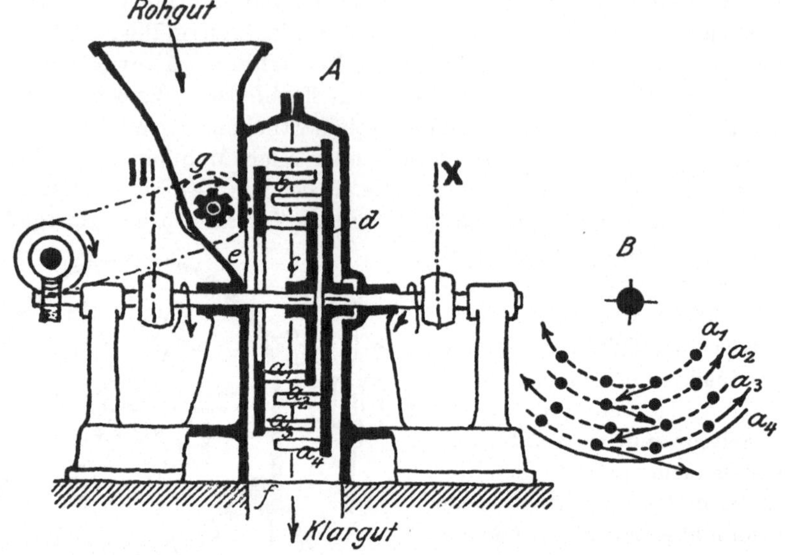

Fig. 75. Schleudermühle nach Carr.

messer der Schlagstifte von innen nach außen ab; das Gehäuse der Vorrichtung ist auch hier flach zylindrisch, das Rohgut wird durch einen Schütt-

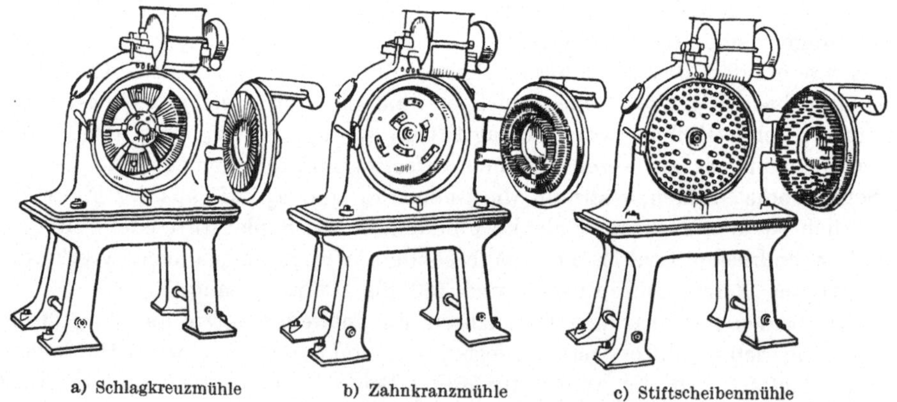

a) Schlagkreuzmühle   b) Zahnkranzmühle   c) Stiftscheibenmühle

Fig. 76. „All-Mühle" von Polysius.

trichter zentral mittels einer kleinen Speisewalze g zugeführt, die Abfuhr des Klargutes erfolgt durch eine Bodenöffnung im Fuß des zylindrischen Mühlengehäuses.

Eine Vereinfachung des Desintegrators ist die **Schlagstiftmaschine** von der Krupp A.-G. Grusonwerk in Magdeburg, sowie die Perplexmühle der Al-

pinen Maschinenfabrik G. m. b. H. zu Augsburg: bei ihnen rotiert nur ein
Teil der Schläger auf einer umlaufenden Scheibe, die anderen Schläger sind
auf der einen Wand des die Scheibe umgebenden Gehäuses befestigt. So
sind z. B. bei der Perplexmühle in konzentrischer Anordnung drei Gruppen
kantiger Stäbe angenietet, die mit anderen kantigen oder ringförmig geformten
stählernen Zapfen an der aufklappbaren vorderen Wand des Gehäuses zu-
sammenarbeiten; auswechselbare Siebeinlagen, welche den Feinheitsgrad des
abgehenden Klargutes bestimmen, umgeben die Schleuderscheibe.

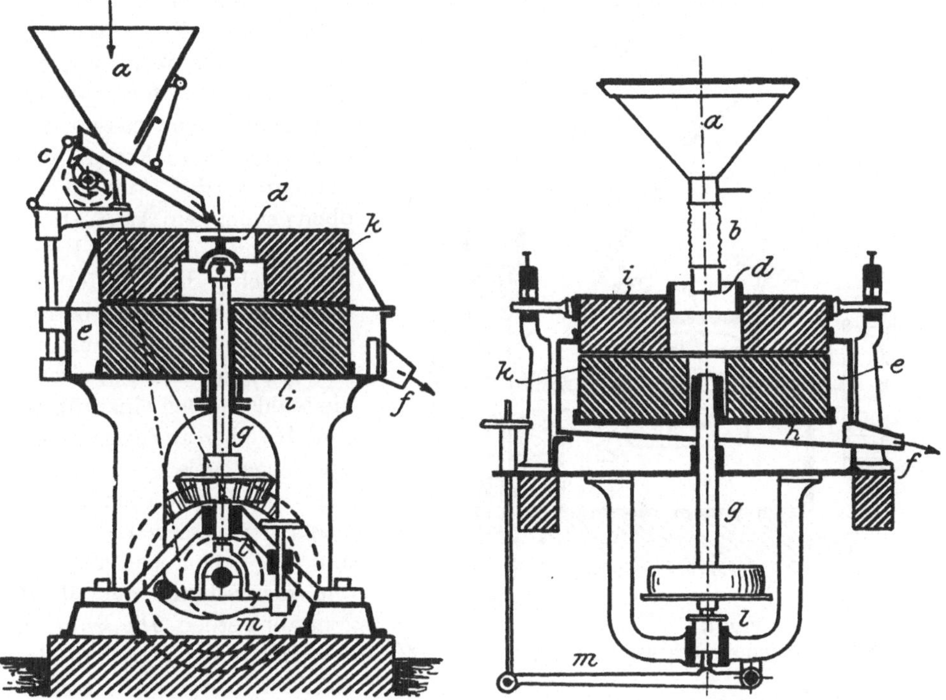

Fig. 77. Oberläufiger Mahlgang.   Fig. 78. Unterläufiger Mahlgang.

Fig. 76 zeigt eine aufgeklappte sog. „All-Mühle" von *Polysius*, die durch
wenige Handgriffe so umgeschaltet werden kann, daß sie einmal als „Schlagkreuzmühle" — Fig. 76 a — oder als „Zahnkranzmühle" — Fig. 76 b — oder
schließlich als Stiftscheibenmühle — 76 c — verwendet werden kann.

Eine weitere Art von Mahlvorrichtungen ist durch die Verwendung zweier
benachbart und gleichachsig liegender kreisförmiger Stein- oder Hartguß-
scheiben gekennzeichnet, die sog. **Scheibenmühlen und Walzenmühlen.** Fig. 77
und Fig. 78 stellen einen oberläufigen bzw. unterläufigen **Mahlgang** vor, so
benannt, je nachdem der Antrieb die obere oder die untere der beiden Mahlscheiben antreibt, je nachdem also der sog. „Läufer", die angetriebene Scheibe,
oben oder unten ist; die Steinscheiben oder „**Mühlsteine**" werden meist aus
Sandstein, Porphyr, Basalt, Quarz oder ähnlichen Gesteinen hergestellt und

bestehen vielfach — z. B. bei Sandstein — aus **einem** Stück; aus einem trichterartigen Vorratsbehälter *a* gelangt das Mahlgut zu den Mahlscheiben entweder durch ein Rüttelwerk *c* (Fig. 77) oder direkt durch ein Rohr bzw. einen Schlauch *b* (Fig. 78), und zwar durch das sog. „**Steinauge**", eine zylindrische Öffnung in der oberen Scheibe, zwischen die Arbeitsflächen der beiden Steine; das Mahlgut wandert dann während der Zerkleinerung dem Umfang der Mahlsteine zu in das die Steine umgebende Gehäuse *e*, aus dem das Klargut bei *f* abgenommen wird. Die den Läufer *k* antreibende „**Mühlspindel**" trägt bei dem unterläufigen Mahlgang eine Gußeisenscheibe *h*, auf welche der Läufer

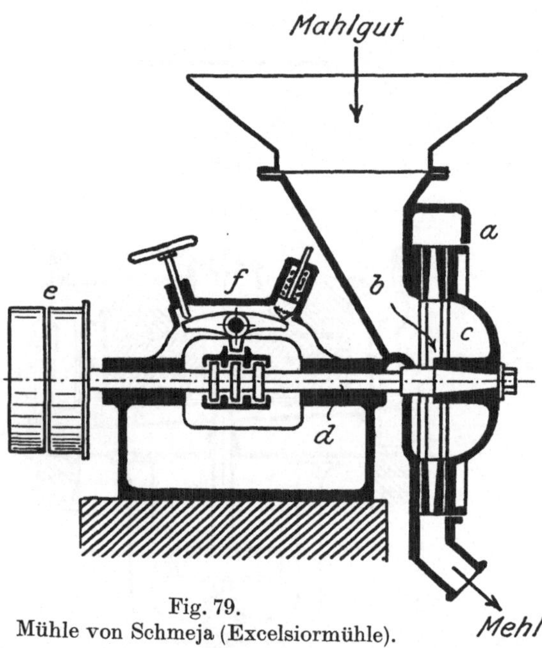

Fig. 79.
Mühle von Schmeja (Excelsiormühle).

gelagert ist. Der Antrieb erfolgt bei den meisten Mahlgängen von unten, nur bei Mahlgängen zur nassen Vermahlung von Erzen wird manchmal der Antrieb von oben genommen. Als Antriebsart dient gewöhnlich ein Kegelradgetriebe. Die Entfernung der beiden Mahlsteine beträgt gewöhnlich etwa 1 mm; um das Mahlgut leicht zwischen die Mahlscheiben einzuführen, sind dieselben an der gegen das Steinauge gelegenen Innenseite mit kegelförmigen Aussparungen versehen, die rund um das Steinauge verlaufen und der **Schluck** der Mühle genannt werden. Die Führung des Mahlgutes zwischen den Mahlscheiben gegen deren Umfang besorgen die in die Mahlscheiben eingeschlagenen „**Hauschläge**", das sind Rillen von meist dreieckigem Querschnitt, sie dienen auch als Luftfurchen, indem gleichzeitig mit dem Mahlgut auch Luft einströmt und dadurch sowohl die Mühle als auch das Mahlgut selbst gekühlt werden. Diese Furchen sind so ausgebildet, daß sie sich auf beiden Scheiben ständig **kreuzen**, und sie üben dann bei der drehenden Bewegung der einen Mahlscheibe eine **ausstreifende** Wirkung auf das Mahlgut aus, dasselbe gegen den Scheibenumfang und damit schließlich in das äußere Gehäuse fortbewegend.

Werden die beiden Mahlscheiben nicht mehr, wie bisher, horizontal übereinander, sondern **senkrecht nebeneinander** angeordnet, so ergibt sich das Arbeitsprinzip der **Scheibenmühlen**, deren bekanntester Vertreter wohl die sog. **Excelsiormühle** vom Krupp-Grusonwerk in Magdeburg ist; ihre Einrichtung läßt die Fig. 79 erkennen: Die beiden Mahlscheiben bilden die Stirnwände eines Gehäuses *a*, welchem das Mahlgut durch die in der Höhlung festliegende Bodenscheibe aus *b* zufließt; der mit der Bodenscheibe in Eingriff stehende Läufer *c* ist an der wagrechten Spindel *d* fliegend angeordnet, so daß mit der Steinstellung *f* die Entfernung der beiden Mahlscheiben genau eingestellt und dadurch die Tiefe des Zahneingriffes der beiden Scheiben und damit die Feinheit des Mahlgutes beliebig verstellt werden kann: die Mahlvorrichtung kann demnach sowohl zum Feinvermahlen auf Mehl als auch zur Herstellung von Schrott verwendet werden. Die Umlaufzahl der Mühle ist ziemlich hoch und beträgt etwa 300 bis 400 Umdrehungen in der Minute.

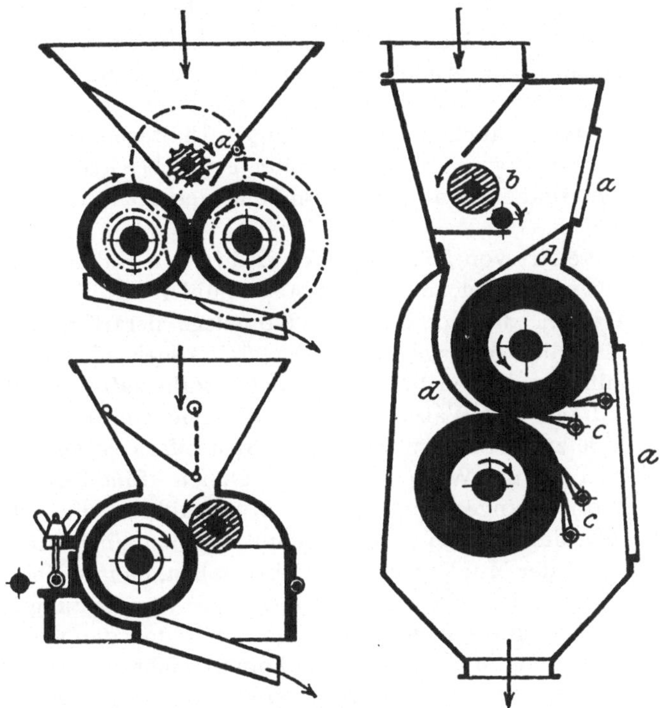

Fig. 80. Walzenmühlen.

Bei dieser Form der Vermahlung findet bis zu einem gewissen Grade auch ein Zerreißen des Mahlgutes statt, und deshalb eignet sich die Mühle auch zur Vermahlung von besonders zähen Materialien, die auf anderen Mühlen kaum zerkleinert werden können.

So gibt z. B. nach Erfahrungen des Verfassers die Nux vomica, deren Vermahlung besonders schwierig ist, da das Material von ungemein zäher, hornartiger Beschaffenheit ist, auf diesen Mühlen vermahlen in einem Gang einen feinen Grieß, welcher ohne weiteres der Extraktion zur Gewinnung der Alkaloidbase zugeführt werden kann.

Bei den eben besprochenen Mahlvorrichtungen findet ein verhältnismäßig langes Verweilen des Mahlgutes in der Mühle statt; dies kann bei den **Walzenmühlen** vermieden werden, und darum bieten diese besonders in der

Getreidevermahlung wesentliche Vorteile und haben sich dort auch in immer steigendem Maße behauptet: Schonung der zähen Kleieteile und Steigerung der Reinheit — Weiße des gewonnenen Mehls — sind die Vorteile dieser Mühlenbauart. Das Arbeitsprinzip dieser Mühlen ist das gleiche wie bei den bereits besprochenen Quetschwalzwerken (s. weiter oben), doch stellt die unbedingt notwendige Einstellung eines ganz geringen, stets gleichbleibenden Walzenabstandes zur Erzielung feinster Vermahlung besondere Ansprüche an die Einstellvorrichtung der beiden Walzen. Fig. 80 zeigt eine Anordnung der Walzenpaare, wie sie in Zementfabriken verwendet wird; die beiden Walzen, die mit 2 bis 3 m Umlaufgeschwindigkeit laufen, sind staubdicht in ein Gehäuse eingeschlossen, dessen Fenster a die Beobachtung des Mahlvorganges gestattet; eine kleine Speisewalze b führt das Mahlgut zu und hält in sinniger Weise auch die im Mahlgut enthaltenen Fremdkörper, wie Steine, Eisenstücke usw., zurück, Abstreifer c schaben das an den Walzen haftende Mahlgut dauernd ab, die Entnahme des Klargutes erfolgt durch einen Bodenschacht.

Eine besondere Art von Mühlenbauart wird in den Kakaofabriken, in den Farbwerken usw. verwendet, und zwar Walzenmühlen mit drei hintereinander geschalteten Walzen, die durch Zahnradvorgelege derart miteinander verbunden sind, daß die Umfangsgeschwindigkeit, ausgehend vom Eintritt des Mahlgutes, zunimmt; die feucht vermahlenen Stoffe haften an den Walzen und werden dadurch von Walze 1 auf Walze 2 und von dieser auf Walze 3 übertragen, die letzte Walze ist wieder mit Abstreifern versehen, welche das haftende Material von der Walze dauernd abnehmen. Eine besondere Art von Zerkleinerungsvorrichtungen sind die sog. **Kugelmühlen,** die sich erst nach langen Versuchen durchsetzen konnten, dann aber zu einer Umwälzung auf dem ganzen Gebiet der Mühlentechnik geführt haben, da ihre Verwendbarkeit praktisch unbegrenzt ist, sie auf eine vorherige Verschrotung oder Grobvermahlung des Mahlgutes nicht angewiesen sind, und die Vermahlung auf beliebige Feinheitsgrade möglich ist; dazu kommt nicht zuletzt auch die Tatsache, daß diese Art Mahlvorrichtungen praktisch ganz unempfindlich gegen Unachtsamkeit beim Betrieb und gegen das Hineingelangen von Fremdkörpern in die Mühle ist. Überdies ist bei ihnen auch — worauf noch zurückzukommen sein wird — die gerade in der chemischen Technik besonders wichtige Möglichkeit gegeben, Baustoffe zu verwenden, welche einem chemischen Angriff nicht unterliegen, bzw. eine Berührung angriffsfähiger Baustoffe mit dem Mahlgut fast vollständig auszuschalten. Für gewisse Zwecke — Vermahlung sehr feuchtigkeitsempfindlicher Stoffe — bieten sie auch den Vorteil des vollständigen Abschlusses von der Außenluft während der Vermahlung. Diese Art von Mühlen ist dadurch gekennzeichnet, daß in einem bewegten Mahlgehäuse sich ganz frei bewegliche Läufer befinden, durch deren Umlauf und Fall die Zerkleinerung bewirkt wird. Das Mahlgehäuse oder die Trommel bildet ein hohler Drehkörper verschiedener Form, der entweder horizontal gelagert ist — bei allen Mahlgehäusen von zylindrischem Querschnitt — oder auch geneigt gelagert werden kann — vgl. die späteren Abbildungen —; diese Trommel wird teilweise mit dem Gemenge aus Kugeln und Mahlgut angefüllt, so daß diese bei ruhender Trommel eine wagrechte Oberfläche bilden. Wird die Trommel in ganz langsame Drehung im Sinne des Pfeiles, vgl. Fig. 81, versetzt, so nimmt die Füllmasse zunächst an dieser Bewegung teil, sie wird zunächst mitgenommen; allmählich neigt sich die Oberfläche der Trommelfüllung aber immer mehr und mehr, und sobald der maximale Böschungswinkel erreicht ist — abhängig von der Korngröße, dem Gewicht und der Oberflächenbeschaffenheit der Trommelfüllung —, gleitet die Oberfläche der Füllmasse und mit dieser die Füllmasse selbst herab,

um wieder in die horizontale Einstellung zu gelangen; bei langsamem Drehen der Trommel würde also lediglich ein langsames Herabgleiten der Füllmasse immer wieder stattfinden, ohne aber zu einer nennenswerten Zerkleinerung zu führen. Wird nun aber die Trommel rascher gedreht, so wird auch die Füllung derselben rascher gehoben, und bei entsprechender Einstellung der Trommeldrehgeschwindigkeit findet ein Voreilen der Füllung gegenüber der Trommelwand statt, und die auf die einzelnen Bestandteile der Trommelfüllung wirkende Beschleunigung wird schließlich so stark, daß die Teile über die Böschungsgrenze hinausgeschleudert werden und im freien Fall, also

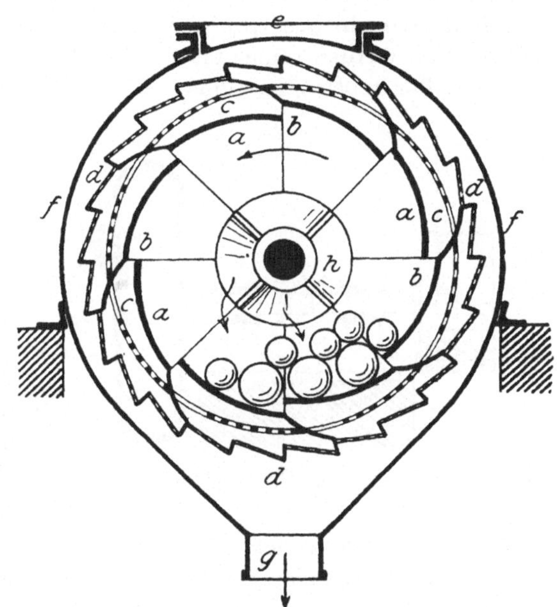

Fig. 81. Kugelmühle mit Siebaustrag.

wie geworfen, in den unteren Teil der Trommel zurückfallen, wo durch Schlag und Reibwirkung die Zerkleinerung des Mahlgutes stattfindet; würde man die Umlaufgeschwindigkeit der Trommel immer mehr steigern, so wächst gleichzeitig auch die Fliehkraft der einzelnen Teilchen der Füllmasse, und schließlich würde der Fall eintreten, daß die ganze Füllmasse, vornehmlich aber deren schwerste Teile, dauernd an der Wandung der Trommel bleiben, weil die Fliehkraft die Schwerkraft übersteigt. Die Mühle würde also aufhören zu arbeiten, was sofort an dem Nachlassen bzw. Aufhören des Geräusches der fallenden Füllkörper zu erkennen ist.

Fig. 82 zeigt zwei Ausführungsformen für **satzweise Vermahlung**, die insbesondere für die Vermahlung kleinerer Mengen von Mahlgut in Frage kommen. Die flachzylindrischen Mahlgehäuse a aus Stahlguß sitzen am Ende einer wagrecht oder geneigt gelagerten Welle b, welche entweder unmittelbar oder durch ein Kegelradgetriebe in Umdrehung versetzt wird; zur Beschickung und Entleerung der Mühle ist das Gehäuse entweder bei c geteilt, so daß das Innere der Mühle durch Abheben des oberen Mühlenteils zugänglich wird, oder aber es ist ein kreisförmiger Deckel mit Bügelverschluß vorgesehen, wie dies aus der zweiten Zeichnung ersichtlich ist. Mühlen dieser Art werden vielfach zum Vermahlen von Kohle zur Herstellung von Durchschnittsmustern verwendet; bei einem Mühlengehäuse von 500 bis 800 mm Durchmesser und 130 bis 160 mm Breite und etwa 40 bis 60 Umdrehungen in der Minute werden bei einem Kraftverbrauch von 0,1 bis 1 PS etwa 12 bis 20 kg Kohle in der Stunde vermahlen.

Mahltrommeln aus Holz mit einer Fütterung von dicken Porzellan- oder Glasplatten wurden seinerzeit bereits für die Vermahlung des zur Bereitung der Porzellanfarben verwendeten Glasflusses verwendet und dienen auch heute

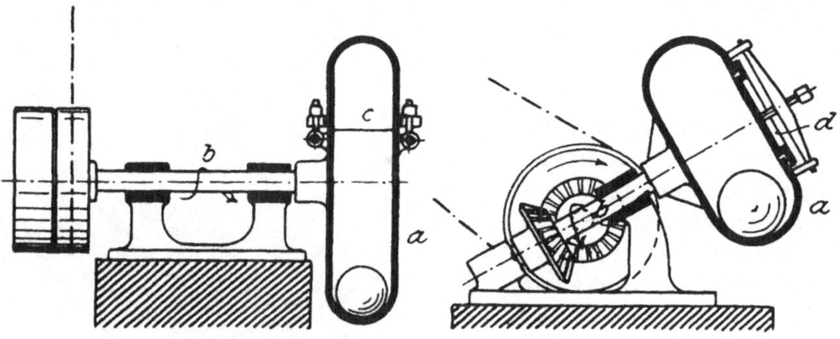

Fig. 82. Kugelmühle für satzweise Vermahlung.

noch dem gleichen Zweck. Die Staatliche Porzellanmanufaktur Berlin bringt Trommeln aus widerstandsfähiger Porzellanmasse in den Handel, welche mit Deckelverschlüssen versehen ohne weiteres als Kugelmühlen verwendet werden können; das Kugelmaterial besteht in diesem Falle aus Hartporzellan, die einzelnen Trommeln können entweder in Halter eingespannt und auf diese Weise zum Umlaufen gebracht werden oder auf noch einfachere Art dadurch, daß man sie zwischen zwei festen Rollen — um ein Abgleiten in der Richtung der Längsachse zu verhindern — auf einer bewegten und einer losen Welle lagert, wobei die bewegte Welle dann zwangsläufig die schwere Porzellan trommel mitnimmt und zum Laufen bringt.

Für die Vermahlung größerer Mengen von Mahlgut bietet der stetige Mühlenbetrieb erhebliche Vorteile: bei ihm wird das zu mahlende Gut stetig aufgegeben und das bereits genügend zerkleinerte und vermahlene Gut auch stetig ausgetragen, und zwar in dem gleichen Maße, in dem es anfällt; dadurch wird die Mahldauer erheblich abgekürzt und die Leistung der Mühle erhöht. Zur Feststellung eines bestimmten Feinheitsgrades arbeitet man entweder mit **Siebabscheidung,** indem ein in die Mühle eingebautes Sieb die genügend fein vermahlenen und durch die gegebene Maschenweite durchgehenden

Stoffteilchen ständig herausnimmt und abführt, oder durch Windsichtung, wobei die Luftgeschwindigkeit so bemessen wird, daß die strömende Luft eine bestimmte Korngröße in Schwebe hält und dadurch aus dem Mahlgut ständig herausnimmt und wegführt. Dabei dient die Siebabscheidung in erster Linie der Gewinnung gröberen Mahlgutes, während für die Erzielung feinster Vermahlung die Windsichtung zu wählen sein wird.

Fig. 83 stellt eine neuzeitliche Bauart einer solchen Mühle nach der Ausführung der Krupp-Grusonwerke dar; die Mahltrommel ist aus acht gekrümmten Mahlplatten *a* aus Hartguß oder Stahl gebildet, die stufenartig zu einem zylindrischen Gehäuse zusammengebaut sind und zwischen ihren Längskanten Schlitze *b* offen lassen, zwischen welchen bereits zerkleinertes Mahlgut nach außen austreten kann; dabei gelangt es auf ein grobgelochtes zylindrisches Sieb *c* und wird dadurch geschieden, einmal in einen feineren Teil, welcher durch das Sieb *c* hindurchgeht und von einer zweiten feinlochigen Siebtrommel aufgenommen wird, und dann in den gröberen Teil, welcher in der Trommel verbleibt. Dabei ist das Sieb *d* als Mantel mit zahlreichen Ausbuchtungen so gebaut, daß einerseits die Siebfläche erheblich größer wird als bei einem zylindrischen Sieb und anderseits die Form des Mantels ein Umwenden des

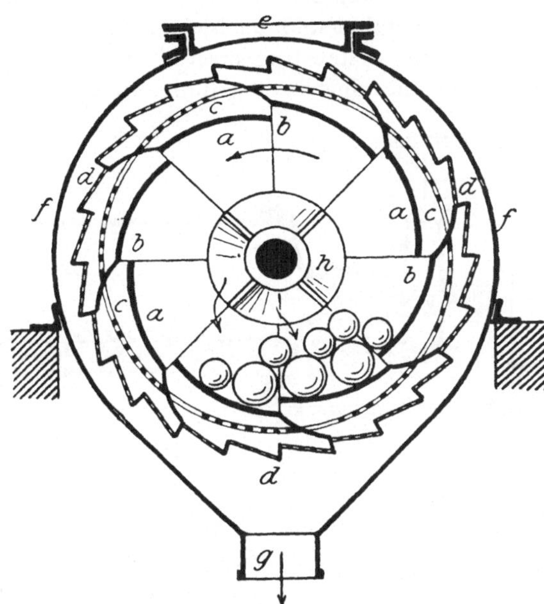

Fig. 83. Kugelmühle mit Siebaustrag.

zu siebenden Gutes und dadurch ebenfalls eine höhere Siebleistung gewährleistet. Das durch das Feinsieb *d* nicht hindurchgehende Mahlgut gelangt hingegen wieder in die Trommel zurück zur weiteren Vermahlung. Die ganze Trommel wird von einem mit Mannloch versehenen Blechmantel staubdicht umgeben, aus dem das Feinvermahlene dann durch *g* zur Austragung gelangt. Die der stetigen Entnahme von Feingut entsprechende stetige Aufgabe von rohem Mahlgut erfolgt durch die Mittenöffnung der ebenfalls aus Hartguß oder sonst einem widerstandsfähigen Baustoff bestehenden seitlichen Trommelwände und wird durch eine kurze Förderschnecke *h* unterstützt, die auch das Herausfallen der Kugeln verhütet. Das Grusonwerk baut diese Mühlen bis zu ganz großen Ausführungen von 500 bis 2800 mm Trommeldurchmesser und 270 bis 1630 mm Länge bei einem Inhalt von 35 bis 3000 kg Stahlkugeln von einem Durchmesser von 40 bis 120 mm; der Arbeitsverbrauch einer solchen

Mühle schwankt von 5 bis zu 60 PS, und ihre Leistung beträgt auf Feinmehl
bezogen 400 bis 1400 kg, auf Grieß bezogen 900 bis 3000 kg je Stunde. Während man bei kleineren Mühlen die Antriebswelle in die geometrische Achse
der Mahltrommel verlegt, rotieren die großen Mühlen nicht mehr auf einer
Achse, sondern auf vier Rollen, die paarweise auf gemeinschaftlichen Lagerstühlen sitzen und durch ein Vorgelege angetrieben werden.

Zur Erzeugung feinster Mehle, wie sie z. B. die Zementindustrie, die Kalkstickstoffindustrie — Vermahlen von Calciumcarbid zu möglichster Feinheit, um
eine gute Azotierung anschließen zu können — usw. verlangt, wird die Kugelmühle durch Verlängerung in der Richtung ihrer Horizontalachse zur **Rohrmühle** umgestaltet und der Siebaustrag der Kugelmühle durch zwangsläufigen
und stetigen **Zeitaustrag** ersetzt. Die zuerst und schon vor geraumer Zeit
in der Zementindustrie eingeführte Rohrmühle sei an Hand der schematischen

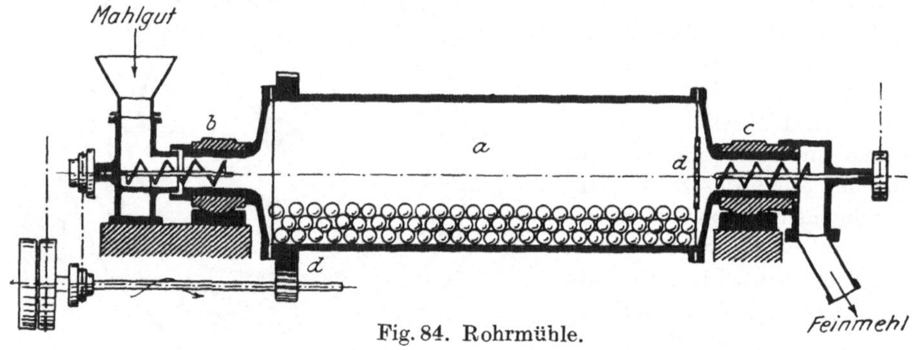

Fig. 84. Rohrmühle.

Fig. 84 kurz erläutert: Die 8 m und auch länger gehaltene Drehtrommel
liegt mittels zweier Hohlzapfen *b* und *c* in Lagern und wird mittels eines
in der Abbildung nur angedeuteten **Zahnkranzes** und des Zahngetriebes *d*
in Drehung versetzt: 30 Umdrehungen und noch weniger in der Minute; der
Hohlzapfen *b* dient zur Zuführung des Mahlgutes, durch *c* findet mittels einer
kleinen Förderschnecke die Austragung des Fertiggutes statt. Das Mahlgut
w a n d e r t a l s o w ä h r e n d d e r V e r m a h l u n g von *b* nach *c* unter dem Einfluß
des Böschungswinkels des bei *b* immer wieder neu zugeführten Stoffes; es
wird in einer Korngröße von 1,5 bis 3 mm aufgegeben und verläßt die Mühle
als Mehl, welches auf dem 5000-Maschen-Sieb 12 bis 16 Proz. auf dem 900-
Maschen-Sieb 0,5 Proz. Übergang ergibt. Das an der Austragsöffnung vorgesehene grobmaschige Sieb soll verhindern, daß Füllkugeln in die Austragevorrichtung gelangen. Das Mahlgut erfährt während der ganzen Bewegung
durch die Rohrmühle hindurch die bei der Kugelmühle beschriebene Fall-
Wurfbewegung, gleichzeitig wird es aber auch in der Horizontalen weiter-
befördert.

Der Zweck dieser Rohrmühlen ist die möglichst weitgehende und gleichmäßige Feinvermahlung verschiedenster Stoffe; nach den Ansprüchen an
die Feinheit des Fertiggutes, an die Leistung der Mühlen und an die Eigen-

schaften des Mahlgutes werden Länge und Durchmesser des Rohres bemessen, und zwar wächst, wie anders nicht zu erwarten ist, die Feinheit des Mahlgutes bei Verlängerung der Mühle, also des Mahlweges. Da die Durchsatzgeschwindigkeit des Mahlgutes durch die Menge des in der Zeiteinheit aufgegebenen Mahlgutes bei gleichbleibender Umlaufzahl bestimmt ist, kann man durch Drosselung der aufgegebenen Menge eine noch weitergehende Vermahlung erzielen. Auf eine ganze Reihe weiterer Bauarten soll, da sie grundsätzlich kaum Neues bringen, hier nicht näher eingegangen werden, deren Behandlung bleibt dem Spezialstudium vorbehalten.

Die Wahl des Baustoffes aller dieser Mühlen ist zunächst durch die starke Beanspruchung des Materials gegeben: Hartguß für Gehäuse und Seitenwände ist das gewöhnliche Material, als Füllkörper werden Eisen- bzw. **Stahlkugeln** oder **Flintsteine** verwendet. Lediglich für die bereits erwähnten Spezialausführungen verwendet man Porzellan als Baustoff für das Gehäuse und Hartporzellan für die Füllkörper. Oder man füttert das aus Eisen bestehende Mühlengehäuse mit Porzellanplatten, Steinplatten usw.

Der in diesen Mühlen in Zerkleinerungsarbeit umgesetzte Kraftaufwand ist, wie aus den wenigen bereits mitgeteilten Zahlen für den Arbeitsaufwand bereits hervorgeht, ein sehr erheblicher, und mit ihm ist darum auch eine Erwärmung des Trommelinhaltes verbunden, die unter Umständen gefährlich werden kann; weniger für die Mühle selbst als für deren Inhalt, für die Mühle dann, wenn es sich um Stoffe handelt, die durch Erwärmung leiden bzw. mit dem Sauerstoff der Luft in Verbindung treten können.

So ist es bei der Vermahlung des Calciumcarbids z. B. notwendig, die Mühle ständig mit Stickstoff gefüllt zu halten bzw. den Sauerstoffgehalt in derselben nicht über eine als ungefährlich erkannte obere Grenze steigen zu lassen, sollen Selbstentzündungen und Explosionen vermieden werden. Um ganz sicher zu gehen versieht man solche Mühlen an einer ihrer Stirnseiten mit Explosionsfenstern, indem ein Teil der Stirnwand, welcher mit dem Kugelmaterial nicht mehr in Berührung kommen kann, herausgenommen und durch ein Fenster aus einer leicht zerreißbaren Masse — z. B. gedichtete Leinwand — ersetzt wird. Daß bei den hohen Fundamentbelastungen der Aufstellung solcher Mühlen besonderes Augenmerk zuzuwenden ist, bedarf keiner Betonung.

4. Andere Arten der Zerkleinerung.

Für eine Reihe von Arbeitsvorgängen spielen die Schneid- und Spaltwerke eine wichtige Rolle, insbesondere bei der Verarbeitung pflanzlicher Ausgangsstoffe. Ihre Wirkungsweise soll an Hand typischer Ausführungsformen kurz besprochen werden.

Fig. 85 zeigt einen **Korkwolf,** wie er in der Linoleumindustrie zur Zerkleinerung der Korkabfälle verwendet wird; diese Korkabfälle werden einer **Raspelung** dadurch unterzogen, daß sie von einem schwingenden Kolben c gegen die Raspelwalze a gepreßt werden, ein Messer d dient zur Stützung der Korkteilchen, die durch die sehr rasch umlaufende Raspelwalze a weitgehend zerkleinert werden. Die Raspelscheibe selbst wird aus einer Anzahl von sägeartig verzahnten Walzen gebildet, die auf die Walzenachse so aufgepreßt werden, daß die Schneidezähne Schraubenlinien bilden. Eine ganz ähnliche Vorrichtung findet in der Papierindustrie als Cellulosereißer Verwendung.

Die in der Fig. 86 schematisch dargestellten **Messerraspeln** finden in erster Linie Anwendung zur Zerkleinerung verschiedener Hölzer, so der Farbhölzer für deren nachherige Extraktion oder auch jener Hölzer, wie z. B. Pockholz, die der Destillation zur Gewinnung öliger Bestandteile — Guajacöl — unter-

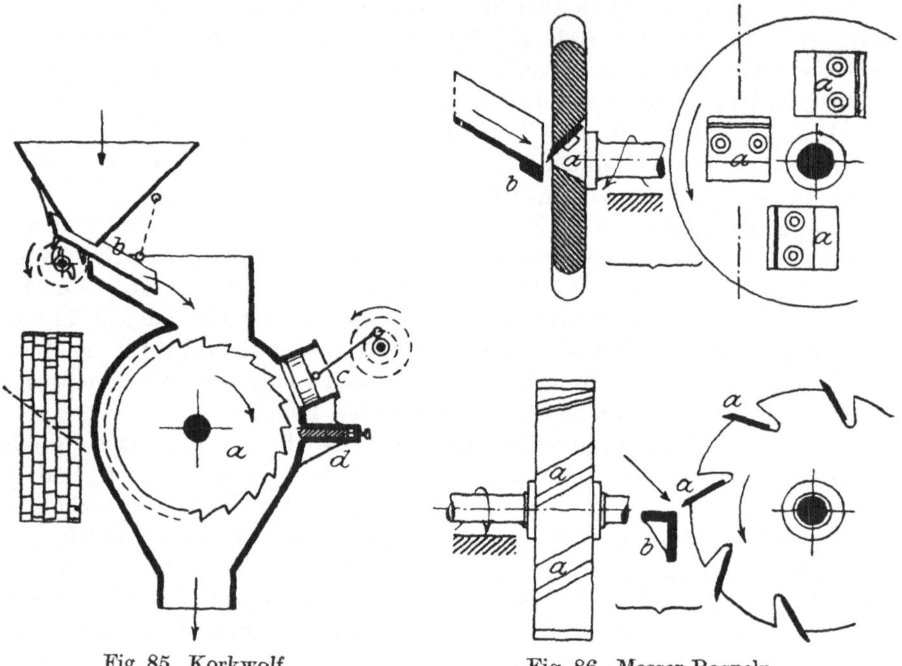

Fig. 85. Korkwolf.
Fig. 86. Messer-Raspeln.

worfen werden sollen. Gegenüber dem Korkwolf, bei welchem die Raspelwalze schabend und reibend wirkt, findet hier eine dauernde **Zerschneidung** des Materials statt. Fig. 86 zeigt den gußeisernen Drehkörper, der nach Art der Fräser an der Stirn oder am Rand schräg eingesetzte Schneidemesser a trägt, gegen die das Holzstück, vielfach von Hand, geführt wird; b ist auch hier ein Gegenmesser von der gleichen Wirkung wie das Gegenmesser d in der vorhergehenden Abbildung beim Korkwolf.

Als Beispiel einer **Reibevorrichtung** ist in Fig. 87 eine **Kartoffelreibe** wiedergegeben, sowie anschließend daran eine **Zentrifugal-Kartoffelreibe** (Fig. 88), wie sie zur Zerkleinerung von Kartoffeln verwendet wird.

Nach ähnlichen Prinzipien arbeiten auch die in der Papierindustrie verwendeten Schleifmaschinen, die sog. **Defibreure,** zur Bereitung des Holzschliffes.

Fig. 89 kennzeichnet die Arbeitsweise eines solchen Defibreurs; über den Umfang eines großen Schleifsteines *b* sind eine Anzahl von Speisekästen *a* verteilt, welche zur Aufnahme der zu zerfasernden und vorher geschälten Holzrollen dienen; in den Kästen geführte Kolben pressen die Holzrollen

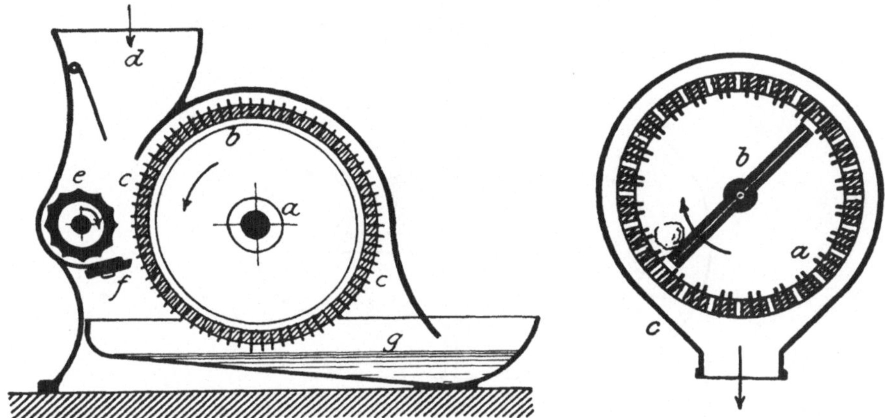

Fig. 87. Kartoffelreibe. Fig. 88. Zentrifugalreibe.

gegen den Umfang des Schleifsteines, so daß die Längsrichtung der Holzrollen mit der Längsachse des Schleifsteines zusammenfällt. Durch die Rohre *c* wird der schleifenden Fläche Wasser zugeführt, wodurch einerseits die Erhitzung des Holzes vermieden, gleichzeitig aber auch dessen Auflösung in

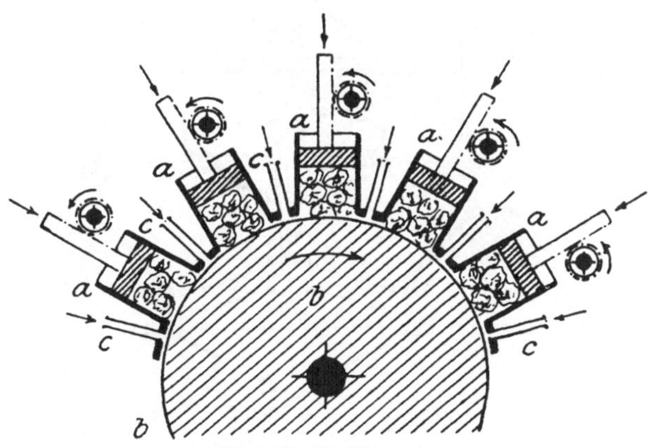

Fig. 89. Defibreur.

feinste Fasern begünstigt wird. Bei etwa 8 bis 12 m/sek Umfangsgeschwindigkeit arbeitet der aus Sandstein gefertigte Schleifstein mit einem sehr günstigen Wirkungsgrad und liefert den für die Weiterverarbeitung notwendigen Holzschliff.

Einen **Mahl-** oder **Schneidholländer,** wie er für Schießbaumwolle, ferner zum Zerreißen von Hadern und Zellstoff in der Papierindustrie verwendet

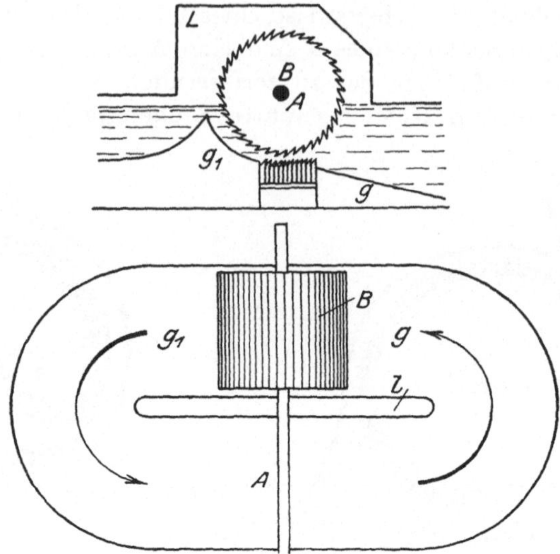

Fig. 90. Mahl- oder Schneidholländer.

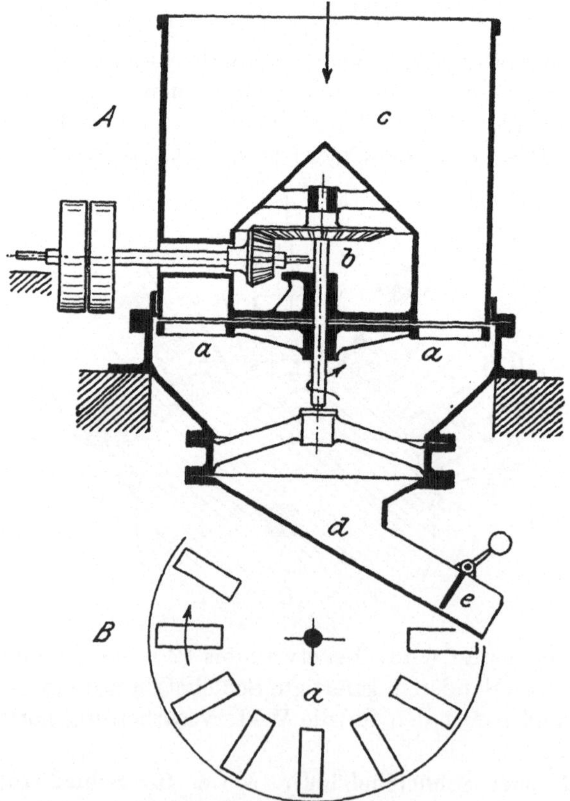

Fig. 91. Schnitzelmaschine.

wird, zeigt Fig. 90: In einem Trog kreist um eine eingebaute Wand L das in Wasser aufgeschwemmte Mahlgut im Sinne der eingezeichneten Pfeile auf einer Bodenfläche, die, wie der oberen Abbildung zu entnehmen ist, nicht flach, sondern so gewölbt ist, so daß sie in der Querachse des Troges stark ansteigt,

um dann wieder abzusinken; um die wagrechte Achse A dreht sich die mit Bronzemessern versehene **Messerwalze** B, und unter ihr befindet sich in der ansteigenden Bodenfläche des Troges eingebaut das sog. „**Grundwerk**" C mit stehenden Bronzemessern; das durch die Messerwalze in Umlauf gehaltene

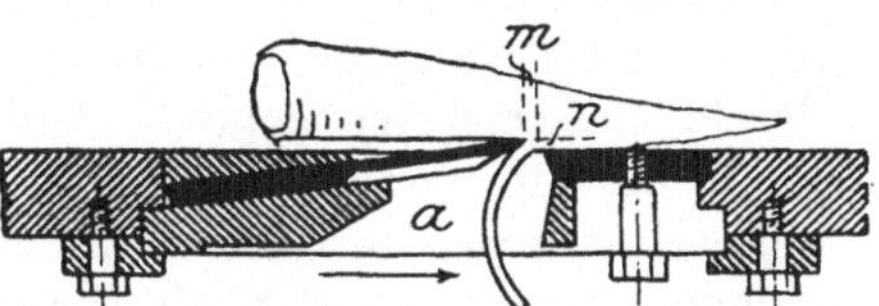

Fig. 92. Messerkasten.

breiige Schneidgut wird zwischen der Messerwalze und dem Grundwerk zerrissen; Messerwalze wie auch Grundwerk können durch Hebevorrichtungen gehoben oder gesenkt werden zur Einstellung bestimmten Abstandes zwischen den Messern, so daß der Feinheitsgrad der Zerkleinerung beliebig eingestellt

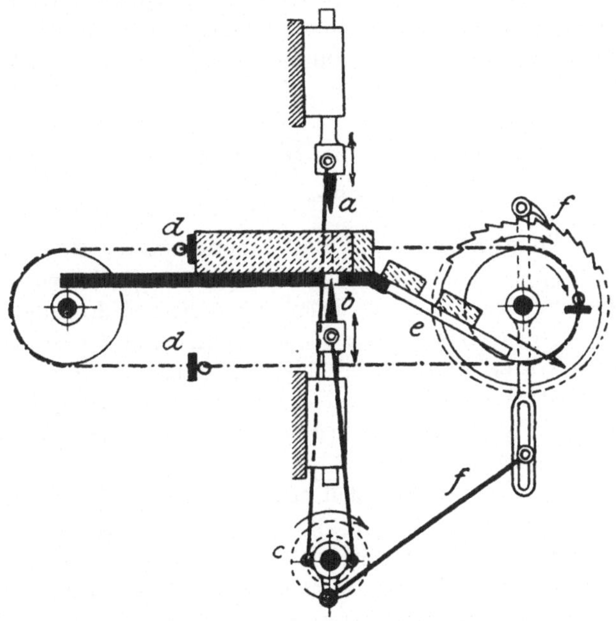

Fig. 93. Zuckerspaltmaschine.

werden kann; um ein Verspritzen des Schneidgutes zu verhindern, ist die Messerwalze mit der Haube L überdacht. Tritt an Stelle der Messerwalze eine mit Gaze überzogene **Siebwalze**, so dient der Holländer als **Waschholländer** zum Waschen des Schneidgutes, welches in wässeriger Aufschlämmung durch ein Rührwerk durch den ganz ähnlich gebauten Trog bewegt wird, wobei an der Siebwalze das gebrauchte Wasser abgezogen wird, während das Feingut an den Sieben hängenbleibt und von dort mit neuem Wasser durchgespült wird.

Zum Zerkleinern der Rüben in der Zuckerindustrie verwendet man die sog. **Rübschnitzelmaschine**, die in der Bauart der Sangerhauser Maschinenfabrik im Prinzip in Fig. 91 wiedergegeben ist: oberhalb der wagrecht liegenden **Messerscheibe** a, welche durch das Getriebe b in Drehung versetzt wird, befindet sich ein hoher Speiserumpf c, der dauernd mit Rüben gefüllt erhalten wird, so daß diese unter dem Druck der darüber lagernden Rüben gegen die laufende Messerscheibe gepreßt werden; die durchfallenden Rübenschnitzel fallen in die Rinne b und können von dort mittels der Klappe e in den Diffuseur abgelassen werden. Die Wirkungsweise der einzelnen Messer läßt Fig. 92 erkennen, sie lösen, ähnlich wie der Hobel einen Spahn, dünne Schnitzel von der Rübe, deren Breite und Dicke beliebig eingestellt werden kann, dadurch, daß man die Abstände m und n nach Bedarf verschieden einstellt.

Spaltmaschinen, die also ein **festes und sprödes** Material voraussetzen, kommen verhältnismäßig selten zur Anwendung, Fig. 93 zeigt eine solche Spaltmaschine, wie sie in der Zuckerindustrie zur Herstellung des Würfelzuckers verwendet wird, um die durch Zersägen der Zuckerbrote gewonnenen prismatischen Zuckerstangen von quadratischem Querschnitt zu Würfeln zu spalten. f ist ein Schaltwerk, welches gestattet, den Vorschub der Zuckerstange beliebig einzustellen und dadurch verschieden dicke „Würfel" zu gewinnen.

B. Klassieren, Sieben, Sichten und Sortieren.

1. Allgemeines.

Zur Bereitstellung **einheitlich** zusammengesetzter Rohstoffe für deren Weiterverarbeitung bedienen wir uns einer ganzen Reihe verschiedener Arbeitsgänge, die zunächst weitab zu liegen scheinen und doch dabei sowohl auf die Beherrschung des Arbeitsganges der chemischen Umsetzung selbst als auch auf deren Kosten in recht erheblichem Maße ausklingen.

Diese verschiedenen vorbereitenden Arbeiten zur Gewinnung einheitlich zusammengesetzter Ausgangsstoffe lassen sich grundsätzlich auf zwei Formen der Vorbereitung zurückführen,

1. auf die Scheidung der Teilchen nach Korngröße, das sog. Klassieren, und

2. auf eine Scheidung nach der **stofflichen** Zusammensetzung der Einzelteilchen, das sog. Sortieren; wir „sortieren" demnach z. B. Erze und Kohlen durch Abtrennung vom „Tauben", und wir „klassieren" das gleiche Material nach Korngröße und sprechen dann z. B. von Stück-, Würfel-, Nuß-, Erbskohle usw.

Beide Arbeitsgänge, Sortieren wie Klassieren, können zunächst von Hand aus vorgenommen werden. — Auslese des „Tauben" vom Lesband aus der Kohle, des Eisenkieses aus dem Ton, der Schlackenstücke aus der aufbereiteten Asche usw. —; im allgemeinen aber werden Sortieren und Klassieren maschinell durchgeführt, da es sich ja gewöhnlich um große Stoffmengen handelt. Größe und Gestalt der einzelnen Teilchen oder deren spez. Gewicht

einerseits, anderseits das magnetische Verhalten, die verschiedene Löslichkeit, auch das verschiedene Haft- und Benetzungsvermögen der einzelnen
Teilchen des Gemenges sind dann anderseits die wichtigsten Grundlagen, auf
denen sich Klassierung und Sortierung im maschinellen Betrieb aufbauen.

2. Sieben.

Wir unterscheiden im allgemeinen zwischen **gewebten Sieben** und **Platten-
sieben,** wobei die letzteren je nach der Art der Herstellung aus dünnen Blechen
— **Blechsiebe** — gebohrt oder gestanzt sein können und dann entweder runde
oder verschieden gestaltete Sieblöcher besitzen; bei den gewebten Sieben
sind die Sieböffnungen — **Siebmaschinen** — stets rechteckig, gewöhnlich

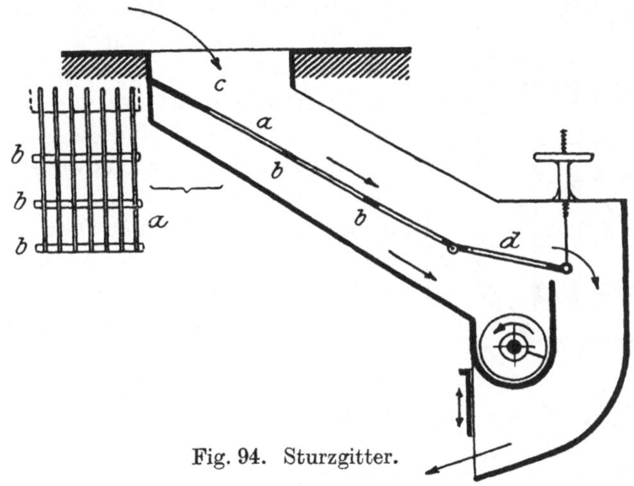

Fig. 94. Sturzgitter.

aber quadratisch. Freie und gesamte **Siebfläche** sind dann einerseits durch
die gesamte Fläche des Siebes, anderseits durch die dem Durchgang frei-
bleibende Oberfläche desselben bestimmt.

Als **Siebrückstand** bzw. **Siebdurchfall** bezeichnen wir dann die beim Sieben
auf dem Sieb verbleibenden Teilchen, bzw. die zufolge ihrer kleineren Quer-
schnittsfläche durch die Sieböffnungen durchfallenden Gemengeteilchen;
um diese Trennung möglichst vollständig zu machen, müssen alle Teilchen
des Gemenges mindestens einmal über die Sieböffnungen zu liegen kommen,
und man bewirkt die zu diesem Zweck notwendige möglichst sorgfältige
und gleichmäßige Verteilung des zu scheidenden Gemenges auf der Siebfläche
entweder von Hand oder auf mechanischem Wege — **Handsiebe, Maschinen-
siebe** — und zwar sowohl durch Aufbreiten des zu scheidenden Gemenges,
also bei ruhendem Sieb, als auch bei bewegten Sieben, durch die beim Bewegen verbundene Erschütterung und Lockerung des Teilchengemenges.

Wurfsieb und **Sturzgitter** stellen die ursprünglichsten Formen solcher
ruhender Siebe vor, wie sie nur für ganz grobe Klassierung in Frage kommen —
Schotterbereitung, Klassieren von Kohle, Koks usw. — vor der Aufgabe an
den Brecher usw.

Fig. 94 zeigt ein solches **Sturzgitter**: es besteht aus kräftigen Flacheisen-stäben a, welche in der Richtung der Siebneigung durch einzelne Querstäbe b rostartig zusammengefügt sind; das Siebgut wird bei c am oberen Ende des Siebrostes aufgegeben, rollt über die Rostfläche a ab, erfährt über den an-gesetzten Rost d, der weniger geneigt ist, eine Verzögerung und wird dadurch in zwei Klassen geschieden, einmal in den Rostdurchfall, dessen Korngröße bestimmt ist durch die Spaltweite des Rostgitters, anderseits in die gröberen Stücke, welche über d zum Austrag gelangen; das Siebgut wird dann durch die in der Figur angedeutete Förderschnecke dauernd abge-nommen.

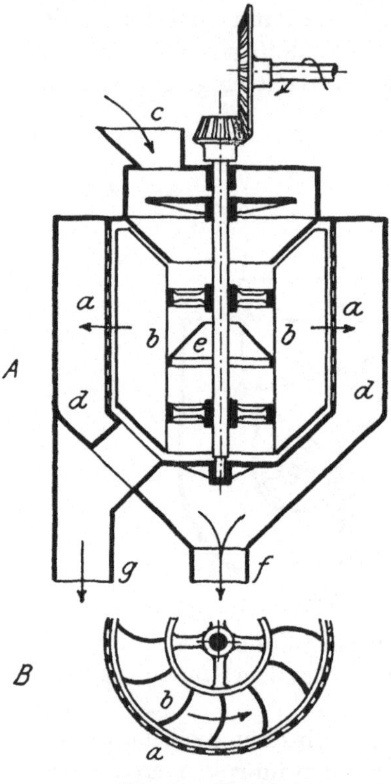

Ebenfalls bei r u h e n d e r Siebfläche, aber bei b e w e g t e m Siebgut arbeiten die **Prall-** und **Reibsiebe**; Fig. 95 zeigt schematisch ein solches Prallsieb, wie es vorzugsweise in der Müllerei, aber auch für die Siebung gewisser pharmazeutischer Produkte verwendet wird: die Siebfläche ist hier als zylindrischer Sieb-mantel a ausgebildet, in dessen Innerem eine Schleudervorrichtung b rasch umläuft, welche mit Hilfe des auf sie aufgesetzten Kegels e das Sichtgut gegen die Siebfläche schleudert und gleichzeitig auch einen Luftstrom, bei c ein-tretend nach d, in das Außengehäuse der Sieb-vorrichtung treibt. Das feine Mehl wird bei f abgenommen, der Siebrückstand wird über g ausgetragen.

In erheblich größerem Umfang verwendet die chemische Industrie **Reibsiebe**; sie besitzen den Vorteil, daß sie das Zerkleinern von Klümp-chen im aufgegebenen Siebgut gestatten, über-dies auch bei ganz leichten — feinkrystal-linen — Stoffen verwendbar sind, für welche

Fig. 95. Prallsieb.

eine befriedigende Siebung nur dadurch er-reicht werden kann, daß man das Material, dessen Absinken durch ein Sieb zufolge des geringen Gewichtes durch die Schwerkraft allein nicht erzielt werden könnte, unter dauerndem Wechsel der Teilchen gegen die Sieb-fläche verreibt; bis zu einem gewissen Grade findet dadurch auch eine Zer-kleinerung statt, doch bleibt bei Wahl entsprechender Siebmaschenweiten das Gefüge des Stoffes weitgehend erhalten.

Fig. 96 läßt das Prinzip einer solchen Siebvorrichtung erkennen, wie sie in den verschiedensten Formen der Ausführung in Anwendung ist; das Sieb b ist in einen kegelförmigen Stutzen a eingebaut, dessen Boden es bildet; dieser Stutzen a wird durch das kleine Kegelgetriebe dauernd in langsamem Umlaufen gehalten, gleichzeitig streicht eine Bürste e in Hin- und Herbewegung über das Sieb.

Eine sehr gebräuchliche solche Siebmaschine ist die anschließend schematisch in Fig. 97 dargestellte: in einer zylindrischen Trommel a, welche aus Holzleisten besteht, die mit einem Drahtgewebe w bespannt sind, wird durch Drehung von Hand oder auch mechanisch eine Rührvorrichtung betätigt, die aus zwei senkrecht aufeinandergelegten rechteckigen Holzflächen m und n besteht; dieselben tragen an ihren Außenseiten aufgesetzte Bürsten b, welche den Siebmantel bestreichen und beim Drehen das Siebgut an den Maschensieben vorbeistreichen bzw. leicht dagegenpressen. Die ganze Trommel wird dann in ein gewöhnlich aus Holz gebautes Gehäuse einfachster Art eingebaut, in welchem sich das Siebgut sammelt und durch einen Schieber von Zeit zu Zeit abgelassen werden kann. Dieses Gehäuse G ist mit einem aufliegenden Holzdeckel D verschlossen; soll ein Herausstieben feinsten Materials

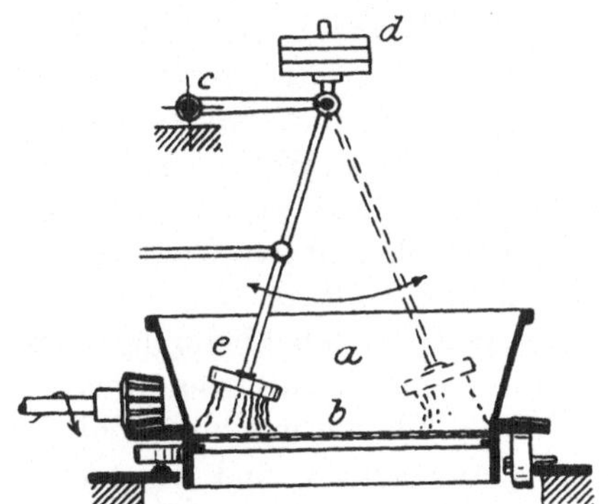

Fig. 96. Reibsieb. Fig. 97. Siebmaschine.

vermieden werden, so wird der Deckel mittels einer Tuckschnur abgedichtet. Als Werkstoff wird in erster Linie Holz verwendet, für die Maschensiebe entweder Haargeflecht oder das widerstandsfähigere Drahtgeflecht, wobei man, um chemische Angriffe zu vermeiden, Bronzedraht verwendet.

Derartige Siebvorrichtungen, bei welchen ein Andrücken des Siebgutes an die Siebfläche vorgesehen ist, müssen überall dort zur Anwendung gelangen, wo das Siebgut zu leicht und zu voluminös ist, um durch den freien Fall allein oder zufolge einer ihm erteilten Geschwindigkeit — wie bei dem vorbesprochenen Prallsieb — bereits durch die Siebmaschinen hindurchgeführt zu werden (z. B. Sieben von Salicylsäure und ähnlichen feinkrystallinen oder auch feinpulverigen Stoffen).

Bewegte Siebe.

Bei ihnen dient die Bewegung des Siebes, und zwar sowohl des ganzen Siebes oder auch nur einzelner Teile, desselben, einerseits zur Durcharbeitung des aufgegebenen Siebgutes, um immer neue Teile desselben an die Sieböffnungen heranzuführen, gleichzeitig aber auch vielfach zu einer Weiterbewegung, also mechanischen Beschickung und Entleerung der

Siebvorrichtung. Eine solche möglichst schonende Fortbewegung des Siebgutes ist bei einer ganzen Reihe von Stoffen wünschenswert, um eine unerwünschte weitgehende Zerkleinerung desselben während des Siebens zu vermeiden: Sieben von Kohle, Salzen usw.

Eine solche Vorrichtung ist der Briartsche Rost; bei ihm wird das Durchmischen des Siebgutes und auch dessen Bewegung gegen das Austragende
der Siebvorrichtung dadurch bewirkt, daß die Siebfläche aus einer Anzahl
von beweglichen Roststäben gebildet wird, die um einzelne Excenter auf und
ab schwingen, und deren Enden um eine gemeinsame Achse beweglich sind,
die ihrerseits mittels einer Kette gehoben oder gesenkt werden kann, so daß
der Winkel der Roststäbe gegen die Horizontale und damit die Geschwindigkeit, mit der das Siebgut über den Siebrost gleitet, innerhalb weiter Grenzen
eingestellt werden kann.

In ähnlicher Weise bewirken *Distl* und *Susky* die Siebung, indem sie
zwischen den hier feststehenden Siebstäben in bestimmten Abständen

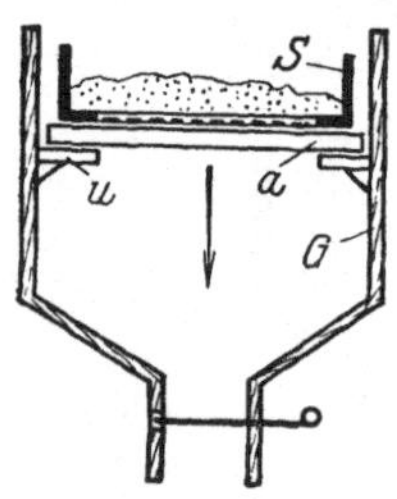

Fig. 98. Siebkasten.

Reihen von dreieckigen Scheiben anordnen, die über Kegelräder von einer gemeinsamen Welle angetrieben werden,
und deren hin und hergehende Bewegung das Siebgut vom
oberen Ende der Siebvorrichtung langsam gegen das untere
fortschiebt und dabei alle Teilchen des Siebgutes, welche
eben durch die Rostspalten noch hindurchgleiten können,
ausfallen läßt. Diese Siebvorrichtungen finden in erster
Linie Anwendung für die Klassierung von Kohle und Koks.

Von allgemeinster Anwendung sind jene Siebmaschinen
und Siebvorrichtungen, bei welchen nicht mehr einzelne
Teile, sondern die ganze Siebfläche in Bewegung gehalten
wird, um das Siebgut über sie zu verteilen und immer neue Teilchen desselben den Sieböffnungen zuzuführen.

Für kleine Leistungen verwendet die chemische Industrie vielfach **Siebkasten**, deren Wirkungsweise aus der Fig. 98 zu erkennen ist.

Die Siebfläche — gewöhnlich Maschensiebe aus Drahtgewebe, vielfach
aus säurebeständigen Drähten hergestellt — ist in einen etwa handbreit
hohen quadratischen **Siebrahmen** S eingespannt; dieser Rahmen gleitet entweder direkt oder besser über kleine Rollen a auf einer Unterlage u, welche
in die Seitenwandungen eines parallelepipedförmigen Holzkasten G eingebaut
ist, so zwar, daß das ausgesiebte Gut in diesen Kasten fällt, aus dem es mittels
eines Schiebers oder einer Klappe entnommen werden kann, während der Siebrückstand auf dem Sieb von Hand aus entleert wird. Um stärkere Staubentwicklung zu vermeiden, oder um auch bei giftigen Stoffen — Brechweinstein — eine Schädigung des Arbeiters zu verhindern, wird entweder bloß
der bewegliche Siebrahmen mit einem Tuch lose, aber dicht schließend, mit
dem Siebkasten verbunden oder die ganze Vorrichtung bedeckt gehalten.

Die Bewegung und Verteilung bzw. Durchmischung des Siebgutes auf
dem Sieb erfolgt durch stoßartiges Hin- und Herschieben des Siebrahmens;
diese Art von Vorrichtungen bewährt sich ihrer Einfachheit halber überall

dort, wo es sich um die Siebung kleinerer Mengen von Siebgut handelt, die notwendige Handarbeit also nicht schwer in die Wagschale fällt. Ihre wesentlichen Vorteile sind die Einfachheit und Billigkeit, sowie die Möglichkeit, Eisen und Metall weitgehend auszuschließen und Verunreinigungen des Siebgutes zu vermeiden. Statt der Hin- und Herbewegung des Siebrahmens auf den Leisten in dem Siebkasten kann eine hin- und herschwingende Bewegung auch in der Weise vorgenommen werden, daß das in diesem Falle gewöhnliche kreisförmige Sieb an 4 Punkten zur Aufhängung gelangt und von Hand aus geschwenkt wird, wobei auch hier die Staubentwicklung dadurch weitgehend ausgeschaltet werden kann, daß das Sieb mit einem Deckel versehen wird und ein längs des Umfanges dicht anschließendes Tuch, welches bis in das Auffangegefäß führt, angebracht wird, das gesiebte Gut demnach durch einen beweglichen Tuchschlauch zur Abführung gelangt.

Die maschinelle Durchführung der Siebbewegung führt zu dem in Fig. 99 dargestellten **Siebetisch**: dieser Siebtisch b ist an federnden Stäben a aufgehängt und wird von einem Kurbelgetriebe c in kreisförmige Bewegung versetzt; auf diesen Siebtisch c wird das eigentliche Sieb d gestellt, so daß es den schaukelnden Bewegungen des Siebtisches folgen kann; auch hier wird durch Abdecken des Siebes mit einem Deckel oder einem Tuch ein Verstäuben des Siebgutes verhindert.

Zu den Vorrichtungen der gleichen Art gehört das **Schüttelsieb**, wie es in Fig. 100 dargestellt ist: an Stelle der im Kreise hin und hergehenden Schüttelung tritt hier die Schüttelung in der Richtung der Längsachse der Siebvorrichtung; durch die Excenterbewegung von d wird der auf zwei Schwingstützen b ruhende Siebrahmen a geschüttelt, der Siebrückstand wird bei e abgeworfen, während der Siebdurchfall über f zur Austragung gelangt.

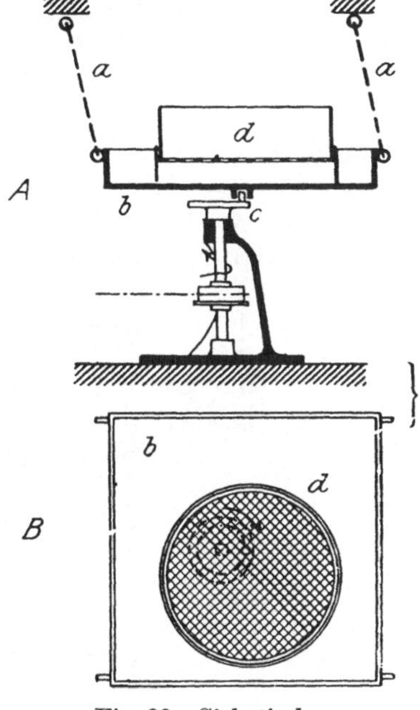

Fig. 99. Siebetisch.

Für die große Anzahl verschiedener Bauarten auf den gleichen Grundlagen ist ganz allgemein der Ausdruck „Rätter" — zufolge des ratternden Geräusches beim Gang — üblich; vielfach tritt an Stelle der Siebung auf eine einzige Klassierung die Vereinigung mehrerer Siebe zu einem sog. **Stufenrätter**; der Siebrahmen k ist auch hier wieder pendelnd an Stäben oder Ketten aufgehängt, und zwar so, daß er zufolge seines Eigengewichtes das Bestreben zeigt, sich nach der Austragsseite hin zu bewegen; ein Daumenrad zwingt ihn, in der Richtung entgegengesetzt der Austragung zu schwingen, gibt ihn dann frei, wodurch er unter dem Einfluß des Eigengewichtes fällt und dabei mit einer Nase an einen Prallklotz aufschlägt; durch diese ruckartige

Bewegung wandert das auf den Sieben befindliche Siebgut abwärts bzw. gegen das Austragsende weiter; der am oberen Ende befindliche Anschlag wird dann wieder vom Daumenrad erfaßt, der Siebrahmen in die Anfangslage zurückgehoben, wieder fallen gelassen und so fort, wodurch ein gleichmäßiger Ab-

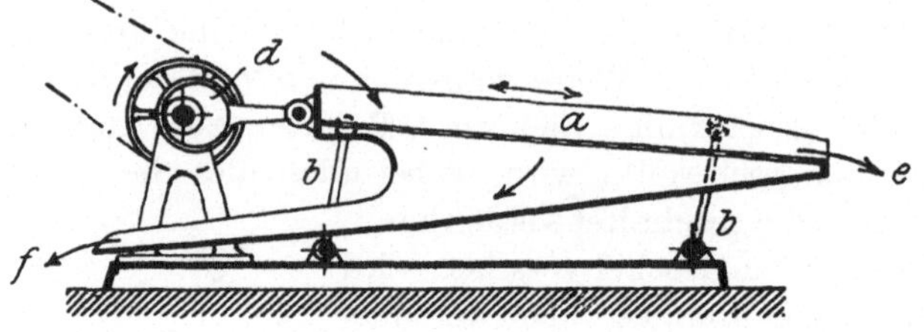

Fig. 100. Schüttelsieb.

transport des Siebgutes über die einzelnen Siebrahmen von links nach rechts stattfindet; das Siebgut läuft zunächst über den ersten Siebrahmen, der Siebrückstand wird durch Seitenauslässe ausgetragen, der Siebdurchfall fließt dem zweiten Sieb mit kleineren Sieböffnungen zu, erfährt dort die gleiche

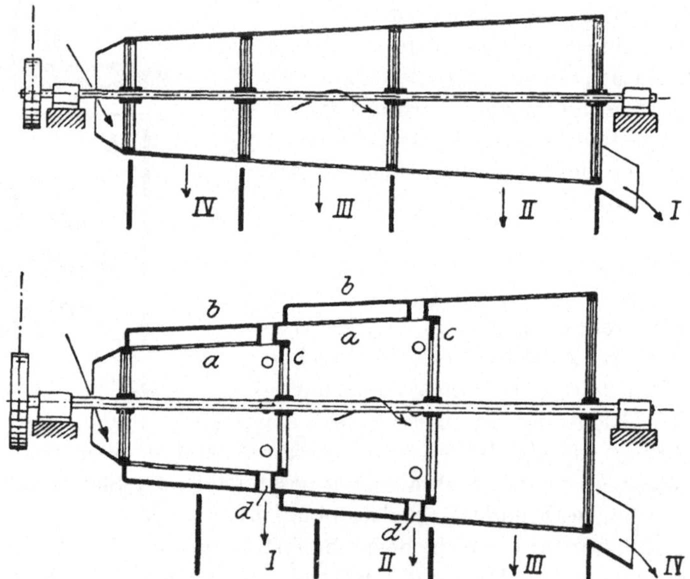

Fig. 101. Trommelsiebe.

Behandlung usw., so daß drei Klassierungen und das Grob in einem einzigen Gang gewonnen werden.

Nach dem gleichen Grundsatz arbeiten auch die **Trommelsiebe**, bei denen aber der Durchsatz zufolge der stetigen Bewegung des Siebgutes ein wesentlich höherer, die Leistung der Maschinen bei gegebenem Platzbedarf also eine größere wird. Fig. 101 zeigt zwei solche Formen der Ausführung, und zwar einmal eine einfache **Siebtrommel** und dann unten eine **Stufentrommel**. Die Siebreihe beginnt mit der feinsten und endet mit der gröbsten Lochung der Siebe. Die Wirkungsweise ist die gleiche wie bei den Plan- und Schüttelsieben. Zur Bewältigung größerer Leistungen werden dann oft mehrere solcher Siebtrommeln parallel geschaltet oder aber auch hintereinander zur Herstellung zahlreicher Klassierungen in einem Siebgang.

Eine besondere Art des Sichtens bzw. Klassierens feiner Stoffe ist das **Klassieren auf dem Herd**; es benutzt die verschiedene Dichte der zu klassierenden Stoffe und hat die Wasserbenetzungsfähigkeit des Klassiergutes, sowie eine bereits weitgehende Zerkleinerung desselben — Korngröße nicht über 1 mm — zur Voraussetzung.

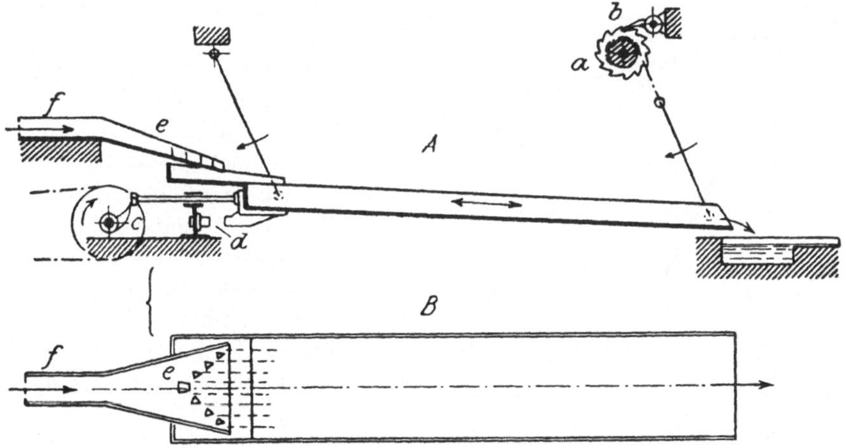

Fig. 102. Stoßherd.

Das Material, z. B. ein Erzmehl, wird auf einer ebenen, ganz schwach geneigten Unterlage, dem Klassiertisch, ausgebreitet und darüber eine dünne Wasserschicht geleitet; dadurch wird die Reibung der Teilchen am Boden verändert, und zwar in dem Sinne, daß die Stöße des strömenden Wassers von der Herdsohle gegen die Oberfläche des Wasserstromes zunehmen; die verschieden großen Erzteilchen erleiden dadurch verschieden starke Stöße durch das Wasser, werden verschieden rasch fortgeschwemmt und können an verschiedenen Stellen klassiert entnommen werden.

In der Fig. 102, einem **Stoßherd**, wird das zu scheidende Herdgut über *f* als „Trübe", also mit Wasser vermischt, zugeführt — 100 bis 600 kg Erzmehl auf 1 cbm Wasser und mehr —, und das Material lagert sich dann auf dem Herde in der Weise ab, daß das Gehaltreichste am Kopf des Herdes gefunden wird, während das an der randfreien Seite des Herdes, am Herdfuß, ablaufende Wasser die spezifisch leichtesten Teile, die „Berge", wegführt. Auf die verschiedenen Ausführungsarten dieser Herde — **Kehrherd, Rundherd, Trichterherd** — soll hier nicht näher eingegangen werden; die in der Zeichnung ersichtliche Stoßvorrichtung *c* dient bei dem hier zur Darstellung gebrachten Stoßherd zum Dickenausgleich bzw. zum Zusammenstauchen des Herdniederschlages.

3. Sichten.

Ebenfalls eine Klassierung, bei welcher es sich aber bereits um Stoffe sehr feiner Vermahlung handelt, ist das **Sichten** bzw. das **Entstauben**, sei es, daß es zur Unschädlichmachung von Staub ohne dessen weitere Verwertung dient, oder sei es, daß sein Hauptzweck die Gewinnung eines feinst vermahlenen Erzeugnisses bzw. dessen Reinigung von gröberem Korn ist.

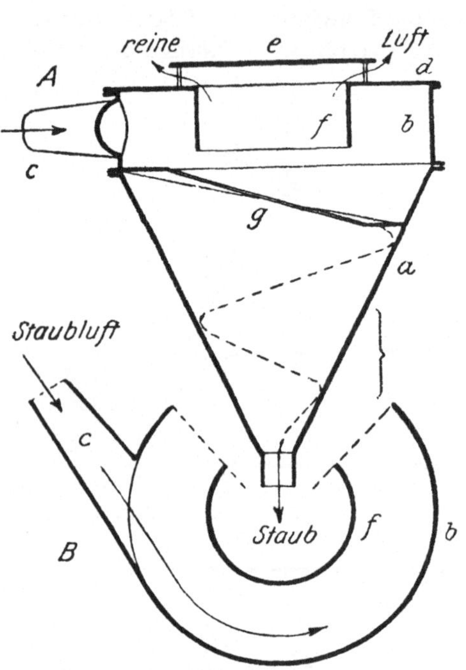

Fig. 103. Cyklon.

Die Entstaubung kann erfolgen entweder durch Prallwirkung, durch reine Filterwirkung einer in den Weg des mit Staubteilchen beladenen Gasstromes eingeschalteten Filtervorrichtung, unter Ausnutzung der Fliehkraft und schließlich auch in letzter Zeit, dann aber gerade nach dieser Richtung besonders stark ausgebildet, dadurch, daß der mit dem zu entstaubenden Gut beladene Gasstrom durch ein starkes elektrisches Feld geschickt wird, in welchem dann die Stoffteilchen unter dem Einfluß der ihnen erteilten statischen elektrischen Ladung zur Abscheidung gelangen.

Entstaubung durch Prallwirkung tritt überall dort ein, wo der mit dem Staub beladene Gasstrom zu plötzlichen Richtungsänderungen gezwungen wird: zufolge der Trägheit können die Staubteilchen dieser Richtungsänderung nicht so rasch folgen, sie bewegen sich in der bereits ihnen erteilten Richtung weiter, stoßen oder prallen an die Prallfläche, verlieren an derselben ihr lebendige Kraft und sinken an der Prallfläche nieder; je größer die Teilchen sind, um so stärker tritt die Scheidung durch Prall in Erscheinung, feinkörnige Stoffe zeigen das Bestreben, im Gasstrom weiter suspendiert zu bleiben, und können auf diese Weise nur unvollkommen erfaßt werden.

Zu dieser Art von Staubscheidungsvorrichtungen gehören die alten und heute wohl nur mehr zur Abscheidung von Erzstaub usw. in der Metallindustrie gebräuchlichen **Staubsammelkanäle** oder **Staubsäcke**, deren Reinigungsvermögen nur ein geringes, deren Platzbedarf und Anlagekosten dabei aber sehr große sind.

Erst die auf der Fliehkraft aufgebauten Scheideapparate, die sog. **Cyklone,** gestatten dann auch die Abscheidung feinster Staubteilchen, mithin eine sehr weitgehende Gewinnung des Staubes, dadurch, daß infolge der hier absichtlich gesteigerten Fliehkraft eine verschieden große Nachaußenbeschleunigung der einzelnen Teilchen erfolgt, so daß es nicht nur möglich ist, die im Gas befindlichen Teilchen praktisch vollständig abzuscheiden, sondern damit gleichzeitig eine Klassierung zu verbinden und verschiedene Korngrößen des Staubes getrennt aufzufangen. Die nach diesem Grundsatze arbeitenden Cyklone dienen in erster Linie der Beseitigung des Staubes; sie sind gewöhnlich außerhalb der Betriebsräume aufgestellt und entfernen aus der Saugluft, wie sie aus den Betrieben kommt, die in ihr enthaltenen Fremdkörper vor ihrem Entlassen ins Freie. Nach Fig. 103 besteht ein solcher Cyklon aus einem aus Blech oder — bei Anwesenheit von Stoffen im Gas, welche Blech angreifen würden — Holz hergestellten, auf seiner Spitze stehenden Hohlkegel a, dem am oberen Rand ein zylindrischer Aufsatz b aufgesetzt ist; an diesen ist das vom Ventilator kommende Druckrohr so angesetzt, daß der eintretende Gasstrom zum tangentialen Umströmen gezwungen wird (vgl. Aufsicht in der Figur), der Deckel d ist mit einer kreisförmigen Öffnung zum Austritt des Gases versehen, welche mittels einer Platte e verschlossen ist, und von welcher der zylindrische Stutzen f in den Raum hineinragt und dadurch dem eintretenden Gas eine Kreisbahn vorschreibt. Bei dieser Umlaufbewegung des Gasstromes werden die in ihm enthaltenen festen Teilchen an die Wandungen von b geschleudert, verlieren dort ihre Bewegungsenergie, sinken nieder und werden dann mit Hilfe der Leitplatte g dem Trichter zugeführt, den sie dann an der unteren Mündung durch

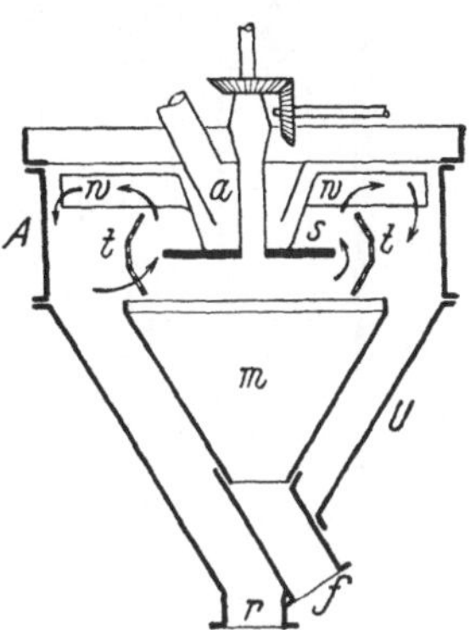

Fig. 104. Windsichter.

einen Verschluß verlassen, während die gereinigte Luft zwischen d und e ins Freie austreten kann. Cyklone von etwa 2 m oberem Durchmesser, wie sie vielfach üblich sind, vermögen dann in der Minute bis zu 500 cbm Luft zu entstauben. Ein sehr wesentlicher Vorteil dieser Art der Staubabscheidung ist darin zu erblicken, daß sie auf bewegte Teile verzichtet und der Verschleiß, sofern chemische Angriffe auf das Gehäuse und den Einbau des Cyklons ausgeschlossen werden können, ein ganz geringer ist.

Sie leiten zu jenen Windsichtern über, die an Stelle der Siebsichter treten, bei denen aber ebenfalls die den Siebgutteilchen erteilte Fliehkraft zugleich mit einem Luftstrom, in welchem das Siebgut suspendiert wird, die Abtrennung der festen Teilchen vom Gasstrom und gleichzeitig eine Klassierung des Siebgutes in Mehl und Grieß gestattet.

An Stelle des Luftstromes kann — wie bei der Erzaufbereitung — auch strömendes Wasser treten.

Fig. 104 zeigt einen solchen **Windsichter** mit einem zylindrischen staubdichten Oberteil A aus Blech, an welches sich wie beim Cyklon der kegelförmige Unterteil U mit dem Mehlaustrag anschließt. Durch einen konischen Aufgabetrichter a in der Mitte des zylindrischen Oberteils der Vorrichtung fällt das Sichtgut auf den sich rasch drehenden Streuteller s und wird von diesem gleichmäßig verteilt, gegen einen konischen Trichter t geschleudert; mit dem Streuteller fest verbunden dreht sich das Windrad w und erzeugt einen regelbaren mehr oder minder starken Luftstrom, der in der Maschine umläuft, das vom Streuteller ausgestreute Siebgut zerstreut und die feinsten, tragbaren Teilchen mitnimmt und gegen die Innenwand des Blechgehäuses U auswirft; von hier rutscht das Mehl unter dem Eigengewicht ab und gelangt durch den Bodenstutzen r zur Austragung, während die groben Teilchen aus t in den eisernen Trichter m absinken und diesen über den Stutzen f verlassen, der ebenso wie r mit einem Schieber abgeschlossen werden kann. Im Gegensatz zu der Siebsichtung ist es dann nicht er rderlich ein vollständig trockenes Siebgut zu verwenden.

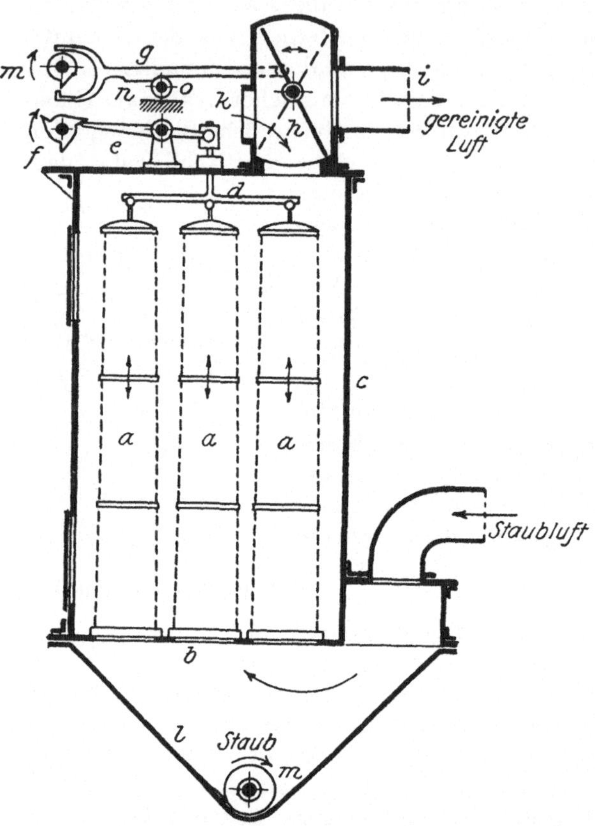

Fig. 105. Schlauchfilter.

Staubfilter.

In ihrer einfachsten Ausführungsform bestehen die Staubfilter aus einem in mehreren Lagen in den Luftkanal oder innerhalb einer besonders eingebauten **Filterkammer** ausgespannten und den ganzen Durchlaß bedeckenden **Filtertuch aus Baumwolle**, oder bei Anwendung heißer Gase und Anwesenheit zerstörender Agentien im Gas aus **Asbesttuch**, welche die im Gasstrom enthaltenen festen Teilchen zurückhalten; ihre Leistung ist gering, und sie sind nur bei dem Vorhandensein verhältnismäßig geringer Mengen von Festgut im Gasstrom anwendbar. Durch den Ausbau zu den sog. „Sternfiltern" und „Schlauchfiltern" werden sie viel leistungsfähiger und stellen die am meisten gebräuchlichen Formen der Filterung von Gasen vor.

Fig. 105 zeigt den Mechanismus eines solchen **Schlauchfilters**: die aus Filtertuch gefertigten Schläuche a mit einem Durchmesser von 100 bis 150 mm und einer Länge von 2 bis 3 m stehen mit ihrem unteren Ende auf dem entsprechend durchbrochenen Boden des sonst allseitig geschlossenen Filtergehäuses c; am oberen Ende sind die Schläuche geschlossen und mittels einer Zugstange d an einem Hebelwerk e schlaff aufgehängt; auf dieses Hebelwerk e wirkende Zugdaumen f spannen die Filterschläuche von Zeit zu Zeit immer wieder an, um sie dann wieder etwas zusammensinken zu lassen; ein zweites Hebelwerk g betätigt eine Klappe h in der Ableitung für die gereinigte Luft derart, daß jedesmal, wenn die Filterschläuche gestrafft werden, gleichzeitig auch die Verbindung nach i geschlossen, also der Luftaustritt aus dem Filter in die Leitung für die gereinigte Luft unterbrochen wird; ein Durchsaugen von Luft findet also nur bei schlaffer Stellung der Filterschläuche statt, der Staub lagert sich an der Innenseite der Filterschläuche an und wird durch das ständige Straffen und Nachlassen der Filterschläuche von den Filterflächen abgelöst, fällt in den unteren konischen Teil der Filtervorrichtung und wird von dort mittels einer Schnecke m dauernd ausgetragen. Durch den Zusammenbau einer großen Anzahl solcher Schläuche — bis zu 64 in einem einzigen Gehäuse — werden dann große Filterflächen bis zu 100 qm und darüber erzielt, so daß auch große Gasmengen ohne weiteres bewältigt werden können. Die Filterschläuche selbst sind entweder in einem Stück gewebt oder genäht, als Werkstoff wird Halbwolle, bei Anwesenheit saurer Dämpfe reine Wolle verwendet.

Elektrische Entstaubung.

In der letzten Zeit hat eine Art der Staubabscheidung aus Gasströmen sich in ganz großem Umfang eingeführt, die Entstaubung durch Leiten des mit festen Teilchen beladenen Gasstromes durch starke elektrische Felder. Die Möglichkeit, unter Zuhilfenahme elektrischer Felder eine Abtrennung von Staub oder Nebel zu bewirken, erkannte bereits gegen Ende der achtziger Jahre des vergangenen Jahrhunderts *Möller* in Brackwede; erst nachdem es gelungen war, mit Hilfe umlaufender Gleichrichter hochgespannten und dabei allerdings pulsierenden Gleichstrom zu erzeugen, konnte sich das Verfahren in raschem Zug einbürgern und hat sowohl in der Metall- bzw. Hüttenindustrie, als auch in der Kohletrocknung — Entstaubung der vom Trockner kommenden mit Kohlenstaub beladenen Wrasen — rasche Verbreitung gefunden: die Abscheidung des Staubes ist hierbei eine praktisch vollständige, an Stelle der schwarzen Rauchfahnen über den Trocknungsanlagen der Brikettfabriken sind die rein weißen Fahnen von Wasserdampf getreten, so daß das Vorhandensein einer elektrischen Staubabscheidung bei solchen Anlagen bereits von weitem erkennbar ist.

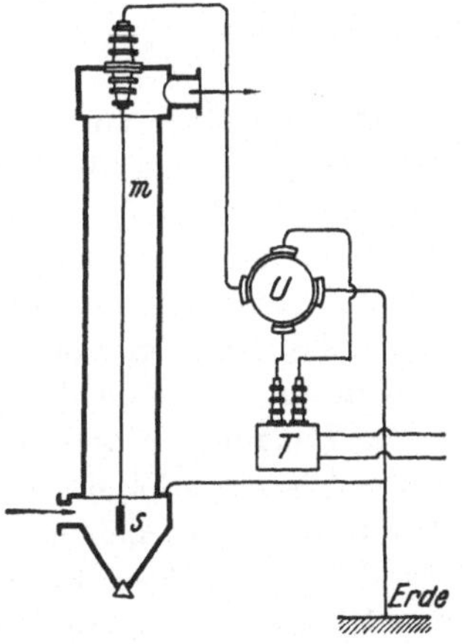

Fig. 106. Schema der elektrischen Staubreinigung.

Bei der Ausführung der Lurgi Gesellschaft für Wärmetechnik, Frankfurt a. M., die sowohl das **Verfahren von Cottrell mit Sprühelektroden** als auch das **Möller-**

verfahren — Koronaeffekt — besitzt, wird, wie die Fig. 106 erkennen läßt,
das zu reinigende Gas bzw. Gas-Dampfgemisch von unten in ein Abscheide-
rohr von 300 bis 400 mm Durchmesser eingeführt, um es oben in gereinigtem
Zustand wieder zu verlassen. In der Mittelachse des Rohres hängt durch ein
Gewicht gespannt ein Draht m — gegebenenfalls ein System von Einzel-
drähten —, von dem hochgespannter Gleichstrom gegen die zweite Elektrode —
in diesem Falle die Rohrwandungen — versprüht; die infolge ihrer Erdung
bereits geladenen Staubteilchen werden dann an den Rohrwandungen niedergeschlagen, von denen sie entweder durch Abschalten des Stromes oder durch
Klopfen an den Rohrwandungen zum Abfallen in den unteren Sammel-
kasten s gebracht werden. Zur Herstellung des elektrischen Feldes wird der
übliche Wechselstrom des Netzes zunächst in Transformator T auf 60 000
bis 80 000 V hinauftransformiert und dann durch den Umlaufgleichrichter n
in pulsierenden Gleichstrom umgewandelt.

Sowohl Raumbedarf als auch Anlagekosten einer solchen elektrischen
Entsaugung sind groß, gering hingegen die laufenden betrieblichen Auf-
wendungen, da der Stromverbrauch an sich sehr bescheiden ist und man
im Durchschnitt für etwa 1000 cbm zu reinigendes Gas nur mit etwa 0,6 kW
auf der Niederspannungsseite zu rechnen hat, wozu noch der Kraftverbrauch
für den Ventilator und die kontinuierliche Staubaustragung hinzukommen.

Ähnliche Ausführungen werden als **Elga-Reinigung** und als **Oski-Reini-
gung** auf den Markt gebracht, grundsätzlich arbeiten sie nach dem gleichen
Prinzip, dadurch, daß auch bei ihnen die mit der Erdladung versehenen Staubteilchen beim Durchstreichen durch ein elektrisches Feld quer zu der Richtung
des Gasstromes in Bewegung gesetzt und an der zweiten Elektrode abgeschieden werden.

4. Sortieren.

Im Gegensatz zu dem „Klassieren" eines Stoffgemenges, bei welchem es
sich lediglich um die Ordnung desselben nach der Teilchengröße
handelt, verstehen wir unter dem Sortieren die Scheidung des Gemenges
nach verschiedenen Stoffarten, also z. B. das Auslesen des „Tauben"
aus den geförderten Kohlen, der Gangart aus dem Roherz usw. Von Hand aus
kann das **Klauben** vorgenommen werden, dort wo augenscheinliche Unterschiede im Aussehen der zu trennenden Stoffe dies bereits gestatten, also in
erster Linie in den bereits erwähnten Fällen für Kohle und Erz; Fig. 107 zeigt
ein solches **Leseband**, welches dazu dient, das zu sortierende Gemisch an
den Klaubern vorbeizuführen (siehe die in der Skizze angedeuteten Klauber-
stände): ein endloses Band aus geteerten Hanfstricken, aus Gummi oder auch
aus Metallgeweben von 800 bis 1200 mm Breite läuft über zwei Endrollen a
und b, von denen a als Spannrolle dient, während b den Antrieb übernimmt
und das Band in dauerndem langsamen Umlauf hält, so daß das Band mit
etwa 100 bis 300 mm Sekundengeschwindigkeit an den Ständen der Klauber
vorbeigleitet. Diese stehen auf einem Tritt e, nehmen aus dem vorüberglei-
tenden Gut das zu entfernende Material heraus und ergänzen sich in ihrer
Arbeit; nach dem Sichten wird das Gut bei b abgeworfen, während dauernd

bei *K* neues Gut dem Leseband zugeführt wird, dieses also als stetig vorbei gleitender Tisch dient, auf welchem das Rohgut ausgebreitet an den Klaubern vorbei streicht.

Eine große Rolle spielen diese Sortiermaschinen in der Textilindustrie, so z. B. beim Kämmen, bei welchem eine Scheidung nach Haar- und Faserlänge vorgenommen wird.

Eine Trennung auf Grund verschiedener Gestaltung der zu trennenden Körper ist z. B. in der Schrotindustrie gebräuchlich, um die unrunden Körner

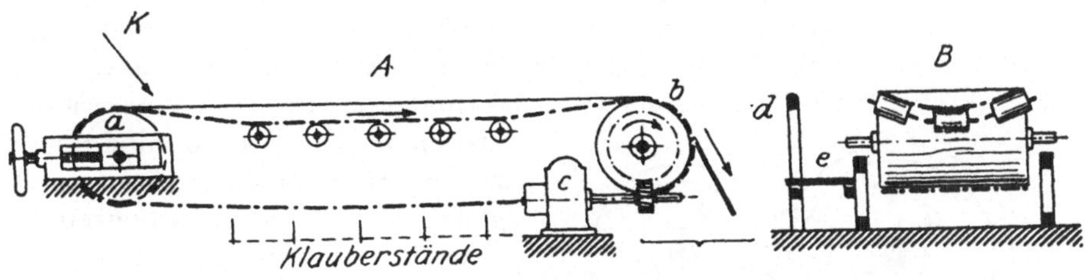

Fig. 107. Leseband.

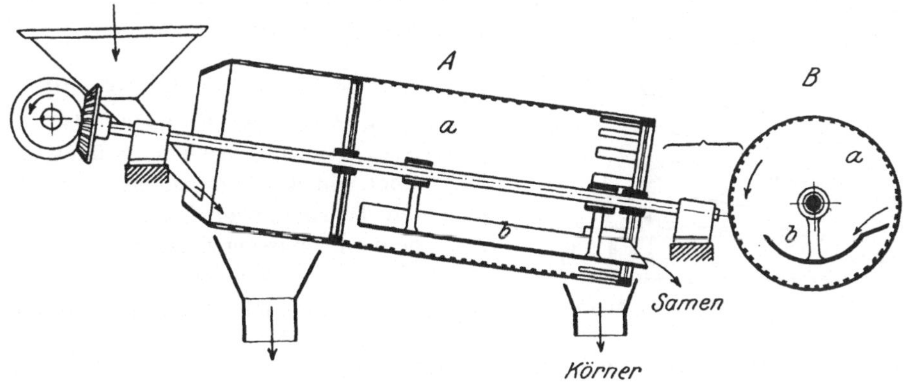

Fig. 108. „Trieur".

auszuscheiden, ferner im großem Maße auch in der Müllerei, in welcher der **Trieur** verwendet wird, um Getreidekörner und Samen vor der Vermahlung zu trennen. Fig. 108 zeigt einen solchen Trieur.

Er besteht aus einer etwa um 10° gegen die Wagrechte geneigt verlagerten zylindrischen Trommel, welche umläuft, und welcher der Getreidestrom durch die Aufgabevorrichtung gleichmäßig zugeführt wird; die Innenfläche der Trommel enthält eine große Anzahl von halbkugeligen Vertiefungen, in welche die runden Samen und gegebenenfalls auch die Bruchstücke der Getreidekörner einsinken, während die länglichen Getreidekörner darüber liegen bleiben. Wie Skizze *B* erkennen läßt, bewegt sich die Trommel entgegengesetzt dem Sinn des Uhrzeigers, dabei streicht die Innentrommelwandung ziemlich dicht an der Längskante einer Mulde *b* vorbei: die auf den kugeligen Vertiefungen liegenden Getreidekörner werden dabei abgestrichen und gelangen in die Trommel zurück, um an deren unterem Ende ausgeworfen zu werden, die kugeligen Samen im Getreide und die Bruchstücke der Getreidekörner hingegen bleiben zunächst in den halbkugeligen Vertiefungen der Wandungen liegen und fallen erst bei weiterer Umdrehung der Trommel aus, und zwar auf die Mulde, von der sie dann, getrennt von reinen Getreidekörnern und für sich, abgeworfen werden.

Ebenfalls auf Grund der verschiedenen Korngröße findet eine Scheidung von Rohlehm und dem ihm beigemengten Steinmaterial durch den in Fig. 109 dargestellten **Steinausleser** statt: bei ihm wird der Rohlehm auf zwei gegeneinander laufende Walzen aufgegeben, von welchen die eine, wie in der Figur angedeutet ist, mit einem flachen Schraubengang versehen ist; der in den Walzenschluck eingetragene Rohlehm wird dann ohne weiteres zwischen den Walzen hindurchgezogen, während die Steine zurückgehalten und von dem Schraubengang in der Richtung der Walzenachse nach einer Fangrinne c weitergeschoben und schließlich ausgeworfen werden.

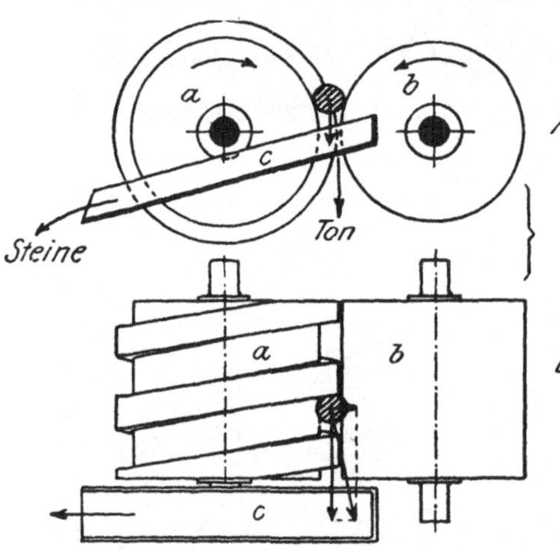

Fig. 109. Steinausleser.

Magnetische Scheidung.

Sowohl das Klauben, also die Aussortierung größerer Stücke, als auch ein sehr weitgehendes Sichten feinstvermahlener Stoffe in trockenem oder nassem Zustande kann auf Grund verschiedenen Verhaltens der zu scheidenden Stoffe im magnetischen Feld durchgeführt werden; unter den zur Auslese geeigneten Stoffen steht Eisen zufolge seiner starken magnetischen Eigenschaften obenan; aber auch eine Reihe weiterer Stoffe, wie Kobalt, Nickel, Mangan, Chrom und Platin, sowie die Mehrzahl ihrer Mischungen mit unmagnetischen Stoffen, können eine Trennung von ihnen im magnetischen Kraftfeld erfahren.

So findet die **magnetische Scheidung** z. B. Anwendung zum Ausklauben von Eisenteilen aus dem Mahlgut ganz allgemein vor dessen Vermahlung, um die Mahlvorrichtung zu schützen, dann aber zur Trennung von Eisen- und Messingspähnen und Feilicht bei der Aufarbeitung von Abfällen, in der Metallhüttenkunde bei der Gewinnung des Kupferkieses und der Zinkblende aus deren Erzen, bei der Herstellung der seltenen Erden aus dem Monazitsand usw.

Eine Vorrichtung zum Ausscheiden von Eisenfremdkörpern (Nägel, Bolzen, Schrauben und Schraubenmuttern und dgl.) aus dem Mahlgut stellt Fig. 110 dar; die abwechselnd aus Eisen- und Messingstäben gebildete Trommel a umschließt einen starken Elektromagneten mit sternförmig und abwechselnd angeordneten Nord- und Südpolen, der drehbar so angeordnet ist, daß die Polschuhe nur bei c dicht an die Trommelwand herantreten: hier haften demnach die magnetischen Bestandteile des Scheidegutes an der Trommelwand, während bei der Bewegung derselben die nicht magnetischen Teile nach e abgeworfen werden; erst nachdem die magnetischen Bestandteile unter der Weiterbewegung auf der Trommel, an der sie zunächst magnetisch festgehalten werden, nach unten gelangen, wo das magnetische Feld wie aus der Figur ersichtlich ist, immer schwächer wird, werden auch sie zufolge der Schwerkraft, die nun größer wird als die magnetische Anziehung, von der Trommel abfallen und in f, gesondert von den unmagnetischen Bestandteilen des aufgegebenen Gutes, zur Ablagerung gelangen.

Ganz ähnliche Vorrichtungen sind auch zum **Sortieren der Verbrennungsrückstände** in Anwendung genommen worden und haben sich in vielen Fällen bewährt; sie gehen von der Tatsache aus, daß eine große Anzahl von Steinkohlenschlacken mehr oder minder ausgesprochene magnetische Eigenschaften haben bzw. der magnetischen Scheidung zufolge der in ihnen enthaltenen Eisenverbindungen zugänglich sind; während bei den ganz ähnlich gebauten **Schlackenscheidemaschinen** die brennbaren Rückstände als unmagnetisch bei der Drehung der Trommel zufolge ihres Eigengewichtes abgeworfen werden,

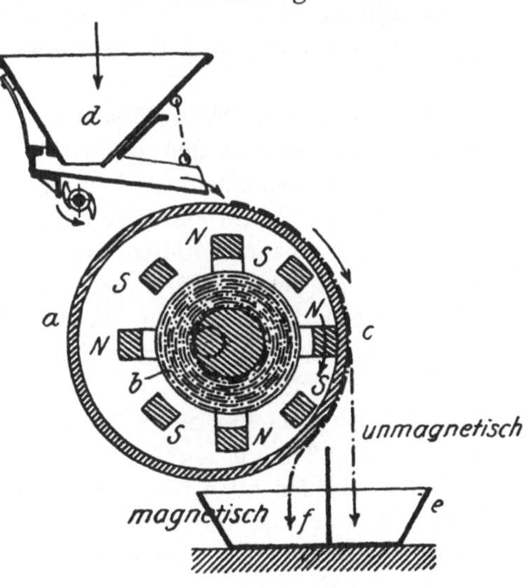

Fig. 110. Klaubmagnet.

bleiben die magnetischen Schlacken zunächst auf der Trommel festhaften und werden erst nach weiterem Umdrehen der Trommel abgeworfen, können also für sich aufgefangen und dadurch die Schlacke vom Brennbaren abgetrennt und dieses einer neuerlichen Verwertung als Brennstoff zugeführt werden.

Auf die recht kompliziert gebauten in der Hüttentechnik vielfach gebräuchlichen Magnetscheider, deren Wirkungsweise im Wesen eine Frage der zweckmäßigen Bauart und der Ausbildung sehr starker magnetischer Felder ist, soll hier nicht mehr eingegangen werden.

C. Mischen, Kneten, Pressen.

1. Allgemeines.

Eine besondere Rolle im chemischen Arbeitsgang bildet das Mischen, dessen Endziel darin besteht, die einzelnen Bestandteile des Mischgutes — gleichgültig, welchem Aggregatzustand dieselben angehören — so anzuordnen, daß an allen Punkten der fertigen Mischung eine gleichmäßige Verteilung der einzelnen Bestandteile vorhanden ist, daß mithin auch der kleinste Raumteil des fertigen Gemisches möglichst genau die gleiche Zusammensetzung zeigt wie das ganze Gemisch; tatsächlich werden solche vollkommene Mischungen praktisch fast nie erreicht, mit Ausnahme der Vermischung von Flüssigkeiten und Gasen.

Wir unterscheiden hinsichtlich des Mischens dann grundsätzlich zwischen dem Vermischen von:
1. festen Körpern,
2. festen Körpern mit Flüssigkeiten,
3. Flüssigkeiten,
4. Flüssigkeiten mit Gasen und
5. Gasen.

Für die sehr wichtige **Mischung fester Körper** wird man sich in der überwiegenden Mehrzahl der Fälle damit begnügen, ein Gemisch herzustellen, dessen Zusammensetzung der völligen Durchmischung möglichst nahekommt; notwendig ist hierfür eine weitgehende Übereinstimmung der verschiedenen Bestandteile des Mischgutes hinsichtlich Größe und Form seiner Teilchen und auch hinsichtlich des spez. Gewichtes der zu mischenden Bestandteile. Die den Flüssigkeiten und Gasen eigene völlige Mischbarkeit wird hier bei den festen Körpern eben nur dann erreicht, wenn ihre Zerkleinerung soweit getrieben wurde, daß sie sich bereits dem Fließzustand nähern, wie er für feste Körper zum Beispiel von der Vermahlung der Kohle bekannt ist, welche bekanntermaßen zu einem so hohen Feinheitsgrad getrieben werden kann, daß dem Kohlenstaub die Eigenschaft des Fließens eignet, so zwar, daß er gepumpt und wie eine Flüssigkeit in Rohren gedrückt werden kann.

Im Gegensatz zu diesem Vermischen fester Körper, bei welchem im allgemeinen die einzelnen Stoffteilchen ohne gegenseitigen Zusammenhang sind, findet ein Aneinanderhaften der einzelnen Teilchen bei der Mischung jener festen Stoffe untereinander, oder auch der festen Stoffe mit gewissen Flüssigkeiten statt, bei denen die Mischung **bildsam** wird; ein solches Aneinanderhaften der einzelnen Teilchen kann entweder die Folge des **Klebrigwerdens** des einen oder mehrerer Stoffe der Mischung sein als Folge der Erwärmung — Pech, Guttapercha, Kautschuk usw. —, oder es wird durch einen **Zwischenkörper**; meist durch das Hinzutreten einer Flüssigkeit, bewirkt, welche an den festen Stoffteilchen haftet und sie miteinander verkittet; so stellen die Mehrzahl der bekannten Kitte solche Mischungen von festen Körpern mit Ölen vor, die beim Mischen der Teilchen in den bildsamen Zustand übergehen, und in allergrößtem Umfang wird von dieser Tatsache Gebrauch gemacht bei der Herstellung der Backwaren zur Bereitung des Teiges, sowie in der Tonindustrie beim Anfeuchten des Tons mit Wasser zu einer bildsamen Masse. Dabei ist der zur Erzielung der **Bildsamkeit** erforderliche Flüssigkeitsgehalt je nach der stofflichen Beschaffenheit des Körpers sehr verschieden: während der gewöhnliche Brotteig etwa 40 Proz. Wasser und noch darüber enthalten muß, sinkt der Wassergehalt der Zuckerteige auf die Hälfte dieses Wertes und noch darunter ab; da für die Erreichung des bildsamen Zustandes die Oberflächenkräfte der verwendeten Stoffe eine bestimmende Rolle spielen, ist sowohl die Wahl der Flüssigkeit, welche das Bildsamwerden vermittelt, als auch die Art der zu mischenden Stoffe maßgeblich und eine sehr weitgehende Beeinflussung — Verflüssigung des Tons durch Alkalizusatz! — möglich.

Das Mischen geht dann in den analogen, aber viel komplizierteren Vorgang des **Knetens** über, und die Tatsache, daß über eine gewisse Menge des flüssigen Zwischenmittels hinaus ein weiterer Zusatz desselben die Bildsamkeit wieder absinken läßt und der Herstellung homogener Massen dann besondere Schwierigkeiten bietet, stellt gerade an diese Art von Mischmaschinen, die sog. Knetmaschinen, besonders hohe Anforderungen sowohl hinsichtlich der Erreichung gleichförmiger Zusammensetzung des Mischgutes als auch hinsichtlich des notwendigen Arbeitsaufwandes zufolge der Zähflüssigkeit und dem hohen inneren Widerstand solcher Mischungen.

Aber auch bei dem Vermischen an sich fester Körper können solche Erscheinungen auftreten, wenn dieselben dazu neigen, vor dem Schmelzen einen teigartigen plastischen Zustand zu durchlaufen, wie er z. B. kennzeichnend ist für die Verkokung backender Kohlen.

Die Mischarbeit ist ganz allgemein an weitgehende Ortsveränderungen der Einzelteilchen im Mischgut gebunden; je vielseitiger und öfter sich dieser Platzwechsel der einzelnen Teilchen vollzieht, um so mehr steigt die Wahrscheinlichkeit, eine möglichst vollkommene Durchmischung zu erreichen; die Zeitdauer spielt demnach im Mischprozeß eine sehr große Rolle, und die Innigkeit der erzielten Mischung steigt bei sonst gleichbleibenden Verhältnissen mit zunehmender Dauer der Vermischung, die Leistung einer Mischmaschine kann also nur im Zusammenhang mit der Mischdauer gekennzeichnet werden.

Die ständigen Ortsveränderungen der einzelnen Teilchen der Mischung, welche zur Durchmischung führen, kann eine Folge der Selbstbeweglichkeit dieser Teilchen sein zufolge deren Eigengewicht oder der im Mischgut herrschenden Spannungen — Mischen von Flüssigkeiten und Gasen durch gegenseitige Durchdringung —, oder sie müssen von außen bewirkt werden: den einzelnen Mischungsteilchen muß ständig Bewegung erteilt werden, sie müssen umgewälzt und dadurch zu dauernden Platzveränderungen im Mischgut gezwungen werden: Mischmaschinen im eigentlichen Sinn des Wortes.

2. Mischen.

Die einfachste Form der Vermischung fester Körper ist das **Mischen durch Schütten**: es ist praktisch nur anwendbar auf Mischungen jener Stoffe, deren innerer Zusammenhang gering ist: Mischen loser Haufenwerke bei festen Stoffen, vor allem Mischen der Flüssigkeiten und Gase.

Allgemein anwendbar ist nur das **Rühren**, das dann bei bildsamen Stoffen zum **Kneten** führt.

Während das Mischen kleinerer Mengen von Stoffen fast stets von Hand vorgenommen wird, verwendet man für die Vermischung größerer Mengen stets Mischvorrichtungen, die nach der Art des Arbeitsvorganges unterschieden werden in **Schütt-. und Schleuderwerke**, sowie in **Rühr- und Knetwerke**, zu denen dann noch die **Verreibwerke** hinzutreten, deren Anwendung aber auf ganz bestimmte Einzelgebiete beschränkt bleibt.

Zur Herstellung von Mischungen bestimmten Gehaltes an den zu mischenden Stoffen ist es zunächst notwendig, die Mengen der zur Mischung gelangenden Stoffe einwandfrei bereitzustellen; deren **Abwägung** ist der einzige unbedingt sichere Weg, und für alle Fälle, bei denen es auf unbedingte Genauigkeit ankommt, ist sie daher auch in Anwendung zu bringen. Durch die selbsttätigen Wägeeinrichtungen ist sie auch für ganz große Mengenumsätze — Zementindustrie, Hüttenindustrie — zu einem einfachen und billigen Vorgang geworden. Für die weitaus überwiegende Mehrzahl der Fälle aber, bei welchen es sich ebenfalls um Bewältigung großer Mengen handelt, kann an die Stelle der gewichtsmäßigen Bereitstellung der Bestandteile des Mischgutes auch das **Raummeßverfahren** treten: **Meßrohr, Meßrahmen** und **Teilteller** sind solche vielfach

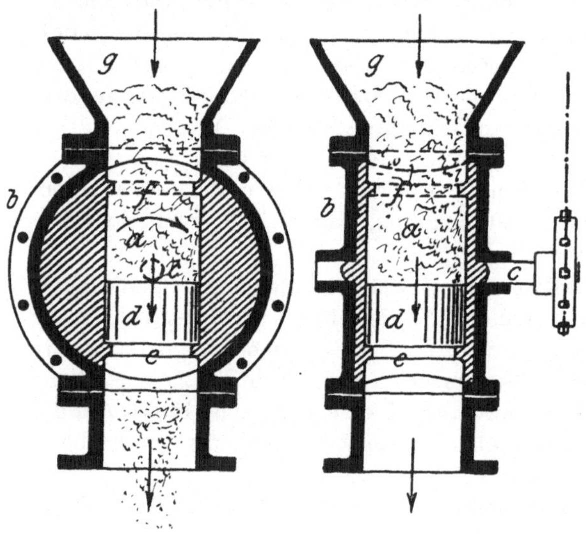

Fig. 111. Meßrohr.

gebräuchliche Vorrichtungen, die hier deswegen ganz kurz besprochen seien, weil ihr Arbeitsprinzip auch sonst vielfach sowohl für die Beschickung als auch für die Entleerung von Apparaten aller Art verwendet wird.

Das **Meßrohr**, Fig. 111, dient insbesondere zur Abteilung von Gasen, Flüssigkeiten und feinpulverigen festen Stoffen und arbeitet nach dem Prinzip der Gasuhr: in ein flachzylindrisches Gehäuse b mit Schüttrichter oder Gasanschluß g ist eine zylindrische Vollscheibe a drehbar um die horizontale Achse c eingebaut, aus welcher der Meßraum a herausgenommen ist; in diesen Meßraum a gleitet selbsttätig ein Stempel d, so zwar, daß bei der in der Figur gegebenen Stellung dieser Stempel auf einer Führung e aufliegt: der über dem Stempel liegende Meßraum füllt sich aus dem Vorratstrichter mit dem Mischgut; bei der Drehung des zylindrischen Innenteils der Vorrichtung im Sinne des Pfeils gelangt d nach oben, schließt das Vorratsgefäß gegen den Meßraum, diesen gleichzeitig nach unten öffnend und entleerend, um bei der nächsten Umdrehung den Vorgang der Füllung des Meßraumes zu wiederholen.

Sollen z. B. zwei Stoffe miteinander in einem bestimmten Verhältnis gemischt werden, so kuppelt man zwei solcher Meßrohre derart, daß sich aus dem Inhalt der beiden Meßräume und der Zahl ihrer Umdrehungen bzw. Entleerungen das gewünschte Verhältnis der zu mengenden Stoffe ergibt. Diese Vorrichtung hat sich z. B. bei der Mischung von Acetylen und Ölglas zur Herstellung eines Heizgases bestimmter Zusammensetzung für die Zugsbeleuchtung bewährt.

Bei der Vermischung fester Körper mit diesen Meßrohren ist der Stauchungsgrad der verschiedenen Stoffe zu berücksichtigen und an Hand von Versuchen erst vorher festzustellen, welche Gewichtsmenge der einzelnen Stoffe jeweils dem Hubvolumen der Vorrichtung entspricht. Ganz allgemein ist diese Art der Mengenabmessung durch Volummessung gebräuchlich bei

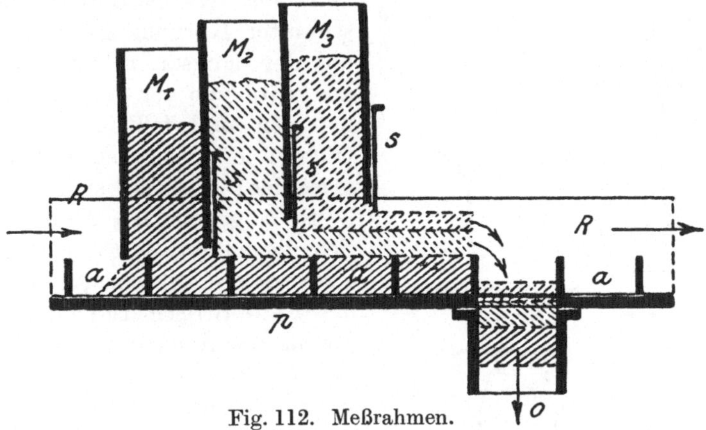

Fig. 112. Meßrahmen.

den verschiedenen Maschinen zur Herstellung von Tabletten, indem auch hier — je nach dem Stauchungsgrad des zu formenden Stoffes und dem gewünschten Gewicht der Tablette — die Füllung der Mattrize vorher durch Versuch eingestellt wird. Daß die Sperrigkeit des aufgegebenen Gutes, das leichtere oder schwerere Nachsinken aus dem Fülltrichter, berücksichtigt werden muß, sei hier nur erwähnt, ebenso, daß für ein gleichmäßiges Nachsinken des Gutes aus dem Fülltrichter für glatte Wände — gegebenenfalls Auskleidung derselben mit Glasplatten — gesorgt werden muß.

Auf dem gleichen Arbeitsprinzip beruht der sog. **Meßrahmen**, der auch als Austragsvorrichtung — **Schiebe-** oder **Wackeltische** im Generatorenbetrieb — verwendet wird: Fig. 112. Bei ihm gleitet ein mit gleich großen Abteilen a versehener Rahmen — Kratzband — auf einer festen Platte p unterhalb der Mischgutsbehälter M_1, M_2 und M_3, deren Zahl beliebig vermehrt werden kann; das aus M_1 austretende Gut bildet eine Schicht ganz bestimmter Höhe auf dem gleitenden Rahmen, deren Höhe und damit Menge je Zeiteinheit bzw. Längenbewegung des Förderbandes genau eingestellt werden kann durch Heben oder Senken des Schiebers s; derselbe Vorgang wiederholt sich bei der Weiterbewegung des Rahmens unter M_2: auch hier tritt eine bestimmte

Menge des in M_2 enthaltenen Mischgutes aus, lagert sich auf das bereits aus M_1 ausgetragene Mischgut, und zwar in einer Höhe, welche auch hier wieder eingestellt wird durch den Schieber s an M_2 usw. Schließlich werden durch die Auswurfsöffnung o gleichmäßig immer jene Mengen von Mischgut aus M_1, M_2 und M_3 ausgetragen, die den Schichtdecken entsprechen, und durch Einstellung derselben ist es dann möglich, stets gleiche Mengen aus M_1, M_2 und M_3 zu entnehmen und dem eigentlichen Mischer zuzuführen. Nach dem gleichen Prinzip arbeitet auch der **Teilteller** von *Jochum* und *Ehrhardt*, dessen Arbeitsweise der Fig. 113 ohne weiteres zu entnehmen ist: aus dem Speiserumpf E tritt das Mischgut unter Einstellung des Böschungswinkels, der für bestimmte Stoffe bestimmter Körnung gleichbleibend ist, auf den langsam rotierenden Teller a aus, wird von der Streichleiste b abgenommen und fällt durch den Fangtrichter c in die eigentliche Mischmaschine; je mehr sich die Streichleiste b gegen den Mittelpunkt der Scheibe nähert, desto mehr Stoff wird abgestrichen, gleichzeitig wird durch die zweite Streichleiste d die Menge des jeweils aus E austretenden Gutes festgelegt; durch das Nebeneinanderstellen mehrerer solcher Teilapparate können dem Mischer dann dauernd ganz bestimmte Mengen der einzelnen Bestandteile des Mischgutes zugeführt werden.

Die einfachste Form des Mischens ist die von Hand; Gemenge fester Stoffe werden auf einer reinen Unterlage wiederholt durchgeschaufelt; zur Erzielung richtiger Durchmischung ist es notwendig, ziemlich einheitliche Korngrößen zu verwenden. Die Bemusterung von Kohle wird in dieser Weise vorgenommen, um aus einer großen Menge zunächst eine kleinere Menge abzusondern, welche dann der weiteren Vermischung bzw. Vermahlung zugeführt werden kann.

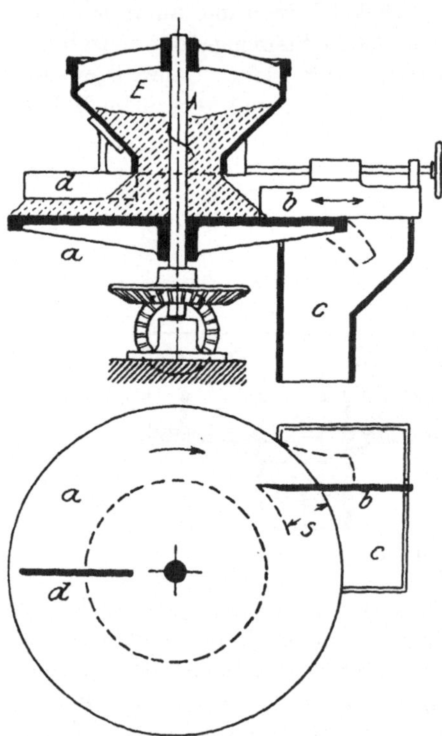

Fig. 113. Teilteller.

Für die Vermischung von Flüssigkeiten werden Rührstäbe, Quirle, Rührscheiben und Rührstangen verwendet; während man im Laboratorium gewöhnlich Glasstäbe verwendet, benützt die Technik entsprechend gebaute Rührvorrichtungen aus Holz.

Von den verschiedenen Formen der **Mischmaschinen** seien hier zunächst die auf dem Prinzip des freien Falles arbeitenden kurz besprochen, die in allergrößtem Umfang für die Lagerung des Getreides und des Getreidemehles angewendet werden; soweit bei diesen Maschinen bewegte Teile — wie Förderschnecken usw. — vorhanden sind, dienen sie lediglich der gleichmäßigen Zufuhr und Verteilung des Mischgutes, nicht aber der Vermischung selbst.

Fig. 114 zeigt eine solche **Mehlmischmaschine**; die zu mischenden Mehlsorten werden dem Aufgabetrichter E zugeführt und durch die Förderschnecke e im

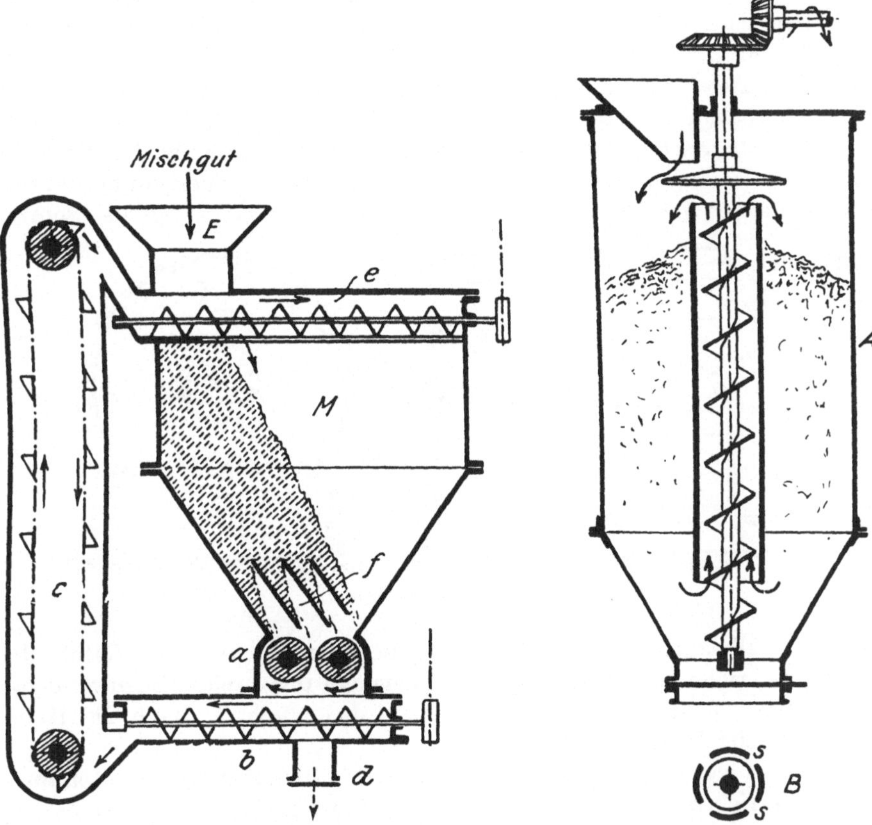

Fig. 114. Mehlmischmaschine.

Fig. 115.
Silozelle mit Mittelrohr.

Mehlbehälter M schichtenweise gelagert; nach der Füllung des Behälters führen zwei in den Auslauf von M eingebaute und gleichsinnig laufende Walzen a das Mischgut einer zweiten Förderschnecke b zu, worauf dasselbe durch das Becherwerk c hoch gehoben und neuerlich der Schnecke e zugeführt und wieder in den Mehlbehälter M abgeworfen wird; f sind dann Leitplatten, welche die Walze a vor Überlastung schützen. Der Kraftbedarf der Vorrichtung ist gering und gestattet bei noch nicht 1 PS die Durchmischung von etwa 5000 kg Mehl in der Stunde.

Vielfach empfiehlt es sich, den Mischvorgang durch eine in den Mischraum eingebaute Förderschnecke zu unterstützen: Fig. 115 zeigt eine solche **Silozelle mit Mittelrohr**, deren Wirkungsweise ohne weiteres klar ist.

Eine besondere Gruppe der Schüttwerke zum Mischen von fein- und grob-
körnigem, auch stückigem Mischgut bilden die **Mischtrommeln**; es sind dies
zylindrische oder kegelförmige drehbare Gehäuse, die im Innern Hebeleisten
oder Hebschaufeln besitzen, welche beim Umlauf der Mischtrommeln das
eingetragene Mischgut anheben, mitnehmen und immer wiederholend sich
überstürzend zurückfallen lassen. Fig. 116 läßt Einrichtung und Arbeitsweise einer solchen Mischtrommel erkennen: das Mischgut wird der Trommel
durch den Fülltrichter a, welcher in die Stirnwand der Trommel dicht eingesetzt ist, zugeführt; die Trommel trägt an der Innenseite kleine Hebeleisten oder Schaufeln c, die das aufgegebene Mischgut schöpfen, es mitnehmen
und bei der Erreichung der Hochlage durch die Umdrehung der Trommel
herabfallen lassen, wobei das herabfallende Mischgut einen durch schräg-
gestellte Platten gebildeten Rost d durchläuft, der es — zufolge der Schräg-

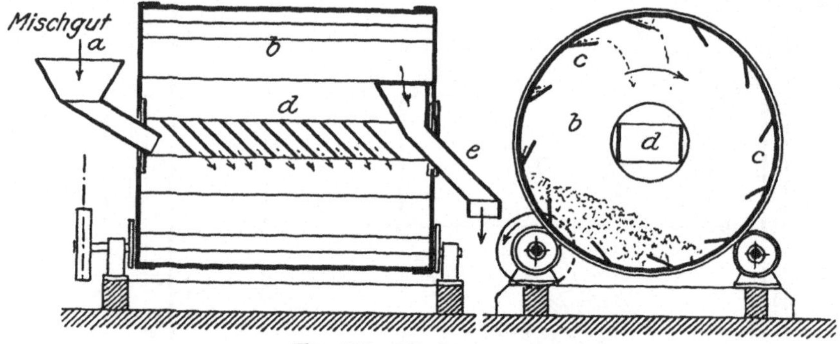

Fig. 116. Mischtrommel.

stellung — allmählich gegen das Austragende der Mischtrommel leitet: das
Ausbringen erfolgt durch das Rohr e, welches an der zweiten Stirnwand der
Mischtrommel dicht eingesetzt ist, und dem das Mischgut durch die Hebe-
schaufeln c zugeführt wird.

Nach dem gleichen Prinzip der Schütt- und Schleuderwerke arbeiten auch
ähnliche Vorrichtungen, die zum Mischen von Flüssigkeiten mit Gasen dienen:
Fig. 117 zeigt eine für die Absättigung von Kalkbrei mit Chlorgas vorgeschla-
gene derartige **Mischvorrichtung zur Chlorkalkerzeugung**. In einem Gas und
Flüssigkeit enthaltenden geschlossenen zylindrischen Gefäß mit horizontal
gelagerter Welle befindet sich ein langsam umlaufendes Schöpfrad b; dieses
hebt die Flüssigkeit mit den einzelnen Schöpfkellen hoch und läßt sie beim
Ausfließen der Schöpfkellen wieder allmählich niederfallen; gleichzeitig tritt
aber bei der hier gegebenen Ausführung mit taschenartigen Schöpfkellen
noch eine zweite Wirkung dadurch hinzu, daß die mit dem Gas gefüllte Kelle
bei der Bewegung im angegebenen Sinn langsam das mitgenommene Gas
in die Flüssigkeit austreten und diese durchstreichen läßt, wie dies aus der
Schaufelstellung d ohne weiteres ersichtlich ist.

Wird bei den Schüttwerken, die bisher besprochen wurden, die Mischung
in erster Linie durch die Schwerkraft bewirkt, so tritt bei den sog. **Schleuder-**

maschinen für **Mischzwecke** an Stelle derselben die Fliehkraft und gestattet eine wesentlich weitergehende Durchmischung der einzelnen Teilchen des Mischgutes: alle diese Bauarten greifen auf die früher besprochenen Schleudermühlen zurück, die auch für diesen Zweck benutzt werden können. Eine solche Ausführungsform zeigt der in Fig. 118 wiedergegebene **Formsandmischer**, der in der chemischen Industrie zum Mischen von Farben, Erden usw. verwendet wird; die Korbscheibe a liegt meist horizontal und trägt eine oder mehrere Reihen aufwärts stehender Stifte a; das vorgemengte Mischgut wird der Vorrichtung durch den Trichter B zugeführt — in manchen Fällen, so z. B. in der Mühlenindustrie, wird die Mischvorrichtung direkt an den Boden des Vorratsgefäßes angeschlossen — und von den sehr rasch laufenden Stiften durcheinandergeworfen, in dem die Scheibe umgebenden Gehäuse c gesammelt und durch einen an die Scheibe angesetzten Mitnehmer zum Auswerfen gebracht.

Von wesentlich höherer Bedeutung als für die Vermischung fester Stoffe sind die Schleudermischer aber für die Vermischung von Flüssigkeiten und von Gasen; eine Form der Anordnung zur **Absättigung von Flüssigkeiten mit Gasen** zeigt die Fig. 119, nach welcher das Gas der durch die Pumpe gebildeten unter Druck stehenden Flüssigkeitsscheibe zugeführt wird (vgl. hierzu das über die Pumpen Gesagte). Flüssigkeiten, die unter Druck stehen, lassen sich auch unter Benutzung ihrer Spannung in sehr einfacher und wirkungsvoller Weise mischen, wenn man sie mit Hilfe von Zerstäubern in sehr feinen Flüssigkeitsstaub auflöst und die austretenden Staubstrahlen kreuzt: die in den Schwefelsäurefabriken benützten **Mischdüsen** arbeiten nach diesem Prinzip, nach welchem — siehe Fig. 120 — ein aus der Mitteldüse a austretender Dampfstrahl durch die Düsen b und c die nitrosen Gase und die schwefelige Säure ansaugt und durch Verstäuben die innige Vermischung bewirkt; dabei werden, wie

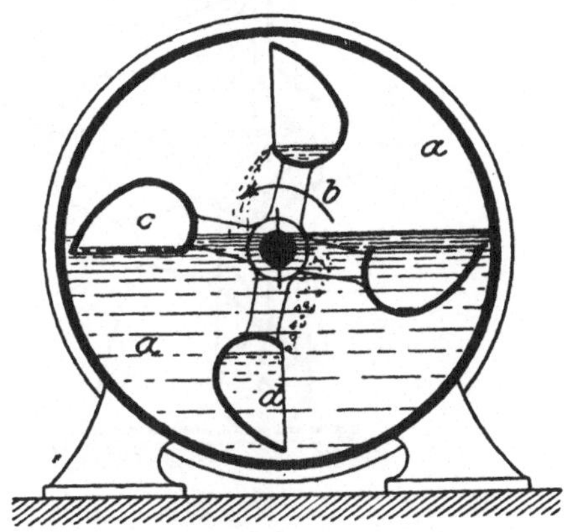

Fig. 117.
Mischer für Gase und Flüssigkeiten.

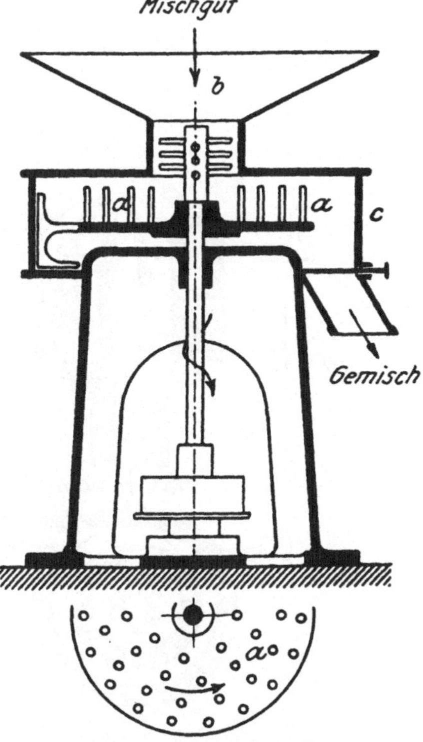

Fig. 118. Formsandmischer.

der Grundriß der Figur erkennen läßt, die zu mischenden Gase tangential
angesogen, um durch die dadurch bewirkte Fliehkraftwirkung die Vermischung

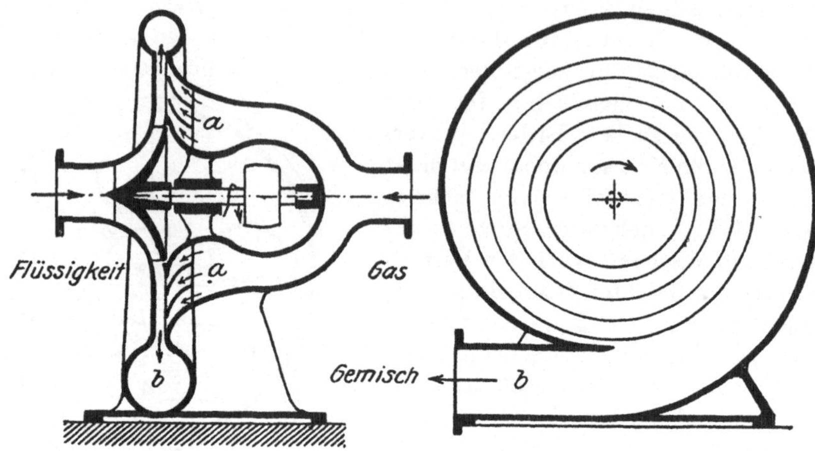

Fig. 119. Schleuderpumpe für flüssige Gemische.

noch zu unterstützen. Nach dem gleichen Prinzip arbeiten eine ganze Reihe
von Gas- und Ölbrennern, bzw in neuester Zeit auch Brennstaubbrennern
für die Verfeuerung feinver-
mahlener Kohle in der Kohlenstaubfeuerung, um Brennstoff und Verbrennungsluft
möglichst innig zur Durchmischung zu bringen.

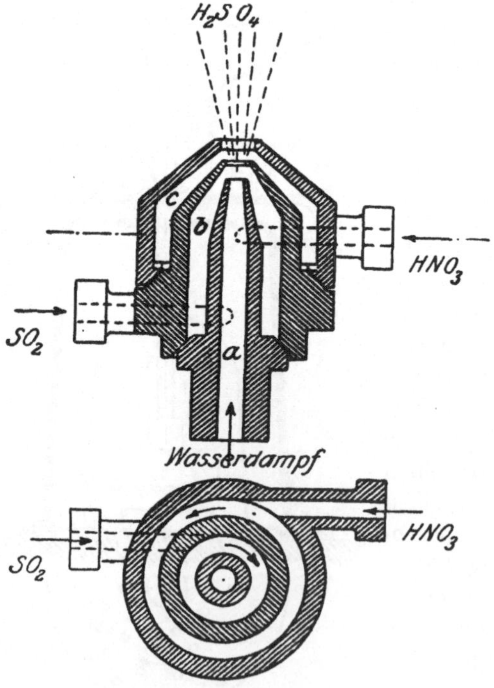

Fig. 120. Strahlmischer.

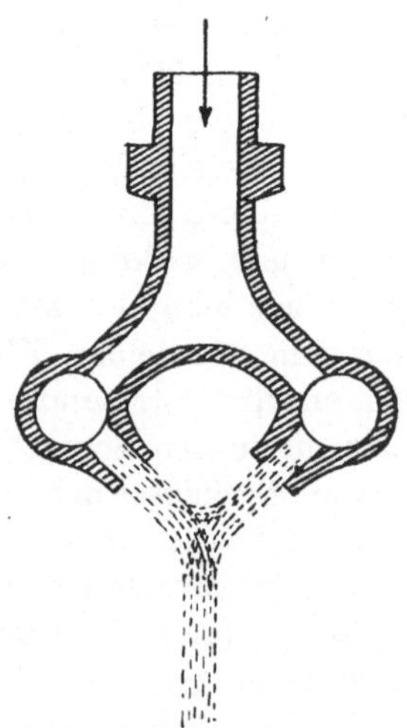

Fig. 121. Prallstrahlmischer.

Eine weitere Form der Strahlmischer ist der **Prallstrahlmischer**, bei welchem — vgl. Fig. 121 — die unter Druck austretenden Gase oder Flüssigkeiten so gegeneinander geleitet werden, daß eine sehr rasche und innige Durchmischung gewährleistet ist.

War bei den bisher besprochenen Mischvorrichtungen die Eigenenergie der zu mischenden Bestandteile maßgeblich, so gelangen wir zu der zweiten großen Gruppe von Mischvorrichtungen beim Übergang zu jenen technischen Prozessen, bei welchen es die Aufgabe einer Maschine ist, der sog. Mischmaschine, die zur Durchmischung notwendigen ständigen Ortsbewegungen der einzelnen Teilchen unmittelbar herbeizuführen.

3. Die Rührwerke.

Das einfachste und in der Technik in allergrößtem Maßstabe gebräuchliche Mittel zum Vermischen von Flüssigkeiten ist das **Einblasen eines Luft- oder Dampfstrahles** in die zu mischenden Flüssigkeiten; es ist um so bequemer, als es gleichzeitig neben der Vermischung auch die Durchführung chemischer Prozesse ermöglicht, so z. B. das Verblasen des Leinöls in Linoleumfabriken, das Bessemern des Eisens, die Absorption schwefliger Säure in der Fabrikation der Sulfite, das Verblasen und gleichzeitige Oxydieren von Pech, von Paraffin usw.

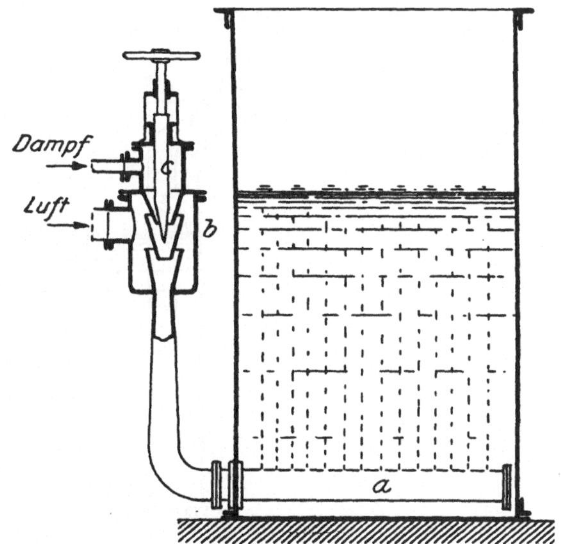

Fig. 122. Druckluftrührer.

In gleicher Weise dient auch manchmal der zum Erwärmen bzw. auch zur Durchführung bestimmter Reaktioenen verwendete Dampf — Fettspaltung — gleichzeitig auch zum Durchrühren des Reaktionsgemisches. Um die Wirkung des eingeblasenen Dampfes oder Gases möglichst intensiv zu gestalten, zerlegt man den Dampf- bzw. Gasstrom in eine große Anzahl von Einzelströmen und verwendet dazu sog. **Rührgebläse**, bei welchen das Fördermittel — Dampf, Luft, Gas — durch zahlreiche Löcher in einem Rohrsystem oder durch Siebplatten am Boden des Gefäßes in das zu rührende Flüssigkeitsgemisch übertritt. Eine solche Form der Druckluftrührung ist in Fig. 122 wiedergegeben: Unter dem Widerstand der zu rührenden Flüssigkeit löst sich der Gasstrom in einzelne Blasen auf, die im Aufsteigen zufolge des abnehmenden hydrostatischen Druckes in der Flüssigkeit immer größer werden und an der Oberfläche zerplatzen. Der anzuwendende Flüssigkeitsdruck hängt von der Höhe der Flüssigkeitssäule, der Dichte und dem Zähigkeits-

grad der Rührflüssigkeit ab. Er bewegt sich im allgemeinen um Werte von
etwa $^1/_3$ Atm, kann aber in einzelnen Fällen auch erheblich höher ansteigen: Bessemern, Verblasen von Pech und heißem Teer usw.

Das Durchrühren kann sowohl mit **Druckluft** — bei offenen Gefäßen —
als auch mit **Saugluft** erfolgen; in letzterem Falle — Fig. 123 — wird das
geschlossene Sauggefäß entweder an eine Vakuumleitung angeschlossen oder
aber selbständig mit Hilfe eines Dampfstrahlgebläses unter Unterdruck gesetzt, um die entweichenden Luftmengen ständig abzusaugen. Eine besondere Ausführung hat diese Form der Durchmischung in der Fettindustrie
gefunden, in welcher der zur Aufspaltung der Fette verwendete hochgespannte

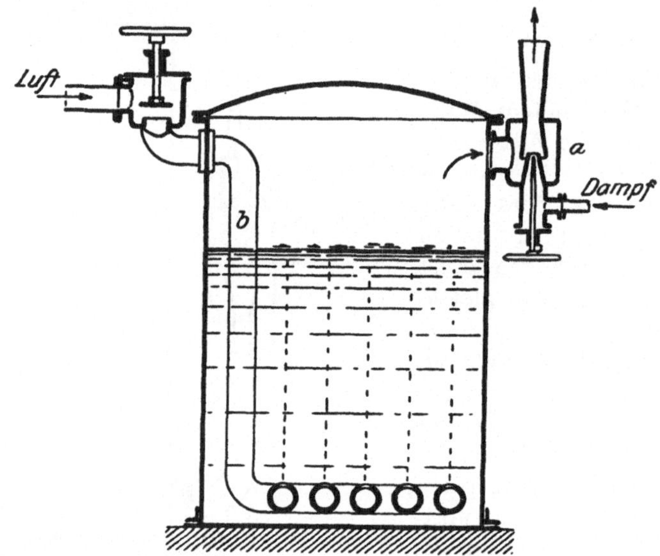

Fig. 123. Saugluftrührer.

Dampf gleichzeitig auch das Durchmischen von Fett, Wasser, Alkali zu
besorgen hat, wozu der sog. **Umlaufmischer** verwendet wird: seine Wirkungsweise ist der Fig. 124 zu entnehmen.

Ist mit der Durchrührung auch eine Erwärmung der zu mischenden Flüssigkeiten erwünscht, wie im zuletzt besprochenen Fall, so verwendet man ganz
allgemein an Stelle von Luft oder Gas Dampf, der in das Flüssigkeitsgemisch
eingeblasen wird; zu berücksichtigen ist aber, daß bei wässerigen Flüssigkeiten dadurch eine Vermehrung des Flüssigkeitsvolumens zufolge der Kondensation des eingeblasenen Dampfes eintritt. Ein recht fühlbarer Übelstand
aller dieser Anordnungen ist das störende Geräusch beim Eintritt des Dampfes
in die Flüssigkeit; eine Reihe von Bauarten sind zur Behebung dieser Unzulänglichkeit vorgeschlagen worden, am besten beseitigt es noch der Wasseranwärmer nach *Thalemann* der Gebr. Körting A.-G. in Hannover, bei welchem
dem Dampfstrahl eine kleine Menge Luft beigemischt wird, wodurch die

schlagartige Kondensation des Wasserdampfes und damit auch das störende Knattern vermieden oder doch stark verringert werden kann.

So vielseitig die Anwendungsmöglichkeiten des Durchmischens mit Hilfe von Dampf oder Gasen auch sein mögen, die weitaus **wichtigste Form der Vermischung ist die durch mechanische Rührwerke**, bei welchen in einem Rührgefäß, dessen Form und Inhalt innerhalb weitester Grenzen gewählt werden kann, ein Rührer oder Rührquirl in Umdrehung versetzt wird. Dieser Rührer besteht fast stets aus einem System von zylindrischen Stäben oder platten Leisten, die zu Gittern oder Rahmen auf einer zentralen Welle angeordnet sind, wobei diese Welle sowohl horizontal als auch — und das ist die allgemeinere Anordnung — vertikal in das Rührgefäß eingebaut ist. Bei Anordnung vertikaler Rührwellen wird die Notwendigkeit von Stopfbüchsen vermieden, wie sie bei horizontaler Lagerung der Rührwellen in dem mit Flüssigkeit erfüllten Teil der Rührwerke notwendig sind; Stopfbüchsen unter Flüssigkeit sind aber als Gefahr von Undichtigkeiten nach Möglichkeit zu vermeiden! Hierher gehören zunächst die sog. **Schlämmaschinen** zum Aufschließen von Ton und Kalk; eine wasserdichte zylindrische Grube nimmt das aus Ton und Wasser bestehende Mischgut auf; in diese Grube eingebaut ist ein Rührwerk auf einer vertikal oben bei c und unten bei b gelagerten Welle, deren Antrieb von einer horizontalen Antriebswellse über zwei Kegelräder f und g vorgenommen wird. An der Rührerwelle ist ein Querarm befestigt und mittels der beiden Hängestangen d versteift, welcher an Ketten die beiden Schlepprechen e trägt, die beim Umlauf der Rührerwelle das Mischgut durchstreichen und es dann schließlich in den dünnen Tonbrei verwandeln, welcher stetig oder fallweise aus dem Schlammwerke

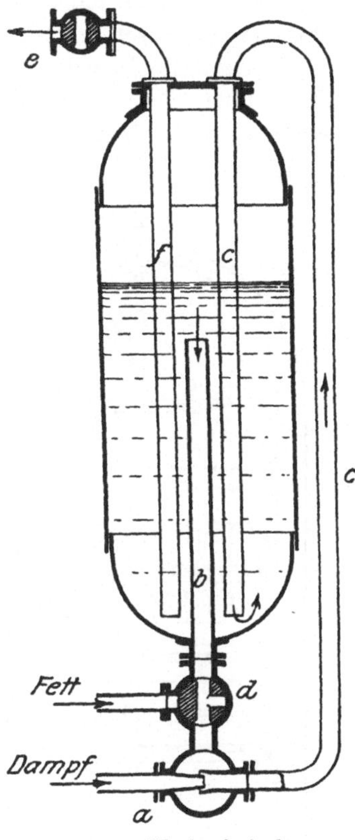

Fig. 124. Umlaufmischer.

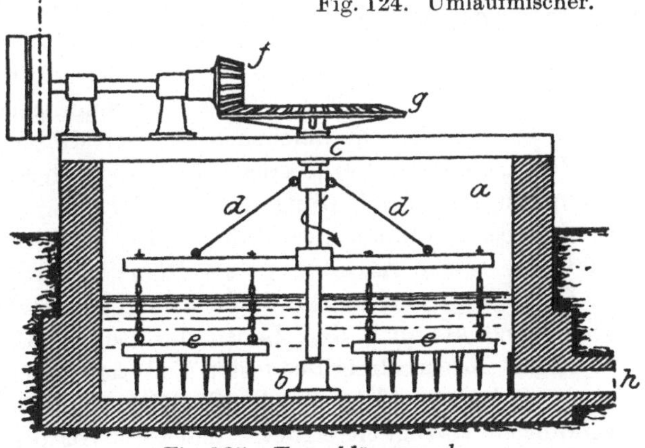

Fig. 125. Tonschlämmwerk.

abgezogen wird, während die gröberen Fremdkörper am Boden desselben liegen
bleiben (vgl. Fig. 125). Durch Absitzenlassen des dünnen Tonschlammes in
Klärgruben wird nach dem Abziehen des überstehenden Wassers ein Ton
von der gewünschten Bildsamkeit gewonnen.

Das gleiche Prinzip ist in einer Unzahl von Ausführungsformen in der
chemischen Technik in Verwendung; soll Eisen als Baustoff ausgeschaltet
werden, wie z. B. bei der Darstellung der essigsauren Tonerde, bei der Umsetzung von Bariumsuperoxyd mit Schwefelsäure zu Wasserstoffsuperoxyd,
bei der Umsetzung von Lauge mit SO_2 zu Sulfiten usw., so verwendet man
Holz- oder verbleite Holz- oder auch Eisengefäße und baut die Rührvorrichtung entweder auch aus Holz, wenn dessen chemische Zerstörung nicht zu
befürchten ist, oder aus Holz mit Blei ummantelt oder schließlich für stärkere Beanspruchungen aus Eisen mit homogener Bleiverkleidung. Die Ver-
zapfung der Holzbestandteile findet dann entweder mit Holz oder mit
Rotguß statt; die Bauelemente des Rührers bleiben stets die gleichen
— Vierkantstäbe, flache Leisten —, zur Erhöhung der Rührleistung werden
vielfach „Brecher" eingebaut, indem man in das zylindrische Rührgefäß
flache Holzleisten am Rande so einbaut, daß sie ein Brechen der Strömung
und eine Durchwirbelung des umlaufenden Mischgutes bewirken und dadurch
die Durchmischung beschleunigen und inniger gestalten.

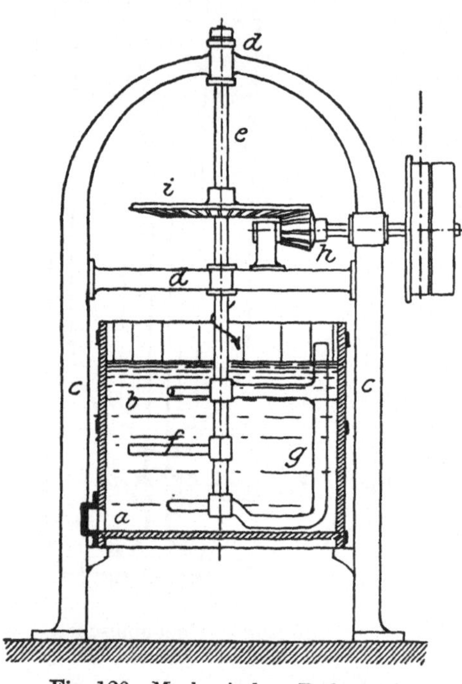

Fig. 126. Mechanischer Rührquirl.

In allen Fällen, in welchen neben der Flüssigkeit auch feste Stoffe vorhanden sind oder im Verlauf der Umsetzung sich ausscheiden, ist es dann zweckmäßig, die Rührvorrichtung so zu wählen, daß ein Absetzen am Boden oder
an den Seitenwänden des Rührgefäßes vermieden werden kann: Fig. 126
zeigt eine solche Anordnung: als Rührvorrichtung dienen drei sternförmig
im Gefäß angeordnete Rührstäbe *f*, und ein Rahmen *g*, welcher sowohl die
Seitenwand als auch den Boden des Rührgefäßes bestreicht und zu einer
ständigen Aufwirbelung des festen Teils der Mischung führt. In diesem Falle
ist der Bottich aus Eichenholz gebaut, das sich für eine ganze Reihe von Verwendungen vorzüglich eignet, wenn es zuvor durch längeres Auslaugen von
der Gerbsäure befreit wurde, die sonst Verunreinigungen des Mischgutes
herbeiführen kann. Fig. 127 zeigt eine weitere Ausführungsform, und zwar
einen **Sulfurierungskessel**, wie er in der Türkischrotölerzeugung verwendet

wird: um ein Absitzen der schweren anhydritischen Säure am Boden zu verhindern, sitzen am unteren Ende der Rührwelle durchlochte Platten, welche
dicht entlang dem geheizten halbkugeligen Boden des Rührgefäßes streichen
und dadurch die Säure in Bewegung erhalten bzw. im Verein mit den weiter
oben angeordneten Rührarmen a immer wieder heben und durch die ganze
Masse hindurchdrücken: um dies zu erreichen, sind die Rührarme a aus flachen
Stäben gebildet — in der Figur sind nur zwei dieser vier Rührarme zu sehen,
die beiden anderen aber angedeutet — und so angeordnet, daß ihre Ober-

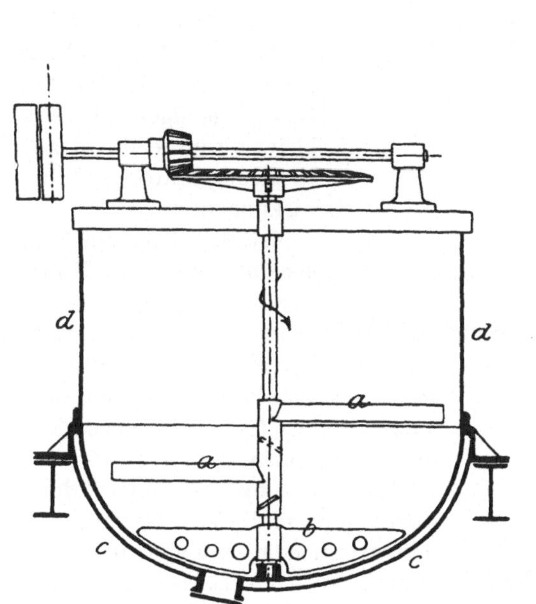

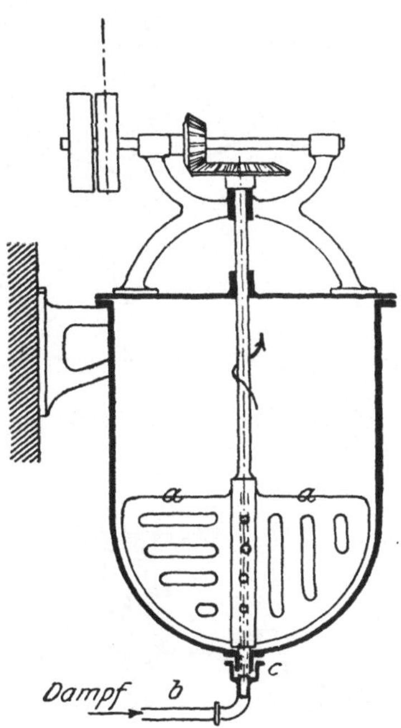

Fig. 127. Sulfuriermaschine.   Fig. 128. Stärkekocher.

flächen eine rechtsgängige Schraube bilden und beim Umlauf eine Bewegung von unten nach oben in der ganzen Masse unterhalten. Als Baustoff
kommen in diesem Falle nur säurebeständige Stoffe, also verbleite Eisengefäße oder emaillierte bzw. vernickelte Gefäße oder für kleinere Ausführungen auch Gefäße aus Steingut mit Steingutrührern, in Betracht.

Eine weitere Ausführung ist der **Stärkekocher**, wie er in Fig. 128 wiedergegeben ist: der großflächige Rührer ist einmal mit Horizontalschlitzen und
in der zweiten Hälfte mit Vertikalschlitzen versehen und streicht dicht an
den Gefäßwandungen vorbei; dadurch wird eine kräftige Durchrührung bewirkt, die noch dadurch unterstützt wird, daß der zum Kochen notwendige
direkte Dampf mit Hilfe einer sinnreichen Konstruktion durch die hohle
Rührerwelle eingeführt wird und durch zahlreiche kleine Löcher in die Flüssigkeit übertritt, also ebenfalls rührend wirkt.

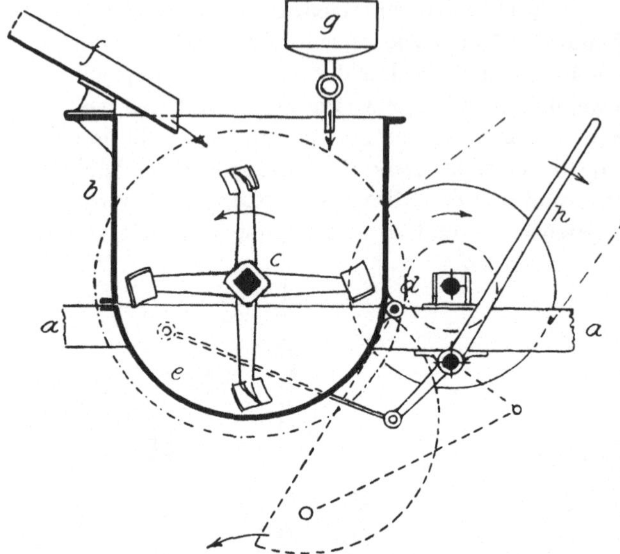

Fig. 129. Mischer für Teermakadam.

An Stelle der beschriebenen Rührstäbe können unter starker Steigerung der Umlaufzahl des Rührers auch kleine **Propellerflügel** treten, und zwar sowohl am Ende der Rührerwelle angeordnet, als auch in der Mitte oder schließlich unter Anordnung einer ganzen Reihe solcher Propellerflügel auf einer langen Rührwelle. Dann genügen bereits kleine Propellerflügel **zur Erzielung kräftiger Rührwirkungen.**

Ist die allgemeine **Art der Aufstellung** von Rührwerken auch die stehende Anordnung der Rührwelle — Vermeidung von Dichtungen bei der Einführung der Rührwelle —, so verlangen andererseits eine Reihe von Behandlungsarten die **Anordnung horizontal laufender Wellen** für die Rührvorrichtung; zweckmäßig erscheint eine solche Anordnung besonders dort, wo es sich um die Vermischung von sich trennenden Flüssigkeiten verschiedenen spezifischen Gewichtes handelt — Buttermaschine —, wo also ein gewisses Schlagen des Vermischungsgutes stattfinden soll; weiters in allen jenen Fällen, in welchen das zu mischende Material in verhältnismäßig dünner Schicht verarbeitet werden soll und gegebenenfalls gleichzeitig auch noch erwärmt werden muß; Fig. 129 zeigt eine solche für **Teermakadam bestimmte Mischvorrichtung.** In dem halbzylindrischen oben offenen Trog aus Gußeisen zur Vermischung von Teer und Steinschlag befindet sich die horizontal angeordnete Rührwelle c; auf ihr sind eine größere Anzahl von

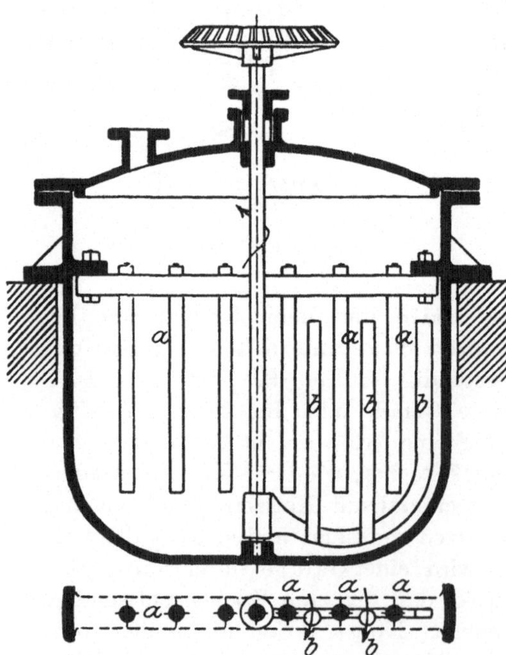

Fig. 130. Mischer mit Stoßleisten.

Rührschaufeln angeordnet, welche schräg zur Umlaufrichtung stehen, abwechselnd nach links und nach rechts gewendet, so daß das Material zwar umgewendet und durchgemischt, aber nicht nach der einen oder anderen Seite des Mischtroges fortgeschafft wird. Hier wie ganz allgemein bei der Verwendung dickflüssigen Mischgutes tritt das Bestreben desselben, „mitzulaufen‟, der gewünschten Durchmischung störend entgegen; schon das übliche Rühren von Flüssigkeiten, dadurch, daß ein Rührstab — ein Löffel in der Schale — nach der gleichen Richtung im Mischgut bewegt wird, erreicht nur unzulängliche Vermischung, da sehr bald das ganze Mischgut in gleichmäßigen Umlauf gerät, eine Durchmischung desselben also nicht stattfinden kann. Man rührt dann eben nicht nach einer Richtung — also z. B. im Sinne des Uhrzeigers —, sondern wechselt in kurzen Abständen die Richtung, wodurch eine kräftige Durchwirbelung und innige Vermischung der Flüssigkeit erreicht wird. Und man arbeitet nach dem gleichen Prinzip im großen dadurch, daß, wie bereits bei den Rührbottichen erwähnt wurde, an den Seitenwandungen Leisten als Wellenbrecher eingebaut werden. Fig. 130 zeigt ein **Mischgefäß mit eingebauten Stoßleisten** *a*, die fest eingebaut sind: die Wirkung ist die gleiche wie bei den an den Wandungen des Rührgefäßes angebrachten Wellenbrechern, nur noch intensiver, da nicht allein ein Brechen der anströmenden Flüssigkeit stattfindet, sondern die zwischen den Stoßleisten hindurchstreichenden Rührstäbe *b* gleichzeitig eine starke Durchwirbelung des Rührgutes sicherstellen.

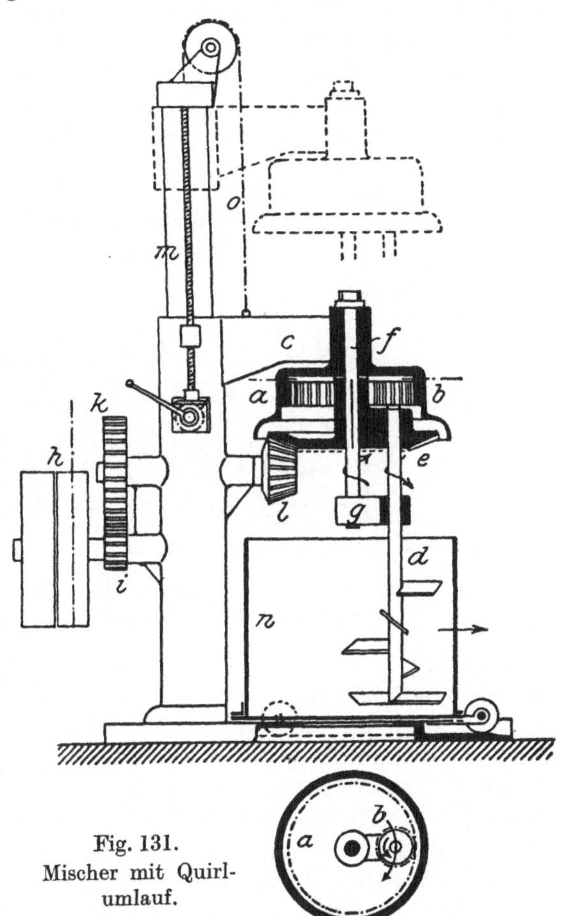

Fig. 131.
Mischer mit Quirlumlauf.

Eine weitere Möglichkeit, das Mitlaufen des Mischgutes mit der Rührvorrichtung zu verhindern und eine intensive Durchmischung zu sichern, ist noch dadurch gegeben, daß man den **Rührer exzentrisch im Rührgefäß** anordnet; in Fig. 131 ist eine solche von der bekannten Firma Werner & Pfleiderer

ausgeführte Bauart dargestellt, bei welcher der mit Propellerflügeln versehene rasch umlaufende Rührer eine doppelte Bewegung ausführt, indem
er zunächst ziemlich rasch um seine Achse sich dreht, gleichzeitig aber durch
das in der Abbildung angedeutete Zahngetriebe zum Umlauf im Kreise
im Mischgefäß gezwungen wird, also eine Bewegung ausführt, die ähnlich
der der Planeten um die Sonne ist: einmal Drehung um einen zentralen Mittelpunkt — um die Vertikalachse des Mischgefäßes —, gleichzeitig aber auch
Drehung um die eigene Achse des Rührstabes; große derartige Mischgefäße
mit Durchmessern von 6 m und darüber verwenden zwei oder vier solcher
einzelner Rührer, welche zwangsläufig sowohl um die Achse des Rührstabes,
als auch gleichzeitig um die vertikale Mittelachse des Rührgefäßes laufen.

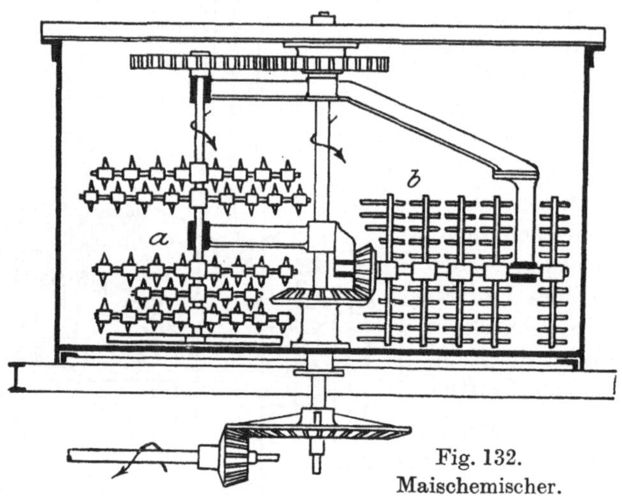

Fig. 132.
Maischemischer.

Man verwendet derartige sehr intensiv arbeitende Rühr- und Mischvorrichtungen z. B. in der Industrie der Sulfite und Bisulfite oder auch zur Herstellung von Chlor durch Behandeln gesättigter Chlormagnesiumlauge mit Magne-
siumoxyd, zum Absättigen von sauren Laugen mit Soda, wo schon im Hinblick auf die entstehende CO_2 und das eintretende Schäumen solcher Lösungen
eine möglichst rasche und gründliche Durchrührung zur CO_2-Entfernung
erwünscht ist. Die Heizung der Flüssigkeit wird in derartigen Fällen dadurch bewirkt, daß lange Heizschlangen unmittelbar an den Wandungen
des Rührgefäßes verlegt werden.

Die Anwendung solcher **Planetenrührwerke** gestattet die Anordnung von
Rührern in den verschiedensten Verhältnissen, insbesondere auch die **Vereinigung
mehrerer solcher Rührsysteme** bei ganz großen Rührgefäßen — Mischen der
Biermaische in den Bierbrauereien in Maischegefäßen von 6 cbm Inhalt und
noch mehr, Darstellung von schwefligsauren Salzen usw. —, wobei zur Erhöhung
der Rührwirkung gegebenenfalls auch eins der beiden Planetenrührwerke mit
horizontaler, das zweite mit vertikaler Hauptwelle eingebaut werden kann,
wie dies bei der in Fig. 132 dargestellten Maischmischmaschine der Fall ist.

Derartige Anordnungen bewirken auch bei schwer mischbarem Mischgut eine gute Durchrührung, also auch bei Mischgut mit hohem inneren Widerstand; sobald die Zähigkeit des Mischgutes aber eine gewisse Höhe erreicht, werden die zur Durchmischung notwendigen Kräfte derartig groß, daß zwar das Prinzip dieser Mischvorrichtungen beibehalten werden kann, seine Durchführung aber eben unter Berücksichtigung der zu übertragenden großen Kräfte zwangsläufig zum Bau kleinerer Vorrichtungen gezwungen wird; die Verkürzung der Propellerflügel und deren starke Dimensionierung führt zur

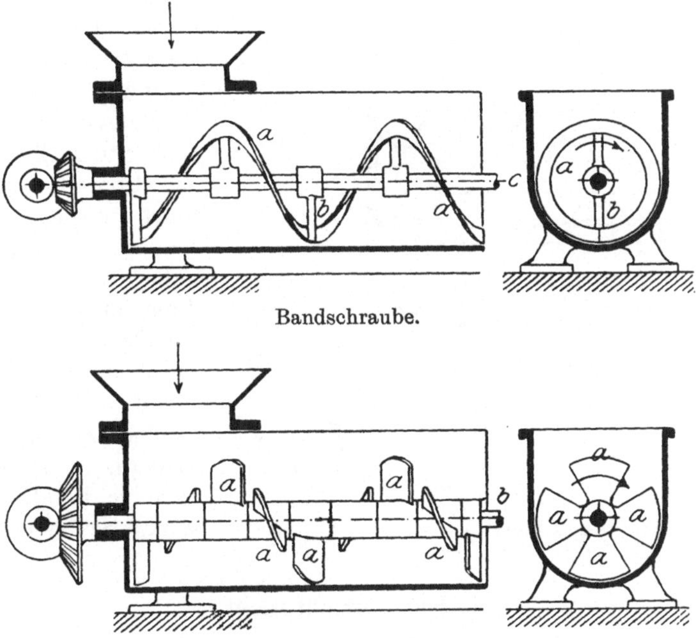

Bandschraube.

Fig. 133. Rührschraube.

Ausbildung von **Schraubenflächen,** wie sie für die Durchmischung von Mischgütern mit hohem inneren Widerstand, also für das **Kneten,** typisch sind. Gleichzeitig wird das weiter oben bereits besprochene Prinzip der Anwendung des Mischgutes in verhältnismäßig dünner Schicht — vgl. Fig. 129: Mischer für Teermakadam — angewendet: Fig. 133 zeigt die beiden wichtigsten Formen der Durchbildung solcher Mischmaschinen, die **Rührschraube** und die **Bandschraube;** im ersten Fall sind die einzelnen Rührflügel a auf einer eisernen Welle so hintereinander aufgereiht, daß sie einen Schraubengang bilden, im zweiten Falle besteht dieser Schraubengang aus einem schmalen Eisenband a, welches durch radial gestellte Stützen b fest mit der Welle verbunden ist. Die Mischwirkung solcher Anordnungen, die auch für trockenes Mischgut verwendet werden, ist verhältnismäßig gering, und um zu guter Durchmischung zu gelangen, ist es notwendig, das Mischgut längere Zeit in der Mischmaschine zu belassen oder aber — und diese Form liegt bei der

ganzen Bau- und Wirkungsweise der Maschine am nächsten — entweder die
Länge der Mischschnecke zu vergrößern oder eine Reihe solcher Mischschnecken
hintereinander bzw. übereinander anzuordnen wie bei Fig. 134, nach welcher
das Mischgut — hier Kalk, der zur Absättigung mit Chlorgas zu Chlorkalk
gelangen soll — nach dem Durchlaufen der ersten Schnecken unter dem
Eigengewicht in eine zweite im entgegengesetzten Sinn laufende Mischschnecke
abfällt, von dieser in gleicher Weise in eine dritte und vierte Schnecke gelangt,

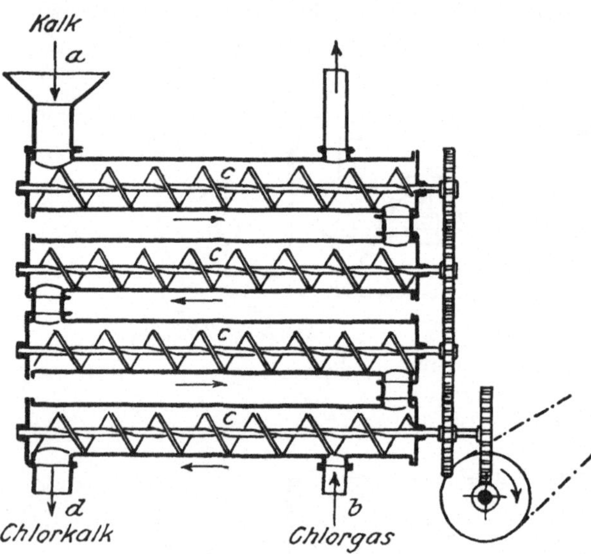

Fig. 134. Chlorkalkmischer.

um schließlich bei *d* die Mischvorrichtung zu verlassen. Die **Mischvorrichtung** dient hier **zur Absättigung des festen Kalkes mit Chlorgas,** wobei letzteres bei *b* eintritt, Kalk und Chlorgas also im Gegenstrom geführt werden. Derartige Mischvorrichtungen finden industriell starke Anwendung auch besonders bei der Denaturierung des gewerblich verwendeten Salzes, d. h. bei dessen Ungenießbarmachung durch besondere Zuschläge wie Mennige, Paraffinöl, Petroleum, Seifenabfälle usw.

4. Knetvorrichtungen.

Alle bisher besprochenen Mischvorrichtungen arbeiten nur unter der stillschweigenden Voraussetzung, daß dem Zerteilen des Mischgutes durch die Rührvorrichtung selbsttätig eine Wiedervereinigung der getrennten Teile leicht folgen kann, die Mischung also ohne weiters eintritt; dieses Zusammenfließen der durch den Rührer geteilten Massen und deren innige Verbindung findet bei Flüssigkeiten von selbst und in kürzester Zeit statt, in dem Maße aber, in dem die innere Zähigkeit des Materials steigt, wird es notwendig, auch diese bisher nicht beachtete Seite des Mischvorganges zu berücksichtigen und die Form des Rührers so zu wählen, daß möglichst gleichzeitig mit der Zerteilung des Mischgutes auch eine innige Wiedervereinigung verbunden wird, mit anderen Worten jener Vorgang eingestellt wird, den wir aus dem Hausgebrauch als **Kneten** bezeichnen.

Die Anforderungen, welche an solche Maschinen zu stellen sind, sind ganz besonders hohe, und ihre Entwicklung zu der heute erreichten Vollendung hat sich darum nur ganz langsam vollziehen können. Der Prozeß der Bereitung und Knetung des Brotteiges hat die Grundlage abgegeben, derartige

Maschinen werden aber heute auch in der chemischen und in verwandten Industrien in allergrößtem Umfang verwendet; so bei der Herstellung künstlicher Kohlenmasse für die Elektrodenfabrikation, bei der Gewinnung und Bereitung der Akkumulatorenfüllmasse, bei der Herstellung aller möglichen Kitte, in der Farbenindustrie zur Gewinnung von Farben in Teigkonsistenz, zum Mischen von Zement, von Isoliermasse, von Papiermasse und vielen anderen Stoffen brotteigähnlicher Beschaffenheit und Zähigkeit sowie in der Gummi- und Guttaperchafabrikation.

Die Anwendung ganz besonders geformter Knetvorrichtungen zeigen bereits die ersten Vorschläge, so die in Fig. 135 dargestellte **Knetmaschine von Boland,** bei welcher die ganz eigenartig geformten Eisenschienen a und b auf der Welle d Zerteilung und Wiedervereinigung der Knetmasse bewirken sollen; ihr fühlbarster Übelstand war die schwere Reinigung der Rührvorrichtung von den anhaftenden Teilchen des Knetgutes; in geradezu idealer Weise wird diese Unzulänglichkeit dann bei späteren Bauarten vermieden, und gleichzeitig werden auch alle bewegten Teile der Maschine so gelegt, daß sie den

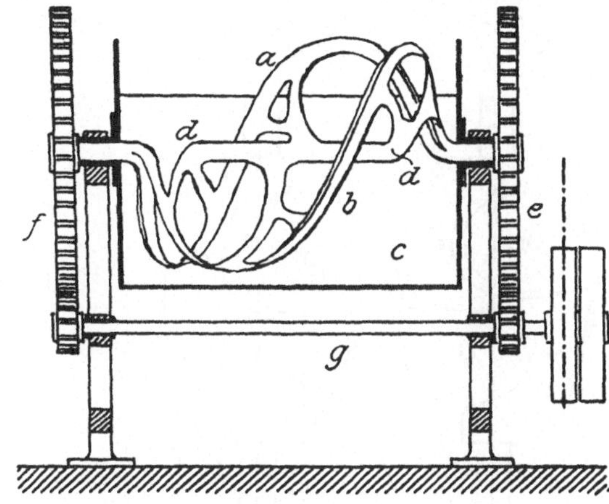

Fig. 135. Teigknetmaschine.

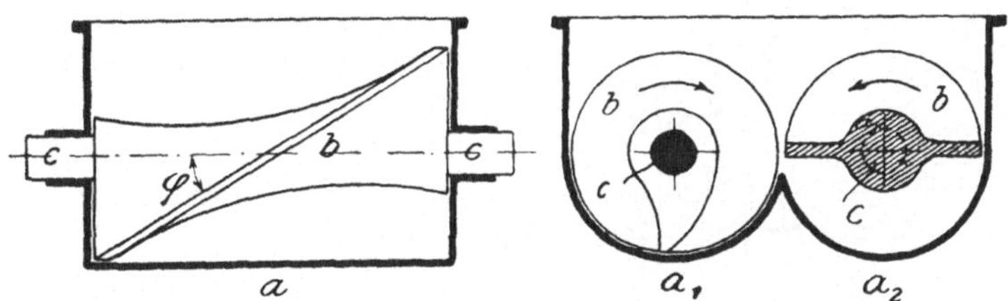

Fig. 136. Knetscheiben von Freyburger.

Misch- wie den Füll- und Entleerungsvorgang nicht beeinträchtigen; von den sinnreichen Vorrichtungen der teigverarbeitenden Maschinen hier absehend, soll nur auf jene Bauarten zurückgekommen werden, welche in der chemischen Technik von Bedeutung geworden sind. Hier sind es in erster Linie die sog. **Schraubenkneter,** deren Durchbildung dann zu der heute erreichten Entwicklung und zum Bau von Maschinen mit hervorragend guter Knetleistung geführt haben; Fig. 136 zeigt die **Knetscheiben nach Freyburger,** welche den Ausgangspunkt der ganzen späteren Entwicklung bilden; in einem Knettrog, der aus zwei horizontal nebeneinanderliegenden Halbzylindern a_1 und a_2

besteht, sind zwei **gegenläufige** Kneter *b* angeordnet, deren Form der Abbildung zu entnehmen ist; während der Drehung streifen die beiden Scheiben

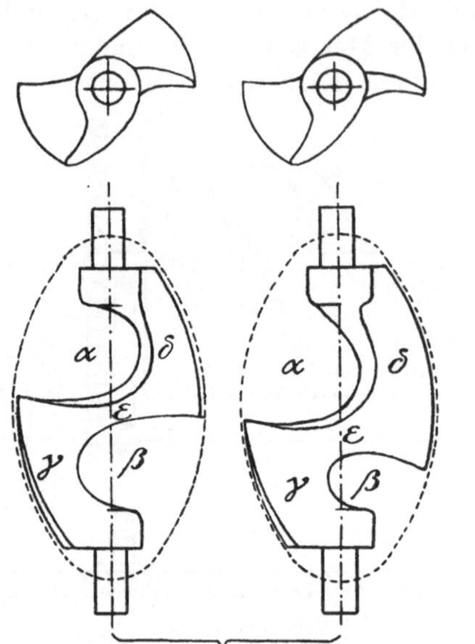

Fig. 137. Knetschrauben.

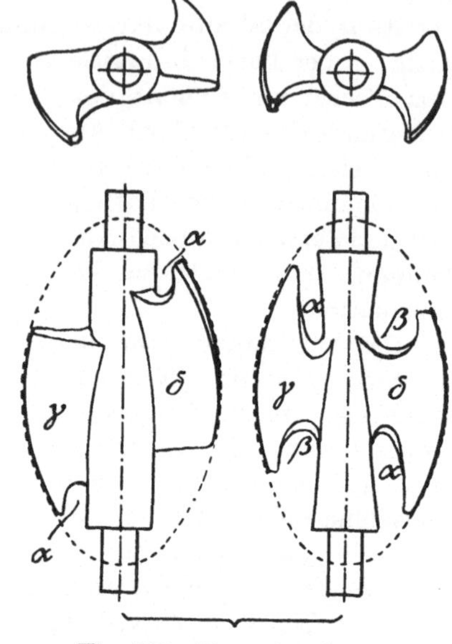

Fig. 138. Knetschrauben.

dicht an den Flächen des Troges vorbei, dadurch wird das Knetgut gegen die Trogböden gepreßt, steigt an denselben hoch und fällt, sich überstürzend, wieder in den Trog zurück; durch die Einstellung verschiedener Umlaufgeschwindigkeiten der beiden Scheiben, die mit ungleich großen Zahnrädern verbunden sind, wird die Durchmischung und Verknetung des Mischgutes noch wesentlich unterstützt.

Die **neueren Bauarten der Knetmaschinen** bzw. der Knetflügel greifen alle auf dieses Prinzip zurück; aus der erst elliptischen Rührfläche entsteht, wie die Fig. 137 erkennen läßt, durch Anschluß derselben an die Welle und gleichzeitiges Herausschneiden der diametral gegenüber-

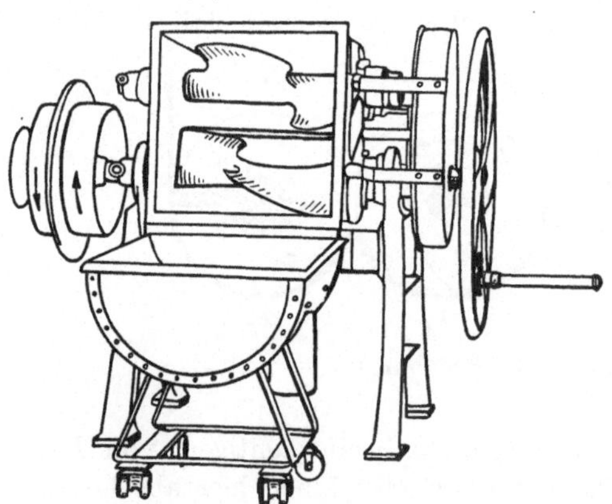

Fig. 139. Knetmaschine.

gelegenen Stücke α und β die heutige Form der Rühr- oder Knetflügel, um dann schließlich, wie die Fig. 138 erkennen läßt, durch sehr starke Ausdehnung dieser Abschnitte zu jenen Formen zu führen, die eine gewisse Annäherung an die ersten seinerzeitigen Vorschläge erkennen lassen und sich überall dort bewährt haben, wo die Schwächung der Welle keine Rolle spielt, also für das Verkneten von Mischgut nicht allzu hoher innerer Zähigkeit. Wie die Abbil-

dung erkennen läßt, liegen die Ausschnitte in den beiden Knetscheiben symmetrisch, die sich entsprechenden Knetflügel besitzen daher entgegengesetzte Neigung, und dies hat zur Folge, daß bei dem entgegengesetzt gerichteten Umlauf der beiden Knetscheiben der eine Knetflügel das Knetgut nach rechts schiebt, der Knetflügel des anderen Kneters zur gleichen Zeit das Knetgut nach links drängt. Die Bewegung des Knetgutes findet in Form von zwei nach entgegengesetzten Richtungen verlaufenden Schraubenlinien statt, und die Knetwirkung wird noch dadurch gesteigert, daß die beiden Knetflügel mit verschiedenen Geschwindigkeiten umlaufen, gewöhnlich im Verhältnis $1:2$, weiters dadurch, daß vielfach auch sog. **Reversierapparate** angewendet werden, durch welche mittels eines einfachen Handgriffes die Umlaufrichtung der Kneter leicht gewechselt werden kann, einmal also ein Verkneten, dann wieder ein Auseinanderzerren des teigigen Mischgutes eingestellt und überdies auch die Entleerung des Mischtroges, der kippbar ist, bewerkstelligt werden kann.

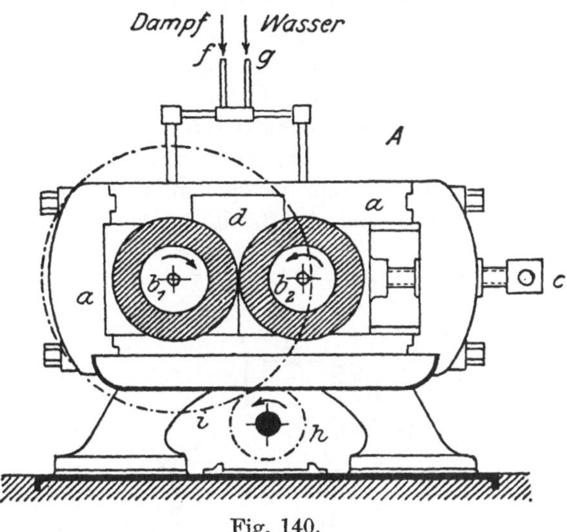

Fig. 140.

Fig. 141. Mischwalzwerk.

Anschließend ist in Fig. 139 eine solche Knetvorrichtung im gekippten Zustand gezeigt, und sie läßt die Wirkungsweise anschaulich werden.

5. Verreiben und Emulgieren.

Eine besondere Art des Mischens ist das **Verreiben** von festen Stoffen mit flüssigen, z. B. das Mischen von Farbstoffen mit Ölen und Firnissen, das Bereiten pharmazeutischer und kosmetischer Präparate aus festen Stoffen und deren flüssigen oder salbigen Trägern und schließlich auch noch das als „**Emulgieren**" und „**Homogenisieren**" bezeichnete Vermischen von Flüssigkeiten zu haltbaren, nicht mehr sich entmischenden Flüssigkeitsgemengen. Über die dabei erreichte sehr weitgehende Dispersion der einzelnen Teilchen gibt die Feststellung Aufschluß, daß homogenisierte Milch die Fettkügelchen bereits in so kleiner Form enthält, daß deren Abscheidung in der Zentrifuge nicht mehr möglich ist, das homogenisierte Gemisch also viel beständiger geworden ist als die natürliche Milch.

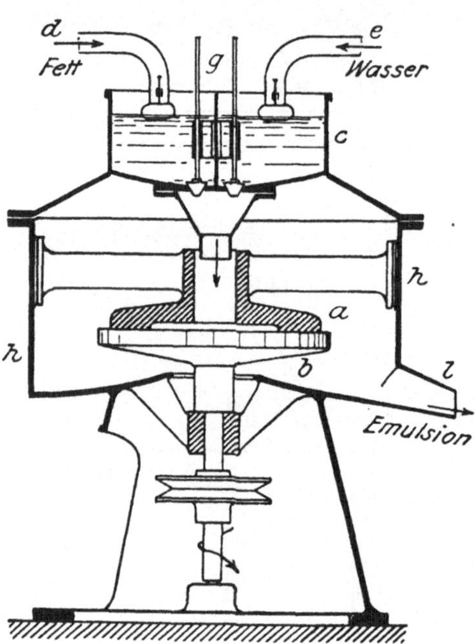

Fig. 142. Verreibwerk.

Zum Verreiben fester Stoffe mit flüssigen finden die **Verreibwalzwerke** Anwendung; so in der Farbenindustrie zum Vermischen des Farbpulvers mit Öl, Firnis usw., ferner zum Mischen und Färben der Linoleummasse, in der Schokoladenindustrie, in der Ölfabrikation usw. Der Mischvorgang ist hier mit einem sehr weitgehenden Zerkleinerungsvorgang verbunden, das Verreiben muß sehr lange fortgesetzt werden. Die Fig. 140 und 141 zeigen ein solches Verreib- oder Mischwalzwerk von der Seite und von oben. Die Wirkungsweise eines solchen **Verreibwalzwerks** dürfte nach dem über Walzenmühlen bereits Mitgeteilten ohne weiters klar sein, wichtig ist hier nur, daß die aus Eisen, Granit usw. bestehenden Walzen sorgfältig zylindrisch geschliffen und poliert sind und so dicht gegeneinander eingestellt werden können, daß das Mischgut nur in ganz dünner Schicht hindurchgehen kann. Die Einstellung verschiedener Umfangsgeschwindigkeiten der beiden Walzen begünstigt auch hier den Einzug und das Verreiben des Mischgutes.

Zum Emulgieren und Homogenisieren von Flüssigkeitsgemischen werden dann entweder die bereits besprochenen Prallstrahlmischer verwendet, bei welchen die beiden zu mischenden Flüssigkeiten unter starkem Druck so gegeneinander ausgespritzt werden, daß unmittelbar nach dem Austritt aus den beiden Düsen auch innige Vermischung eintritt, oder man verwendet hierzu die sog. **Verreibscheiben:** Fig. 142; bei ihnen erfolgt die innige Vermischung der beiden Stoffe, z. B. von Fett oder Öl und Wasser, dadurch, daß das Mischgut im richtigen Verhältnis zwischen zwei Scheiben a und b geleitet wird, von welchen die obere Scheibe a fest ist, während die untere Scheibe b mit etwa 7000 Umdrehungen in der Minute läuft; der Abstand der beiden gleichachsig und horizontal angeordneten Metallscheiben beträgt 0,05 bis 2 mm; bei dem gemeinsamen Austreten der zu mischenden Flüssigkeiten am Umfang der beiden Reibscheiben findet die sehr weitgehende Vermischung statt; die gegen das Gehäuse h geschleuderte Emulsion wird durch den Auslauf l entnommen, die genaue Einstellung der zufließenden Mengen der beiden zu mischenden Flüssigkeiten besorgen zwei einstellbare Ventile g. Die Verreibwerke finden in ausgedehntem Maße Anwendung bei der Fabrikation der künstlichen Speisefette, daneben auch in der pharmazeutischen Industrie und in der Industrie der Schönheitsmittel.

D. Filtrieren, Auslaugen, Extrahieren, Waschen.

1. Allgemeines.

Der Zweck des **Filtrierens** ist die Trennung von Gemengen von festen Stoffen mit Flüssigkeiten oder Gasen. Bis zu einem gewissen Grade handelt es sich auch hier um ein Aussieben, welches unter ganz besonderen Bedingungen durchgeführt wird. Der Zweck des Verfahrens kann sowohl in der Gewinnung des festen Gemengebestandteiles liegen unter Verzicht auf die weitere Verwertung des Filtrates, oder aber auch in der Abscheidung fester Bestandteile aus einer Lösung zur Reingewinnung derselben, bzw. in beiden. Als Hilfsmittel dient das **Filter**, welches aus körnigen oder faserigen Stoffen hergestellt wird, die mineralischen, pflanzlichen oder auch tierischen Ursprunges sein können. In allen Fällen entsteht durch die enge Gegeneinanderlagerung der einzelnen Filterbestandteile, sei es in Form von **Filterkiesen**, sei es in fester Verbindung in Form von **Filtergeweben**, ein Körper, der von zahlreichen und verschieden groß dimensionierten Hohlräumen durchsetzt ist, die untereinander durch Kanäle verbunden sind.

Werden körnige Stoffe als Filtermasse verwendet — in einfachster Form die weiter unten zu besprechenden Kiesfilter —, so kann denselben eine bequeme Handhabung dadurch gesichert werden, daß die einzelnen Körner, welche den Filterkörper bilden, durch Brennen zu einer festen, zusammenhaltenden Masse zusammengekittet werden: hierher gehören z. B. die **Sandplattenfilter**, aber auch die sog. **Filterkerzen** aus Kieselgurmasse, bei welchen die eigentliche Filtermasse, z. B. Asbeste und Pfeifenton, mit Holzkohle, Koks oder ähnlichen Füllstoffen und mit Sirup zu einer plastischen Masse verknetet, aus derselben die Filterkerzen geformt und durch Brennen in den gewünschten haltbaren und gleichzeitig porösen Zustand übergeführt werden, indem bei diesem Brennvorgang die in der Masse feinverteilten verbrennlichen Zusätze verbrannt werden und dadurch die Porosität des Filterkörpers sicherstellen. Die Verwendung der Filterkerzen ist zunächst ganz vereinzelt und auf Sondergebiete der Wasserreinigung beschränkt geblieben; erst in der allerletzten Zeit setzt eine sehr starke Entwicklung der Verwendung derselben zu den verschiedensten Zwecken ein und dürfte noch weiter zunehmen. Mitteilungen über die praktischen Ergebnisse dieser Art des Filtrierens werden heute aber noch gegeben.

Faserstoffe hingegen werden durch Verfilzen — Haarfilz, Papier, Asbestfilter — oder durch Verspinnen und Verweben bzw. Flechten der Filterfaser zu den sog. **Filtertüchern** verarbeitet; ihnen gleichzusetzen sind die für bestimmte Zwecke verwendeten **feinmaschigen Drahtgewebe,** wie sie z. B. in der Papierindustrie zur Abtrennung der Papiermasse verwendet werden.

Wird einer derartigen Filtermasse das zu filtrierende Gut, also eine Mischung von feinkörnigem, festem Körper mit der Flüssigkeit, zugeführt und dann — zweckmäßigerweise stets in der gleichen Schichthöhe — auf dem Filter belassen, so sinkt die Flüssigkeit in den Filterkörper ein und nimmt dabei die in ihr enthaltenen mehr oder minder feinen Teilchen mit, dieselben je nach der Korngröße und der Porenweite des Filters früher oder später in den Poren desselben ablagernd und diese langsam ausfüllend; mit zunehmender Füllung dieser Poren nimmt die Durchlässigkeit des Filters ab, die zunehmende Verengung der Poren des Filters verhindert ein weiteres Eindringen fester Bestandteile in das Filter, zwingt diese vielmehr zur Ablagerung an der Grenzschicht zwischen Filter und Flüssigkeit also auf dem Filter und führt zur Bildung der sog. **Filterhaut,** in welcher sich die Filtration im wesentlichen dann weiter vollzieht, und die dann von Zeit zu Zeit entfernt werden muß, soll die Filtrationsgeschwindigkeit nicht zu stark absinken.

Die Bildung dieser Filterhaut steigert die Filterleistung, in einer Reihe von Fällen tritt befriedigende Abtrennung der Flüssigkeit von ihren festen Bestandteilen überhaupt erst nach Bildung einer solchen Filterhaut ein: das Filtrat läuft erst trübe und muß nochmals oder wiederholt aufgegeben werden, bis durch die Bildung der Filterhaut jene Verengung der Poren im Filter stattgefunden hat, die notwendig ist, um auch ganz feine Festkörper aus einer Flüssigkeit abscheiden zu können.

Ist der auf dem Filter hinterbleibende Rückstand schlammiger oder breiiger Art, so spricht man von **Filterschlämmen,** die stets einen sehr erheblichen Gehalt von Flüssigkeit enthalten; durch Anwendung höherer Filterdrucke kann dieser Filterschlamm zu einer formbaren Masse von erheblich geringerem Flüssigkeitsgehalt verdichtet werden und ergibt dann die **Filterkuchen,** so genannt nach der plattenförmigen Form, in welcher sie gewöhnlich gewonnen werden.

Je nach der Höhe des zur Filtration aufgewendeten Druckes auf die Filterfläche unterscheidet man zwischen **Tiefdruckfiltern,** die bei gewöhnlichem Druck oder nur wenig gesteigertem Flüssigkeitsdruck arbeiten und demgemäß auch breiartige Rückstände ergeben, oder **Hochdruckfiltern,** bei welchen der auf der zu filtrierenden Flüssigkeit bzw. auf dem Filter selbst lastende Druck erheblich über den Luftdruck hinausgeht und unter Umständen bis zu 20 Atm und darüber gesteigert wird, und die im Sinne der weiter oben gegebenen Ausführungen bereits zu ziemlich weitgehend von Flüssigkeit befreiten Filterkuchen führen.

Ob diese oder jene Art der Filtration angewendet werden soll, hängt — neben wirtschaftlichen Gesichtspunkten — von einer ganzen Reihe von Momenten ab, insbesondere auch von dem Verhältnis: fester Körper zu Flüssigkeit in der zu filtrierenden Flüssigkeit, dem Zähigkeitsgrade derselben, der Form der den Filterrückstand bildenden Teilchen, ihrer Adhäsion — Verschmieren des Filters — und eine ganze Reihe weiterer Gesichtspunkte.

2. Tiefdruckfilter.

Sie finden vor allem dort Anwendung, wo es sich um die Scheidung von Gemischen mit wenig festen Bestandteilen neben großen Flüssigkeitsmengen handelt; der Filterdruck ist gewöhnlich durch die Höhe der auf dem Filter lastenden Flüssigkeitssäule gegeben, fallweise tritt eine Steigerung des Filterdruckes dadurch ein, daß der Raum unter dem Filter unter Unterdruck gehalten wird — **Absaugen** —, zu dem Druck der Flüssigkeitssäule mithin noch maximal eine Atmosphäre Unterdruck hinzutritt.

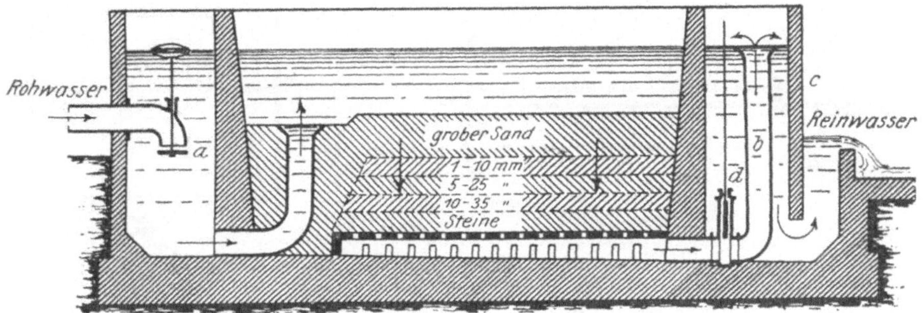

Fig. 143. Offenes Kiesfilter für Nutzwasser.

Derartige Filter finden ihre weiteste Verbreitung zur Reinigung von Trink- und Nutzwasser von Sink- und Schwebestoffen; sie sind einfach, ungemein leistungsfähig, leicht zu bedienen und durch ihre Wirtschaftlichkeit besonders für den angegebenen Zweck geeignet.

Die Wirkungsweise solcher **Nutzwasser-Filteranlagen** ist der Fig. 143 ohne weiteres zu entnehmen: Das betonierte Filterbecken ist durch Querwände untergeteilt in den Raum a zur Zuleitung des Rohwassers, dessen Zufluß durch ein Schwimmerventil so geregelt wird, daß stets die gleiche Flüssigkeitshöhe eingestellt bleibt; aus dieser Kammer tritt das Rohwasser mittels einer Leitung, von unten nach oben strömend, in das eigentliche Filterbecken, durchsinkt dort das Filter und wird mittels der Rohrleitung b in die Kammer c geleitet, aus welcher es über die Abflußkammer c gereinigt die Filtervorrichtung verläßt.

Die Anordnung des Filters, welches aus einer Reihe von Lagen verschieden feinkörniger Sande besteht, gelagert auf einer Unterlagsschicht von Steinen, ist ohne weiteres der Zeichnung zu entnehmen, die Leistung solcher Anlagen in der durchschnittlichen Größe von etwa 1000 qm Filterfläche beträgt etwa 5000 cbm gereinigtes Wasser in 24 Stunden.

Da mit der Ablagerung der Verunreinigungen des Wassers allmählich die Filterleistung absinkt, so muß die oberste Sandschicht von Zeit zu Zeit entfernt werden, was durch Abtragen einer 1 bis 2 cm starken Sandschicht geschieht, so daß die Wirkung des Filters lange Zeit ohne Auswechslung erhalten bleiben kann. Der so abgehobene Sand wird einer Kieswäsche zugeführt, gewaschen, ausgeglüht, um die organischen Verunreinigungen zu zerstören, und kann von neuem verwendet werden.

Ebenfalls Tiefdruckfilter, bei denen aber durch Anwendung von Unterdruck die Filtration wesentlich beschleunigt wird, sind die in der chemischen Industrie in allergrößtem Maßstab verbreiteten sog. **Saugfilter** oder **Nutschen,** in den verschiedensten Ausführungen. Sie dienen in erster Linie, soweit nicht Drehfilter in Anwendung kommen — s. weiter unten! —, zur Scheidung von breiigen, schwerfließenden Niederschlägen; wie Fig. 144 zeigt, besteht ein

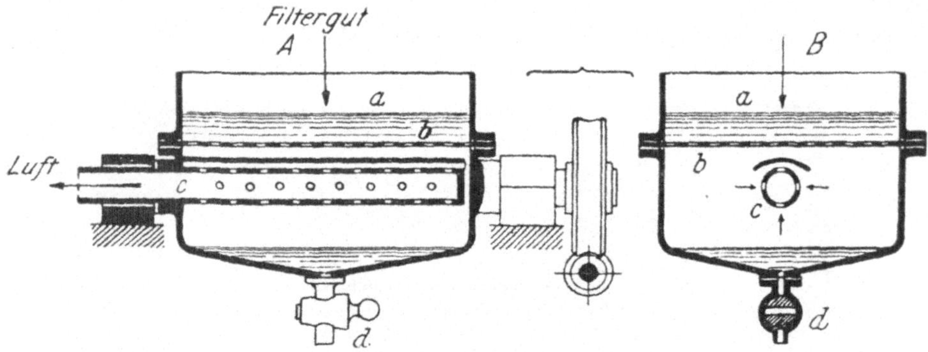

Fig. 144. Nutschfilter.

solches Filter aus einem mit Filtertuch bedeckten Siebboden *b* in einem oben offenen Gefäß *a*, durch welchen das Gefäß in zwei Teile geteilt wird; aus dem unteren Gefäßteil wird mittels einer Luftpumpe die Luft dauernd abgepumpt, so daß sich ein mehr oder minder starker Unterdruck einstellt, welcher sich dem Druck der Flüssigkeitssäule auf dem Filter noch hinzufügt, also die Filtration beschleunigt. In der hier abgebildeten Form ist das ganze Filter um die Achse *c* zur leichteren Entleerung des Filterrückstandes kippbar.

In jenen Fällen, in welchen es sich um die Filtration von Flüssigkeiten handelt, welche Metall angreifen würden, also eine Verunreinigung des Filtrates zur Folge haben würden, arbeitet man in der chemischen Industrie mit **Holznutschen** oder aber auch mit **Nutschen aus Steinzeug.**

Die ersteren sind in ganz analoger Weise gebaut derart, daß in einen flachzylindrischen Bottich aus Holz, dessen Wände gut verschilft sind, ein Gerüst eingebaut wird, welches die aus mehreren Segmenten bestehende Siebplatte aus starkem Holz trägt; sie wird zur Inbetriebnahme der Nutsche mit dem feuchten Filtertuch bespannt — gewöhnlich mit Baumwolltuch, für saure Flüssigkeiten mit Filtertuch aus Kamelhaar —, und um dieses Tuch fest einzuspannen, wird aus dünnen Streifen des gleichen Tuches eine Wurst gedreht und mit einem stumpfen Holzmeißel in die Fuge zwischen der Siebplatte und der Außenwand der Nutsche verkeilt.

Der Anschluß an die Saugleitung erfolgt entweder mittels säurefester Armaturen durch die Wand der Holznutsche oder einfacher noch dadurch, daß durch ein unmittelbar unter der Siebplatte sitzendes Spundloch in der Wand der Nutsche mittels eines dichtsitzenden Gummistopfens ein großlumiges Glasrohr eingeführt wird, welches nur wenig in den unteren Nutschenraum hineinragt und überdies mit der Öffnung nach unten gebogen ist, so daß kein Filtrat in die Saugleitung übertreten kann. Da auch bei sorgfältigem Abdichten niemals wirklich vakuumdichte Abdichtung erreicht werden kann, muß man sich bei diesen einfachen, aber sehr brauchbaren Filtriervorrichtungen mit bescheideneren Unterdrucken begnügen, die man durch dauerndes Abpumpen aufrechterhält.

Sehr gute Abdichtung kann bei den aus Steinzeug gebauten, im übrigen in gleicher Weise in Betrieb zu nehmenden Nutschen erreicht werden, die auch ganz allgemein gegen chemischen Angriff beständig, aber wesentlich teurer sind und auch leichter zu Bruch gehen.

Richtige Betriebsweise hat eine möglichst gleichmäßige Verteilung des Filtergutes auf das Filter und das Verstreichen der Löcher und Risse zur Voraussetzung, welche in einer Reihe von Fällen bei Erreichung eines gewissen Trockenheitsgrades im Filterrückstand auftreten: man verwendet dazu breite **Spatel aus Holz** und klopft den Niederschlag mit Hämmern aus Holz, um eine möglichst vollständige Abtrennung des Filtrates bzw. einen möglichst weitgehend vorgetrockneten Filterrückstand zu gewinnen.

Zu einem Vielfachen der Filterleistung bei wesentlich verringertem Platz und Filterflächenbedarf gelangen die **Trommelfilter;** bei ihnen wird eine zylindrische, über einzelne Zellen gespannte Filtertuchfläche verwendet, von welcher ein Teil als Filter wirkt, um kurz nachher bei der Weiterdrehung des Filters aus der Saugwirkung herauszugelangen; hierauf wird durch Schaben, Bürsten, Abspritzen, gegebenenfalls auch unter Zuhilfenahme von Druckluft der Niederschlag von der Filterfläche abgehoben und zum Absinken gebracht, worauf die gereinigte Fläche bei der Weiterdrehung des Filters wieder unter Saugwirkung und gleichzeitige Zuführung von Filtergut gelangt, also von neuem zu filtrieren beginnt.

Die Wirkungsweise dieser sehr leistungsfähigen Filter sei an Hand der Fig. 145 etwas eingehender beschrieben.

Der **R. Wolf-Zellenfilter-Saugtrockner** ist im Prinzip als kontinuierliche Nutsche derart ausgebildet, daß eine in Kammern eingeteilte Trommel, deren Abteilungen radial nach innen zu einem Kanalbündel zusammengeführt werden, sich in einem mit Schlamm gefüllten Trog dreht. Die Kammern werden, sobald sie in den Schlamm eintauchen, durch den Steuerkopf unter Vakuum gesetzt und saugen durch die mit einem Filtermedium (Textil- oder Drahtgewebe) versehene Trommeloberfläche die Flüssigkeit an, während sich die Feststoffe auf dem Filtermedium absetzen. Beim Austauchen aus dem

Schlamm wird durch weiteres Durchsaugen von Luft die Trocknung verbessert. Auf dem Scheitelpunkt der Trommel kann der Kuchen durch Waschwasser ausgewaschen werden oder durch Zugabe von Lösungsmitteln ein Auswaschen der für den weiteren Verarbeitungsprozeß unerwünschten Beimengungen des Kuchens erzielt werden. Die Konstruktion des Steuerkopfes gestattet eine scharfe Trennung der während des Filtrierens anfallenden verschiedenartigen Laugen. Die Abnahme des Kuchens findet durch einen Schaber oder bei der Verarbeitung kolloidaler Stoffe durch eine Gummiwalze statt, wobei die Abnahme durch ein Lockern und Abblasen des Kuchens von innen heraus sehr

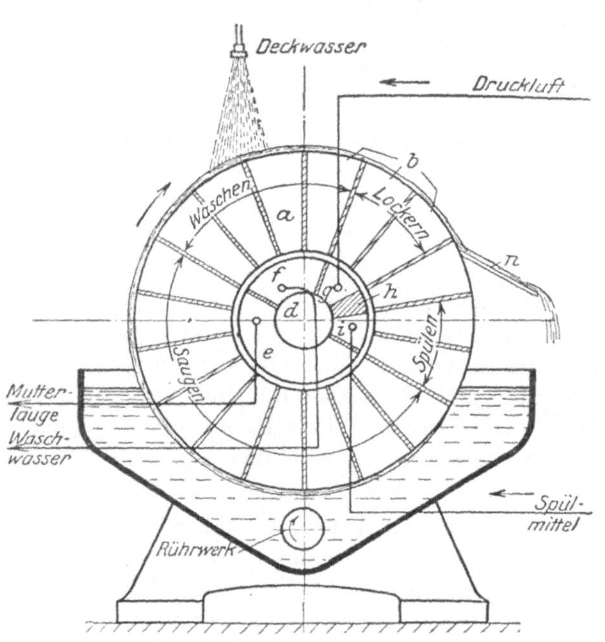

Fig. 145. R. Wolf-Zellenfilter.

erleichtert wird. Die vom Kuchen befreite Oberfläche passiert nun eine Reinigungszone, in der sie von innen heraus durch Preßluft, Dampf oder Wasser gereinigt wird, so daß sie für die neue Filtration wieder voll aufnahmefähig wird.

Diese Trommelfilter werden auch in säurebeständigen Werkstoffen ausgeführt, so daß sie ohne weiteres praktisch allen Ansprüchen der chemischen Industrie genügen können.

Die Homogenität der Verbindung zwischen Flußeisen und Blei schützt gegen die Einwirkung von Schwefelsäure, Phosphorsäure usw., die Vulkanisierung der Gußoberfläche mit Hartgummi (Ebonit) macht den Angriff von Salzsäure, Salpetersäure, Fluß- oder organischen Säuren unwirksam und verhindert den Angriff des in einzelnen Schlämmen enthaltenen freien Chlors. Für viele Zwecke, bei denen nur Spuren dieser hochaktiven Agenzien in den Schlämmen enthalten sind, genügt schon der Schutz der wichtigsten hochbeanspruchten Teile, wie des gelochten Trommelmantels und der Steuerscheiben, während die durch die harte Gußhaut geschützten Gußteile keiner besonderen Auskleidung bedürfen. Kruppsche Sonderstähle, säurefestes Steinzeug für die Steuerscheiben genügen den durch mechanische und Säureeinwirkungen erhöhten Beanspruchungen.

Je nach der Beschaffenheit des zu filtrierenden Materials werden die Zellenfilter mit verschiedenen Sondervorrichtungen ausgerüstet, wodurch es möglich ist, auch schwer filtrierbare Materialien mit gutem Erfolg zu verarbeiten. Zu diesen Sondervorrichtungen gehören speziell folgende:

Gummiabnahmewalze (D.R.P.), die an Stelle des normalen Schabermessers erforderlich ist, bei Verarbeitung von kolloidalen Materialien, deren Schicht auf der Trommel je nach der Beschaffenheit des Stoffes in einer Stärke von 1 bis 4 mm nur durch elastische Anordnung der Gummiwalze und deren Adhäsionswirkung abgenommen werden kann, während mit dem Schaber eine restlose Abnahme der Schicht kolloidaler Stoffe nicht möglich ist, da schon nach wenigen Umdrehungen der Trommel das Filtertuch vollkommen undurchlässig ist.

Verschiedene Stoffe neigen während des Filterprozesses zu Rißbildungen im Kuchen, wodurch eine intensive Trocknung verhindert wird, da infolge zu großen Lufteinfalles ein genügendes Vakuum nicht aufrechterhalten werden kann. Zur Beseitigung dieses Übelstandes kommt eine Zustreichtuchvorrichtung in Frage, welche die Risse im Kuchen auf der Trommeloberfläche sofort beim Austauchen der Trommel aus dem Trog zustreicht. Außerdem können auf dem Zustreichtuch auch noch Preßwalzen angebracht werden, wodurch eine weitestgehende Entwässerung bzw. Entlaugung durchführbar ist.

Ferner kann das Zellenfilter mit einer dicht abgeschlossenen Trommelhaube versehen werden zwecks Rückgewinnung von Gasen, Dämpfen usw. Diese Haube ist auch erforderlich bei Verarbeitung von Materialien, die mit der atmosphärischen Luft nicht in Berührung kommen dürfen, ferner zur Aufrechterhaltung von hohen Temperaturen. Der Trog wird in diesem Falle noch mit Heizschlangen versehen. Es können auch Kühlschlangen angebracht werden, um Temperaturen unter Null aufrechtzuerhalten.

Bei Verarbeitung von spezifisch schweren bzw. körnigen Materialien, die sich leicht im Trog entmischen, wird das Filter mit einem wirksamen Schwenkrührwerk ausgerüstet.

Die Arbeitsweise des Apparates ist durch die gesamte Mechanisierung des Filtriervorganges äußerst einfach und bedingt fast keine Wartung. Im Betrieb kann ein Mann eine Gruppe von Apparaten beaufsichtigen. Der Tuchverschleiß ist infolge des Fehlens jeglicher mechanischer Beanspruchungen nur ein verschwindend geringer Prozentsatz des Verbrauches bei den diskontinuierlichen Filtriermethoden. Der Raumbedarf und Kraftverbrauch ist gering.

Soll die Filterwirkung solcher Tiefdruckfilter durch Anwendung schwacher Drucke auf die Flüssigkeitsoberfläche gesteigert werden, oder ist ein Abschluß des Filtergutes von der Außenluft aus verschiedenen Gründen notwendig — z. B. Verhütung von Verunreinigung des Filtergutes, zur Vermeidung von Verlusten bei der Filtration leichtflüchtiger Stoffe, zur Verhütung von Brandgefahr bei leicht entflammbaren Filterflüssigkeiten —, so verwendet man **geschlossene Tiefdruckfilter**, vgl. Fig. 146, so z. B. in allergrößtem Maßstabe in der Enteisnung der natürlichen Mineralwässer, wozu die Filtergefäße gewöhnlich aus Steinzeug gebaut werden. Zusammenfassung einer Reihe von Filtern, um das Filtermaterial — z. B. die Kohlefilter in der Zuckerindustrie, die Ölfilter mit Bleicherdefüllung in der Ölindustrie — möglichst erschöpfend auszunützen, führt dann zum Bau der Filterkesselbatterien.

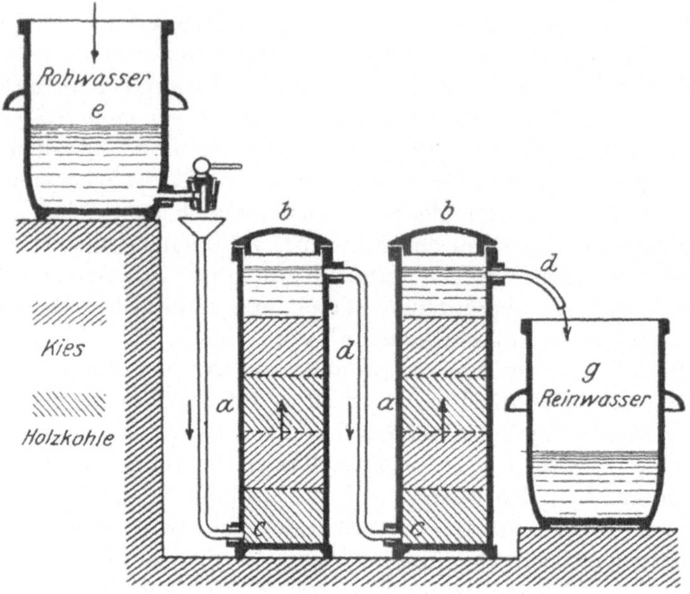

Fig. 146. Kies-Kohle-Filter für Trinkwasser.

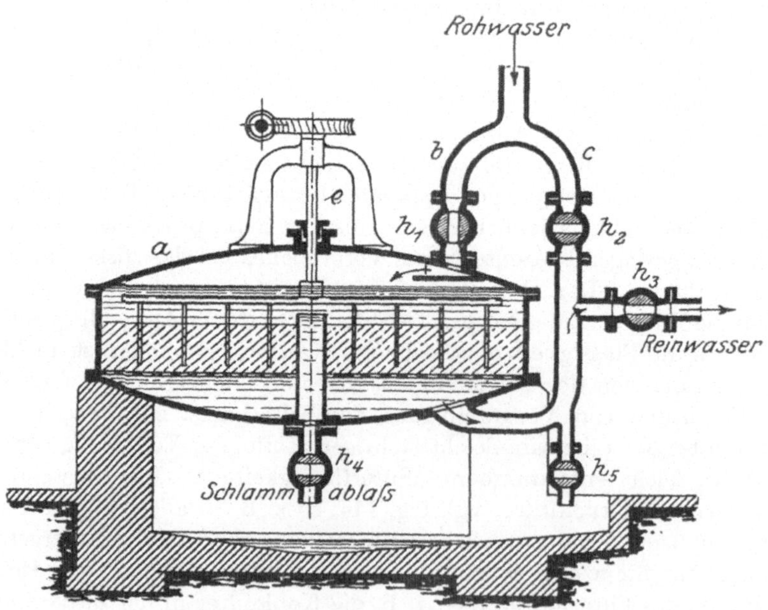

Fig. 147. Geschlossenes Filter.

Geschlossene Tiefdruckfilter finden aber vielfach auch dort Anwendung, wo man, wie bei der Nutzwassergewinnung, längere Betriebsunterbrechungen zur Reinigung der Filter, wie sie weiter oben beschrieben wurden, vermeiden will: Fig. 147 zeigt ein solches **geschlossenes Kieskohlefilter** für Trinkwasser; in normalem Betrieb führt der Hahn h_1 über die Rohrleitung b das Filtriergut dem allseitig geschlossenen Filter zu; das durch die Kiesschicht absinkende Reinwasser wird dem Apparat über h_3 entnommen; zur Reinigung des Filters wird h_1 und h_3 geschlossen, h_2 und h_4 geöffnet; das Rohwasser durchfließt dann den Apparat in umgekehrter Richtung, schwemmt die auf dem Filter aufgelagerten Verunreinigungen über h_4 ab, und die Reinigung des Filtersandes kann durch die in der Abbildung angedeutete Rührvorrichtung, welche die ganzen Sandschichten durchwühlt und auflockert, noch wesentlich unterstützt werden; derartige Filter werden bis zu Stundenleistungen von 50 cbm Reinwasser und darüber gebaut.

3. Hochdruckfilter.

Die Anwendung höherer Drucke kann entweder bereits durch die Eigenart des Filtergutes bedingt sein, oder aber sie verfolgt — wie bei den Zentrifugen oder Schleuderfiltern — den Zweck, eine an sich auch ohne Druckanwendung leicht mögliche Abtrennung des Festen vom Flüssigen, durch die Zuhilfenahme der Druckwirkung, zu einer möglichst vollständigen zu machen.

Zentrifugen.

Die zuletzt genannten **Schleuderfilter** oder **Zentrifugen** werden demnach auch in einer ganzen Reihe von Fällen an Stelle der Nutsche treten können, weil sie eine raschere und viel weitergehende Abtrennung der festen von den flüssigen Bestandteilen des Filtergutes erlauben. Als Filtervorrichtung dient eine dünnwandige, siebartig durchbrochene Trommel — **Zentrifugentrommel, Zentrifugenkorb** —, die um ihre geometrische Achse, und zwar entweder in der Lotrechten oder aber in der Wagrechten, in sehr raschen Umlauf versetzt wird. Die hierbei auftretende Fliehkraft bewirkt ein starkes Anpressen des im Trommelinnern befindlichen Filtriergutes, welches bei den üblichen Ausführungen bis zu Drucken von 10 Atm führt; der feste Anteil des Filtergutes bleibt an die Trommelwandungen gepreßt in der Trommel, der flüssige Anteil wird durch die Sieböffnungen der Trommel hinausgedrückt, draußen vom **Mantel** der Zentrifuge aufgefangen und abgeleitet. Mit zunehmender Umfangsgeschwindigkeit steigt die Fliehkraft rasch an, eine obere Grenze ist den einstellbaren Umdrehungszahlen bzw. Umfangsgeschwindigkeiten durch die Festigkeit des Baustoffes gesetzt, als welchen man möglichst zähes Material, in erster Linie Eisen oder Kupfer, in neuerer Zeit auch vielfach Aluminium verwendet. Soll die Zentrifuge unempfindlich gegen chemische Einwirkungen des Filtergutes sein, so wählt man entweder die entsprechenden Metalle bzw. Legierungen, oder man kleidet sowohl Mantel als auch Zentrifugenkorb mit Guttapercha aus. Da die gewöhnlich ziemlich grobe Lochung des Zentrifugenkörpers den Durchtritt fester Teilchen gestatten würde, verwendet man auch hier eingelegte Filtertücher und legt zwischen sie und die Wand des Zentrifugenkorbes noch engmaschige Drahtsiebe zur Schonung des Filtertuches und zum leichteren Abfließen des durchtretenden Filtrates. Für die Wahl des Tuchmaterials gilt das bereits weiter oben Gesagte: im allgemeinen Baumwolltuch, bei ätzenden Flüssigkeiten gegebenenfalls Tücher aus Kamelhaar oder aus Asbestgewebe. Das Tuch soll sich möglichst gut an die Innenwandung des Zentrifugenkorbes anpassen und wird zu diesem Zweck als Sack genäht, welcher sich so einführen läßt, daß er den Boden und die Seitenwände der Trommel bedeckt und darüber hinaus sich noch um den Rand legen läßt; um den Filtersack in dieser Lage festzuhalten, werden sowohl am Boden der

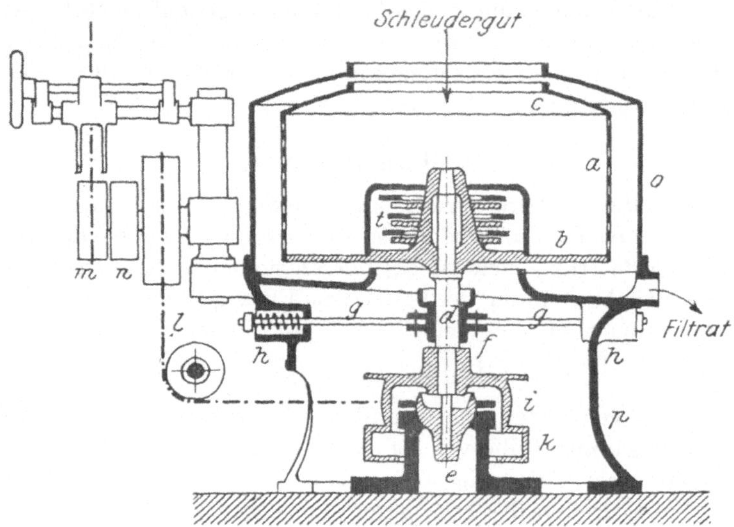

Fig. 148. Stehende Zentrifuge.

Zentrifugentrommel als auch an deren oberem zylindrischen Ende, wo die zylindrische Wand in eine Kegelfläche übergeht, zusammengebogene Stäbe aus spanischem Rohr eingelegt, welche beim Zurückschnellen den Filtersack fest gegen die Trommelwandungen pressen und dort festhalten.

Bei den bis in die letzte Zeit allgemein gebräuchlichen stehenden Zentrifugen kann sowohl stehende als auch hängende Aufstellung angewendet werden: bei der **stehenden Zentrifuge** — vgl. Fig. 148 — wird die Einstellung der Drehachse durch ein Halslager f bewirkt, durch welches die Welle d geht, welche den Trommelboden trägt und unten in dem Fußlager e steht; dieses Halslager f, welches die Einstellung der Welle in der Senkrechten sichert, dabei aber etwas beweglich sein muß, um den Schwankungen der Zentrifuge vor Einstellung des Gleichgewichtes nachgeben zu können, ist mittels eines Sternes, welcher sechs wagrecht angeordnete Stangen g trägt, gestützt, die ihrerseits wieder durch das Gestell der Zentrifuge hindurchgehen und mit demselben durch die Federn h so verbunden sind, daß ein leichtes Bewegen in der Horizontalen möglich ist. Wird die Zentrifugentrommel bei beginnendem Arbeiten der Zentrifuge zufolge nicht ganz gleichmäßiger Beschickung der Trommel etwas aus der Senkrechten gedrängt, so ziehen sie die Federn wieder in die Gleichgewichtslage zurück, sie gestatten also das Einspielen der Zentrifuge auf den normalen Gang. Zwischen Fuß- und Halslager der Zentrifuge sitzt die Antriebsscheibe i und eine Bremsscheibe k, welche mittels eines Fußhebels betätigt werden kann, so-

bald die Zentrifuge nach erfolgter Abschleuderung möglichst rasch zwecks Entleerung wieder zur Ruhe gebracht werden soll. Der Antrieb erfolgt mittels des Riemenvorgeleges l über Leer- und Festscheibe m und n. Die Zentrifugentrommel ist von einem Mantel aus möglichst widerstandsfähigem Material umgeben, der zum Auffangen der abgeschleuderten Flüssigkeit dient, gleichzeitig aber auch einen Schutz gegen Gefährdung des Bedienungspersonals und gegen Sachschaden bietet, wenn die Trommel zerspringen sollte; bei sehr rasch laufenden Zentrifugen wird dieser Mantel in besonders starker Weise durchgebildet: **gepanzerte Zentrifugen.** Mit diesem Mantel ist vielfach ein aufklappbarer Deckel verbunden, welcher die Zentrifuge oben abschließt, und der zwangsläufig mit dem Riemenzuführer derart gekuppelt ist, daß seine Öffnung nur bei Stillstand der Zentrifuge möglich ist.

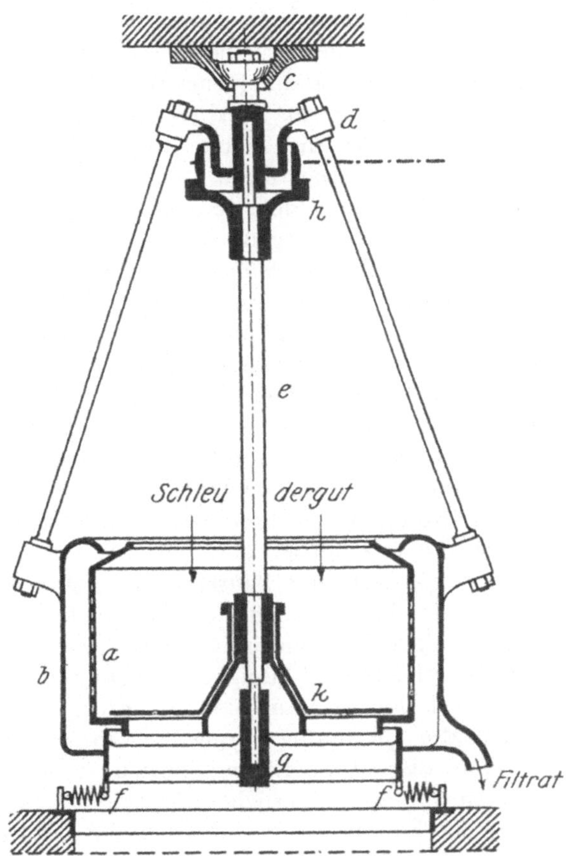

Fig. 149. Hängende Zentrifuge.

Ein ruhiger Gang der Zentrifuge ist nur möglich, wenn die Drehachse eine sog. „freie Achse" ist, d. h. wenn also bezüglich derselben vollkommener Massenausgleich möglich und vorhanden ist. Dieser Massenausgleich muß zunächst genau eingestellt sein für die leere Zentrifuge: die leere Zentrifuge muß ohne Erschütterung und ohne „Schleudern" in leerem Zustand ruhig laufen; dieser Massenausgleich wird aber auch bei sorgfältigster Ausbalancierung der Trommel mehr oder minder gestört werden durch ungleichmäßige

Beschickung derselben, die dann zu einem Schlagen und Schleudern der Zentrifuge, zu einem Auslaufen der Lager und unter Umständen auch zu einem Zerreißen der Trommel führen kann, also unbedingt vermieden werden muß.

Zunächst muß bereits beim Eintragen des Schleudergutes, soweit es nicht als dünne Trübe der Zentrifuge zuläuft, dafür Sorge getragen werden, daß die Verteilung des Rückstandes an der Trommelwandung möglichst gleichmäßig erfolgt; die dann noch bestehenbleibenden Ungleichmäßigkeiten, welche den Schwerpunkt aus der Drehachse herausverlegen, müssen noch ausgeglichen werden, wofür verschiedene Wege beschritten wurden, von denen sich am besten noch der von der Firma Haubold eingeschlagene bewährt hat: bei den Bauarten dieser Firma wird die Trommelachse von einer Anzahl Metallringe umgeben, welche die Achse lose umgeben und verschiebbar auf Scheiben ruhen. Fig. 150 zeigt diese Anordnung, bei welcher drei Metallringe t unterhalb des Trommelbodens lose auf drei mit Naben auf der Trommelwelle befestigten Scheiben liegen.

Eine zunächst in Amerika aufgenommene Bauart ist die der **hängenden Zentrifugen**, wie sie schematisch in Fig. 149 wiedergegeben ist: Die Trommel a und der sie umgebende Mantel b werden von einem schalenförmigen Lager c getragen, welches einen halbkugeligen Kopf des Trägers d umschließt; Federpuffer f halten auch hier Mantel und Trommel in der Gleichgewichtslage, die Korbwelle e ruht in einem Fußlager in g; sie ist in dem oberen Ende des Mantelträgers d drehbar gelagert und trägt unterhalb die Antriebsscheibe h. Das Entleeren der Trommel erfolgt hier durch den Boden — **Untenentleerung** — durch Öffnungen im Trommelboden, welche im Betrieb durch einen Ringschieber k verschlossen sind.

Fig. 150 zeigt eine **Säurezentrifuge** zum Ausschleudern von Flüssigkeiten, welche Metalle stark angreifen würden. Bei dieser Ausführung ist die Trommel vollständig ausgekleidet mit einem Einsatz von Steinzeug, so zwar, daß auch die abgeschleuderte Flüssigkeit nur mit der Steinzeugauskleidung der Trommel bzw. auch der des Mantels in Berührung kommt, eine Berührung mit Metallteilen also vollständig vermieden wird.

Vom diskontinuierlichen Betrieb der bisher beschriebenen Ausführungsformen zur kontinuierlichen Austragung des Zentrifugenrückstandes leiten dann die **Zentrifugen mit selbsttätiger Austragung** über. Fig. 151 zeigt eine solche Zentrifuge, bei welcher in den Zentrifugenkorb eine Förderschnecke eingebaut ist, welche den Trommelquerschnitt praktisch vollständig ausfüllt, so daß die Schnecke die ganze Trommelwand innen bestreicht; diese Förderschnecke ist mittels einer Zahnradübersetzung mit der Welle der Zentrifugentrommel so verbunden, daß die Schnecke um 1 bis 2 Proz. mehr Umdrehungen macht als die Trommel selbst: zufolge dieser Relativbewegung der Schnecke gegen die Trommelwand übt diese eine Förderwirkung, eine Weiterbewegung des Filtriergutes in der Trommel in der Richtung von oben nach unten aus, welche so eingestellt wird, daß sie zur Abtrennung der Flüssigkeit vom Festen genügt und dieses dann dauernd unten ausgetragen wird, die Trommel muß also nicht zwecks Entleerung stillgelegt werden, sondern arbeitet ständig. Hängende

Zentrifugen werden vielfach mit Motoren direkt gekuppelt; die Hängewelle der Trommel ist dann mit einem Streuteller versehen, welcher eine möglichst gleichmäßige Verteilung des Schleudergutes auf die Trommelwandungen sichert; die Entleerung erfolgt hier stets nach unten, an die Entleerungsöffnungen, welche im Betrieb mit einem Rundschieber verschlossen sind, schließt sich vielfach eine Hosenrutsche an, durch welche das aus der Trommel entleerte Festgut einem darunterliegenden Fabrikationsraum zur weiteren Verarbeitung zugeführt wird.

Zentrifugen mit wagrecht gelagerter Welle werden in der Kaliindustrie zur Bewältigung von Massenleistungen verwendet und gelangen in der letzten Zeit in steigendem Umfang immer mehr an Stelle der Zentrifugen mit senkrechter Welle für die verschiedensten Zwecke zur Einführung; die Trommel befindet sich ununterbrochen in Umlauf, es wird unter Umlauf gefüllt, gewaschen, gedämpft usw., und schließlich auch während des Umlaufes die Entleerung vorgenommen, wodurch nicht allein eine weit bessere Ausnutzung der Maschinen stattfindet — die Leistung je Maschine bedeutend steigt —, sondern auch der Kraftverbrauch auf ein Minimum absinkt; der Trommeldurchmesser steigt bis zu $2^1/_2$ m an, die Leistung einer solchen Zentrifuge ist hoch, wenn man

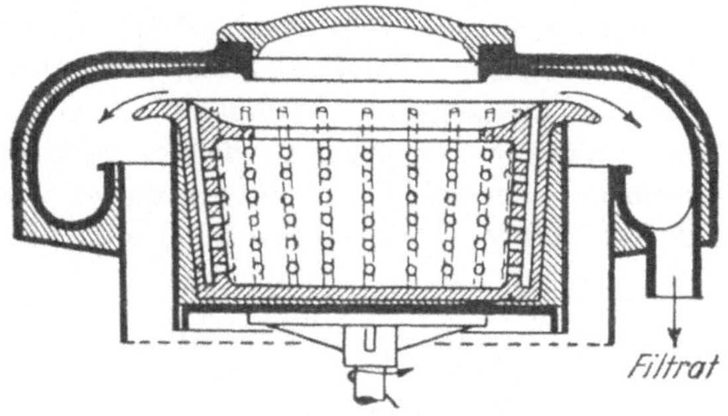

Fig. 150. Säure-Zentrifuge.

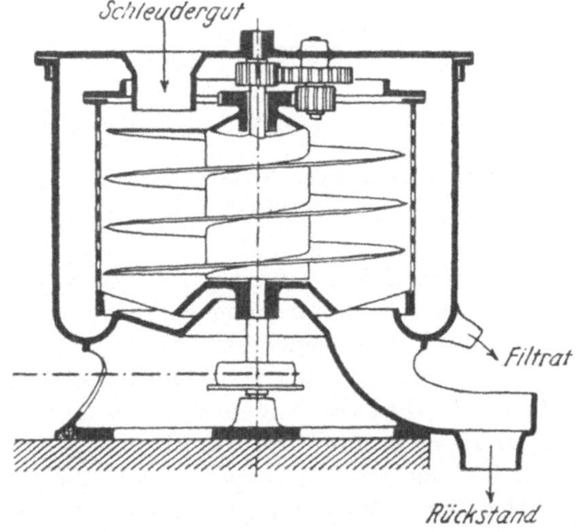

Fig. 151. Zentrifuge mit selbsttätigem Austrag.

berücksichtigt, daß eine einzige Trommelfüllung etwa 1200 kg erreicht.

Die Trommel wird bei Umlauf in halber Umdrehungszahl gefüllt, wodurch eine gleichmäßige Verteilung des Schleudergutes stattfindet, dann wird die Umlaufgeschwindigkeit auf die volle Höhe gebracht; nach dem Ausschleudern wird die Antriebsvorrichtung ausgeschaltet und die Trommel dadurch entleert, daß ein Schabemesser sich gegen die Trommelwandung hebt, das dort abgeschiedene Festgut abnimmt und durch eine Schrägrinne zum Austrag bringt, worauf das Schabmesser zwangsläufig in die Ruhestellung zurück-

kehrt, die Zentrifuge wieder eingeschaltet und mit neuem Filtriergut beschickt wird.

Die schematische Darstellung der Wirkungsweise einer solchen Schleuder
zeigt Fig. 152.

Die Schleudertrommel ist auf einer wagrechten Welle gelagert. Während
des Füllens nach I läuft die Trommel mit kleiner Umdrehungszahl, wobei
das Schleudergut durch das Füllrohr a in die Trommel gleitet und durch ein
Schlitzrohr sich verteilt. Nach erfolgter Füllung wird nach II der Zuführungs-
hahn geschlossen, der Antriebriemen von der Los- auf die Festscheibe geführt,
und die Trommel läuft mit voller Geschwindigkeit. Nach erfolgtem Ausschleudern wandert der Riemen wieder von der Festscheibe auf die Losscheibe
nach III. Der Schaber C entfernt das an der Trommelwand haftende Schleudergut, indem er sich gegen die Umlaufrichtung auf die Wand zu bewegt.

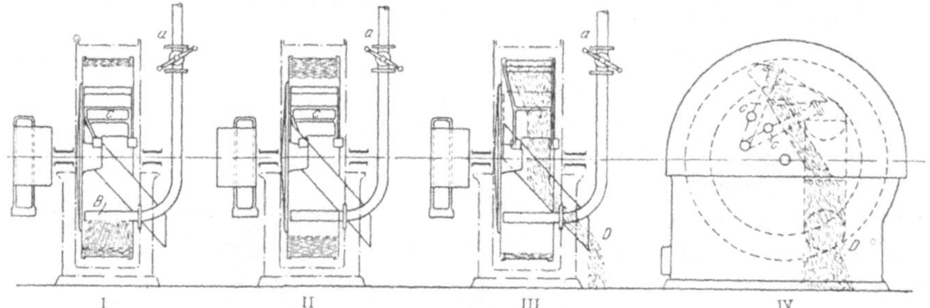

Fig. 152. Schematische Darstellung der Arbeitsweise einer Haubold-Großleistungs-
Zentrifuge von C. G. Haubold A.-G., Chemnitz.

Das Schleudergut verläßt bei D die Schleuder. Durch das Abschaben verringert sich die Umdrehungszahl der Lauftrommel auf die kleinere Geschwindigkeit, bei der wieder gefüllt wird.

Eine besondere Art von Zentrifugen sind die sog. **Absetz- oder Schälzentrifugen,** die dort zur Anwendung gelangen müssen, wo es sich um die Abtrennung fester Bestandteile von Flüssigkeiten handelt, bei denen es beim Filtern
zur Bildung von Schlämmen kommt, die jede Filtration über Siebe und sieb-
artige Vorrichtungen nach kurzer Zeit zum Stillstand bringen würden.

Eine einfache Überprüfung, ob man Zentrifugen mit Sieb- bzw. Filtereinsatz
verwendet, oder ob man gezwungen ist, auf die Schälzentrifugen zurückzugrei-
fen, ist dadurch möglich, daß man eine große Durchschnittsmenge des Filtergutes in dem Zustand, in dem es der Schleuder zugeführt werden soll, in einen
großen Glastrichter mit eingelegtem Papierfilter gießt und dann beobachtet:
Läuft die Flüssigkeit gut ab, so können ohne weiteres die gewöhnlichen Zentrifugen verwendet werden; tritt hingegen bereits nach kurzer Zeit Verschlam-
mung des Filters durch Bildung einer flüssigkeitsundurchlässigen Schlamm-
schicht auf dem Filter und damit Aufhören des Filtratablaufens ein, so muß
man die Schäl- und Absetzzentrifugen verwenden.

Es sind dies **sieblose Schleudervorrichtungen,** deren Wirkungsweise der Fig. 153 ohne weiteres zu entnehmen ist. Bei der hier dargestellten Überlaufzentrifuge kann man dann entweder, wie hier zunächst dargestellt, kontinuierlich arbeiten, indem man die Zentrifugentrommel bei Stillstand oder während des Laufes mit dem zu trennenden Gemisch beschickt und dann die Umlaufzahl so steigert, daß sich der feste Rückstand an der ungelochten Trommelwand ablagert und nach dem Stillsetzen der Zentrifuge die klare Flüssigkeit durch Bodenöffnungen ablaufen läßt; die Füllung kann aber auch bei vollem Gang der Zentrifuge in der in Fig. 153 gekennzeichneten Weise durch ständigen Zulauf von Filtergut bewirkt werden; in beiden Fällen darf das Stillsetzen der Trommel aber **nur** allmählich und langsam erfolgen, da sonst das bereits abgeschleuderte Festgut durch die Stauchung des ja zunächst sehr rasch in Umlauf gehaltenen Filtrates wieder aufgewirbelt werden würde.

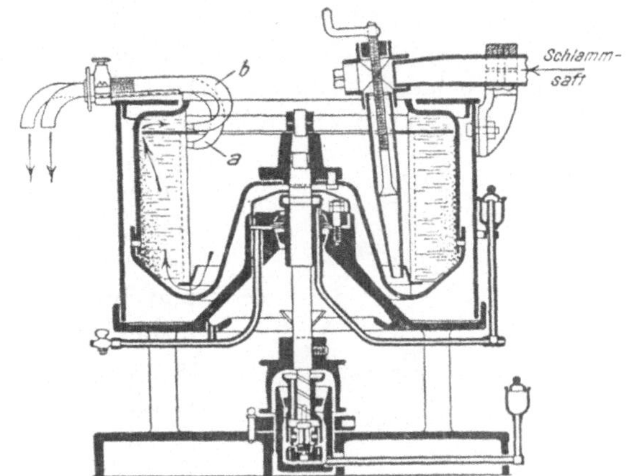

Fig. 153. Dänische Schälschleuder.

Dabei wird die abgeschleuderte Flüssigkeit nicht mehr durch Bodenventile abgelassen, sondern dauernd dadurch entfernt, daß ein sog. Schälrohr *a* am oberen Rande der Trommel eingebaut ist, durch welches das Filtrat dauernd zum Abfließen nach außen gelangt. Erwähnt sei hier die vollständig automatisch arbeitende Großleistungszentrifuge nach *ter Meer* mit Ölsteuerung für Füllen, Waschen und Entleeren.

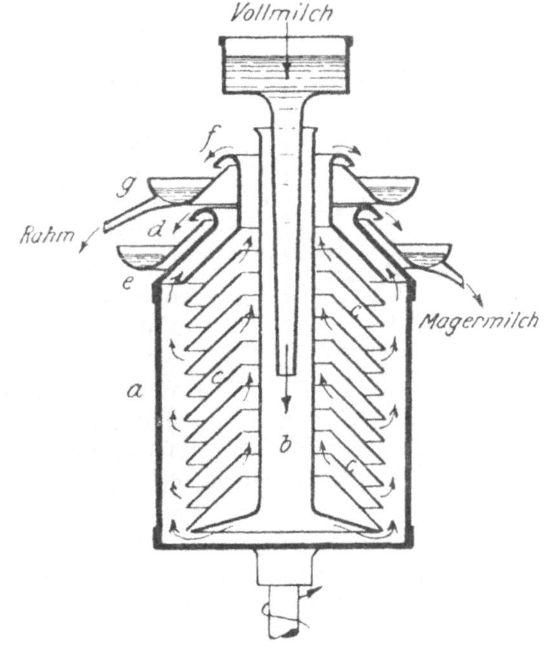

Fig. 154. Milchschleuder.

Nach dem gleichen Prinzip der verschieden starken Auswirkung der Fliehkraft auf Körper verschiedenen spez. Gewichtes, wie es hier zunächst zur Abtrennung von festen Körpern und Flüssigkeiten verwendet wird, können auch Flüssigkeitsgemische getrennt werden, wenn die einzelnen Komponenten genügend große Unterschiede im spez. Gewicht aufweisen. Die Verwendung solcher Zentrifugen in der Milchindustrie — **Separatoren** (vgl. Fig. 154) —, ebenso die Verwendung zur Trennung von Emulsionen im kleinen — Laborzentrifugen — darf als bekannt vorausgesetzt werden; hier soll nur noch kurz auf die in der letzten Zeit in steigendem Maße verwendeten Turbozentrifugen verwiesen wer-

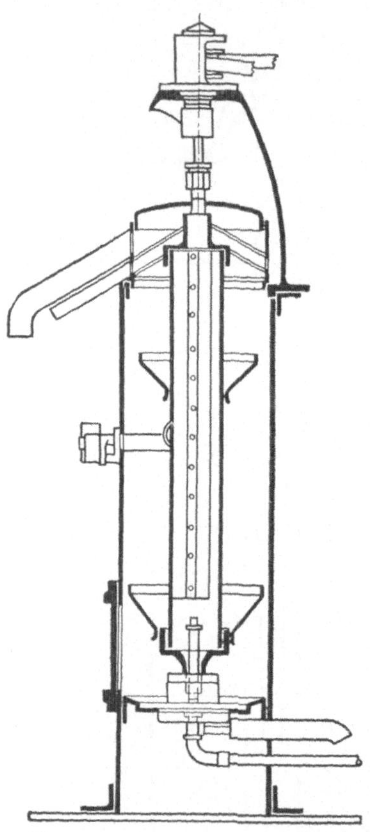

Fig. 155. Sharpless-Zentrifuge.

den und auf die sog. „**Sharpless Zentrifuge**", die durch direkte Kuppelung mit raschlaufenden Turbinen — Antriebsmittel Dampf oder Preßluft — in sehr raschen Umlauf versetzt wird und bis zu 30 000 Umdrehungen in der Minute macht. Sie wird in erster Linie dort verwendet, wo es sich um die Scheidung von sehr schwer trennbaren Flüssigkeiten handelt oder um die Abscheidung von sehr feinen schwimmenden Festteilchen in der Flüssigkeit, die sich auf Grund der spez. Gewichtsunterschiede oft erst nach wochenlangem Stehen durchführen lassen würde. An Stelle der sonst gebräuchlichen Zentrifugentrommeln mit großem Durchmesser und relativ geringer Höhe treten hier lange, rohrartige Schleudertrommeln, denen das Schleudergut unten zugeführt wird, in die Höhe steigt und durch die oben in der Schleudertrommel oder richtiger vielleicht im Schleuderzylinder befindlichen Löcher abgeschleudert wird. Die festen Bestandteile im Schleudergut bleiben an den Trommelwandungen liegen, die klare Flüssigkeit läuft oben ab; je nach der Menge der festen Stoffe im Schleudergut muß zeitweise der Schleuderzylinder herausgenommen und gereinigt werden; handelt es sich um die **Trennung von zwei Flüssigkeiten,** so wird nur der Kopf der Trommel etwas geändert, und zwar dadurch, daß zwei Abführungsrohre fest eingebaut werden, von denen das eine dicht an der Innenfläche des Schleuderzylinders beginnt und die an demselben hochsteigende spezifisch schwerere Flüssigkeit zur Abführung bringt, während das andere Rohr seinen Zugang mehr nach der Trommelmitte besitzt und von dort die spezifisch leichtere Flüssigkeit dauernd abzieht. Fig. 155 zeigt eine solche Schleudervorrichtung im Schnitt.

Ganz allgemein dienen die Zentrifugen nicht allein zur Trennung, sondern diese Trennung kann auch als Vorstufe der Trocknung verwendet werden, indem bei dieser Art der Abtrennung von Flüssigkeiten nasse Niederschläge einer weitgehenden Entwässerung zugeführt werden können; gegenüber von

Wassergehalten von 50 Proz. und darüber, wie sie vielfach beim üblichen Abnutschen in Kauf genommen werden müssen, kann der Wassergehalt des festen Filtrierrückstandes hier bis auf etwa 10 Proz. herabgedrückt werden; in der Tuchverarbeitung, welche mit Hängezentrifugen arbeitet, die hier aber zufolge der starken Schwerpunktsverschiebungen auf drei pendelnden Wellen aufgehängt sind, dient die Zentrifuge praktisch ausschließlich der Wasserabtrennung bzw. Trocknung.

Mit diesem Trennungsprozeß geht in der chemischen Technik vielfach gleich ein Waschprozeß Hand in Hand, indem man nach erreichter Ausschleuderung der Flüssigkeit den Trommelinhalt mit Waschflüssigkeit „deckt" und nochmals ausschleudert; in gleicher Weise können Niederschläge in der Trommel durch Dampfzuführung gedämpft werden usw.

Filterpressen.

Die zweite große Reihe von Hochdruckfiltern sind die Filterpressen, die zuerst in den englischen Tonwarenfabriken zum Auspressen des Tonschlickers verwendet wurden und in den 60er Jahren in Deutschland durch die auch heute auf diesem Gebiet noch führende Firma Dehne in Halle a. S. eingeführt wurden, und zwar hier zunächst in der Rübenzuckerfabrikation zum Auspressen des Scheidenschlammes; heute sind sie zu einem unentbehrlichen Gerät der meisten chemischen Betriebe geworden und werden sowohl in der Porzellan- und Steinzeugindustrie als auch in Farbenfabriken, Graphitwerken, bei der Gewinnung von Bleiweiß, Stärke, zur Ölabscheidung aus Samen, zur

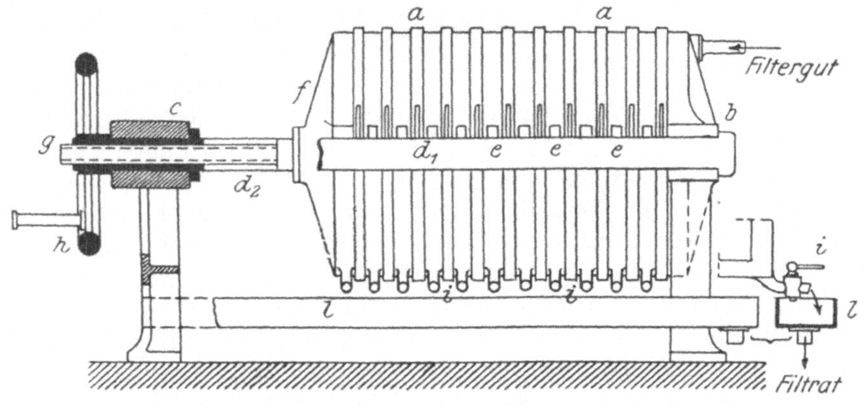

Fig. 156. Filterpresse.

Abscheidung des krystallisierten Paraffins in der Erdöl- und Braunkohlenteerverarbeitung, in der Hefefabrikation, ja praktisch in fast allen Zweigen chemisch-industrieller Tätigkeit mit Vorteil verwendet.

Die grundsätzliche Ausführung solcher **Filterpressen** ist Fig. 156 zu entnehmen. Die Filtration des unter Druck aus einem Hochbehälter zufließenden oder durch eine Pumpe zugepumpten Filtergutes erfolgt in einer ganzen Reihe nebeneinander angeordneter und in einem rahmenartigen Gestell verbundenen Filterkörper a; dieses rahmenartige Gestell besteht aus einer **Kopf-platte** b, einem **Querhaupt** c und den diese beiden verbindenden **Schubstangen** d_1 und d_2; Kopfplatte und Querhaupt sind mit Füßen versehen, mittels welcher die ganze Presse am Boden steht; auf diesen Schubstangen hängen mittels beiderseitig ausgebildeter und vorspringender Nasen die einzelnen Filter-körper, mittels dieser Nasen oder auch mittels besonderer an den Filterkörpern befestigter Handgriffe können die einzelnen Filterelemente in der Presse ver-schoben bzw. aus derselben auch herausgenommen werden. Der letzte dieser Filterkörper lehnt sich bei geschlossener Presse gegen das Kopfstück b, dann folgt eine größere Anzahl solcher Filterelemente, und schließlich wird das letzte abschließende Filterele-ment mittels eines zwei-ten Kopfstückes f fest angepreßt, wozu die Schraube g dient, die mit-tels eines Handrades so stark angezogen wird, daß sich die einzelnen Filter-elemente zu einem luft-dicht schließenden Gan-zen zusammenfügen; bei ganz großen Pressen tritt an Stelle dieses Handrad-antriebes ein Antrieb mit Druckwasser. Jeder Fil-terkörper ist mit einem Hahn versehen, durch wel-chen das Filtrat in eine Sammelrinne austreten

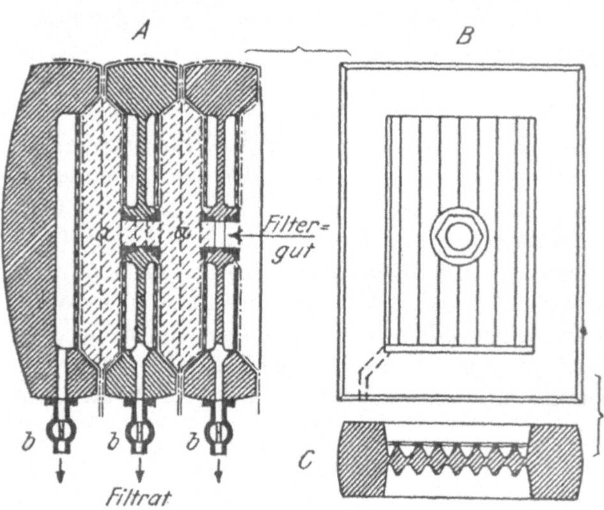

Fig. 157.   Filterplatte für Kammerpressen.

kann — in der Abbildung mit i bezeichnet und dort auch in der Aufsicht wiedergegeben —, der feste Rückstand lagert sich in den Filterkörper ab, wodurch der Pressendruck allmählich ansteigt, bis schließlich die Filter mit festem Rückstand gefüllt sind und die Presse entleert werden muß; da der Enddruck, welcher normalerweise nicht über 20 Atm hinausgeht, nicht zu stark ansteigen darf, die Durchlässigkeit der verschiedenen Rückstände aber eine stark wechselnde ist, paßt man die Dicke der Preßkuchen dem auftreten-den Widerstand an, worüber noch zu sprechen sein wird.

Je nach der Bauart der Filterkörper unterscheidet man zwischen Kammer-pressen und Rahmenpressen.

Bei den **Kammerpressen** sind die Filterkörper — s. Fig. 157 — ebene Platten aus Holz, Eisen, Metall oder Blei bzw. aus verbleitem oder verzinktem Eisen usw., mit muldenartig ausgetieften Stirnflächen; die Bodenfläche jeder solchen muldenartigen Vertiefung ist geriffelt, und zwar laufen diese Riffe-lungen parallel mit der senkrechten Plattenkante, also von oben nach unten, enden aber kurz vor dem Erreichen des unteren Plattenrandes. Die Höhe

der einzelnen Rippen ist, wie aus der Abbildung ersichtlich — vgl. C — kleiner
als die Tiefe der Mulde; werden zwei solcher Platten gegeneinander gelegt,
so entsteht zwischen ihnen ein flacher Hohlraum, die sog. **Kammer,** die dann
durch das Einziehen der Filtertücher — gestrichelte Linienzüge in der Figur —
vollständig mit Filtertuch ausgekleidet werden, wobei hohle Vorsatzschrauben
die Abdichtung des Filtertuches in der Mitte besorgen, in der sich ein kreisförmiger Kanal in jeder Platte befindet.

Durch diese Kanäle wird das zu filtrierende Gut der Presse aufgegeben,
es füllt die von den einzelnen Platten gebildeten Kammern, die Flüssigkeit
tritt durch das Filtertuch hindurch, fließt an der Riffelung der einzelnen

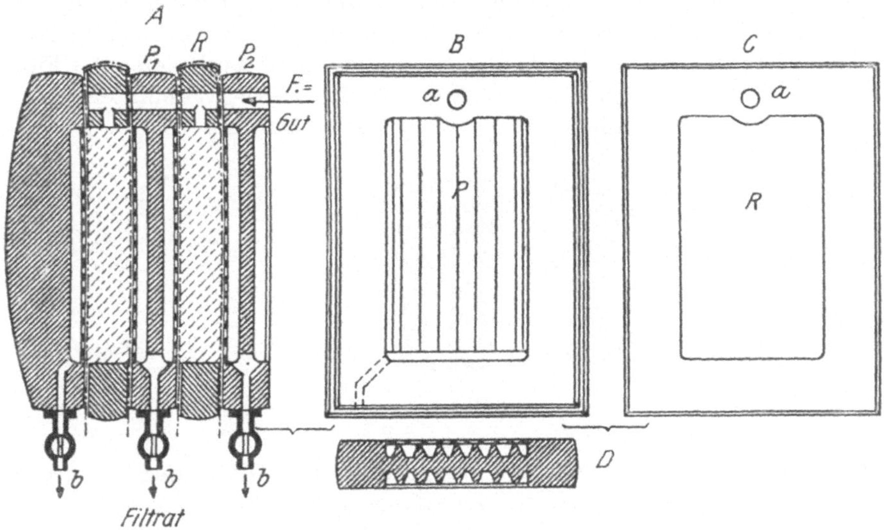

Fig. 158. Filterplatte und Rahmen für Rahmenpressen.

Platten hinab in die unten in jeder Platte befindlichen Kanäle und wird von
dort aus mittels der Hähne b entnommen. Sobald die Presse gefüllt ist, wird
sie durch Lüften der Schraube g geöffnet, die einzelnen Filterelemente werden
nach links geschoben und die Filterkuchen aus den Kammern ausgetragen.

Auch die ganz ähnlich arbeitende **Rahmenpresse** arbeitet nach dem gleichen
Prinzip, auch hier ist eine Kammer zur Aufnahme des Filtriergutes vorhanden,
dieselbe wird aber hier dadurch gebildet, daß zwischen je zwei Platten ein
Rahmen R — vgl. Fig. 158 — gelagert ist, der bei der Entleerung der Presse
einfach hochgehoben wird, wodurch diese Entleerung wesentlich einfacher
ist. Auch hier sind die einzelnen Platten in ganz analoger Weise geriffelt
und mit Rippen versehen, welche von oben nach unten verlaufen, die Abdichtung erfolgt mittels der zwischen Rahmen und Platten gespannten, hier
nicht gelochten Filtertücher, die in der Figur durch eine strichpunktierte
Linie angedeutet sind. Die Platten erhalten gebohrte Kanäle — vgl. Fig. B
und C —, und ein Gleiches gilt für die Rahmen, bei welchen aber die ein-

zelnen Kanäle noch durch eine weitere Bohrung mit dem Innern des Rahmens verbunden sind, so daß das Filtergut durch die Längskanäle allen Kammern zugeführt werden kann, zu welchem Zweck die Filtertücher an den betreffenden Stellen kleine kreisförmige Löcher haben, durch welche das Filtergut ungehindert zu jedem Rahmen zutreten und die ganze Presse gleichmäßig mit dem zu filtrierenden Gut füllen kann. Die Abführung des Filtrates erfolgt hier dadurch, daß das durch die Filtertücher hindurchtretende Filtrat an den Rippen der vollen Platten herabrieselt, sich in einem kleinen, unten befindlichen Kanal sammelt und durch eine in B angedeutete Bohrung mittels eines Hahnes abzapfen läßt.

Um eine möglichst vollständige Abtrennung des Filterrückstandes vom Filtrat zu erreichen ist es notwendig, die zunächst im Filterkuchen noch enthaltene Flüssigkeit zu gewinnen, was gewöhnlich durch Auslaugung des Filterkuchens erfolgt. Die Kuchen werden dann mit Wasser, verdünnten Laugen oder Säuren, mit Alkohol usw. solange gewaschen, bis sie frei von der

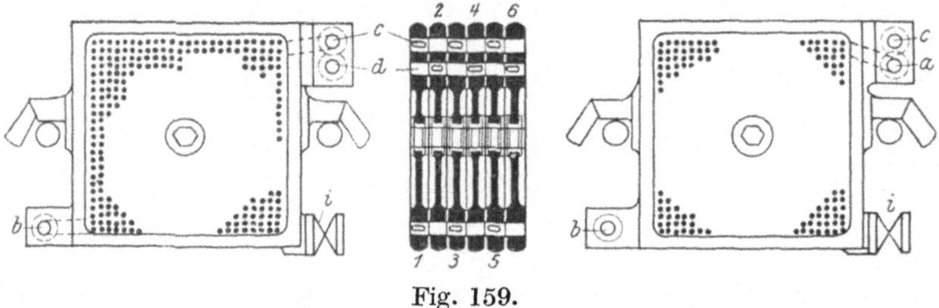

Fig. 159.

noch anhaftenden ursprünglichen Flüssigkeit sind — Gewinnung eines reinen Rückstandes —, oder aber, bis die Waschlauge so stark verdünnt abläuft, daß eine weitere Waschung wirtschaftlich nicht mehr lohnen würde: Gewinnung des Filtrates.

Bei der **einfachen Auslaugung** wird die Waschflüssigkeit unter Druck jeder Kammer derart zugeführt, daß sie hinter dem Filtertuch eintritt, durch dieses hindurchgeht, in der Horizontalen den ganzen Kuchen durchstreicht, durch das andere Filtertuch austritt und dann auf dem gleichen Wege wie vorher das Filtrat in die Sammelrinne abläuft. Vollkommener ist die **absolute Auslaugung:** sie allein ermöglicht eine restlose Wiedergewinnung der im Kuchen noch enthaltenen Flüssigkeit und gestattet auch den Kuchen selbst frei von allen Bestandteilen derselben zu gewinnen. Die Art dieser Auslaugung ist an Hand der Fig. 159 zu erkennen: in derselben ist rechts und links je eine Platte, in der Mitte ein Schnitt durch sechs nebeneinandergelagerte Platten in der Presse dargestellt. Zu Beginn der Auslaugung werden alle Hähne i geschlossen und die beiden Hähne, welche an den Enden des durchgehenden Kanals sitzen, geöffnet; dann öffnet man das an dem Kanal b sitzende Ventil, durch welches die zum Auslaugen bestimmte Flüssigkeit z. B. eintritt, und zwar gelangt das in den Kanal b eintretende Wasser durch einen in der Schnittfigur sichtbaren kleinen Kanal — vgl. Platten 1,

3 und 5 — hinter dem Tuch in die Kammer, steigt zwischen dem Filtertuch und den Kanelierungen der Platte hoch, verdrängt dabei die dort befindliche Luft, welche durch den oben befindlichen kleinen Kanal nach dem Sammelkanal c und schließlich durch dessen Abschlußventil entweicht; sobald bei diesem Ventil Waschflüssigkeit zu entweichen beginnt, also alle Luft aus der Presse ausgetrieben ist, werden diese Hähne geschlossen und die Ventile d geöffnet. Die Waschflüssigkeit wird jetzt unter Druck der Presse zugeführt, muß den Filterkuchen auf der ganzen Fläche wagrecht durchdringen, sammelt sich hinter dem Tuch in den Kanelierungen und fließt durch einen kleinen Seitenkanal — vgl. die Platten 2, 4, 6 — oben wieder aus in die Sammelrinne. Die Anreicherung der Waschflüssigkeit wird mit der Spindel kontrolliert und entweder bis auf reines Wasser bzw. Waschflüssigkeit vom ursprünglichen spez. Gewicht gewaschen, oder nur solange, bis die im Kuchen verbleibenden Reste der ursprünglichen Flüssigkeit vernachlässigt werden können.

Für eine Reihe von Verwendungen ist es notwendig, **heizbare oder auch Pressen, die mit Kühlvorrichtungen** versehen sind, zu verwenden, sei es um ein Auskrystallisieren in starken Lösungen zu verhindern oder geschmolzene Flüssigkeiten zu filtrieren — Wachs usw. —, sei es um Erwärmung der Lösung auszuschließen bzw. die Lösung selbst während der Filtration kalt zu halten. In solchen Fällen verwendet man Eisenpressen oder Pressen aus Metall mit eingegossenen Rohrschlangen, durch welche Dampf bzw. Kältelauge hindurchgepumpt wird.

Bei der in der chemischen Technik vielfach gebräuchlichen Filtration von heißen Laugen, die später zum Krystallisieren gebracht werden sollen, hilft man sich bei Verwendung der Holzpressen in der Weise, daß man vor der eigentlichen Filtration, also vor der Zufuhr des heißen Filtriergutes, Dampf durch die Presse streichen läßt und dieselbe soweit anwärmt, daß Krystallisation des Filtergutes in der Presse vermieden werden kann.

Das zur Filtration verwendete Filtertuch ist gewöhnlich ein starkes Baumwollgewebe, nur für Sonderzwecke werden gegebenenfalls auch andere Fasern — Kamelhaartuch, Asbesttuch usw. — verwendet. Selbstverständlich müssen die Tücher vor ihrer ersten Verwendung ausgekocht werden, ebenso dürfen Tücher, durch welche krystallisierende Lösungen filtriert wurden, nicht mit der Lauge erkalten, weil durch die sich hierbei bildenden Krystalle die Gewebefasern zerstört werden.

Als Baustoff wird für die Filterpressen in erster Linie Eisen verwendet, sofern es sich nicht um Flüssigkeiten handelt, welche Eisen angreifen; für solche verwendet man entweder verbleite oder verzinnte bzw. mit Hartgummi überzogene Platten und Rahmen aus Eisen oder Holz bzw. Hartblei. Für saure, heiße Lösungen wird am besten Bronze verwendet, ebenso für die in Frage kommenden mit der Flüssigkeit in Berührung tretenden Armaturen.

In der überwiegenden Mehrzahl der Fälle wird aber Holz, und zwar womöglich das harzreiche und darum widerstandsfähige Pitchpine verwendet, als Hähne dann gewöhnliche Bierzapfhähne, die ebenfalls aus Holz sind.

Die Art des Verschlusses richtet sich nach der Größe und der Beanspruchung
der Presse: am einfachsten und für Ausführungen bis zu 1000 mm Seitenlänge
der Platten bzw. Rahmen sind die Schraubenverschlüsse, die auch die
ältesten sind; für Pressen größeren Formates und starker Druckbeanspruchung
verwendet man Hebelverschlüsse oder hydraulische Verschlüsse,
welche durch Druckwasser betätigt werden, und bei welchen jede manuelle
Beanspruchung des Arbeiters in Wegfall kommt. Auf dieselben soll hier
näher nicht eingegangen werden, da sie für die Führung des Filtrationspro-
zesses ohne Einfluß sind.

Beide, sowohl Kammer- wie Rahmenpresse, verfügen über besondere Vor-
und Nachteile; die Kammerpressen gewähren vor allen dadurch eine gute
Abdichtung, daß hier zwei Tücher diese Abdichtung besorgen: während man
bei den Rahmenpressen die Flächen der Rahmen vor dem Zuschrauben der
Presse sorgfältig von anhaftenden Unreinigkeiten abkratzen muß, um gute
Dichtung sicherzustellen, entfällt diese zeitraubende Arbeit bei den mit zwei
Tüchern bespannten Kammerpressen; auch sind die Kammern erheblich
widerstandsfähiger als die Rahmen, ihre Lebensdauer ist auch bei starker
Beanspruchung eine große, nicht zuletzt sind die bei den Kammerpressen in
der Mitte der Kammern befindlichen Durchgänge derart groß dimensioniert,
daß eine Verstopfung hier niemals eintreten kann.

Diesen wertvollen Vorteilen steht aber ein recht fühlbarer Nachteil der
Kammer- gegenüber den Rahmenpressen gegenüber in der zeitraubenden
Anbringung der Tücher, die ja in jeder Kammer erst genau angepaßt werden
müssen; dieser Nachteil entfällt bei den Rahmenpressen, das Tuch bleibt ganz,
wird einfach um die Rahmen gelegt, überdies werden in dieser Art Pressen die
Kuchen im ganzen entnommen, während sie bei der Kammerpresse in der
Mitte durchlöchert sind.

Da Pressen im allgemeinen und Holzpressen im besonderen niemals ganz
dicht halten und insbesondere bei der Inbetriebnahme etwas lecken, baut man
unter die Presse eine flache viereckige Schale mit niederer Bordkante, in welcher sich das aus der Presse austretende Leckwasser sammeln kann, um der
neuerlichen Verwendung zugeführt zu werden.

Starke Verluste können sowohl hierdurch als auch durch die Verdunstung
aus der Ablaufrinne sich ergeben, wenn leichtflüchtige Flüssigkeiten zur Verarbeitung gelangen; unter Umständen tritt hierzu noch die erhöhte Feuergefährlichkeit beim Abpressen von alkoholischer, ätherischer oder Benzin-
lösung: für solche Fälle wird die ganze Presse in besonderen Konstruktionen
unter einer leicht hebbaren **Glocke** gehalten, deren Unterrand in einem Wasserverschluß abgedichtet wird, so daß ein Zutritt von Luft nicht stattfinden kann
und auch Verdunstung von Flüssigkeit aus dem Filtriergut ausgeschlossen ist.

Für den **Laboratoriumsbedarf** hat sich die Kombinierung von wenigen
Platten bzw. Kammern zu einer kleinen Presse als vorteilhaft erwiesen,
der zum Filtrieren notwendige Druck wird dadurch eingestellt, daß man
das Zulaufgefäß hochstellt, gegebenenfalls in das darüberliegende Stock-
werk; als Baustoff dient Holz, für die Leitungen werden starke Gummischläu-

che verwendet, welche mit entsprechend großen Quetschhähnen auf einen bestimmten Durchfluß eingestellt bzw. abgeschlossen werden können, und deren Zuführung zu der Presse man dadurch besorgt, daß man ein kurzes Stück Glasrohr einzieht und dieses mittels eines darübergestülpten Korkstopfens in ein Spundloch in der Platte einpaßt.

Um absolute Klärung des abfließenden Filtrates zu erreichen, empfiehlt es sich gegebenenfalls, nicht über Tuch allein zu filtrieren, sondern die Filterwirkung dadurch zu erhöhen, daß man gleichzeitig mit dem Tuch Bogen starken Filterpapiers einspannt, welche dann gegen das Zerreißen durch das sie stützende Tuch geschützt sind. Mehrere solcher Platten, in einfachster Weise mit vier U-Eisen und durchgehenden Verschraubungen zusammengepreßt, ergeben kleine im Versuchsbetrieb sehr gut brauchbare Filterpressen.

Preßfilter.

Das allgemeine Kennzeichen aller dieser **Hochdruckpressen**, die auch als **Scheidepressen** bezeichnet werden, ist die beim Pressen des Preßgutes eintretende mehr oder minder starke, aber stets erhebliche Volumverminderung des Preßgutes, welche Hand in Hand geht mit dem Entfernen der flüssigen Phase aus dem Preßgut. Nach vollzogener Auspressung ist der Preßraum gegeben durch das Volumen des hier unter Umständen sehr harten Preßkuchens.

Als Filtermaterial werden auch hier pflanzliche oder fallweise tierische Gewebe benutzt — Kamelhaartuch —, in einzelnen Fällen auch feinlochige Metallsiebe.

Die zu pressende Masse wird zunächst zum sog. **Preßpaket** zusammengeschlagen — vgl. Fig. 160 —, am einfachsten durch Auslegung eines Holzformkastens mit dem Tuch, Einbringen und Formen der Preßmasse und Zusammenschlagen des Tuches in der in der Figur angedeuteten Weise. Der Boden des Filtertuches, entsprechend dem Boden des Formkastens und der Gestalt des Preßkuchens, wird gewöhnlich aus doppeltem Tuch gemacht, um dem austretenden flüssigen Preßgut Beweglichkeit und leichtes Abfließen zu sichern.

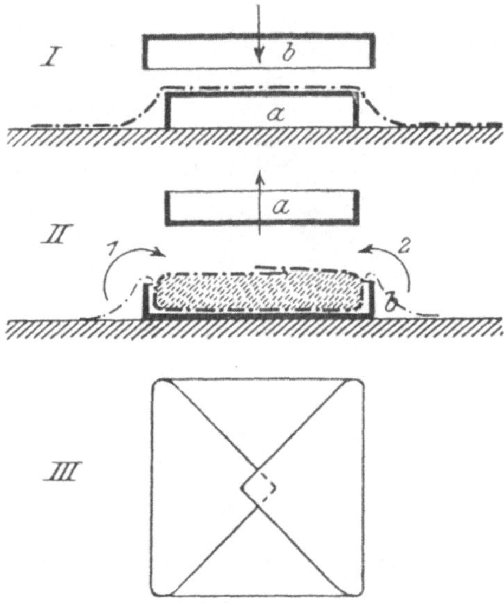

Fig. 160. Herstellung eines Preßpaketes.

Die einfachste Form der Abpressung — Stärke, Appreturmasse usw. — geschieht in dem in Fig. 161 abgebildeten sog. **Filtersack,** den man nach der Füllung zwischen zwei Holzrollen *b* so durchzieht, daß Pressung erfolgt, oder einfacher noch zwischen zwei entsprechend weit eingestellten Holzwalzen hindurchlaufen läßt.

Preßplatten, Preßtisch, Schachtel- oder **Trogpresse** sind allgemein bekannte Ausführungsformen, auf die hier nicht näher eingegangen werden soll. Fig. 162 zeigt **Preßtöpfe,** welche aus einem zylindrischen Gefäß bestehen, dessen einer Kreisboden fest, der andere hingegen beweglich ausgebildet ist. Mehrere solcher Preßtöpfe werden, wie aus der Figur ersichtlich ist, übereinander angeordnet, so zwar, daß der Kolben a des einen Preßtopfes zugleich die Decke für den zweiten Preßtopf bildet; dabei erfolgt die Ableitung des unten austretenden Filtrates durch Nuten d, welche in der Kolbenfläche eingerissen sind. Während die Kolbenplatten — in der Figur stark schraffiert — ständig in dem Preßrahmen verbleiben, werden die Ringgefäße zwecks Herausnahme der in ihnen gebildeten Kuchen aus der Presse ausgefahren.

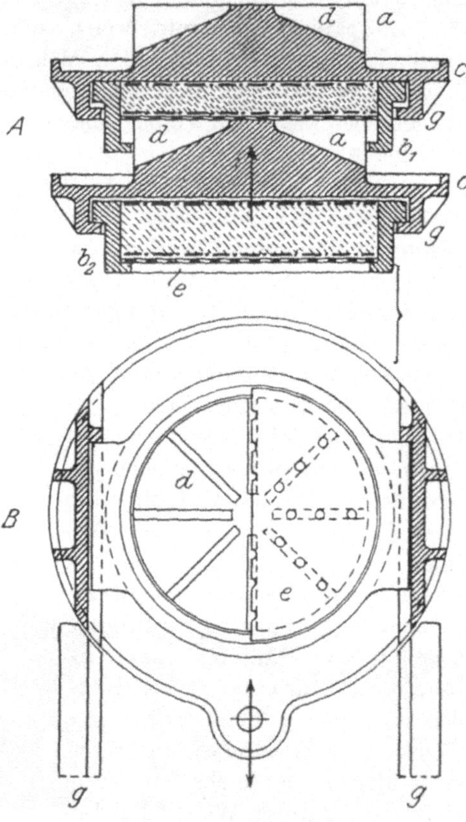

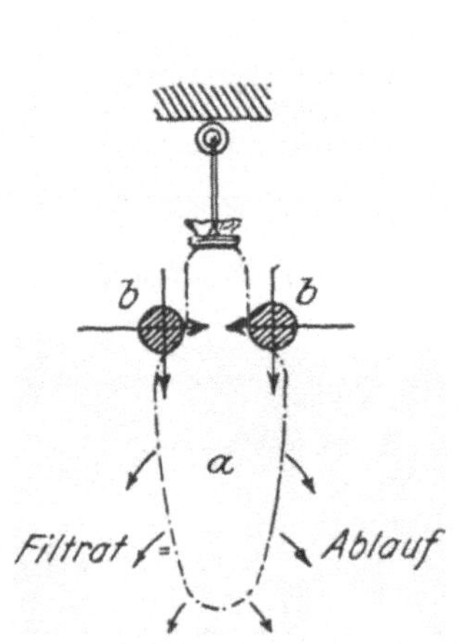

Fig. 161. Filtersack.

Fig. 162. Preßtöpfe.

Eine ähnliche Form, die sog. **Seiherpressen,** bei welchen die zylindrischen Seitenflächen mit siebartigen Durchbrechungen zum Ablaufen des Filtrates versehen sind, werden in allergrößtem Umfang in der Ölindustrie zum Auspressen der Saaten und Ölfrüchte verwendet. Sie bestehen — vgl. Fig. 163 — aus einem bis zu 500 mm weiten und etwa 1000 mm langen dünnwandigen geschmiedetem Stahlrohr, das genau zylindrisch gebohrt und abgedreht ist und mit zahlreichen bis zu 1 mm Durchmesser gehenden Löchern oder aber mit feinen Schlitzen versehen ist, die in der Längsachse verlaufen; ein Kranz von diametral angeordneten zahlreichen Stahlstäben b, die von heiß aufgezogenen Ringen c umschlossen sind, versteift den zylindrischen Mantel so, daß derselbe auch starken Pressedrucken von innen nach außen ohne weiteres ausgesetzt werden kann. Diese Versteifungsringe werden entweder — wie dies links in der Figur dargestellt ist — so hoch ausgeführt, daß sie einen Mantel bilden und dadurch ein Verspritzen der unter Druck austretenden Flüssigkeit verhindern, oder aber man verwendet, wie dies in der rechten Seite der Figur dargestellt ist, schmale Ringe und muß dann das Verspritzen von Filtergut, welches aus dem Seiher ausgepreßt wird, dadurch verhindern, daß man um die ganze Presse einen Mantel e aus dünnem Blech legt.

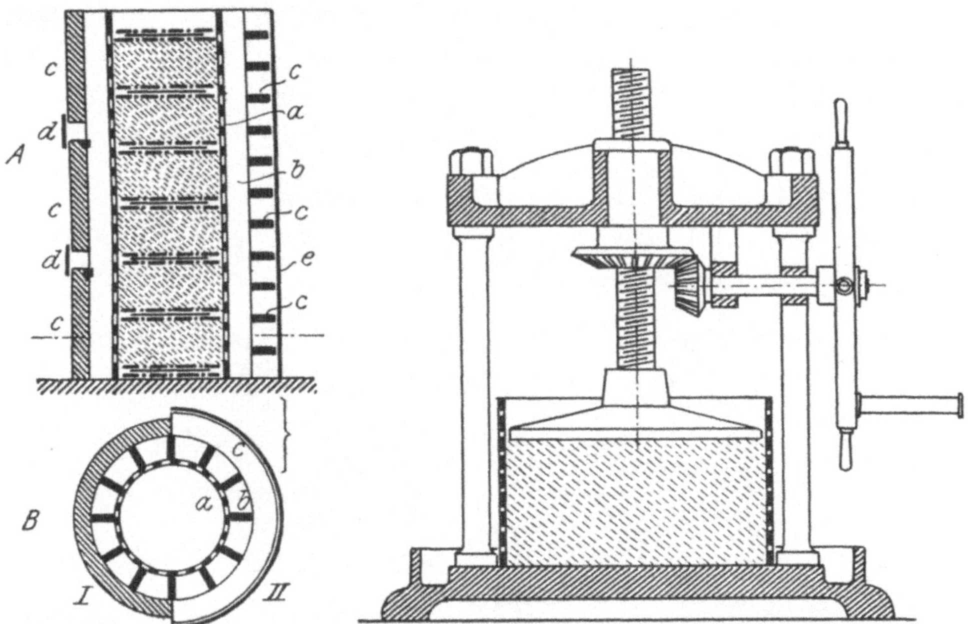

Fig. 163. Eiserner Seiher.   Fig. 164. Schraubenpresse.

Für gewöhnlich geschieht das Einbringen des Preßgutes in den Preß- zylinder schichtenweise, wobei die aufeinanderfolgenden Schichten stets durch zwei Preßtücher und eine dazwischengelagerte Eisenplatte abgetrennt werden; man füllt gewöhnlich nur soviel Preßgut ein, daß die Dicke der Preßkuchen nach erfolgtem Abpressen 20 bis 25 mm beträgt. Die vielfach üblichen und bekannten Pressen zum Auspressen saftreicher Früchte, wie von Oliven, frischem Obst, Trauben usw., arbeiten nach dem gleichen Grundsatz, nur daß bei ihnen — im Hinblick auf den viel geringeren Druckaufwand — aus Holzstäben zusammengesetzte Seiherpressen verwendet werden.

Die geschichtliche Entwicklung dieser Pressen leitet von den heute nicht mehr gebräuchlichen sog. **Keilpressen,** die im Mittelalter als Ölpressen benutzt wurden, zu den **Schraubenpressen,** welche auch heute noch viel benutzt werden über und führt dann schließlich zu den sog. **hydraulischen Pressen,** bei welchen

die Druckwirkung nicht mehr von Hand — wie z. B. bei den Schraubenpressen unter Zuhilfenahme der Kraftübersetzung mit der Schraube —,
sondern in Anbetracht der höheren Drucke mittels Druckwasser vorgenommen
wird. Eine Anwendungsart solcher **Schraubenpressen** in der Kaolinverarbei-

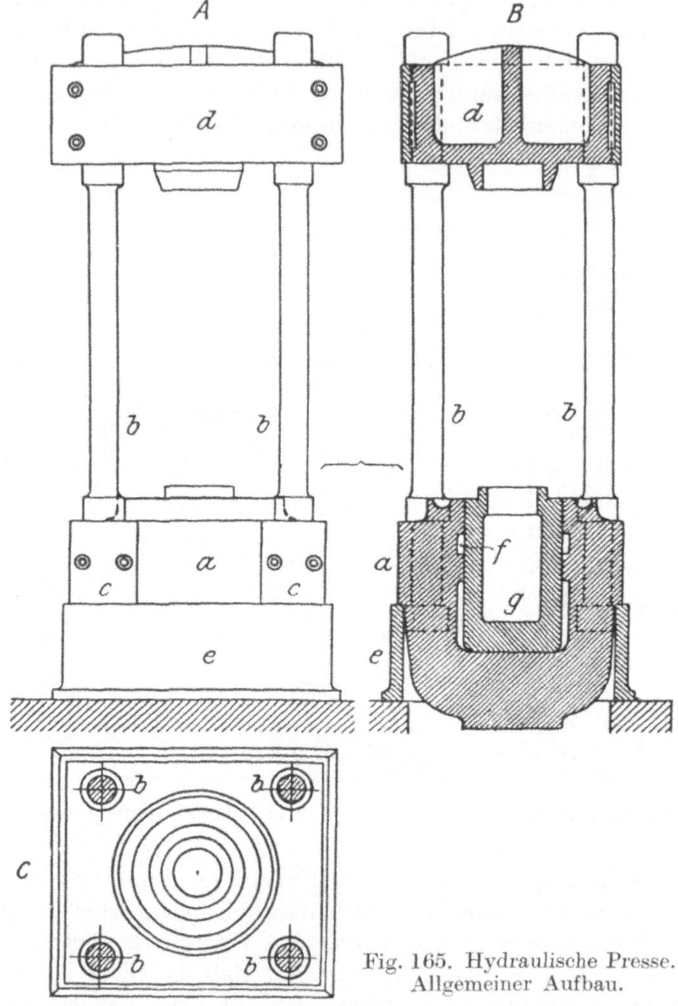

Fig. 165. Hydraulische Presse.
Allgemeiner Aufbau.

tung zum Entwässern des Kaolinschlammes zeigt Fig. 164: Der Kaolinbrei
wird in Leinentücher eingeschlagen und zu Paketen geformt, welche auf den
Tisch der Presse gelegt werden, und zwar gewöhnlich mehrere Lagen solcher
Pakete übereinander, wobei zwischen die einzelnen Lagen ein Weidengeflecht
gelegt wird. Das Anziehen der Schraube erfolgt bei den alten Ausführungen
gewöhnlich dadurch, daß man durch Löcher in dem Kopf derselben einen Hebel,
den sog. **Preßbengel,** einschiebt, bei neueren Ausführungen in der in der Figur

angegebenen Weise — vgl. Fig. 164 — mittels eines Handantriebes, welcher die Schraubspindel durch ein Kegelrad andreht.

Der Betrieb solcher Pressen ist umständlich und die erzielte Abpressung sehr unvollkommen: gelangt man doch mit den heute allgemein verbreiteten Filterpressen in kürzerer Zeit mit viel weniger Arbeitsaufwand zu einer viel weitergehenden Abtrennung des Filtrates vom Rückstand.

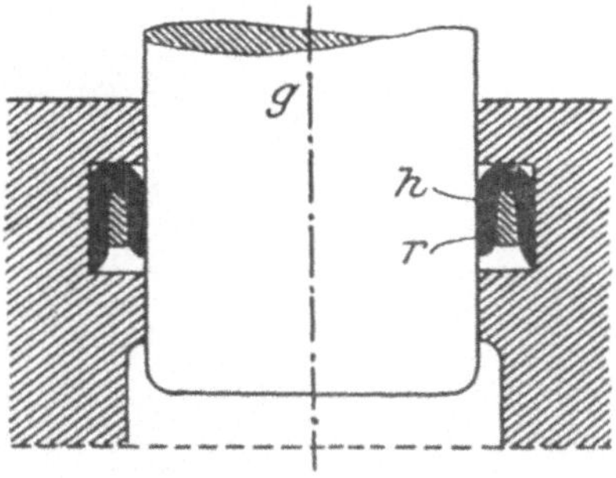

Die Presse der Neuzeit, soweit es sich nicht um die eben erwähnten Filterpressen handelt, und vor allem, sofern größere Preßwirkung ausgeübt werden soll, ist die **hydraulische Presse**, wie sie in Fig. 165 dargestellt ist.

Je nach der Art der Ausführung unterscheidet man zwischen **stehenden oder liegenden Pressen**, zwischen **Tisch-, Trog-, Ring-** und **Seiherpressen.**

Fig. 166. Manschettendichtung.

Ihre Wirkungsweise soll zunächst kurz an Hand der Figuren über den allgemeinen Aufbau einer stehenden hydraulischen Presse behandelt werden. In dem vierseitig prismatisch ausgestalteten Fuß a der Presse sind Aussparungen in den vier Ecken vorhanden, in welchen die Säulen b mit Kopf und Bund eingesetzt sind und durch vorgeschraubte Deckplatten c gehalten werden. In genau der gleichen Weise (s. Figur rechts) sind die Säulen oben mit dem **Pressenkopf** verbunden; wie aus der Schnittzeichnung ersichtlich ist, bildet der Pressenfuß auch zugleich das Gefäß für den hydraulischen Druckzylinder, in welchem der Kolben g auf und nieder gehen kann; dabei ist bei f in den Mantel des sonst zylindrischen Druckgefäßes eine Nute eingedreht, welche zur Aufnahme der **Dichtungsmanschette** dient; Fig. 166 läßt ohne weiteres die Arbeitsweise dieser Dichtungsmanschette erkennen: sie besteht aus einem Ring aus Leder oder aus Guttapercha von U-förmigem Querschnitt; in dem Hohlraum der Manschette befindet sich ein Gummiring r, so daß die beiden Schenkel der Manschette einerseits an den Kolben, anderseits an die Zylinderwand angepreßt werden; tritt nun aus dem Druckgefäß Wasser

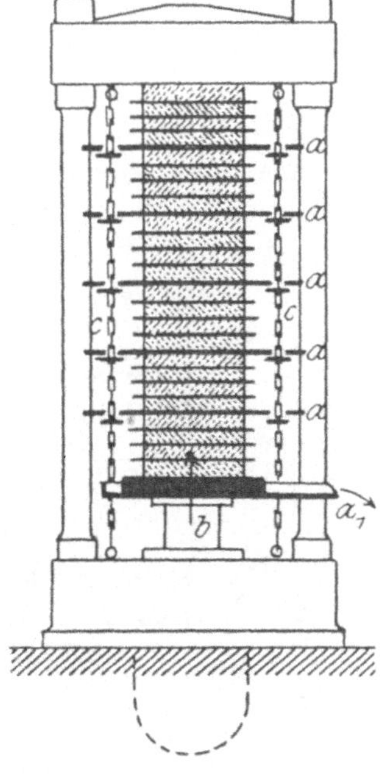

Fig. 167. Etagenpresse.

unter dem Druck des Zylinders in die Nut über, so weitet es die Manschette, preßt sie mit dem im Druckgefäß herrschenden Druck sowohl gegen die Zylinderwand als auch gegen die bearbeitete Kolbenwandung, so daß mit steigendem Druck auch die Anpressung steigt, mithin die Dichtung sicher wirken kann.

Pressen dieser Art werden für Drucke von 35 bis zu 300 Atm gebaut; diese Wasserpressung entspricht aber keineswegs der auf das Filtergut ausgeübten Pressung, vielmehr wird die letztere zu berechnen sein aus dem aufgewendeten Druck und der Fläche, auf welche sich dieser Druck verteilt;

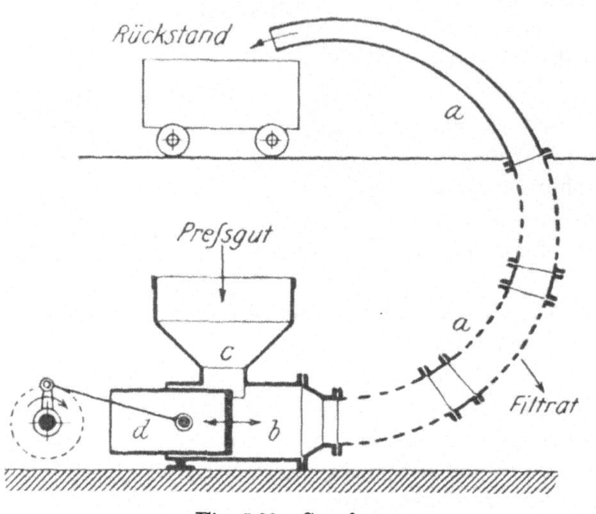

Fig. 168. Stopfpresse.

man gelangt dann im allgemeinen zu Pressedrucken von etwa 20 kg je Quadratzentimeter Oberfläche des Preßgutes.

Fig. 167 zeigt eine **stehende Tischpresse** und zwar eine sog. **Etagenpresse,** wie sie z. B. in der Stearinfabrikation verwendet wird; die einzelnen Tische sind übereinander angeordnet, der unterste Tisch ruht direkt auf dem Druckkolben und wird von diesem bei der Preßarbeit gehoben.

Alle diese Pressen müssen langsam unter Druck gesetzt werden, gegebenenfalls bleibt der Preßrückstand nach erreichtem Höchstdruck noch

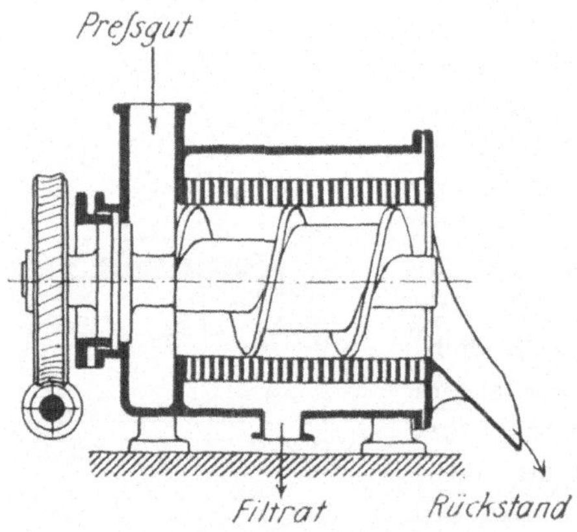

Fig. 169. Stopfpresse.

eine geraume Zeit in der Presse, um möglichst vollständige Abtrennung des Filtrates, Öles usw. zu erreichen. Für solche Fälle arbeitet man vielfach mit den sog. **Akkumulatoren:** in den Umlauf des Preßwassers oder der Presseflüssigkeit, als welche z. B. auch Glycerin Verwendung findet, ist dann ein Zylinder eingeschaltet, in welchem, gleichzeitig mit dem Preßzylinder der Presse selbst, ein Kolben hochgepumpt wird, welcher einen Kessel trägt, der mit Steinbrocken, Gußabfall usw. gefüllt ist, so daß zwar ein Anheben des Kolbens in diesen Akkumulator erst dann eintritt,

wenn der gewünschte Höchstdruck in der Presse, z. B. 300 Atm, erreicht ist. Da die Preßpumpe weiterläuft, preßt sie jetzt langsam den Kolben im Akkumulator hoch, so daß schließlich der ganze Zylinder des Akkumulators unter einem Druck von 300 Atm entsprechend dem gewünschten Höchstdruck in der Presse selbst steht. Sicherheitsvorrichtungen, auf die hier nicht näher eingegangen werden kann, verhindern dann ein zu hohes Steigen des Kolbens im Akkumulator, in dem beim Überschreiten eines gewissen Kolbenhubes automatisch Entlastung eintritt.

Diese Akkumulatoren verfolgen einen doppelten Zweck: zunächst wird die Druckzunahme in der Presse selbst viel gleichmäßiger, da die einzelnen Kolbenstöße der Preßpumpe nicht mehr so stark ausklingen; dann aber ist folgendes noch zu berücksichtigen: wird ohne Akkumulator gearbeitet, und ist der Höchstdruck in der Presse erreicht, so sinkt derselbe mit der Zeit wieder ab zufolge dichterer Zusammenlagerung des Preßgutes; ist hingegen ein Akkumulator vorhanden, so bleibt der Druck auch bei ausgeschalteter

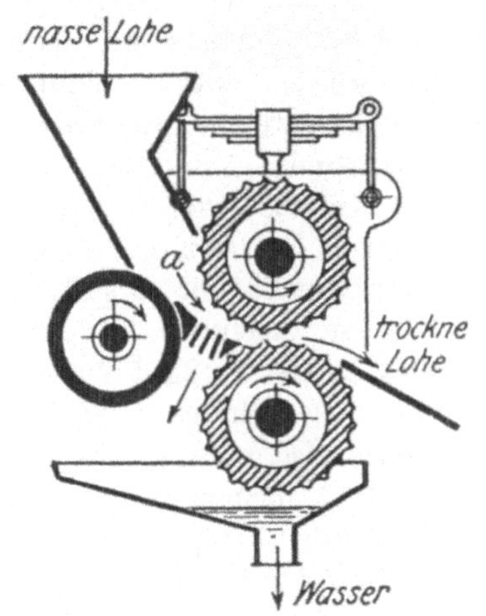

Fig. 170. Lohpresse.

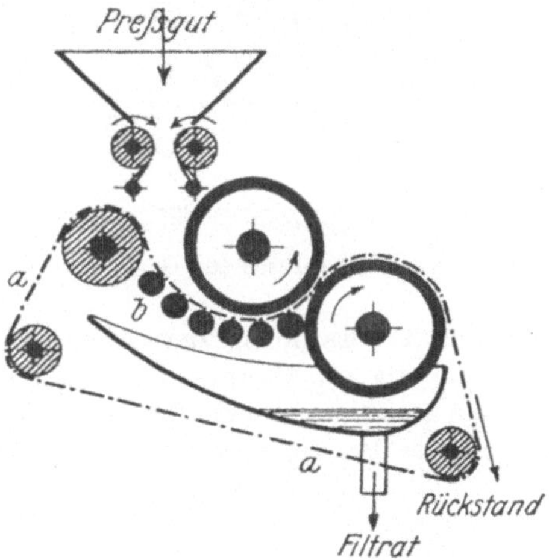

Fig. 171. Walzenpresse mit Filtertuch.

Preßpumpe lange Zeit konstant, da ja bei einem „Schwinden" des Presseninhaltes zwangsläufig sich zufolge des Akkumulators der Druck sofort wieder einstellt bzw. auf der einmal eingestellten Höhe lange Zeit verbleiben muß.

Auf die **Trog-** und **Ringpressen,** deren Wirkungsweise die gleiche wie die der Tischpressen ist, und die sich von diesen lediglich durch die andere Bauart unterscheiden, soll hier nicht näher eingegangen werden, hingegen bleibt noch die Möglichkeit der Warmbehandlung des Preßgutes in der Presse zu behandeln, die in vielen Fällen notwendig ist, um zu einer weitergehenden Abtrennung von Preßrückstand und Ablauf zu gelangen.

In allen diesen Fällen verwendet man **heizbare Pressen,** bei welchen sowohl in dem Pressenkörper selbst als auch in den einzelnen Preßplatten Schlangen zum Durchleiten von warmem Wasser, Sattdampf oder überhitztem Dampf vorgesehen werden.

Das Druckwasser für alle diese Pressen liefern gewöhnlich paarweise zusammengefaßte Pumpen, welche bei Pressen größerer Leistung maschinell angetrieben werden, und zwar doppeltwirkende Pumpen, bei denen die beiden Kolben jedes Pumpenpaares gleichen Hub, aber ungleiche Kolbendurchmesser haben, so zwar, daß die Füllung des Druckgefäßes in der Presse von den Pumpen mit großem Kolbenquerschnitt auf etwa 10 Atm rasch erfolgt, während dann bis zu Erreichung des Höchstdruckes der kleine Kolben allein arbeitet und dadurch ein langsamer Anstieg des Druckes erreicht wird, gleichwohl aber eine möglichst rasche Füllung der Preßvorrichtung mit Druckwasser gesichert werden kann.

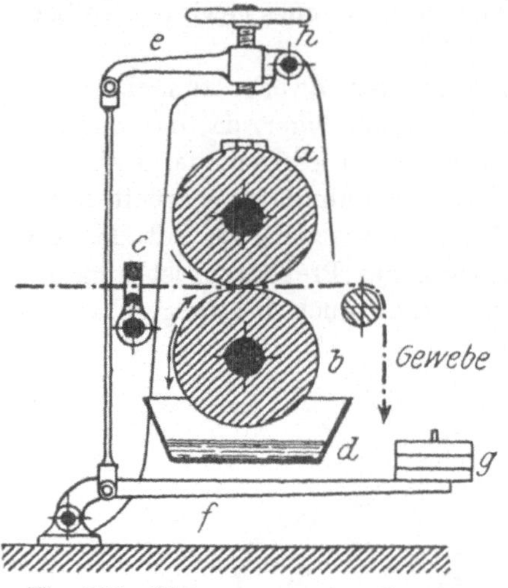

Fig. 172. Walzenpresse für Gewebe.

Alle bisher besprochenen Pressen arbeiten diskontinuierlich, d. h. die Presse muß gefüllt, in Betrieb gesetzt, nach dem Abpressen entleert und wieder frisch gefüllt werden. Die kontinuierlich arbeitenden Pressen — **Stopfpressen und Walzenpressen** — sind in ihrer Anwendung vereinzelt geblieben; sie arbeiten nach dem Prinzip, daß das abzupressende Gut in einem stetigen Strom der Presse zugeführt wird, und daß der Preßraum in der Richtung, nach welcher das Preßgut bewegt wird, ständig an Raum abnimmt. Die sog. **Stopfpressen** finden vornehmlich zur Abpressung der Rübenschnitzel Verwendung, so eine in Fig. 168 dargestellte Presse, deren Wirkungsweise aus dem Bild allein ohne weiteres

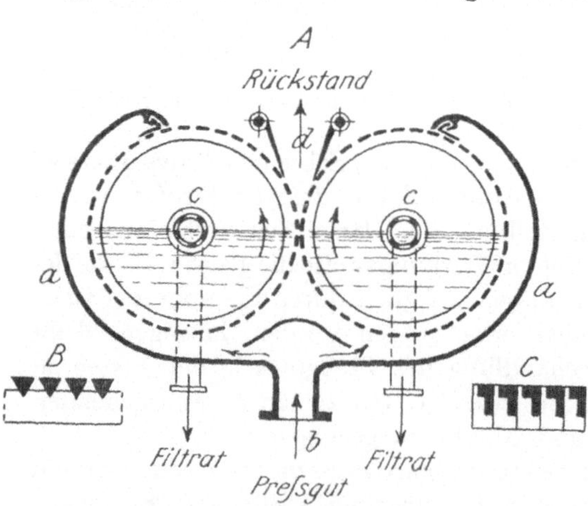

Fig. 173. Walzenpresse mit Siebwalzen.

verständlich ist, und die anschließend in Fig. 169 schematisch wiedergegebene Form mit eingebauter Förderschraube: dadurch, daß der zweite Gang dieser Schraube ein viel kleineres Volumen zeigt, findet eine starke Pressung des Preßgutes gegen die zylindrisch ausgebildete Wand statt, und durch die in der Wand befindlichen Kanäle tritt der Preßablauf aus. Für die Verarbeitung von Obst und Früchten finden derartige Pressen vorzugsweise Verwendung von den kleinsten Dimensionen, wie sie im Haushalt gebräuchlich sind, bis zu ganz erheblichen Durchsatzleistungen.

Walzenpressen, wie sie in den Fig. 170 bis 173 schematisch wiedergegeben sind, finden für besondere Zwecke Anwendung; auch sie werden zum Teil auch zum Entwässern der im Diffuseur ausgelaugten Rübenschnitzel verwendet.

4. Auslaugen und Extrahieren.

Zur Trennung verschiedener Bestandteile in Lösungen oder auch in festen Gemischen auf Grund der verschiedenen Löslichkeit der einzelnen Bestandteile gegenüber zu wählenden bestimmten Lösungsmitteln verwenden wir das **Auslaugen** oder **Extrahieren** und sprechen vom Auslaugen in erster Linie dann, wenn es sich um die Gewinnung anorganischer Stoffe handelt, vom Extrahieren hingegen bei der Gewinnung organischer Bestandteile. **Diffusion, Osmose, Macerisieren** sind Vorgänge bestimmter Art, die ebenfalls unter den Begriff des Auslaugens bzw. der Extraktion fallen.

Die mit löslichen Teilen beladene Flüssigkeit, das **Lauggut** oder kurz die Lauge oder auch der Auszug genannt, wird mit dem Extraktionsmittel oder Lösungsmittel behandelt, welches nur auf die zu lösenden Teile einwirkt und diese aufnimmt und weder auf diese — den späteren Extrakt — noch auf den Rückstand chemisch einwirken soll. Man wählt unter verschiedenen Lösungsmitteln jene, welche neben einer möglichst großen Lösefähigkeit für den aus dem Lauggut herauszunehmenden Körper wirtschaftlich die günstigsten Bedingungen bieten; so z. B. Benzin an Stelle von Äther bei sonst gleicher Brauchbarkeit im Hinblick auf den geringeren Preis, Tetrachlorkohlenstoff und gechlorte Kohlenwasserstoffe statt Benzin in Hinsicht auf den höheren Siedepunkt, also geringeren Verlust und die dabei vermiedene Feuergefährlichkeit. Wichtig ist, daß das Lösungsmittel sich aus dem Rückstand völlig entfernen lasse: so vermeidet man z. B. Äther als Lösungsmittel in der Industrie der ätherischen Öle im Hinblick auf das starke Haften des Äthergeruches an den gewonnenen Ölen und die dadurch bewirkte geruchliche Entwertung derselben und verwendet an seiner Stelle niedrigsiedende Kohlenwasserstoffe wie Benzin.

Teilt man die in Frage kommenden zur Auslaugung bestimmten Stoffe in zwei große Gruppen ein, in die in Wasser löslichen und die in Wasser nicht löslichen, so ergibt sich von selbst die Anwendung von Wasser für alle jene Fälle, in denen Wasserlöslichkeit vorhanden ist, und tatsächlich ist auch Wasser das in weitaus größtem Umfang verwendete „Lösungsmittel". Die wichtigsten und hauptsächlichsten Vertreter der in Wasser nicht löslichen Stoffgruppen, die hier in Frage kommen, sind dann Fette und Öle; für sie kommen als Lösungsmittel nur organische Stoffe in Frage: Benzin, Äther, Schwefelkohlenstoff, Chloroform, Aceton, gechlorte Kohlenwasserstoffe, ferner Alkohol — in beschränktem Umfang — sowie Gemische mehrerer solcher Stoffe bilden eine lange Reihe von Extraktionsmitteln, welche fallweise den Bedingungen des Einzelfalles anzupassen und ihm entsprechend auszuwählen sind.

Zur Vornahme der Auslaugung und Extraktion müssen die in Frage kommenden Stoffe erst vorbereitet werden, sofern es sich nicht um das Auslaugen von Flüssigkeiten handelt. Feste Stoffe, welche ausgelaugt oder extrahiert werden sollen, müssen zuerst so weitgehend zerkleinert werden, daß dem Lösungsmittel leichter und gleichmäßiger Zutritt zu allen Teilchen gewährt ist: je nach der Art des Rohstoffes muß derselbe gestoßen, gemahlen, geraspelt — Hölzer, die auf Farbstoff- oder Gerbstoffextrakte verarbeitet werden sollen — oder geschnitten werden — Rübenschnitzel; die Art der Zerkleinerung ist unter Umständen von ausschlaggebendem Einfluß auf den Verlauf und die Wirtschaftlichkeit des Auslaugevorganges: zu weitgehende Zerkleinerung führt gegebenfalls zur Bildung von schlammigen und teigartigen Massen, die dem Durchgang des Lösungsmittels hohen Widerstand entgegensetzen bzw. eine gleichmäßige Durchdringung unter Umständen überhaupt ausschließen; aus diesem Grunde muß z. B. bei der Extraktion der Montanwachskohlen zur Gewinnung des Rohmontanwachses der feine Kohlenstaub herausgesiebt werden, wodurch bedeutende, aber unvermeidliche Verluste an Extraktionsgut entstehen können.

Bei der Extraktion feingemahlener Drogen im großen — manchmal auch im Labor — hilft man sich dann oft mit sehr gutem Erfolg dadurch, daß man die z. B. bei der Alkaloidgewinnung mit Potaschelösung befeuchtete Droge mit einem gewissen Prozentsatz von Häcksel durchschaufelt und dieses Gemisch der Extraktion unterzieht: die durch den Häcksel gebildeten kleinen Kanäle im Extrahiergut gestatten dann eine gleichmäßige Durchdringung mit dem Lösungsmittel und eine dauernde Umspülung des Extraktionsgutes mit immer neuen Mengen des Lösungsmittels.

Luftgehalt des Extraktionsgutes und Benetzung desselben durch das Lösungsmittel spielen ebenfalls eine große Rolle; das Eindringen von Luft muß schon im Hinblick auf die dadurch möglichen Verluste an — leichtsiedenden — Lösungsmitteln vermieden werden, die sonst zu einem erheblichen Teil in Dampfform durch die Entlüftungsrohre entweichen. Zur Erzielung guter Benetzung des Extrahiergutes ist unter Umständen weitgehende Trocknung des Extraktionsgutes vorzusehen; für Stoffe, die durch ihren Wassergehalt abweisend auf das Lösungsmittel wirken, ist weitgehende Trocknung unbedingt notwendig, gegebenenfalls vorherige Benetzung mit anderen Mitteln: Extraktion mit Lösungsmittelgemischen. Andererseits darf aber auch nicht übersehen werden, daß die Trocknung unter Umständen zu Veränderungen im Gefüge des zu extrahierenden Stoffes führen kann, welche die Extraktion erschweren oder unmöglich machen: so muß die zur Montanwachsgewinnung verwendete Kohle mit einem Wassergehalt von ungefähr 15 Proz. verwendet werden, da die Kohle bei vollständiger Abtrocknung eine hornartige Beschaffenheit annimmt und nicht befriedigend extrahiert werden kann.

Bei Verwendung von brennbaren Extraktionsmitteln sind alle für den Verkehr und die Handhabung derselben notwendigen Vorsichtsmaßregeln zu beachten; insbesondere gilt dies auch hinsichtlich der unbedingt vorgeschriebenen und notwendigen **Erdung** der einzelnen Metallteile, um die Bildung elektrischer Spannungen, als deren Folge durch Funkenentladung die Dämpfe des Lösungsmittels entzündet werden könnten, zu vermeiden; aus dem gleichen Grunde sollen für das Abfüllen derartig leicht entflammbarer Lösungsmittel nur **Metalltrichter** verwendet werden, die durch eine in sie herabhängende und sie berührende Metallkette so mit dem Zufüllgefäß verbunden sind, daß fallweise auftretende elektrische Spannungen bereits im Entstehen zum Ausgleich gelangen.

Gegen alle diese Fährnisse kann man sich durch die Anwendung des Tetrachlorkohlenstoffes schützen, der weder selbst brennbar ist noch explosible Dampf-Luftgemische ergeben kann; seiner allgemeinen Verwendung steht aber nicht allein der hohe Preis im Wege, sondern auch seine starke Angriffsfähigkeit auf die gewöhnlich aus Metall gefertigten Extraktionsgefäße. Von besonderer Wichtigkeit ist die möglichst vollständige Wiedergewinnung des Lösungsmittels; bis zu welchem Grad der Vollkommenheit sie getrieben werden kann, zeigt die in der Spritwäsche des Braunkohlenteers erreichte durchschnittliche Wiedergewinnung von etwa 98 Proz. des zur Extraktion verwendeten Alkohols.

Bei Verwendung ganz niedrig siedender Lösungsmittel ist ein Entweichen von gewissen und unter Umständen erheblichen Mengen des Lösungsmittels mit der aus dem Apparat abziehenden Luft unvermeidlich; man kann diese Verluste auf ein Minimum herabdrücken, indem man diese Luft, der z. B. der Ätherdampf durch Kühlung allein nicht entzogen werden kann, durch Absorptionsfilter mit A-Kohle, Silica-Gel schickt oder für den gleichen Zweck das in der Erdölindustrie eingeführte Verfahren nach *Brégeat* verwendet, welches seine Brauchbarkeit auch in der Industrie der Explosivstoffe zur Wiedergewinnung des sonst flüchtig verlorengehenden Acetons bereits bewiesen hat.

Ganz allgemein gilt, daß bei leichten Lösungen das schwere Extraktionsmittel von oben, das leichtere von unten zuzuführen ist; gleichmäßige Verteilung desselben — eingebaute Siebflächen usw. — ist selbstverständlich; nach dem Ablassen des Lösungsmittels bleibt stets ein mehr oder minder großer Anteil desselben im Extraktionsgut; seine Wiedergewinnung ist, sofern nicht Wasser verwendet wurde, in allen Fällen von erheblichem Einfluß auf die Wirtschaftlichkeit; sie kann erfolgen entweder durch Abtreiben mittels indirekten Dampfes — in den Extraktionsapparat eingebaute Dampfschlangen — gegebenenfalls auch unter Zuhilfenahme oder ausschließlich mit direktem Dampf: Ausdämpfen des Extraktionsgutes nach vorgenommener Extraktion. Eingebaute Dampfschlangen dienen dann auch dazu, die **Extraktion in der Wärme** vorzunehmen; dabei kann dieses Ausdämpfen unter Anwendung von schwach überhitztem Wasserdampf auch gleich zu einem Trocknen des Extraktionsrückstandes herangezogen werden, wie dies in einzelnen Fällen bei Extraktion bzw. Destillation von Drogen geschieht, um das ganz oder teilweise extrahierte Gut weiter zu verwerten.

Moderne Anlagen mit großen Leistungen arbeiten vielfach unter Zuhilfenahme von Unterdruck — Vakuum — im Extrakteur; dadurch wird einmal die Entfernung der schädlichen Luft und bessere Durchfeuchtung bzw. Benetzung des Extrahiergutes erreicht, der Siedepunkt des Lösungsmittels erniedrigt — Vermeidung von höheren Temperaturen zwecks Ausschaltung von Zersetzungen —, ferner weitgehende Wiedergewinnung des Lösungsmittels ermöglicht, insbesondere bei solchen Extraktionsgütern, die zu einem Zusammenballen mit dem Lösungsmittel neigen.

Die Wiedergewinnung des Lösungsmittels fällt unter den Begriff des Abtreibens bzw. Destillierens und soll dort eingehender behandelt werden.

Je nach der Art der Behandlung unterscheiden wir beim Auslaugen zwischen:

1. den **Verdrängungsverfahren,**
2. den **Aufgußverfahren,** und
3. den **Schwemmverfahren,**

wobei wir die letzten dabei noch unterteilen können

a) in Verfahren, welche bei ruhender Lauge mit bewegtem Lauggut arbeiten,
b) Verfahren, welche bei ruhendem Lauggut die Lauge bewegen, und schließlich noch
c) Verfahren, bei welchen sowohl Lauggut wie Lauge gegeneinander in Bewegung gehalten werden.

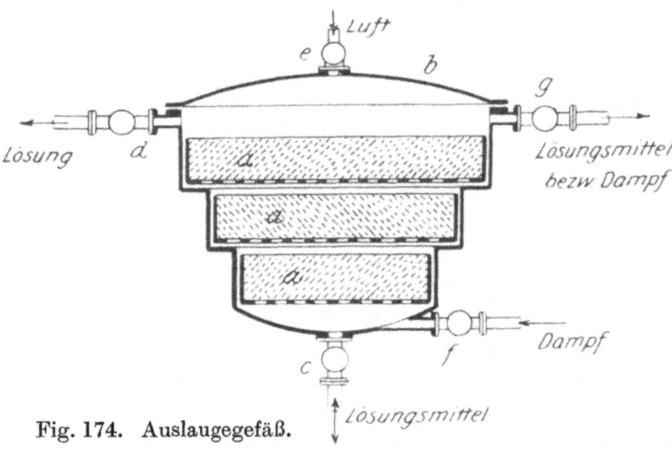

Fig. 174. Auslaugegefäß.

Bei dem **Absetz- oder Verdrängverfahren** wird das Lauggut mit dem Lösungsmittel behandelt und dann die Lauge von dem festen Rückstand dadurch abgetrennt, daß man die Lauge abzieht oder durch neu hinzufließendes Lösungsmittel verdrängt; die Arbeitsweise einer solchen Auslaugevorrichtung ist der Fig. 174 zu entnehmen, welche einen **geschlossenen** Auslaugeapparat vorstellt, wie er stets zur Anwendung gelangt, wenn als Lösungsmittel ein flüchtiger Stoff verwendet wird, und zwar handelt es sich hier um eine Auslaugevorrichtung zur Ölgewinnung aus Ölsaat.

Das Lauggut, in diesem Fall die Ölsaat, wird zwecks leichterer Handhabung beim Entleeren des Apparates in flachzylindrischen Körben in den Apparat eingebracht, dann wird der Apparat mittels des dicht aufsitzenden Deckels b geschlossen und das Lösungsmittel von unten über den Absperrhahn c eingeführt und so lange zufließen gelassen, bis es die Höhe des Abflußhahnes d erreicht; man überläßt nun den Apparat längere Zeit in vollständig geschlossenem Zustand sich selbst, drückt dann von unten über c neues frisches Lösungsmittel nach, wodurch die bereits gebildete Lösung nach oben

verdrängt wird und über *d* abfließt, und wiederholt den Vorgang bis zur
Erschöpfung des Lauggutes, um dann das noch im Auslaugeapparat befindliche Lösungsmittel durch *c* abzulassen und durch Einleiten von Dampf über
f die im Rückstand befindlichen Lösungsmittelanteile zu verdampfen und
die Dämpfe über *g* einer Kon-
densation zuzuführen.

Von allgemeinster Verbreitung, namentlich bei der Auslaugung großer Mengen von
Schmelzen usw., ist das **Aufgußverfahren,** dessen Wirkungsweise in der nebenstehenden Fig.
175 schematisch dargestellt ist;
bei diesem, besonders für leicht-
lösliche Bestandteile des Laugegutes mit Vorteil verwendeten

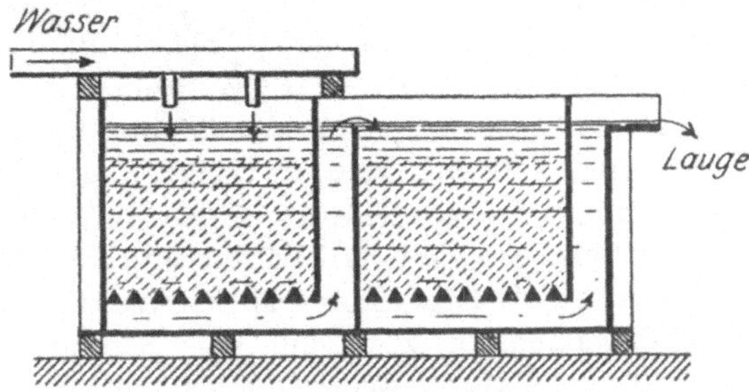

Fig. 175. Laugkästen.

Verfahren (Auslaugen des Pfannensteins in den Salzsiedereien) wird das Lauggut, welches aus möglichst gleichgroßen Stücken bestehen soll, in einen sog.
Laugekasten auf einem Gitter- oder Lattenrost aufgegeben und zu mehr oder
minder hoher Schicht geschüttet und das Lösungsmittel — gewöhnlich
Wasser — entweder in gewissen Zeitabständen oder in langsamem Strom

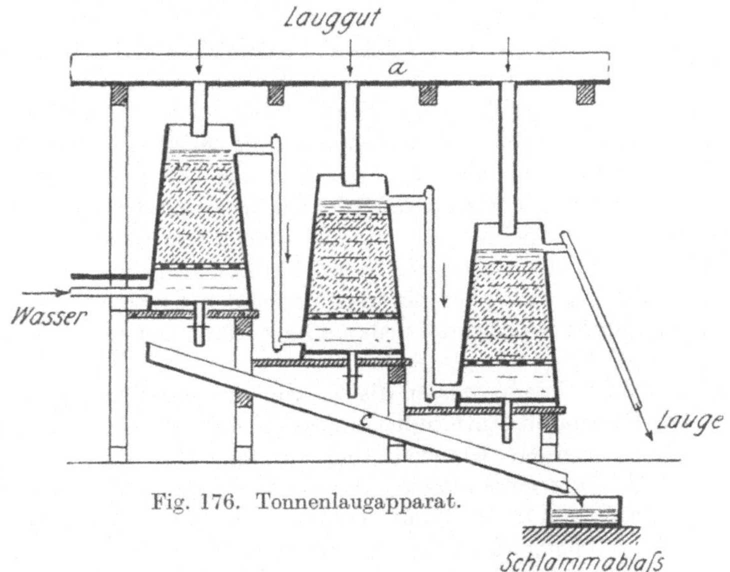

Fig. 176. Tonnenlaugapparat.

zugeführt, wobei darauf zu achten ist, daß die Verteilung des zufließenden
Lösungsmittels eine gleichmäßige ist; dabei können selbstredend auch bei
verhältnismäßig leicht löslichen Stoffen nur schwache Lösungen gewonnen
werden, die zur Anreicherung der löslichen Bestandteile im Lauggut wiederholt aufgegeben werden.

Dem gleichen Zweck dient der sog. **Tonnenlaugapparat** (vgl. Fig. 176), bei welchem die Füllung der Tonnen mit dem Lauggut — in nuß- bis faustgroßen Stücken — durch Abwurf von der Sturzbühne *a* in die einzelnen Bottiche erfolgt, während das Lösungsmittel — Wasser — in der angedeuteten Weise den einzelnen Bottichen von unten so zugeführt wird, daß der Raum unter dem Rost stets gefüllt bleibt, das Wasser, durch das das Lauggut hochsteigt, mittels eines Überfallrohres dem zweiten Bottich unten zugeführt wird, und so weiter, und schließlich als mehr oder minder stark angereicherte Lauge den ganzen Apparat verläßt. Der beim Laugen entstehende Schlamm sinkt durch die Lattenroste in den unteren Raum des Bottichs ab und wird aus diesem von Zeit zu Zeit durch Ablassen in die Lutte *c* entfernt.

Genügt die Anwendung kalten Wassers nicht, da dessen lösende Wirkung auf das Lauggut, z. B. auf eine Schmelze, zu gering ist oder zu langsam eintritt, so wird entweder mit heißem Wasser gearbeitet oder einfacher noch in die Apparate Dampf eingeblasen und dadurch die Lösung geheizt: eine starke Beschleunigung der Auflösung bzw. Auslaugung gestattet die **Anwendung von Rührwerken im Laugapparat,** die immer neue feste Teilchen mit dem Lösungsmittel zusammenführen und solcherart die sonst im Wege der Diffusion nur langsame gleichmäßige Verteilung in der Lösung stark beschleunigen können. Die bei den Rührvorrichtungen beschriebenen Anordnungen werden auch hier für die möglichst innige Vermischung von Lauggut und Lösungsmittel sinngemäß angewendet (z. B. Extraktion von Galläpfeln mit Wasser in stehenden Rührbottichen mit Filterboden zur Tanningewinnung); dabei gilt auch hier, daß die Anwendung stehender Gefäße unbedingt vorzuziehen ist, um die sonst bei liegenden Gefäßen notwendig werdenden Stopfbüchsendichtungen, die gerade hier einem starken Verschleiß unterliegen können, zu vermeiden und überdies bei Reparaturen im Betrieb die Rührvorrichtungen in einfacher Weise aus dem Apparat herausheben zu können. Die bei den stehenden Gefäßen notwendige einzige Stopfbüchse befindet sich dann oben, sie ist mithin nur mehr der Einwirkung des Dampfes ausgesetzt, nicht aber der des Lauggutes bzw. der aus demselben gewonnenen Lösung; bei offener Auslaugung entfällt dann auch diese Stopfbüchse.

Wird bei solchen Laugprozessen die Flüssigkeit verworfen, handelt es sich demnach lediglich um die Entfernung unerwünschter Beimengungen aus dem Lauggut ohne deren Wiedergewinnung, so verzichtet man auf eine Anreicherung der Lösung, im anderen Falle werden die Lösungen dadurch, daß sie immer wieder neuem Lauggut aufgegeben werden, bis sie einen bestimmten Gehalt erreicht haben, mit dem zu lösenden Stoff angereichert, um für die Weiterverarbeitung über möglichst konzentrierte Laugen zu verfügen und dadurch an Arbeit, vor allem aber an Brennstoff für die Entfernung des Lösungsmittels zu sparen.

Nach dem gleichen Aufgußprinzip arbeiten die sog. **Extrakteure oder Extraktoren;** sie stellen **geschlossene Auslaugesysteme** vor, wie sie stets verwendet werden müssen, wenn als Lösungsmittel flüchtige und leicht entzündliche Stoffe zur Handhabung gelangen. Fig. 177 zeigt schematisch eine solche Extraktionsvorrichtung mit allen in Frage kommenden grundsätzlichen Zubehörteilen.

Der Laugkessel ist in diesem Falle durch eine winkelig gebogene Scheidewand a in zwei Räume unterteilt, in A und in B; in A wird das Extraktionsgut aufgegeben, und zwar dient das Mannloch b zur Füllung, das andere Mannloch c zur Entleerung nach vorgenommener Extraktion; in beiden Räumen sind Rohrschlangen e und f eingebaut, von welchen die im Unterteil eingebaute Schlange e zur Heizung des Lösungsmittels mit indirektem Dampf dient, während die obere Schlange als Kühlschlange verwendet wird, von kaltem Wasser durchströmt ist und die aufsteigenden Dämpfe des Lösungsmittels im Extraktionsapparat zur Kondensation bringt; ist der Apparat mit dem Lauggut gefüllt und verschlossen, so wird aus dem Vorratsgefäß C so lange Lösungsmittel zugeführt, bis dasselbe im Raum A einen so hohen Stand erreicht, daß ein Abfließen durch das Heberrohr d in den Unterteil B stattfindet; dort findet in bekannter Weise das Abdestillieren des Lösungsmittels statt, die abziehenden Dämpfe kondensieren an der Kühlschlange f, das Kondensat füllt wieder den Raum A mit dem Extraktionsgut, entzieht demselben neuerlich eine gewisse Menge lösbarer Substanz usw.; ist die Extraktion schließlich vollständig geworden oder doch genügend weit getrieben, was an einer aus dem Überlaufrohr d zu entnehmenden Probe festgestellt wird, so wird die Kühlschlange f abgestellt und weiter destilliert: die Dämpfe steigen jetzt aus dem Extrakteur hoch, verlassen denselben über h und gelangen nach der Kondensation im Kühler i in das Vorratsgefäß C zurück, worauf der Extrakteur geöffnet, bei c entleert und bei b neu beschickt wird. Der vom Lösungsmittel befreite Extrakt wird über k aus dem Extrakteur abgezogen.

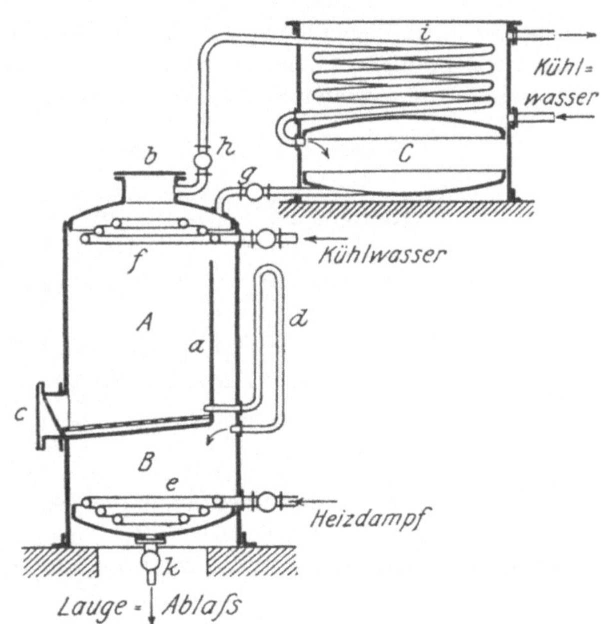

Fig. 177. Extraktionsapparat.

Die Schwemmverfahren. Wird die Auslaugung kontinuierlich in der Weise geführt, daß das frische Lösungsmittel stets mit dem schon weitgehend erschöpften Extraktionsgut in Berührung kommt, anderseits dem schon stark

angereicherten Lösungsmittel die Möglichkeit zu weiterer Anreicherung aus
dem Lauggut gegeben wird dadurch, daß dieses Lösungsmittel mit ganz
frischem Lauggut zusammentritt, wird also im Gegenstrom kontinuierlich gearbeitet, so gelangt man zu der leistungsfähigsten Form des Auslaugens, dem Schwemmverfahren, das, je nachdem — wie oben bereits gesagt
wurde —, ob das Lauggut wandert und das Lösungsmittel ruht oder umgekehrt, oder ob schließlich beide gegeneinanderwandern, drei verschiedene
Durchführungsformen ergibt.

Zunächst kann dann die Auslaugung in der Weise erfolgen, daß — vgl.
Fig. 178 — das Lösungsmittel, also z. B. Wasser, in einer ganzen Reihe nebeneinander befindlicher Laugekästen untergebracht ist; das in Sieben oder
Säcken befindliche Lauggut wird zuerst dem ersten, dann dem zweiten und
so weiter immer weiteren Laugekästen aufgegeben, gibt an jede Lauge einen

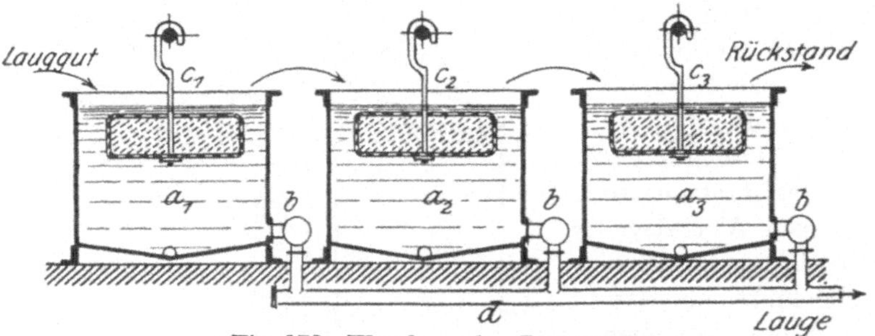

Fig. 178. Wandern des Lauggutes.

bestimmten Teil des Löslichen ab und verläßt schließlich erschöpfend ausgelaugt die Anlage; in der gleichen Zeit, während aber immer neue Mengen
Lauggut diesen Prozeß durchlaufen, sättigt sich das Lösungsmittel immer
mehr mit Löslichem und wird schließlich von Laugkasten zu Laugkasten
fortschreitend abgezogen; bei dieser Anordnung arbeitet man demnach mit
wanderndem Lauggut.

Oder aber man bewirkt die Auslaugung bei **ruhendem Lauggut,** welches,
wie Fig. 179 zeigt, in einer Reihe von Kästen oder Bottichen auf Rosten
gelagert ist, in der Weise, daß man dem ersten der Bottiche, Bottich I, zunächst
ganz frische Laugflüssigkeit zuführt; die so zugeführte Laugflüssigkeit durchsinkt das Lauggut in I, tritt dann, schon angereichert mit Löslichem, über
die Leitung a_1 nach dem Bottich II über, erfährt beim Durchsinken des
Lauggutes in II eine weitere Anreicherung, wird in Bottich III übergeleitet,
und dies wird solange fortgesetzt, bis Sättigung des Lösungsmittels
bzw. der Laugflüssigkeit eingetreten ist, worauf diese gesättigte Lauge über
die Leitung f entnommen und der weiteren Verwertung zugeführt wird. Die
Anzahl der zu einer Batterie hintereinandergeschalteten Bottiche ist so
zu wählen, daß nach dem Durchsinken des letzten die Laugflüssigkeit die
gewünschte Anreicherung erfahren hat; hierauf wird Bottich I, der bereits
erschöpfend ausgelaugt ist, aus dem Kreislauf herausgenommen, entleert, und

während er zuerst an erster Stelle des Systems sich befand, tritt er jetzt an den Schluß desselben und wird nach Füllung mit frischem Laugegut von dem schon weitgehend angereicherten Lösungsmittel durchstrichen. Der Transport der Laugflüssigkeit erfolgt selbsttätig unter dem Einfluß der Höhenabstufung

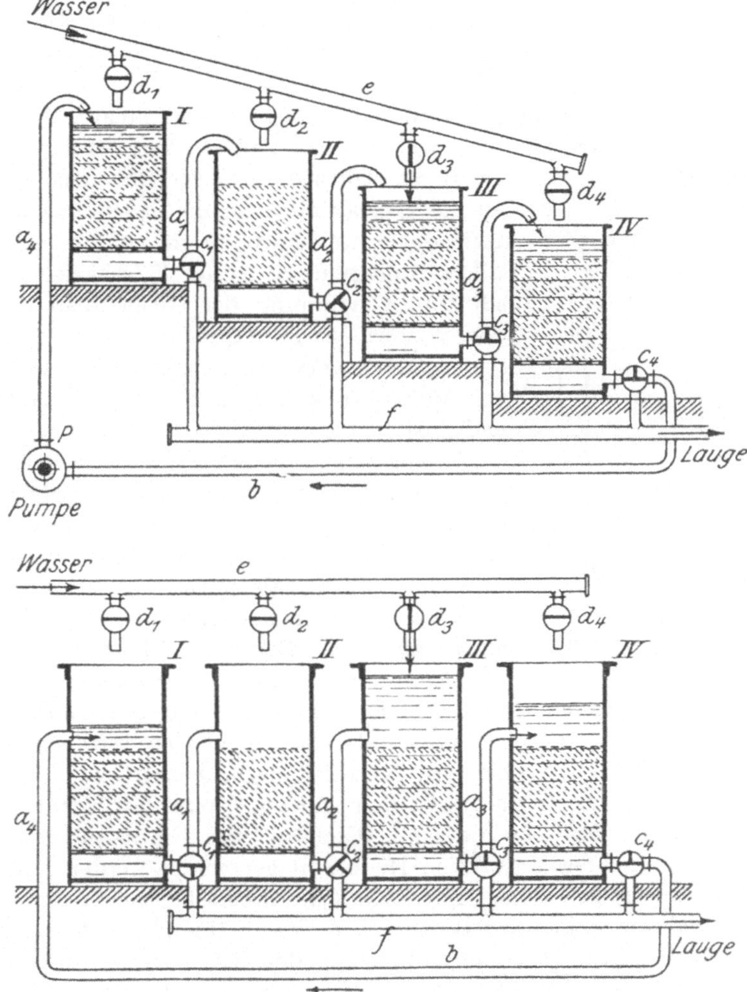

Fig. 179. Wandern der Lauge.

in der Aufstellung der Bottiche, nur vom letzten Bottich muß die Laugflüssigkeit mittels einer Pumpe P oder mittels eines Druckfasses dem ersten Gefäß wieder zugeführt werden.

Soll zu großen Leistungen übergegangen werden, so ergeben sich hierdurch aber Schwierigkeiten; über einen gewissen Querschnitt der Laugegefäße kann man nicht hinausgehen, weil dann die Schwierigkeiten einer gleichmäßigen Durchflutung des Laugegutes rasch anwachsen; man ist demnach zur Steigerung der Leistung gezwungen, auf größere Schütthöhen des Laugegutes überzugehen, und gelangt dadurch zur **Laugung unter Anwendung von Druck** auf die Laugeflüssigkeit, entweder unter Verwendung von Pumpen oder mittels eingeschalteter Hochbehälter für das Lösungsmittel; die Anwendung von Druck führt dann zu den geschlossenen Laugegefäßen, bei welchen Druckänderungen innerhalb weiter Grenzen und beliebig eingestellt werden können.

Diese Art von Auslaugeapparaten — **Diffuseure, Extrakteure, Macerationsgefäße** — hat in der chemischen Industrie weiteste Verbreitung gefunden, so z. B. als Diffuseure in der Rübenzuckerfabrikation, als Extrakteure für die Gewinnung von Farbstofflösungen aus Farbhölzern, von Gerbstoffen aus Gallen, Rinden usw., in der Fabrikation der Alkaloide zur Gewinnung der Alkaloidbasen aus den Drogen, sowie ganz allgemein dort, wo organische Lösungsmittel verwendet werden oder ein Abschluß von Außenluft aus irgendwelchen Gründen notwendig ist.

Fig. 180 zeigt schematisch einen solchen Extrakteur in einfachster Form: das eigentliche Extraktionsgefäß besteht aus einem zylindrischen, oben und unten mit kegelförmigen oder plombierten Böden abgeschlossenen Gefäß, welches mittels angenieteter Pratzen gewöhnlich hängend auf Doppel-T-Trägern aufgehängt wird. Der Unterteil ist — s. Figur — mit einem eingebauten kegelförmigen oder auch nur flach ausgebildeten und aus einzelnen Segmenten bestehenden Siebboden versehen, auf welchen das Extraktionsgut gelagert wird, so daß es praktisch den ganzen Raum des Extrakteurs ausnützt, wobei nur fallweise auf ein „Wachsen" des Gutes, auf eine Volumzunahme während der Extraktion Rücksicht genommen werden muß. Oben und unten ist der Extrakteur mit Mannlöchern versehen, deren oberes einen einfachen Schraub- oder Kegelverschluß besitzt, während das untere gewöhnlich mit einem durch Handrad zu betätigenden Schieberverschluß oder auch Bügelverschluß versehen ist, welcher Öffnen des Extrakteurs gestattet. Um ein Übersteigen des Lauggutes — z. B. von Pflanzenteilen — in die Rohrleitungen zu verhindern, wird nach erfolgter Füllung des Extrakteurs in den Hals oben die Siebplatte b eingelegt. g ist das Zuführungsrohr für das Lösungsmittel, h entnimmt hinter dem Siebboden die Lösung und führt sie dem nächsten Apparat zu.

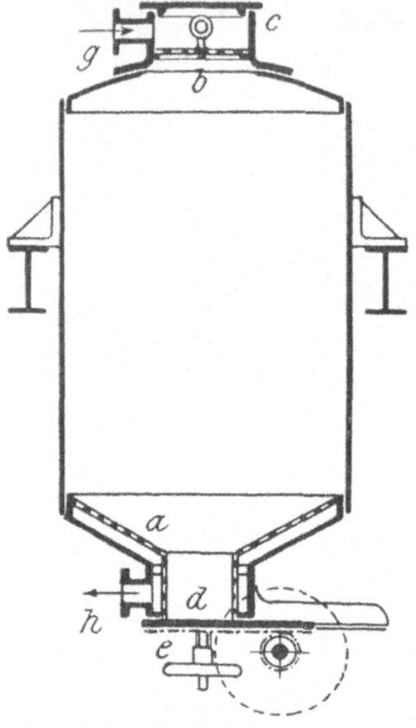

Fig. 180. Diffuseur.

Zur vollen Wirkung gelangen diese Extrakteure erst durch Zusammenfassung einer mehr oder minder großen Anzahl von ihnen zu ganzen **Batterien,** wie eine solche in Fig. 181 dargestellt ist: Die Extraktion des Laugegutes

— in diesem Falle z. B. Ölkuchen — soll mit Benzin vorgenommen werden; nach Füllung sämtlicher Extrakteure mit der Ölsaat würde sich nach dem dargestellten Schema ergeben: frisches Lösungsmittel tritt über e_3 und f_1 unten in den Apparat I ein, durchströmt denselben von unten nach oben und verläßt mit gelöstem Gut angereichert den Apparat I über $e_1 f_2$, um wieder, unten eintretend, in den Apparat II zu gelangen, auch diesen von unten nach oben durchstreichend und dabei weiter sich anreichernd mit gelöstem Gut; dann über $e_2 f_3$ übertretend nach Apparat III, auch diesen noch von unten nach oben durchströmend, um dann, weitgehend angereichert, über g_3 nach dem Sammelgefäß S zu gelangen, welches an die Luftpumpe angeschlossen ist, um durch Druckverminderung das Durchsaugen des Lösungs-

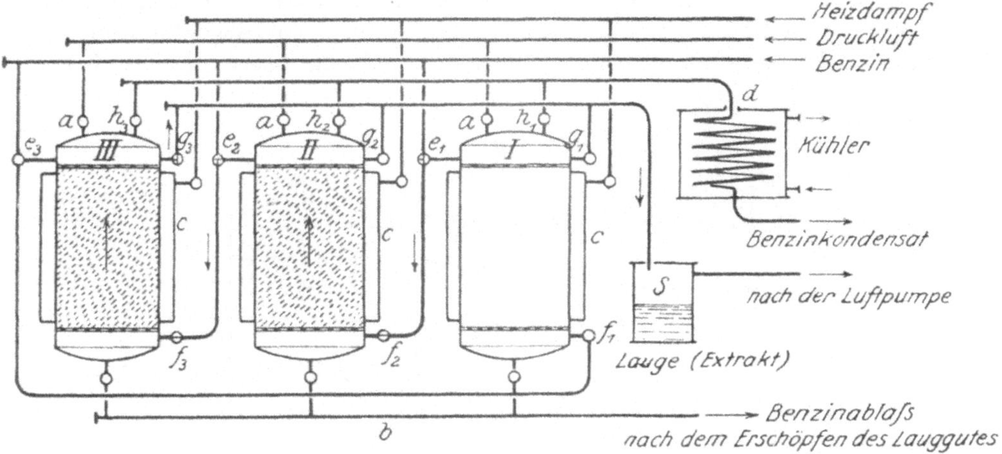

Fig. 181. Extrakteurbatterie.

mittels durch alle drei Apparate zu bewirken; Apparat I ist also dreimal hintereinander mit frischem Lösungsmittel behandelt worden, Apparat II hat einmal — 1. Laugung — ein bereits stärker angereichertes Lösungsmittel und dann — 2. Laugung von I — ein nur mehr wenig angereichertes Lösungsmittel bekommen; genügt diese dreimalige Extraktion, so kann I entleert werden, genügt sie nicht, so wird man je nach der Anzahl der notwendigen Extraktionen die Anzahl der Extrakteure bemessen, bzw. einen mehr in Gang setzen, da ja ein Extrakteur bei normalem Gang gewöhnlich im Entleeren sich befindet: die Wirkung der Extraktion kann noch durch längeres Verweilen des Lösungsmittels im Extrakteur gegebenenfalls auch durch Anwärmung desselben mit Hilfe des an jedem Extrakteur befindlichen Heizmantels unterstützt werden.

Ist das Laugegut in I erschöpft, so wird I abgeschaltet, das frische Lösungsmittel tritt jetzt nach Umschaltung der Hähne direkt aus der Frischbenzinleitung über $e_1 f_2$ unten in II ein und durchstreicht erst diesen Apparat II und dann noch den Apparat III; währenddessen wird Apparat I entleert: zu diesem Zweck wird, nach Ablassen des Lösungsmittels aus I in den nächsten

Apparat, die Verbindung mit diesem geschlossen und Apparat I unter Druck gesetzt durch Anschluß an die Druckluftleitung über a, wodurch das noch im Extraktionsgut vorhandene Benzin durch einen Ablaßhahn am Boden des Extrakteurs in die Ablaßleitung b gedrückt wird; hierauf wird die Heizung angestellt, weiter Luft gegeben, und die nun aus dem Benzin im Extraktionsgut sich entwickelnden Dämpfe werden über h der Kondensation in einem Kühler d zugeführt.

Schließlich gelangen wir noch zu jener Form der Auslaugung, bei welcher **sowohl Laugegut als Lauge ständig wandern**, und zwar im Gegenstrom wandern, dabei aber der ganze Betrieb zu einem kontinuierlichen gemacht wird, wie zuerst bei der in der Sodaindustrie angewendeten Form der Auslaugung nach *Clement Desormes*. Der in Fig. 182 dargestellte Gegenstrom-Apparat besteht im wesentlichen aus einer Anzahl von Laugekästen a_1, a_2, a_3 usw., die staffelförmig aufgestellt sind, so daß die Lauge von dem höher

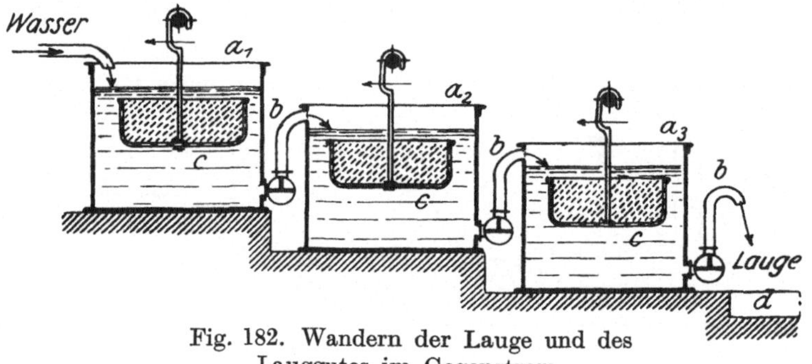

Fig. 182. Wandern der Lauge und des
Lauggutes im Gegenstrom.

gestellten in das nächste etwas tiefer gestellte Laugegefäß überfließen kann mit Hilfe der Überfallrohre b, um schließlich in einen Klärbottich d zu gelangen, in welchen sich Schlammteilchen absetzen können.

In der gleichen Zeit, während die Lauge unter dem Einfluß des ständig in a_1 zufließenden frischen Lösungsmittels die ganze Reihe der Laugkästen durchwandert, durchwandert das in Siebkörben untergebrachte Lauggut in umgekehrter Reihenfolge die Laugkästen, also mit der schon weitgehend angereicherten Lauge zuerst zusammentretend, um dann schließlich in schon weitgehend erschöpftem Zustand noch mit ganz frischem Lösungsmittel in Berührung zu treten und dort auch die letzte Menge löslichen Gutes abzugeben. Bei dieser Wanderung verbleibt das Lauggut eine bestimmte Zeit in jedem der einzelnen Laugkästen; die Zahl der Laugkästen einer solchen Laugerei beträgt 12 bis 15 Stück, der Inhalt eines Laugekorbes etwa 50 kg Rohsoda, die Lösung wird durch eingelegte Heizschlangen auf etwa 50° warmgehalten.

In eleganter Weise hat **Solvay** Transport und Auslaugung des Gutes verbunden, indem er, wie Fig. 183 schematisch zeigt, das Laugegut ganz kontinuierlich über einen mit Filtertuch bezogenen Siebetisch fortbewegt und unter diesem eine Anzahl von Behältern *f*, *h*, *k* anordnet: während die Rohsoda langsam fortbewegt wird, wird sie mit dem Lösungsmittel überbraust, und zwar am Austragende *b* mit **frischem Wasser**; das ablaufende Filtrat, welches aus der Rohsoda die letzten Mengen Lösliches herausgenommen hat, sammelt sich in dem Auffangegefäß *f*, wird hier hochgepumpt und durch die Brause *d* neuerlich der Rohsoda aufgegeben, die hier noch mehr Lösliches enthält; die bereits stärker angereicherte Rohsodalösung wird wieder in dem Auffangegefäß *h* gesammelt und mittels einer Pumpe über die Brause *c* der frischen Soda zugeführt; aus *k* wird die starke Lauge zum Eindampfen abgezogen, die vollständig ausgelaugten Rückstände werden von dem Transportband bei *l* abgeworfen.

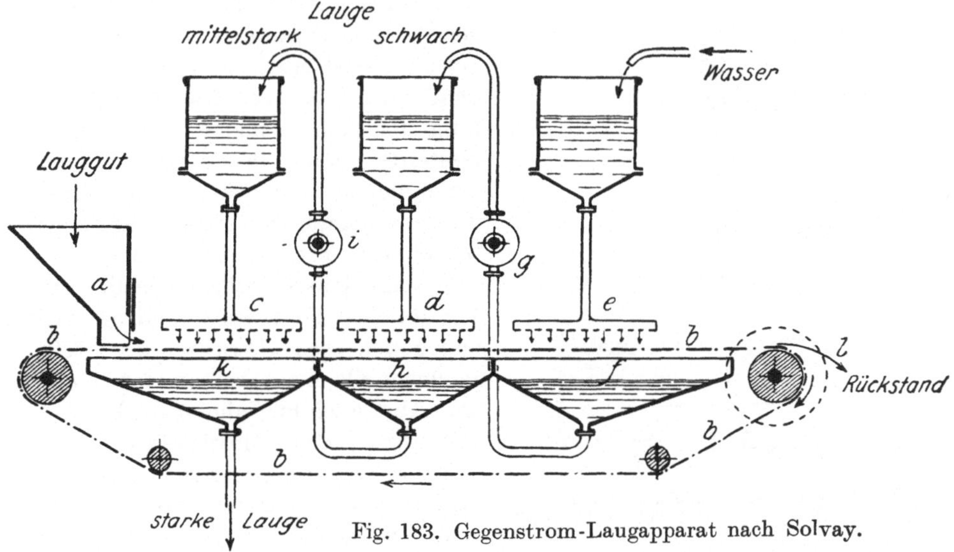

Fig. 183. Gegenstrom-Laugapparat nach Solvay.

Eine ganz ähnliche Einrichtung hat *Lespermont* zum Auslaugen von Zellstoff nach dem Verkochen des Holzschliffes mit Sodalösung eingeführt; es gelingt ihm, den Zellstoff bis auf etwa 0,5 Proz. Alkaligehalt zu waschen und gleichzeitig eine bis auf 86 Proz. Alkali angereicherte Lösung zur nachherigen Eindampfung zu gewinnen.

Durch Ummantelung können auch derartige Apparate ohne weiteres für das Auslaugen mit flüchtigen Lösungsmitteln eingerichtet werden.

5. Waschen.

Waschen fester Körper.

Im Gegensatz zum Auslaugen, bei welchem die Herausnahme eines oder mehrerer Bestandteile aus einem Stoffgemisch durch Lösung erfolgt, verstehen wir unter dem Waschen die Abtrennung bestimmter Teile eines Stoffgemisches mittels mechanischer Kräfte, zu deren Auswirkung aber Flüssigkeiten zu Hilfe genommen werden; die **verwendete Flüssigkeit tritt** also nicht wie beim Auslaugen in den Prozeß selbst ein, sie unterstützt lediglich die zur Trennung herangezogenen mechanischen Kräfte, so z. B. beim Waschen der Kohlen und Erze, beim Waschen des Goldes — dem sich hier fallweise die Auslaugung anschließen kann —, und zwar handelt es sich bei den hier zitierten Fällen um eine Scheidung, welche auf Grund von Korngröße und spez. Gewicht vorgenommen wird, die aber erst dadurch möglich gemacht wird, daß die Flüssigkeit, gewöhnlich Wasser, die notwendige **Auflockerung** bewirkt und anschließend daran auch die **Einstellung verschiedener Schichten** ermöglicht.

Die Heranziehung von Korngröße und spez. Gewicht ist nur eine der hier vorhandenen Möglichkeiten: durch die Ausnutzung der Oberflächenspannungen — also eines ganz anderen Prinzipes — ist ebenfalls ein Waschen möglich, welches in der **Schwimmaufbereitung** der Kohlen und der erzhaltigen Gesteine gerade in der letzten Zeit zunehmende Verbreitung gefunden hat und in eleganter Weise die Lösung einer Reihe von Fragen erst ermöglichte, denen die Waschmethoden in der bisher üblichen Form auf Grund des verschiedenen spez. Gewichtes der Stoffgemengeteile nicht beikommen konnten. Aber auch hier nimmt die Flüssigkeit bzw. das Flüssigkeitsgemisch, welches verwendet wird, nur **indirekt** am eigentlichen Vorgang teil, ohne selbst in innige Vereinigung mit den herauszulösenden Stoffen zu treten.

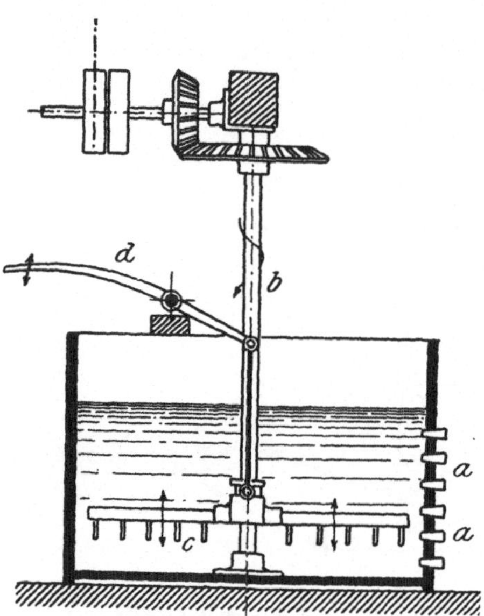

Fig. 184. Stärke-Waschbottich.

Beide Vorgänge können ebensowohl als Sortierung bezeichnet werden — da es sich ja bei ihnen um Scheidung eines Stoffgemisches nach der verschiedenen stofflich-chemischen Zusammensetzung der zu trennenden Bestandteile handelt, sie sollen aber hier im Abschnitt „Waschen" behandelt werden, da sie zufolge der ganzen Eigenart des Vorganges hier gesucht werden dürften.

Nach der Form der Wäscher unterscheiden wir zwischen **Bottich- oder Trogwäschern, Rinnenwäschern** und **Trommelwäschern**; die zuletzt genannten Rinnen- und Trommelwäscher lassen einen stetigen Betrieb zu. Die mechanische Bearbeitung des Waschgutes besteht in erster Linie in der möglichst innigen Benetzung und Durchmischung desselben mit der Waschflüssigkeit: Aufrühren des Waschgutes mit reichlichen Mengen der Waschflüssigkeit; hierbei tritt bereits zwangsläufig eine Scheidung dadurch ein, daß die festen Stoffteilchen bei diesem Mischvorgang sich aneinander reiben und der entstehende Abrieb vielfach bereits in der Waschflüssigkeit schwebend bleibt und mit ihr fortgeschwemmt wird, während die gröberen Teilchen zu Boden sinken. Das Abführen dieser „Schwebeteilchen" kann entweder mit dem Durchrühren immer wieder abwechseln oder aber gleichzeitig und während desselben vorgenommen werden, wodurch die Leistung des Wäschers gesteigert wird.

Die einfachste Form solcher **Bottichwäschen** zeigt Fig. 184, welche die in der Kartoffelstärkeverarbeitung übliche Form der Abtrennung der Stärkekörner von dem Zellbrei darstellt, wie er durch Naßverreiben der Kartoffel gewonnen wird; dieser Brei wird mit Wasser in dem in der Figur dargestellten Holzbottich innig verührt und dann absitzen gelassen; in die Seitenwand des Bottichs sind eine Anzahl von Spundlöchern eingelassen, und in dem Maße, wie sich die Masse absetzt, wird das über ihr stehende Wasser mit den Stärke-

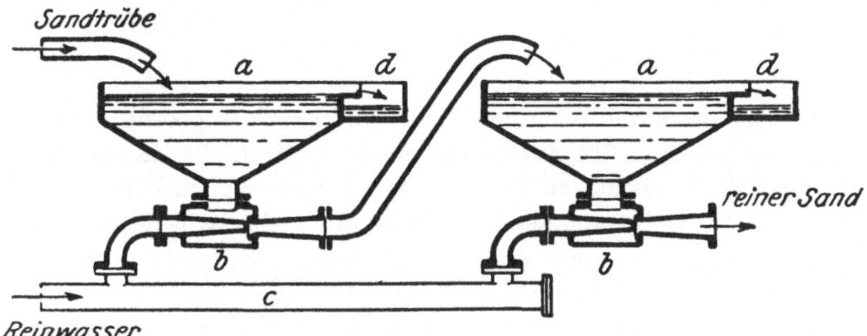

Fig. 185. Sandwäsche.

körnchen durch Öffnen der sonst mit Zapfen verschlossenen Spunde, beim obersten Spund beginnend, abgezogen und schließlich der im Bottich verbleibende erschöpfte Rückstand durch eine nicht gezeichnete Bodenöffnung gelassen und der Bottich von neuem beschickt.

Zum stetigen Betrieb führt dann die z. B. in Fig. 185 dargestellte **Sandwäsche** über: durch gleichzeitiges Mischen und Fördern des Waschgutes wird eine wesentliche Steigerung der Leistung erzielt und im vorliegenden Falle dadurch sichergestellt, daß die Sandtrübe einer Reihe hintereinander geschalteter Bottiche oder Tröge a zugeführt wird, die im vorliegenden Fall zweckmäßigerweise als flache, nach unten spitzkonisch zugehende Teller ausgebildet werden, welche am oberen Rand mit einem Überlauf d versehen sind, in den das Trübwasser überfließt; unterhalb der Abgangsöffnung für das Waschgut befindet sich eine Wasserstrahlpumpe b, welche das mit Wasser gemischte Gut dem nächsten Trog zuführt und dabei eine sehr lebhafte Durchrührung des Sandes mit dem Wasser herbeiführt; der gewaschene Sand sinkt in den tellerförmigen Trögen zu Boden, die sich bildende Trübe fließt über d ab, der Sand wird nochmals oder noch mehrmals diesem Prozeß unterworfen und schließlich ausgestoßen; die Betätigung der einzelnen Wasserstrahlpumpen mit Druckwasser erfolgt dann von einer gemeinsamen Druckwasserleitung *c* aus. Das Prinzip der Trog- oder Bottichwäsche ist beibehalten, der Betrieb aber zu einem stetigen gemacht.

Wäscher mit stetigem Betrieb, insbesondere für große Leistungen — Erzwäsche, Stärkeverarbeitung usw. —, sind die **Waschrinnen**, von welchen eine sog. **Läuterrinne** in Fig. 186 dargestellt ist: sie besteht aus einer aus Holz oder Eisenblech gefertigten, etwa 3 bis 4 m langen Rinne von 400 bis

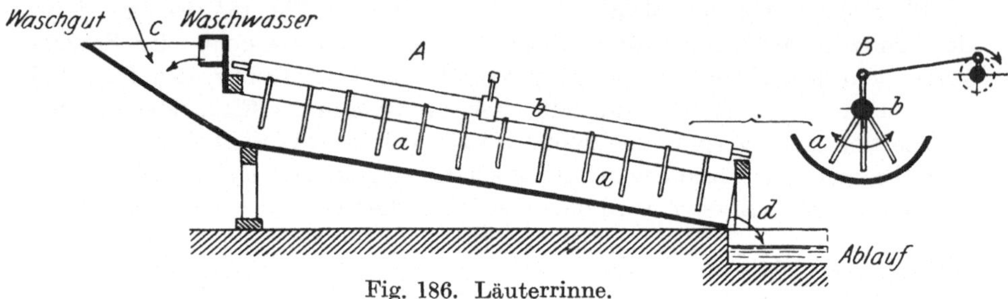

Fig. 186. Läuterrinne.

600 mm Breite, in deren Längsachse ein Rührwerk angeordnet ist, welches entweder in ständigem Umlauf gehalten oder durch den in der Zeichnung angedeuteten Mechanismus in Schwingung versetzt wird und mit den an der starken Mittelwelle angesetzten Rührstäben das Waschgut durcharbeitet; durch schraubenförmige Anordnung dieser Rührstäbe kann man das Durchrühren mit einer Weiterförderung des Waschgutes verbinden; die Waschrinne ist mit einem Gefälle von etwa 1 : 10 verlegt, das Waschen kann

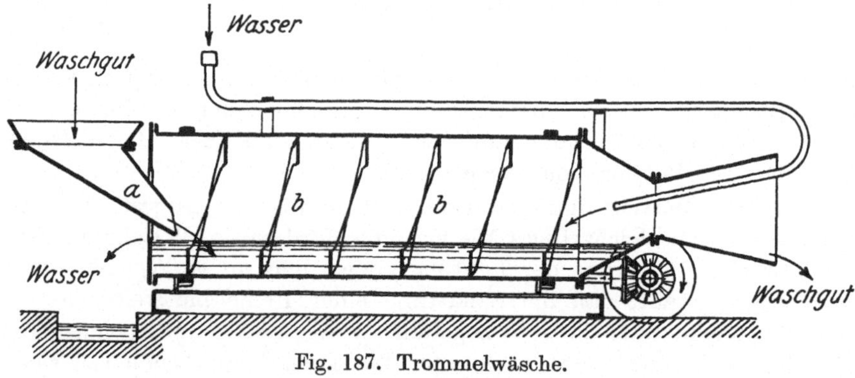

Fig. 187. Trommelwäsche.

sowohl im Gleichstrom erfolgen, wie dies hier dargestellt ist, oder aber man bewegt das Waschgut mit Hilfe der zur Förderschraube umgestalteten Rührstäbe von unten nach oben von rechts nach links gegen das von links nach rechts fließende Wasser. Die dritte Art der Wäschen für feste Körper zeigt die in Fig. 187 abgebildete **Trommelwäsche**. Sie findet sowohl für Erze, Kiese, Sande, also für körniges Material, als auch für Wurzeln, Früchte usw. Verwendung: eine Trommelwäsche für Kiese zeigt Fig 187: sie besteht aus einer Trommel aus Eisenblech, welche gewöhnlich mit schwacher Neigung gegen die Horizontale verlegt wird und von einem kleinen Kegelrad ihren Antrieb erhält; die Trommelwand ist, wie hier, entweder geschlossen oder aber, wie bei den Rührwäschen, als Siebwand ausgebildet. Das Waschgut wird an dem etwas höher liegenden Ende eingetragen, die Waschflüssigkeit kann sowohl wie hier im Gegenstrom oder aber auch im Gleichstrom durch den Wäscher geleitet werden.

Fig. 188 zeigt eine **Rüben-Trommelwäsche**, wie sie in der Zuckerindustrie zum Waschen der Rüben gebräuchlich ist: die aus rostartig angeordneten Stäben oder auch gelochten Blechen bestehende zylindrische Trommel ist in einem das Waschwasser enthaltenden Trog a so gelagert, daß das Waschwasser die in der Trommel befindlichen Rüben eben überspült; die erdigen Teile, welche den frischen Rüben anhaften, werden abgelöst und sinken in

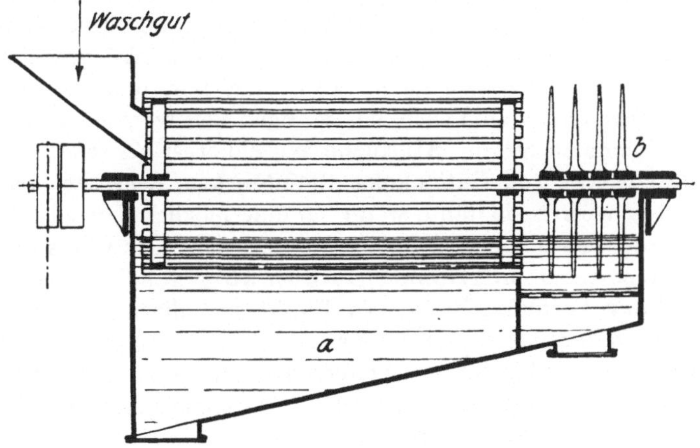

Fig. 188. Trommelwäsche für Zuckerrüben.

den Trog hinunter, während die gewaschenen Rüben einem Fänger zugeführt werden, einer Vorrichtung, die durch parallele Anordnung mehrerer Scheiben nebeneinander den stetigen Auswurf der gewaschenen Rüben besorgt.

Auf die in der Textilindustrie in größtem Maßstab verwendeten **Gewebewaschmaschinen** — **Trommelwäschen, Strangwäschen, Breitwäschen** usw. — soll hier nicht näher eingegangen werden, da sie nur für dieses besondere Gebiet von Bedeutung sind und ihre Behandlung aus dem allgemeinen Rahmen herausfällt.

Hingegen soll der **Waschung der Gase**, die von allergrößter Bedeutung ist und zu zahlreichen Formen der Durchführung geführt hat, ein breiterer Raum gewährt werden.

Gaswäsche.

Im Gegensatz zu den Trockenreinigern, auf die bereits gelegentlich der Sichtung eingegangen wurde, erfolgt hier die Reinigung von Luft oder von Gasen usw. nicht mehr durch Veränderung der Strömungsgeschwindigkeit, Änderung der Strömungsrichtung, also durch Stoßscheider oder durch Filter, sondern unter Zuhilfenahme von Flüssigkeiten, also als Waschvorgang im eigentlichen Sinn des Wortes.

Die aus dem Gas zu entfernenden Fremdstoffe können dann sowohl fester Beschaffenheit sein — Staub, Flugasche usw. — als auch Flüssigkeiten, in Form von feinsten Tröpfchen, als Flüssigkeitsnebel, oder aber auch in Form von Dämpfen; durch die bei der Gaswäsche eingeleitete vielseitige Berührung der Waschflüssigkeit mit dem zu waschenden Gas findet dann die Ausscheidung der Verunreinigungen statt, und zwar die der festen Teilchen durch **Adhäsion an der Flüssigkeitsschicht**, die der Dämpfe und Nebel durch **Kondensation.** Die ausgeschiedenen Fremdstoffe werden dann durch die strömende Flüssigkeit hinweggeführt.

Um die Wirkung der Waschflüssigkeit möglichst intensiv zu machen, werden sog. **Waschkörper** eingebaut, welche eine sehr starke Verteilung der Waschflüssigkeit auf große Oberflächen bewirken, und zwar können diese Waschkörper entweder fest eingebaut bzw. im Waschgefäß geschichtet werden, oder aber sie werden beweglich angeordnet und tauchen wechselweise in die Waschflüssigkeit ein, um nach dem völligen Benetzen dem zu reinigenden Gas ihre Oberfläche zu bieten. Als solche **Waschkörper** verwendet man **Siebe, Horden, Haufenwerke von Hüttenkoks, Steinbrocken, Scherben, groben Kies** usw., am besten wirken sie dann, wenn sie eine möglichst gleichmäßige Verteilung der Waschflüssigkeit und des sie durchstreichenden Gases sicherstellen können, wenn sie also möglichst gleichmäßig geschichtet sind; auf dieser Überlegung beruhen alle neuern Füllkörper, die ausgehend vom sog. „**Raschigring**" immer das Ziel anstreben, bei möglichst gleichmäßiger Verteilung durch zwangläufig eintretende gleichmäßige Schüttung große Oberfläche mit möglichst geringem Widerstand gegen den Durchgang des zu waschenden Gases zu verbinden.

Die große Überlegenheit der Raschigringe gegen die früher übliche Füllung mit Koks, Steinbrocken usw. ist ohne weiteres erkennbar, wenn man berücksichtigt, daß bei der von *Raschig* vorgeschlagenen Schüttung von kleinen oder größeren Hohlzylindern aus Eisenblech oder aus einem anderen Material in 1 cbm Waschraum nicht weniger als 220 qm reagierende Oberfläche bereitgestellt werden können und dabei nur 8 Proz. vom Waschraum für die Füllung selbst in Anspruch genommen werden, also nur eine ganz geringe Querschnittsverminderung bzw. Stauung der Gase und Flüssigkeiten eintritt! Dabei ist durch den quadratischen Querschnitt des einzelnen Ringes auch die Gewähr gegeben, daß sich bei loser Schüttung dieser Ringe in den Waschraum zwangsläufig die notwendige ganz gleichmäßige Verteilung einstellt.

Die einfachste Form der **Naßwäscher** sind die sog. **Rieselwäscher** oder **Skrubber** mit oder ohne Einbauten: es sind dies bis 20 m hohe Türme aus Eisenblech, Beton oder einem anderen Material, z. B. säurefestem Gestein usw., von rechteckigem oder besser kreisförmigem Querschnitt, denen das Gas von unten zugeführt wird, während das Waschmittel von oben zuläuft und durch eine eingeschaltete Pumpe bis zur Sättigung immer wieder aufgegeben werden

kann. Das Waschwasser bzw. die Waschflüssigkeit wird durch Verteilungsteller, eingebaute Siebe, oder besser noch durch Streudüsen, gleichmäßig
über den ganzen Querschnitt des Wäschers verteilt, rieselt in zahlreiche feine
Strahlen aufgelöst herab, bietet dabei dem zu waschenden Gasstrom eine
große Oberfläche zur Abscheidung der festen und dampfförmigen oder nebeli-
gen Fremdstoffe und verläßt unten über einen **Syphonverschluß** den Wäscher,
vgl. Fig. 189. In der gleichen Figur ist nebenstehend auch ein **Rieselwäscher
mit Einbauten** schematisch dargestellt, wobei die weiter oben beschriebenen
Füllkörper oder Waschkörper als Füllmasse verwendet werden. Fig. 190
zeigt dann z. B. den Einbau von sog. Tunnel-Füllkörpern. Die Wirkung solcher
Rieselwäscher mit Füllkörpern ist bedeutend größer als die leeren Wäscher,
die notwendige Höhe des Wäschers daher viel geringer, sowohl Leistung wie
Reinigung eine viel weitergehende. Enthalten die Gase viel Staub, so verwendet man Horden; Raschigringe und
Einbaukörper, die eine sehr weitgehende
Auflösung des Gasstromes bewirken, verwendet man nur, wenn der Staub-
gehalt nicht zu hoch ist.

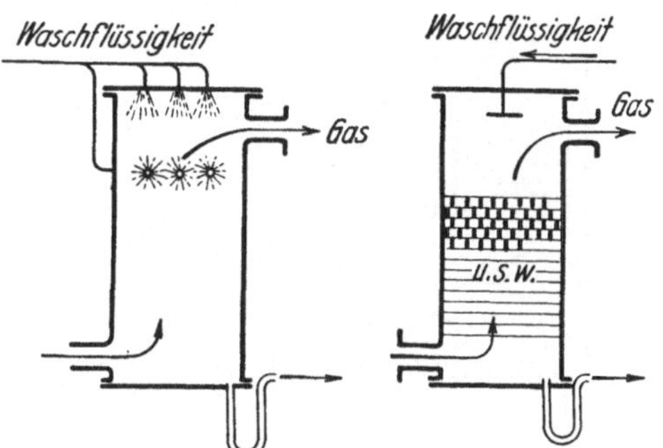

Fig. 189. Rieselwäscher mit Einbauten.

Fig. 190. Tunnel-Füllkörper.

Es ist klar, daß derartige Anordnungen in sehr günstiger Weise auch zur
Durchführung von Gasreaktionen verwendet werden können. Dem aus-
gesprochenen Zweck solcher Gasreaktionen dient die in Fig. 191 dargestellte
Glockenwäsche, bei welcher das Waschgefäß — hier richtiger Absorptions-
gefäß genannt — durch zahlreiche eingezogene Böden in einzelne K a m m e r n
unterteilt ist, welche dadurch untereinander in Verbindung stehen, daß jeder
solche Boden nach oben gerichtete kurze und offene Rohrstutzen trägt, durch
welche das Gas hindurchstreicht; über jeden solchen Rohrstutzen — vgl.
Fig. 191 — ist eine Glocke gehängt, deren unterer Rand gezähnt ist und
so weit herabreicht, daß er in die Flüssigkeit, welche sich auf jedem Boden an-
sammelt, in der Höhe des Rohrstutzens eintaucht: das in die unterste Kammer
eintretende Gas streicht durch die Rohrstutzen hoch, überwindet zufolge
seines Druckes den Widerstand der kleinen Flüssigkeitssäule und tritt, in

zahlreiche Strahlen bzw. Bläschen aufgelöst — durch die Zahnung der Glocken! —, in die zweite Kammer; hier wiederholt sich der Vorgang, und dies so lange, bis schließlich der letzte Boden durchstrichen ist und das Gas, nachdem es immer wieder gewaschen wurde, aus der obersten Kammer frei austreten kann. Da die Waschflüssigkeit bei dauerndem Betrieb verschmutzt würde bzw. ihre Absorptionsfähigkeit zufolge eintretender Absättigung einbüßen müßte, wird die Waschflüssigkeit ständig erneuert, in der Weise, daß stetig ein

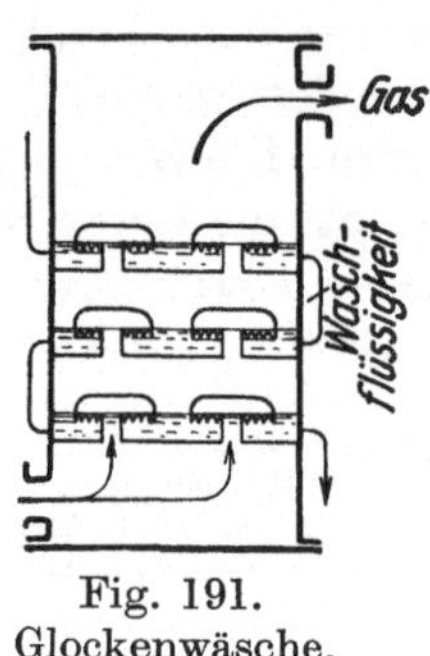

Fig. 191.
Glockenwäsche.

Fig. 193. Drehwäscher.

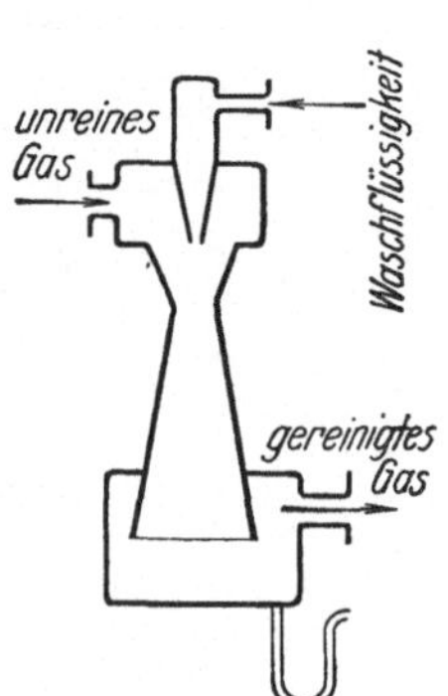

Fig. 192.
Strahlwascher.

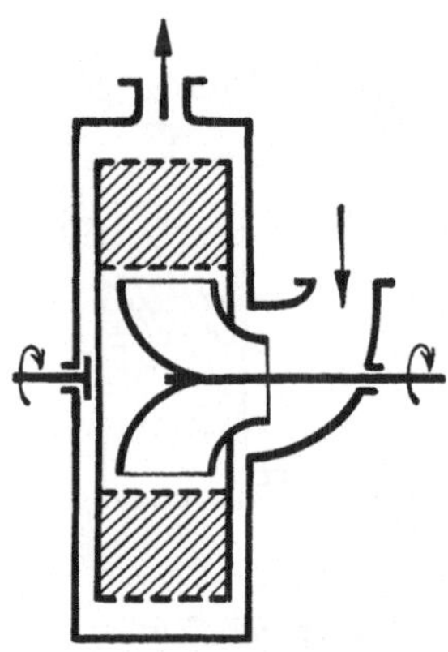

Fig. 194. Drehfilter.

langsamer Strom von Waschflüssigkeit durch den Wäscher geleitet wird, und zwar von der obersten Kammer nach der untersten strömend und dort den Wäscher verlassend; gegebenenfalls kann die Waschflüssigkeit auch mehrmals hintereinander aufgegeben werden. Dieser Wäscher arbeitet also — wie übrigens auch die beiden zuerst besprochenen — nach dem Gegenstromprinzip, d. h. die frische Waschflüssigkeit tritt oben mit dem dort schon weitgehend gereinigten Waschgut in Reaktion.

Ein Nachteil dieser Waschvorrichtungen mit Glocken ist der recht große Platz- und auch Kraftverbrauch.

Das Herauswaschen von Flüssigkeitsnebeln aus einem Gasstrom kann mit Erfolg auch dadurch geschehen, daß man als Waschflüssigkeit den herauszuwaschenden Stoff selbst benutzt, der ja natürlich eine außerordentlich hohe Benetzungsfähigkeit für die feinen Flüssigkeitsnebel hat; in solcher Weise baut man eine Vorrichtung, den sog. **Strahlwascher**, die einer Strahlpumpe ähnlich gebaut ist — vgl. Fig. 192 —, zur möglichst restlosen Gewinnung des Teers aus Gasen; man führt den als Waschflüssigkeit benutzten warmen Teer der Strahlpumpe durch die Düse zu und läßt ihn das Gas absaugen; auf diese Weise ist eine recht weitgehende Abscheidung der Teernebel aus dem Gas möglich, der Betrieb ist aber teuer.

Wie eingangs bemerkt wurde, kann eine sehr große reagierende Oberfläche des Waschmittels auch dadurch erreicht werden, daß man die Waschkörper beweglich einbaut und sie wechselweise mit der Waschflüssigkeit benetzt und dann dem strömenden Gas entgegenhält; Fig. 193 zeigt in schematischer Darstellung einen solchen sog. **Drehwäscher**: in einen liegenden Zylinder

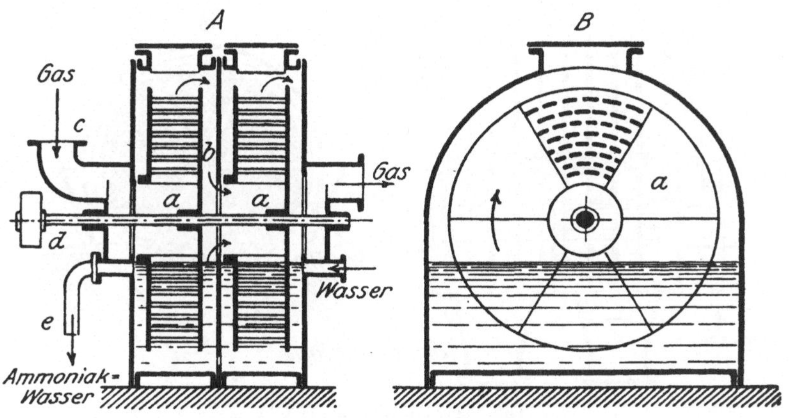

Fig. 195. Wäscher für Leuchtgas.

ist eine langsam umlaufende Vorrichtung eingebaut, welche sich aus verschiedenen Zellen zusammensetzt, die mit Waschkörpern beschickt werden. Der Unterteil dieses Drehkörpers taucht in die Waschflüssigkeit und wird dort mit derselben benetzt und bietet sich beim Austauchen dem durchstreichenden Gas sozusagen als Filter dar, durch welches dieses hindurchgehen muß; der Apparat ist im Grunde genommen ein mit einer Waschmasse gefülltes Filter und wird in der Leuchtgasindustrie — Teer-, Ammoniak-, Naphthalin-, Benzol- und Cyanwäscher — benutzt. Die Reinigung bei diesen Drehwäschern ist eine sehr weitgehende und gute.

Bei dem nebenstehend abgebildeten **Drehfilter** — Fig. 194 — ist in den mit Masse beschickten Filter ein rasch umlaufendes Ventilatorrad eingebaut, welches das zu reinigende Gas ansaugt und durch die Filtermasse hindurchdrückt, die auch hier durch langsamen Umlauf des Filterkörpers und dessen Eintauchen in die Waschflüssigkeit ständig mit neuer Waschflüssigkeit benetzt wird.

Fig. 195 zeigt den in der Leuchtgasindustrie zur Abscheidung des Ammoniaks aus dem Gase dienenden sog. „**Standardwäscher**".

Drehwäscher von sehr großen Dimensionen — bis zu 3 m Scheibendurchmesser, vgl. unten — werden zur **Reinigung der Gichtgase** von Wasserdampf und Flugstaub verwendet; sie bestehen im wesentlichen aus großen, flachen Scheiben — Fig. 196 —, von welchen bis zu 50 Stück auf einer Welle aufgezogen sind; sie sind aus einem Drahtgeflecht von etwa 10 mm Maschenweite gebildet und laufen in einem zylindrischen Mantel ziemlich rasch um; das Waschwasser tritt bei a mit der Außentemperatur in das Gehäuse ein und verläßt den Wäscher mit etwa 60° bei b; das zu reinigende Gichtgas tritt bei c mit etwa 150° ein und verläßt, auf etwa 30 bis 40° abgekühlt, den Wäscher bei d. Die von dem eintretenden Gase mitgeführten Staubteilchen bleiben an den benetzten Siebflächen hängen und werden beim späteren Untertauchen derselben — zufolge Drehung des Einsatzes — abgespült und

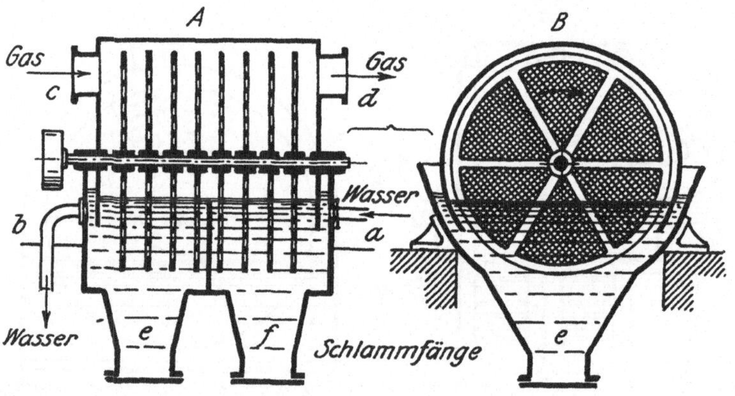

Fig. 196. Wäscher für Gichtgase.

sammeln sich in den Schlammfängen e und f; zum Ansaugen des Gases dient ein hinter den Wäscher geschalteter Ventilator, der auch gleichzeitig zur weiteren Staubscheidung mit herangezogen werden kann; die Entstaubung ist eine sehr weitgehende, ihre Einstellung richtet sich nach der weiteren Verwendung des Gases, welches nur dann sehr weitgehend entstaubt werden muß — bis auf etwa 0,02 g Staub im Kubikmeter —, wenn das Gas in die Kraftmaschinen gehen soll. Die sehr vorteilhafte Wassernutzung ist ohne weiteres erkennbar, wenn man berücksichtigt, daß für die Reinigung von 1 cbm Gichtgas kaum mehr als 2 bis 3 l Frischwasser verbraucht werden.

Diese Art der Waschvorrichtungen leitet in der Bauart bereits zu den sog. **Zentrifugalwäschern** über; es sind dies im Grunde genommen Ventilatoren oder Desintegratoren, welche gleichzeitig mit dem Gas auch eingespritztes Wasser zugeführt halten. Durch die rasch umlaufenden Flügelräder bzw. Winkelstäbe der Desintegratorenkörbe — vgl. das Kapitel Desintegratoren — werden Wasser und Gas innigst vermischt und dadurch die Abscheidung der Feststoffe aus dem Gas bewirkt.

An Stelle der Standardwäscher werden in der Leuchtgasindustrie, insbesondere zur Teer-, Naphthalin- und Benzolwäsche, auch sog. **Schleierwäscher** verwendet; ein hohes zylindrisches Waschgefäß ist ähnlich wie bei den Glockenwäschern durch zahlreiche eingezogene Böden unterteilt in einzelne Kammern, so daß sich in jeder solchen Kammer einer trichterförmigen Ausbuchtung nach unten die Waschflüssigkeit sammeln kann.

Auf der durch das ganze Waschgefäß hindurchgehenden senkrechten Welle sind in jeder Kammer sog. Verteiler angebracht, welche aus starken ineinandergesteckten, nach oben sich erweiternden Blechringen zusammengebaut sind und beim raschen Umlauf der Mittelwelle die Waschflüssigkeit ansaugen und in Form eines Schleiers in der Kammer versprühen; die aus den Rohrstutzen von Kammer zu Kammer aufsteigenden, unten in den Wäscher eintretenden Gase sind gezwungen, dieses feinst verteilte Waschmittel wiederholt zu durchstreichen, und erfahren dadurch eine sehr weitgehende Reinigung.

Für die Teerscheidung im Gaswerksbetrieb und auch im Schwelbetrieb beliebt sind die sog. **Theisenreiniger**, deren Bauart und Wirkungsweise Fig. 197 zu entnehmen ist: wellenförmig gepreßte Scheiben sind derartig knapp nebeneinander auf eine horizontale umlaufende Welle W angeordnet, daß sie sich radial überdecken; Gas und Waschflüssigkeit treten axial in den Wäscher ein, werden dann durch einen umlaufenden Verteiler V gemischt und streichen dann in dem Zickzack, das die Räume zwischen den einzelnen Tellern bilden, hindurch; dabei wird eine Reihe scheibenförmiger hintereinander liegender Flüssigkeitsschleier gebildet, durch welche das Gas hindurchstreichen muß.

Eine noch innigere Durchmischung von Gas und Waschflüssigkeit wird bei dem **Kreuzschleierwascher nach Ströder** bewirkt: wie aus Fig. 198 ersichtlich ist, besteht derselbe aus einem länglichen Gehäuse, das in seinem unteren Teil parallel zur Horizontalachse von zwei gegeneinander laufenden Walzen a und a_1 durchzogen ist, welche aus zahlreichen kreisrunden, etwas in die Waschflüssigkeit tauchenden Scheiben s bestehen; jede dieser Scheiben-

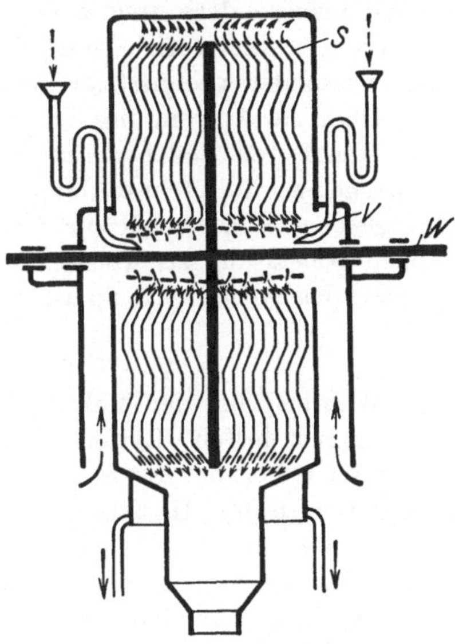

Fig. 197. Theisenreiniger.

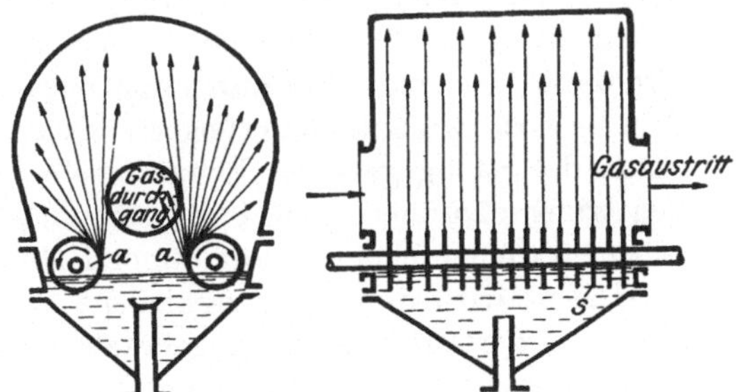

Fig. 198. Ströderwäscher.

walzen bewirkt bei raschem Umlauf die Bildung eines Flüssigkeitsschleiers in der angedeuteten Weise; dadurch, daß beide Walzen gegeneinanderlaufen, überdecken sich die Schleier kreuzweise, das durch sie hindurchgehende Gas wird also ständig hin und hergerissen, bzw. innig verwirbelt; diese Art der Wäscher dient insbesondere auch zum Trocknen von Gasen, dadurch, daß als Waschflüssigkeit wasseranziehende Flüssigkeiten genommen werden; sie scheinen ganz besonders geeignet zur Absorption von Gasen in bestimmten Flüssigkeiten.

Über die Anwendung der elektrischen Entstaubung zur Abscheidung von feinsten festen Teilchen aus Gasen ist bereits in dem Kapitel Sichtung besprochen worden: hier erübrigt nur mitzuteilen, daß die **elektrische Gasreinigung** in gleicher Weise auch zur Abscheidung der sonst nur sehr schwer oder gar nicht vollständig zu erfassenden Nebelbildungen in Gasen verwendet werden kann, das Arbeitsprinzip ist das bereits dort geschilderte.

Schwimmaufbereitung, Flotation.

Während bei der Mehrzahl der Waschverfahren zur Trennung von verschiedenen festen Stoffen in erster Linie die verschiedenen spez. Gewichte derselben herangezogen werden, arbeitet die Schwimmaufbereitung oder Flotation unter Heranziehung der verschiedenen Benetzbarkeit der einzelnen Bestandteile mit verschiedenen Flüssigkeiten, also unter Ausnutzung der verschiedenen Oberflächenspannungen der zu trennenden Stoffe für verschiedene Flüssigkeiten. Es soll das an Hand einer ganz kurzen Darstellung des Prozesses selbst erklärt werden.

Eine Erztrübe, das ist die Aufschlemmung von gröber oder fein vermahlenem Erz mit einer meist ganz schwach angesäuerten, unter Umständen aber auch neutralen oder schwach alkalischen, wässerigen Flüssigkeit erhält einen geringen Zusatz von organischen Flüssigkeiten — **Flotationsöl** —, worauf möglichst innige Verrührung vorgenommen wird; die Absorptivkräfte zwischen Gangart und Wasser sind so stark, daß auf den einzelnen aus Gangart bestehenden festen Teilchen eine Wasserschicht unlösbar verdichtet wird; dabei wird diese Absorptivkraft durch den Zusatz von Schwefelsäure — siehe weiter oben — noch wesentlich gesteigert. Diese Wasserhaut verhindert das Hinzutreten des nachgegebenen Flotationsöles zur Gangart, hingegen findet eine Benetzung zwischen dem Flotationsmittel und den Erzteilchen statt, dieselben werden mit einer ganz dünnen Haut des Flotationsmittels — Öles — überzogen; wird nun auf verschiedene Weise Luft in die Waschflüssigkeit in möglichst verteilter Form eingebracht — gewöhnlich durch Einpressen von Luft unter gleichzeitigem starken Rühren —, so daß die ganze Waschflüssigkeit mit feinsten Luftbläschen durchsetzt ist, so tritt durch die Ölschicht an den Erzteilchen ein Haften von Luftbläschen ein, die aufsteigende Luft nimmt die Erzteilchen mit, die auf diese Weise in den **Schaum** gelangen und durch ständiges Abschöpfen desselben gewonnen werden können, während die Gangart im Wasser zu Boden sinkt und von Zeit zu Zeit abgelassen wird. Als **Flotationsöle** werden Öle, aber auch eine Reihe verschiedener flüssiger organischer Substanzen verwendet, gearbeitet wird gewöhnlich mit einer ganz schwach angesäurten wässerigen Waschflüssigkeit — 0,7 Proz. Schwefelsäurezusatz —, doch kann fallweise, wie bereits erwähnt, auch in alkalischer bzw. neutraler Lösung flotiert werden.

Über das Maß der Benetzbarkeit verschiedener fester Stoffe gibt der sog. **Randwinkel** Aufschluß: bringt man einen Tropfen der auf den Randwinkel zu untersuchenden Flüssigkeit auf eine frische Bruchfläche, so tritt endweder völlige Verteilung ein — der Tropfen verläuft auf der untersuchten Bruchfläche — oder teilweise Verteilung, oder der Tropfen bleibt praktisch in seiner Form erhalten: eine Benetzung findet nicht statt; die dabei auftretenden Grenzflächen: flüssig, fest und flüssig-gasförmig bestimmen dann diesen Randwinkel, der ein zahlenmäßiges Maß für die Benetzbarkeit des betreffenden festen Stoffes mit der untersuchten Flüssigkeit ist.

Auf die apparative Durchführung der Flotation soll hier nicht eingegangen werden, das Arbeitsprinzip ist bei allen der unterschiedlichen Verfahren das gleiche hier geschilderte.

II. Umsetzungen unter Wärmezufuhr bzw. Wärmeabfuhr.

A. Wärmeerzeugung und deren Speicherung.

1. Grundlagen.

Wärme ist sowohl Grundlage der Betriebskraft als auch Grundlage der überwiegenden Mehrzahl der chemischen Umsetzungen, sei es, um Umsetzungen, welche an sich unter Freiwerden von Wärme — exotherme Reaktionen — verlaufen, einzuleiten, sei es, um endothermen Umsetzungen die zur Durchführung der Umsetzung notwendige Energie dauernd zuzuführen. Schließlich dient Wärme auch zur Änderung des Aggregatzustandes, wie wir sie beim Destillieren — Überführung aus dem flüssigen Zustand in den dampfförmigen, Abtrennung der dampfförmigen von der flüssigen Phase, bzw. Trennung der Dämpfe und Rückführung der dampfförmigen in die tropfbar-flüssige Phase — benötigen.

Die in größtem Ausmaß benötigte Wärme kann dann bereitgestellt werden:

1. **in allgemeinster Weise durch Verbrennungsvorgänge**, also durch rasch verlaufende Oxydation; in erster Linie durch die Verbrennung der festen Brennstoffe, hierher gehörig aber auch eine Reihe weiterer Verbrennungsvorgänge von kohlenstofffreien Stoffen: so gibt die Verbrennung des Schwefels beim Rösten die notwendige Wärme, so die Verbrennung von Silicium, Mangan und Phosphor die Wärme beim Bessemern, ferner die Verbrennung von Aluminium im Thermit die beim Schweißen benötigte sehr hohe Erwärmung; anschließend sind hierher zu zählen auch jene Umsetzungen, bei welchen der exotherme Charakter des Vorganges zu starker Wärmeerzeugung führen kann, ohne daß die wesentlichen Kennzeichen der eigentlichen Verbrennung: Sauerstoffeinwirkung und Oxydation vorhanden zu sein brauchen; hierher

gehört schließlich auch die fallweise ausgenutzte Lösungs- bzw. Hydratisierungswärme, wie sie in der Zuckerindustrie beim Scheiden des Zuckersaftes zur Anwendung gelangt. Und hierher gehört auch die sonst ganz abseits liegende elektrische Heizung und Wärmeerzeugung, die grundsätzlich von allen anderen Arten der Wärmeerzeugung sich dadurch unterscheidet, daß jede stoffliche Umsetzung bei ihr wegfällt.

Durch die zuletzt genannte Eigenschaft leitet die immer mehr an Umfang gewinnende elektrische Erhitzung insofern zu einer neuen Entwicklung über, als das Fehlen stofflicher Umsetzungen einerseits, anderseits die leichte Transformierbarkeit und Versendungsfähigkeit des elektrischen Stromes eine der fühlbarsten Abhängigkeiten der bisherigen Energieumsetzung und Verwendung weitgehend beseitigt: die Gebundenheit an das Vorkommen des Brennstoffes.

Ist Wärme heute noch in überwiegendem Maße die Grundlage sowohl der Kraft- wie der eigentlichen Wärmewirtschaft, so liegt in dieser gemeinsamen Grundlage bereits die Möglichkeit zu einer weitgehenden **Verbindung von Wärme-** und **Kraftwirtschaft** zwecks besserer Ausnützung des Brennstoffes; inwieweit eine solche Kupplung von Kraft- und Wärmewirtschaft heute bereits erreicht ist, soll weiter unten besprochen werden.

Von den für die Wärmeumsetzung maßgeblichen Beziehungen sollen im folgenden nur die grundlegenden herausgegriffen werden:

1 kcal = 1 WE = jene Wärmemenge, welche notwendig ist, um 1 kg Wasser um 1°, von 14,5° auf 15,5° zu erwärmen; in mechanischer Arbeit ausgedrückt ist:

$$1 \text{ kcal} = 1 \text{ WE} = 427 \text{ mkg},$$

entsprechend dem mechanischen Wärmeäquivalent; daraus ergibt sich weiter:

$$1 \text{ kcal} = 1 \text{ WE} = \frac{1 \text{ PS-St.}}{632},$$

oder in der allgemein angewendeten Form:

$$1 \text{ PS-St.} = 632 \text{ WE}$$

und

$$1 \text{ kW-St.} = 860 \text{ WE}.$$

Nach dem Carnotschen Kreisprozeß ergibt sich dann ganz allgemein für Arbeitsgänge, die sich zwischen den absoluten Temperaturen T_1 und T_2 abspielen, daß der höchstmögliche Wirkungsgrad ist:

$$\eta = \frac{T_1 - T_2}{T_1},$$

das heißt: der Wirkungsgrad wird am höchsten, wenn die Differenz zwischen T_1 und T_2 am größten wird, also bei möglichst hoher Anfangstemperatur und möglichst niederer Endtemperatur des Vorganges.

Die in einem Brennstoff verfügbare Wärmemenge ist gegeben durch den sog. **Heizwert**, angegeben in WE/kg oder kcal/kg. Man unterscheidet zwischen dem „oberen" **Heizwert** und dem „unteren" **Heizwert** des Brennstoffes und versteht unter dem sog. „oberen" Heizwert des Brennstoffes — richtiger: Verbrennungswärme! — jene Wärmemenge, welche bei der vollständigen Verbrennung gewonnen werden kann, einschließlich der im Verbrennungswasser enthaltenen Wärme; mithin die maximale Wärmemenge, welche überhaupt erhalten werden kann; unter dem „unteren" Heizwert versteht man dann allgemein jene Wärmemenge, welche für praktische Zwecke verfügbar erhalten wird bei der Verbrennung, wenn das Verbrennungswasser — wie dies ja bei der praktischen Verbrennung stets der Fall ist — nicht kondensiert werden kann, sondern die im Dampf enthaltene Wärme verloren gegeben werden muß. Für den Verbrennungsvorgang $CO + O = CO_2$, bei welchem Wasser nicht gebildet wird, ist demnach oberer und unterer Heizwert gleichbedeutend, für die Verbrennung von $H_2 + O$ zu H_2O steht dem oberen Heizwert oder der Verbrennungswärme von 3041 WE/cbm Wasserstoff ein unterer Heizwert von 2561 WE/cbm gegenüber, und die Differenz beider entspricht dann jener Wärmemenge, welche als nicht ausgenützte Kondensationswärme des gebildeten Wasserdampfes in der gewöhnlichen Feuerung verloren gegeben werden muß: der untere Heizwert eines Brennstoffes läßt sich ohne weiteres aus der Verbrennungswärme oder dem oberen Heizwert berechnen, durch Abziehen der Kondensationswärme des bei der Verbrennung sich bildenden Wasserdampfes. Auf den Begriff Heizwert der Brennstoffe soll weiter unten in dem Abschnitt Brennstoffe noch näher zurückgekommen werden.

Kennzeichnend für den Verbrennungsvorgang ist nicht nur die während desselben zur Umsetzung gebrachte Wärmemenge sondern auch die bei dieser Umsetzung erreichte Temperatur.

Eine gegebene Wärmemenge erwärmt verschiedene Stoffe auf sehr verschiedene Temperaturen, entsprechend der **spezifischen Wärme** derselben. Die spezifischen Wärmen für die Gase, mit Ausnahme vom Wasserstoff, der über eine außerordentlich hohe spezifische Wärme verfügt — mehr als zehnmal so groß wie die der übrigen hier in Frage kommenden Gase! —, sind ziemlich konstant; wichtig zu beachten ist, daß die spezifische Wärme des Wasserdampfes verhältnismäßig hoch liegt: — Feuerungsverluste! — und bei steigender Temperatur am stärksten ansteigt. Für Gase unterscheiden wir dabei die **spezifische Wärme für konstanten Druck**, allgemein als C_p bezeichnet, und die **spezifische Wärme bei konstantem Volumen**, allgemein als C_v bezeichnet; die wesentlich kleineren spezifischen Wärmen der Gase für konstantes Volumen kommen für Verbrennungen von Gasen in geschlossenen Räumen, z. B. in der Bombe, im Gasmotor in Frage, die spezifische Wärme für konstanten Druck bei allen Verbrennungen an der freien Luft.

Die Kenntnis der spezifischen Wärmen gestattet uns die Berechnung der bei einer Verbrennung auftretenden Temperaturen, ohne daß es indessen möglich wäre, diese rechnerisch ermittelten Verbrennungstemperaturen bei der Verbrennung auch wirklich zu erreichen; auf die in Frage kommenden und für die rechnerische Beherrschung des Verbrennungsvorganges unter dem Kessel und im Ofen wichtigen Vorgänge kann hier nicht näher eingegangen werden.

2. Die Brennstoffe.

Die nebenstehende, der Chemie-Hütte entnommene Übersicht gibt eine Zusammenstellung der wichtigsten in Frage kommenden Brennstoffe und ihrer maßgeblichen Zusammensetzung wieder.

Innerhalb weitester Grenzen regelbar ist nur die Verbrennung der gasförmigen Brennstoffe, die auch hinsichtlich der hier mit geringstem Luftüberschuß möglichen Verbrennungen geradezu ideale Bedingungen bietet, da hierdurch nicht allein Wärmeverluste weitgehend ausgeschaltet werden können, sondern auch die Erzielung höchster Temperaturen ermöglicht wird: bei ihnen verläuft die Verbrennung sehr rasch, Nebenreaktionen, insbesondere auch Schlackenbildung, treten nicht auf.

Beim Übergang zu den **flüssigen** und **festen Brennstoffen**, besonders aber zu den letzteren, ergeben sich wesentliche Komplizierungen: beschränken sie sich bei den flüssigen Brennstoffen, welche hinsichtlich des Verbrennungsvorganges den Gasen noch am nächsten stehen, im wesentlichen auf die notwendige feine Verteilung und gute Durchmischung des Brennstoffes mit der Verbrennungsluft, so liegen die Verhältnisse bei den festen Brennstoffen wesentlich schwieriger: hier ist der Verbrennungsvorgang in allen Fällen zu unterteilen in die Erhitzung des festen Brennstoffes und die dadurch eintretende Entgasung, in die Verbrennung der ausgetriebenen Gase und schließlich in die zeitlich den ganzen Verbrennungsvorgang beherrschende Phase, die Umsetzung des bei der Entgasung sich bildenden Koksrückstandes in Gasform zur vollständigen Verbrennung: zu den beiden zeitlich rasch verlaufenden Vorgängen nach 1 und 2: Entgasung und Verbrennung der gasförmig ausgetriebenen Bestandteile tritt hier noch die Koksverbrennung als zeitlich nur langsam verlaufender, vielfach auch nicht vollständig verlaufender und überdies auch ganz besondere Anforderungen hinsichtlich Luftzufuhr stellender Vorgang.

Feste Brennstoffe verlangen stets eine stark über den theoretischen Luftbedarf hinausgehende Zufuhr von Verbrennungsluft. Wassergehalt und Schlackenbildung bringen weitere Komplikationen mit sich, und aus diesen Gründen ist die Verfeuerung fester Brennstoffe vielfach zurückgedrängt worden zugunsten der Verfeuerung von Gasen, die überdies noch den Vorteil bietet, auch niederwertige und minderwertige Brennstoffe an Stelle hochwertiger, auf dem Umwege über die Vergasung, verwenden zu können, da die Zusammensetzung des Generatorgases in weitestem Maße unabhängig gemacht werden kann von der Beschaffenheit und Art des Brennstoffes.

Der in der letzten Zeit deutliche **Übergang zur Verwendung gasförmiger Brennstoffe an Stelle fester** hat aber eine Unterbrechung durch die **Verwendung von „Brennstaub"** erfahren, bei welcher getrockneter und feinst vermahlener fester Brennstoff in die Feuerung geblasen wird und dort unter ähnlichen Bedingungen verbrennt wie Brenngas: bestehen bleibt aber unter allen Umständen auch hier die eben erwähnte Tatsache, daß die Verbrennung fester Brennstoffe unter allen Umständen Zeit erfordert, ein Nachteil, den man bei den modernen Kohlenstaubfeuerungen dadurch wettzumachen verstanden hat,

Zusammensetzung und Heizung der wichtigsten festen Brennstoffe:

Bezeichnung	C	H	O + N	S	H_2O	Asche	fl. Be-standt. %	Unterer Heizwert WE/KG
Preßtorf	43	4	24	0,5	23	5,5	—	3800
Mitteldeutsche Braun-	26 bis	2 bis	8,5 bis	1	39 bis	5,5 bis	—	2100 bis
kohlen	27	3	11		52	5,8	20,4 bis	2300
Rheinische Braunkohlen	31,8	2,1	12,4	0,15	50,3	3,1	32,2	2350
West- und süddeutsche	28 bis	2 bis	10,2 bis	0,5 bis	34 bis	3,5 bis	21 bis	2100 bis
Braunkohlen	43	4,5	13,5	1,0	55	6,0	28	4100
Böhmische Braunkohlen	34,0 bis	3 bis	11,7 bis	0,4 bis	9,0 bis	9 bis	30 bis	3800 bis
	62,7	6,2	16,5	1,0	33	25	60	6300
Alpine Braunkohlen . .	44 bis	3,4 bis	12 bis	0,4 bis	7 bis	8 bis	—	4000 bis
	61,5	4,8	18	3,5	25	22		5700
Rhein.-Westf. Anthrazit .	88,5	3,5	3,3	0,4	0,9	3,4	5	8000
Rhein.Mager-u.Eßkohlen	80	3,8	4,0	1,4	1,2	9,7	10,6	7400
Rhein. Fettkohlen . . .	80 bis	4 bis	4,6 bis	0,5 bis	1 bis	3 bis	15 bis	7500 bis
	83	5	6,7	1,5	3,4	7	25	7900
Rhein. Gasflammkohlen .	75 bis	4,6 bis	7,3 bis	0,5 bis	1,6 bis	2,5 bis	26 bis	7100 bis
	81,5	5,3	8,4	1,2	3,2	9	30	7800
Saar- und Lothringer	62,4 bis	4,1 bis	7,1 bis	0,5 bis	1,7 bis	3,1 bis	29 bis	5800 bis
Steinkohlen	77,8	5,4	12	1	9,7	17	37	7400
Schlesische Steinkohlen .	66,4 bis	4 bis	8,3 bis	0,4 bis	3 bis	5,2 bis	24 bis	6100 bis
	76,5	4,5	14	1	7,5	16	33,7	7200
Hannoveranische und	63,2 bis	3,6 bis	6,8 bis	1,2 bis	—	—	—	—
Sächs. Steinkohlen . .	66,4	4,3	6,9	2,4				
Bester westf. Hüttenkoks	88,7	0,4	1,5	0,4	1,0	8,0	—	7290
Durchschnittl. Gaskoks .	80,3	1,0	2,2	1,0	1,5	14,0	—	6690
Schwelkoks	74,4	3,0	7,3	1,3	2,5	11,5	—	6736

Zusammensetzung, spez. Gewicht und Heizwert von Heizölen:

Bezeichnung	C	H	O	S	H_2O	d_{15}	Unterer Heizwert WE/kg
Heizteer, Dünnteer . . .	89,0	5,9	3,2	0,4	1,5	1,12	8850
Heizteeröl	89,5	6,5	3,0	0,5	0,5	1,08	8960
Masut . . . . : . .	85,7	12,1	0,9	0,3	1,0	0,91	9850
Mexiko-Heizöl	82,7	10,8	2,2	3,6	0,7	0,96	9600

Zusammensetzung, spez. Gewicht und Heizwert von Gasen:

Bezeichnung	CO	H_2	CH_4	sonst. KW	CO_2	N_2	O_2	spez. Gewicht 0°, 760 mm	unterer Heizwert WE/m³
Leuchtgas . . .	4 bis 11	45 bis 50	30 bis 43	3 bis 6	1 bis 3	1 bis 6	0 bis 1,5	0,5	5000
Koksofengas . .	7 bis 10	49 bis 55	27 bis 32	2 bis 4	1 bis 3	2 bis 6	—	0,5	4000 bis 5000
Steinkohlen-generatorgas .	22	19	2	—	6	57	—	1,13	1176
Koksgenerator-gas	23	14	1	—	7	56	—	1,19	1148
Braunkohlen-brikettgene-ratorgas . . .	29	12	2	—	4	53	—	1,13	1365
Torfgeneratorgas	15	10	4	—	14	57	—	1,22	1058
Gichtgas	31,2	2,4	—	—	7,5	58,9	—	1,28	1014

daß man den eigentlichen Brennraum genügend groß dimensioniert und dadurch auch die Schlackenschwierigkeiten der Brennstaubfeuerung, mit denen sie anfangs schwer zu kämpfen hatte, überwunden hat. Insbesondere für die Verwertung der Braunkohle und noch mehr des Braunkohlenkokses — der heute in der industriellen Wärmewirtschaft noch gar keine Rolle spielt — eröffnet die Brennstaubfeuerung neue und wertvolle Möglichkeiten.

Die Anforderungen, welche an gute feste Brennstoffe im allgemeinen zu stellen sind, sind: nicht zu geringe Gasergiebigkeit, um die für den mechanischen Rostbetrieb wichtige Rückzündung sicherzustellen; nicht zu hoher Gehalt an Aschenbestandteilen, vor allem an schlackenden Aschenbestandteilen, welche nicht allein zu großen Verlusten an Unverbrennlichem in der Schlacke führen, sondern auch durch starke Verschlackung den Betrieb schwer beeinträchtigen können; weniger wichtig ist der Wassergehalt des Brennstoffes, er wirkt sich lediglich verschlechternd auf den Wirkungsgrad der Anlage aus, doch gestatten uns die modernen Feuerungsvorrichtungen auch die direkte Verfeuerung von Kohlen mit sehr hohem Wassergehalt: **Muldenrostfeuerung, Fränkelfeuerung,** für nasse deutsche Braunkohle mit bis zu 50 Proz. Wasser im rohen Brennstoff, gestatten es, auch bei Verwendung niederwertiger Brennstoffe zu durchaus befriedigenden Wirkungsgraden im Kesselbetrieb zu gelangen; für die Erzielung hoher Temperaturen und für die bei Schmelz- und Glühprozessen notwendige hohe Rostleistung kommen sie allerdings nicht in Frage, und hier ist man auf die Verwendung hochwertiger Brennstoffe angewiesen, soweit man nicht aus den bereits gegebenen Gesichtspunkten auf den Betrieb der Gasfeuerung übergeht.

Wenngleich hier bei der Verwendung der Brennstoffe in ortsfesten Feuerungen erst in zweiter Linie maßgeblich, sei doch auf die verschiedene **Energiedichtung** in den einzelnen Brennstoffen ganz kurz verwiesen: von allen uns zur Verfügung stehenden Brennstoffen verfügen die flüssigen Brennstoffe über die stärkste Verdichtung der Energie in der Raumeinheit: während man für flüssige Brennstoffe mit einer Wärmemenge von etwa 9,7 Millionen WE im Kubikmeter rechnen kann, so für die festen Brennstoffe schwankend und im Durchschnitt etwa 6 Millionen; im Leuchtgas hingegen nur mehr 5000 WE je Kubikmeter. Gas kommt demnach nur für ortsfeste Feuerungen in Frage, für ortsbewegliche Feuerungen nur Kohle oder Heizöl, wobei dem letzteren zufolge der viel stärkeren Verdichtung der Energie aber der Vorzug zu geben ist. Obwohl sich Heizöl für ortsfeste Feuerungen, wie sie hier ja allgemein in Frage kommen, zunächst wohl nur in jenen Gebieten durchsetzen kann, wo die Preisverhältnisse zu gunsten desselben sprechen — Galizien, Rumänien, Rußland in den Petrolgebieten, Mexiko und zum Teil in den Vereinigten Staaten —, kann gegebenenfalls auch bei höheren Energiepreisen im flüssigen Brennstoff dessen Verwendung aus betriebstechnischen Gründen zweckmäßig erscheinen; die weitaus überwiegende Mehrzahl der in der chemischen Industrie verwendeten Feuerungen sind aber Kohlenfeuerungen, soweit nicht Gasfeuerung und in der letzten Zeit auch die Brennstaubfeuerung zufolge ihrer Vorteile sich Eingang verschafft haben und noch weiter verschaffen werden.

3. Die Feuerungen für feste Brennstoffe.

Die festen Brennstoffe werden im allgemeinen auf **Rosten** verfeuert; unter **gesamter Rostfläche** versteht man das Produkt aus Rostlänge, gemessen zwischen Schürtür und Feuerbrücke — vgl. weiter unten — und der Rostbreite; die **freie Rostfläche** ist die Oberfläche aller Luftzuführungsöffnungen im Rost selbst. Bei den später zu besprechenden Plan- oder Schrägrosten beträgt die freie Rostfläche etwa $^1/_5$ bis $^1/_2$ der gesamten Rostfläche, bei den Treppenrosten ist sie etwas größer.

Die Höhe der **Rostbelastung**, das ist jener Brennstoffmenge, die auf der Flächeneinheit des Rostes in der Zeiteinheit verfeuert werden kann, ist stark schwankend und abhängig nicht allein von der Luftzufuhr und dem Essenzug, sondern in erster Linie bestimmt durch die Eigenschaften des zur Verfeuerung gelangenden Brennstoffes. Als Richtlinien können folgende Zahlen angenommen werden: je Quadratmeter gesamte Rostfläche können in der Stunde folgende Mengen der einzelnen Brennstoffe verfeuert werden:

Koks	70 bis	80 kg
Gasarme Steinkohle	70 „	90 „
Gasreiche Steinkohle	90 „	120 „
Braunkohlenbriketts	120 „	180 „
Böhmische Braunkohle	120 „	180 „
Deutsche Braunkohle	170 „	250 „
Torf	120 „	200 „
Holz	120 „	180 „

Die älteste Form der Rostfeuerung ist der sog. **Planrost**; er wird aus einer großen Anzahl von Roststäben gebildet — vgl. Fig. 199 —, auf welche der Brennstoff aufgeworfen wird; der Planrost ist praktisch für alle Brennstoffe zu verwenden, ein Nachteil ist, daß seine Bedienung bei Rostlängen über 2 m bereits Schwierigkeiten bereitet, da sie von Hand aus erfolgen muß; weiter die mit der Rostbedienung verbundene Öffnung der Feuertür, wodurch kalte Luft zutritt; zufolge des Umstandes, daß der Brennstoff immer wieder und nicht kontinuierlich aufgegeben wird, treten Brennstoffverluste durch unverbranntes Gas beim Beschicken des Rostes mit frischem Brennstoff auf.

Werden die Roststäbe geneigt verlegt, so geht der Planrost in den **Schrägrost** über — vgl. Fig. 200 —, und zwar verlegt man die Roststäbe unter einem Winkel, welcher dem Böschungswinkel des Brennstoffes entspricht, für Braunkohlen etwa 30°, für Steinkohlen 40 bis 45°. Die Luftschlitze sind in dem unteren Teil des Rostes stark erweitert, so daß die Verbrennung in erster Linie dort bei genügendem Luftzutritt erfolgen kann; der Schrägrost wird nach oben zu durch den stets gefüllt gehaltenen Kohletrichter gegen die Außenluft abgeschlossen, wodurch das Eindringen falscher Luft vermieden werden kann, nach unten zu besorgt die abrutschende Schlacke die Abdichtung. Die Bedienung ist sehr einfach, die Anwendungsmöglichkeiten beschränken sich aber auf nicht zu feinkörnige Kohlen und auf Kohlen, die nicht oder nur schwach zum Backen neigen, und deren Schlacken nicht schmelzen.

Der **Treppenrost** — vgl. Fig. 201 — ist ein Schrägrost mit wagrecht gestellten Luftspalten, zwischen denen die Luft leicht zutreten kann, deren wagrechte Anordnung — im Gegensatz zu den bisher besprochenen senkrechten Luftspalten im Plan- und Schrägrost — aber das Durchfallen feiner Brennstoffteilchen durch den Rost verhindert; der Rost eignet sich darum in erster Linie für feinkörnige, mulmige Brennstoffe.

Alle Feuerungen, bei welchen die Brennstoffaufgabe auf den Rost von Hand und diskontinuierlich erfolgt, leiden unter dem Übelstand, daß bei der Öffnung der Feuertür kalte Luft zutritt, mithin Abkühlung von Feuerung und Mauerwerk, und dadurch einerseits Verluste an Brennstoff, andererseits Schädigungen am Mauerwerk eintreten: dazu kommt aber noch als er-

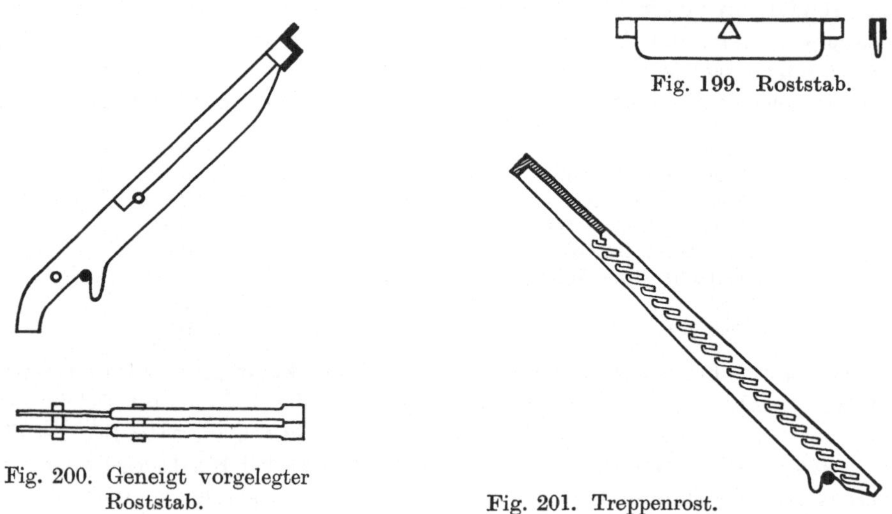

Fig. 199. Roststab.

Fig. 200. Geneigt vorgelegter
Roststab.

Fig. 201. Treppenrost.

schwerend hinzu, daß unmittelbar nach der Aufgabe frischen Brennstoffes eine sehr lebhafte Entgasung der frischen Kohle einsetzt, so zwar, daß die normale Luftzufuhr zur Verbrennung nicht mehr genügt und ein Teil der Entgasungsprodukte unverbrannt abzieht; arbeitet ein gut geleiteter Feuerungsbetrieb im allgemeinen rauchlos, so ist die Neubeschickung doch jederzeit an den unmittelbar nachher entweichenden Rauch- und Rußmengen auch von außen sofort zu erkennen. Aus diesen Gründen, und auch, um von der Aufmerksamkeit und dem guten Willen der Heizer weniger abhängig zu sein, geht man immer mehr dazu über, an Stelle der von Hand beschickten Feuerungen **Feuerungen mit mechanischer Rostbeschickung** einzubauen.

Drei Möglichkeiten scheinen hierzu gegeben:

1. **Die sog. Wurfbeschickung** für feinkörnige Brennstoffe, bei welcher der Brennstoff zwangsläufig und einstellbar auf einen bestimmten, den jeweiligen Bedingungen angepaßten Brennstoffverbrauch durch Wurfräder oder Wurfschaufeln auf den Rost geschleudert wird;

2. Feuerungen, bei welchen mittels eines beweglichen, umlaufenden Rostes, des sog. **Wanderrostes**, der Brennstoff allmählich von der Feuertür in die Brennzone geschafft wird, und

3. die sog. **Unterbeschickung**, bei welcher der Brennstoff von unten auf den Rost geschoben wird.

Von den **Wanderrosten** seien hier zwei Ausführungsformen, die nach ganz verschiedenen Prinzipien arbeiten, erwähnt: der gewöhnliche Wanderrost, ein Kettenrost — die einzelnen Roststäbe sind nach Art der Glieder einer Kette verbunden — und der sehr stark verbreitete sog. **Pluto Stoker-Rost** der Pluto Stoker Co.

Er ist im Wesen ein Schrägrost mit schwacher Neigung, gebildet aus einer großen Anzahl von hohlen Roststäben, die eine stufenförmige Oberfläche bilden, ähnlich wie beim Treppenrost; vgl. Fig. 202, welche einen Roststab im Querschnitt und Längsschnitt schematisch wiedergibt; die einzelnen Rost-

stäbe werden durch ein Getriebe um eine horizontale Achse bewegt, so daß das Roststabende eine auf und niedergehende Bewegung ausführt; diese Bewegung ist aber nicht gleichförmig für die einzelnen Roststäbe, sondern so durchgeführt, daß die Roststäbe sich gegeneinander bewegen und zu der nach dem Rostende fördernden Bewegung des Rostes noch eine Durcharbei-

Fig. 202. Roststab des Pluto Stoker-Rostes.

tung des Brennstoffes auf der Rostfläche selbst hinzukommt, wodurch die Verbrennung begünstigt wird, insbesondere bei Feinkohlen, die zum starken Schlacken neigen; gegebenenfalls wird durch die Rostspalten noch Dampf eingeführt und die Durcharbeitung des Feuers, bzw. die Zerreißung größerer Schlackenkuchen dadurch wesentlich erleichtert.

Der Brennstoff wird aus einem Fülltrichter aufgegeben, unterhalb des Fülltrichters befindet sich ein in der Horizontalen hin und her gehender Kolben, welcher den aus dem Trichter absinkenden Brennstoff auf das obere Rostende schiebt, von welchem aus er langsam unter Verbrennung über die Rostfläche herabgleitet, um unten in den Aschenfall abgeworfen zu werden; der Pluto Stoker arbeitet je nach dem Brennstoff mit verschiedener **Schütthöhe**, welche dadurch eingestellt wird, daß sich über dem Rost unmittelbar hinter der Rostbeschickung ein Kohlenschieber befindet; dieser Rost, welcher seinerzeit in erster Linie für die Verfeuerung feinkörnigen Braunkohlenkokses gebaut wurde, hat sich insbesondere bei Feinkohlen, die stark zum Backen und Schlacken neigen, bewährt, ebenso aber auch für die niederwertigen Braunkohlen mit hohem Wassergehalt, bei welchen man dann zu Schütthöhen von 50 cm und mehr auf dem Rost übergeht und sich dann bereits stark den weiter unten zu besprechenden Halbgasfeuerungen nähert.

Auf andere Feuerungen soll hier näher nicht eingegangen werden; erwähnt sei nur, daß gewisse gasarme und aschenreiche Brennstoffe sich auf den üblichen Rosten und unter den für diese maßgeblichen schwachen Zugverhältnissen nicht ohne weiteres verfeuern lassen und man dann gezwungen ist — Verfeuerung von Koksgrus, Rauchkammerlösche, Feinkohlen mit hohem Aschengehalt —, zu sog. **Preßluftfeuerungen** überzugehen, bei welchen die Verbrennungsluft dem Rost unter Druck zugeführt wird; der bei solchen Feuerungen eintretenden Bildung von Stichflammen mit ihrer zerstörenden Einwirkung auf den Rost begegnet man durch besondere Rostkonstruktionen, die auch zum Bau von **Rostplatten** geführt haben; bei ihnen ruht der Brennstoff auf großen, zu einem Ganzen zusammengefügten Platten, die mit zahlreichen Bohrungen versehen sind, welche sich nach unten — also gegen den Aschenfall — stark konisch erweitern, und durch welche die Verbrennungsluft in den dicht lagernden Brennstoff eingeblasen wird.

Eine kurze Erwähnung verdient noch der im besonderen in der Verfeuerung von Braunkohlen niederwertiger Beschaffenheit und hohen Wassergehaltes sehr verbreitete **Fränkelrost**, der zu der Gruppe der Schütt- oder Füllfeuerungen gehört: bei dieser Feuerung ist ein muldenförmiger Rost zwischen zwei Schütttrichtern so gelagert, daß ihm der Brennstoff selbsttätig durch Nachrutschen zusinkt; während dieses Nachrutschens in dem durch die Feuerung erwärmten Schamottemauerwerk wird der Brennstoff zunächst getrocknet und schließlich noch vor Eintritt in die Feuerungen — also bevor er den Rost erreicht — mehr oder minder weitgehend entgast, die Gase zusammen mit Frischluft, welche durch das Streichen in den Kanälen des Mauerwerkes vorgewärmt wird, verbrannt, während der mehr oder minder weitgehend entgaste Brennstoff auf dem muldenförmig ausgebildeten Rost selbst verbrennt.

Die Feuerung ist demnach bereits eine **Halbgasfeuerung**, und wir verstehen unter solchen Halbgasfeuerungen, die in den verschiedensten Formen zur Anwendung gelangen — vgl. den Abschnitt Öfen —, jene Form der Verbrennung, bei welcher die Verbrennung auf dem Rost nicht vollständig verläuft, sondern die dort — oder schon früher — entweichenden brennbaren Destillationsprodukte des Brennstoffes durch Zugabe von Sekundärluft über dem Rost zur vollständigen Verbrennung gelangen; dadurch tritt eine Verbindung von Gasfeuerung mit Verbrennung des Kokses auf dem Rost ein, die besonders im Ofenbetrieb sehr wertvoll werden kann, da die Möglichkeit besteht, durch die Einstellung der Sekundärluft die Länge der Flamme zu regeln.

Die Verfeuerung feinst vermahlener Kohlen oder auch von Kokungserzeugnissen aus Steinkohle und Braunkohle, insbesondere aber der letzteren, erfolgt in neuerer Zeit in steigendem Maße in den sog. Kohlenstaub- oder richtiger **Brennstaubfeuerungen**, deren Betrieb — vgl. das weiter oben Gesagte — sich dem Betrieb der Gasfeuerungen nähert. Sie arbeiten rostlos, der Brennstoff befindet sich hier nicht in Ruhe, sondern der feinverteilte Kohlenstaub wird zusammen mit Luft in wirbelnder Bewegung erhalten, in der sog. **Brennkammer**, an deren hocherhitztem Mauermaterial er sich durch Strahlung entzündet, so daß die einzelnen Brennstoffteilchen in schwebendem Zustand verbrennen. Nötig ist, daß die Brennkammer, in welcher sich diese Verbrennung vollzieht, genügend groß dimensioniert ist, damit der Staub auch genug Zeit zum vollständigen Ausbrennen hat. Die Brennstaubfeuerung bietet im Gegensatz zu der Verfeuerung von festen Brennstoffen auf dem Rost die Möglichkeit, mit sehr geringen Luftüberschüssen zu arbeiten und dadurch die Wärmeverluste in den Abgasen gegenüber der Rostfeuerung zu beschränken; gleichzeitig tritt eine sehr hohe Verbrennungstemperatur in der Feuerung selbst auf, welche die Brennstaubfeuerung insbesondere dort angebracht erscheinen läßt, wo — wie bei Glüh- und Schmelzprozessen — solche hohe Anfangstemperaturen der Verbrennung erwünscht sind; im Kesselbetrieb haben sich in dieser Hinsicht dagegen Schwierigkeiten ergeben, da diese hohen Flammentemperaturen zu starken Angriffen auf das Mauerwerk führten, die bei unrichtiger Wahl des Mauerwerkes — für saure Schlacken saures, für basische Kohlenschlacken basisches Mauerwerk! — durch die entstehende flüssige Schlacke noch wesentlich verstärkt werden können; heute arbeitet man im Kesselbetrieb so, daß man die Wände der Brennkammern aus Rohrkühlsystemen bildet, welche Bestandteile des Kessels bilden, so daß Kühlung der Kammer und Nutzbarmachung dieser Wärme für die Verdampfung verbunden werden können; im Ofenbetrieb ist man dieser Schwierigkeiten durch Wahl geeigneter Ausmauerungen, sowie durch die heute schon weitgehende Beherrschung des Verbrennungsvorganges Herr geworden.

Gewinnung, Lagerung und Förderung des Kohlenstaubes bringen eine Reihe von Schwierigkeiten und auch Kosten mit sich, die sich naturgemäß auch kalkulatorisch auswirken; wenn der Übergang zur Staubfeuerung gleichwohl in einer Reihe von Fällen zur klaren Tendenz der weiteren Entwicklung geworden ist, so darum, weil diesen Nachteilen auch recht wertvolle Vorteile gegenüberstehen, zunächst in der Möglichkeit, auch ganz minderwertige Brennstoffe zu verwenden — Kohlen mit Aschengehalten von 40 Proz. und darüber können ohne weiteres in der Brennstaubfeuerung verwendet werden! —, dann aber auch in der schnellen Betriebsbereitschaft solcher Feuerungen, den stark verringerten Anheizverlusten, der Erzielung sehr hoher Temperaturen besonders im Ofenbetrieb, der Beherrschung großer Einheiten von einer zentralen Brennstaubversorgungsanlage aus und der weitgehenden Mechanisierung des Feuerungsbetriebes mit ihrer Lohnersparnis und der Unabhängigkeit vom Bedienungspersonal.

4. Feuerungen für flüssige Brennstoffe.

Die Wärmeeinheit ist im flüssigen Brennstoff im allgemeinen teurer als im festen; Ausnahmen bilden nur die mit Erdölvorkommen gesegneten Wirtschaftsgebiete — Rumänien, Galizien, Kaukasus, in neuerer Zeit Mexiko —, in denen, vielfach unterstützt durch Mangel an hochwertiger Kohle, frühzeitig die Verfeuerung flüssiger Brennstoffe eingesetzt hat — Pakurafeuerung! Wenn trotzdem heute ganz zweifellos eine gewisse Tendenz zu einem Übergang zu den flüssigen an Stelle der festen Brennstoffe unverkennbar ist, so aus Gründen, die ganz kurz untersucht werden sollen.

Sie wirken sich zunächst für ortsbewegliche Feuerungen, also für Feuerungen unserer Transportmittel, aus: hier bietet die viel weitergehende Verdichtung der Energie im flüssigen Brennstoff eine sehr wertvolle Möglichkeit: während wir im Kubikmeter Laderaum bei Heizöl gegen 9 Millionen WE und darüber lagern können, so im Kubikmeter Laderaum für hochwertige Bunkerkohle nur etwa Zweidrittel davon! Das heißt: der Aktionsradius einer solchen ortsbeweglichen Feuerung, z. B. einer Schiffsfeuerung für einmaliges Bunkern ist um mindestens die Hälfte größer bei Verwendung von Heizöl an Stelle von Kohle. Gleichzeitig ist die für das Bunkern notwendige Zeit — Stilliegen des Dampfers — nur ein Bruchteil, wenn flüssiger Brennstoff verwendet wird, und die gleichen Vorteile gelten nicht nur für den Transport, sondern auch für Lagerung und Bereitstellung der flüssigen Brennstoffe gegenüber den festen.

Gemeinsam den ortsbeweglichen wie den ortsfesten Feuerungen mit flüssigen Brennstoffen sind aber eine ganze Reihe weiterer betriebstechnischer und auch wärmewirtschaftlicher Vorteile, die dazu geführt haben, daß der flüssige Betriebsstoff — trotz höherer Energiepreise im allgemeinen — auch bei den ortsfesten Feuerungen, und hier besonders auch bei Kleinfeuerungen, wie sie gerade in der chemischen Industrie vielfach in Frage kommen, sich eingeführt hat.

Zunächst die sofortige Betriebsbereitschaft, da das bei festen Brennstoffen notwendige Anheizen hier in Wegfall kommt; mit dem raschen Anheizen verbunden ein so rasches Hochheizen, wie es mit festen Brennstoffen ebenfalls nicht erreicht werden kann; im Gegensatz zu der schwerfälligen Heizung mit festen Brennstoffen ist die Verfeuerung flüssiger Brennstoffe nicht allein genau und rasch regelbar, sondern kann auch Schwankungen im Wärmebedarf innerhalb weitester Grenzen leicht folgen, ebenso auch dem Abstellen der Feuerung, die bei der sonst vielfach üblichen Koksheizung nur durch Herausreissen des Koksfeuers möglich ist. Die Bedienung wird die denkbar einfachste, da Antransport des Brennstoffes und Abtransport der Verbrennungsrückstände in Wegfall kommen, nicht zuletzt besteht auch die Möglichkeit rascheren Arbeitens zufolge rascherer Wärmezufuhr, wodurch nicht allein die Erzeugungsfähigkeit der Feuerung wesentlich besser ausgenützt werden kann — z. B. mehr Schmelzen in einem Ofen—, sondern sich auch in vielen Fällen die teure Nachtarbeit erübrigt; wesentliche Lohnersparnisse sind dann letzten Endes die Auswirkungen der zuletzt zitierten Vorteile der Heizung mit flüssigen Brennstoffen.

Als Brennstoffe dienen **Teer, Teeröle** und **Erdölprodukte** — vgl. weiter oben die Zusammenstellung. Sie werden in feinstverteiltem Zustand, mit Luft innig gemischt, der Feuerung zugeführt; diese Vermischung muß eine möglichst innige sein, und man zerstäubt darum das Öl oder man verdampft es in den sog. Verdampfungsbrennern. Die Anwendung solcher **Verdampfungsbrenner** ist aber beschränkt auf jene Öle bzw. flüssigen Brennstoffe, die ohne Hinterlassung von Rückständen und ohne eintretende Verkokung des Brennstoffes sich vollständig verdampfen lassen; auch dann findet aber noch leicht Rußabscheidung statt, die immer wieder beseitigt werden muß; bei dieser Art von Feuerungen wird das Öl in eine von den Feuergasen geheizte

Verdampferschale geleitet, dort geheizt, und die Dämpfe streichen mit regelbarer Luft gemischt in die Feuerung.

Bei den **Verstäubungsbrennern** wird das — gewöhnlich auf 60 bis 140° vorgewärmte — Öl durch Dampf, Preßluft oder durch den Druck des aus einer Düse austretenden Öles selbst vernebelt, worauf im Feuerraum unter dem Einfluß der strahlenden Wärme sofort Verdampfung eintritt. Auf diese Weise können auch schwerflüssige Teere verbrannt werden.

In letzter Zeit werden vielfach auch Braunkohlenteere und Destillate aus ihnen als flüssige Brennstoffe verwendet; zufolge ihres gewöhnlich hohen Sauerstoffgehaltes ist ihr Wärmewert geringer als der der anderen Teere und Teerprodukte und besonders als der der Erdölbrennstoffe; eine besondere Schwierigkeit für die Verwendung solcher Brennstoffe besteht darin, daß sie beim Vermischen mit anderen Ölen — z. B. schon das Einbringen von Braunkohlenteer in einen Bunker, der vorher mit Steinkohlenteeröl oder mit einem Heizöl aus Erdöl gefüllt war! — unter Umständen zum Ausfallen asphaltartiger Stoffe veranlassen und dann Rohrleitungen und Brenner verstopfen.

5. Gasfeuerungen.

Die Vorteile der Gasfeuerung gegenüber den beiden eben besprochenen Arten der Beheizung sind eingangs bereits kurz geschildert worden; ihre Anwendung erscheint derzeit auf den ortsfesten Betrieb im allgemeinen beschränkt dadurch, daß die Energiedichte in ihnen wesentlich geringer ist als in allen anderen Brennstoffen und für Industriegase im allgemeinen nicht über 3200 WE-cbm für die sog. Reichgase — Gemische von Destillations- mit Wassergas, gewonnen im Generatorbetrieb — und über 1200 bis 1400 WE-cbm im üblichen Generatorgas hinausgeht.

Trotzdem gewinnt die Gasfeuerung immer mehr Boden an Stelle der Verfeuerung von festen Brennstoffen, und dies gilt besonders im Kleinbetrieb bzw. bei der Beheizung verhältnismäßig kleiner Ofenaggregate. So beheizt die chemische Industrie vielfach auch Destillierapparate bis zu Größen von 500 l Blaseninhalt, soweit nicht Dampf verwendet werden kann und höhere Temperaturen in Frage kommen, vielfach mit Gas. Einen starken Impuls hat die Gasfeuerung auch durch die Bestrebungen der sog. „Gasfernversorgung" erhalten. Am wenigsten hat sich die Gasfeuerung im Kesselbetrieb durchsetzen können, obschon gerade nach dieser Richtung seinerzeit bei Aufnahme der Teerbewirtschaftung der Kohlen — restlose Vergasung der Kohle unter Gewinnung der Nebenprodukte — eine sehr starke Propaganda einsetzte, da ja auf den Kesselbetrieb der stärkste Anteil unseres industriellen Kohlenverbrauches entfällt, soweit es sich um reine Feuerungszwecke handelt.

Hier liegen die Verhältnisse aber so, daß auch der Gasbetrieb keine wesentlichen wärmetechnischen Vorteile gegenüber der bisherigen Verfeuerung von festen Brennstoffen auf dem Rost bieten kann; dazu kommt, daß wir heute zu Kesseleinheiten von einer Größenordnung übergegangen sind, die zu ihrer Versorgung mit Generatorgas mehrere Generatoren für jeden Kessel benötigen würden, daß mithin die notwendige Anpassung der Gaserzeugung an den Wärmeverbrauch des Kessels noch nicht gegeben ist.

Überdies ist die Wärmeeinheit im Gas unter allen Umständen wesentlich teurer als im festen Brennstoff, und die starke Betonung der Nebenprodukte der Vergasung hat heute nicht mehr jene Durchschlagskraft wie seinerzeit, da sie noch wesentlich überschätzt wurde. Die Befeuerung von Kesseln mit Gas ist darum vereinzelt geblieben und beschränkt auf die Verwendung großer anfallender Gasmengen — Gichtgas, Naturgas —, für die eine anderweitige lohnendere Verwendung noch nicht vorlag.

Die Gasfeuerung scheint demnach im allgemeinen auf jenes Gebiet beschränkt, wo ihre Vorteile technisch und wirtschaftlich zur vollen Auswirkung gelangen können, auf das Gebiet der hohen Temperaturen, dessen Beherrschung zu einer vollkommenen geworden ist, seitdem wir in Gas- und Luftvorwärmung über die Möglichkeit verfügen, auch mit niederwertigen Gasen auf sehr hohe Temperaturen zu gelangen.

6. Dampfkessel.

Die allgemeine Einrichtung der Dampfkessel sei an einem Beispiel (vgl. Fig. 203) kurz besprochen, und zwar an einem **Flammrohrkessel** (siehe weiter unten).

Der Kessel sowohl wie die beiden Flammrohre sind aus einzelnen **Schüssen** zusammengenietet, und der auf den eisernen Stützen ruhende Kessel ist so

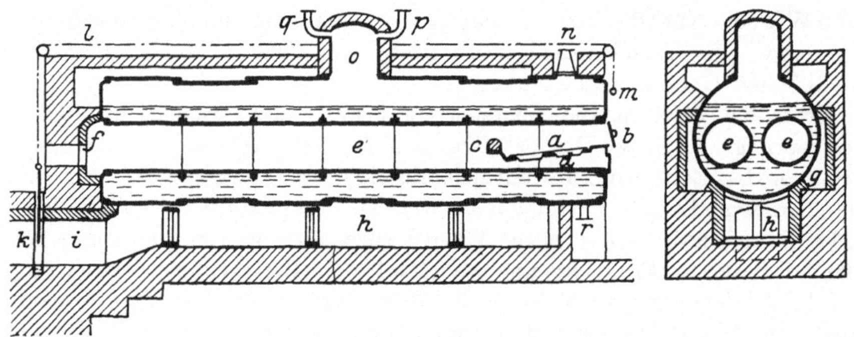

Fig. 203.

eingemauert, daß sowohl an den beiden Seiten als auch unter dem Kessel ein **Feuerzug** vorgesehen ist; dabei ist der Wasserstand in dem Kessel so bemessen, daß auch bei niedrigstem Wasserstand die Kesselbleche, soweit sie den Rauchgasen ausgesetzt sind, stets von Wasser bedeckt bleiben, mithin nicht überhitzt werden können. Im Eingang der beiden Flammrohre e liegen die Rostfeuerungen a; ihnen wird der Brennstoff über die Feuertür b aufgegeben, er verbrennt auf dem Rost a, in d ist der Aschenfall, die Verbrennungsgase streichen über die Feuerbrücke c im Flammrohr nach rückwärts und werden durch den mit feuerfesten Steinen ausgesetzten Fang f

zur Umkehr gezwungen, um jetzt in umgekehrter Richtung an den Kesselwänden entlang zu streichen; sie vereinigen sich dann wieder, um über h zum Rauchkanal i zu gelangen und ins Freie abzuströmen; der Verbrennungsvorgang auf dem Rost wird durch Einstellen des **Rauchschiebers** geregelt, welcher bei voller Öffnung den ganzen Essenzug auf die Feuerung auswirken läßt, bei verringerter Öffnung auch den Zug und damit die Luftzufuhr zum Rost drosselt und langsamere Verbrennung bewirkt. Bei vorübergehendem Stillstand des Kessels wird der Rauchschieber ganz geschlossen. An der Stirnwand des Kessels befindet sich eine in der Zeichnung weggelassene Vorrichtung zum Beobachten des jeweiligen Wasserstandes im Kessel, am einfachsten in Form der bekannten **Wasserstandsanzeiger**, gleichzeitig sind **Probierhähne** vorgesehen, von welchen der obere stets Dampf, der untere stets Wasser geben soll.

Am sog. **Dampfdom**, welcher zum Sammeln und zur Entnahme des Dampfes aus dem Kessel dient, befindet sich stets mindestens ein **Sicherheitsventil**, welches bei Überschreitung des zulässigen Kesseldruckes abbläst und den Dampf so lange entweichen läßt, bis wieder der maximale Druck nach unten erreicht ist; ferner befindet sich hier auch eine Vorrichtung zum Ablesen des Dampfdruckes im Kessel, das **Manometer**, gegebenenfalls auch Stutzen für Thermometer usw. Der Dampf, welcher in den Betrieb übergehen soll, wird mittels eines oder mehrerer Stutzen am Dom entnommen. N deutet den Stutzen zur Aufnahme der **Speisewasserleitung** an, durch welche dem Kessel das verbrauchte Wasser nachgespeist wird, r ist ein am tiefsten Punkt des Kessels vorgesehener Stutzen mit Hahn — **Schlabberhahn** —, welcher zum Ablassen des Kesselinhaltes dient; gewöhnlich läßt man nach Schluß der normalen Betriebszeit eine gewisse Menge Kesselwasser hier abströmen, um die im Kessel ausgeschiedenen Schlamm- und Sinkstoffe auf diese Weise immer wieder abzuführen.

Der ganze Kessel ruht auf eisernen Pratzen oder Trägern und ist mit Mauerwerk umgeben; soweit dasselbe mit den heißen Feuergasen in Berührung kommt, muß es feuerfest sein — enge Schraffierung.

Von den allgemeinen im Kesselbetrieb in Frage kommenden Momenten seien hier einige kurz behandelt. Unter der **Heizfläche des Kessels** verstehen wir die einerseits, nämlich außen, von den heißen Feuergasen, andererseits — innen — vom Kesselwasser bespülten Kesselblechflächen; von ihr ist die Menge des in der Zeiteinheit verdampften Wassers, mithin die **Kesselleistung**, in hohem Maße abhängig; unter **Heizflächenbeanspruchung** versteht man die je Quadratmeter Kesselheizfläche verdampfte Menge Wasser, unter **Speiseraum** den Rauminhalt zwischen dem höchsten und niedrigsten Wasserstand im Kessel. Unter **Dampfraum** verstehen wir den von Wasser freibleibenden oberen Teil des Kesselraumes, unter **verdampfender Oberfläche** jene Fläche zwischen Wasser und Dampfphase, welche für den Übergang des Wassers in den dampfförmigen Zustand frei ist; je größer das Verhältnis von Dampfraum zu verdampfender Oberfläche ist, desto weniger mitgerissenes Wasser enthält der Dampf, desto trockner ist er.

Unter dem Wärmewirkungsgrad oder gemeiniglich **Wirkungsgrad** eines Dampfkessels verstehen wir das Verhältnis

$$\frac{\text{Wärme erhalten in Dampfform}}{\text{zugeführte Wärme im Brennstoff}};$$

dieser Wirkungsgrad kann bei normalen Kesseln bis zu 80 Proz. ansteigen, bezogen lediglich auf die Leistung des Kessels und ohne Berücksichtigung der Abwärmeverwertung; im Dauerbetrieb wird man mit geringeren Werten rechnen müssen und Nutzeffekte von 70 Proz. oder noch etwas darüber bereits als sehr günstig bezeichnen können; wesentlich verschlechtert wird der Nutzeffekt des Kessels durch eindringende — falsche — Luft, schlechte Isolierung — Abstrahlungs- und Leitungsverluste —; dann weiter durch alle Umstände, welche den Wärmeübergang an der Heizfläche vermindern und verzögern; in erster Linie durch die Ablagerung von **Kesselstein** im Innern des Kessels, dann aber auch durch Ablagerung von Ruß und Flugasche in den Zügen und an den Kesselwandungen selbst, weshalb nicht nur aus Gründen der Sicherheit, sondern auch aus wirtschaftlichen Erwägungen für periodische Innen- und Außenreinigung des Kessels Sorge getragen werden muß.

Nachstehend seien die wichtigsten **Kesseltypen** besprochen. Vorausgeschickt seien einige allgemeine Gesichtspunkte, welche bei der Wahl unter den einzelnen Kesselsystemen zu berücksichtigen sind.

Steht nur unreines Speisewasser mit einem hohen Gehalt an Kesselsteinbildnern zur Verfügung, so wählt man möglichst einfache Kesseltypen, welche leicht zugänglich und befahrbar sind, und deren Reinigung keine Schwierigkeiten bietet; je nachdem, ob mit starken Schwankungen in der Dampfentnahme zu rechnen ist oder andererseits möglichst rasche Betriebsbereitschaft des Kessels verlangt werden muß, entscheidet man sich im ersten Fall für Kessel mit großem Wasserinhalt, im zweiten Fall für Kessel mit kleinem Wasserinhalt und möglichst knapp bemessener Ummauerung, um den Wärmeverbrauch für das Anheizen möglichst niedrig zu halten und die zugeführte Wärme möglichst rasch zur Erzeugung von Dampf verwenden zu können. Die anschließende Zusammenstellung, entnommen der Chemie-Hütte, gibt eine Zusammenstellung, welche die Möglichkeit bietet, in einem gegebenen Falle sich für diese oder jene Kesseltype zu entscheiden:

Kesselart	F	J_w	J_d	O	M	M/F
Einflammrohrkessel	0,5 bis 0,7	200 bis 250	75 bis 90	0,25 bis 0,30	20 bis 25	40
Zweiflammrohrkessel	0,45 bis 0,50	180 bis 220	80 bis 100	0,22 bis 0,3	22 bis 28	45]
Heizrohrkessel mit Unterfeuerung	0,2 bis 0,3	70 bis 80	40 bis 50	0,06 bis 0,08	15 bis 18	75
Zweikammerwasserrohrkessel	0,125 bis 0,15	50 bis 75	25 bis 40	0,075 bis 0,1	20 bis 22	150
Steilrohrkessel	0,075 bis 0,15	35 bis 60	15 bis 20	0,02 bis 0,03	30 bis 40	400

In dieser Zusammenstellung bedeuten:

F = Grundflächenbedarf für 1 cm Heizfläche in qm Grundfläche;
J_w = Wasserinhalt für 1 qm Heizfläche in Litern;
J_d = Dampfinhalt für 1 qm Heizfläche in Litern;
O = verdampfende Oberfläche für 1 qm Heizfläche in qm Grundfläche;
M = erzeugbare Dampfmenge für 1 qm Heizfläche in 1 St. in kg;
M/F = Dampfmenge für 1 qm Grundfläche in kg.

a) Großwasserraumkessel:

Sie bestehen entweder aus einem oder auch aus mehreren walzenförmigen, ganz einfachen Kesseln, die mittels Stutzen untereinander verbunden sind; der oder die untersten Walzenkessel erhalten die Erhitzung aus erster Hand, die oberen Kessel werden durch die abziehenden Feuergase geheizt; sie verfügen über einen großen Wasserraum, können also auch starken Schwankungen in der Belastung nachkommen, andererseits dauert aber auch die Anheizung dieser Kessel sehr lange; sie sind heute kaum mehr in Betrieb, da sie einen unverhältnismäßig hohen Platzbedarf aufweisen und mit hohen Wärmeverlusten rechnen müssen; andererseits gestatten sie aber eine sehr leichte und bequeme Reinigung und bieten auch die Möglichkeit, ganz niederwertige und geringwertige Brennstoffe zu verfeuern, da der für die Rostfeuerung verfügbare Platz sehr groß ist.

b) Flammrohrkessel.

Ein solcher ist eingangs im allgemeinen Teil bereits beschrieben worden; diese Flammrohrkessel können sowohl mit einem in der Mittelachse, aber tiefer, gelegten oder auch außerhalb der Mittelachse des Kessels verlegten Flammrohr als auch als **Zwei- oder Dreiflammrohrkessel** mit zwei und drei Flammrohren ausgerüstet werden. Diese Kessel, die englischen Ursprunges sind, haben die Feuerung gewöhnlich in das Flammrohr selbst verlegt, die Verbrennungsgase durchstreichen dasselbe in der früher angegebenen Weise, werden außen noch einmal entlang dem Kessel in zwei zu beiden Seiten desselben ziehenden Zügen geleitet und streichen wieder vereinigt in einem unter den Kessel verlegten Zug in die Esse ab. Die Flammrohre selbst werden heute gewöhnlich aus Wellrohr gefertigt, wodurch nicht allein die Heizfläche vergrößert wird, sondern auch gleichzeitig das „Arbeiten" des Kesselbleches bei der Erwärmung viel besser ausgeglichen werden kann. Durch die Verlegung der Feuerung in das Flammrohr hinein, so daß die gesamte Strahlung dem Kessel zu gute kommt und nichts von der ausgestrahlten Wärme an das Mauerwerk verloren gehen kann, ergeben sich sehr geringe Strahlungsverluste; gelangen doch bereits 70 bis 75 Proz. der insgesamt nutzbar gemachten Wärme bereits im Flammrohr zur Übertragung an das Kesselwasser; mit dieser Anordnung der Feuerung im Flammrohr selbst ist aber andererseits insofern ein Nachteil verbunden, als die Größe der Rostfläche dadurch stark begrenzt wird und sich die Notwendigkeit ergibt, zur Erzielung guter Kesselleistungen nur hochwertige Brennstoffe zu verwenden, bei denen die je Flächeneinheit des Rostes zur Entwicklung und Umsetzung gelangende Brennstoffwärme —

im Gegensatz zu den niederwertigen Brennstoffen — sehr hoch ist. Oder man
muß, wenn die verfügbare Rostfläche nicht genügt, zur sog. **Vorfeuerung**
greifen, zur Verlegung des Rostes außerhalb des Flammrohres, wodurch sich
aber sofort wieder hohe Strahlungsverluste ergeben und die wesentlichsten
Vorteile des Flammrohrkessels verloren gehen. Vielfach baut man in die Flammrohre noch **Querstutzen**, sog. **Gallowayrohre,** ein, um die Heizfläche noch zu
vergrößern.

c) Heizrohr- oder Rauchrohrkessel.

Sie entstehen aus den Flammrohrkesseln, wenn an Stelle weniger Flammrohre von großem Durchmesser ganze Bündel von Rohren mit einem Durchmesser von 50 bis 100 mm eingesetzt werden; zu diesem Zweck muß dann die
Feuerung nach außen verlegt werden; die Wärmeübertragung ist sehr günstig
zufolge der großen Heizfläche und dem geringen Querschnitt der strömenden
Feuergase. Schwierigkeiten bietet die Reinigung solcher Kessel, weshalb
dieselben nur mit weitgehend gereinigtem, weichem Speisewasser betrieben
werden können. Heizrohrkessel verfügen über rasche Betriebsbereitschaft
und verlangen auch nur kleine Grundflächen, können aber auch im Gegensatz zu anderen Kesseltypen nicht forciert werden.

Die erwähnten günstigen Bedingungen der Wärmeübertragung solcher Kessel
haben dieselben auch als **Abhitzekessel** eingeführt, bei welchen nur ein verhältnismäßig geringes Wärmegefälle zur Verfügung steht — Wärme von Abgasen
von Feuerungen, Motoren usw. — und zu hohen Gasgeschwindigkeiten
übergegangen werden muß, um zu befriedigenden Leistungen zu gelangen.

Flammrohr-Rauchrohrkessel sind Kombinationen der beiden zuletzt besprochenen Kesselformen: an den Flammrohrkessel schließt sich zur weiteren
Ausnützung der Feuergase noch ein Rauchrohrkessel an, die oben erwähnte
günstige Eignung der Rauchrohrkessel für Heizung mit Abhitze ist hier voll
ausgenützt für die Dampferzeugung in einem geschlossenen System.

d) Wasserrohr- oder Siederohrkessel.

Sie bilden die zweite große Gruppe von Kesseln und unterscheiden sich
von den vorher besprochenen Großwasserraumkesseln im Wesen dadurch,
daß sie über sehr große Heizflächen mit allen Vorteilen dieser verfügen, andererseits aber nur einen geringen Wasserinhalt fassen; große Leistung, schnelle
Inbetriebnahme sind die Vorteile. Unmöglichkeit, sich starken Schwankungen
in der Dampfentnahme anzupassen, ist der wesentlichste Nachteil dieser
Kessel; dazu kommt noch das Erfordernis, im Hinblick auf die unten zu besprechende Arbeitsweise der Kessel und die schwere Zugänglichkeit der Heizflächen, nur reines Speisewasser zu verwenden. Während nämlich bei den
Flammrohr- und Rauchrohrkesseln das Kesselwasser die Heizrohre außen
umspült, liegen hier die Verhältnisse umgekehrt: das Kesselwasser wird in
den Siederohren verdampft, wodurch auch eine starke Durchmischung des
Kesselwassers durch die aufsteigenden Dampfblasen erreicht wird, die Feuergase streichen außen um die Siederohre herum.

Die schematische Darstellung eines solchen Siederohrkessels zeigt Fig. 204. Die vom Wanderrost aufsteigenden heißen Flammengase umspülen zunächst ein Rohrsystem, und zwar sind alle Rohre in je einer Wasserkammer a und a_1 zusammengefaßt, von denen jede für sich durch Stutzen mit dem Oberkessel verbunden ist; jedes Rohr ist von außen verschraubbar zugänglich und kann auch während des Betriebes ausgewechselt werden. Aus der Figur ist die Führung der Verbrennungsgase ersichtlich: diese streichen zunächst quer durch das Wasserrohrbündel nach oben, werden dann durch eine Zwischenwand gezwungen, über den rückwärts gelegenen Teil des Wasserrohrbündels nach unten und vor dem Verlassen und Übergang in den Fuchs nochmals nach oben über die Wasserrohre zu streichen; in die erste Umkehr der Feuergase ist der **Überhitzer** eingebaut, über dessen Arbeitsweise weiter unten berichtet wird.

Steilrohrkessel sind Wasserrohrkessel, bei welchen die Wasserrohre sehr steil bzw. senkrecht gestellt sind; bei allen Wasserrohrkesseln ist besonderes Augenmerk auf möglichst gut gereinigtes Wasser zu legen, um die hier besonders unangenehme Bildung von Kesselstein an den schwer zugänglichen Innenflächen der Wasserrohre möglichst zu beschränken bzw. auszuschließen.

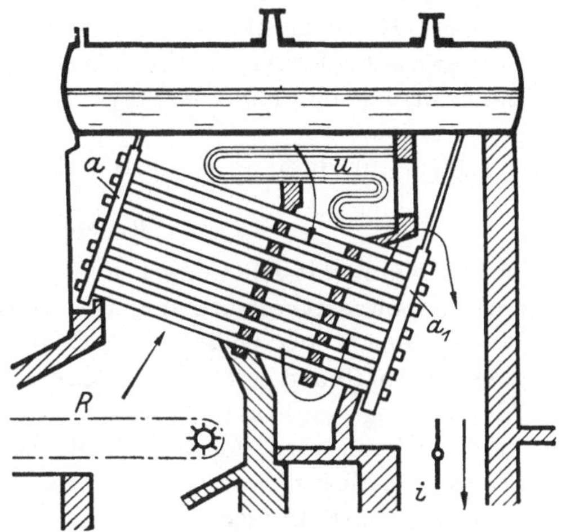

Fig. 204. Siederohrkessel.

Auf eine ganze Reihe weiterer Kesselbauarten, die aber mehr oder minder alle auf die hier geschilderten Grundsätze zurückgehen, soll hier nicht näher eingegangen werden.

e) Zusätzliche Vorrichtungen des Kesselbetriebes. Speisewasservorwärmung.

Für die Erzeugung von 1 kg Dampf von 10 Atm abs. sind notwendig 667 WE; wird Frischwasser mit einer Temperatur von 10° als Speisewasser verwendet, so bleiben zur Erzeugung von 1 kg Dampf der angegebenen Spannung noch 657 WE beizustellen; wird hingegen Speisewasser von 90°, also entsprechend **vorgewärmtes Speisewasser**, verwendet, so sind für die Erzeugung von 1 kg Dampf nur 577 WE beizustellen, mithin um 80 WE je Kilogramm Dampf weniger, und die durch Vorwärmung des Speisewassers erzielbare Ersparnis an Brennstoffwärme beträgt demnach $\dfrac{80 \times 100}{657} = 12{,}2$ Proz.

Damit ist auch schon die Bedeutung der Speisewasservorwärmung unterstrichen, sobald die Möglichkeit besteht, hierzu Abhitze, die sonst verloren gegeben werden muß, zu verwenden. Solche Abhitze steht aber in den Rauchgasen, wie sie in der Esse abziehen, zur Verfügung; die Wärme dieser, auch bei gutem Kesselbetrieb, mit etwa 220° abziehenden Gase kann so weit ausgenutzt werden, als die durch Abkühlung der Rauchgase eintretende Verminderung der Zugwirkung der Esse dies gestattet; wird auf natürlichen Zug überhaupt verzichtet und mit künstlichem Zug gearbeitet, so fällt auch diese Beschränkung.

Zu den zusätzlichen Einrichtungen des Kesselbetriebes, soweit es sich nicht um Hilfsmaschinen handelt, welche an anderer Stelle behandelt wurden, gehören dann alle jene Vorrichtungen, welche eine weitgehende Ausnutzung der Brennstoffwärme durch Heranziehung der Wärme in den Abgasen anstreben. Hierher gehören vor allem die bereits erwähnte Anwärmung des Speisewassers, ferner die **Überhitzung des Dampfes** und schließlich auch die **Lufterhitzung** mit Hilfe der Abgaswärme; sie sollen anschließend kurz behandelt werden.

Man baut dann in die Essen sog.

Rauchgasvorwärmer

ein und nützt mit Hilfe dieser die in den Rauchgasen noch verfügbare Wärme zur Speisewasservorwärmung aus; diese Rauchgasvorwärmer bestehen aus Rohrsystemen aus Gußeisen — Schmiedeeisen wird von der in den Feuergasen enthaltenen schwefligen Säure angegriffen, wenn es gleichzeitig zur Abscheidung von Wasser kommt —, durch welche das vorzuwärmende Speisewasser geleitet wird, und die außen von den heißen Abgasen umspült werden. Da sich an diesen Rohren außen mit der Zeit Ruß und Flugasche ansetzt, sind **Kratzvorrichtungen** vorgesehen, durch deren Heben und Senken diese Ansätze immer wieder entfernt und der gute Wärmedurchgang erhalten bleiben kann.

Eine zweite Form der Speisewasservorwärmung ist die mit Hilfe des Abdampfes; die sog. **Abdampfvorwärmer** gehören hierher; und zwar kann die Ausnutzung der im Abdampf noch enthaltenen Wärme entweder durch direktes Einleiten des Abdampfes in das Speisewasser erfolgen — nur anzuwenden, wenn der Abdampf ölfrei ist bzw. vorher entölt wurde! — oder indirekt durch **Oberflächenerhitzer**: das Speisewasser wird durch ein Rohrsystem geleitet, welches außen vom Abdampf umspült wird; der Nutzeffekt dieser Art von Vorwärmung ist aber, wie ohne weiteres begreiflich, erheblich geringer.

Dampfüberhitzung.

Sie besteht in einer mehr oder minder weitgehenden Steigerung der Temperatur des Dampfes ohne gleichzeitige Steigerung des Dampfdruckes, und sie ist bei modernen Anlagen ihrer vielfachen Vorteile wegen ganz allgemein in Anwendung, nicht nur im Maschinenbetrieb, sondern auch dort, wo der Dampf als Heiz- und Kochdampf verwendet werden soll; zunächst bewirkt die Überhitzung des Dampfes die Verdampfung der in ihm stets befindlichen mitgerissenen Wassertröpfchen; weiter kann durch s c h w a c h e Überhitzung die Kondensation in den Dampfleitungen verhindert werden dadurch, daß die Wärmeleitfähigkeit des überhitzten Dampfes — überhitzter Dampf ist ja ein Gas! — wesentlich geringer ist als die des Sattdampfes; man überhitzt den Dampf auch dort, wo man Sattdampf zur Verfügung haben will, also z. B. zum Kochen, so weit, daß die ihm zugeführte Wärme gerade genügt, um sich bildendes Kondensat wieder zu verdampfen bzw. die Wärmeverluste, welche der strömende Dampf in den Leitungen erfährt, eben wettzumachen.

Man sieht demnach, daß die Überhitzung des Dampfes auch für nichtmaschinellen Betrieb von sehr erheblicher Bedeutung ist; andererseits darf aber nicht übersehen werden, daß überhitzter Dampf nicht als Heiz- und Kochdampf verwendet werden darf, da er zufolge seiner schlechten Wärmeleitfähigkeit hierfür nicht geeignet ist.

Lufterhitzung mit Abgasen des Kesselbetriebes.

Schließlich besteht auch noch die Möglichkeit der Ausnützung der Abgaswärme zur Erhitzung von Luft in den sog. **Lufterhitzern**; gewöhnlich sind dies flache Taschen aus Blech, durch welche Abgase und Kaltluft im Gegenstrom zueinander geleitet werden. Die dabei sich ergebenden Unzulänglichkeiten durch Rostbildung, Flugascheabscheidung usw. haben es zu einer Durchführung der Lufterhitzung in großem Maßstabe nicht kommen lassen. Die überhitzte Luft kann entweder dem Kessel als vorgewärmte Verbrennungsluft zugeführt werden oder zur Beheizung von Trockenanlagen, zu Heizungszwecken usw. verwendet werden. Bei den bereits erwähnten Saugzuganlagen kann man mit der Temperatur der Abgase beliebig weit heruntergehen, doch verursacht eine Abkühlung bis unter den Taupunkt mit anschließender Abscheidung von Kondenswasser durch die dann stark in Erscheinung tretenden Korrosionswirkungen der schwefligen Säure in den Feuergasen starke Zerstörungen von Ausmauerung und Apparatur.

7. Dampfspeicherung.

In einer ganzen Reihe von chemischen Betrieben schwankt der Dampfverbrauch, insbesondere aber der Verbrauch von Dampf zu Heiz- und Kochzwecken, innerhalb sehr weiter Grenzen, so z. B. in der Papierindustrie; die zum Anheizen von Kochlösungen notwendigen großen Dampfmengen werden bei geregeltem Betrieb immer zu gewissen Tagesstunden verbraucht, während vorher und nachher der Dampfverbrauch erheblich geringer ist; um diese „Spitzen" des Dampfverbrauches decken zu können, ist es dann notwendig, die ganze Kesselanlage so groß zu dimensionieren, daß sie diesen **Spitzenverbrauch** auch bewältigen kann; in der Betriebszeit zwischen den einzelnen Spitzen ist aber dann die Beanspruchung der Kessel wesentlich geringer; sie beträgt oft nur einen Bruchteil der Höchstleistung, und die Anlage wird nicht voll ausgenutzt; die Kosten sowohl für den Bau der Anlage, als auch die Betriebskosten der im Durchschnitt nur zu einem Bruchteil ausgenützten Anlage steigen an. Nun kann man, wie dies bei der kurzen Besprechung der einzelnen Kesselsysteme bereits gesagt wurde, den Schwankungen im Dampfverbrauch bis zu einem gewissen, aber nur recht beschränkten Grade bereits dadurch Rechnung tragen, daß man Kesselsysteme wählt, welche, wie z. B. die Großwasserraumkessel, eine zeitweise stark forcierte Dampfentnahme gestatten; bei kleineren Schwankungen kann auf diese Weise Vorsorge getroffen werden, handelt es sich aber um zeitweise auftretende große Schwankungen in der Dampfentnahme, so sind dann in erster Linie die sog. **Dampfspeicher** berufen, hier Abhilfe zu schaffen: der in den Zeiten schwacher Dampfentnahme überschüssig erzeugte Dampf, bzw. seine Wärme, gelangt zur Speicherung, um fallweise auftretenden, vorübergehenden großen Dampfbedarf später zu decken.

Im folgenden soll nur die **grundsätzliche** Seite der Frage kurz behandelt werden. Je nachdem, ob die Bereitstellung von gespeichertem Dampf unter Druckentlastung stattfindet oder aber in der Weise,

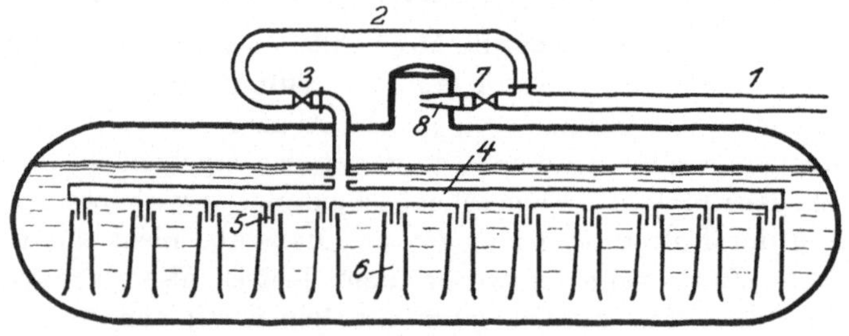

Fig. 205. Ruths-Speicher.

daß ein Druckabfall bei Entnahme des gespeicherten Dampfes nicht stattfindet, unterscheidet man zwischen den sog. **Gefällspeichern** und den **Gleichdruckspeichern.**

Der bekannte und heute sehr weit verbreitete **Ruths-Speicher** ist ein solcher Gefällspeicher, und seine Arbeitsweise beruht auf der Tatsache, daß überhitztes Wasser bei Druckentlastung Dampf abgeben kann; zwischen Dampferzeugung im Kessel und Dampfverbrauch wird der in Fig. 205 schematisch dargestellte Speicher eingeschaltet, welcher dann in den Zeiten geringen Dampfverbrauches die im Kessel überschüssig erzeugten Dampfmengen aufnimmt, um bei starker Dampfentnahme aus der Dampfleitung selbsttätig einzuspringen und den Mehrverbrauch des Betriebes, den der Kessel jetzt nicht mehr decken könnte, zu liefern. Der walzenförmig mit gewölbten Böden und einer — hier nicht gezeichneten — guten Außenisolierung versehene Speicher bekommt den Frischdampf aus der Leitung *1*, aus welcher derselbe über Leitung *2* und das Rückschlagventil *3* in das im Speicher befindliche Verteilerrohr *4* geht; dieses Verteilerrohr *4* ist mit einer größeren Anzahl von Verteilungsmundstücken *5* versehen, welchen nach der ganzen Bauart der Verteilungsleitung der Dampf gleichmäßig zuströmt, um durch die injektormantelartigen Stücke *6* dem Speicherwasser so zugeführt zu werden, daß eine gleichmäßige Verteilung und Durchwirbelung des Wassers mit dem eintretenden Dampf erreicht wird; sinkt nun der Druck in der Hauptdampfleitung *1* zufolge großer Dampfentnahme, welcher der Kessel allein nicht mehr nachkommen kann, stellt sich mithin im Speicher ein höherer Druck ein als in der Dampfleitung *1*, so schließt sich das Rückschlagventil *3* selbsttätig, es kann also kein Wasser aus dem Speicher in die Dampfleitung gedrückt werden; hingegen tritt aus dem Dampfraum des Speichers über das Rückschlagventil *7* der gespannte Dampf in die Leitung *1* über. Um zu verhindern, daß bei sehr starker Entnahme aus dem Speicher — also bei starkem Druckabfall in der Leitung *1*, zufolge sehr starker Verdampfung von Speicherwasser, Wasser auf dem angegebenen Weg in die Dampfleitung durch Überschäumen und Überreißen bei starkem Aufkochen des Speicherwassers eintritt, ist die Sicherheitsdüse *8* in die Dampfentnahmeleitung eingeschaltet. Der Dampfkessel kann demnach praktisch gleichmäßig und stets voll belastet werden, bietet also die besten Bedingungen zur vollständigen Ausnutzung; sinkt der Dampfverbrauch zum Kochen z. B. unter die Normalleistung des Kessels, so wird nur ein Teil des im Kessel erzeugten Dampfes dem direkten Verbrauch zugeführt, der überschüssig erzeugte Dampf geht auf die angegebene Weise in den Speicher; steigt anderseits der Dampfverbrauch im Kocher über die Normalleistung des Kessels hinaus, so tritt der Speicher in Wirksamkeit und liefert Dampf in die Verbrauchsleitung; nur dann, wenn z. B. der Speicher bereits gefüllt ist und die Dampfentnahme noch immer unterhalb der normalen Kesselleistung bleibt, muß der Kessel gedrosselt werden; um dies zu vermeiden, und um anderseits die Leistung des Speichers so zu bemessen, daß sie unter allen Umständen genügen kann, den fallweise über die Normalerzeugung des Kessels hinausgehenden Mehrverbrauch an Dampf zu decken, muß die Speicherfähigkeit des Speichers auf Grund der ja bekannten Schwankungen in dem Dampfverbrauch so bemessen werden, daß einerseits die Speicherung genügt, anderseits ein Drosseln des Kesselbetriebes — zu kleiner Speicher! — ebenfalls vermieden werden kann.

Die Vorteile einer solchen Speicherung sind augenscheinlich: einerseits genügt es, die Kesselanlage für den durchschnittlichen Verbrauch zu bemessen, anderseits kann der Kessel stets gleichmäßig belastet und voll ausgenutzt werden, er verfügt also wirtschaftlich und auch wärmetechnisch über die günstigsten Erzeugungsbedingungen, wodurch wesentliche Ersparnisse in Bau und Betrieb der Kesselanlage sichergestellt werden können. Ein Nachteil dieser Art der Speicherung ist darin zu erblicken, daß eine Dampfentnahme nur bei Druckabfall stattfinden kann bzw. daß dieser Druckabfall nur durch Einbau von Druckverminderungsventilen möglich ist, der aber mit verringertem Arbeitsvermögen des Dampfes, also auch mit verringertem Gesamtwirkungsgrad der Anlage, erkauft werden muß.

Über die gleichen Vorteile, jedoch unter Ausschaltung des Druckabfalles, verfügt der **Gleichdruckspeicher.** Schon beim gewöhnlichen Dampfkesselbetrieb dient ja das zwischen höchstem und niedrigstem Speisewasserstand im Kessel befindliche Kesselwasser bis zu einem gewissen Grade bereits als Speicher: sinkt der Dampfdruck im Kessel zufolge starker Dampfentnahme, so drosselt man regelmäßig auch die Zufuhr von Speisewasser, so daß die dem

Kessel über die Feuerung zugeführte Wärme voll und ganz zur Dampferzeugung verwendet werden kann; steigt anderseits infolge plötzlicher Einschränkung der Dampfentnahme der Druck im Kessel, so drosselt man nicht die Feuerung, sondern speist Wasser nach, wodurch ein Teil der dem Kessel zugeführten Wärme zwangsläufig zur Erwärmung des neu zugeführten Speisewassers an Stelle der Bildung neuer Dampfmengen herangezogen wird und Dampfentnahme und Dampferzeugung wieder einigermaßen ins Gleichgewicht gebracht werden können, sofern es sich nur um vorübergehende Störungen dieses Gleichgewichtes handelte.

In dem Wasserraum zwischen niedrigstem und höchstem Wasserstand besitzt demnach bereits der gewöhnliche Dampfkessel eine Möglichkeit zum Ausgleich von Belastungsschwankungen, mithin auch zur Speicherung, aber eine Möglichkeit, die — wie der Vergleich zwischen Gesamtwasser und möglicher Wasserschwankung bereits erkennen läßt — gering ist und nur kleinen und rasch vorübergehenden Schwankungen in der Dampfentnahme genügen kann; zur vollen Auswertung ist diese Möglichkeit bei den Gleichdruckspeichern gebracht, wie ein solcher, der sog. Kiesselbachspeicher, in Fig. 206 schematisch dargestellt ist: Der eigentliche Kessel K ist hier mit dem Speicher Sp durch zwei Leitungen verbunden, und zwar durch die **Überfalleitung** U, welche im Kessel einen konstanten Wasserspiegel einstellt, und anderseits durch die **Pumpleitung**, welche über die **Wälzpumpe** WP die Verbindung von Kessel und Speicher herstellt und ständig heißes Wasser aus dem Speicher Sp unten in den Kessel K drückt, während das überschüssige Wasser aus dem Kessel über die Leitung U wieder in den Speicher zurückfließt: der Speicher Sp ist gut isoliert, und durch diesen ständigen Kreislauf wird bewirkt, daß die Temperatur des Wassers in beiden Räumen, sowohl im Kessel als im Speicher, stets die gleiche bleibt. Wird dem Kessel K vorübergehend viel Dampf entnommen und mehr, als der Kesselleistung entsprechen würde, so ist das jetzt zur Verfügung stehende Wasservolumen — vgl. weiter oben! — ein viel größeres, da ja aus dem Speicher praktisch beliebig Wasser entnommen werden kann und hier eine Beschränkung nach unten nicht besteht wie beim Dampfkessel, dessen unterer Wasserstand aus Sicherheitsgründen niemals unterschritten werden darf. Gerade dadurch ist der Kiesselbachspeicher im Gegensatz auch zum Ruthsspeicher für lange dauernde Über- und Unterbeanspruchungen des Kessels geeignet; anderseits kann er sich aber zufolge der beschränkten Leistung der Umwälzpumpe raschen Schwankungen nicht so gut anpassen wie der Ruthsspeicher.

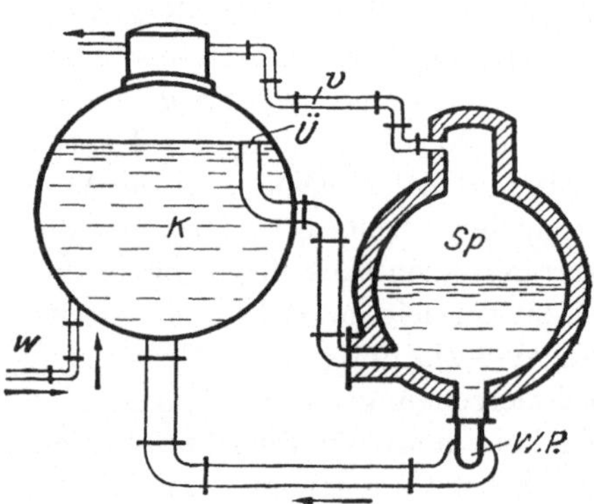

Fig. 206. Gleichdruckspeicher.

8. Abdampfverwertung, Kupplung von Kraft- und Heizdampfverbrauch.

Bevor wir auf die sehr wichtige Frage der Abdampfverwertung bzw. auf die Kupplung von Kraft- und Heizdampfverbrauch übergehen, seien hier einige kurze Ausführungen maschinentechnischer Art vorausgeschickt, die für das Verständnis der nachfolgenden Ausführungen unumgänglich sind.

Die uns im Dampf zur Verfügung stehende Energie wird in Maschinenkraft umgesetzt entweder — wie bei den Kolbendampfmaschinen — dadurch, daß der Druck des gespannten Dampfes auf die eine Fläche des Kolbens auswirkt und hierauf auf die andere Seite desselben, oder indem die Strömungsgeschwindigkeit des ausströmenden Dampfes, wie bei den Dampfturbinen, die Schaufeln beaufschlagt und dieselben in Umdrehung versetzt. In beiden Fällen ist letzten Endes der Druck des gespannten Dampfes maßgebend.

Bei den Kolbenmaschinen unterscheiden wir dann zwischen **einfachen** Kolben- oder **Zwillings-** bzw. **Drillingsmaschinen,** wenn der Dampf durch einen oder zwei bzw. drei gleich große Zylinder strömt, die parallel geschaltet sind, und sog. **Verbund- oder Mehrfach-Expansionsmaschinen,** bei welchen der Dampf mehrere hintereinandergeschaltete Zylinder durchströmt, so zwar, daß er je nach der Anzahl der Expansionszylinder in der gleichen Anzahl von **Druckgefällen** zur Ausnutzung gelangt; man unterscheidet dann bei zweifacher Expansion zwischen **Hoch-** und **Niederdruckzylinder,** bei dreifacher Expansion zwischen **Hochdruck-, Mitteldruck-** und **Niederdruckzylinder.**

Je nach dem Druck, mit welchem der Dampf aus dem letzten Expansionszylinder ausströmt, unterscheiden wir dann zwischen **Auspuffmaschinen,** bei welchen der Dampf aus dem Zylinder direkt ins Freie entweicht, also einen Gegendruck — der Atmosphäre — von 1 Atm abs. zu überwinden hat, weiter zwischen **Kondensationsmaschinen,** bei welchen der Dampf durch anschließende Kondensation unterhalb des Luftdruckes entspannt wird, und schließlich **Gegendruckmaschinen,** bei welchen der Dampf mit mehr als 1 Atm abs. die Maschinen verläßt.

Nun ist der Brennstoffverbrauch zur Dampferzeugung praktisch nur wenig verschieden, ob man auf Dampf von höherer Spannung oder auf ganz niedergespannten Dampf im Kessel arbeitet: der Wärmeinhalt von 1 kg Dampf ist bei 2 Atm 647 WE, bei 14 Atm 729 WE, also nur um 13 Proz. größer, wenn auf den höheren Druck übergegangen wird. Und ähnlich wie die Wärmeinhalte des Dampfes verhalten sich die zur Dampferzeugung notwendigen Brennstoffmengen.

Besteht demnach von vornherein die Möglichkeit, den aus dem Zylinder der Maschine entweichenden Maschinendampf — sofern nicht mit Kondensation gearbeitet wird! — zu Heizzwecken auszunützen, so anderseits nach dem Mitgeteilten noch die weitere Möglichkeit, die Erzeugung von Kraftdampf und Heizdampf zu kuppeln und auch dadurch wesentliche Energieersparnisse sicherzustellen.

Die erstgenannte Möglichkeit, die der **Abdampfverwertung,** ist bereits seit geraumer Zeit ausgenutzt, vor allem in der Rübenzuckergewinnung, die ja auch, wie bei den Verdampfapparaten zu erwähnen sein wird, wärmetechnisch von allen chemischen Industrien die weitestgehende Durchbildung bereits vor geraumer Zeit erfahren hat: innerhalb der letzten 50 Jahre ist der Kohlenverbrauch dieser Industrie von etwa 28 kg je 100 kg verarbeiteter Rüben auf 8 kg heruntergegangen. Neben der seit langem geübten Ausnutzung der Abdampfwärme besteht aber noch die oben berührte weitere Möglichkeit einer Verbesserung des Wärmewirkungsgrades durch die Ausnutzung der Tatsache, daß der Wärmeverbrauch für die Dampferzeugung viel langsamer ansteigt als die Spannung des Dampfes, daß mithin mit einem verhältnismäßig geringen Wärmemehraufwand dem Dampf eine sehr viel größere Kraftleistung gesichert werden kann.

Auspuff- und Gegendruckmaschine bieten hierfür besonders günstige Möglichkeiten in allen jenen Betrieben, in denen der Heizdampfverbrauch die beherrschende Rolle spielt, und zwar wird man Gegendruckmaschinen — vgl. weiter oben — dort verwenden, wo für den Heizdampf eine höhere Temperatur vorgeschrieben erscheint; **Zwischendampfentnahme** nennen wir dann jenen Vorgang, bei welchem Heizdampf in der Weise entnommen wird, daß z. B. der ganze Hochdruckdampf dem Hochdruckzylinder der Maschine zugeführt wird, dem Niederdruckzylinder hingegen dann nur jene Menge bereits entspannten Dampfes zugeführt wird, welche verfügbar bleibt, nachdem ein Teil des Hochdruckdampfes nach Arbeitsleistung im Hochdruckzylinder für Heizzwecke entnommen — abgezapft worden ist.

Krafterzeugung und Deckung des Wärmebedarfes in Form von Heiz- und Kochdampf können sich demnach wechselseitig in sehr weitgehender Weise ergänzen, so zwar, daß einmal die **Kraft als Abfallenergie der Heizdampferzeugung** betrachtet werden kann, ein anderes Mal der **Heizdampf als Abfallenergie der Krafterzeugung:** so sei, um nur ein Beispiel zu erwähnen, auf die modernen Brikettfabriken verwiesen, welche sehr große Mengen von Heizdampf für die Kohletrocknung in den Trocknern benötigen: anstatt hierfür niedergespannten Heizdampf zu erzeugen, zieht man es heute allgemein vor, in diesem wie auch in einer ganzen Reihe anderer Fälle, in welchen es sich um die Bereitstellung großer Mengen von Heiz- und Kochdampf handelt, **hochgespannten Dampf** zu erzeugen, denselben in Kraftmaschinen unter fast kostenloser Gewinnung von Kraft zu verwerten und ihn dann aus den Kraftmaschinen mit jener niederen Spannung zu entnehmen, welche für seine weitere Verwertung als Heizdampf notwendig ist.

Es besteht demnach die Möglichkeit, dort, wo Kraft gebraucht wird, die Kraftgewinnung mit der Verwertung des Dampfes zu Koch- und Heizzwecken zu vereinigen, also billige Wärme in Form von Abdampf zur Verfügung zu halten, anderseits überall dort, wo große Mengen von Koch- und Heizdampf benötigt werden — also von Dampf niederer Spannung! —, erhebliche Mengen von Kraft zu äußerst geringen laufenden Kosten zu gewinnen; und zwar können wir als Schlüsselzahlen annehmen, daß im erstgenannten Fall für jede PS-Stunde 6 bis 16 kg Abdampf gewonnen, im zweiten Fall für jedes Kilogramm Heizdampf, welches in die Fabrikation übergeht, $1/16$ bis $1/6$ PS-Stunden verfügbar gemacht werden können.

Berücksichtigt man, daß eine moderne große Zuckerfabrik gegen 20000 dz Rüben jährlich verarbeitet, und daß für den Doppelzentner Rüben etwa 60 bis 70 kg Dampf zur Verarbeitung benötigt werden, so ist ohne weiteres klar, um welche gewaltige Mengen von Energie es sich hier handelt, die durch Vereinigung von Kraftbetrieb und Wärmedeckung für Koch- und Heizzwecke mittels Dampf im rein chemischen Betrieb nutzbar gemacht werden können.

Wenn sich die Entwicklung der Kuppelung von Heizdampf mit dem Kraftverbrauch nur langsam und schrittweise vollzogen hat und auch heute noch vielfach zu wünschen übrig läßt, so deswegen, weil der einzelne Betrieb vielfach nicht über die natürlichen Bedingungen in genügend großem Ausmaße verfügte. In der Brikettierungsindustrie und in einer Reihe weiterer Großindustrien ist diese Kupplung bereits durchgeführt: in einer Reihe weiterer Industrien hat sie die Zusammenfassung von verschiedenen Industrien zur gemeinschaftlichen Energieversorgung mit Dampf für Kraft- und Heizzwecke zur Voraussetzung, bietet dann aber auch hier noch sehr große Auswirkungsmöglichkeiten.

B. Wärmenutzung.

1. Allgemeines über die Heizung bei chemischen Prozessen.

Eine Reihe von chemischen Prozessen bedarf zu ihrer Durchführung nach Einleitung des Vorganges in der Wärme keiner weiteren Zufuhr von Wärme: die einmal eingeleitete Reaktion verläuft dann zufolge ihres exothermen, also wärmeentbindenden Charakters selbsttätig weiter, in manchen Fällen wird es gegebenenfalls sogar notwendig, die freiwerdende Wärme dauernd abzuführen, um zu starke Erhitzung zu vermeiden; so verläuft z. B. die Azotierung von Carbid zu Kalkstickstoff exotherm, und die **Heizung dient nur zur Einleitung der exothermen Reaktion;** so genügt weiter die Einleitung der Oxydation beim Abrösten der Sulfide, beim Verbrennen von Schwefel usw., zur weiteren Durchführung derselben ohne äußere Wärmezufuhr, ja, wie bereits erwähnt, unter Abfuhr der Reaktionswärme; und so vollzieht sich auch die Meilerverkokung nach vorgenommener Zündung ohne scheinbare äußerliche Wärmezufuhr, obschon hier von einer eigentlich exothermen Reaktion streng genommen nicht mehr gesprochen werden kann, vielmehr die im Erhitzungsgut stattfindende Verbrennung dem Wärmeverbrauch der Umsetzung beisteht.

In gleicher Weise wie die **Reaktionswärme bei exothermen Reaktionen** kann auch die **Lösungswärme** gegebenenfalls zur Einleitung von chemischen Umsetzungen herangezogen werden.

Die weitaus überwiegende Mehrzahl von chemischen Umsetzungen unter Wärmezufuhr verlangt aber die **künstliche von außen her erfolgende Zuführung von Wärme,** für die uns nach der Eigenart des Prozesses verschiedene Möglichkeiten zur Verfügung stehen. Die einfachste Form ist die **Erhitzung unter Vermischung mit dem Brennstoff selbst,** zunächst mit dem festen rohen Brennstoff: auf einzelne Formen dieser Art der Beheizung sei hier nur fallweise verwiesen, **Seigerherd, Herdöfen, Schachtöfen** sind Formen solcher Heizung für chemische Umsetzungen.

Ihre Anwendungsmöglichkeiten sind begrenzt, an Stelle des festen Brennstoffes — Verunreinigungen des Reaktionsgutes mit den Aschenbestandteilen — tritt mit Vorteil die Anwendung des gasförmigen Brennstoffes, und zwar auch hier zunächst die der **Feuergase, welche direkt auf das Reaktionsgut einwirken:** die Umsetzung des Brennstoffes mit der Verbrennungsluft findet also nicht mehr in unmittelbarem Kontakt mit dem Reaktionsgut statt, sondern sie wird a u ß e r h a l b der eigentlichen Reaktionszone verlegt und lediglich die heißen Feuergase übernehmen nun die Heizung. Dadurch werden die in das Reaktionsgut hineingebrachten Verunreinigungen wesentlich geringer, bestehen bleiben sie bis zu einem gewissen Grade doch durch die unvermeidlichen Verunreinigungen durch Flugasche; die allgemeinste Form dieser Öfen sind die **Flammöfen,** bei welchen die aus der Verbrennung von festen Brennstoffen stammenden sehr heißen Feuergase d i r e k t auf das Reaktionsgut geleitet werden, welches sich in einem Herd, einer Schale, einer Wanne usw. befindet; die heißen Feuergase streichen über das Reaktionsgut von oben herab, dabei kann durch eingeschaltete Feuerbrücken und Züge der Weg der Feuergase so geleitet werden, daß sie in möglichst i n n i g e B e r ü h r u n g mit dem Reaktionsgut gelangen; gleichwohl bleibt die Wärmeausnutzung bei Flammöfen noch verhältnismäßig schlecht, da die Gase ja rasch über das Reaktionsgut hinwegstreichen und die in ihnen vorhandene sehr große Abwärme verloren gegeben werden muß; vermieden wird dies bei den ebenfalls hierher gehörigen **Ring-, Kanal-** und **Drehöfen,** bei denen bereits eine recht weitgehende Ausnutzung der Abwärme der Feuergase dadurch stattfindet, daß deren Wärmeinhalt nach Austritt aus der Reaktionszone zur Vorwärmung noch kalten Reaktionsgutes verwendet wird. Tritt an Stelle der Feuergase aus einer vorgebauten Feuerung das reinere Generatorgas oder auch hochwertige Heizgase, wie sie neuerlich in steigendem Maße zur Verwendung gelangen, so fallen die Aschenverunreinigungen ganz weg, überdies wird die Regelbarkeit des Ofens viel besser; **Regeneratoren** und **Rekuperatoren,** auf welche noch zurückgekommen wird, gestatten dann nicht allein eine viel weitergehende Ausnutzung der Brennstoffwärme, sondern überdies auch die Einstellung von Temperaturen, wie sie vorher so hoch auf diesem Wege überhaupt nicht erreicht werden konnten, dadurch, daß Verbrennungsluft und Gas aus der Abwärme der Verbrennungsprodukte weitgehend vorgewärmt werden. Konzentration der Schwefelsäure im **Kessler-Apparat** oder auch im **Gaillardturm** gehören ebenfalls hierher.

Völliger Abschluß des Reaktionsgutes von dem Wärmeträger, den Rauchgasen oder dem Gasluftgemisch ist entweder dort notwendig, wo andernfalls Verunreinigungen bzw. Nebenreaktionen eintreten würden, vor allem aber dort, wo es sich darum handelt, beim Erhitzen entstehende flüchtige Stoffe zu gewinnen: an Stelle der direkten Heizung unter direkter Wärmeübertragung von den Feuergasen auf das Reaktionsgut tritt die **indirekte Beheizung** mit ihrer **Übertragung der Wärme durch Heizflächen,** die für hohe Temperaturen aus feuerfestem Material sein müssen, für niedrigere Temperaturen aus Metall, Eisen usw. bestehen können. Hierher gehört nicht allein die Beheizung von Schalen, Kesseln, Pfannen, sondern in allergrößtem Maßstab auch die **Beheizung der Retorten für Verkokung, Verschwelung und Destillation** bis zu den höchsten Temperaturen e nerseits, dann auch wieder, wie bei der **Tieftemperaturentgasung**, zu verhältnismäßig n ederen Temperaturen übergehend. So sind die modernen **Schwelöfen**, soweit sie nicht von außen gefeuerte Drehretorten sind, zum größten Teil von außen befeuerte Schachtöfen, zum Teil mit komplizierten Einbauten zur gleichmäßigen Verteilung und Ausgarung der Beschickung, wie der alte **Rolleofen** für die Braunkohlenverschwelung.

Einen sehr breiten Spielraum in der chemischen Industrie und in ihren Hilfsindustrien nimmt die **Beheizung mit Wasserdampf** ein, welche überall dort besondere Vorteile bietet, wo es sich um verhältnismäßig niedere Temperaturen handelt, wie bei vielen Arten der Trocknung, der Verdampfung, des Kochens, Destillierens usw. Und zwar kann der Dampf sowohl als **direkter Dampf**, also durch Einleiten in das zu erwärmende Gut, verwendet werden, als auch als **indirekter Dampf;** direkter Dampf kann überall dort verwendet werden, wo eine Einwirkung chemischer Art auf das zu erwärmende Gut nicht zu befürchten ist — **Destillation von Benzol, Benzin** usw. mit direktem Dampf —, oder wo die durch Kondensation des Dampfes eintretende Verdünnung bzw. Vermischung mit dem Kondenswasser keine Rolle spielt: **Anwärmen von wässerigen Lösungen** usw.

Indirekter Dampf bildet für die Mehrzahl der üblichen Destillations- und **Verdampfanlagen** die Wärmequelle, für eine Reihe **Schmelzprozesse** bei niederen unter 100° liegenden Temperaturen wird er ebenfalls verwendet.

Überhitzter Wasserdampf ist kein Heizmittel und sollte nur im Notfall verwendet werden, da das Arbeiten mit ihm unwirtschaftlich ist; zunächst ist er als Gas ein schlechter Wärmeleiter, also dadurch bereits die Wärmeabgabe ungünstig, dann aber geht bei seiner Anwendung nicht allein die Kondensationswärme des Wasserdampfes — mithin der überwiegende Teil seines gesamten Wärmeinhaltes überhaupt — verloren, sondern der Dampf muß auch in überhitztem Zustand noch fortgeleitet werden, um stärker überhitztem Dampf Gelegenheit zur Heizwirkung zu geben, da die Wärmeabgabe nur bis zu einer Temperatur erfolgen kann, die noch oberhalb der Temperatur des zu beheizenden Stoffes bzw. Körpers liegt. Auf jeden Fall aber benötigen Heizkörper, welche mit überhitztem Wasserdampf arbeiten sollen, eine viel größer dimensionierte Heizfläche zur Übertragung gleicher Wärmemengen als bei Sattdampf.

In steigendem Maße führt sich in der chemischen Industrie die **Heizung mit Heißwasser** ein, deren Prinzipien darum kurz besprochen seien.

Die Verwendung von Sattdampf zum Beheizen chemischer Apparate ist durch die hierbei erzielbaren Temperaturen beschränkt in ihren Anwendungsmöglichkeiten, und dies um so mehr, als die zur Verfügung stehenden Dampfdrucke vielfach nur gering sind, die Verwendung höher gespannten und heißeren Dampfes aber sowohl betriebstechnisch als auch wirtschaftlich oft Schwierigkeiten bietet. Aber auch bei Inkaufnahme der Schwierigkeiten der Verwendung höher gespannten Dampfes ist der erzielbaren Temperatur sehr rasch eine obere Grenze gesetzt, wie aus der anschließenden Zusammenstellung von Dampfdruck und Dampftemperatur hervorgeht:

Atmosphärendruck:	Siedepunkt bei:
1	100°
10	180°
20	215°
30	236°
40	252°
50	265°
75	290°
100	311°
125	324°
150	337°
175	350°
200	365°
225	374°
250	384°

In allen jenen Fällen, in welchen der Arbeitsgang die Ausschaltung von direktem Feuer verlangt, bietet dann die Heizung mit Heißwasser günstige Möglichkeiten bis zu den angegebenen Temperaturen hinauf, und darum hat sie sich auch in der chemischen Industrie in vielen Fällen eingeführt.

Die Durchführung der Heizung kann dann nach zwei verschiedenen Prinzipien erfolgen: am einfachsten in der Weise, daß der **Wasserumlauf selbsttätig** erfolgt, in gleicher Weise wie bei den allgemein bekannten Warmwasserraumheizungen, oder aber auch dadurch, daß zwischen die Feuerungsanlage, in welcher das Heißwasser erzeugt wird, und den zu beheizenden Apparat eine **Umlaufpumpvorrichtung** geschaltet wird, welche zwangsläufig das Wasser durch das ganze System drückt und in Umlauf hält.

Die einfachste Form der Heißwasserheizung besteht aus einem in die Feuerung gelagerten System aus nahtlos geschweißten Rohren, gegen welches die heißen Feuergase so streichen, daß die stärkste Beheizung des Rohrsystems dort erfolgt, wo das Heißwasser dem zu heizenden Apparat zugeführt wird; dieser wird dann hoch gestellt, das Wasser steigt aus dem Rohrsystem unter der Wirkung des Auftriebes hoch, gibt einen Teil seiner Wärme an den zu beheizenden Apparat ab und verläßt denselben, um im geschlossenen Kreislauf wieder in das geheizte Rohrsystem zurückzugelangen. Die Abdichtung der einzelnen Rohrstücke erfolgt dann nicht mittels Flanschen, sondern durch Verschweißen der Rohrenden. In die Leitung sind Stutzen zur Temperaturkontrolle und auch ein Druckablaßventil eingebaut, welches in erster Linie dazu dient, das beim Anheizen durch Ausdehnung überschüssige Heizwasser austreten zu lassen. Das Verfahren ist einfach, betriebssicher und zufolge seiner geringen Anschaffungskosten und des fast selbsttätigen Betriebes, welcher keine Überwachung erfordert, auch wirtschaftlich. Wärmeverluste treten lediglich in den Leitungen auf, und sie lassen sich bei guter Isolierung sehr niedrig halten.

Für die Beheizung einzelner Apparate genügt diese Form der Heißwasserheizung, sollen jedoch **mehrere Apparate gleichzeitig beheizt** werden, so kann der Wasserumlauf nicht mehr selbsttätig erfolgen, und es muß dann zu der an zweiter Stelle genannten **Heißwasserheizung mit Umlaufpumpe** gegriffen werden, bei welcher der Umlauf des Wassers zwangsläufig bewerkstelligt wird; dadurch ergeben sich aber insofern gewisse Schwierigkeiten, als man das Wasser unter einem bedeutend höheren Druck halten muß, um die durch die Pumpwirkung sonst eintretende Dampfbildung im System auszuschließen. Überdies wird der Betrieb der Anlage auch durch den Kraftverbrauch der Pumpen und die für dieselben notwendige Wartung teuer, so daß in jedem Falle zu überlegen sein wird, ob man nicht für jeden zu beheizenden Apparat ein eigenes Rohrsystem vorsieht und dadurch die Anwendung der Pumpvorrichtung umgeht.

Das Wasser gibt bei dieser Form der Heizung immer nur einen Teil seiner fühlbaren Wärme an den zu beheizenden Apparat ab, der dann beim Durchströmen des Heizwassers durch das Rohrsystem in der Feuerung wieder ergänzt wird; Wärmeverluste treten demnach im Gegensatz zum Dampfbetrieb kaum auf.

Diese Form der Beheizung ist insbesondere auch der Heizung mit überhitztem Wasserdampf vorzuziehen, auf deren große Unzulänglichkeit an anderer Stelle bereits hingewiesen worden ist.

Eine besondere Art der Heizung ist die **Heizung durch Elektrizität:** sie gestattet uns zunächst die Einstellung von so hohen Temperaturen, wie sie auf anderem Wege nicht erreichbar sind, sie bietet aber auch für die Einstellung von niederen Temperaturen betriebstechnische Möglichkeiten, die den anderen Heizungsarten verschlossen sind, in erster Linie dadurch, daß bei dieser Form der Beheizung und Wärmezufuhr keine stofflichen Umsetzungen stattfinden.

Sie hat sich in allergrößtem Umfang für solche Erhitzungsprozesse bewährt, bei welchen es sich um die Einstellung hoher Temperaturen handelt; sie bietet aber auch für Prozesse mit an sich geringen Temperaturen jeder anderen Heizung gegenüber große Vorteile dadurch, daß feinste Regelbarkeit — also Dosierung der zugeführten Wärme —, beste Übertragung an das zu erwärmende Gut — Einbau von Heizkörpern z. B. in die zu erhitzenden Flüssigkeiten — und dadurch Ausschaltung jeglicher Überhitzung mit ihr verbunden sind. Die hier verwendeten Heizelemente gleichen im Prinzip dann durchaus jenen, wie sie uns aus dem Laboratoriumsbetrieb geläufig sind; auf dieselben hier näher einzugehen, dürfte sich erübrigen, schon in Anbetracht der Tatsache, daß die hohen Kosten solcher elektrischen Erhitzung auf niedere Temperaturen deren Anwendung auf Sonderfälle beschränkt hat. Erwähnt soll hier nur werden, daß man fallweise in größerem Maßstabe zur Verwendung der **elektrischen Heizung im Dampfkesselbetrieb** übergegangen ist, um den Spitzenstrom in Dampf umsetzen und dadurch speichern zu können.

2. Abtreiben.

Die Trennung stofflich — chemisch — verschiedener Bestandteile auf Grudn ihrer verschieden hoch liegenden Schmelz- oder Siedepunkte fassen wir unter dem allgemeinen Begriff des **Abtreibens oder Destillierens** zusammen; die Abtrennung der Gemengebestandteile erfolgt demnach hier unter Wärmezufuhr, welche so weit gesteigert wird, daß eine Änderung des einen oder einzelner Bestandteile in der Aggregatform stattfindet und dann unter Ausnutzung der verschiedenen Aggregatzustände die Trennung vorgenommen werden kann: unter Ausnutzung der verschiedenen Schmelzpunkte geschieht dies, indem nur der niedriger schmelzende Teil des Gutes in den geschmolzenen Zustand — flüssige Form — übergeführt wird, der andere Teil des Gemenges aber im festen Aggregatzustand verbleibt, worauf Abtrennung der flüssigen von der festen Phase erfolgen kann; zur Ausnutzung der verschiedenen Siedepunkte — und das ist der weitaus häufigere Vorgang — wird das Gemisch so weit erhitzt, daß ein Teil desselben in den dampfförmigen Zustand übergeht, wodurch sich zwangsläufig die Abtrennung von den höhersiedenden und flüssig bleibenden Bestandteilen ergibt. Durch Wärmeabfuhr — Erstarren oder Kondensieren — findet dann nach vorgenommener Trennung der beiden Phasen: flüssig/fest bzw. flüssig/dampfförmig in beiden Fällen die Rückverwandlung des abgetrennten Teiles in seine ursprüngliche Aggregatform statt.

Auf diese Weise ist es dann möglich zu trennen:

1. Feste Stoffe von festen Stoffen: Abtreiben, Schmelzen;
2. flüssige Stoffe von flüssigen Stoffen ⎱ **Destillieren.**
3. flüssige Stoffe von festen Stoffen ⎰

Voraussetzung ist immer, daß die Schmelz- bzw. Siedepunkte der zu trennenden Stoffe genügend weit auseinanderliegen.

Die Anwendung von Wärme gibt gleichzeitig die Möglichkeit der Durchführung und des beschleunigten Ablaufens von chemischen Umsetzungen unter den einzelnen Bestandteilen des Gemisches, auf die hier aber nicht näher eingegangen werden soll. Zu behandeln bleiben dann folgende allgemeine Gruppen:

1. Ausschmelzen,
2. Trocknen,
3. Abdampfen,
4. Destillieren.

Die Wärme zur Änderung des Aggregatzustandes des einen oder auch mehrerer Bestandteile im Gemisch kann dann entweder **direkt** zugeführt werden — z. B. Schmelzen im Flammofen, Verdampfen mit Feuergasen —, oder aber **indirekt** in der Weise, daß sie durch Heizflächen erst auf das zu heizende Gut übertragen wird: **Heizmäntel, Heizschlangen,** gewöhnliche Destillation in der Blase mit Unterfeuerung usw. —; auch unterscheiden wir zwischen **Außenheizung** oder **Innenheizung** usw.; auf diese Fragen ist in dem Kapitel „Heizung chemischer Apparate" (vgl. S. 205) näher eingegangen worden. Eine sehr wichtige Rolle spielt neben der durch Heizung übertragenen Wärme auch die durch **Strahlung** abgegebene.

Abtreiben bzw. Ausschmelzen fester Körper.

Stoffgemenge, welche aus Bestandteilen mit verschieden hoch liegenden Schmelzpunkten bestehen oder aus Bestandteilen bestehen, von welchen nur ein Teil schmelzbar ist, werden durch das **Ausschmelzen** getrennt, indem die Temperatur im Gemisch solange gesteigert wird, bis teilweise Schmelzung eingetreten ist; es schließt sich dann eine selbsttätige Scheidung nach dem spez. Gewicht oder durch Filterwirkung an.

Auf einem solchen Vorgang beruht der in der Silbergewinnung bekannte **Pattinsonprozeß:** Das Silbererz wird zunächst mit Blei zum sog. Werkblei verschmolzen, wobei das Silber des Erzes in das Blei übergeht; um den Silbergehalt des Bleis anzureichern, wird das Werkblei in großen eisernen Kesseln geschmolzen und dann etwas abgekühlt, so daß sich im Bad reichliche Mengen von Bleikrystallen ausscheiden und am Boden absetzen; erst die so gewonnene „Mutterlauge", in welcher das Silber sehr weitgehend angereichert ist, wird dann abgetrieben. Von dem eingangs gegebenen Prinzip weicht es insofern etwas ab, als nicht teilweise Schmelzung durchgeführt wird, sondern nach vollzogener durchgängiger Schmelzung durch Abkühlung ein Teil des Gemisches — das Blei — in die feste Form zurückgeführt und dann die Abtrennung der flüssigen — silberreichen — von der festen — Bleiphase — vorgenommen wird. Die Abtrennung erfolgt dabei zufolge der verschiedenen spez. Gewichte, indem die schweren Bleikrystalle in der leichteren Mutterlauge zu Boden sinken.

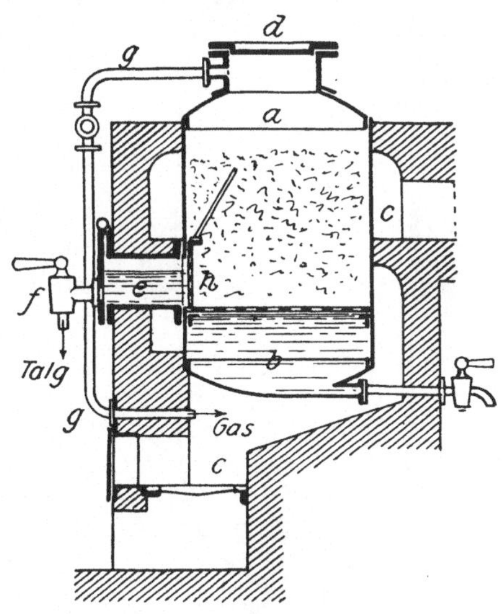

Fig. 207. Talgschmelze.

Nach dem Prinzip des Ausschmelzens arbeitete man lange Zeit auch zur Gewinnung des Wismuts nach dem sog. **Seigerverfahren,** welches vornehmlich in Sachsen und in Böhmen zur Durchführung gelangte bei der Verhüttung von Erzen mit einem nicht zu geringen Gehalt an gediegenem Wismut: die Wismuterze wurden in flachen, liegenden Muffeln oder auch nur in schwach geneigt verlegten Eisenrohren von außen beheizt, das metallische Wismut schmolz und tropfte ab; da aber der Rückstand bei dieser recht groben Scheidung noch reichliche Mengen Wismut zurückhielt, konnte das Verfahren nur für reiche Erze angewendet werden und ist heute aufgegeben.

In allergrößtem Maßstabe wird das Verfahren zum Ausschmelzen auch heute noch in der **Fettindustrie** verwendet zur Gewinnung von Speisefetten aus Rohtalg; Fig. 207 zeigt eine solche **Talgschmelze;** sie besteht aus einem allseitig geschlossenen Schmelzkessel a, dessen unterer Teil als Wasserbad b aus-

gebildet ist, und der zur Gänze in einer Feuerung eingemauert wird, deren
Beheizung mittels des Rostes c erfolgt; das zerkleinerte Rohfett wird dem
Kessel durch das Mannloch d aufgegeben; nach Anstellung der Heizung findet
Schmelzen des Gutes durch die Wärme des Wasserbades statt. Das geschmolzene Fett sammelt sich in e und wird dort von Zeit zu Zeit entnommen, die
beim Schmelzen des Fettes auftretenden üblen Gerüche werden dadurch
beseitigt, daß ein Dunstrohr g aus dem Kesseloberteil die entweichenden
Gase der Feuerung zuführt, wo sie verbrannt
werden. Im Kessel bleiben die entfetteten „Grieben" zurück, die nach der Fettentnahme aus
dem Kessel über e entfernt werden können.

Heute wird ganz allgemein zur Fettschmel-
zung **überhitzter Dampf** verwendet, das Schmelz-
gefäß muß dann druckdicht abzuschließen sein
und erhält die in Fig. 208 dargestellte Form. Die
Figur stellt einen aus Eisenblech druckfest gefertigten stehenden Kessel von etwa 2 m Höhe
und 1 bis 2 m Durchmesser vor, welcher oben
und unten durch gewölbte Böden verschlossen
ist; der obere Boden trägt neben dem Mannloch a zum Füllen auch noch einen Druckmesser b
und zwei Sicherheitsventile, von denen das eine
zum Druckausgleich nach außen dient — also
Überdruck im Kessel verhindert —, während
das zweite Luft einläßt, wenn beim Abkühlen
der Druck im Innern des Kessels unter den
Atmosphärendruck herabgehen würde. Der untere Boden des Kessels erhält den durch ein
Ventil oder einen Schieber mit großem Durchgang absperrbaren Entleerungsstutzen e; durch

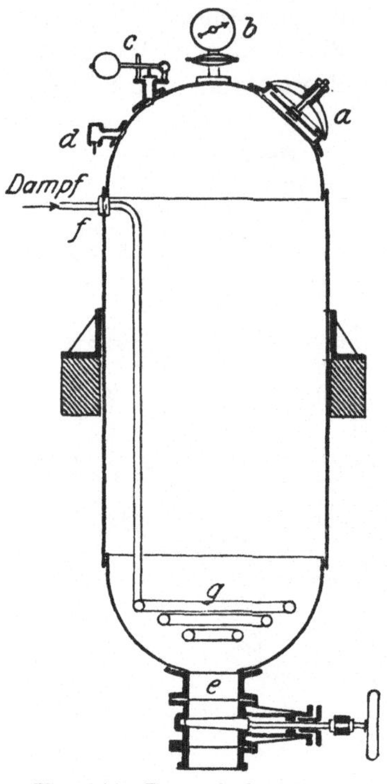

Fig. 208. Dampfschmelzkessel
zur Fettgewinnung.

ihn können die „Grieben" und das während
der Schmelze sich bildende Kondenswasser abgelassen werden.

Das bei f in den Kessel eintretende Dampfzuführungsrohr geht bis zum
Boden des Gefäßes und ist zu einer Schlange ausgebildet, aus deren zahl-
reichen kleinen Löchern der Dampf in die Rohfettmasse eintreten und dieselbe
zum Schmelzen bringen kann. Das Kondenswasser des mit 3 Atm eintretenden
Dampfes sammelt sich unten im Kessel, das Fett wird durch Hähne — in der
Figur nicht eingezeichnet — abgelassen, welche in verschiedenen Höhen des
Kessels angebracht sind.

Das Ausschmelzen des Rohfettes kann durch eingebaute Rührer wesentlich
beschleunigt werden, durch den Einbau stetig wirkender Aufgabe- und Aus-
tragevorrichtungen für Rohfett und Grieben kann dann der Betrieb solcher,
vielfach zu ganzen Batterien zusammengefaßter Schmelzkessel zu einem stetigen gemacht werden.

3. Destillieren.

a) Trocknen.

a′) Allgemeines.

Das Trocknen von Rohstoffen, Halb- oder Fertigerzeugnissen hat den Zweck, das feste Trocknungsgut von anhaftenden Flüssigkeitsteilchen — gewöhnlich Wasser — weitgehend oder gänzlich zu befreien; ist die Möglichkeit gegeben, dies bereits vor dem eigentlichen Trocknen auf mechanische Weise einzuleiten oder zu erreichen — durch Abpressen, Zentrifugieren, Ablaufenlassen usw. —, so soll es unter allen Umständen geschehen, weil es billiger ist als der stets mit einem mehr oder minder hohen Wärmeaufwand verbundene Trocknungsprozeß selbst.

Alles Wasser, bzw. alle Flüssigkeit anderer Art, die auf solche mechanische Weise nicht entfernt werden kann, muß in Dampf verwandelt werden, und zwar durch Wärmezufuhr; auf diese Weise ist es möglich, auch die letzten Reste von Flüssigkeit aus dem Trocknungsgut herauszunehmen, doch wird man in den wenigsten Fällen auf eine wirklich restlose Trocknung hinarbeiten, vielmehr gewisse Mengen Feuchtigkeit schon aus rein wirtschaftlichen Erwägungen im Trocknungsgut belassen, sofern dies angängig ist.

Damit die Wärme auf das Trocknungsgut einwirken kann, ist ein gewisses **Temperaturgefälle** zwischen dem die Trocknung bewirkenden Mittel — der Luft, der Heizfläche usw. — und dem Trocknungsgut selbst notwendig; davon abgesehen kann aber die Trocknungstemperatur praktisch beliebig eingestellt werden; trotzdem wird die Trocknungstemperatur im allgemeinen **unterhalb der Siedegrenze für die zu verdampfende Flüssigkeit,** bei Wasser also gewöhnlich unterhalb 100°, gehalten; zu höheren Temperaturen geht man nur dort über, wo dies durch die Eigenart des zu trocknenden Stoffes bedingt ist: Faserstoffe, Torf, feuchter Ton, aber auch eine ganze Reihe weiterer Stoffe können bei 100° nicht restlos getrocknet werden, vielmehr muß man zur vollständigen Austreibung des Wassers, hier zufolge der stark wirkenden Capillarkräfte der genannten Stoffe, auf höhere Temperaturen übergehen.

Die Anwendung direkter Beheizung in Form der in den Abgasen von Feuerungen enthaltenen fühlbaren Wärme hat dann zwangsläufig dazu geführt, auch bei Temperaturen zu trocknen, die wesentlich über dem Siedepunkt des zu verdampfenden Stoffes, also für Wasser z. B. wesentlich über 100° liegen; zulässig ist die Anwendung höherer Temperaturen auch bei sonst gegen Überhitzung sehr empfindlichen Stoffen, solange man mit der Trocknung nicht zu weit geht, und solange noch ein gewisser Wassergehalt im Trocknungsgut vorhanden bleibt: so konnte man beispielsweise feststellen, daß Rübenschnitzel, welche gegen Überhitzungen ziemlich empfindlich sind, und die bei Temperaturen von über 70° schon zu einem Gelbwerden neigen, sich ohne weiteres mit Abgasen trocknen ließen, deren Temperatur bis über 200° getrieben wurde: die geringe spez. Wärme der Gase, welche Überhitzungen ausschließt, vor allem aber die Bildung von schützenden Wasserdampfschichten an der Oberfläche des Trocknungsgutes, schützt diese auch bei Einstellung hoher Temperaturen des Trocknungsmittels, also der Luft bzw. der Gase, gegen den Eintritt von Überhitzungen; in ähnlicher Weise haben Versuche zur gleichzeitigen Trocknung und Vermahlung von erdiger Rohbraunkohle den Nachweis ergeben, daß man hier auf hohe Temperaturen der die Mahlvorrichtungen durchstreichenden Trockengase ohne weiteres gehen kann, auf Temperaturen, die weit oberhalb des Entflammungspunktes der Kohle liegen: auch hier tritt die schützende Wirkung einer um die festen Teilchen sich bildenden Wasserdampfhaut augenscheinlich in Erscheinung.

Als Trockenmittel dienen letzten Endes immer Verbrennungsgase: entweder werden sie — in neuerer Zeit in steigendem Maße — **direkt**, gegebenenfalls nach Abkühlung, dem Trocknungsgut zugeführt oder **indirekt** dadurch, daß sie ihre Wärme in Wärmeaustauschern — Kalorifer — an die eigentliche Trocknungsluft abgeben, oder schließlich auf dem Umwege über Dampf, der dann über Heizflächen die Trocknung vornimmt.

Je größer die Oberfläche ist, welche das Trocknungsgut dem Trocknungsmittel bietet, desto rascher, wirtschaftlicher und vollständiger ist die Trocknung; **Zerkleinerung, Lagerung in dünner Schicht, Trocknung des herabrieselnden Gutes** usw., also **Auflösung der Masse des Trocknungsgutes in möglichst kleine Teile** und dadurch starke **Vergrößerung der Oberfläche** beim Trocknen, an welcher die Wasserabgabe beim Trocknen stattfindet, sind Grundbedingungen für richtig geführte Trocknungsprozesse.

Mit der Trocknung fester Stoffe geht vielfach Hand in Hand ein mehr oder minder starker **Schwund des Materials:** Holz, Braunkohle, Tonwaren usw.; werden dann die Oberflächenschichten rascher entwässert als das Innere solcher Stoffe, so treten Spannungen im Gefüge auf, die dann zu einem **Reißen** — beim Holz, bei Tonwaren — oder zu einem weitgehenden mechanischen **Zerfall** — Braunkohle — führen; **langsame Trocknung, Anwendung niederer Trocknungstemperaturen sind Mittel, welche dagegen Abhilfe schaffen können;** gegebenenfalls auch die für Kohle angewendete Methode, die ganze Kohlenmasse auf die Trocknungstemperatur zu bringen, ohne daß während dieses Anheizens Wasser aus den Oberflächenschichten entweichen, also ungleichmäßiges Schwinden der einzelnen Kohlenstücke eintreten kann, dadurch, daß man die Erwärmung der Kohle in gespanntem Dampf vornimmt.

Körniges Trockengut wird stets in **schichtenweiser Lagerung** getrocknet, und zwar mit um so geringerer Schichthöhe, je feinkörniger das Trocknungsgut ist, und je größer der Widerstand ist, welchen es den durchstreichenden Trocknungsmitteln, also z. B. der Luft, bietet.

Vom chemischen Standpunkt aus sind besonders zwei Momente für den Trocknungsvorgang zu berücksichtigen; zunächst die Möglichkeit des Eintretens ungewünschter Umsetzungen chemischer Art zufolge der erhöhten Temperatur, dann das Plastischwerden gewisser Stoffe bei höherer Temperatur, namentlich auch bei Gegenwart von Wasser. Gegen das Eintreten beider kann man sich nur durch die richtige Wahl besonderer Trocknungsvorrichtungen schützen.

Über die für den Trocknungsvorgang notwendige Wärmemenge gibt folgende Berechnung Aufschluß, welche sinngemäß auch für andere Vorgänge als den hier zugrunde gelegten Prozeß der Kohletrocknung zu übernehmen ist.

Es sei z. B. der Wassergehalt einer mit 57 Proz. Wasser roh geförderten Braunkohle zum Zweck der Brikettierung auf 13 Proz. Wasser im Trockengut zu vermindern, die aufgegebene Rohkohle habe eine Temperatur von 10°, die den Trockner verlassende Kohle soll 82° warm sein.

Setzt sich das Rohgut zusammen aus:

$$G_1 \text{ kg trockener Kohle} \quad \text{und} \quad G_2 = \frac{m}{100}\, G_1 \text{ Wasser},$$

und soll der Wassergehalt des Gutes nach dem Trocknen betragen:

$$G_3 = \frac{n}{100}\, G_1,$$

und bezeichnet man ferner:

mit c die spez. Wärme des trockenen Gutes,

„ t_1 die Temperatur am Beginn

und „ t_2 die Temperatur am Ende des Trocknens,

so ist folgender theoretischer Wärmeaufwand notwendig:

1. um die Trockensubstanz von t_1 auf t_2 zu erhöhen,
2. um das in der Trockensubstanz verbleibende Wasser von t_1 auf t_2 zu erwärmen, und
3. um das zur Austreibung gelangende Wasser, das sind

$\dfrac{m-n}{100}\, G_1$ von $t_2{}^\circ$, in Dampf von der gleichen Temperatur zu verwandeln;

dem entspricht in jedem Fall folgender Wärmeaufwand:

für 1: $W_1 = c \cdot G_1\,(t_2 - t_1) \text{ WE},$

„ 2: $W_2 = \dfrac{m}{100}\, G_1\,(t_1 - t_2) \text{ WE}$

und „ 3: $W_1 = \dfrac{m-m}{100}\, G_1\,(606{,}5 - 0{,}695\, t_1) \text{ WE}.$

Der ganze Wärmeaufwand beträgt dann:

$$W = W_1 + W_2 + W_3$$
$$= \frac{G_1}{100}\left[(100\,c + m)\,(t_2 - t_1) + (m - n)\,(606{,}5 - 0{.}695\, t_2)\right] \text{ WE}.$$

Er würde sich im vorliegenden Fall berechnen zu rund 340000 WE, oder je Kilogramm nasser Kohle müssen zur Vertrocknung etwa 340 WE der Kohle zugeführt werden. Das würde, bezogen auf den Wassergehalt des rohen Brennstoffes, besagen, daß zur Verdampfung von 1 kg Wasser aus der rohen Kohle notwendig werden rund 600 WE. Dieser theoretische Wert wird aber bei der praktischen Verdampfung nie erreicht, und als Schlüsselzahl kann gelten, daß man bei gut arbeitenden Trocknungsanlagen und nicht zu weit getriebener

Trocknung mit etwa 900 WE Wärmeaufwand für jedes Kilogramm aus dem Rohgut zu verdampfenden Wassers rechnen kann, daß mithin der thermische Wirkungsgrad der Trocknung sich stellt auf etwa 70 Proz.; **mit zunehmender Trocknung sinkt der Wirkungsgrad jeder Trocknungsvorrichtung langsam ab.**

Das aus dem Trocknungsgut entweichende Wasser geht in Dampfform in die umgebende Luft über, weshalb diese stets erneuert werden muß; jede Menge Luft kann aber nur eine begrenzte Menge Wasserdampf aufnehmen und abführen, und zwar hängt die Aufnahmefähigkeit der Luft für Wasserdampf von deren jeweils vorhandenem absoluten und relativen Feuchtigkeitsgehalt ab; diese Aufnahmefähigkeit der Luft steigt mit erhöhter Temperatur und sinkt mit fallender Temperatur ab; um daher die Wasseraufnahmefähigkeit der Luft voll auszunutzen, ist die Trocknungstemperatur so hoch wie möglich zu wählen, ohne daß Schädigung des Trocknungsgutes eintritt. Wird angewärmte Luft als Wärmeträger verwendet, so saugt man zweckmäßigerweise möglichst **kalte** Luft an — aus gut ventilierten Kellerräumen z. B. —, da sie trockener ist als die Außenluft von höherer Temperatur, und führt sie nach vorgenommener Anheizung dem Trocknungsgut zu.

b′) Trocknen in freier Luft.

Für Stoffe, welche an und für sich nur einen geringen Wert aufweisen, und für welche die Dauer der Trocknung keine ausschlaggebende wirtschaftliche Rolle spielt, und bei denen es sich nur um eine mehr oder minder weitgehende Ab- oder Vortrocknung handelt, ein gewisser Wassergehalt des Gutes also noch in Kauf genommen werden kann, wendet man die Trocknung an der Luft an. Derartige Voraussetzungen sind für eine große Anzahl von Rohstoffen vorliegend, z. B. für Torf, Braunkohle, Holz, obschon bei wertvolleren Hölzern die künstliche Trocknung bereits vorwiegt; Ton, ferner Rohstoffe und Zwischenfabrikate der Textilverarbeitung usw. werden ebenfalls an der Luft vorgetrocknet. Dabei kann, wie im zuletzt erwähnten Falle, das Trocknen an der Luft auch der chemischen Umwandlung bzw. Behandlung gelten und mit ihr verbunden werden: Rasenbleiche.

Der bei dieser Art der **Lufttrocknung** erreichte **Trockenheitsgrad,** ebenso die **Dauer der Trocknung** ist in weitestem Maße abhängig von den besonderen örtlichen atmosphärischen und klimatischen Bedingungen: so kann man sagen, daß die Torfgewinnung in südlicheren Gegenden, z. B. in Oberitalien, vor viel günstigere Bedingungen gestellt ist als bei uns zufolge der viel längeren Trocknungszeit und der praktisch längeren regenlosen Perioden. Der Trockenheitsgrad, welcher bestenfalls erreicht werden kann, ist abhängig von dem durchschnittlichen Feuchtigkeitsgehalt der Luft, und wir sprechen bei seiner Einstellung von der erreichten **Lufttrockenheit;** so z. B. von „lufttrockenem Torf“, „lufttrockener Kohle“; die einzige wirtschaftliche Möglichkeit der Trocknung bietet die Lufttrocknung in allen jenen Fällen, in welchen einem sehr hohen Feuchtigkeitsgehalt des zu trocknenden Stoffes dessen geringer wirtschaftlicher Wert gegenübersteht: Torf, mit etwa 90 Proz. Wasser in frisch gestochenem Zustand, Schnitt- und Brennholz mit 30 bis 50 Proz. Wasser; im erstgenannten Fall gestattet uns die Lufttrocknung eine Verminderung des Wassergehaltes auf etwa 30 bis 35 Proz., im zweiten eine solche auf 10 bis 20 Proz.

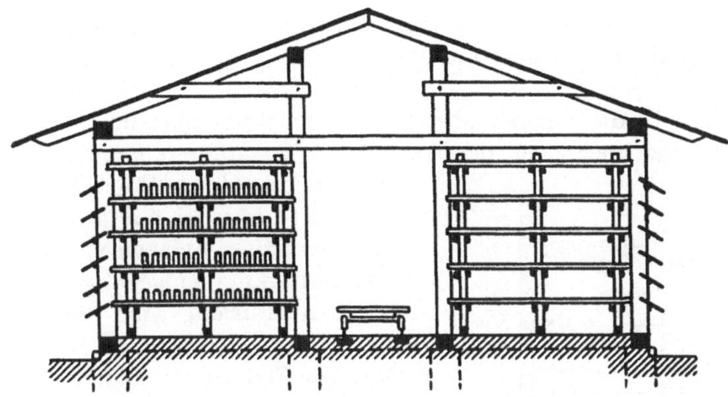

Fig. 209. Trockenschuppen.

Trockenschuppen und Trockengerüst — vgl. Fig. 209 und 210 — stellen die allgemein übliche Art der Lufttrocknung in einer Reihe von Fällen dar, auf die hier näher nicht eingegangen werden braucht; rostartige durchbrochene Trockenbretter nehmen das Trockengut auf.

c′) Trocknen mit künstlicher Wärme.

In ausgedehntem Maße gebräuchlich ist nur das Trocknen mit Hilfe künstlicher Wärme, da es allein eine Beherrschung des Trockenvorganges gestattet. Sowohl die Verfahren zur künstlichen Trocknung als auch die dieser dienenden Apparate und maschinellen Einrichtungen sind heute zu einer sehr hohen Entwicklungsstufe gelangt, vor allem haben sie dazu geführt, den Trocknungsprozeß in dem einzelnen Falle weitgehend den ganz besonderen technischen und wirtschaftlichen Verhältnissen desselben anzupassen, und solcherart eine fast unbegrenzte Vielheit von Apparaturen geschaffen, die im folgenden nur in grundsätzlich wichtigen

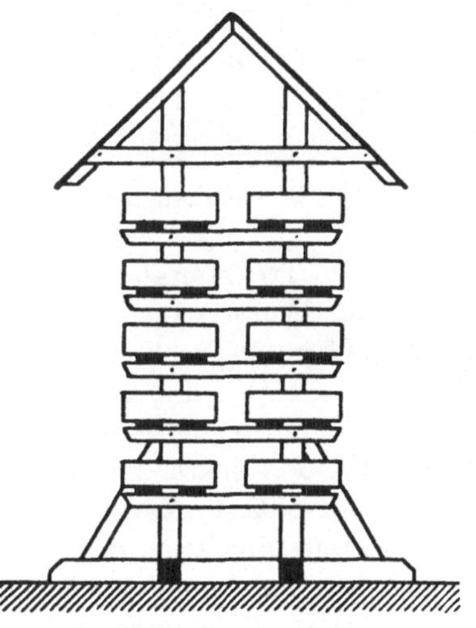

Fig. 210. Trockengerüste.

Ausführungen kurz behandelt werden sollen. Von den Trockenapparaten leiten sich die durch Mechanisierung der Zu- und Abförderung gekennzeichneten **Trockenmaschinen** ab.

Allen Trockenvorrichtungen, welche mit Warmluft arbeiten, ist gemeinsam die **Bewegung der Trocknungsluft,** die entweder durch Schornsteine mit natürlichem Zug bewirkt werden kann, oder durch künstlichen Zug mit Hilfe von Ventilatoren usw.; die durch den Trockenraum streichende Warmluft wirkt einerseits als Wärmeträger und führt dem Trocknungsgut die zum Verdampfen des Wassers notwendige fühlbare Wärme zu, anderseits dient sie auch zum Abtransport der aus dem Trocknungsgut entweichenden Wasserdämpfe.

Der Wunsch, die mit der abziehenden feuchten Luft ins Freie verlorengehende Wärme doch noch der Ausnutzung zuzuführen, hat zu einer ganzen Reihe von Bauarten geführt, bei denen dies möglich ist: hier sei nur auf das Arbeitsprinzip derartiger **Anlagen mit umlaufender Trockenluft** kurz eingegangen. Bei einer Art der Ausführung wird die warme und feuchtigkeitsgesättigte Luft vor dem Austreten ins Freie durch Kondensatoren geführt, welche als **Wärmeaustauschapparate** ausgebildet sind und einen erheblichen Teil der fühlbaren Wärme der bereits verbrauchten Trocknungsluft an die eintretende frische Trocknungsluft abgeben, dieselbe also vorwärmen; bei einer anderen Art der Durchführung arbeitet man so, daß ein **ständiger Kreislauf von Warmluft** aufrechterhalten wird und ein Teil der austretenden Luft ins Freie abstreicht, ein bestimmter Teil hingegen neu aufgeheizt wird, wodurch seine relative Feuchtigkeit herabgedrückt wird und die Luft weiter zum Trocknen verwendet werden kann.

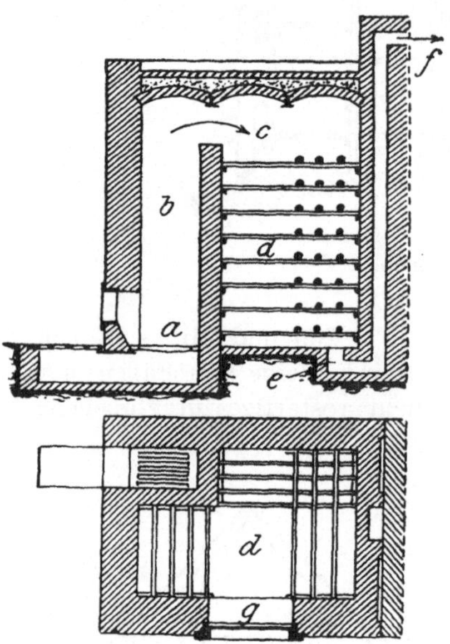

Fig. 211. Trockenkammer.

Die den Trockenraum durchstreichende Luft kühlt sich ab und nimmt gleichzeitig Wasser aus dem Trocknungsgut auf; sowohl mit Verlängerung des Weges für die Trocknungsluft als auch mit Vergrößerung des Querschnittes wächst die Gefahr, daß **ungleichmäßige Trocknung** eintritt, ja daß unter Umständen bei Unterschreiten des Taupunktes der Trocknungsluft sich sogar Wasser auf den später zur Behandlung gelangenden Teilen des Trocknungsgutes niederschlägt; Maßnahmen, dies zu verhindern, sind die richtige Wahl der Trockentemperatur, die Zuführung frischer Trocknungsluft im weiteren Verlauf der Trocknung an geeigneten Stellen, die möglichst innige Durchmischung der Trocknungsluft und richtige Einstellung der Querschnitte, welche sie zu durchstreichen hat.

Die allgemein übliche Form der **Trockenkammer,** deren Ausführung in kleinerem Maßstab dann der ebenfalls viel verwendete hölzerne Trockenschrank ist, ist Fig. 211 zu entnehmen. Die Beheizung erfolgt hier durch die aus der Feuerung *a* abziehenden Verbrennungsgase, die in dem Schacht *b* aufsteigen und bei *c* in die Trockenkammer übertreten; abgekühlt und mit Wasserdampf gesättigt werden sie am Boden bei *e* durch den Schornstein *f* abgesaugt; zum Trocknen von chemischen Stoffen, welche gegen höhere Temperaturen empfindlich sind und auch durch die Feuergase verunreinigt werden könnten, wird **Warmluft** dadurch erzeugt, daß in den Kanal *b* dampfbeheizte Heizkörper eingebaut sind, durch welche von außen entnommene möglichst kühle — und daher trockene! — Frischluft mittels eines Ventilators in die Trockenkammer hineingedrückt wird; bezüglich der sich automatisch ergebenden Luftbewegungen ist zu beachten, daß feuchte Luft leichter ist als trockene Luft, daß durch die Feuchtigkeitsaufnahme der Trocknungsluft, mithin deren Tendenz, sich nach oben zu bewegen, wächst; daß aber anderseits kalte Luft schwerer ist als warme Luft: daß mithin die Abkühlung der Trocknungsluft beim fortschreitenden Trocknen die Luft schwerer werden läßt! Ob dann die Trocknungsluft von oben nach unten oder von unten nach oben eingestellt werden soll, hängt von den besonderen Bedingungen hinsichtlich eintretender Sättigung und Abkühlung der Trocknungsluft ab.

Das Trocknungsgut wird in allen Fällen in mehr oder minder dünner Schicht der Einwirkung der Warmluft ausgesetzt; dies geschieht dadurch, daß es auf zahlreichen **Trockenrahmen** ausgebreitet wird, welche in Gestelle in der Trockenkammer eingeschoben werden, worauf nach Beschickung der Kammer gewöhnlich über Nacht getrocknet und am nächsten Tag entleert und neu beschickt wird.

Als Trockenrahmen verwendet man große, aber noch gut zu handhabende rechteckige Holzrahmen aus Vierkantholz von etwa 4 bis 5 cm Kantstärke, welche mit vorher ausgekochtem Baumwoll-Filtertuch bespannt sind; Trocknungsgüter, die zum Antrocknen oder auch zum Verstäuben neigen, werden auf Horden getrocknet, die mit Pergamentpapier belegt sind.

Gleichstromtrockner.

Sowohl die Beschickung und Entleerung der Horden als auch deren Einbringung in die Trockenkammer verursacht einen hohen Lohnaufwand zufolge der vielen Handarbeit; überdies ist sie mit Verlusten an Stoff sowie auch mit der Gefahr der Verunreinigung des Trocknungsgutes verbunden; bei Vorliegen großer Mengen Trocknungsgut zwingt dann schon die Größe der Durchsatzleistung allein zum **Übergang zum maschinellen Betrieb.**

Bei den zunächst zu behandelnden **Gleichstromtrocknern** wird die Trocknungsluft so geführt, daß die frische Warmluft, welche das stärkste Aufnahmevermögen für Wasserdampf besitzt, mit dem frischen Trocknungsgut, also mit dem ganz feuchten Gut, zusammentrifft und dadurch eine sehr große Menge Wasser sofort aufnehmen kann, so daß später verhältnismäßig nur mehr wenig Trocknungsarbeit zu leisten ist. Der Vorteil dieser Trocknung im Gleichstrom — nasses Gut, frische Warmluft! — ist dann darin zu erblicken, daß sie die Verwendung auch hoher Eintrittstemperaturen der Frischluft gestattet; da das Trocknungsgut in diesem Stadium der Trocknung noch sehr viel Wasser enthält, kann auch bei hohen Eintrittstemperaturen der Warmluft keine Überhitzung eintreten, eben zufolge dieser hohen Temperaturen der Warmluft kann aber die Trocknung se hr rasch vorgenommen werden; so lassen sich Rübenschnitzel, welche den Diffuseur mit sehr hohem Wassergehalt verlassen, ohne weiteres mit einer Trockenluft von 400° behandeln und rasch abtrocknen.

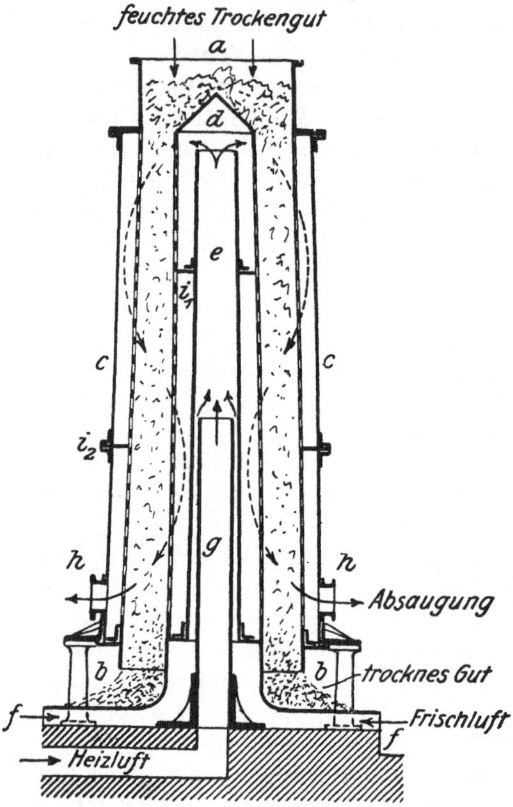

Fig. 212. Trockenturm.

Trockenturm und **Trockenkanal** sind Ausführungsformen dieser Trocknung, bei der man durch die Erstreckung nach oben, wie beim Turm, oder in der Horizontalen, wie beim Kanal, für den notwendigen langen Weg der Trocknungsluft Sorge trägt.

Im Wesen gleichartig, unterscheiden sich die beiden genannten Ausführungsformen — vgl. die Fig. 212 und 213 — hinsichtlich der Verwendungsart: man wird den Turm in erster Linie für schüttbares Material, welches zufolge seiner Schüttbarkeit von selbst im Turm nachsinkt und dabei doch genügend Zwischenraum für die Umspülung mit der Warmluft bietet, verwenden, während man den Kanal für die Trocknung schwerer beweglichen, dicht liegenden Gutes heranzieht.

Ein solcher Turm zur Trocknung von Körnerfrüchten ist in Fig. 212 wiedergegeben: er besteht aus einem Schacht a von ringförmigem Querschnitt aus durchlochtem Blech, welcher von einem Außenmantel c umgeben ist; im Innern dieses Schachtes a ragt ein Rohr e hoch, welches zur Warmluftzuführung dient: durch g tritt die heiße Heizluft ein, saugt über f etwas Frischluft zu, deren Menge geregelt werden kann, so daß die nach oben austretende Trocknungsluft die richtige Temperatur hat, sie stößt dann gegen das Blechdach d und wird durch dieses gezwungen, nach abwärts zu streichen. Der freie Raum zwischen dem eigentlichen Trocknungsschacht a und dem Außenmantel c einerseits, dem Innenrohr e anderseits ist nach Art der Führung von Feuergasen in einzelne Züge unterteilt, so zwar, daß die bei d oben austretende Warmluft nicht am Trockenschacht abwärts streichen kann, vielmehr gezwungen ist, im

Sinne der Pfeile wiederholt sowohl um den Trocknungsschacht als auch quer durch denselben, mithin durch das Trocknungsgut, zu streichen und dasselbe zu trocknen; bei *h* findet die Absaugung der Trocknungsluft statt, bei *b* tritt das getrocknete Gut aus.

Fig. 213 zeigt die übliche Anordnung eines **Trockenkanals für Gleichstromtrocknung:** Der lange Kanal von gewöhnlich rechteckigem oder quadratischem Querschnitt ist unterteilt in den eigentlichen Trockenraum *b* und die ihm anschließenden Räume *a* und *c* am Anfang und Ende, welche durch Türen mit dem eigentlichen Trokkenraum in Verbindung stehen und selbst durch die Türen *f* und *g* nach außen dicht abgeschlossen werden können; in dem Trockenkanal laufen auf zwei parallelen Schienenpaaren die mit dem Trocknungsgut beschickten Wagen, die den ganzen Raum *b* füllen; die Trocknung schreitet von *a* nach *c* fort; sind die letzten, gegen die Türe *e* stehenden Wagen genügend getrocknet, so werden sie in den Raum *c* ausgestoßen und gleichzeitig ein weiteres Wagenpaar bei *d* neu eingeschoben. Die frische Luft gelangt durch die Öffnung *i* in einen Heizraum unterhalb des Kanalanfanges, streicht dort an Heizkörpern vorüber und tritt durch Gitterplatten am Boden des Kanals in den eigentlichen Trocknungsraum *c*.

Eine noch weitergehende Ausschaltung der Handarbeit zeigt die in Fig. 214 dargestellte **Trockentrommel** für Kohle: an Stelle des Kanals tritt die aus Blech gefertigte Drehtrommel mit den Laufringen *a*, welche auf Rollenpaaren *b* laufen; die Förderung des Trocknungsgutes durch die wagrecht gelagerte Trommel wird durch Hubtaschen *d* bewirkt oder dadurch, daß in die Trommel Rinnen eingebaut sind,

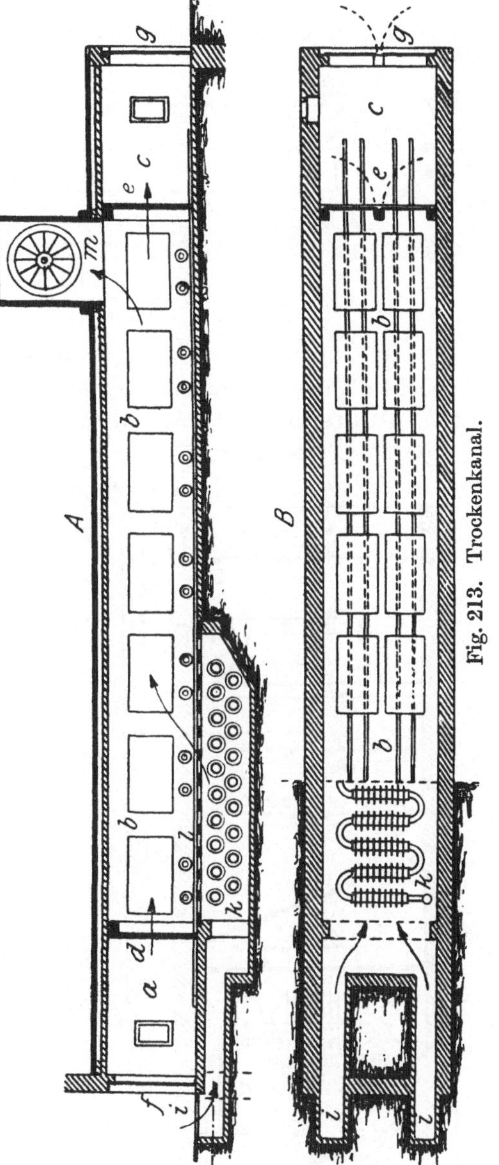

Fig. 213. Trockenkanal.

welche in der Richtung der Horizontalachse liegen und schraubig gebogene Blechstreifen tragen: die Vorrichtung ist in erster Linie für Massenleistungen von sperrig liegendem Material — Kies, Sand, Körner, Kalk usw. — gebaut.

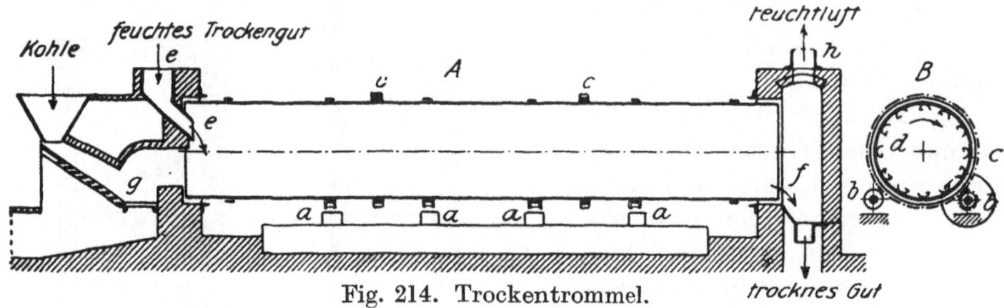

Fig. 214. Trockentrommel.

Gegenstromtrockner.

Nicht die andere bauliche Ausführung, sondern lediglich die **Führung von Trocknungsgut und Trocknungsluft gegeneinander** kennzeichnen die

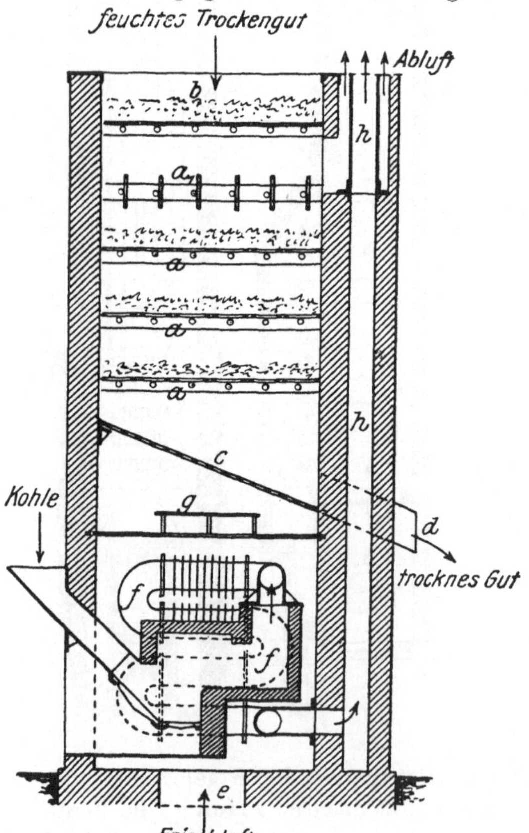

Fig. 215. Darre.

sogenannten **Gegenstromtrockner,** die sich in Bau und Betrieb sowohl als **Turmtrockner** oder **Kanaltrockner** weitgehend dem Gleichstromtrockner anpassen, und von denen dann lediglich einige besondere Ausführungsformen, die **Darre** und der **Transportbandtrockner,** kurz beschrieben werden sollen. Das Prinzip aller dieser Gegenstromtrockner ist stets das gleiche: die eintretende frische Trocknungsluft bestreicht zunächst das schon weitgehend vorgetrocknete Trocknungsgut, und umgekehrt verläßt die abgekühlte und schon mit Wasserdampf stark angereicherte Trocknungsluft den Trockner an jener Stelle, wo das Trocknungsgut mit seinem ganzen Feuchtigkeitsgehalt in den Trocknungsvorgang eingeführt wird.

Die in Fig. 215 dargestellte **Darre** dient zum Trocknen körniger und vielfach auch pflanzlicher Stoffe; in einem senkrechten gemauerten Schacht ist eine mehr oder minder große Anzahl von horizontalen Horden eingebaut, die aus dicht nebeneinander verlegten Gitterplatten bestehen, die aber, wie die Figur erkennen läßt — vergleiche die Horde a_1 —, um eine Horizontalachse drehbar sind und die in diesem Falle gezeichnete Stellung einnehmen können, wodurch das auf der Horde liegende Material auf die nächstuntere Horde absinkt. Den Abschluß des Schachtes nach oben bewirkt eine ebenfalls aus einzelnen, aber vollen Platten gebildete Horde b, auf welche das Frischgut aufgegeben wird. Unterhalb der untersten Horde ist eine aus gelochtem Blech bestehende Rutsche c angebracht, mittels welcher das getrocknete Gut durch eine Rinne, welche in den Abzugskanal für die Feuergase eingebaut ist, abgezogen werden kann. Die Beheizung erfolgt mittels eines Lufterhitzers f, die Abgase treten unten aus und steigen in dem gemauerten Kamin h hoch, um ins Freie zu entweichen; die Trocknung erfolgt nun derart, daß zunächst über b die oberste Horde beschickt wird und so weiter; die aufsteigende, bei e angesaugte Trocknungsluft durchstreicht die siebartig ausgebildete Rutsche c, steigt hoch durch die einzelnen Horden hindurch und verläßt schließlich nach dem Durchstreichen der letzten Horde den Trocknungsschacht über den Kamin, dabei von unten nach oben streichend, also entgegen der Bewegungsrichtung des Trocknungsgutes; das bereits weitgehend getrocknete Gut erfährt die letzte Trocknung durch die unten warm und trocken eintretende Trocknungsluft.

Dabei kann die Trocknung noch dadurch unterstützt werden, daß ein Teil der warmen Luft abgezweigt wird und durch Kanäle im Mauerwerk, die hier nicht sichtbar sind, zwischen die einzelnen Horden eingeführt wird, sich dort mit der von unten eintretenden Trocknungsluft vermischt und ebenfalls über den Kamin ins Freie entweicht. Damit ist nur das Prinzip der Bauart gekennzeichnet, je nach dem zur Trocknung gelangenden Gut und den besonderen technischen und wirtschaftlichen Bedingungen im Einzelfalle können dann an Stelle der Horden auch andere Vorrichtungen zu einer möglichst gleichmäßigen Verteilung und Umspülung des Trocknungsgutes mit der Warmluft dienen; so zum Beispiel geneigte Rostflächen, über die das Trocknungsgut zufolge des sich einstellenden Böschungswinkels selbsttätig absinkt, oder auch mechanisch angetriebene Verteilungsflächen, die gleichzeitig ein Wenden und Umschaufeln des Trocknungsgutes bewirken.

Eine für Massenleistungen berechnete Trocknung, bei der gleichwohl die sonst üblichen Trockner nicht in Frage kommen können, weil bei ihnen zu leicht Verschmutzung des Trocknungsgutes eintritt, ist in dem in Fig. 216 dargestellten Förderbandtrockner wiedergegeben, der gleichfalls nur das Grundsätzliche dieser Art von Trocknung aufzeigen kann. In einem dicht verschließbaren Holzschrank sind eine Reihe von Transportbändern aus starkem Baumwoll-Filtertuch so gegeneinander versetzt angeordnet, daß, wie dies die Figur erkennen läßt, das auf das erste Fördertuch aufgegebene Trocknungsgut auf das zweite Fördertuch, von diesem auf das dritte und so weiter abgeworfen wird, also einen sehr langen Weg in dünner und gleichmäßiger Schicht zurücklegt und dabei jedesmal beim Abwerfen auf das nächste Fördertuch

eine die Trocknung wesentlich befördernde Umwendung erfährt; das Trocknungsgut wird, wie angedeutet, mit einer Verteilungsvorrichtung automatisch
aufgegeben und verläßt durch das aus dem Trocknungsapparat heraustretende
Ende des letzten Fördertuches den Trockenapparat; die Trocknungsluft tritt
unten ein und verläßt den Trockenapparat an seinem höchsten Punkt, wo die
Bewegung der Trockenluft durch einen eingebauten Ventilator noch unterstützt werden kann. Derartige Apparate haben sich insbesondere in der

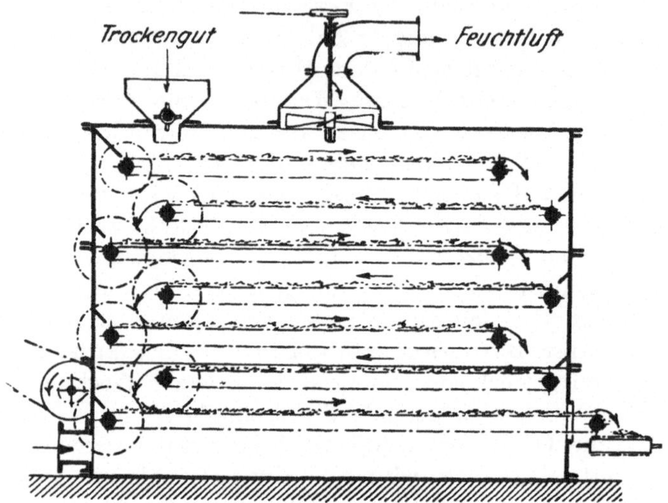

Fig. 216. Salztrockner.

Salzsiederei eingeführt, wo sie das mit etwa 10 Proz. Wassergehalt ihnen
zugeführte Salz weitgehend zu trocknen gestatten.

Heizflächentrockner.

In den bisherigen Fällen war die Warmluft selbst der Träger der zur Trocknung notwendigen Wärme; Voraussetzung hierfür war die eingangs bereits
betonte Möglichkeit eines möglichst gleichmäßigen und vor allem auch leichten Zutrittes der Warmluft zu den einzelnen Teilchen des Trocknungsgutes,
mithin die Annahme, daß es sich um körniges bis stückiges Trocknungsgut
handelt; für das Trocknen pulveriger, schlammiger bis flüssiger oder
auch teigiger Massen kann die Warmlufttrocknung schon deswegen nicht
in Frage kommen, weil diese Bedingung nicht erfüllt ist, der Wärmeübergang
viel zu langsam erfolgen und sich auf die Oberfläche des Trocknungsgutes beschränken würde. Zu berücksichtigen ist weiter, daß die spez. Wärme
der Trocknungsluft eine sehr geringe ist, daß demnach zur Zuführung größerer
Wärmemengen zum Trocknungsgut — sei es zur Einstellung höherer Trocknungstemperaturen, sei es zur rascheren Trocknung — ganz gewaltige Mengen
Luft in Umlauf gebracht werden müßten, die Dimensionen der Apparate
demnach sehr rasch anwachsen würden.

In allen solchen Fällen verwendet man an Stelle der direkten Beheizung mit der Warmluft die **indirekte Beheizung des Trocknungsgutes mit Hilfe von Heizflächen,** welche eine viel raschere Übertragung der Wärme mit gleichzeitiger wesentlicher Verringerung der Dimensionen der in Frage kommenden Apparate verbinden läßt. Man gelangt zu den sogenannten **Heizflächentrocknern,** die je nach der Bauart der die Wärme übertragenden Heizflächen **Plantrockner, Röhrentrockner** oder **Walzentrockner** sein können.

Plantrockner sind z. B. die in der chemischen Industrie in allergrößtem Maßstab benutzten flachen **Trockenpfannen** zum Trocknen und Calcinieren von Soda, von Sulfat, des Salpeters und einer ganzen großen Reihe anderer mehr oder minder ausgesprochen krystalliner Stoffe. Diese Trockenpfannen oder **Trockenbetten** bestehen gewöhnlich aus eisernen Kästen von mehreren Metern Seitenlänge und 1 bis 2 m Breite, welche flach sind und einen mit Dampf beheizten **Doppelboden** haben oder deren Beheizung man wohlfeil auch dadurch erreichen kann, daß man sie als einfache Kästen ohne Doppelboden als Decke der Abzugskanäle der heißen Gase von Feuerungen einbaut, wodurch allerdings eine Verringerung des im Schornstein herrschenden natürlichen Zuges eintritt. Besteht die Gefahr, daß die zu trocknenden Stoffe oder die ihnen noch anhaftende Mutterlauge Eisen angreift und dadurch Verunreinigungen in das Trocknungsgut gelangen könnten, so werden diese Kästen mit Blei, mit dünnem Kupferblech usw. ausgekleidet. Man gibt auf diese Trockenbetten das Trocknungsgut in nicht zu dicker Schicht auf und krukt dasselbe mit hölzernen oder eisernen Kruken von Zeit zu Zeit durch; die sich bildenden Waserdämpfe — Wrasen — werden mittels eines Wrasenabzuges ins Freie geleitet, nachdem sie zuvor sich unter einem Schutzdach über der Trockenpfanne gesammelt haben.

In größtem Umfang sind die sogenannten **Tellertrockner** in der Brikettierung der Braunkohle zur Abtrocknung der grubenfeuchten Kohle mit etwa 50 Proz. Wassergehalt auf einen Wassergehalt von etwa 15 Proz. gebräuchlich gewesen; die frische Braunkohle wird auf ebenen, kreisringförmigen Eisenplatten, welche am äußeren und inneren Rand mit einer etwa 100 mm hohen Bördelung versehen sind, und deren innerer Durchmesser etwa 2 m, der äußere bis zu 5 m beträgt, mit Dampf von etwa $3^{1}/_{2}$ Atm Spannung, entsprechend etwa 140° Dampftemperatur, getrocknet; die doppelwandigen Platten werden in größerer Anzahl — bis zu 27 Stück — zusammengefaßt und von 4 hohlen Säulen a getragen, von denen 2 der Zuführung des Heizdampfes und die beiden anderen der Ableitung des Kondenswassers dienen; im Teil B der Fig. 218 ist zu erkennen, daß der Dampfraum der einzelnen Platten durch Scheidewände so unterteilt ist, daß der durchströmende Dampf einen möglichst langen Weg nehmen und die Platten gleichmäßig beheizen muß; eine durch den ganzen Tellerofen in der Achse durchgehende Welle e trägt zwischen je 2 Platten ein Armkreuz f mit beweglichen Schabern oder Kratzern, welche das Trocknungsgut beim Umlauf der Welle gründlich durchmischen, so daß eine rasche Trocknung eintreten kann. Zugleich bewirkt die Schrägstellung dieser Kratzer, wie sie im rechten Teil des Teiles B der

<table>
<tr><td>Dolch, Betriebsmittelkunde für Chemiker.</td><td>15</td></tr>
</table>

Figur angedeutet ist, den Transport des Trocknungsgutes quer über die Tellerfläche, um es dann schließlich durch Abwurföffnungen g_1 und g_1 auf den darunterliegenden Teller zu bringen, wo die Trocknung fortgesetzt wird. Fig. 217 zeigt die ganze Ansicht eines solchen Tellerofens im Schnitt und läßt erkennen, daß die Aufgabe des Trocknungsgutes, also in diesem Fall der feuchten Kohle, von oben erfolgt: die Kohle durchwandert von Teller zu Teller absinkend den Ofen nach unten und wird über die Auswurfsöffnungen des letzten Tellers nach außen ausgetragen; die Feuchtluft kann nach oben ins Freie entweichen, sofern man nicht eine Entstaubung derselben zur Rückgewinnung des feinen im Wrasen verteilten Kohlenstaubes vorsieht, wie dies heute allgemein, und zwar im Wege der elektrischen Entstaubung, geschieht.

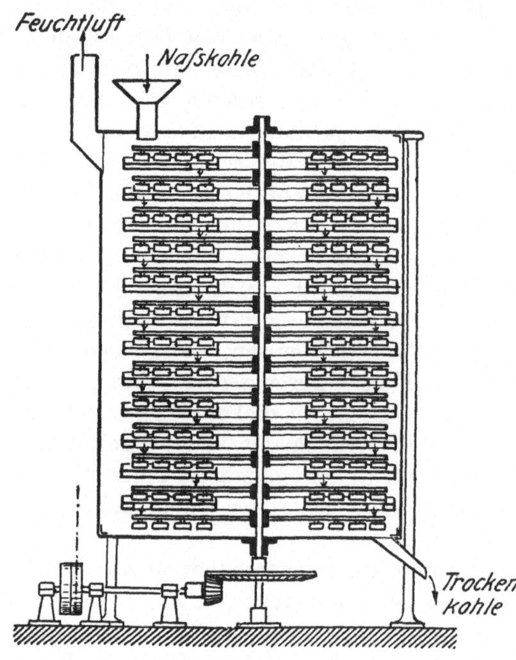

Fig. 217. Tellerofen.

Ganz ähnliche Ausführungen von Tellertrocknern bzw. Telleröfen werden in der Salzsiederei zur Trocknung des Feinsalzes angewendet, und schließlich hat man auch Öfen gleicher Art, aber im Vakuum arbeitend, für die Trocknung und Eindampfung von flüssigen Stoffen wie Blut, Milch usw. verwendet.

Als **Röhrentrockner** kommen vornehmlich zwei Bauarten in Anwendung, von denen insbesondere die eine Form nach *Schulz* in der Braunkohlentrocknung für Brikettierung oder auch für die nachfolgende Extraktion des Montanwachses sich eingeführt und den Tellerofen, dem sie wesentlich überlegen ist, verdrängt hat.

Sie ist schematisch in Fig. 219 dargestellt. Der Trockner besteht aus einer nur ganz wenig gegen die Horizontale geneigten zylindrischen Trommel, deren Stirnböden durch eine größere Anzahl von Rohren mit einem lichten Durchgang von 80 bis 100 mm verbunden sind; die Drehzapfen der Trommel a und b sind hohl und mittels Stopfbüchsen einerseits an die Rohrleitungen für die Zuführung des Heizdampfes und andererseits an die Ableitung des in der Trommel sich bildenden Kondenswassers angeschlossen, welches durch ein Schöpfrohr c aus der Trommel herausgeleitet wird; der in der Trommelachse — siehe Figur — eintretende Dampf wird durch ein Siebrohr d gleichmäßig in die Trommel verteilt, so daß er die einzelnen Trockenrohre gleichmäßig umspült und heizt.

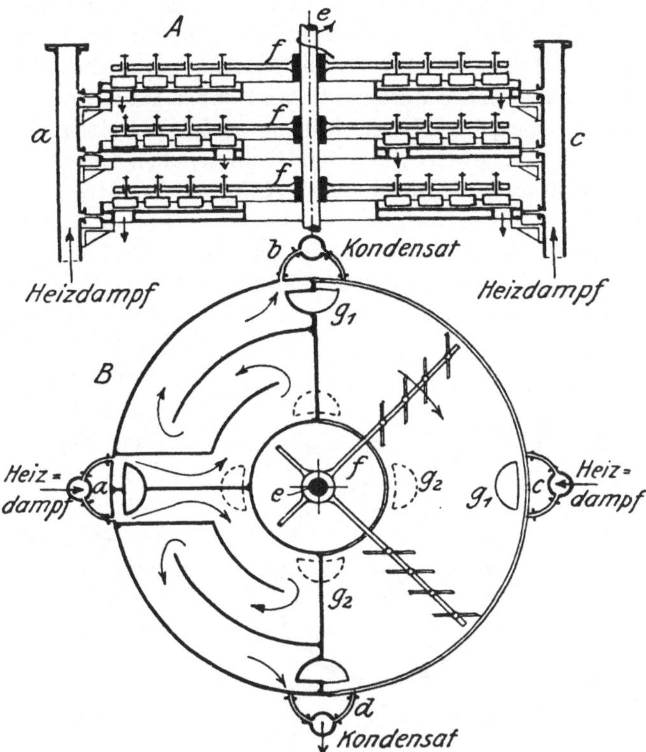

Fig. 218. Tellerofen.

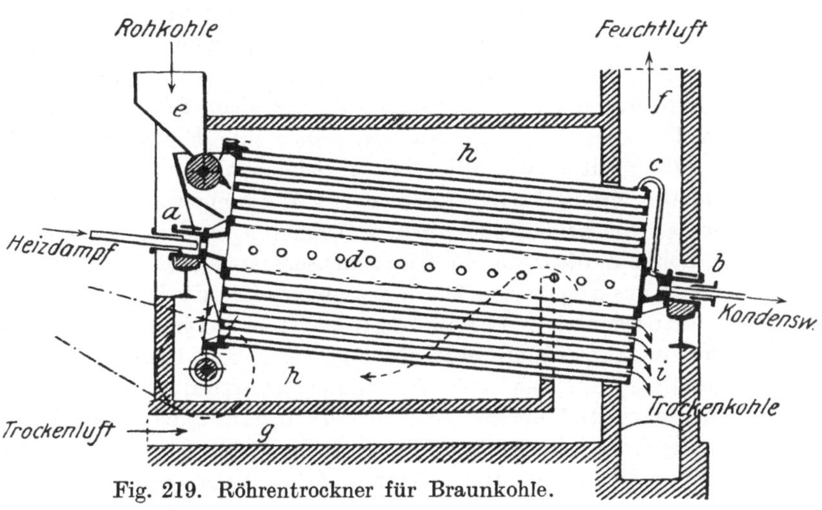

Fig. 219. Röhrentrockner für Braunkohle.

Die feuchte Kohle wird aus einem Silo über den Füllrumpf *e* der Trommel so
zugeführt, daß sie durch eine Verteilwalze gleichmäßig den einzelnen
Rohren zufließt, zufolge deren schwacher Neigung gegen die Horizontale dieselben von links nach rechts durchsinkt und dabei getrocknet wird; die den
einzelnen Rohren aufgegebene Kohle füllt deren Querschnitt nur teilweise aus,
so daß sich durch den jeweils über den Kohleteilchen freibleibenden Raum
parallel zu der langsam durchrutschenden Kohle ein Luftstrom bewegen kann,
welcher das aus der Kohle verdampfte Wasser aufnimmt und als „Wrasen"
dem Schornstein *f* zuführt, während die getrocknete Kohle nach unten ausgeworfen wird. Die Frischluft, welche gleichzeitig mit der Kohle den einzelnen

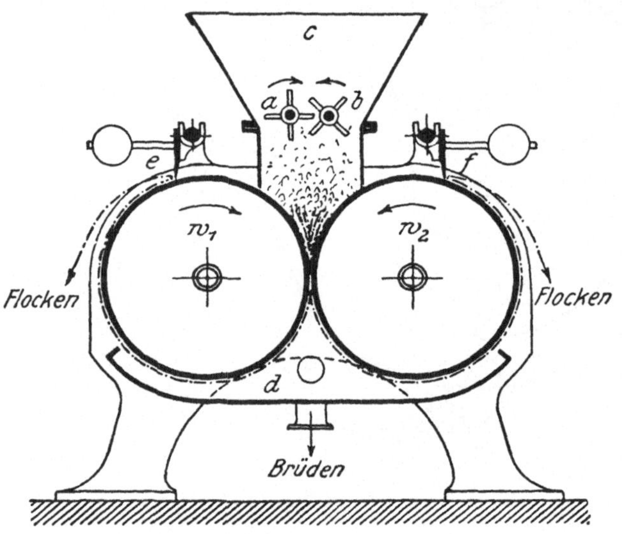

Fig. 220. Zweiwalzentrockner.

Trockenrohren zugeführt
wird, erfährt dadurch eine
Vorwärmung, daß man sie
innerhalb der Einmaue-
rung der Trommel um
diese herumleitet. Die
hier geschilderte Form
kennzeichnet nur das all-
gemeine Arbeitsprinzip
solcher Trockner, ohne
auf Einzelheiten einzuge-
hen, insbesondere auf die
Vorrichtungen, welche
verhindern sollen, daß
der feine Kohlenstaub
von den abziehenden Wra-
sen mitgerissen wird
und solcherart verloren
geht.

Die **Walzentrockner**, am weitesten wohl in der Web- und Textilindustrie
verbreitet, dienen dort zum Trocknen von Geweben, welche zwischen 2 oder
mehreren — bis zu 30 — hinter- bzw. nebeneinander geschalteten Walzen
oder Zylindern liegen; dann finden sie in der chemischen Industrie auch Verwendung zum Trocknen teigiger Massen, ferner zum Eindicken bzw. Ein-
trocknen von Füssigkeiten, wie Milch, Blut, Schlempe usw. Am meisten gebräuchlich sind die **Zweiwalzentrockner**, deren Wirkungsweise der Fig. 220
zu entnehmen ist: die beiden gußeisernen Walzen w_1 und w_2 des Trockners
stehen durch hohle Zapfen, die in Stopfbüchsen eingepaßt sind, einerseits
mit der Zuleitung des gespannten Dampfes, anderseits mit der Ableitung des
gebildeten Kondenswassers in Verbindung; das Trocknungsgut wird aus dem
Füllrumpf *c* mittels zweier Rührwalzen *a* und *b* dem nur 1 mm breiten oder
auch noch schmäleren Spalt zwischen den beiden geheizten Walzen w_1 und w_2
aufgegeben, die dabei entstehenden Brüden werden ständig nach dem Brüden-
fang *d* abgesaugt; die an den heißen Walzenflächen haftende Masse teilt sich
in zwei Ströme bzw. Schichten, die zunächst auf den Walzen w_1 und w_2 bleiben,

um bei *e* und *f* durch die dort befindlichen Schabermesser von der Walze ab-
gekratzt zu werden. Bei der Trocknung von Kartoffelbrei nach dieser Art
werden dann die sogenannten **Kartoffelflocken** gewonnen, die nur knapp
etwa 10—12 Proz. Wasser enthalten und haltbar sind. Gegebenenfalls kann
noch eine Nachtrocknung dieser Flocken in einem einfachen Muldentrockner
vorgenommen werden.

Fig. 221 zeigt schematisch die verschiedenen Möglichkeiten der Aufgabe
des Gutes auf die geheizten Walzen, je nachdem, ob es sich — wie im eben
beschriebenen Falle — um mehr teigiges bzw. breiiges Gut oder um Flüssigkeiten handelt: man unterscheidet dann nach der Form der Auftragung
des Trocknungsgutes zwischen **Eintauchwalzentrockner** *I*, **Auftragstrockner** *II*,
Berieselungswalzentrockner *III* oder **Glättwalzentrockner** *IV*.

Durch Einbau der ganzen Vorrichtung in einen dichtschließenden Mantel, welcher evakuiert werden kann, geht
der einfache Walzentrockner in den mit
Vakuum arbeitenden Walzentrockner
über, der dort zur Anwendung gelangt,
wo man gezwungen ist, mit verhältnismäßig tiefen Temperaturen die Trocknung vorzunehmen.

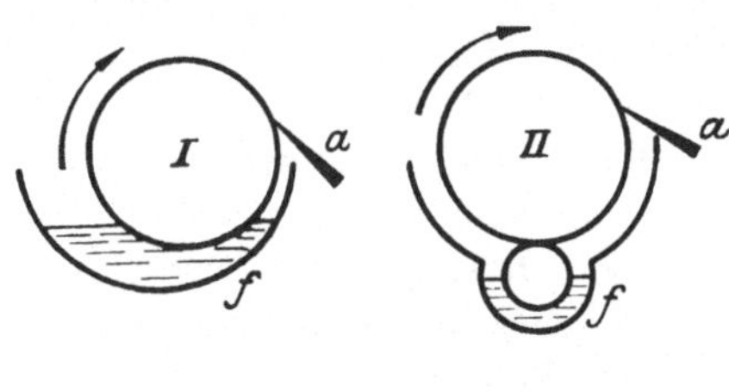

Für die Trocknung bzw. Eindampfung sehr empfindlicher Flüssigkeiten
— Milch, Fruchtsäfte usw. — arbeitet
man stets im Vakuum und verwendet
dann die sogenannten **Zerstäubungs-**
trockner, deren Arbeitsprinzip darin besteht, daß man die Flüssigkeit in die
mit warmer Luft beschickte Trocken-

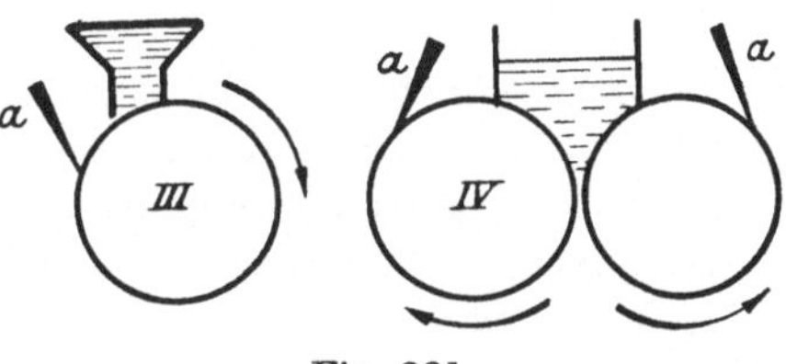

Fig. 221.

kammer in feinstverteiltem Zustand einbläst — Zerstäuberdüsen — oder einspritzt und gegen Stoßflächen versprühen läßt; die Verdampfung der Flüssigkeit erfolgt fast augenblicklich, das Trocknungsgut sinkt als feines Pulver in
der Trockenkammer zu Boden und wird mittels einer Schnecke dauernd aus
derselben entfernt. Mitgerissene Staubteilchen werden entweder mittels
eines Staubfängers oder mittels elektrischer Reinigung aus der Luft herausgenommen und ebenfalls gewonnen. Auch hier kann gegebenenfalls Vakuum
zu Hilfe genommen werden, insbesondere in allen jenen Fällen, in welchen
die Gefahr besteht, daß das ungemein feinverteilte Trocknungsgut mit dem
Sauerstoff der Luft unerwünschte Reaktionen eingeht.

Vakuumtrockner.

Der wesentlichste Vorteil der mit Unterdruck arbeitenden Vakuum-
trockner, bei welchen die Verdampfung der Feuchtigkeit unter mehr oder
weniger stark vermindertem Luftdruck stattfindet, ist einmal darin zu suchen,
daß bei erheblich tieferen Temperaturen gearbeitet werden kann,

aber dann auch in dem Umstand, daß die Trocknung viel rascher vor sich
geht, da ja dann die Spannung zwischen dem Siedepunkt des zu verdampfen-
den Stoffes und der Temperatur des Heizdampfes eine viel größere ist. Diese
Beschleunigung der Trocknung wirkt sich nicht nur wirtschaftlich in der
Verminderung der Kosten, sondern auch wieder chemisch aus, indem die
Zeit der Erwärmung des Stoffes stark verkürzt, die Möglichkeit unerwünsch-
ter Nebenreaktionen also weitgehend ausgeschaltet wird, wie bereits durch die
Erniedrigung der Trockentemperatur an sich.

Da ein Aufwirbeln durch die Warmluft nicht stattfindet, ist das Trocknen
auch staubfrei, gleichzeitig kann die abgedampfte Flüssigkeit, die sich hier
nicht auf ein sehr großes Luftvolumen verteilt, bis zu 95 Proz. wiedergewonnen
werden, eine Möglichkeit, die stets dann zu berücksichtigen sein wird, wenn
es sich um teure Flüssigkeiten handelt: Abdampfen bzw. Trocknen in der
Industrie der Schießbaumwolle unter weitgehender Wiedergewinnung des
Acetons z. B.

Grundsätzlich können auch die bereits besprochenen Trocknungsvorrichtungen, welche bei gewöhnlichem Luftdruck arbeiten, zur Trocknung im
Vakuum herangezogen werden, sofern sie die Möglichkeit eines luftdichten
Abschlusses bieten können. Von allgemeinster Anwendung sind die sogenannten **Trockenschränke**, entweder rechteckige oder zylindrische schmiedeeiserne
Gehäuse mit einer oder zwei Türen, als welche gewöhnlich die Stirnböden verwendet werden. Im Innern dieser zylindrischen Gefäße sind etagenförmig in
bestimmten Abständen **Heizplatten** eingebaut, welche mit gespanntem Dampf
oder mit strömendem Warmwasser geheizt werden können; das Trocknungsgut wird in flachen viereckigen Schalen aus Eisenblech, Kupferblech, Alu-
miniumblech, aus verzinktem Blech, oder aber auch aus Ton, Steinzeug usw.
eingebracht und der Trockenschrank geschlossen; die Türen werden mittels
Flügelschrauben dicht angeschraubt, wobei eine Tuckschnur aus Gummi
die notwendige vollständige Abdichtung besorgt, worauf mittels einer liegenden
oder stehenden Schieberluftpumpe die Entlüftung vorgenommen und dann
erst die Heizung eingestellt wird.

Ein Nachteil dieser Apparate ist der sehr große Zeit- und Arbeitsaufwand
für die Beschickung der einzelnen Schalen und deren Einbringung in den Ofen:
für Massenleistungen geht man daher zum mechanischen Betrieb über, bei den
sogenannten **Schaufeltrocknern**, die aber nur schaufelbares Material zu verarbeiten gestatten, nicht hingegen teigiges oder halbflüssiges, bzw. Stoffe,
welche zufolge der Erwärmung vorübergehend in den teigigen oder flüssigen
Zustand übergehen. Schließlich sei hier auch noch der sogenannten **Dünn-
schicht-Trommeltrockner** gedacht, die im Wesen Walzentrockner, und zwar
Eintauchwalzentrockner, sind — vergleiche weiter oben! —, bei denen sich der
Vorgang der Benetzung der Walze, der Trocknung und der Abschabung des
Trockengutes von der Walze in dicht geschlossenen Apparaturen unter Vakuum vollzieht; das Trocknungsgut wird mittels einer abdichtenden Schleuse
ausgebracht, so daß ein kontinuierlicher Betrieb ohne weiteres möglich ist.

b) Eindampfen.

a′) Allgemeines.

Ist der Zweck der Trocknung die restlose oder doch in den meisten Fällen eine sehr weitgehende Entfernung von Wasser bzw. Flüssigkeit aus dem Trocknungsgut, so werden beim Eindampfen vielfach nur bestimmte Mengen der Flüssigkeit entfernt, sei es, um das Gut **einzudicken** oder — wie bei Salzlösungen —, um durch **Einengung** den gelösten festen Stoff in kristallisierter Form zur Abscheidung zu bringen. Abdampfen und Eindampfen verzichten in der überwiegenden Mehrzahl der Fälle auf die Wiedergewinnung der in Dampfform übergeführten Flüssigkeit, das Mittel hierzu bietet wieder die Erwärmung, wobei fallweise auch der Wärmegehalt der Atmosphäre zu diesem Zweck herangezogen wird, in den weitaus meisten Fällen aber zur künstlichen Heizung gegriffen werden muß. Je nachdem die Verdampfung unter Ausnutzung der Wärme in der Atmosphäre oder aber unter Zufuhr künstlicher Wärme bewirkt wird, unterscheiden wir zwischen dem **eigentlichen Verdampfen unter Wärmezufuhr** und dem **Verdunsten**; sollen große Mengen von Wasser entfernt werden, so wird man vielfach mit Vorteil der eigentlichen Verdampfung das Verdunsten vorausschicken.

Voraussetzung jeglicher **Verdunstung** in größerem Umfange ist die Aufteilung der zum Verdunsten gelangenden Flüssigkeit auf möglichst große Flächen in dünner Schicht und gleichzeitig die Abführung der mit Feuchtigkeit gesättigten Luft durch künstlichen oder natürlichen Luftzug. Beim Verdampfen mit künstlicher Wärme in offenen Gefäßen ist ebenfalls für leichte Abfuhr der gebildeten Brüden zu sorgen, in geschlossenen Gefäßen nimmt man Absaugung vor, die hier dann durch Einstellung von Unterdruck noch wesentlich in der Wirkung gesteigert werden kann.

In gewissem Umfang wird die Verdunstung bei der Gewinnung des Salzes aus dem Meerwasser, sowie bei der Anreicherung schwacher Solen durch das sogenannte Gradieren auch heute noch ausgeführt; ebenfalls dem Verdunsten dient auch der Rieselturm; hier ist aber nicht die Verdampfung, die Flüssigkeitsverminderung, der angestrebte Zweck, sondern die beim Verdunsten eintretende Kühlung der aufgegebenen warmen Flüssigkeit.

Auf die Beschreibung dieser Verdunstungsvorrichtungen soll hier näher nicht eingegangen werden, da sie die Ausnahme bilden und die chemische Technik zum Eindampfen sich heute fast ausschließlich der künstlichen Wärme bedient.

b′) Eindampfen in offenen Pfannen bei gewöhnlichem Druck.

Die offenen **Eindampfpfannen, Abdampfschalen, Abdampfpfannen** usw. sind bei kleinen Abmessungen gewöhnlich halbkugelige Gefäße mit einem dicht angenieteten oder sonstwie festgemachten Doppelboden, der zur Aufnahme des Heizmittels, als welches gewöhnlich Dampf verwendet wird, dient. Der Baustoff paßt sich dem jeweiligen Verwendungszweck an, für eine Reihe von Verwendungsarten lassen sich auch große Schalen aus Porzellan benützen,

die in eiserne Heizgefäße dicht eingepaßt und mit diesen durch eine Zement-
kittung verbunden werden, derart, daß man um den Schalenrand einen
dicken Draht hin- und herlegt, welcher auch in die mit Zement auszugießende
Nut in der eisernen Heizschale hineingeht, so daß auch bei Anwendung von
gespanntem Dampf die Schale nicht hochgehoben werden kann.

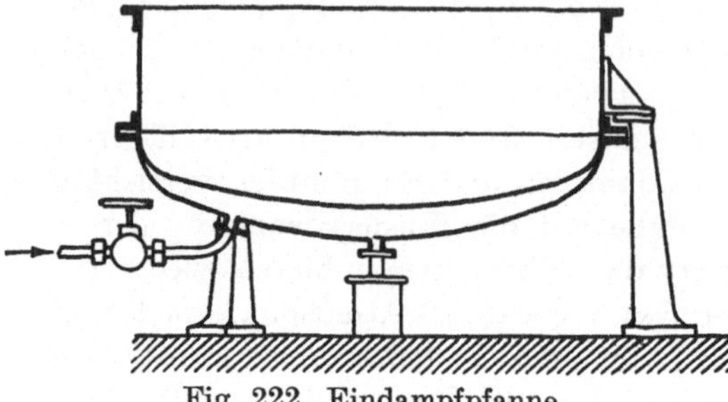

Fig. 222. Eindampfpfanne.

Fig. 222 zeigt die einfachste Form einer solchen schalenförmigen Abdampfvorrichtung. Zur Bewältigung großer Laugenmen-
gen werden Eindampfpfannen aus Eisenblech — nicht Gußeisen
— bis zu 300 m² Bodenfläche verwendet; je nach dem Querschnitt
solcher Pfannen unterscheidet man zwischen der **Planpfanne**, Fig. 223, bei welcher der Boden eben ist und nur
an einer Längsseite eine Rinne vorgesehen wird, welche das Sammeln und Her-
ausschöpfen der ausgeschiedenen Krystalle erleichtert, der **Bootpfanne**, Fig. 223,
oder der sogenannten **Sattelpfanne**, bei welcher die Aufwölbung in der Mitte
der Pfanne der Vergrößerung der Heiz-
fläche dient, welchem Ziel bei großen
Pfannen auch noch dadurch entgegenge-
kommen wird, daß man in das Pfannen-
innere zwei parallele Flammrohre a verlegt, die von heißen Flammengasen durchstrichen werden und eine bedeutende
Verstärkung der Eindampfleistung sicherstellen können. Die ausfallenden festen
Stoffe müssen aus der Pfanne dauernd
entfernt werden, da sie sonst die Heizflächen bedecken und dadurch den Wärmeübergang sehr stark vermindern; ganz besonders gilt dies in allen jenen Fällen, in
welchen die ausfallenden Stoffe zur Bildung von anbackenden Krusten neigen,
durch die nicht allein Verhinderung des
Wärmedurchganges, also starkes Absinken
der Verdampfungsleistung, eintritt, sondern
die auch zur Zerstörung der Pfanne infolge
Überhitzung der verkrusteten Teile, nicht

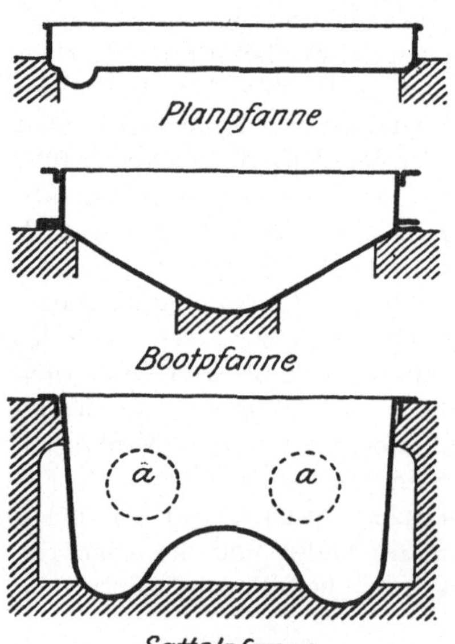

Fig. 223. Eindampfpfanne.

zuletzt auch zur Entwertung des eingedampften Gutes selbst führen können.

Hierher gehört die sogenannte **Thelenpfanne**, welche in der Sodaindustrie
zum Eindampfen der Rotlauge dient, und die gewöhnlich mit der Abhitze
von den Schmelzöfen geheizt wird. Nach Fig. 224, welche einen Längsschnitt
zeigt, besteht sie aus einem halbzylindrischen, langgestreckten liegenden Ge-

fäß; die wagrechte Hauptwelle trägt an vier parallelen Nebenwellen bewegliche, durch Eigengewicht nach unten hängende Kratzer mit schräger Schneide,
welche bei der Drehung der Hauptwelle auf dem Boden der Pfanne schleifen,
auskrystallisierende Rohsoda aufkratzen und zufolge ihrer Schrägstellung
auch gleich in der Richtung der Hauptachse nach dem Austragsende der Pfanne
weiterbefördern. Dort werden sie durch eine Schaufel in den außerhalb der
Pfannen befindlichen Abtropfkasten ausgeworfen.

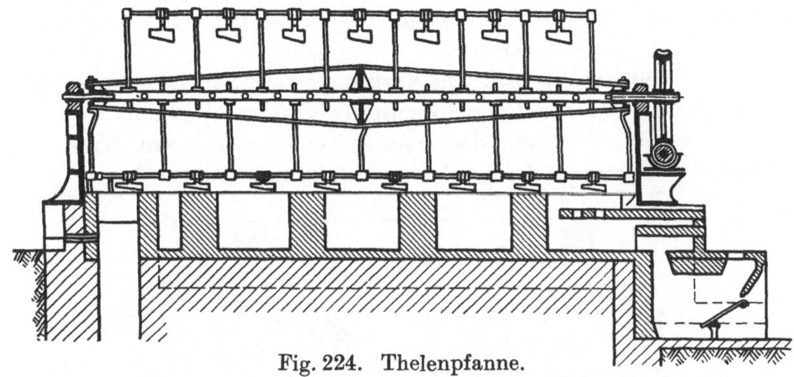

Fig. 224. Thelenpfanne.

In etwas anderer Ausführung — die Welle läuft nicht um, sondern wird
durch einen Zahnantrieb in hin und hergehende Bewegung versetzt — wird
die Thelenpfanne auch zur Calcinierung des Bicarbonates in der gleichen
Fabrikation benutzt.

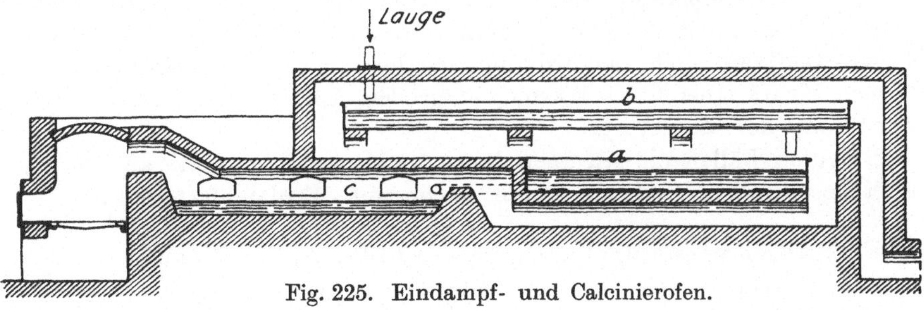

Fig. 225. Eindampf- und Calcinierofen.

Die hohe Siedetemperatur mancher konzentrierter Laugen zwingt zum
Übergang zur **unmittelbaren Befeuerung** mit Feuergasen, und zwar kann diese
unterschlächtig sein — die Feuergase streichen unter dem Pfannenboden
hin — oder **mittelschlächtig:** die Feuergase werden durch die Lauge in Flammrohren geleitet, oder schließlich auch **oberschlächtig:** man leitet die Feuergase
direkt über die Oberfläche der einzudampfenden Lösung. Vielfach — vgl.
Fig. 225 — werden die Eindampfpfannen, um zu starke Erhitzung zu vermeiden, in die Feuerzüge untergebracht und ihnen dann zur besseren Ausnutzung der ersten Hitze der Verbrennungsgase eine Calcinierpfanne voran-

geschaltet, so daß die Lauge in *b* und dann in *c* eingedampft wird, worauf das ausgeschiedene Salz gleich in *c* calciniert werden kann.

Zu der fühlbaren Wärme der Feuergase als Verdampfungsmittel tritt gegebenenfalls auch noch die Strahlung des heißen Mauerwerks hinzu, die durch eingebaute Feuergewölbe noch verstärkt werden kann; Fig. 226 zeigt ebenfalls eine Eindampfvorrichtung mit direkter Einwirkung der Feuergase auf die Lösung, dabei wird die Wirkung der Vorrichtung aber durch eingebaute **Verdunstungsscheiben,** die in die Lösung teilweise eintauchen und mit dieser benetzt den heißen Feuergasen ausgesetzt sind, noch wesentlich verstärkt.

In neuerer Zeit erhöht man die Verdampferleistung in steigendem Maße durch den Ersatz der sonst verbrauchten Wärme mit Hilfe mechanischer Arbeit, entweder in der Weise, daß man durch Einstellen von Unterdruck im Verdampfer die Leistung erhöht, also im Vakuum arbeitet, oder dadurch, daß

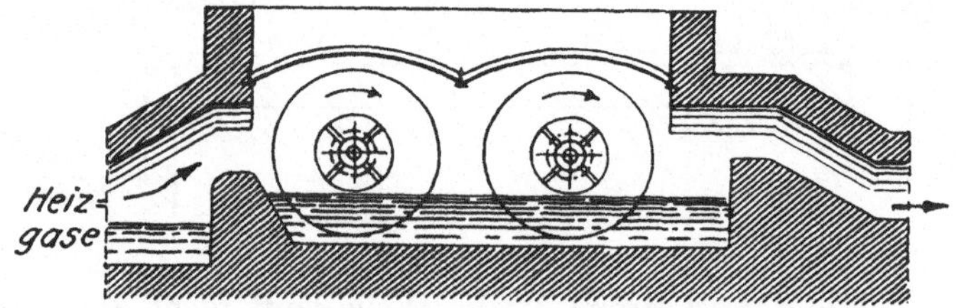

Fig. 226. Eindampfer mit Verdunstungsscheiben.

man den aus der Lösung abziehenden Dampf unter Kraftaufwand verdichtet, dadurch seine Temperatur steigert und den Dampf neuerlich zum Eindampfen verwendet; **an Stelle des reinen Wärmeverbrauches tritt also ein gemischter Wärme-Kraftverbrauch,** der insbesondere dort zu berücksichtigen sein wird, wo man Kraft, aber nicht Wärme, in großem Umfang zur Verfügung hat: Ausnutzung der Wasserkräfte.

In beiden Fällen müssen aber dann geschlossene Apparate an Stelle der bisher beschriebenen offenen treten, sogenannte **Verdampferkörper.**

c') Eindampfen durch Druckverminderung im Verdampfer.

Dieses Verfahren ist zuerst in der Zuckerindustrie und hier schon im Jahre 1812 eingeführt worden und hat hier auch die weitestgehende Durchbildung erfahren.

Stehende oder liegende Anordnung der Verdampfkörper sind nur verschiedene Ausführungen gleichen Prinzips; die Beheizung erfolgt stets mit gespanntem Dampf, der zwischen Doppelböden, durch Rohrschlangen oder um ganze Röhrenbündel herumströmt. Die einfachste Form eines solchen Verdampfkörpers stellt die in Fig. 227 schematisch dargestellte **Kugelblase** vor, auf deren Bau und Wirkungsweise bei der Besprechung des Kapitels Destillieren eingehender zurückgekommen werden soll; **Verdampfkörper,** wie sie zur Erzielung sehr hoher Leistungen in der **Zuckerfabrikation** verwendet werden, stellt Fig. 228 dar: in einen aufrecht stehenden zylindrischen Eisenkessel mit gewölbten Böden ist im Unterteil der Heizkörper eingebaut, welcher aus zahlreichen senkrecht stehenden Rohren aus Messing besteht, welche in zwei Zwischenböden des Verdampferkessels dicht eingesetzt sind, und die von dem aus der Heizdampfleitung b zutretenden gespannten Dampf umspült werden, während das Kondensat bei c über einen Kondenswasserscheider zum Abfluß gebracht wird. Den Zu- und Abfluß des Saftes vermittelt das mit Ventil versehene Rohr d; der unten eintretende Saft füllt den Unterkessel soweit, daß der Saft eben noch über den oberen Enden der messingenen

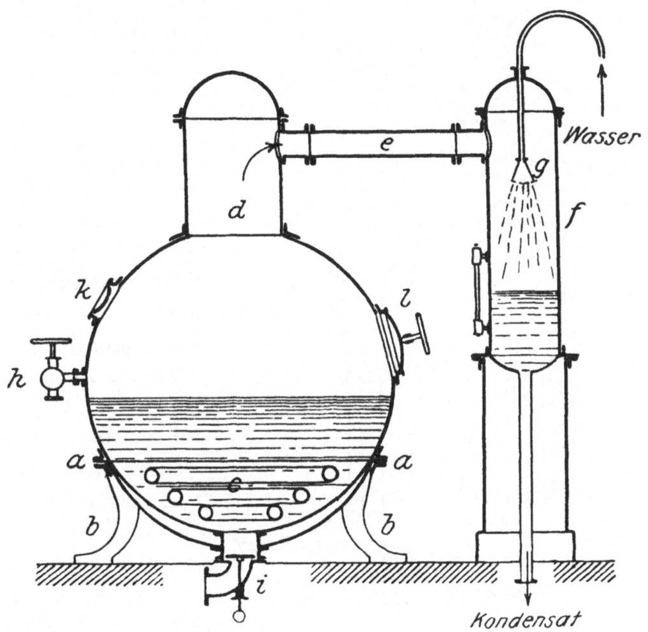

Fig. 227. Kugelblase für Vakuum.

Heizrohre steht, was man mittels der Schaugläser e_1 und e_2 beobachten kann. In den Oberteil des Verdampfkessels ist noch ein **Schaumfänger** eingebaut, da die eingedickten Lösungen zum Schäumen neigen; er besteht aus einem schwach gewölbten Zwischenboden k, welcher ein von außen einstellbares Tellerventil g trägt, dessen Teller gesenkt oder gehoben werden kann: übertretende Saftteile werden von dem Teller abgefangen, laufen auf den Boden k ab und gelangen von diesem mittels eines ganz engen kurzen Rohres i wieder in den Verdampferraum zurück.

k deutet eine Vorrichtung an, die nur dann zur Anwendung gelangt, wenn der Verdampfkörper nicht mit Frischdampf, sondern mit Brüden von einem anderen Apparat betrieben wird, wie dies ja bei den noch zu besprechenden **Mehrkörperapparaten** allgemein der Fall ist: die Brüden, das sind die in einem anderen Apparat aus der Lösung aufsteigenden Dämpfe, enthalten zufolge der

Aufspaltung organischer Eiweißverbindungen in der Lösung stets mehr oder minder erhebliche Mengen Ammoniak; dieses Ammoniak gelangt dann mit den Brüden an die Heizrohre aus Messing und würde dieselben stark angreifen, um so mehr, als ja eine Entfernung des Ammoniaks nicht stattfinden kann; Um dem vorzubeugen, ist der Heizraum mittels ganz enger Rohrleitungen k mit dem Brüdenraum des nächst anschließenden Verdampfers, in dem Unterdruck herrscht, verbunden, so daß das Ammoniak — und andere nicht kondensierbare Gase — aus dem Heizraum abgesaugt wird.

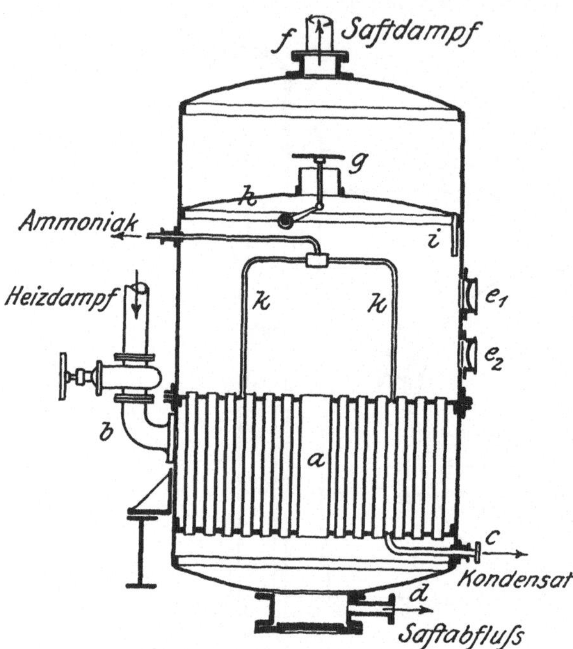

Fig. 228. Verdampfkörper.

Um den Dampf als Heizmittel möglichst weitgehend auszunützen, arbeitet man in den sogenannten **Mehrkörpersystemen** derart, daß der erste Verdampfer mit Frischdampf beschickt wird; die aus diesem ersten Verdampfer aus der Lösung aufsteigenden Wasserdämpfe werden nun nicht einfach ins Freie gelassen oder der Kondensation zugeführt, sondern sie gelangen in den Heizkörper des zweiten Verdampfers: an sich würden sie nicht mehr genügen, um dort Verdampfung herbeizuführen; wird aber dieser zweite Verdampfer unter vermindertem Druck gesetzt, so genügt auch die geringere Erwärmung, um die Lösung zum Sieden zu bringen; im dritten Verdampfer wiederholt sich der Vorgang: auch hier wird nicht mit Frischdampf geheizt, sondern mit den aus dem Verdampfer *II* abziehenden Brüden: durch weitere Verminderung des Luftdruckes in Verdampfer *III* gegenüber Verdampfer *II* ist es möglich, auch hier wieder die Lösung ins Sieden zu bringen usw.

Der Druck in den einzelnen Verdampfern nimmt demnach ganz allmählich von *I* zu *II*, von diesem zu *III* usw. fortschreitend ab zufolge der mehr oder minder stark eingestellten Absaugung, und dadurch sinkt auch der Siedepunkt entsprechend den absinkenden Drucken; würde man beispielsweise mit reinem Wasser arbeiten, so würden sich für Luftleeren in den drei Verdampfern von

560 mm Hg-Säule entsprechend 200 mm absol. Druck in Verdampfer I
660 „　　　„　　　　　　„　　100 „　　„　　„　　„　　„　　II
und 750 „　　　„　　　　　　„　　10 „　　„　　„　　„　　„　　III

folgende Verdampfungstemperaturen für die drei Verdampfer ergeben:

für Verdampfer I . . . . . 66,5° C

„ „ II . . . . . 51,7° C

und „ „ III . . . . . 11,°3 C .

Ähnlich liegen die Verhältnisse auch für das Eindampfen des Rübensaftes: das Gleichgewicht, welches sich zwischen Flüssigkeit und Heizdampf einstellen müßte, wenn die Brüden des einen Verdampfers in die Heizvorrichtung des anschließenden Verdampfers geleitet werden, wird dadurch gestört, daß

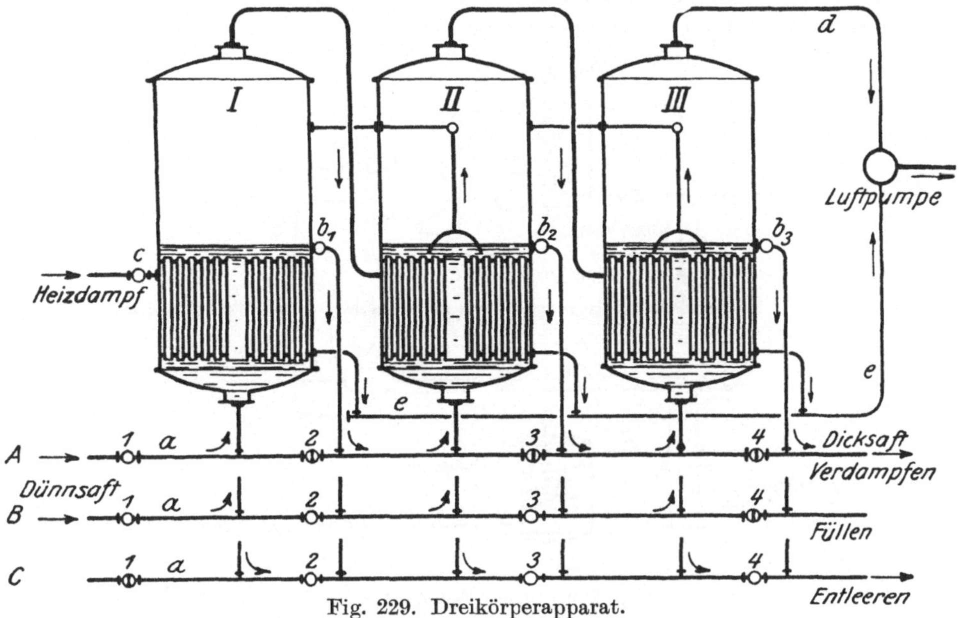

Fig. 229. Dreikörperapparat.

durch Hinzutritt mechanischer Arbeit — der Leistung der Pumpe — die Siedetemperatur in der Lösung im zweiten Verdampfer mehr oder minder stark, je nach der Höhe des Druckes, verringert werden kann.

Eine schematische Darstellung ist an Hand der Fig. 229 gegeben.

Sie stellt einen sogenannten **Dreikörperapparat** vor, bei welchem drei einzelne Verdampfer zu einem Ganzen verbunden sind: zur Inbetriebnahme — vgl. B, Füllen — werden die drei Hähne *1, 2* und *2* geöffnet, *4* bleibt geschlossen, so daß der Dünnsaft in den Verdampfern hochsteigen kann, und zwar solange, bis die mit Hahn abschließbaren Überlaufleitungen b_1, b_2 und b_3 eben erreicht werden. Zugleich wird durch Öffnen des Dampfventils *c* der Heizdampf mit 1,2 Atm Druck eingelassen und gleichzeitig die Brüdenpumpe angestellt. Diese setzt einerseits durch das Rohr *d* den Verdampfer *III* unter Unterdruck, andererseits entlüftet sie über die Kondenswasserableitung der drei Heizkörper die drei Heizkörper, so daß die in *I* entstehenden Brüden in den Heizkörper von *II* gesaugt werden und die in *II* entstehenden Brüden in den Heizkörper von *III*; man schließt nun wieder die Hähne *2* und *3* und läßt durch den offengehaltenen Hahn *1* stetig Dünnsaft nach *I* nachfließen; dadurch wird der Saft langsam durch *I*, *II* und *III* gedrückt, um über *III* in stark eingedicktem Zustand den Verdampfer zu verlassen; die Regelung des Saftübertrittes erfolgt durch Einstellen der in die Übersteigrohre bei b_1, b_2 und b_3 eingeschalteten Absperrhähne, die Regelung der Brüdenspannungen und damit auch der Temperaturen in den einzelnen Verdampfern ergibt sich durch den Betrieb bzw. die Absaugung der Brüdenpumpe. Ist der ganze Dünnsaft aufgearbeitet, oder soll aus einem anderen Grunde abgestellt werden, so werden die drei Körper nach Schließen des Hahnes *1* und Öffnen der Hähne *2, 3* und *4* — vgl. C, Entleeren — vollständig entleert.

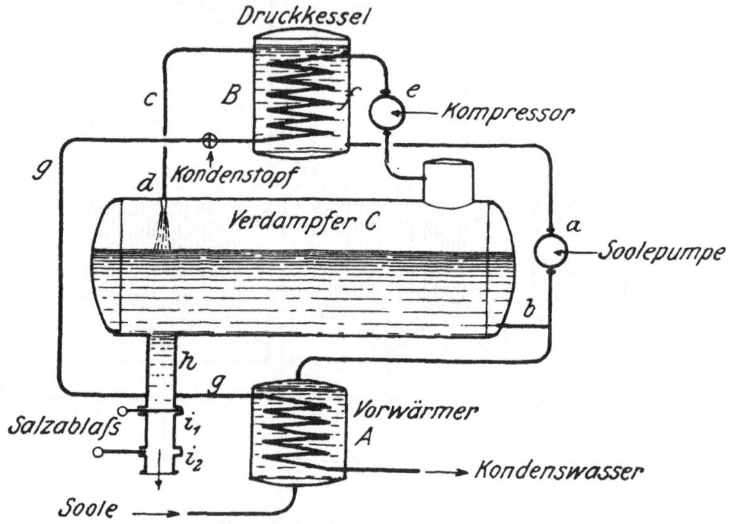

Fig. 230. Piccard'scher Apparat.

Anschließend daran sei der wegen seines verhältnismäßig wenig bekannten Arbeitsprinzipes selten erwähnte und dabei in der Salzsiederei schon längere Zeit bewährte **Piccardsche Apparat** beschrieben.

Derselbe — vgl. Fig. 230 — besteht aus drei Teilen: dem eigentlichen Verdampfer *C*, in dem sich auch die Abscheidung des ausgeschiedenen Salzes, die über den Salzablaß i_1, i_2 entnommen werden kann, vollzieht, dann dem Vorwärmer *A*, in welchem die frische Sole vorgewärmt wird, und schließlich dem Druckkessel *B*.

Die Solepumpe *a* saugt die vorgewärmte Sole aus dem Verdampfer an und drückt sie in den Druckkessel *B*; die Sole wird in einem geschlossenen Kreislauf gehalten, und nur in dem Maße, in welchem Lösung durch Verdampfung verbraucht wird, saugt die Pumpe *a* auch frische Lösung über den Vorwärmer *A* mit an. Nach dem Verlassen des Druckgefäßes wird die Sole mit der Leitung *c* über die Drosselvorrichtung *d* wieder dem eigentlichen Verdampfer zugeführt, also in ihn zurückgeleitet. Gleichzeitig saugt eine Pumpe den im Verdampfer entstehenden Dampf an, verdichtet ihn und drückt ihn nach vorgenommener Verdichtung — welche die Temperatur bzw. den Wärmeinhalt des Dampfes stark erhöht — in das Rohrsystem f im Druck. kessel, welches den Heizapparat bildet: dort kondensiert der Dampf unter Abgabe seiner Kondensationswärme an die Schlange bzw. die diese umfließende umgepumpte Sole, das Kondenswasser wird über den in der Abbildung angedeuteten Kondenstopf zum Vorwärmer abgeleitet, in welchem es seine fühlbare Wärme noch an die frische Sole abgibt.

Durch die im Wege der Rohrschlange dem Druckgefäß zugeführte Wärme tritt in demselben starke Temperatur- und Druckerhöhung ein, welche ein Ausscheiden des Salzes verhindern; gelangt diese übersättigte Lösung aber

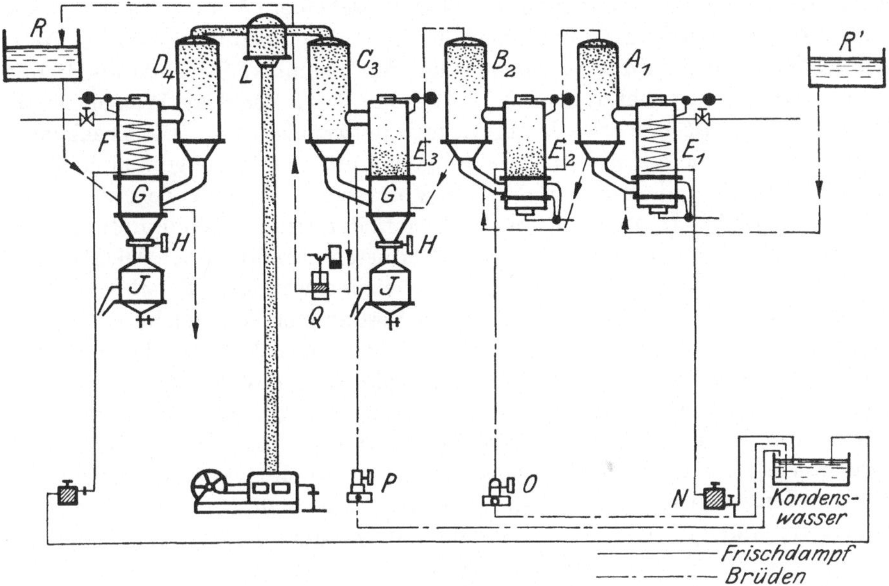

Fig. 231. Mehrkörperapparat zum Eindampfen von Natronlauge.

über die Entspannungsvorrichtungen bzw. das Drosselventil d in den eigentlichen Verdampfer C, so tritt zufolge der dabei eintretenden Druckentlastung Verdampfung und damit Ausscheidung des Salzes ein, soweit Übersättigung vorhanden war, die übrige Sole mischt sich mit der im Verdampfer C vor handenen und bleibt im Kreislauf; zufolge der raschen Abscheidung wird ein sehr feines Salz gewonnen. Der in der Zeichnung angedeutete doppelte Schiebeverschluß gestattet ein Abziehen des ausgeschiedenen Salzes ohne Austritt von Sole: zuerst wird l_1 herausgezogen, wodurch das ausgeschiedene Salz in den Raum zwischen i_1 und i_2 absinken kann, dann wird i_1 wieder geschlossen und durch Ziehen von i_2 das Salz entleert.

Die Wirkungsweise eines **Mehrkörperapparates** in einem besonderen Fall, und zwar **für die Eindampfung von Natronlauge,** sei nachstehend an Hand einer schematischen Skizze, Fig. 231, besprochen: A_1, B_2 und C_3 sind die Verdampferräume des Dreikörpersystems, die mit den Umlaufheizkörpern E_1,

E_2 und E_3 ausgestattet sind; von diesen wird nur der Heizkörper E_1 mit Frischdampf geheizt; der Zulauf der dünnen Natronlauge erfolgt aus dem Vorratsgefäß R', zunächst nach E_1A_1, die Lauge wird dort zum Kochen gebracht durch den Frischdampf, der in E_1 eintritt, die Brüden entweichen aber nicht ins Freie, sondern werden dem zweiten Heizkörper E_2 zugeführt; in diesem zweiten Heizkörper bzw. Verdampfer wird die in A_1E_1 bereits voreingedampfte Natronlauge noch weiter eingedampft; die in B_2 entweichenden Brüden werden dann dem Heizkörper E_3 zugeführt, welcher mit der aus B_2 kommenden noch weiter eingedampften Lauge bespült ist, so daß in C_3 noch weitergehende Einengung der Natronlauge stattfindet; die aus C_3 entweichenden Brüden werden über den Abscheider L der Naßluftpumpe zugeführt und abgesaugt bzw. kondensiert; durch die Ausnutzung der fühlbaren Wärme der Brüden wird praktisch der nach E_1 eingeführte Frischdampf dreimal hintereinander ausgenutzt, so daß zur Verdampfung von 1 kg Wasser aus der Lauge von 10° Bé nur etwa $^1/_3$ kg Dampf notwendig wird. Die Dicklaugenpumpe Q zieht die auf etwa 35° Bé eingedampfte Natronlauge aus dem Verdampfer C_3 ab und drückt sie in ein Vorratsgefäß R, von wo aus sie dem Fertigverdampfer D_4 zugeführt wird: hier findet weitere Eindampfung statt, die Brüden werden zur Verhütung von Verlusten ebenfalls über den Fänger L der Luftpumpenleitung zugeführt, zur Beheizung wird hier Frischdampf verwendet. Sowohl Verdampfer E_1 als auch Verdampfer D_4, welche mit Frischdampf geheizt werden, besitzen zur Ableitung des sich bildenden Kondenswassers die üblichen Kondenstöpfe; zur Abführung des sich bildenden Kondensates in E_2 und E_3, die ja unter vermindertem Druck stehen, kann der übliche frei in die Luft mündende Kondenswasserabscheider nicht benützt werden, vielmehr muß das Kondenswasser hier durch eigene Kondenswasser- oder Brüdenwasserpumpen abgesaugt werden, wie sie in P und O schematisch dargestellt sind. Sowohl E_3 wie F sind mit Salzausscheidern verbunden: da sich schon in der dritten Verdampfungsstufe, noch stärker aber bei der Fertigverdampfung aus der Lauge Kochsalz abscheidet — vom unzersetzten Kochsalz von der Elektrolyse herrührend —, muß dieses, um Verstopfungen zu vermeiden, dauernd aus dem Kreislauf der Lauge herausgenommen werden; durch ständigen Umlauf der Lauge in diesen Salzabscheidern G trennt sich das fest ausgeschiedene Kochsalz ab und wird durch die Abfüllstutzen H in Ausfüllgefäße J abgefüllt und von Zeit zu Zeit von diesen auf die Zentrifugen entleert. Oder aber man zieht es vor, das in den Abfüllgefäßen ausgeschiedene Kochsalz durch Einleiten von direktem Dampf wieder in Lösung zu bringen und diese Lösung dann gleich wieder den Elektolyseuren zuzuführen.

c) Destillieren.

a') Allgemeines.

Sowohl Trocknen wie Abdampfen sind lediglich auf die möglichst weitgehende Entfernung der im Trocknungsgut enthaltenen Flüssigkeit, z. B. des Wassers, eingestellt, beim Destillieren hingegen ist die Aufgabe zu erfüllen, die

Flüssigkeit zu gewinnen, dadurch, daß die erst in Dampfform gebrachte Flüssigkeit durch Kühlung wieder in den tropfbaren Zustand übergeführt und abgeschieden wird.

Die Destillation bezweckt demnach in erster Linie die Trennung von Flüssigkeiten mit verschieden hoch liegenden Siedepunkten, sie wird fallweise aber auch zur Trennung von Flüssigkeiten von festen in ihnen gelösten Stoffen herangezogen — Abdampfen unter Wiedergewinnung des Lösungsmittels —, und sie kann in einzelnen Fällen auch zur Trennung von festen, aber verhältnismäßig leichtschmelzbaren Stoffen mit verschiedenen Siedepunkten herangezogen werden.

Am wichtigsten ist die Trennung flüssiger Stoffe durch Destillation, und die Destillation ist in diesem Falle bei weitestgefaßter Definition die Trennung eines flüssigen Stoffgemisches, die dadurch bewerkstelligt wird, daß man durch Verdampfen mit anschließender Kondensation aus dem ursprünglichen Flüssigkeitsgemisch zwei Teilgemische herstellt, von denen das eine einen erheblich größeren, das andere einen erheblich geringeren Gehalt — Konzentration — aufweist als das ursprüngliche Flüssigkeitsgemisch; durch wiederholte Durchführung dieser Trennung kann man schließlich die praktisch vollständige Trennung der beiden — oder der mehreren — flüssigen Stoffe erreichen. Einer restlosen Trennung steht aber auch hier das wirtschaftliche Moment im Wege, und man wird sich in den meisten Fällen damit begnügen, die Abtrennung nur praktisch, also nur annähernd vollständig, durchzuführen; man erhält aus dem ursprünglichen Flüssigkeitsgemisch ebenfalls zwei Gemische, von denen das eine aber praktisch vorwiegend aus dem niedersiedenden, das andere vorwiegend aus dem hochsiedenden Teil des ursprünglichen Gemisches besteht.

Das Destillationsgut geht dabei in **Destillat** und **Destillationsrückstand** über; von **Fraktionen** spricht man dort, wo eine Reihe verschieden hoch siedender Stoffe gewonnen werden sollen, und nennt dann diese Art der Destillation die Aufteilung in eine mehr oder minder große Anzahl von Anteilen — die aber stofflich durchaus nicht einheitlich zu sein brauchen, sondern deren Abnahme lediglich im Hinblick auf ihre obere und untere Siedegrenze erfolgt — **Fraktionierung.**

Technisch betrachtet besteht der Vorgang der Destillation aus zwei einander entgegengesetzten Teilvorgängen: zunächst muß ein Teil des zu destillierenden Gemisches in Dampfform übergeführt werden — eigentliche Destillation —, hierauf müssen die Dämpfe nach ihrem Austritt aus der Flüssigkeit und dem Destilliergefäß durch Kühlung wieder in den tropfbar flüssigen Zustand zurückgeführt werden: **Kühlung oder Kondensation.**

Es sei zunächst etwas über die allgemeinen Formen der bei der Destillation üblichen **Heizung** gesagt: wir unterscheiden auch hier zwischen **direkter** und **indirekter** Beheizung: leichtsiedende und mit Wasser nicht mischbare Flüssigkeiten können z. B. durch Einleiten von Dampf direkt zur Destillation gebracht werden, ein Verfahren, wie es für die Destillation von Benzol, Äther, Benzin usw. vielfach gebräuchlich ist; es verlangt nur eine gute Kühlung;

ein Gleiches gilt für die Einführung von Heizdampf in die später zu besprechenden Kolonnenapparate.

Im allgemeinen wird aber die **Wärmeübertragung** fast stets **durch Heizflächen** erfolgen, die dann ebenfalls direkt befeuert werden können — z. B. Teerblasen, Erdölblasen mit untergebautem Feuerungsrost —, oder für welche man indirekte Beheizung vorsieht; diese Heizflächen können in das Destillationsgut selbst hinein verlegt werden, wie die vielfach gebräuchlichen **Heizschlangen,** durch welche gespannter Dampf oder Heißwasser geleitet wird; oder die Heizflächen bilden zugleich die Wandungen des Destilliergefäßes — Heizböden, Heizmäntel —; schließlich können beide Formen der Heizung — Heizmäntel und eingelegte Heizschlangen — vereinigt werden, sei es, um zu möglichst großen Heizflächen zu gelangen, oder auch, um fallweise mit dieser oder jener Art der Beheizung zu arbeiten bzw. ein bestimmtes Verhältnis beider für einen gegebenen Arbeitsgang einzustellen.

Eine besondere Form der indirekten Beheizung der Destilliergefäße ist die **Heizung über Bäder,** in welche das Destilliergefäß eingesenkt ist; als Wärmeüberträger wirkt die im Heizbad befindliche Flüssigkeit — Badflüssigkeit — bzw. auch feste Stoffe: Sandbäder, oder schließlich für bestimmte Zwecke auch Luft selbst: die Beheizung solcher **Luftbäder** nähert sich wieder der direkten Befeuerung, indem auch hier abstreichende heiße Verbrennungsgase — hier vielfach von den leicht regulierbaren Gasbrennern hergenommen — das Destillationsgefäß heizen.

Für kleinere Destillationsgefäße haben sich vielfach seinerzeit **Paraffinheizbäder** eingeführt, bei welchen der gewöhnlich halbkugelige Unterteil der Destillierblase in eine ebenfalls halbkugelige Schale von etwas größerem Durchmesser aus Eisen eingebettet war, die mit Paraffin gefüllt wurde; die Beheizung dieses Paraffinbades erfolgte gewöhnlich durch zwei oder mehrere verstellbare **Ringbrenner;** ein Vorteil dieser Art der Heizung war die Ausschaltung von Überhitzungen und eine gleichmäßigere Wärmezufuhr zum Destillationsgut, die insbesondere wichtig war, wenn es sich um die Destillation teurer Stoffe handelte — Destillation ätherischer Öle usw. —; ein recht fühlbarer Nachteil dieser Paraffinbäder war die bei längerem Gebrauch stets eintretende Zersetzung des Paraffins, die dadurch verursachte Rauchentwicklung und Verschmierung der Apparate, vor allem aber das dadurch bedingte Schwinden der guten Wärmeleitfähigkeit des Paraffins, derzufolge Überhitzungen verhältnismäßig leicht eintraten.

Man hat sie gerade in der obenerwähnten Industrie mit Vorteil durch die viel saubereren und auch sehr leicht regulierbaren Luftbäder ersetzt, deren schematische Darstellung anschließend wiedergegeben ist (vgl. Fig. 232).

Derartige Luftbäder zum Beheizen von Destillierblasen haben sich bis zu Blasengrößen von 200 bis 300 l sehr gut bewährt, für kleine Destillationsblasen bieten sie oft die einzige Möglichkeit, nicht allein Überhitzungen auszuschließen, sondern auch die Wärmezufuhr zum Destillationsprozeß selbst sehr genau einzustellen und zu regeln. Dies gilt insbesondere für die weiter unten zu besprechende Destillation im Vakuum.

Sie können auch mit Vorteil Verwendung finden überall dort, wo gegen Temperaturwechsel empfindliche Destillationsgefäße, also z. B. Steinzeug- oder Porzellangefäße, emaillierte Gefäße und auch groß dimensionierte Steintöpfe, verwendet werden, die man früher allgemein in Sand verpackte — Destillation von Senföl aus Senfsaat.

Die Kondensation der entweichenden Dämpfe soll, soweit sie nicht im Arbeitsgang selbst stattfindet — Dephlegmation — in einem anschließenden Kapitel für sich behandelt werden.

b') Die Destillationsapparate.

Wir unterscheiden hier grundsätzlich zwischen den sogenannten **Blasenapparaten** und den **Kolonnenapparaten,** bei welchen sich an das eigentliche Destillationsgefäß ein besonderer Aufbau zur weitgehenden Scheidung der verschieden hoch siedenden Bestandteile anschließt, und die schließlich zu jenen besonderen Formen der Destillation bzw. Fraktionierung überleiten, bei der der ganze Vorgang sich bereits in der sogenannten **Kolonne** selbst abspielt: während bei den einfachen Kolonnenapparaten sich in eigentlicher Trennung stets nur der in der Kolonne befindliche Flüssigkeitsanteil befindet, arbeitet diese Art von Kolonnenapparaten dann in der Weise, daß das Destillationsgut in einem Gange eine Kolonne durchfließt und hierbei die gewünschte

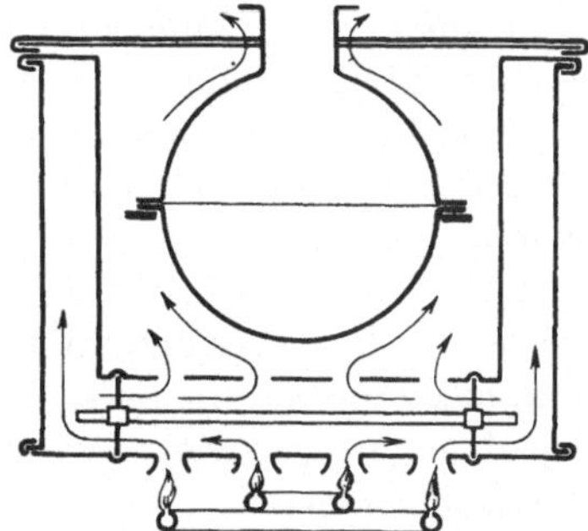

Fig. 232. Luftbad für Kugelblase.

Trennung vorgenommen wird. Die **Baustoffe**, welche für die Destillationsapparate verwendet werden, sind sehr verschieden, je nach der Wärme-, Druck- und chemischen Beanspruchung, die dann auch zur Wahl teurer Baustoffe zwingen können, während sonst aus Gründen der Billigkeit in erster Linie **Eisen** als Baustoff verwendet wird; für Flüssigkeitsgemische schwach sauren Charakters, vor allem für die Destillation organischer Stoffe, sofern es sich nicht um die Bewältigung großer Leistungen handelt, wird oder wurde vielfach **Kupfer** verwendet, das wegen seiner leichten Bearbeitbarkeit viele Vorteile bietet, überdies auch nicht die bei Eisen lästige Eigenschaft des Rostens zeigt. Zugute kommt ihm auch noch die ausgezeichnete Wärmeleitfähigkeit und seine hohe Festigkeit; an seine Stelle ist heute, namentlich in der Lebensmittelindustrie, in der pharmazeutischen Industrie und für die Destillation der ätherischen Öle usw. vielfach **Aluminium** als Baustoff getreten, das aber erheblich stärkere Dimensionierung der Wandstärken zufolge geringerer Widerstandsfähigkeit verlangt. In einer Reihe von Fällen, in welchen man früher im Hinblick auf die chemische Angreifbarkeit der zu destillierenden Flüssigkeiten das teure Silber als Baustoff verwenden mußte, sind heute Apparate aus dem wohlfeilen Aluminium getreten, das in kalt gehämmertem Zustand auch hinsichtlich mechanischer Festigkeit genügen kann.

Ein recht fühlbarer Übelstand dieser Aluminiumapparate ist darin zu suchen, daß früher die Reparaturen — im Gegensatz zu der fast stets im eigenen Betrieb ausführbaren Reparatur der Kupferdestilliergefäße — nur im liefernden Werk selbst vorgenommen werden konnten, wie ja bekanntermaßen die Bearbeitung des Aluminiums gewisse Schwierigkeiten in sich barg; heute sind auch diese weitgehend behoben, so daß Aluminium als Baustoff für Destillationsgefäße wie überhaupt in der Apparateindustrie eine sehr große und noch immer steigende Rolle spielt. Volkswirtschaftlich bleibt bei dem heute in Gang befindlichen Ersatz von Kupfer durch Aluminium allerdings zu berücksichtigen, daß der Altwert des Kupfers erheblich höher ist, die kupferne Destillationseinrichtung niemals vollständig entwertet werden kann, weiter, daß die in der chemischen Industrie in großen Mengen vorhanden gewesenen Kupfervorräte in gewissen Fällen — Rohstoffwirtschaft im Kriege — einen Bestand bedeuten, dessen Verfügbarkeit wünschenswert sein kann.

Kupfer, Aluminium und Eisen, letzteres verzinnt, verzinkt, verbleit oder auch emailliert, bilden die wichtigsten Baustoffe.

Sowohl die emaillierten als auch die aus Steinzeug gefertigten Destilliergefäße haben sich nur dort einführen können, wo ein unverkennbarer Zwang hierzu bestand, zufolge der besonders aggressiven Einwirkungen der zur Destillation gelangenden chemischen Stoffe auf das Destilliergefäß. Sie sind ein wertvoller, aber immerhin zufolge ihrer großen Empfindlichkeit gegen Stoß und mechanische wie auch Wärmebeanspruchung nur ein Notbehelf, und man hat daher immer wieder versucht, sie namentlich für nicht zu hohe Temperaturen zu ersetzen.

Die erst in der letzten Zeit zur Vollkommenheit durchgebildete Herstellung von Edelstählen und Stahllegierungen kann auch hier in Frage kommen, im allgemeinen beschränken sich aber die Baustoffe auf die hier angeführten.

Die Einblasenapparate.

Die allgemeine Form dieser Blasenapparate ist die kugelförmige oder die stehend zylindrische, und zwar haben sich für die einzelnen Industrien besondere Typen herausgebildet, welche den in der Blase sich abspielenden Vorgängen, der besonderen Wärmebeanspruchung usw., einmal angepaßt sind und dann oft nur in den untergeordneten Baubestandteilen Unterschiede aufweisen. Solche Unterschiede bestehen namentlich hinsichtlich der Dampfableitung aus der Blase und der Art der Verbindung mit dem Kühler.

In der Industrie der ätherischen Öle, aber auch für eine ganze Reihe weiterer Zwecke, namentlich soweit es sich um kleine und mittlere Blasengrößen handelt, sind die **Kugelblasen** in Verwendung; deren schematische Skizze, Fig. 233, nachstehend wiedergegeben ist.

Das eigentliche Destillationsgefäß ist von kugelförmiger Gestalt, aus zwei Halbkugeln gebildet, welche hart verlötet sind, und über deren Aufbörtelung zwei schmiedeeiserne Ringe R u. R_1 gelegt werden, die gewöhnlich auch zur Aufhängung der Destillierblase in dem tragenden Gestell oder mittels Pratzen in der Einmauerung dienen. Die untere Kugelhälfte ist gewöhnlich als **Doppel-**

boden zum Beheizen mit Dampf eingerichtet und trägt die Stutzen für Dampfzuleitung und Kondenswasserableitung; in der Blase selbst ist gewöhnlich eine in mehreren Windungen umlaufende **Heizschlange** ziemlich dicht an der Blasenwand verlegt, welche von Rohrschellen gehalten wird; das Oberteil der Blase ist oben zu einer weiten **Mannlochöffnung** zum Füllen, Entleeren und bei größeren Blasen zum Befahren derselben ausgebildet, der Anschluß an das Übersteigrohr — den **Blasenhelm** — erfolgt gewöhnlich mittels breiter Bordringe an Blase und Helm, welche durch eine zwischengelegte Dichtung von Pappe oder Asbest abgedichtet und mittels Mutterschrauben, welche durch die beiden gußeisernen oder schmiedeeisernen Flanschenringe gehen, zusammengehalten werden. Um zu verhindern, daß Destillationsgut, welches sich im Helm kondensiert und an dessen

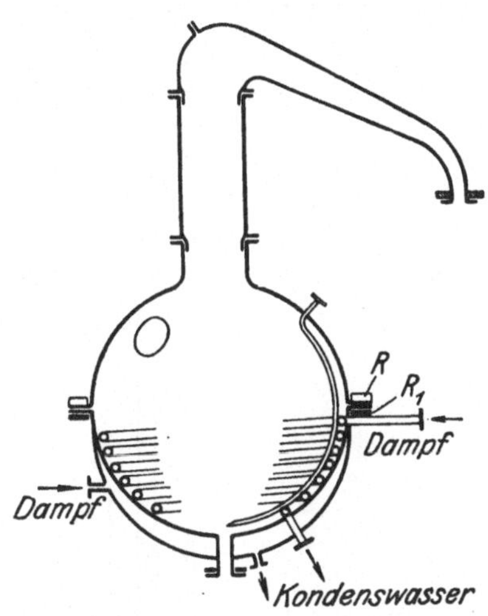

Fig. 233. Kugelblase.

Wandungen herabläuft, an die Dichtung gelangen kann, ist der Helm ein kurzes Stück in die Blase hinein verlängert, so daß das Kondensat aus

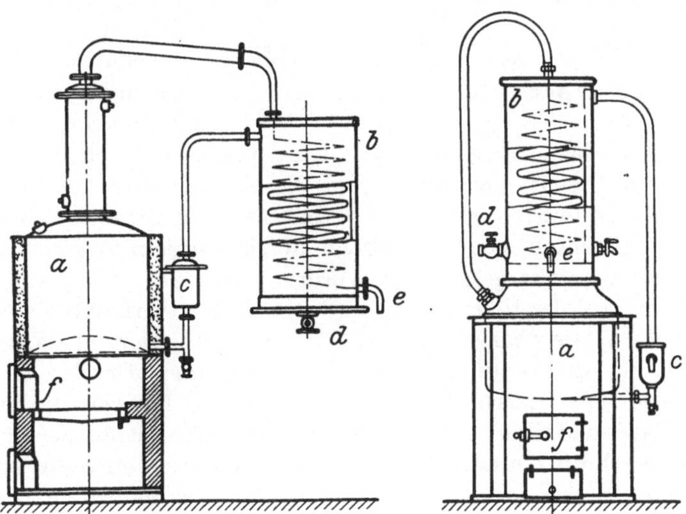

Fig. 234. Zylindrische Destillierblase.

dem Helm direkt in die Blase abtropft; der Blasenoberteil trägt noch eine Reihe von **Armaturen:** so vor allem zwei im oberen Drittel angeordnete nicht zu kleine und einander gegenüberliegende **Schaulöcher** zum Beobachten des Blaseninhaltes während der Destillation; dann ein Dampf-

einleitungsrohr, um direkten Dampf in die Blase einführen zu können, welches
mittels einer hart aufgelöteten Bordscheibe in den Dampfzuleitungsstutzen eingehängt und mittels Verschraubungen fest mit der Dampfleitung verbunden werden kann; dieses Dampfeinleitungsrohr ist schwach nach außen gebogen, so daß
es sich den Wandungen der Blase anpaßt und am tiefsten Punkt derselben endet; weiter einen sogenannten Vakuumstutzen zum Anschließen eines Vakuum-
meters, wenn mit Unterdruck gearbeitet wird, und einen Entlüftungshahn.

Der Unterteil der Blase ist vielfach mit einem Ablaßstutzen mit selbst-
dichtendem Hahn versehen, der aber bei direkter Befeuerung der Blase durch
Ummauerung geschützt werden muß. Ist er nicht vorhanden, so wird die Blase
durch Ausheben entleert.

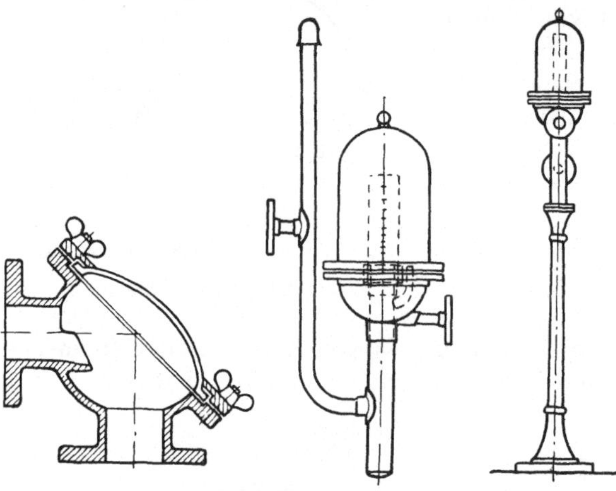

Fig. 235. Auslauf mit Schaugas.

Die Verbindung des
Helmes mit dem Kühler
ist bei kleineren Blasen
fast stets mit Hilfe sogenannter **Konusverschrau-
bungen** auszuführen; ge-
füllt wird die Blase ge-
wöhnlich bis zu zwei Drittel, gegebenenfalls noch
etwas mehr, am einfach-
sten, wenn Vakuum zur
Verfügung steht, durch
Einsaugen des Destilla-
tionsgutes über den Ent-
lüftungshahn. Die Behei-
zung erfolgt bei diesen
kleinen Destillierblasen fast stets mit Hilfe von Gas, durch direkte Anordnung mehrerer Brennerringe unter dem Blasenboden oder durch Dampf bei
Blasen mit Dampfmantel, wenn bei verhältnismäßig geringen Temperaturen
gearbeitet werden soll, oder schließlich durch sogenannte Heizbäder, über
die weiter oben bereits gesprochen wurde.

Von derartigen Destillierblasen wird gewöhnlich verlangt, daß sie möglichst **vielseitig verwendbar** sind, sowohl für die Destillation mit Wasserdampf,
gegebenenfalls für die Destillation unter vermindertem Druck, als auch zu
einer gewissen Fraktionierung bzw. Dephlegmierung, für welchen Zweck man
zwischen Blase und Helm mehr oder minder lange Kolonnenstücke vom
gleichen Querschnitt einschaltet, wie ihn das Mannloch aufweist, bzw. durch
Zwischenschalten von kleinen Dephlegmatoren zwischen Helm und Kühler
(vgl. später unter Dephlegmatoren).

Als **zylindrische Blasen** mit direkter Feuerung, und zwar sowohl Rostfeuerung — für größere Anlagen — als auch Gasfeuerung, sind die viel verbreiteten Destilliergefäße zur Herstellung von destilliertem Wasser gebaut. Fig. 234
zeigt eine solche Bauart: *a* ist die zur Verdampfung des Wassers bestimmte
Blase, *b* ein Schlangenkühler, gewöhnlich aus Zinnrohr, welcher zur Konden-

sation der abziehenden Dämpfe dient, c der Speisewasserregler, der aus dem Kühlgefäß dauernd Zufluß erhält und die Höhe des Wasserspiegels im Destillationsgefäß stets auf gleich hält. Zum Speisen der Blase verwendet

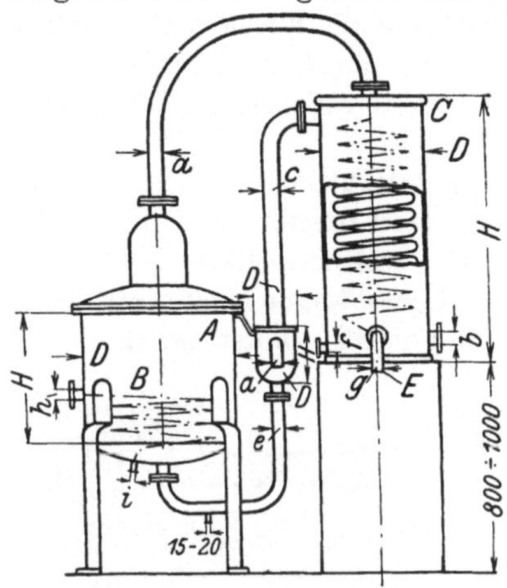

Fig. 236. Destillierblase mit Heizschlange.

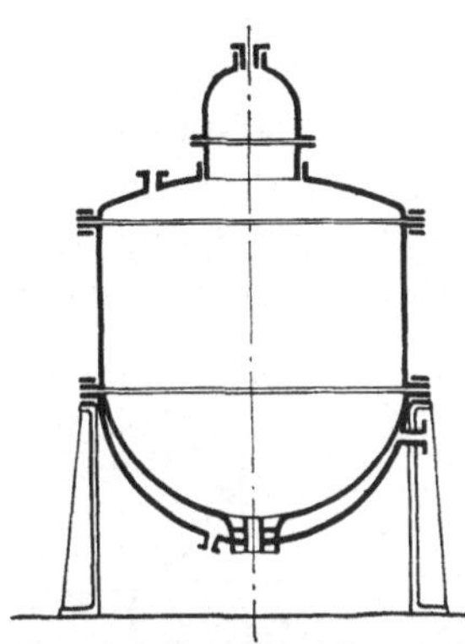

Fig. 237. Destillierblase mit Doppelboden.

man das Kühlwasser des Kühlers vor dem Verlassen desselben, nachdem es bei der Abkühlung des Kondensates bereits auf etwa 70° vorgewärmt wurde.

Das gekühlte Kondensat gelangt gewöhnlich frei austretend aus der Kühlschlange bzw. dem durch den Kühlmantel derselben hindurchgeführten Teil e zum Abfluß; soll das Destillat weiter geleitet werden, oder soll es — Feuergefährlichkeit — von der Luft abgeschlossen bleiben, so läßt man es durch einen Auslauf mit Schauglas gehen — vgl. Fig. 235 —, oder es wird, wie in der folgenden Figur dargestellt, ein Ablauf mit Schauglas eingebaut.

Fig. 236 bis 239 zeigen eine Reihe verschiedener Ausführungsformen solcher Apparate für die Beheizung mit gespanntem Dampf, welche für kleinere Apparate die allgemeine Beheizungsart ist. In Fig. 236 ist eine spiral-

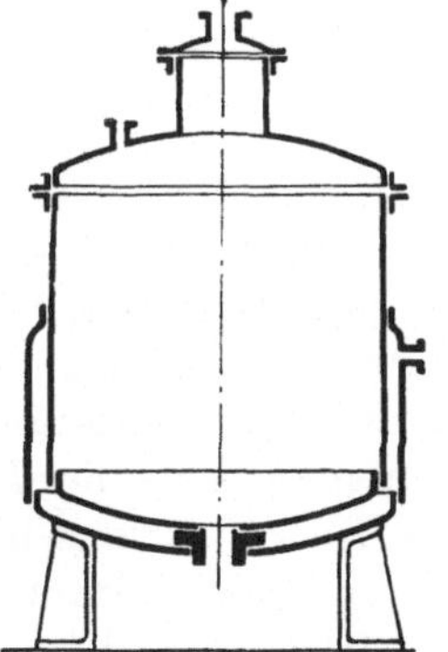

Fig. 238. Destillierblase mit Heizmantel und Doppelboden.

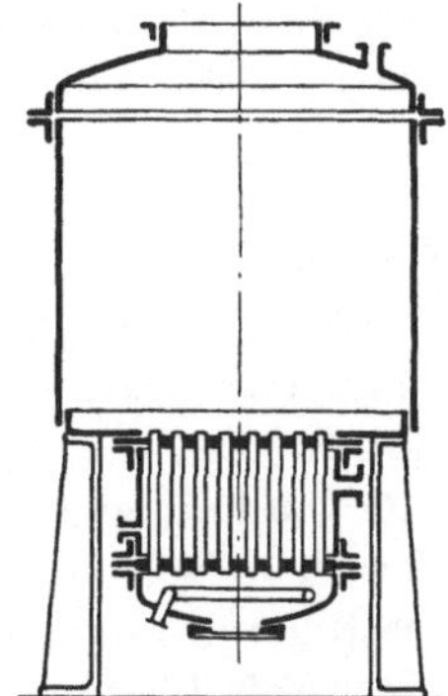

Fig. 239. Destillierblase mit Röhrenheizkörper.

förmig gewundene Heizschlange als Heizvorrichtung vorhanden, in der anschließenden Fig. 237 erfolgt die Beheizung mittels eines Doppelbodens, in der nächsten Fig. 238 mittels Doppelbodens und Heizmantels, in der letzten Fig. 239 schließlich durch einen Röhrenheizkörper, wie er bereits für die Verdampfungsapparate beschrieben wurde.

Für die Darstellung der je nach den Arbeitsbedingungen oft ganz verschiedenen Ausführungen seien im nachfolgenden noch einige besondere derartige Apparaturen kurz beschrieben. Fig. 240 zeigt eine in der **Spiritusfabrikation** vielfach übliche Form der Destillationsblase, die hier aus einem flachzylindrischen Gefäß besteht, an welches sich über eine Flanschverbindung der Helm anschließt. Die Beheizung erfolgt mit direktem Feuer, der Blasenboden ist zur Verstärkung nach innen gewölbt.

Eine besondere Art der Destilliervorrichtungen sind die zum **Destillieren für Gold- und Silberamalgam** gebauten **Destillieröfen:** hier tritt an Stelle der üblichen Destillierblase die Retorte *b*, welche nicht direkt mit dem Destilliergut beschickt wird, sondern in welche man kleine Näpfe mit dem Amalgam einsetzt, um dann die Retorte durch die vom Rost aufsteigenden heißen Feuer-

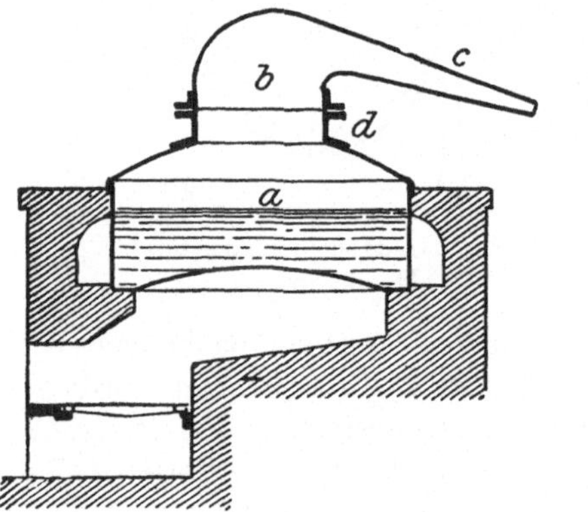

Fig. 240. Flache Destillierblase
für Destillation über dem Feuer.

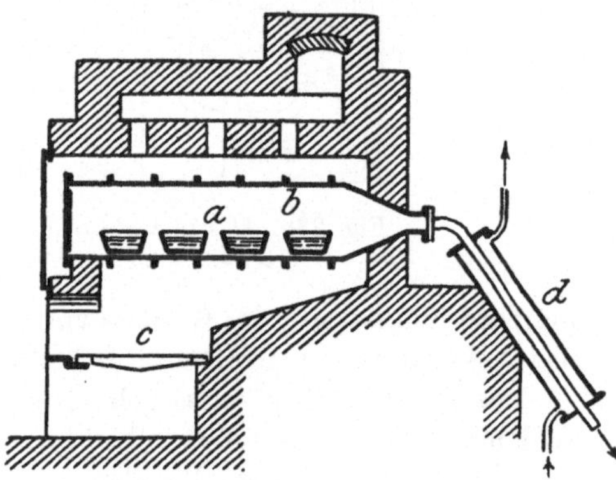

Fig. 241. Vorrichtung zum Destillieren
von Gold- und Silberamalgam.

gase zu beheizen: das Quecksilber verdampft, gelangt in den wasserdurchflossenen Kühler *d* und tropft aus diesem ab (vgl. Fig. 241).

Fig. 242 zeigt die zum Destillieren bzw. **Konzentrieren der Schwefelsäure** bestimmte Retorte: die von der Bleipfanne kommende Schwefelsäure mit 60° Be, die sogenannte Pfannensäure, wird in einem Platinkessel *a*, der von den heißen Verbrennungsgasen einer Rostfeuerung *b* beheizt wird, erhitzt; der Helm *d* ist mit dem Kessel verflanscht und führt die säurehaltigen, beim Destillieren entweichenden Wasserdämpfe einer Vorlage *e* zu, an welche sich die Kühlschlange *f*, ebenfalls aus Blei bestehend, anschließt; zur Aufgabe der Pfannensäure dient der Fülltrichter *H*, der die Säure aber nicht direkt in die Blase einlaufen läßt, sondern sie über den Verteiler *i* so leitet, daß sie an der Blasenwand herablaufen muß und dabei bereits vorgewärmt wird. Zum besseren Schutz des Platins wird dieses in diesem Falle mit einem Goldüberzug versehen. Bezüglich weiterer Ausführungsformen für Destilliergefäße muß auf die Fachliteratur verwiesen werden. Die bisher beschriebenen Apparate dienen der **diskontinuierlichen Destillation,** und zwar, wie dies bei der Beschreibung der Bauart bereits vermerkt wurde, sowohl der Destillation mit indirektem Dampf

— Dampf in der Heizschlange, im Mantel usw. — als auch dem sogenannten Abtreiben mit direktem Dampf und mit direkter Beheizung; Gemische und Stoffe, welche in Wasser nicht löslich sind und bei verhältnismäßig tiefen Temperaturen übergetrieben werden können, destilliert man vielfach in einfachster Weise durch Einblasen von gespanntem Dampf, welcher die gebildeten Dämpfe mitreißt. In einzelnen Fällen kann es wünschenswert sein, die Destillation unter Rücklauf des ganzen oder eines Teiles des übergegangenen Destillates zu führen: dann befindet sich außen an der Blase ein Fangtrichter, in welchen der Rücklauf hineingeleitet wird, der über ein Syphonrohr wieder dem Blaseninnern automatisch zufließt.

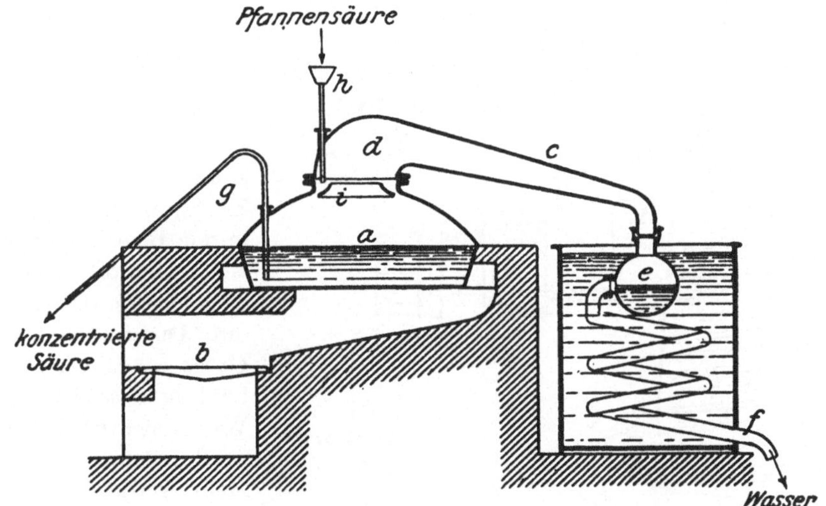

Fig. 242. Retorte zum Konzentrieren der Schwefelsäure.

Die direkte Destillation mit gespanntem und stellenweise auch mit schwach überhitztem Wasserdampf hat starke Verbreitung bei der **Gewinnung der ätherischen Öle aus den Rohstoffen** gefunden: Destillation von Kümmelsamen auf Kümmelöl, von Pockholz auf Guajacöl, von Veilchenwurzel auf Irisöl, von Patschuliblättern auf Patschuliöl usw. Die riechenden Bestandteile der Rohstoffe, die ätherischen Öle, werden direkt aus den zerkleinerten Rohstoffen mit hochgespanntem Wasserdampf ausgetrieben und gehen mit dem Wasserdampf über, scheiden sich mit diesem in einer meist milchigen Flüssigkeit ab, um sich bei einigem Stehen auf der Oberfläche des Wassers abzuscheiden; durch das Hintereinanderschalten mehrerer sogenannter Florentinerflaschen — siehe Fig. 234 — wird das Öl gewonnen, das Wasser läuft ab, sofern es nicht gegebenenfalls durch eine Extraktion durch Durchrühren mit Benzin als Lösungsmittel möglichst vollständig erschöpft werden soll. Der geringe Ölgehalt der meisten solcher Rohstoffe, ihre lose Schüttung, die nötig ist, um den Dampf gleichmäßig durchdringen zu lassen, zwingen dann, zu sehr groß dimensionierten Destilliergefäßen von mehreren Kubikmetern Inhalt überzugehen. Im Unterteil der Blase befindet sich ein Siebboden c, der mit Filtertuch bedeckt ist, um das Durchfallen kleiner Teilchen von Destilliergut zu verhindern; dieser Siebboden besteht aus einer Anzahl von Kreissegmenten und ist gewöhnlich aus starkem Kupferblech; manchesmal befinden sich in einer Blase auch mehrere solcher Siebböden übereinander angeordnet. In der Fig. 243 ist ein zweiter solcher Siebboden in halber Höhe der Blase vorgesehen, um eine leichte, lockere Lagerung des Destilliergutes sicherzustellen. Unterhalb dieses Siebbodens befindet sich die Heizschlange d, welche den gespannten bzw. überhitzten Wasserdampf zuführt. Zur besseren Isolierung ist die ganze Blase mit Kieselgurmasse überzogen, welche feucht aufgetragen und mittels Stoffbinden festgebunden wird. Gegebenenfalls kann, wie dies in der Zeichnung angedeutet ist, in das Blaseninnere noch eine Dampfheizschlange eingelegt werden, um bessere Durchwärmung des Gutes zu erzielen und Abkühlung desselben an den Wandungen der Blase auszuschließen. Über den Helm werden die Dämpfe einer Kondensationsvorrichtung — Schlange, Platten oder Rohrkühler — zugeführt und gelangen von dort in eine Reihe

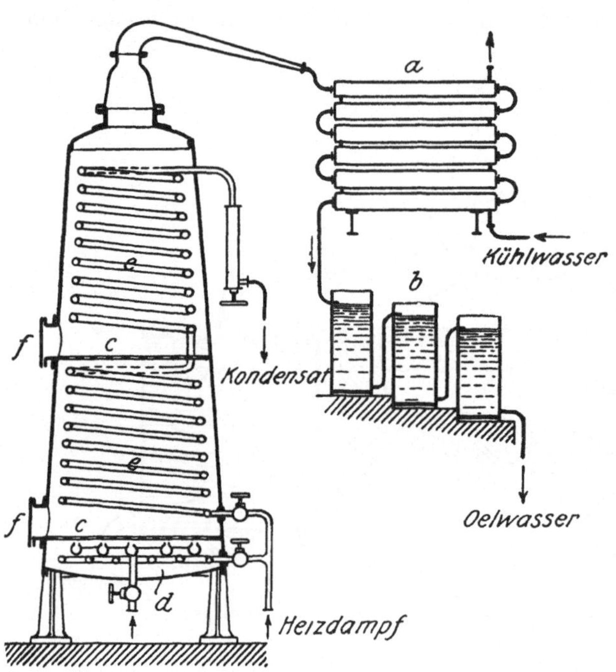

Fig. 243. Destillierapparat für ätherische Öle.

von Florentinerflaschen, aus welchen von Zeit zu Zeit das abgeschiedene Öl abgezogen wird, während die Destillationswässer ständig ablaufen. Die Mannlöcher f dienen zum Entleeren der Blase, die Beschickung derselben erfolgt über das obere Mannloch, nachdem der Flanschverschluß mit dem Helm gelöst ist.

Für die Destillation von Kümmelöl füllt man den Helm, der dann an seinem weiten Ende einen Siebboden besitzt, mit groben Stücken von Kupferblech, um den bei der Destillation entstehenden Schwefelwasserstoff zurückzuhalten. Die Blase steht gewöhnlich auf drei starken gußeisernen Beinen, das Siel wird gewöhnlich direkt unter die am Boden der Blase befindliche Ablaßöffnung geführt.

Fig. 244 zeigt schematisch eine **Destillieranlage für Salpetersäure;** mit Rücksicht auf die starke Angriffsfähigkeit des Destillationsgutes und die dadurch eintretenden Verunreinigungen wird für die Destillierblase ein **säure-**

fester Guß, für sämtliche Kondensationseinrichtungen hingegen **Steinzeug** verwendet; die aus der mit direktem Feuer beheizten gußeisernen Retorte *b* aufsteigenden Salpetersäuredämpfe, gemischt mit Wasserdampf und geringen Mengen von untersalpetriger Säure und Salzsäure, streichen zuerst über einen Schaumfänger *c*, dann in ein Sammelgefäß *e*, wo sich bereits teilweise Kondensation einstellt, hierauf durch den Steinzeugkühler *f*, an welchen eine mehr oder weniger große Anzahl sogenannter **Tourills,** das sind Steinzeuggefäße der angedeuteten Form, anschließen, welche durch Bogenstücke von den beiden oberen Stutzen gasdicht oder durch Verbindungsstücke zwischen seitlichen Stutzen verbunden sind, wobei die Abdichtung vielfach in der Weise vorgenommen wird, daß in die Stutzen starke Gummistopfen und in diese wieder Glasrohre mit weitem Durchgang eingepaßt werden.

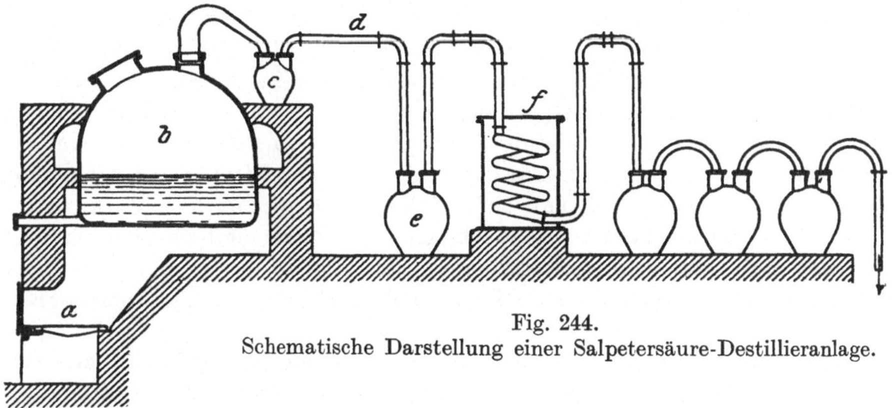

Fig. 244.
Schematische Darstellung einer Salpetersäure-Destillieranlage.

Die wenigen Beispiele, welche hier angeführt wurden, zeigen, in wie weiten Grenzen die apparative Durchführung der Destillation sich bewegen kann, und wie sie nur in engster Anpassung an die jeweiligen Bedingungen und Zwecke der Destillation erfolgen kann.

Rektifikation, Fraktionierung und Dephlegmierung.

Die bisher besprochenen Formen beziehen sich in erster Linie auf die **einfache Destillation oder auch Rektifikation**: eine Abtrennung des Gemisches in verschieden hoch siedende Bestandteile ist dabei noch nicht geplant, wenigstens im allgemeinen nicht, jedenfalls steht sie nicht im Vordergrund; daß dabei auch die gewöhnliche Rektifikation, also die einfache Destillation, schon bis zu einem gewissen Grad zu einer Fraktionierung führt, ist bekannt: mit fortschreitender Destillation und immer gesteigerter Temperatur im Destillationsgut verschiebt sich dessen Zusammensetzung immer mehr nach der Seite der hochsiedenden Bestandteile, und dementsprechend steigt auch der Anteil der hochsiedenden Bestandteile im Destillationsgut. Bereits bei der einfachen Destillation der wässerigen Spritlösungen findet ja eine gewisse Fraktionierung statt, und sie wird durch die Anwendung von Helmen mit großer Oberfläche, die einen Teil der aufsteigenden Dämpfe immer wieder zur Kondensation und zum Rückfließen in den Destillierapparat bringen, absichtlich herbeigeführt und hat gerade in dieser Form lange einen sehr wesentlichen Bestandteil der zunächst sehr primitiven Destillation gebildet.

Die Vergrößerung dieser kühlenden Wirkung des Helmes führt zu den einfachsten Formen der Fraktionierung, bei welcher die Destillation mit einer Teilung des Destillationsgutes in verschiedene Fraktionen verbunden wird; man schaltet zwischen das eigentliche Destillationsgefäß und den Kühler bzw. den Helm mehr oder minder große Kühlflächen in einfachster Weise dadurch ein, daß bei den verschiedenen Kugelblasen sog. **Kolonnenstücke** eingesetzt werden, ähnlich den üblichen Destillieraufsätzen im kleinen: ohne daß es sich hier um eigentliche Kolonnenapparate handelt, auf die weiter unten näher eingegangen werden soll, ist doch die Wirkung dieser Kolonnenstücke eine ganz analoge: ehe die Dämpfe über Helm und Übersteigrohr zur Kondensation gelangen können, werden sie auf dem längeren Weg einer leichten Kühlung unterworfen; es findet teilweise Kondensation statt, ein Teil der Dämpfe läuft in flüssiger Form in die Blase zurück, und nur jener Teil, in welchem die leichtsiedenden Anteile mehr oder minder stark angereichert sind, verlassen über den Helm die Blase und gelangen zur Kondensation. Dabei hat man sich vielfach der spezifischen Wirkung der eigentlichen, noch später zu besprechenden Kolonnen vielfach noch dadurch genähert, daß man diese Kolonnenstücke mit Füllkörper — am einfachsten z. B. mit sperrigem Hüttenkoks — füllt und damit bereits zu eigentlichen Fraktionierkolonnen übergeht.

Bei dieser Form der Fraktionierung wirkt die **Luftkühlung**, zur sog. Dephlegmierung gelangt man dadurch, daß an Stelle der Luftkühlung eine systematische Herabkühlung des aufsteigenden Dampfgemisches dadurch bewerkstelligt wird, daß dieses Dampfgemisch durch sog. **Dephlegmatoren** geschickt wird. Es sind dies Vorrichtungen mit besonders wirksam gebauten Kühlflächen, an denen dann eine mehr oder minder weit getriebene Kondensation der aufsteigenden Dämpfe stattfindet und gleichzeitig die Spülwirkung und Absorptionsfähigkeit des wieder in die Blase fließenden Kondensates in Tätigkeit tritt. Sie führen bereits zu den sog. Kolonnenapparaten, die anschließend etwas eingehender besprochen werden sollen.

Die Kolonnenapparate.

Ihre Entwicklung ist von dem wohl ältesten Zweig der Destillationstechnik überhaupt, der Destillation wässeriger alkoholischer Lösung, ausgegangen und erst später für eine ganze Reihe wichtiger Destillationen in anderen Industrien übernommen worden: Destillation des Benzols bzw. Steinkohlenteers, Erdölverarbeitung, Verarbeitung des Gaswassers auf Ammoniak usw.

Schon bei der einfachen Destillation von verschiedenen hochsiedenden Flüssigkeitsgemischen tritt, wie bereits erwähnt wurde, eine Fraktionierung ein; sie ist aber an sich gering und würde z. B. bei der Destillation der Maische mit ihrem Gehalt von 11 Proz. Alkohol zu einem Alkohol von etwa 30 Proz.

führen; erst bei mehrmalig wiederholter Destillation ist es möglich, zu höheren Konzentrationen zu gelangen, so im angezogenen Fall durch viermalige Destillation auf einen Gehalt des gewonnenen Sprits von etwa 83 Proz. Demgegenüber gestatten die heute in der Spiritusindustrie verwendeten Kolonnenapparate in einem einzigen Zuge von der 11 Proz. Alkohol enthaltenden Maische zu einem Alkohol von 95 Proz. zu gelangen.

Das Wesen dieser Kolonnenapparate besteht in einer **schrittweisen und kontinuierlich fortschreitenden Anreicherung des Destillationsgutes,** welches hier zufolge der ganzen Bauart und Wirkungsweise der Kolonnenapparate in eine sehr große Anzahl von einzelnen Destillationsanteilen unterteilt ist, also dem Prinzip e i n e r immer wiederholten Destillation in einer großen Anzahl von Einzelblasen gewissermaßen nahe-

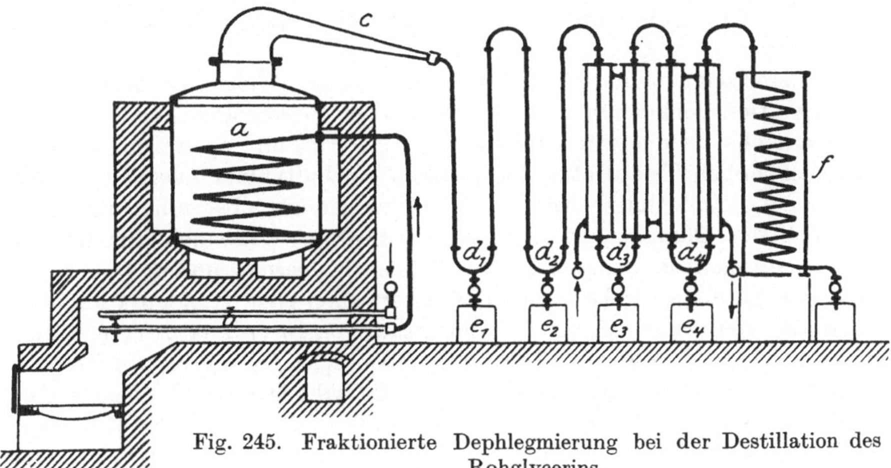

Fig. 245. Fraktionierte Dephlegmierung bei der Destillation des Rohglycerins.

k o m m t; diese kontinuierlich fortschreitende Anreicherung des Destillationsgutes wird dadurch erreicht, daß die in der Kolonne aufsteigenden Dämpfe durch eine Reihe von Kammern — entsprechend einzelnen kleinen Destillationsblasen — streichen, in denen bereits Destillationsgut enthalten ist; sie geben dort ihre fühlbare Wärme an das Destillationsgut ab und bringen dasselbe zum beginnenden Sieden, so daß die leichter siedenden Anteile in Dampfform entweichen und in die nächste Kammer abziehen. Die Rektifikation wird also mit einer Dephlegmation verbunden, und dieser Vorgang wiederholt sich in jeder der folgenden Kammern, also bei der großen Zahl von Einsätzen in der Kolonne — vgl. weiter unten! — sehr oft, und dadurch ist die so weitgehende Abtrennung von Wasser und Sprit bzw. von hochsiedenden und niedersiedenden Bestandteilen im Destillationsgemisch möglich.

Es sei hier kurz an einem Beispiel das Prinzip der fraktionierten Dephlegmierung an Hand der Fig. 245 erläutert, und zwar an einem in der Glyceringewinnung üblichen Apparat. Das Destillationsgut, das Rohglycerin, wird in der eisernen Blase *a* dadurch zum Sieden gebracht, daß in die Flüssigkeit hinein eine Rohrschlange verlegt ist, durch welche Wasserdampf von etwa 3 Atm geleitet wird, der aber zuvor auf 200 bis 300° überhitzt wurde dadurch, daß er vor dem Eintritt in die Blase durch ein Rohrsystem b geleitet wird, welches direkt in die aufsteigenden Feuergase eingebaut ist. Der überhitzte Wasserdampf gibt einen Teil seiner Wärme durch die Schlangenwindungen an das Destillationsgut ab, um am Ende der Schlange direkt auszutreten und dadurch die Destillation zu erleichtern. Die Destillierblase selbst wird noch durch die in den Feuerzügen abziehenden Gase der Rostfeuerung geheizt. An Stelle der Rostfeuerung tritt in neuen Anlagen vielfach eine Feuerung mit Generatorgas, welche neben anderen Vorteilen auch den hat, daß ein Öffnen der Feuertür zum Entschlacken und Neubewerfen das Rostes nicht mehr notwendig wird, dadurch der Zutritt kalter Luft unterbunden werden kann, die Temperatur stets gleich gehalten und dadurch der Prozeß wesentlich einfacher und die Lebensdauer der Blase verlängert wird.

Fig. 245 zeigt dann schematisch, auf welche Weise die fraktionierte Dephlegmation vorgenommen wird. Die aus der Blase a abziehenden Dämpfe treten zunächst in die ersten zwei Rohrschleifen d_1 und d_1, welche in Anbetracht der hohen Temperatur der Dämpfe als Luftkühler ausgebildet sind: die durch die Außenluft bewirkte Abkühlung genügt vollständig, um bereits einen Teil der Dämpfe, und zwar die am höchsten siedenden, zur Kondensation zu bringen; in den zwei anschließenden Kühlern d_3 und d_4 wird bereits mit Wasserkühlung gearbeitet, es findet fortschreitende Kondensation statt, so daß alle vier Kühler d_1 bis d_4 Kondensate von immer tieferem Siedepunkt geben, welche in den Auffangegefäßen e_1, e_2, e_3 und e_4 abgenommen werden können; schließlich streichen die jetzt sehr leicht siedenden Dämpfe noch durch einen Schlangen- oder Röhrenkühler mit sehr großer Kühlfläche und werden dort niedergeschlagen.

Man zerlegt demnach das Destillationsgemisch dadurch in mehrere Fraktionen mit verschieden hoch liegenden Siedepunkten, daß man das Gemisch der Dämpfe stufenweise abkühlt.

Kennzeichnend für die Arbeitsweise der **Kolonnenapparate** und ihnen allen gemein ist dann das Vorhandensein einer mehr oder minder großen Anzahl übereinander angeordneter **Destillationskammern**; sie werden dadurch gebildet, daß in der zylindrischen Kolonne zahlreiche horizontale Böden dicht eingezogen sind, sie mithin unterteilen. Die Verbindung dieser einzelnen Kammern untereinander kann nun auf verschiedene Art und Weise geschehen und sei nachstehend an Hand der Fig. 246 beschrieben. Nach *Coffey* sind die einzelnen Boden so fein durchbohrt, daß das über ihnen stehende Kondensat zufolge des unten wirkenden Dampfdruckes nicht durchrieseln kann, vielmehr sich zu einer Schicht auf dem Boden aufstaut. Den Ablauf dieses Kondensates gestalten dann die in der Figur mit a bezeichneten, in die einzelnen Böden fest eingesetzten Rohrstücke, welche sich einerseits etwas über die Bodenplatte nach oben erheben und dadurch die Höhe der Flüssigkeit zwangsläufig einstellen — „Überstand" $ü$ —, anderseits mit dem unteren

Ende gerade mit der unterhalb liegenden Bodenplatte abschneiden, wozu diese Bodenplatte eine tellerförmige Vertiefung besitzt, durch welche das von oben kommende Kondensat hindurchtreten und sich über die Bodenplatte ausbreiten kann. Während also die Flüssigkeitsdämpfe nur durch die Siebböden — im Sinne der nach oben zeigenden Pfeile — durchtreten können, bewegt sich das Kondensat von den oberen zu den unteren Kammern durch die einzelnen Rohrstücke a und verhindert einen direkten Übertritt der Dämpfe von einer Kammer in die andere; ein fühlbarer Nachteil dieser Bauart ist darin zu erblicken, daß eine gleichmäßige Durchströmung des Kondensats mit den aufsteigenden Dämpfen nur dann zu erreichen ist, wenn die Siebböden genau horizontal liegen, da sich sonst die Dämpfe an den Stellen geringerer Schichthöhe des Kondensates in den einzelenen Kammern einen Weg bahnen, die Bespülung eine ungleichmäßige wird.

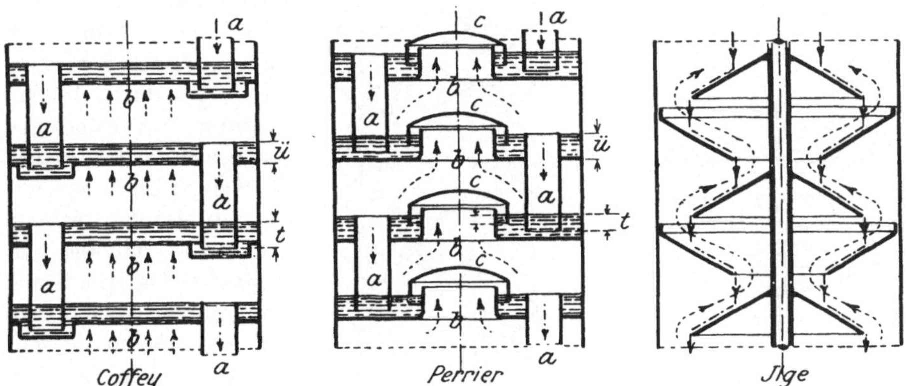

Fig. 246. Verbindung zwischen den einzelnen Kolonnenkammern.

Diesen Übelstand vermeidet die mit einem **Flüssigkeitsverschluß** arbeitende **Kolonne nach** *Perrier*: bei ihr ist in ganz ähnlicher Weise zunächst eine Unterteilung der ganzen Kolonne in zahlreiche Kammern vorgenommen; auch hier ist der Rückfluß des Kondensates durch Rohrstücke, welche mit den einzelnen Böden fest verbunden sind, in ganz der gleichen Weise sichergestellt, wie bei der vorher beschriebenen Bauart: an Stelle der Siebböden — die, nebenbei gesagt, auch sonst zufolge Verlegung usw. Schwierigkeiten bieten können — tritt aber hier ein zwangsläufig arbeitender **Flüssigkeitsverschluß**, dessen Wirkungsweise aus der Figur ohne weiteres zu erkennen ist: im Boden jeder Kammer befindet sich in deren Mittelachse eine kreisförmige Öffnung b, welche durch Einsetzen eines kurzen Rohrstückes, dessen oberer Rand über den oberen Rand der Rohrstücke a hinausragt, gebildet wird, und die durch eine eintauchende Kappe c so bedeckt wird, daß zwar eine direkte Verbindung zwischen den einzelnen Kammern nicht mehr besteht, aber ein geringer Dampfdruck in der unteren Kammer bereits genügt, um die kleine Flüssigkeitssäule zu überwinden und die Dämpfe in die obere Kammer übertreten zu lassen.

Das Arbeitsprinzip dieser Vorrichtungen beruht auf einer möglichst innigen Durchmischung der aufsteigenden Dämpfe mit dem abfließenden Kondensat: je geringer die Flüssigkeitsmengen sind, die hierbei in den einzelnen Kammern gespeichert werden, desto günstiger werden die Bedingungen für die Waschung und Durchspülung, weil in dem gleichen Maße, in dem bei gegebenen Mengen die Oberfläche der Flüssigkeit gesteigert werden kann, auch deren Waschwirkung zunimmt; in dieser Richtung ist die zuletzt dargestellte Form der **Dephlegmierung nach** *Ilge* noch einen wesentlichen Schritt weitergegangen, in dem hier auf die Bildung von Flüssigkeitssäulen überhaupt verzichtet wird: durch die in der Fig. 246 gegebene Anordnung wird bewirkt, daß die sich bildenden Kondensate über flach-kegelförmige Teller

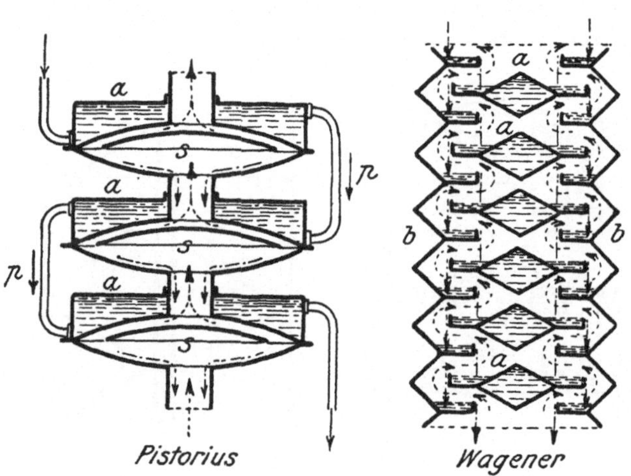

Fig. 247. Dephlegmation nach Pistorius.

im Sinn der nach unten weisenden Pfeile abfließen, dabei, vom Rande dieser Teller abfließend, sich schleierförmig verteilen — was durch die Anbringung von Führungsleisten auf der Oberfläche der Teller noch wesentlich unterstützt werden kann —, so daß die aufsteigenden Dämpfe durch diese Schleier hindurchstreichen müssen und sehr gut gewaschen werden, mithin ein weitgehender Wärmeaustausch stattfinden kann.

Nach einem Vorschlag von *Pistorius* wurde schon vor geraumer Zeit die Anwärmung des Destillationsgutes, z. B. der Maische, mit der Dephlegmation der Dämpfe nach der in Fig. 247 dargestellten Art verbunden: der Dephlegmator besteht hier aus einer Reihe von linsenförmigen hintereinandergeschalteten Räumen *s*, welche durch starke Rohrstutzen mit einander verbunden sind. Oberhalb jeder solchen Linse befindet sich ein Gefäß *a* zur Aufnahme der Maische, welche in jedes solche Gefäß am tiefsten Punkt eintritt und das Gefäß an der Oberkante verläßt, um im Sinne der Pfeile von den obersten Kolonnen den untersten zugeleitet zu werden. Im Innern jedes der linsenförmigen Dephlegmationsgefäße befindet sich ein flach gewölbter Schirm, der sich der oberen Wand des Gefäßes anpaßt und einen direkten Durchgang der aufsteigenden Dämpfe durch die kurzen Rohrstücke verhindert, dieselben vielmehr zwingt, an den Wandungen des Dephlegmationsgefäßes entlang zu streichen und dadurch abzukühlen und teilweise zur Kondensation zu gelangen; das herabrieselnde Kondensat fällt auf die Verteilungsteller und rieselt an deren Rändern ab, dadurch in innigen Wärmeaustausch tretend mit den aufsteigenden Dämpfen.

Neuere Bauformen arbeiten nach dem gleichen Prinzip, lehnen sich aber in der Durchfühung stark an die Röhrenkühler an: Fig. 247 zeigt im rechten Teil die zur Aufnahme der Maische dienenden horizontal liegenden Rohre a; sie besitzen zur Vergrößerung ihrer Oberfläche rhombischen Querschnitt, die einzelnen Rohre sind in Kammern — ganz analog wie bei einem Röhrenkühler — zusammengefaßt und in langen horizontalen Windungen und

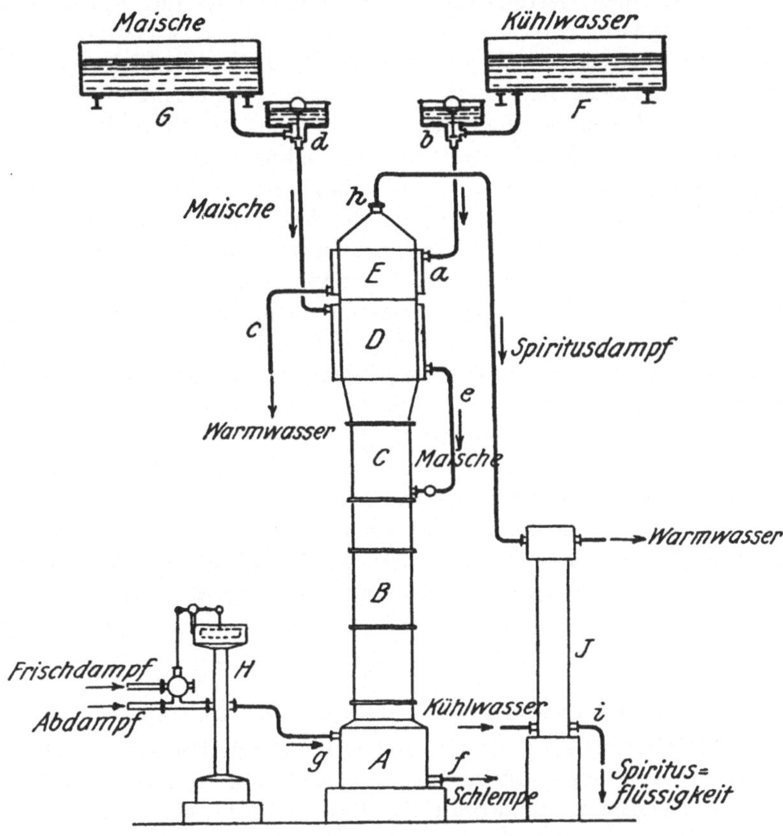

Fig. 248. Kolonnenapparat, allgemeines Schema.

verbunden durch die kurzen Stücke der unterteilten Kammern vereinigt, so daß die Maische, von oben nach unten absinkend, die Rohre in immer wechselnder Richtung durchstreicht. Seitlich sind den Kühlröhren Platten b aus Wellblech zugeordnet, welche mit den abschließenden Kammern der Rohre a dicht verbunden sind; sowohl an den Seitenkanten der Kühlrohre — vgl. Fig. 247 rechts — als auch an den Innenkanten der Wellblechplatten b springen schmale Blechplatten vor, welche mit einem niederen, nach aufwärts gerichteten Bord versehen sind, so daß flache Rinnen sowohl an den Kühlrohren a als auch an den Wellblechplatten b entstehen, welche den aufsteigenden Dämpfen den Weg im Sinne der Zickzacklinien vorschreiben; diese Rinnen füllen sich im Betrieb mit dem herabrieselnden Kondensat, welches sich als leichter Flüssigkeitsschleier aus den Rinnen an den Kühlrohren in die Rinnen an den Wellblechplatten *b* ergießt, um von dort wieder in die tiefer gelegene Rinne des nächsten Kühlrohres abzufließen.

Den gesamten Aufbau eines solchen Kolonnenapparates zeigt die Fig. 248. Auf der Blase *A*, in welche der Frischdampf eintritt, und in der sich im Verlauf der Destillation die Schlempe sammelt, erhebt sich die Destillationssäule *B*, welche oben mit dem Rektifikator *C* abschließt; an diesen schließt sich der Dephlegmator *D* und schließlich der Schlußkühler *E* an, welcher aus einem Vorratsgefäß *F* dauernd mit Kühlwasser versorgt wird, dessen regelmäßigen Zufluß die Schwimmervorrichtung *b* regelt; bei *c* verläßt das Kühlwasser den Kühler. Die Maische wird aus einem Vorratsgefäß *G* entnommen, fließt über die Schwimmervorrichtung *d* gleichmäßig dem Oberteil des Dephlegmators zu, durchstreicht denselben nach unten und verläßt ihn über das Rohr *e*, vereinigt sich dort mit dem Kondensat aus der Dephlegmation und durchfließt die sämtlichen Kammern der Destillationssäule, um schließlich als sog. „Schlempe", nach Abgabe des Alkohols, in die Blase zu gelangen und aus dieser bei *f* abgezogen zu werden. Der zum Heizen dienende Dampf — entweder Frischdampf oder Abdampf aus einer Maschine — gelangt über den Druckregler *H* in die Blase; dieser Druckregler stellt den Druck des durchströmenden Dampfes selbsttätig konstant ein, so daß die Kolonne ganz gleichmäßig arbeitet; der in die Blase eintretende Dampf bewirkt das Aufkochen der Maische, nimmt Alkoholdämpfe auf, und das nun entstehende Wasserdampf-Alkoholdampfgemisch wird in der Säule fraktioniert, worauf der Dephlegmator die letzte Scheidung vornimmt und bei *h* der fast reine Alkoholdampf austritt, um in einem Kühler *J* zur völligen Kondensation gebracht zu werden.

Ununterbrochen arbeitende Kolonnenapparate.

Die beschriebenen Apparate arbeiten diskontinuierlich oder absatzweise: die Blase wird mit dem Destillationsgut gefüllt, und es wird so lange gearbeitet, bis dieses erschöpft ist, worauf die Blase entleert, neu beschickt wird und der Vorgang von neuem zur Duchführung gelangt. Noch einen Schritt weiter gehen die sog. **ununterbrochen arbeitenden Kolonnenapparate**, die rein äußerlich bereits dadurch gekennzeichnet sind, daß hier ein Destillationsgefäß nicht mehr vorhanden ist. Die schematischen Fig. 249 und 250 zeigen beide Arten des Betriebes nebeneinander.

Die Wirkungsweise des absatzweise arbeitenden Apparates — Fig. 249 — ist nach dem Mitgeteilten ohne weiteres klar; bei dem kontinuierlich arbeitenden Apparat sind zwei Säulen vorhanden, die gewöhnlich untereinander angeordnet sind — vgl. Fig. 250 —, und zwar dient die untere Säule zur Entfernung des Leichtsiedenden aus dem zur Destillation gelangenden Flüssigkeitsgemisch, also z. B. zum Austreiben des Spiritus aus der Maische, während die zweite darüber angeordnete Säule zur Anreicherung des Leichtsiedenden vorgesehen ist. Das zu trennende Gemisch wird dann der zu einem Ganzen vereinigten Säule in einer bestimmten Höhe dauernd zugeführt: in dieser unteren Säule rieselt es über die Kolonnenböden herab und wird durch den gegenstreichenden Heizdampf von den flüchtigen Bestandteilen befreit, um am tiefsten Punkt der Kolonne dauernd abzufließen: es bewegt sich also bei diesem Verfahren ein **ständiger Strom von Frischgut von oben nach unten**, und ihm entgegen streicht ein **ständiger Strom von frischem Dampf von unten nach oben**, die leichtsiedenden Bestandteile herausnehmend, und sie der oberen Kolonne zuführend. Dort durch-

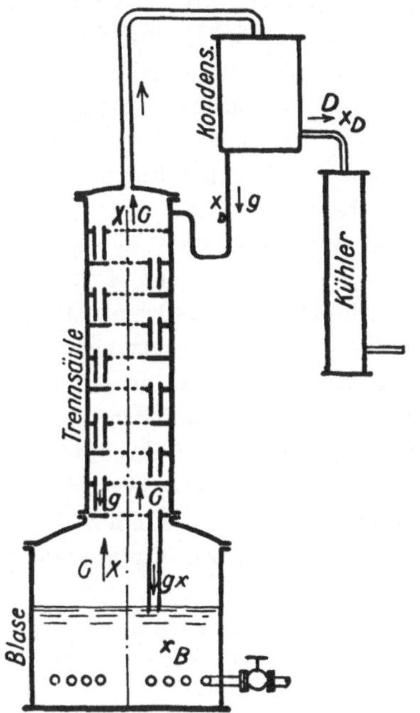

Fig. 249. Absatzweise arbeitender Kolonnenapparat.

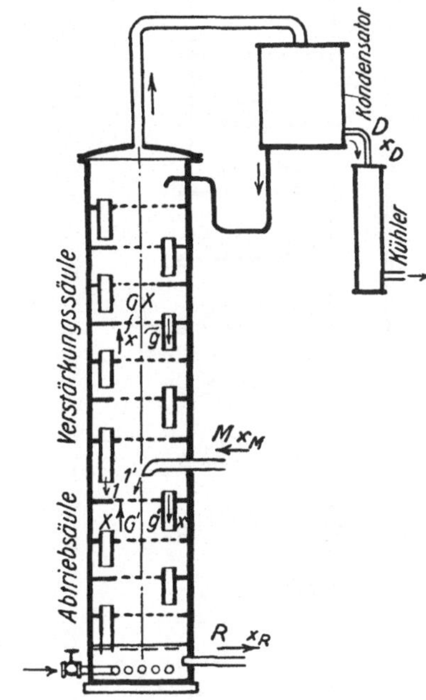

Fig. 250. Ununterbrochen arbeitender Kolonnenapparat.

streichen sie in ganz gleicher Weise die einzelnen Kolonnenabschnitte, werden angereichert und verlassen die Kolonne *e* am höchsten Punkt; als Spülflüssigkeit für diese **Verstärkerkolonne** dient ein Kondensat, welches dadurch gewonnen wird, daß ein Teil der oben abziehenden Dämpfe frisch aufgegeben wird.

Es sei nur erwähnt, daß ganz gleiche Einrichtungen auch für ganz andere Zwecke in der chemischen Industrie herangezogen werden, nämlich zur **Absättigung von Flüssigkeiten mit Gasen**, unter Umständen auch unter **Ausfällung von festen Stoffen**, z. B. zur Ausfällung von Bicarbonat; kommt es zur Ausscheidung solcher fester Stoffe, so müssen die einzelnen Kammern bzw. Kolonnenabschnitte so gebaut sein, daß Verstopfungen vermieden werden können und das feinkörnig ausgeschiedene Material womöglich selbsttätig ebenfalls langsam durch die Kolonne absinken kann. Auf diese Sonder-

ausführungen kann hier in einem Beispiel eingegangen werden, eben der Ausfällung des Bicarbonates, die anschließend kurz beschrieben sei. Sie erfolgt
in dem sogenannten *Solvay*schen Fällungsturm — vgl. Fig. 251 —, welcher
aus einer mehr oder minder großen Anzahl von gußeisernen Zylindern von
1—2 m Durchmesser bis zu 20 m Höhe aufgebaut wird. Zwischen je zwei
solchen Schüssen befinden sich gußeiserne Platten mit einer zentral gelegenen

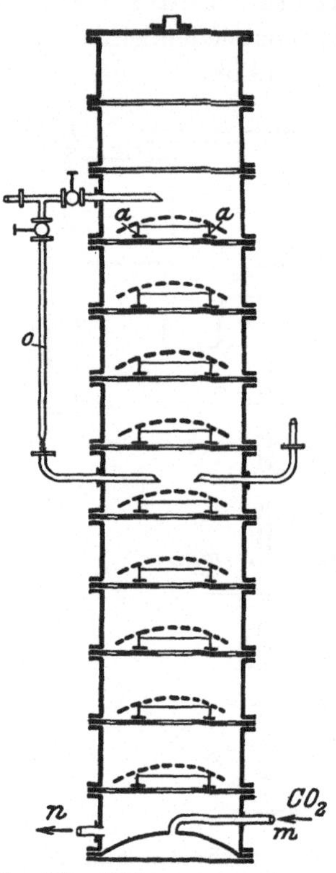

Fig. 251. Kolonne zum Ausfällen des Bicarbonats.

kreisrunden Öffnung von etwa 40 cm Durchmesser, über welche auf Stützen a gewölbte Siebplatten zur Zerteilung der durchströmenden
Kohlensäure aufgestellt sind; durch die Wölbung
dieser Siebplatten wird. erreicht, daß das während der Umsetzung ausfallende Bicarbonat nicht
liegenbleibt und die Sieböffnungen verlegt, sondern an den Seiten herabgleiten und durch
die Öffnungen in den gußeisernen Platten in die
unteren Kammern absinken kann.

Der ganze Turm wird mit ammoniakalischer
Sole gefüllt und dann von unten bei m Kohlensäure eingepumpt, die dann, in zahlreiche Blasen
aufgelöst, durch die Sole hindurchstreicht und
die Karbonisierung vornimmt. Nach Erreichen
der Sättigung der Sole mit Kohlensäure wird
über n abgelassen und frische Sole durch die
Leitung o nachgefüllt, die frische Sole wird demnach nicht von oben aufgegeben, sondern in der
Mitte zugeführt, um Verluste an Ammoniak zu
vermeiden.

Destillation unter vermindertem Druck: Vakuum-destillation.

Die Mehrzahl der bereits beschriebenen Formen des Destillierens, Eindampfens und Trocknens kann ohne weiteres auch unter vermindertem
Druck, also bei mehr oder minder hohem Vakuum,
erfolgen, wenn die Apparate entsprechend fest — Druck der Außenluft —
gebaut und dicht genug sind. In diesen Fällen wird sowohl das Destilliergefäß selbst als auch die anschließende Kondensation unter Unterdruck
gehalten, die Niederschlagung des Kondensates kann erfolgen entweder
in der bisher beschriebenen Weise durch Leiten der Dämpfe durch hier
entsprechend **größer dimensionierte Kühler** — **trockene Absaugung**
bzw. Betrieb mit trockenen Vakuumpumpen — oder aber dadurch, daß
in den entsprechend gebauten Kondensatorraum kaltes Wasser eingespritzt
wird — **nasse Kondensation** bzw. Naßluftpumpen —, welches die Dämpfe
in tropfbarer Form zur Abscheidung bringt. (Vgl. hierüber das bei den
Pumpen Mitgeteilte.)

Die Vorteile der Destillation bzw. Verdampfung und Trocknung unter Vakuum sind verschiedener Art; zunächst betreffen sie die Heizung: je höher das Vakuum, also der Unterdruck im Destillationsgefäß, ist, desto mehr wird die Siede- bzw. Verdampfungstemperatur des zur Verdampfung gelangenden Stoffes erniedrigt; dies bedeutet zunächst wärmetechnisch einen großen Vorteil, da hierdurch die Spannung zwischen der Temperatur des Heizdampfes oder ganz allgemein Heizmittels und der Destillationstemperatur des verdampfenden Stoffes vergrößert, die Wärmeübertragung verbessert, vor allem aber die wichtige Möglichkeit gegeben wird, auch mit Dampf geringer Spannung, also auch geringerer Temperatur, bereits gute Verdampfung herbeizuführen, ein Vorteil, der, wie besprochen wurde, in den Mehrkörperapparaten voll ausgenutzt wird. Die Erniedrigung der Siedetemperatur kann aber auch insofern rein chemisch einen wichtigen Vorteil bedeuten, als die bei tieferen Temperaturen durchgeführte Destillation in viel geringerem Maße zu Zersetzungen im Gut führt, als die Destillation bei normalem Luftdruck.

Eine Reihe von Stoffen, welche bei gewöhnlichem Luftdruck überhaupt nicht mehr unzersetzt sieden oder doch sehr große Mengen von Zersetzungsprodukten ergeben, gestatten eine Destillation unter weitestgehender Ausschaltung von Zersetzungen, sobald unter stark verringertem Luftdruck gearbeitet wird; daß dabei auch oxydative Eigenschaften des Luftsauerstoffes ausgeschaltet werden können, sei hier nur nebenbei vermerkt.

In allergrößtem Maßstabe ist von dieser Möglichkeit in der **Destillation der ätherischen Öle** Gebrauch gemacht worden; hier handelt es sich nicht so sehr um die Erzielung siedepunktsreiner Stoffe, als vorwiegend um das Ausbringen geruchlich einwandfreier Stoffe: selbst ganz geringe Mengen von Zersetzungsprodukten mit ihrem brenzlichen Geruch können solche Öle bereits weitgehend entwerten, und man benutzt die Vakuumdestillation als Möglichkeit zur weitesten Ausschaltung jeder Zersetzung unter Bildung empyreumatischer Stoffe, indem man hier ganz allgemein bei möglichst hoher Luftleere in Destillierapparat und Kondensator bzw. Kühler arbeitet.

Diesen sehr wesentlichen Vorteilen stehen als Nachteile eigentlich nur die höheren Kosten für Apparatur, Pumpe und Betrieb gegenüber, die aber bei den ebenerwähnten, im Preise hochstehenden Erzeugnissen der Industrie der ätherischen Öle gar keine Rolle spielen.

Es soll hier kurz versucht werden, auf die wesentlichsten apparativen und betriebstechnischen Momente einer gut geleiteten Vakuumdestillation einzugehen. Was zunächst die **Wahl der Pumpe** betrifft, so sei bemerkt, daß stehende Pumpen geringeren Raumbedarf haben, und daß bei ihnen auch das Ausschleifen des Kolbens zufolge der ganz gleichmäßigen Beanspruchung des Gehäuses nicht so leicht stattfindet; zur Verwendung gelangen gewöhnlich doppeltwirkende zweistufige Pumpen (vgl. das über Pumpen Mitgeteilte). Die Anschlußleitungen der Destilliergefäße zur Pumpe — gewöhnlich hängen ja mehrere solcher an einer einzigen Pumpe — sollen vor allem genügend weit sein: Maß für die Weite ist der Saugstutzen der Pumpe; wenn man gerade in chemischen Fabriken immer wieder auf Vakuumleitungen stößt, deren lichter Durchmesser in keinem Verhältnis zur Pumpenleistung steht, so ist dies ein Unfug. Soll bei hohem Vakuum gearbeitet werden — 10 bis 15 mm Druck in der Blase über der siedenden Flüssigkeit —, so ist dies nur bei Wahl genügend weiter und auch richtig geführter Vakuumleitungen möglich. Die Leitungen sollen keine scharfen Knicke aufweisen, der Durchgang der Absperrorgane muß eben so groß sein wie jener der Rohrleitungen, die Rohrleitungen sind im Inneren frei von Belagen und Anrostungen zu halten, weshalb man, wenn die Kosten vernachlässigt werden können, als Baustoff für die Leitungen Kupfer verwendet, welches auch bei langem Betrieb keine starken Oberflächenveränderungen erfährt, die zu Stauungen in den Leitungen und damit zur Verschlechterung des Vakuums Anlaß geben können.

Besondere Aufmerksamkeit ist dem Abdichten von Leitungen und Blase zuzuwenden: gut passende Flanschen mit nicht zu großen Dichtungsflächen, welche sorgfältig bearbeitet sein sollen, ferner dicht schließende Absperrvorrichtungen, Abflanschen der nicht gebrauchten Teile einer Vakuumleitung mit sog. Blindscheibe, welche aber stets mit einer „Fahne" versehen sein soll — die Blindscheibe ist an einer Stelle mit einem aus dem Flansch herausragenden Zipfel versehen, so daß man sofort erkennen kann, ob eine Blindverflanschung vorliegt —, werden im allgemeinen genügen, um gute Dichtigkeit zu erreichen; kleine Undichtigkeiten, wie sie im Betrieb unvermeidlich sind, besonders an den Übergangsstellen, werden am besten dadurch verklebt, daß man Leinsamenmehl mit lauwarmen Wasser zu einem geschmeidigen Brei zusammenknetet und mit diesem die undichten Stellen — man erkennt sie beim Darüberstreichen mit Wasser sofort an dem Pfeifen der dort eindringenden Luft — verschmiert. Werden sie im Laufe der Destillation warm, so daß der Brei austrocknen und abfallen würde, so setzt man demselben vorher etwas Glycerin zu. Maßgeblich für die Siedetemperatur unter Vakuum und für den Verlauf der Destillation ist nicht der an einer beliebigen Stelle — oder gegebenenfalls sogar an der Pumpe! — fetsgestellte Unterdruck, sondern lediglich der Unterdruck in der Blase selbst unmittelbar über dem siedenden Gemisch, und er wird darum auch dort über den sog. Vakuummeterstutzen durch Ansetzen des Quecksilbermanometers gemessen.

Von besonderer Wichtigkeit ist einerseits die Stetigkeit des Vakuums, andererseits die Stetigkeit der Heizung, so daß Überhitzungen vermieden werden können: man wird deshalb den Pumpenantrieb nach Möglichkeit nicht mit den übrigen Wellenleitungen des Betriebes zusammenhängen, da die dort unvermeidlichen Schwankungen auch auf die Pumpe bzw. das Vakuum ausklingen würden: läuft die Pumpe aus irgendeinem Grunde eine gewisse Zeit langsamer, so hört zunächst infolge des absinkenden Vakuums die Destillation auf; die Wärmezufuhr dauert aber gewöhnlich weiter an, und wenn dann nach längerer oder kürzerer Zeit die Pumpe wieder auf ihre normale Umdrehungszahl kommt, so stellt sich wieder tieferer Unterdruck ein: die Flüssigkeit ist aber inzwischen unter Umständen erheblich über den diesem Unterdruck entsprechenden Siedepunkt hinaus erhitzt worden, und es setzt eine sehr heftige und rasche Verdampfung ein: sie kann unter Umständen sogar zu einem starken Überschießen und zu einer Zerstörung des Gefäßes führen, auf jeden Fall aber stört sie den Gang der Destillation, und dies besonders dann, wenn in Kolonnenapparaten gearbeitet wird. Ist ein Stillegen oder ein langsamerer Gang der Pumpe aus irgendwelchen Gründen unvermeidlich geworden, so muß auch sofort die Wärmezufuhr zum Destillationsgut gedrosselt werden.

Die möglichste Anpassung der Wärmezufuhr an die durch die Verdampfung erfolgende Abfuhr der Wärme ist überhaupt Grundbedingung eines normalen Destillationsbetriebes im Vakuum; bei großen Destillieranlagen spielen die kleinen im Betrieb unvermeidlichen Schwankungen keine große Rolle, anders hingegen, wenn es sich um verhältnismäßig kleine Destillierapparate handelt; man hilft sich dann bei letzteren durch die bereits oben erwähnten Luftbäder, welche eine sehr weitgehende Anpassung der Heizung an den Wärmeverbrauch der Destillation gestatten und Überhitzungen praktisch vollständig ausschließen lassen.

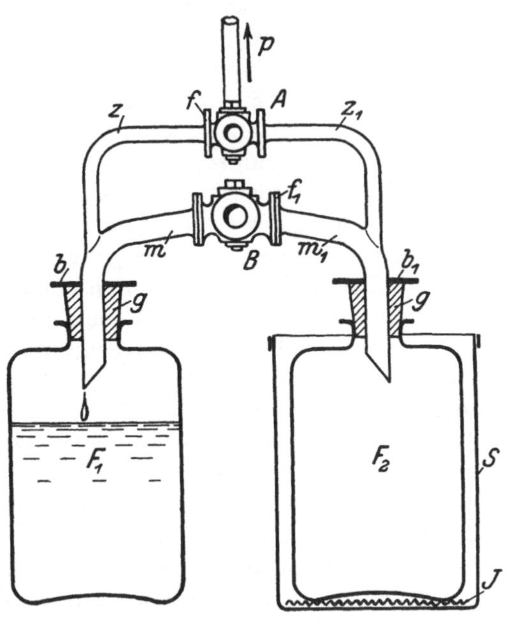

Fig. 252. Büffelkopf für Vakuumdestillation.

Eine wichtige Rolle spielt bei der Destillation im Vakuum auch das **Abnehmen der einzelnen Fraktionen;** es ist notwendig, wenn fraktioniert werden soll, aber auch bei der einfachen Rektifikation, also bei der Destillation ohne Fraktionierung, spielt sie eine Rolle dann, wenn nicht mit ganz großen Auffanggefäßen gearbeitet werden kann.

Man arbeitet im allgemeinen so, daß eine Reihe von Auffanggefäßen für das übergehende Destillat verwendet werden, die fallweise und nacheinander angeschlossen werden können; sobald sie gefüllt sind, werden sie zuerst von der Kühlerleitung und dann vom Vakuum abgeschlossen, hierauf wird entlüftet, und das Destillat kann unter gewöhnlichem Druck auslaufen.

Eine derartige Arbeitsweise ist aber nur bei der Destillation größerer Mengen möglich, für verhältnismäßig kleine Mengen und auch für die Destillation von teuren Substanzen arbeitet man in der nach Fig. 252 beschriebenen Weise.

An das Auslaufende der Kühlschlange ist über einem Dreiweghahn B der sogenannte „Büffelkopf" angeschlossen, eine Verteilervorrichtung, welche es gestattet, das Kondensat umzuschalten und in verschiedenen Flaschen aufzufangen; zu diesem Zweck teilt sich die Leitung für das Destillat hinter dem Dreiweghahn B in zwei Äste m und m_1, welche beide zu den Auffangegefäßen — Glasflaschen aus gut gekühltem Glas — F_1 und F_2 führen und das Kondensat in sie ablaufen lassen; die Flaschen werden durch Stopfen aus bestem Paragummi angeschlossen, b und b_1 sind Bordscheiben, welche auf die Ablaufleitung aufgelötet sind und ein Hochsaugen der Flaschen — Bodendruck! — verhüten. Beide Zweigleitungen m und m_1 sind nun mittels der Leitungen l und l_1 an die Vakuumleitung angeschlossen, auch hier wieder über einen Dreiweghahn A, welcher die Umschaltung des Vakuums gestattet; von A führt die Vakuumleitung dann, wie angedeutet, mit der Leitung p zur Pumpe bzw. zur Hauptleitung, zur Vorsicht schaltet man zwischen diese, von der Kondensation kommende Vakuumleitung und die Hauptvakuumleitung eine leere Sicherheitsflasche, so daß Flüssigkeit nicht in die Hauptvakuumleitung gelangen kann.

Man arbeitet nun so, daß man zum Beispiel den Dreiweghahn B so schaltet, daß das Kondensat aus dem Kühler nach F_1 abfließt; gleichzeitig wird auch A so geschaltet, daß F_1 an die Vakuumleitung angeschlossen ist und über diese Flasche dann der ganze Destillierapparat. Ist nun F_1 mit Destillat vollgelaufen, oder will man aus irgendeinem anderen Grunde eine neue Fraktion nehmen, so schaltet man zunächst den Dreiweghahn A ganz langsam so um, daß Absaugung nach beiden Seiten, also auch Evakuierung von F_2 erfolgt; dann dreht man den Hahn A weiter in der gleichen Richtung, so daß die Leitung l abgeschlossen wird und Evakuierung nur mehr nach F_2 erfolgt, schaltet sofort auch das Destillat durch Drehen von B auf F_2 um und destilliert weiter. Durch vorsichtiges Drehen und leichtes Schwenken wird in F_1 durch Lösen des Gummistopfens Luft gegeben und schließlich die Flasche abgezogen und eine neue Flasche angesetzt, worauf sich der Vorgang beim späteren Umschalten wiederholt.

Bei vorsichtigem Arbeiten kann man größere Störungen im Vakuum und damit im Sieden des Destillates praktisch vollständig vermeiden.

Diese Form der Destillation hat sich besonders in der Industrie der ätherischen Öle stark eingebürgert und auch bewährt; im Hinblick auf den hohen Preis der in Frage kommenden Stoffe stellt man die einzelnen Flaschen in dünnwandige Schutzgefäße aus Blech, so daß auch bei einem Platzen der Gefäße deren Inhalt nicht verloren geht. Voraussetzung ist, daß die verwendeten Glasgefäße gut gekühlt und gleichmäßig wandstark sind, zur Sicherheit werden sie vor der ersten Inbetriebnahme noch ausgeprobt, indem man sie leer unter Vakuum setzt, dabei das Gefäß zum Schutz gegen herumgeschleuderte Glasteile mit einem Sack umhüllt. Im allgemeinen können Flaschen bis zu 20 Liter Nutzinhalt ohne weiteres verwendet werden.

In allergrößtem Maßstab hat die Destillation im Vakuum auch in der Erdölverarbeitung Eingang gefunden, hier wie dort ist eine weitere Herabdrückung des Siedepunktes der zu destillierenden Flüssigkeit noch dadurch möglich, daß man in das unter Vakuum siedende Gemisch überhitzten Wasserdampf einleitet; notwendig ist nur eine noch weitergehende Kühlung mit besonders groß und wirksam gestalteten Kühlflächen im Kondensator.

In gleicher Weise wie die einfachen Destillierblasen können auch Rektifizier- und Dephlegmationsvorrichtungen unter Vakuum betrieben werden, die Vorteile sind die oben erwähnten, die Einhaltung gleichmäßigen Vakuums spielt hier eine noch größere Rolle. Auf die Bedeutung des Vakuums für die Mehrkörperapparate, bei welchem das Vakuum in erster Linie heiztechnisch ausgewertet wird und die Heranziehung der aus einem Körper abstreichenden Brüden zur Heizung des zweiten Körpers gestattet, ist bereits eingehend eingegangen worden.

Destillation unter erhöhtem Druck.

Die Destillation unter Druck — sei es nun erhöhter Luftdruck oder Druck bestimmter Gase, z. B. Wasserstoff, um chemische Reaktionen, vor allem die Anlagerung von Wasserstoff an ungesättigte Verbindungen, während der Destillation herbeizuführen, spielt heute in der Herstellung der Ersatzbenzine, der Spalt- oder Krackbenzine, eine außerordentliche Rolle, auf die aber hier, da sie einem ganz besonderen Teilgebiete angehören, nicht näher eingegangen werden soll. Hingegen dürfte es geboten erscheinen, die sog. **Druckdestillation** in einem Fall zu behandeln, in dem der im Destilliergefäß hergestellte höhere Druck einem ähnlichen Zweck dient wie der Unterdruck: nämlich der Herstellung genügend weiter Spannungen zwischen den Siedepunkten von Flüssigkeiten, die im Wege dieser Destillation getrennt werden sollen.

Ein solcher Fall liegt für die technische Herstellung von absolutem Alkohol im Wege der Druckdestillation vor.

Bekanntermaßen besitzt das Gemisch Äthylalkohol-Wasser bei 78,2° und etwa 95 Proz. Alkoholgehalt einen Minimumsiedepunkt, so daß es auch mit den vollkommen arbeitenden Destilliersäulen und Kolonnenapparaten nicht möglich ist, eine über etwa 95 Proz. Alkohol hinausgehende Anreicherung zu erzielen. Um eine solche zu erreichen, kann man die wasseranziehende Wirkung von CaO benutzen, muß aber dann nicht allein mit einem erheblichen Aufwand an CaO rechnen, sondern darüber hinaus auch noch einen Verlust von Alkohol in Kauf nehmen, der bis zu 10 Proz. ansteigen kann.

Viel eleganter arbeitet die heute vielfach verwendete **Methode von Young,** nach welcher man ein Gemenge von 55 Raumteilen 94proz. Sprits und 45 Raumteilen Benzol unter gewöhnlichem Druck der Destillation unterwirft; zunächst geht ein Gemisch von Wasser, Benzol und Alkohol über, solange bis kein Wasser mehr in der Blase vorhanden ist — Destillationstemperatur: 64,85° —; sobald kein Wasser mehr in der Blase vorhanden ist, steigt das Thermometer rasch auf 68,25° an, und es geht nun ein Gemisch von 32,4 Proz. Alkohol und 67,6 Proz. Benzol über, bis auch alles Benzol aus der Blase abgetrieben ist und in der Blase nur mehr reiner 100proz. Alkohol zurückbleibt, welcher abgelassen wird.

Nach *v. Keußler* wird nun vorteilhafterweise nicht bei dem gewöhnlichen Luftdruck gearbeitet, sondern die Destillation des Sprits mit dem Benzol bei einem Überdruck von 10 Atm in der Blase durchgeführt: dadurch verschieben sich die Siedepunkte bzw. die Destillatzusammensetzungen so, daß ein Zusatz von 25 Proz. Benzol gegenüber den oben erwähnten 45 Proz., also praktisch bereits die Hälfte, genügt. Man entfernt zuerst das Wasser, dann unter Druckentlastung in einem zweiten Apparat das Benzol, worauf der reine Alkohol abgelassen werden kann; das Benzol bewegt sich in dem ganzen Prozeß im Kreislauf, indem es nach der Abtrennung vom Wasser der nächsten zu entwässernden Spritmenge wieder zugegeben wird. Zufolge der immerhin schon beträchtlichen Belastung mit 10 Atm Überdruck ist man gezwungen, auf kleinere Apparaturen bis zu Leistungen von etwa 25 l in 24 Betriebsstunden zurückzugehen.

Kondensieren und Kühlen.

Wir verstehen unter Kondensieren und Kühlen die Überführung von Dämpfen in den tropfbar-flüssigen Zustand, und sie kann nach zwei grundsätzlich verschiedenen Methoden vorgenommen werden: entweder durch die **direkte Behandlung der Dämpfe mit kaltem Wasser** in Form der **Einspritzkondensadoren** oder durch **Kühlung der Dämpfe** und Ableitung ihrer Wärme mit Hilfe von Kühlflächen: **Oberflächenkondensatoren**; dabei ist die erste Form der direkten Kühlung mit Wasser wohl im allgemeinen nur dort möglich, wo es sich um die Beseitigung der Dämpfe handelt — z. B. Einstellung der Luftleere —, nicht aber um die Gewinnung der zu kondensierenden Flüssigkeit. Je nach der Führung von Kühlmittel und Dampf unterscheidet man auch hier grundsätzlich zwischen den im Parallelstrom und den im Gegenstrom arbeitenden Kühlern.

Als Kühlmittel verwendet man entweder Wasser oder kalte Luft, gegebenenfalls auch Kältelösungen, um mit der Kühltemperatur möglichst weit herabgehen zu können.

Einspritzkondensatoren.

Bei ihnen muß das Kondensat verloren gegeben werden, da es sich mit dem Kühlwasser mischt und stark verdünnt, bzw. von diesem verunreinigt wird. Die Kühlung bzw. Kondensation wird in der Weise durchgeführt, daß man die Dämpfe in einen Kondensator verschiedener Ausführungsform leitet und gleichzeitig kaltes Wasser einspritzt; und zwar kann sowohl im Parallelstrom gearbeitet werden, so daß z. B. die zu kondensierenden Dämpfe so wie auch das eingespritzte Wasser oben oder unten eintreten, oder man arbeitet im Gegenstrom; die im Parallelstrom arbeitenden Kondensatoren zeigen den großen Nachteil, daß die heißen Dämpfe mit dem kalten Wasser zusammentreten, daß dadurch mit fortschreitender Kondensation auch das Einspritzwasser immer wärmer wird und dadurch eine gute Ausnutzung der Kühlflüssigkeit nicht möglich bleibt: die Kondensation bleibt unvollständig oder sie erfordert einen sehr großen Aufwand von Kühlmitteln; wesentlich günstiger arbeitet die Einspritzkondensation nach dem Gegenstromprinzip: hier treten die kondensierenden Dämpfe z. B. von unten in den Kondensator ein, während das Einspritzwasser seinen Weg von oben nach unten nimmt: die Dämpfe kommen zunächst mit dem heißeren Wasser in Berührung, um erst vor dem Verlassen des Kondensators mit dem frischen und daher noch ganz kalten Wasser in Wärmeaustausch zu treten, so daß es möglich ist, mit einem abfließenden Kühlwasser zu arbeiten, welches nahezu die gleiche Temperatur zeigt wie die zuströmenden frischen Dämpfe; die Wärmeaufnahmefähigkeit des Kühlwassers wird demnach fast vollständig ausgenützt.

Die Naßkondensation wird in erster Linie dort verwendet, wo es sich um die Beseitigung von Brüden — wie z. B. beim Eindampfen von Lösungen unter vermindertem Druck wie in den Mehrkörperapparaten der Zuckerindustrie — handelt; eine möglichst weitgehende Abscheidung der Brüden ist hier notwendig, um die Pumpe nicht zu überlasten und ein weitgehendes Vakuum einstellen zu können. Nebenstehend ist in schematischer Weise eine solche Gegenstromkondensation in Fig. 253 dargestellt: das Kühlwasser wird von der Pumpe M mittels eines Rohres G dem Kondensatorgehäuse C oben zugeführt, in welches die Brüden durch das Rohr V eintreten, um in C kondensiert zu werden; das Mischwasser fließt durch das Rohr R ab, während die nicht kondensierbaren Bestandteile — etwas Luft und auch geringe Mengen von Wasserdampf, die nicht zur Kondensation gelangen — an

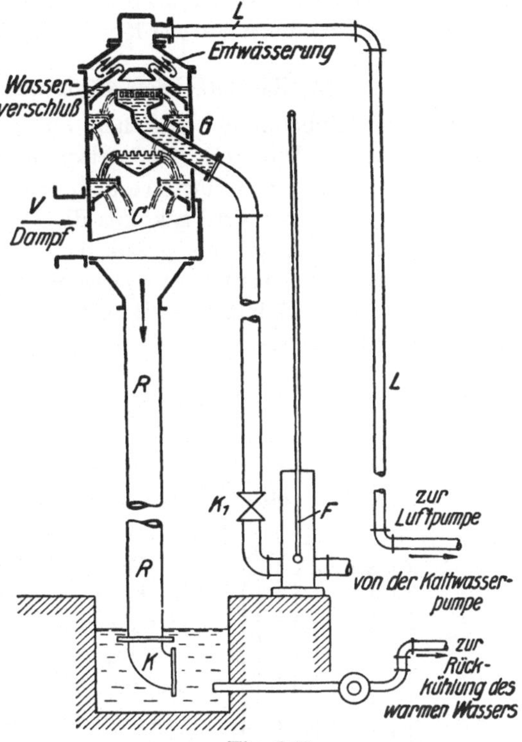

Fig. 253.
Kondensation mit barometrischer Leere.

der höchsten Stelle des Kondensatorgefäßes von der Luftpumpe abgesaugt werden, ohne daß zufolge der ganzen baulichen Anordnung Kühlwasser mit in die Pumpe übergerissen wird — Rückschlagventil K_1 in der Kühlwasserzuführungsleitung. Um die Luft, welche die Leistung der Vakuumpumpe verringern würde, aus dem Kühlwasser zu entfernen, ist in die Kühlwasserleitung eine Art Windkessel F eingebaut, aus dem die Luft durch ein dünnes hochgeführtes Rohr entweichen kann. Das Mischwasser, welches durch die Aufnahme der Brüden warm geworden ist, wird rückgekühlt, am einfachsten, indem man es durch eine kleine Kreiselpumpe einem Gradierwerk zuführt (vgl. weiter unten: Rückkühlung des Kühlwassers).

Schon im Dampfmaschinenbetrieb erweist es sich vielfach zweckmäßig, das Kondensationswasser der Brüden nicht verloren zu geben, wie dies bei der Einspritzkondensation notwendig wird, insbesondere dann, wenn Mangel an entsprechend reinem Kesselwasser besteht: deshalb geht man auch hier bereits zur Oberflächenkondensation über, so ganz allgemein bei der Kondensation des Maschinendampfes unserer Überseedampfer: das Kondenswasser, welches ja praktisch als destilliertes Wasser anzusprechen ist, wird in den Oberflächenkondensatoren niedergeschlagen, um dem Kessel als Speisewasser zugeführt zu werden.

Oberflächenkondensation und Oberflächenkühler.

Die Oberflächenkühler bestehen aus einem geschlossenen Ssytem, über dessen bauliche Durchführung weiter unten gesprochen werden soll, welchem die Dämpfe zugeführt werden; die möglichst groß entwickelte Oberfläche dieses Systems wird gekühlt, die Dämpfe kondensieren sich und laufen aus dem Kondensator als gekühlte Flüssigkeit ab; je nach der Art des Kühlmittels unterscheidet man zwischen **luftgekühlten, wassergekühlten** oder schließlich **mit Kälteflüssigkeit gekühlten** Oberflächenkondensatoren oder Oberflächenkühlern.

Kondensatoren mit Luftkühlung.

Kondensatoren mit Luftkühlung können sowohl für sich angewendet werden, gewöhnlich aber als Vorkühlung, der sich später noch eine mit Wasser bewirkte vollständige Kondensation anschließt; in allen jenen Fällen, in welchen die Dämpfe hohe Temperaturen aufweisen, wie z. B. in der Destillation der Erdöle, der Teere, der Fettsäuren des Glycerins usw., kann bereits dadurch eine teilweise Kondensation erreicht werden, daß man diese heißen Dämpfe in Rohrsysteme leitet, welche außen von Luft umspült sind und von dieser gekühlt werden. Da das zur Verfügung stehende Temperaturgefälle verhältnismäßig klein ist — im Vergleich zur Kühlwirkung von Wasser —, da weiter die spezifische Wärme der Luft gering ist, müssen derartige Luftkühler sehr groß dimensioniert werden, um befriedigend zu arbeiten; die einfachste Form solcher Luftkühler ist in Fig. 254 schematisch wiedergegeben: sie bestehen vielfach aus Eisenrohren von ziemlich weitem Durchgang, welche, auf- und absteigend verlegt und durch Krümmer verbunden, das Gas bzw. die Dämpfe zu einer ständigen Richtungsänderung zwingen; an den unteren Krümmern sind gewöhnlich Vorrichtungen zum Abzapfen des sich bildenden Kondensates vorgesehen; oder aber

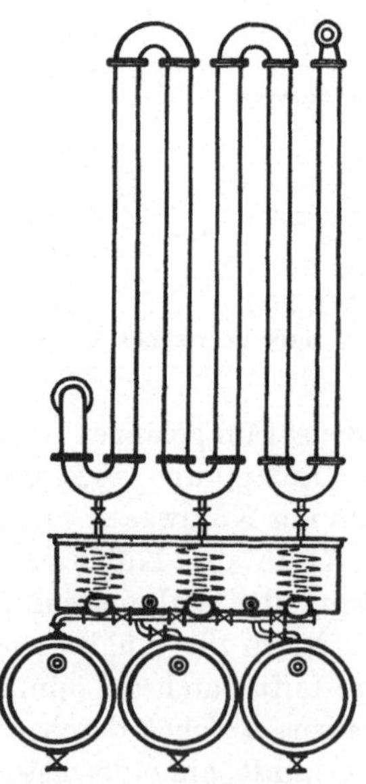

Fig. 254. Kondensator mit Luftkühlung.

man verlegt diese Rohrleitung ganz schwach geneigt gegen die Horizontale, jedoch so, daß ein gleichmäßiges Gefälle durch die ganze Kondensationsanlage vorliegt und nicht Stauungen des Kondensates in ihr eintreten können. In der Fettindustrie verwendet man z. B. zur Luftkühlung des bei der Glycerindestillation anfallenden Wasserdampf-Glycerindampf-Zersetzungsgas-Gemisches Luftkühler, die aus einer Batterie nebeneinander gestellter hoher zylindrischer Eisenkessel bestehen, in welche das Dampfgemisch in den ersten Kondensator unten eintritt, denselben nach oben durchstreicht, von dort mittels einer Rohrleitung dem zweiten Kondensator wieder unten zugeführt wird usw., bis schließlich nach erfolgter Luftkühlung noch eine mit Wasser bewirkte energische Kühlung zur Kondensation auch der leichter flüchtigen Dämpfe angeschlossen wird.

Kondensatoren mit Wasserkühlung.

Zur vollständigen Abscheidung der Dämpfe muß stets auf Wasserkühlung zurückgegriffen werden; die mit Wasserkühlung arbeitenden Oberflächenkondensatoren bzw. Kühler lassen sich je nach der Bauart in vier verschiedene Gruppen trennen: in die **Schlangenkühler**, die **Röhrenkühler**, bei welchen die Dämpfe um die gekühlten Rohre herumstreichen, die Röhrenkühler, bei welchen die Dämpfe durch die gekühlten Rohre geleitet werden, und schließlich die **Mantelkühler**.

Schlangenkühler.

Sie sind in Bauart und Bedienung am einfachsten und daher namentlich für kleinere und mittlere Leistungen allgemein gebräuchlich: wie Fig. 255 schematisch zeigt, bestehen sie aus einer Kühlschlange, gegebenenfalls auch — zur besseren Ausnutzung des Kühlwassers — aus mehreren ineinander gewickelten Schlangen, die beim Eintritt und Austritt aus dem Kühlgefäß mit diesem fest verbunden sind — aus Eisen, Kupfer, Aluminium, Steinzeug, Weich- oder Hartblei, Zinn usw.; die Kühlschlangen sind mittels Schellen auf einem Flach- oder Winkeleisengestell festgeschraubt und solcherart in das Kühlgefäß von zylindrischem Querschnitt eingebracht. Der Mantel dieses Kühlgefäßes ist gewöhnlich Eisen, seltener Kupfer, manchmal auch Holz; ihm wird das Kühlwasser an der tiefsten Stelle zugeführt, um nach Aufnahme der Wärme aus der Schlange in warmem Zustand an der höchsten Stelle abzufließen; gewöhnlich ist der Kühlmantel mit einem **Abflußhahn** zur Entleerung versehen, in die Zuleitung des Kühlwassers ist ebenfalls ein Hahn eingeschaltet zur Einstellung bestimmter Durchflußgeschwindigkeiten, je nach dem Grade der notwendigen Kühlung.

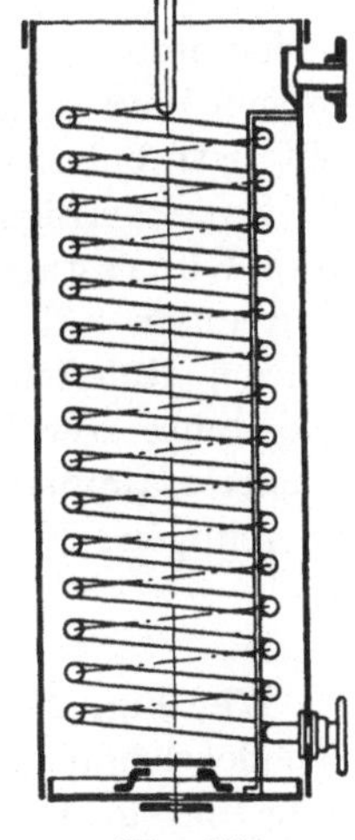

Fig. 255.
Schlangenkühler.

Röhrenkühler.

Für größere Leistungen verwendet man Röhrenkühler verschiedener Bauart; Fig. 256 zeigt einen solchen Röhrenkühler: in einen eisernen oder kupfernen Mantel sind zwei flache Böden, sog. Rohrböden, eingesetzt, in welche Rohrbündel dicht eingewalzt sind; diese Rohrböden bilden zusammen mit dem unteren und oberen Deckel des Kühlmantels die untere und obere Kühlkammer, das Kühlwasser tritt in die untere Kammer ein, durchfließt die zahlreichen Rohre und verläßt den Kühler über die obere Kammer wieder; der Dampf tritt oben durch einen am Kühlmantel angebrachten seitlichen Stutzen ein, umspült die Rohre und wird dabei durch die in der Figur an-

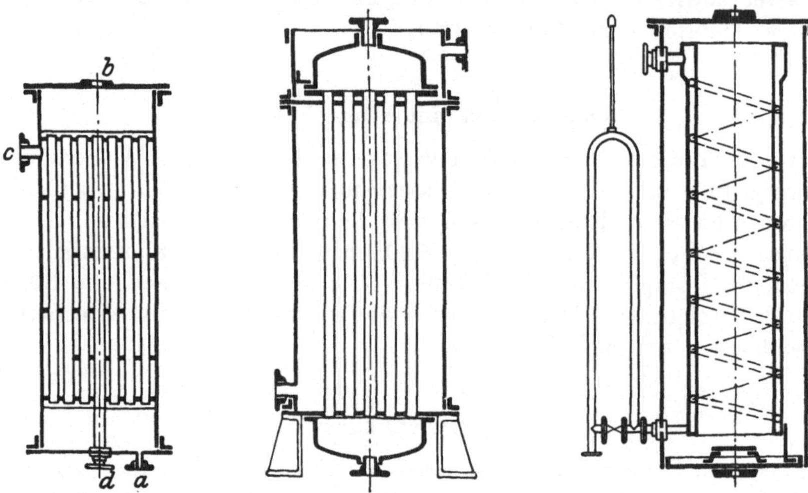

Fig. 256. Röhrenkühler.   Fig. 257. Röhrenkühler.   Fig. 258. Mantelkühler.

gedeuteten eingebauten Flächen gezwungen, im Zickzack einen möglichst langen Weg zurückzulegen und die Kühlrohre gut zu umspülen. Das Kondensat tritt bei d aus.

Zweckmäßiger sind jene Röhrenkühler, bei welchen die Dämpfe **durch das Rohrsystem** geleitet werden, während das Kühlwasser diese Rohre von außen kühlt; bei diesen Rohrkühlern ist es ohne weiteres möglich, den ganzen Rohrbündeleinsatz aus dem Mantel herauszunehmen und dadurch die Rohre sowohl von außen — also von Ablagerungen die aus dem Kühlwasser stammen — als auch von innen (Ablagerungen aus dem Kondensat) zu reinigen; Fig. 257 zeigt einen solchen Röhrenkühler.

Mantelkühler.

Wie Fig. 258 zeigt, besteht der Mantelkühler aus einem zylindrischen Kondensationsraum von flach-kreisförmigem Querschnitt; dadurch wird eine sehr große Oberfläche erzielt, deren Wärmeübertragung noch dadurch gesteigert wird, daß eine in der Zeichnung angedeutete schraubenförmige

Unterteilung des Kondensatorraumes hergestellt wird, in welcher die oben eintretenden Dämpfe kondensiert werden, um dann den Kühler unten als Flüssigkeit zu verlassen.

Damit scheinen die grundsätzlichen Formen der verschiedenen Kondensatoren und Kühler berücksichtigt; in der Praxis ergeben sich je nach dem besonderen Verwendungszweck Formen, die zwischen den hier beschriebenen wechseln bzw. die eine mit der anderen verbinden.

Von allgemeiner Wichtigkeit ist, daß das Kühlwasser möglichst tiefe Temperatur besitze: Flußwasser wird nur fallweise für eine Reihe von Kühlungszwecken dienen können, für andere wieder nicht, und man wird gezwungen sein, auf Brunnenwasser zu greifen — Äther- und Benzindestillation! —, um einen befriedigenden Wirkungsgrad der Kühlung zu erreichen. Von wesentlichem Einfluß auf die Kühlwirkung ist auch der Gehalt des Wassers an mineralischen Stoffen, die sich auf den Kühlflächen ausscheiden und sehr rasch zu einer starken Verschlechterung der Kühlflächenwirkung führen, ganz abgesehen davon, daß sie auch die — gewöhnlich eisernen — Rohrleitungen unter Bildung von Ablagerungen verengen. Zu berücksichtigen sind weiter Bestandteile, welche die Leitungen und Apparate angreifen können, und nicht zuletzt auch Sand, der ebenfalls zu Zerstörungen führen kann. Die Beistellung genügender Mengen von Kühlwasser brauchbarer Beschaffenheit ist für eine ganze Reihe von Industrien eine Lebensfrage, insbesondere dann, wenn ein großer laufender Wasserverbrauch für Kühlzwecke stattfindet, so daß man in solchen Fällen gegebenenfalls auch der Rückgewinnung des Kühlwassers bzw. seiner Abkühlung bis zur Wiederverwendbarkeit näher treten wird.

Eine in der chemischen Industrie vielfach gebräuchliche Form der Oberflächenkühlung bilden die sog. **Rieselkühler**, bei welchen der zu kondensierende Dampf durch ein System von hin- und hergehenden Eisenrohren geführt wird, die nebeneinander und übereinander zu großen Körpern vereinigt sind, und über welche man kaltes Wasser aufgelöst in einzelnen Strahlen herabrieseln läßt. Zu der kühlenden Wirkung des Wassers tritt die durch Verdampfung des feinverteilten Wassers auf dem Wege von oben nach unten eintretende Verdunstungskälte, die um so stärker wird, je lebhafter die Verdunstung verläuft, weswegen man solche Anlagen gewöhnlich auf den Dächern und sonstigen, möglichst hoch gelegenen und vom Wind bestrichenen Orten aufstellt; dabei eintretende Bildung von Niederschlägen auf den Rohren muß in Kauf genommen werden, diese Niederschläge müssen immer wieder beseitigt werden, wenn die Kühlwirkung des Systems nicht stark verringert werden soll.

Rückkühlung des Kühlwassers.

Die Rückkühlung des Kühlwassers beruht in allen Fällen darauf, daß man einen Teil desselben verdampfen läßt, so daß durch die bei dieser Verdampfung verbrauchte Wärme der übrige Teil wieder auf eine Temperatur

herabgekühlt wird, mit welcher er wieder in den Kreislauf der Kühlung eingeführt werden kann.

Am einfachsten geschieht dies dadurch, daß man heißes Kühlwasser
einem Gradierwerk aufgibt, es in möglichst feiner Verteilung an der Luft
herabrieseln läßt, wobei durch die bewegte Luft eine Verdampfung eines
Teils des Kühlwassers und gleichzeitig die gewünschte Abkühlung des anderen
Teiles stattfindet. Die Wirkung dieser Gradierwerke ist gut, nachteilig ist
nur ihr verhältnismäßig großer Platzbedarf, sobald es sich um Bewältigung
großer Mengen von Kühlwasser handelt.

In dieser Hinsicht gelangen die sog. **Kaminkühler** oder **Kühltürme** zu
den drei- bis vierfachen Leistungen auf die gleiche bebaute Grundfläche:
sie sind heute die typischen Kennzeichen aller größeren Kraftanlagen geworden,
die die gewaltigen Mengen Kühlwasser für die Kondensation des Dampfes
auf natürlichem Wege nicht mehr beschaffen können und darum zur Rückkühlung greifen müssen: sie werden in Höhen bis zu 40 m gebaut; das in der
Mitte aufgegebene Heißwasser läuft über Lattenböden, deren Wirkung ganz
analog der Reisigfüllung der Gradierwerke ist, nach unten, von unten nach
oben streicht die Luft, welche Verdampfung und damit auch Kühlung des
Wassers bewirkt; bei den sog. **„Balcke-Türmen"** ist die Ventilation dadurch
besonders wirksam gemacht, daß der von unten nach oben streichende Luftstrom noch unterstützt wird von einem gleichzeitig quer durch das herabrieselnde Wasser streichenden Luftstrom. Der Kamin dient zur Erzeugung
des notwendigen Durchzuges der aufsteigenden Luft. Wird dieser Luftstrom
verstärkt, so gestattet er eine Erhöhung der Leistung des Kühlers bzw. ein
stärkeres Herabkühlen des Wassers: in den Tropengegenden hat man dann
durch Einbau von Ventilatoren nach diesem Grundsatz eine Steigerung der
Kühlleistung sicherstellen können.

Die Verdampfung und damit die Abkühlung des Wassers kann auch durch
Auflösung desselben in möglichst feine Form — Erhöhung der der Verdampfung
freigegebenen Oberfläche — wesentlich beschleunigt und verstärkt werden;
eine Möglichkeit, von welcher die **Rückkühlung mit Streudüsen** Gebrauch
gemacht hat, dadurch, daß am Rande größerer Wasserbecken, in welche das
verstreute Wasser gesammelt werden kann, Düsen aufgestellt werden, denen das
warme Kühlwasser unter Druck zugeführt wird, und aus denen es in die Atmosphäre als feiner Nebel bzw. Regen austritt. Die für diese Form notwendigen
großen Bodenflächen zur Sammlung des Wassers sind ein Nachteil, der aber
noch nicht so schwer wiegt wie der recht erhebliche Kraftbedarf solcher Anlagen — das Wasser wird unter Druck von etwa 1 Atm ausgesprüht —, ferner
die durch Verwehung der feinen Wassernebel eintretenden Wasserverluste
und die damit verbundene Belästigung der Umgebung.

Allen diesen Rückkühlverfahren ist aber eine verschieden starke, aber
auf alle Fälle unangenehme Verunreinigung des gekühlten Wassers
eigen, die dadurch eintreten kann, daß das in feiner Verteilung befindliche
Wasser bestimmte in Wasser lösliche Stoffe aus der Luft nimmt; dies gilt
z. B. für Anlagen, die in der Nähe oder im Windschatten von Meeresküsten

liegen: hier tritt eine langsame Anreicherung des Kühlwassers mit Salz ein, das ja in der Luft an der Küste stets vorhanden ist, und sie kann unter Umständen zu recht empfindlichen Zerstörungen in den durchflossenen Apparaten Anlaß geben. Ein gleiches gilt auch hinsichtlich der Verunreinigung durch Abgase aus chemischen Fabriken.

Wärmetechnisch betrachtet setzt sich der Vorgang der üblichen Kühlung aus zwei einander folgenden Vorgängen zusammen. Zunächst muß den Dämpfen soviel Wärme entzogen werden, daß die Stoffe aus dem dampfförmigen in den tropfbar flüssigen Zustand übergehen; ist dies geschehen, so setzt aber in fast allen Fällen die anschließende Kühlung des bereits gebildeten Kondensates auf jene Temperatur ein, mit der das Kondensat den Kühler verläßt. In diesem Sinn dürfte es auch richtiger sein, unter **Kondensation lediglich jenen Vorgang zu verstehen, der dadurch eintritt, daß den Dämpfen die Kondensationswärme durch das Kühlmittel entzogen wird, sie mithin beim Siedepunkt aus dem dampfförmigen in den flüssigen Zustand übergehen, während unter Kühlen andererseits die Herabminderung der fühlbaren Wärme des Kondensates vom Siedepunkt herab bis auf gewöhnliche Temperatur zu verstehen sein wird.** Die weitaus größere Wärmeabfuhr erfordert naturgemäß die Kondensation.

d) Glühen und Schmelzen und die dazugehörigen Öfen.

a') Allgemeines.

Zur Wärmeübertragung bei höheren Temperaturen, um stoffliche Umsetzungen und Veränderungen einzuleiten und durchzuführen, verwenden wir die **Öfen,** die hinsichtlich Bauart und Betriebsweise eine außerordentliche Mannigfaltigkeit aufweisen; nichtsdestoweniger können wir sie nach folgenden drei Gesichtspunkten in große Gruppen teilen, und zwar:

1. nach der Höhe der Temperatur;

2. nach dem Charakter des Brenngutes bzw. des im Ofen durchgeführten Prozesses und

3. nach der Art der verwendeten Wärmequelle, die entweder unmittelbare Verbrennungswärme sein kann oder auf elektrischem Wege in den sog. elektrischen Öfen erzeugt wird, die für sich besprochen werden sollen und hier zunächst ausscheiden.

Die **Baustoffe** der Öfen sind, soweit es sich um geringere Temperaturen handelt, Eisen, und zwar sowohl Gußeisen — z. B. Öfen zum Verbrennen von Schwefel zu Schwefeldioxyd — als auch Schmiedeeisen und vergütetes Eisen bzw. Edelstahle: Kontaktöfen; für die höheren Temperaturen verwendet man Schamottesteine, bei deren Wahl besondere Rücksicht auf die Höhe der angewendeten Temperatur, auf die hier oft in Kauf zu nehmenden raschen Temperaturschwankungen und nicht zuletzt auch auf die chemische Beeinflussung durch die Ofencharge, auf die zerstörende Wirkung von Gasen, Schlacken und der zu erhitzenden Stoffe, dem Schmelzgut, genommen wer-

den muß; Prozesse sauren Charakters sind selbstverständlich mit saurem
Ofenfutter, solche alkalischer Reaktion mit basischem Ofenfutter durchzuführen, gleichzeitig ist auch auf die Flugasche Rücksicht zu nehmen, die
nicht selten ein Wegschmelzen — „Schwitzen" — des Ofengewölbes im Ge-
folge hat, ein Übelstand, der aber mit dem Übergang des Ofenbetriebes zu
gereinigten Generatorgasen von selbst ausscheidet. Für ganz hohe Temperaturen verwendet man die sog. Dinassteine, das sind Formsteine aus vermahlenem Quarz mit einer geringen Menge von Bindemittel; sie sind jedoch,
wie anders nicht zu erwarten, empfindlich gegen Alkali und auch gegen blei-
haltige Schmelzen, zufolge Bildung von leicht schmelzbaren Bleigläsern!

Bei dem Bau der Öfen sind entsprechende Reinigungsöffnungen
vorzusehen; muß mit der Abscheidung von Flugaschen gerechnet werden,
so sind die Feuerzüge entsprechend der später immer wieder eintretenden
Verlegung mit Flugasche mit größer dimensionierten Massen zu rechnen;
gegebenenfalls wird man auch Taschen einbauen, in welche der Flugstaub
während des Betriebes abgelagert wird, und die entleert werden können; so
z. B. bei den Versuchen zur Übernahme der Staubkohlenfeuerung für den
Siemens-Martinofen. Sowohl diese Taschen wie die Reinigungsöffnungen
müssen im normalen Betrieb luftdicht abgeschlossen werden, was am einfachsten durch Einsetzen von entsprechend dimensionierten Schamottesteinen
und Verschmieren der Ritzen mit Schamottebrei erfolgt, gegebenenfalls
auch mit Lehm. Zur Beobachtung der im Ofen vor sich gehenden Vorgänge,
zur Messung der Temperatur in den einzelnen Zügen und Kanälen müssen
Schaulöcher vorgesehen werden, welche durch das Mauerwerk hindurchgehen, und die von zylindrischer Gestalt sind und bis zu 10 cm Durchmesser
haben können; auch sie werden verschlossen, und zwar durch eingesteckte
Stöpsel aus Schamottesteinen, gegebenenfalls durch Asbestplatten.

Kühlung des Schamottemauerwerkes kann bei der Einstellung sehr
hoher Temperaturen im Ofen notwendig werden, und sie wird entweder durch
Luft oder durch Wasser bewirkt: im ersteren Fall wird das Ofenmauerwerk
nicht massiv gebaut, sondern von einer mehr oder minder großen Anzahl von
Kanälen durchsetzt, durch welche Luft zirkuliert; im zweiten Fall werden
in das zu kühlende Mauerwerk Rohre aus Eisen eingelegt, durch welche Wasser
geleitet wird: schließlich geht man bei den einzelnen Ofenkonstruktionen,
z. B. bei den Schachtöfen, so weit, daß man an Stelle des Mauerwerks wassergekühlte Metallplatten als Ofenwand verwendet.

Das auf diese Weise gewonnene warme Wasser kann als Heißwasser im
Betriebe Verwendung finden, oder es wird, wenn eine lohnende Verwendung
nicht vorliegt, gegebenenfalls rückgekühlt und wieder dem Ofen zugeführt.

Die für den Ofenbetrieb verwendeten Brennstoffe können sowohl feste
oder flüssige oder schließlich auch gasförmige sein; die überwiegende Mehrzahl der Bestrebungen auf dem Gebiete der Ofenbautechnik zielt heute
auf eine bessere Wärmewirtschaft im Glüh- und Schmelzbetrieb ab, um die
Kohlenkosten zu senken; dies ist zunächst und im weitesten Ausmaße durch
die **Verwertung der Abhitze** solcher Öfen, mit der bisher gewaltige Wärme-

mengen verloren gegeben wurden, möglich, wengleich auch nicht immer solche Möglichkeiten vorliegen. Man entzieht dann den sehr heiß aus dem Ofen abziehenden Verbrennungsgasen noch soviel Wärme, wie bei Aufrechterhaltung des natürlichen Ofenzuges möglich ist, und heizt mit dieser Wärme Vortrocknungs-Eindampfpfannen usw.

Die festen Brennstoffe kommen im allgemeinen wohl nur für kleinere Öfen und für unstetigen Betrieb in Frage; man wird aber nicht übersehen dürfen, daß die Kohlenstaubfeuerung — richtiger als „Brennstaubfeuerung" bezeichnet — heute der Verwendung der festen Brennstoffe ganz neue Möglichkeiten erschließt, so daß sie in einer Reihe von Fällen an Stelle der im größten Umfang verwendeten Gasfeuerung treten kann und auch treten dürfte, da sie in vieler Hinsicht wirtschaftliche Vorteile bieten kann, wenn auch andererseits nicht übersehen werden soll, daß gewisse, auch heute noch nicht behobene Unzulänglichkeiten — Aschenbeseitigung, Einfluß der Asche auf das Schmelzgut, Verlängerung der Ausstehzeit — erst überwunden werden müssen; immerhin scheint der stark in den Hintergrund gedrängten Verwendung fester Brennstoffe damit vielfach der Boden entzogen.

Flüssige Brennstoffe für den Ofenbetrieb werden im allgemeinen wohl nur dort Verwendung finden, wo — wie im Gewinnungsland — der billige Preis starken Anreiz hierzu bieten kann; im allgemeinen dürften sie zu teuer sein, jedenfalls für unsere Verhältnisse und gemessen an den vielfach sehr niedrigen Preisen für die Gasfeuerung.

Der Vorgänger aller dieser Feuerungen mit flüssigen Brennstoffen war die „Forsunka"-Feuerung, welche in Rumänien aufgekommen ist, und bei welcher Erdölrückstände durch einen Dampfstrom aus einer flachen Düse fein verteilt in die Feuerung eingeblasen wurden; heute ist die Bauart der Brenner für flüssige Brennstoffe so weitgehend durchgebildet, daß wir über eine Reihe klaglos arbeitender und allen Bedürfnissen genügender Brenner für flüssige Brennstoffe verfügen; im Wesen arbeiten sie alle nach dem Grundsatz, daß im Brenner zentral der flüssige Heizstoff fließt, während um diese Heizstoffleitung in Schraubengängen eine zweite Leitung führt, aus welcher Dampf oder Preßluft über eine Streudüse in den Feuerungsraum austritt, den flüssigen Brennstoff mitreißt und unter Wirbelbildung möglichst gut mit der Verbrennungsluft vermischt. Die Regelfähigkeit solcher Brenner ist sehr gut.

Für alle Großofenanlagen mit stetigem Betrieb verwendet man die Gasfeuerung, als Gas übliches Generatorgas oder auch Schwachgase heranziehend. Die Gasfeuerung verfügt über eine Reihe von Vorteilen, insbesondere:

1. über die weitestgehende Ausnutzung des Brennstoffes, da hier — im Gegensatz zu der Verfeuerung fester Brennstoffe, aber nicht zur Brennstaubfeuerung — mit dem theoretischen Luftbedarf bzw. mit einem ganz geringen Luftüberschuß für die Verbrennung das Auslangen gefunden werden kann;

2. über eine bemerkenswerte Konstanz der eingestellten Temperatur einerseits, eine leichte und innerhalb weiter Grenzen mögliche Regelbarkeit derselben;

3. über die Möglichkeit der Einstellung der höchsten Temperaturen, soweit sie nicht bereits durch die Haltbarkeit des verwendeten Mauerwerkes nach oben begrenzt sind;

4. über die Möglichkeit, oxydierend wie reduzierend zu arbeiten, und schließlich

5. über die sehr großen wirtschaftlichen Vorteile dadurch, daß die normale Gasfeuerung um 30 bis 40 Proz. günstigere Wärmenutzeffekte gestattet, mithin das Kohlenkonto sehr stark entlastet; der Übergang von der Verfeuerung fester Brennstoffe zur Gasfeuerung liegt also durchaus im Sinne der eingangs ausgedrückten Tendenz des Ofenbaues, Kohlenersparnisse zu erzielen.

Zwischen der Gasfeuerung und der Verfeuerung fester Brennstoffe bis zu einem gewissen Grade stehend, verfeuert die sog. Halbgasfeuerung zwar festen Brennstoff, ist aber durch die Ausbildung sehr langer Flammen in einzelnen Fällen sehr wertvoll; allerdings ist sie stets mit der Gefahr der Bildung der gefürchteten Stichflammen belastet; zur Halbgasfeuerung wird die gewöhnliche Rostfeuerung bereits durch Einstellen größerer Schütthöhen auf dem Rost und Drosselung der Primärluft.

Von den weiter oben als wichtig gekennzeichneten Maßnahmen zur Brennstoffersparnis verdient zunächst die Ausnutzung der fühlbaren Wärme im direkten Ofenbetrieb Beachtung. In vielen Fällen baut man den Gaserzeuger, welcher das notwendige Gas zum Beheizen des Ofens liefert, direkt an den Ofen an und vermeidet die bei langen Leitungen auftretenden Verluste an fühlbarer Wärme im Gas: man leitet das Gas, heiß wie es aus dem Generator heraustritt, direkt in den Ofen und kann bei dieser Anordnung auch den Generator sehr heiß gehen lassen; von diesem Gesichtspunkt aus betrachtet, bedarf die Frage der Nebenproduktenbewirtschaftung in jedem Falle einer besonderen Durchrechnung, weil durch die Herausnahme der heizkräftigen Teerbestandteile nicht allein die Verbrennungstemperatur des Gases abgesenkt wird, sondern gleichzeitig eine starke Kühlung des Gases notwendig wird, die fühlbare Wärme desselben also verloren gegeben werden muß, bzw. zu ihrer Vernichtung im Kühler sogar noch ein Kostenaufwand erwächst. Andererseits wird man aber nicht übersehen dürfen — namentlich bei Verwendung nasser Brennstoffe im Generator —, daß gleichzeitig mit der Kühlung des Gases zur Teergewinnung bei Braunkohle die recht erheblichen Wassermengen aus dem Gas entfernt werden können, mithin zwangsläufig durch die Wasserentfernung eine Steigerung der Verbrennungstemperatur des Gases erreicht und gleichzeitig eine Verringerung der Wärmeverluste durch den abziehenden sehr heißen Wasserdampf vermieden werden kann.

Vor- und Nachteile der Teergewinnung werden darum in jedem Falle gegeneinander abzuwiegen sein, auf jeden Fall sollte aber die Gewinnung des Teeres mit einer so weitgehenden Wasserabscheidung verbunden werden, daß dieselbe dem Betrieb zugute kommt.

Sehr wichtig ist die Vorwärmung der Verbrennungsluft: sie kann nach dem Regenerativsystem oder durch den Rekuperator erfolgen, und zwar verwendet man die zuerst genannte Art überall dort, wo es sich um Erzielung höchster Temperaturen im Ofen handelt. Erst durch die Einführung des sog. Siemens-Regenerators ist das Schmelzen von schmiedbarem Eisen möglich geworden. Das Prinzip dieser Siemensschen Regenerativfeuerung sei nachstehend kurz beschrieben, da es von fundamentaler Bedeutung für den gesamten Ofenbetrieb geworden ist. (Vgl. Fig. 259, welche einen Schmelzofen mit Siemenswärmespeicher zeigt.)

In der schematischen Skizze schließen sich an den länglich gebauten Ofen je zwei sog. Luftkammern und weiter zwei Gaskammern an; in den geschlossenen Gas-Luftkreislauf mündet einerseits die Gaszufuhr vom Generator aus — unten —, andererseits die Frischluftzufuhr — oben — ein, unter dem Ofen zweigt die Abgasleitung gemeinsam an die Esse ab, b_1 und b_2 sind Umschlagventile (vgl. Fig. 259).

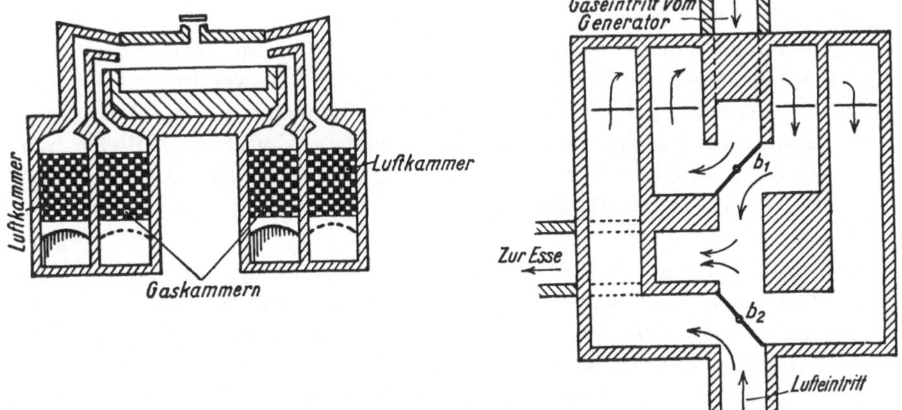

Fig. 259. Schmelzofen mit Siemenswärmespeicher.

Der Ofen erhält links und rechts an seinen Schmalseiten die Brenner eingebaut, als Systeme von Leitungen, die eine möglichst innige Durchmischung von Gas und Verbrennungsluft gewährleisten; dabei brennt die Flamme einmal von den Brennern der linken Seite nach rechts, dann nach dem Umschalten von den Brennern der rechten Seite nach links, die Richtung der Flamme wechselt also immer wieder, und mit ihr die Strömungsrichtung von Gas und Luft. Bei der in der Figur gegebenen Stellung der Umschaltventile würde — normalen Betrieb angenommen — die Flamme aus den links gelegenen Brennern austreten und nach rechts abstreichen, hierbei aber nicht direkt in die Esse abziehen, sondern zuerst die rechte Gaskammer und die rechte Luftkammer durchstreichend: beide Kammern sind mit Gitterwerk aus hochfeuerfesten Steinen so ausgekleidet, daß die sehr heißen Gase dieses Gitterwerk innig durchspülen müssen und dabei einen Großteil ihrer fühlbaren Wärme an das Gitterwerk abgeben, ehe sie über den gestrichelten Abgaskanal u unter dem Ofen hindurch zur Esse gelangen. Es wird mithin die fühlbare Wärme der Verbrennungsgase weitgehend in den Kammern aufgespeichert;

wechselt man nun die Umschaltklappen und leitet das Gas über m, die Luft über n, so treten Gas und Luft zuerst in die rechten Kammern ein, werden dort vorerhitzt und treffen in hocherhitztem Zustand in den Brennern beim Ofen — rechte Schmalseite — zusammen: die Verbrennungstemperatur steigt zufolge dieser doppelten Vorwärmung wesentlich an; die Flamme im Ofen zieht nun von der rechten zur linken Seite hinüber, die aus dem Ofen austretenden Verbrennungsgase treten jetzt durch die linken Kammern und geben dort ihre fühlbare Wärme zum großen Teil an das Gitterwerk ab.

Erhöhung der im Ofen erreichbaren Temperatur, andererseits starke Herabsetzung der Wärmeverluste durch die Ausnutzung der fühlbaren Wärme der aus dem Ofen austretenden Verbrennungsgase sind die Kennzeichen dieser Art von Abwärmeausnutzung, betriebstechnisch wirken sie sich in der Weise aus, daß die Flammenrichtung im Ofen stetig gewechselt wird; normalerweise arbeitet man etwa $1/_2$ Stunde nach der einen Richtung und dann wieder $1/_2$ Stunde nach der anderen.

Eine zweite Form der Abwärmeausnutzung ist die Wärmespeicherung mit **Rekuperatoren:** sie finden in erster Linie dort Anwendung, wo es sich nicht um Erreichung höchster Temperaturen handelt; die Anwärmung der Verbrennungsluft erfolgt zwangsläufig, irgendein Umschalten findet nicht statt, die Richtung von Heizgas, Verbrennungsluft und Abgas bleibt stets die gleiche, im Gegensatz zum Regenerator, bei welchem sie immer wieder wechselt.

Der Rekuperator arbeitet so, daß unmittelbar neben den Abgaskanälen, durch welche die sehr heißen Abgase des Ofens in die Esse geführt werden, Luftkanäle verlegt sind, so zwar, daß sie gemeinsame dünne, aber gasdichte Mauerschichten haben; leitet man nun im Gegenstrom die von außen kommende kalte Verbrennungsluft durch diese unmittelbar neben den Abgaskanälen gelegenen Luftleitungen, so zwar, daß die kalte Luft zuerst mit dem nur wenig angeheizten Mauerwerk der Abgaskanäle in Berührung kommt, dann aber mit immer heißeren Partien dieser Abgaskanäle, so findet eine starke Anwärmung der Verbrennungsluft statt: der Vorgang ist also der, daß die Abwärme der Verbrennungsgase bis zu einem gewissen Grade in dem Mauerwerk der Verbrennungsgasleitungen gespeichert und an die im Gegenstrom geleitete Verbrennungsluft übertragen wird.

Für die systematische Unterteilung der Öfen kann vielleicht folgendes Schema herangezogen werden.

Unterscheidung der Öfen:

A. Öfen mit direkter Einwirkung des Brennstoffes auf Brenn- oder Schmelzgut:
    a) Meileröfen
    b) Herdöfen
    c) Schachtöfen
    d) Flammöfen . . . . $\left\{\begin{array}{l}\text{1. eigentliche Flammöfen}\\\text{2. Kammer- und Kanalöfen}\\\text{3. rotierende Öfen}\end{array}\right.$
    e) Konverter

B. Öfen mit indirekter Heizung oder Gefäßöfen:
   a) Gefäßschachtöfen
   b) Tiegelöfen
   c) Muffelöfen . . . . { 1. mit einfachen Muffeln
                              2. mechanische Muffelöfen
                              3. Kanal- und Kammermuffelöfen
   d) Retortenöfen
   e) Gefäßöfen für besondere Zwecke.

Meileröfen.

Zu den ältesten Formen der Öfen für industrielle Zwecke gehören wohl die sog. **Meileröfen**, von denen anschließend der zur Gewinnung der Holzkohle kurz beschrieben sei: die Holzscheite oder Stubben werden um einen mittleren engen Schacht so aufgeschichtet, daß ein halbkugeliges Gebilde entsteht, welches mit Rasenstücken und Holzkohlenklein abgedeckt wird; dann wird das Holz unten angezündet, durch die unten langsam zutretende Luft findet **unvollkommene** Verbrennung statt, ein Teil des Holzes und ein Großteil der brennbaren Destillationsprodukte des Holzes verbrennt, der übrige Teil verkohlt; die Verkohlung schreitet langsam von innen nach außen fort, der Meiler „schwitzt", „treibt" und „schwindet"; später wird durch Luftlöcher, welche man in den Mantel an der dem ständigen Wind abgekehrten Seite stößt, das Feuer von der Kuppel nach dem Mantel hin geleitet und zuletzt bis zum Erdboden heruntergeführt; **Flammenbildung darf nie eintreten**; wo sie eintreten will, wird mit Rasen abgedeckt. Der Brand eines solchen Meilers dauert, je nach Größe, gewöhnlich gegen 8 Tage. Öfen ähnlicher Art werden zum Brennen von Ziegeln — nur im Kleinbetrieb — neben den sog. Feldöfen verwendet, auch zum Ausschmelzen von gediegenem Schwefel. Der Betrieb ist ein sehr verlustreicher und heute wohl nur mehr dort möglich, wo die Kosten des Rohstoffes keine Rolle spielen oder der industrielle Betrieb aus verschiedenen Gründen nicht möglich ist.

Zu den Meileröfen gehören auch die sog. **Kilns**, die speziell in Amerika viel gebaut worden sind; sie bestehen, wie die Fig. 260 erkennen läßt, aus einem schwach kegelförmig sich verjüngenden gemauerten Schacht, welcher oben durch eine ebenfalls gemauerte, schwach gewölbte Decke verschlossen ist. Sie werden über *b* mit dem zur Verkohlung bestimmten Scheitholz beschickt, die Entleerung nach erfolgter Verkohlung erfolgt über die Öffnung *c*, beide Öffnungen sind während des Betriebes verschlossen; *a* ist der Zündkanal mit Verschlußklappe, *d* sind die Zuglöcher zur Zuführung der zur teilweisen Verbrennung notwendigen Luft,

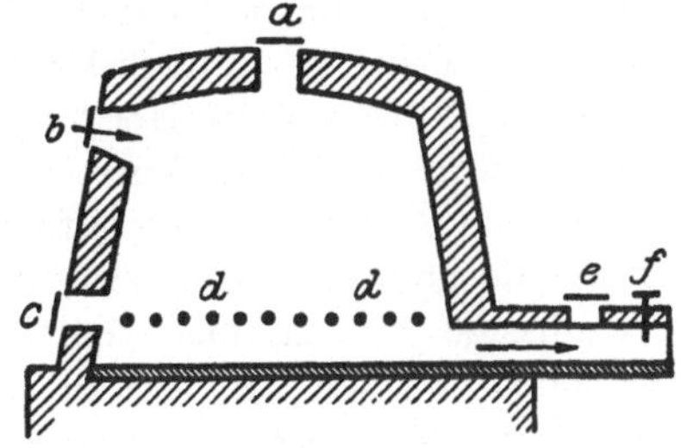

Fig. 260. Kiln.

die Destillationsprodukte, soweit sie nicht im Ofen verbrannt werden, entweichen durch den unten abziehenden Kanal und können der Kondensation zugeführt werden. Die Beheizung erfolgt auch hier wie beim gewöhnlichen Meiler von innen nach außen.

Gegebenenfalls kann auch eine von außen erfolgende Beheizung vorgesehen werden, dadurch, daß man unter der Ofensohle eine Rostfeuerung anbringt und die heißen Verbrennungsgase in den Kiln überleitet.

Herdöfen.

Für alle jene Wärme-, Glüh- und Schmelzverfahren, bei denen die Ofenbeschickung unempfindlich gegen die Verunreinigungen aus dem Brennstoff ist, und bei denen die entstehenden gasförmigen Produkte des Ofenprozesses nicht weiter verwertet werden sollen, vielmehr ins Freie entlassen werden, haben die **Herdöfen** große Verbreitung gefunden; sie sind einfach und billig im Bau, gestatten die Verwendung auch minderwertiger Brennstoffe, weisen allerdings einen verhältnismäßig hohen Brennstoffverbrauch auf und müssen auch — z. B. bei der Bleigewinnung — erhebliche Stoffverluste durch die Abgase in Kauf nehmen, weswegen sie z. B. für die Silbergewinnung ganz ausscheiden.

In der Gewinnung des Bleies dient der Herdofen zur Durchführung der Röst- und Reaktionsarbeit bei hochwertigen Erzen, die nicht zuviel Kieselsäure enthalten: der Bleiglanz wird durch unvollständige Röstung in ein Gemisch von Bleisulfat, Bleioxyd und Bleisulfid übergeführt und dann die Temperatur so hoch gesteigert, daß sich Bleioxyd und Bleisulfat und das Bleisulfid unter Bildung von metallischem Blei und unter Entweichen von schwefliger Säure zersetzen.

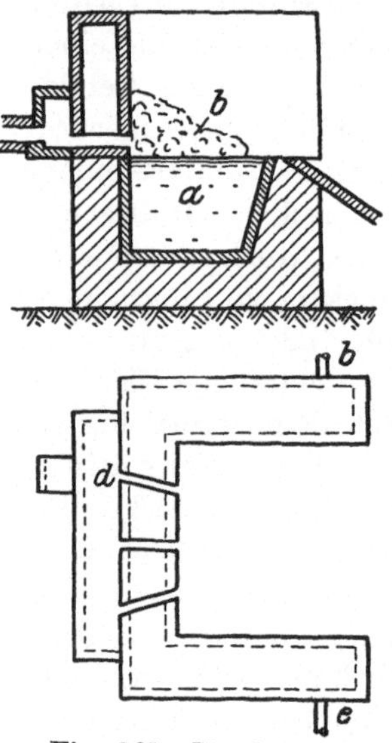

Fig. 261. Herdofen.

Der Herdofen besteht gewöhnlich aus einem aus einem Stück gegossenen **Herdkasten**, welcher während des Betriebes stets mit geschmolzenem Blei gefüllt ist, und um welchen mittels schwerer Gußstücke erst der eigentliche Herd aufgebaut ist. Fig. 261 zeigt einen **amerikanischen Herdofen zur Bleigewinnung**: der erhitzte Herdkasten a aus starkem Guß wird mit Blei gefüllt und auf ihm ein Kohlenfeuer entzündet; sobald der Ofen in Betrieb ist, wird immer eine Schaufel Brennstoff und zugleich etwa 10 bis 15 kg Erz aufgegeben, die Kohle gegen die Brenneröffnung geworfen und dann niedergeschmolzen: das flüssige Blei sammelt sich im Herd und fließt über eine Rinne ab, die Schlacken werden von Zeit zu Zeit herausgezogen, grob zerkleinert und, soweit sie noch bleihaltig sind, wieder in den Prozeß eingeführt. Die Figur zeigt auch schematisch den Grundriß des Herdofens, d sind die Öffnungen zur Luftzufuhr für das Feuer, b und c Eintrittsöffnungen und Austrittsöffnungen für das Kühlwasser, um den Ofen zu kühlen: man hat versucht, dies mit der Gebläseluft selbst zu tun, mußte aber davon abgehen, weil durch die so vorgewärmte Luft zu große Verflüchtigung von Blei stattfand; man kehrte dann zur Wasserkühlung zurück.

Schachtöfen.

Kennzeichnend für alle diese Öfen ist der vertikale Schacht von gewöhnlich rundem, manchmal ovalem, seltener auch viereckigem Querschnitt, welcher den Ofenraum bildet; das obere Ende desselben, die sog. **Gicht**, ist entweder offen oder mit Beschickungsvorrichtung und Gasabzug versehen, um die entweichenden Reaktionsgase der weiteren Ausnutzung zuführen zu können. Unmittelbar über der Ofensohle befindet sich eine Vorrichtung zum Abstechen, wenn der Ofen als Schmelzofen verwendet wird, oder für Brenn- und Glühöfen zum „Ziehen" des stückigen Gutes. Früher war der aus feuerfesten Steinen aufgebaute Schacht gewöhnlich mit starkem Mauerwerk aus Ziegeln — „Rauhgemäuer" — umgeben, um den Ofen gegen Wärmeverluste nach außen zu schützen; heute ist man allgemein zum **Bau freistehender Öfen aus dünnem Mauerwerk** übergegangen, welches mit Ringen und Bändern zusammengehalten wird oder auch ganz in einen Eisenmantel eingekleidet ist; durch diesen Eisenmantel wird unter allen Umständen gasdichter Abschluß des Ofens nach außen erreicht, es werden aber auch die fallweise notwendigen Reparaturen viel schwieriger und umständlicher durchzuführen.

Moderne Öfen werden ganz aus Stahl und Beton gebaut und erhalten dann an den heißesten Stellen **wassergekühlte Mäntel**: dadurch steigt zwar der Brennstoffverbrauch an, dieser Nachteil wird aber durch eine ganze Reihe betriebstechnischer Vorteile, auf die noch zurückgekommen wird, wieder wettgemacht.

Viele Schachtöfen verfügen über eine gute Wärmeausnutzung dadurch, daß der Ofenunterteil als Rekuperator wirkt und dort eine sehr weitgehende Vorwärmung der Verbrennungsluft stattfindet.

Kennzeichnend für alle Schachtöfen ist das Absinken der Beschickung nach unten bei stehender Feuerung; diesem Absinken der Beschickung und den Veränderungen derselben während desselben ist auch die Form der Öfen angepaßt, deren oberer Teil fast stets mit konischer Erweiterung nach unten gebaut wird, während andererseits bei Öfen, welche einem Schmelzprozeß dienen, der untere Teil des Schachtes wieder eine mehr oder minder starke Einziehung erhält, also konisch, mit der größeren Öffnung nach oben, gebaut wird, entsprechend der durch die Schmelzung eintretenden starken Volumverminderung der Ofenbeschickung. Die Arbeitsweise der Schachtöfen ist stetig — kontinuierlicher Betrieb —, Gut und Brennstoff werden in wechselnden Schichten eingeschüttet und das fertige Produkt unten in bestimmten Zeiträumen abgezogen; und zwar bei den Schmelzöfen durch Abstich in flüssiger Form, bei den Brenn- und Glühöfen durch Arbeitstüren, welche im Unterteil des Ofens vorgesehen sind. Als Brennstoff wird für die Schachtöfen ein möglichst gasarmer Brennstoff verwendet; gashaltige Brennstoffe und insbesondere Kohle mit hohem Gehalt an flüchtigen Stoffen führen zu Wärmeverlusten, dadurch, daß die brennbaren Gase unausgenutzt nach oben entweichen und verloren gegeben werden müssen; harter Koks gleichmäßiger Stückgröße eignet sich am besten, eine bestimmte nicht zu geringe Druckfestigkeit muß verlangt werden, um ein Zerdrücken und Zerreiben zufolge der starken Belastung in den oft hohen Öfen zu vermeiden; ungleichmäßige Körnung und die Bildung von feinkörnigem Brennstoff durch Zerdrücken und Abrieb führt zu einer Verlegung der Brennzone zufolge ungleichmäßigen Durchganges der Luft.

Man unterscheidet zwischen **eigentlichen Schachtöfen** oder **Schachtöfen mit kurzer Flamme** und **Schacht-Flammöfen** oder **Schachtöfen mit langer Flamme.**

Die ersteren werden sowohl mit als auch ohne Rost gebaut, mit Rost heute aber nur mehr in vereinzelten Fällen: im Unterteil des Ofens wird durch Auflagern starker Roststäbe auf zwei eingebaute Schienen ein Rost gebildet, auf welchem die ganze Beschickungssäule ruht: zum Ziehen der Beschickung werden die Roststäbe herausgezogen, die Masse rutscht nach, und nach Herausnahme des garen Brenngutes werden die Roststäbe wieder eingeschoben und der Prozeß geht bis zum nächsten Ziehen weiter.

Die älteste und einfachste Form der ohne Rost arbeitenden Schachtöfen ist der sog. **Harzerofen**, der zum Brennen von Estrichgips verwendet wurde, und der aus einem einfachen gemauerten Schacht besteht, dem oben abwechselnd das Brenngut — der Gipsstein — und der Brennstoff — Koks — in Schichten aufgegeben werden, der fertiggebrannte Gips wurde an der Sohle abgezogen.

Fig. 262 zeigt einen **Kalkbrennofen** der Maschinenfabrik Sangerhausen: der eisenummantelte, mit Schamottesteinen gefütterte Schacht $A\,B\,C$ ruht auf starken eisernen Füßen E; die Beschickung — Kalkstein und Koks — wird durch den Verschluß bei A eingeführt, der fertig gebrannte Kalk wird bei C gezogen; die eigentliche Brennzone ist bei B, die Abgase mit einem Kohlensäuregehalt von 35—40% entweichen bei A entweder ins Freie, oder sie werden über eine Absaugleitung der weiteren Verwertung zugeführt zur Gewinnung der in ihnen enthaltenen Kohlensäure oder deren Ausnutzung für chemische Umsetzungen. l sind Schaulöcher, welche einen Blick in das Innere des im Betrieb befindlichen Ofens gestatten und insbesondere ein Hängenbleiben der Beschickung oder Wandern der Brennzone erkennen lassen sollen. Während der hier beschriebene Ofen mit Unterdruck arbeitet, die zugeführte Luftmenge frei unten bei der Abziehöffnung eintreten kann und ihre Menge durch richtige Einstellung der den Unterdruck bewirkenden Pumpe geregelt wird, arbeiten viele Kalköfen auch heute noch mit Überdruck, derart, daß der Ofen unten geschlossen ist und in diesen geschlossenen Unterteil die zur Verbrennung des Brennstoffes notwendige Luft durch ein Gebläse eingedrückt wird. Im zuletzt genannten Falle sind im Unterteil eine oder mehrere Arbeitstüren angebracht, durch welche das fertig gebrannte Gut gezogen werden kann, und die im Betrieb mit dicht schließenden Deckeln bzw. Türen versehen sind.

Aber nicht nur eine Reihe von Kalköfen, sondern die meisten der anderen für andere Zwecke dienenden Schachtöfen werden mit Gebläseluft betrieben, so vor allem die zum Erzschmelzen verwendeten Schachtöfen, unter ihnen auch der **Hochofen,** dann eine Reihe weiterer Öfen, wie z. B. die zur Pyritschmelze dienenden. Fig. 263 zeigt einen alten Mansfeldofen, wie er heute nur mehr historisches Interesse hat; die etwa 6 m hohen Öfen bestanden aus einem inneren Schacht *s* aus feuerfester Masse; der Schacht ist außen von starkem Rauhgemäuer umgeben, die Füllung *f* diente als Wärmeschutz — heute wird an der gleichen Stelle gekühlt, um zu höheren Temperaturen im Innern des Ofens übergehen zu können —, *o* ist der Sohlstein, *u* der Augenstein, *v* eine

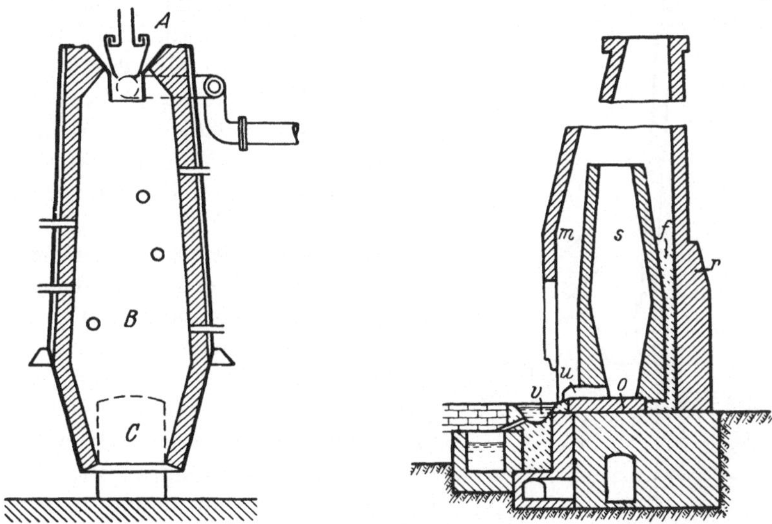

Fig. 262. Kalkbrennofen.   Fig. 263. Alter Mansfeldofen.

Art Vorherd zur Abtrennung des Steins von der leichteren Schlacke, *m* diente als Esse zum Ableiten der beim Abstich auftretenden Dämpfe, die Schlacke wurde in *v* aufgefangen. Die Bauart der Schachtöfen ist in Anbetracht der vielseitigen Verwendungsmöglichkeiten eine sehr verschiedene, im anschließenden sollen nur zwei der wichtigsten Typen herausgegriffen werden, einerseits der **Wassermantelofen,** wie er zum Erschmelzen des Steins in der Kupferverhüttung heute allgemein angewendet wird, andererseits der Eisenhochofen.

Der größte der Wassermantelöfen ist seinerzeit von der Firma Krupp für die Mansfelder Kupferschiefer bauende Gewerkschaft in Eisleben bestellt worden und hat sich voll bewährt. An Stelle der früheren Ausmauerung mit feuerfesten Steinen tritt hier die Anwendung von wassergekühlten Eisenplatten an den Stellen der stärksten Wärmebeanspruchung der Ofenwände; dadurch muß zwar ein größerer Kohlen- bzw. Brennstoffverbrauch in Kauf genommen werden, aber dieser Nachteil wird mehr als wettgemacht dadurch, daß: 1. die Leistung des Ofens eine viel höhere wird: erst mit der Einführung der Wassermantelöfen stand ein für **Massendurchsätze** brauchbarer Ofen überhaupt zur Verfügung, ein Moment, welches bei der Verarbeitung armer Erze, wie hier, von größter Bedeutung ist; 2. Bau und Inbetriebnahme des Ofens können in viel kürzerer Zeit erfolgen als bei den alten Öfen mit Schamotteausmauerung, auch sind die Reparaturen seltener und leichter und rascher durch fallweises Auswechseln einzelner Platten durchzuführen; 3. zufolge der guten Kühlung der Ofenwandungen bleiben dieselben schlackenfrei, überdies ist es dadurch möglich, zu viel höheren Temperaturen in der Beschickung überzugehen als beim schamottegefütterten alten Ofen; die Erreichung von Innentemperaturen von 1500° ist ohne weiteres möglich, wenn auch Temperaturen von 1300° im allgemeinen kaum überschritten werden. Der Bau solcher Wassermantelöfen ist erst durch die gewaltigen Fortschritte in der Technik des autogenen Schweißens möglich geworden, die es gestattet, die einzelnen Mantelstücke völlig nahtlos in jeder beliebigen Form bereitzustellen.

Die zweite hier zu besprechende und wohl wichtigste aller Schachtofentypen für kurze Flamme ist der **Eisenhochofen** in der schematischen Darstellung in Fig. 264. Er ist ein stehender Schachtofen bis zu 700 cbm Fassungsraum und 30 m Höhe; der große Schacht b ist oben von der Gicht abgeschlossen und erweitert sich nach unten etwas bis zum größten Querschnitt, dem sog. „Kohlensack", um unten dann in die stark verjüngte „Rast" c und das zylindrische „Gestell" d überzugehen. Sämtliche Schachtteile sind aus tonerdereichem Schamottematerial hergestellt. Gestell und

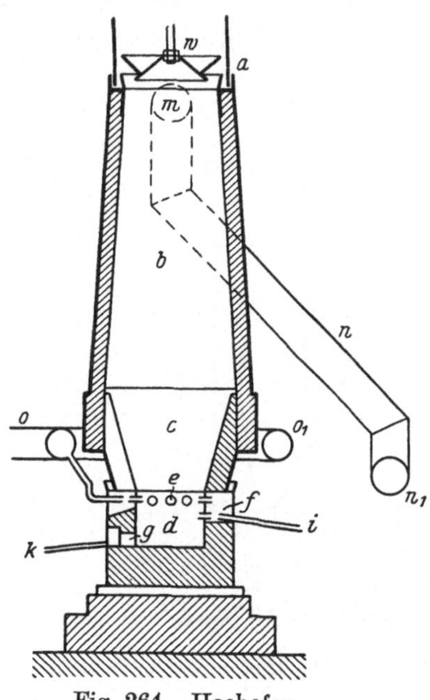

Fig. 264. Hochofen.

Rast erfordern besondere Sorgfalt in der Auskleidung und Wahl der Steine, um der flüssigen Schlacke gut widerstehen zu können. Die Wände des Gestells sind 1 m, der Bodenstein 2 m dick; zum Schutz gegen den Angriff der reaktionsfähigen flüssigen Schlacke wird die Schamotteausmauerung durch Wasser, welches aus Kästen ständig herabrieselt, gekühlt, neuerdings versucht man auch Schamotte ganz auszuschalten und dafür gut gekühltes Gußeisen in Form von Ringen zu verwenden; das geschmolzene Roheisen fließt über $g\,k$, also unmittelbar von der Sohle, ab und durch das sog. Abstichloch, welches für gewöhnlich mit einem Tonpropfen verschlossen ist und nur zum Abstich geöffnet wird; etwa 1 m darüber liegt der „Schlackenstich" unterhalb von f, eine oder zwei Öffnungen, durch welche die flüssige Schlacke ständig über i aus dem Ofen abfließt; etwa $1/_2$ m über dem Schlackenstich münden die „Formen" in den Ofen, es sind dies konische Rohrstücke, und zwar 6 bis 10 Stück, welche die heiße Gebläseluft in den Ofen gleichmäßig einströmen lassen und verteilen; diese Windformen sind aus Phosphorbronze, sie sind doppelwandig und werden ständig mit fließendem Wasser gekühlt; auch die Schlackenlöcher werden mit „Schlackenformen", welche ebenfalls aus Phosphorbronze hergestellt sind, ausgekleidet, um das Schamottemauerwerk gegen den Angriff der flüssigen Schlacke zu schützen.

Früher sind die Hochöfen ganz allgemein mit „offener Brust" gebaut worden: vgl. Fig. 265; das Untergestell war seitlich geöffnet, so daß man etwaige Verunreinigungen durch Stochstangen beseitigen konnte; die Öffnung war nach Art eines Überlaufverschlusses abgesperrt durch die flüssige Schlacke, welche zwischen dem „Wallstein" b und dem „Tümpelstein" c hindurchfließen mußte; seitdem man aber im Hochofenbetrieb ganz allgemein mit heißer Luft bläst, werden die Temperaturen im Hochofen so hoch, daß ein „Einfrieren der Schlacke" nicht mehr eintreten kann; dadurch

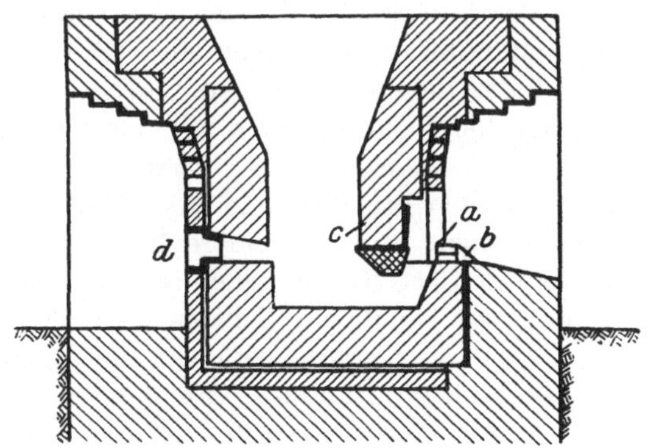

Fig. 265. Offene Ofenbrust.

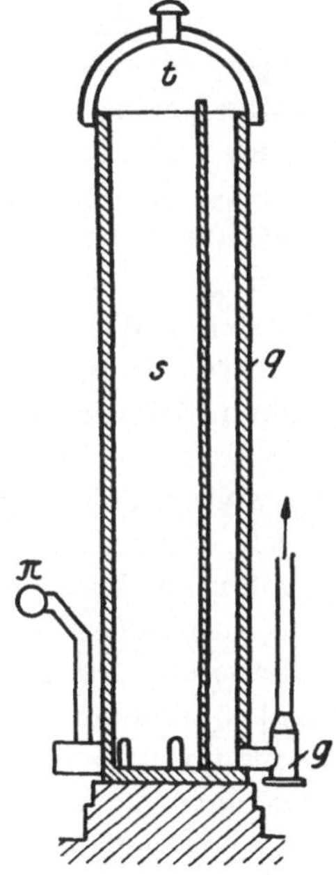

Fig. 266. Cowper.

erübrigt sich diese Öffnung oder offene Ofenbrust, überdies würde sie heute bei bedeutend gesteigerten Winddrucken im Ofen kaum mehr gestattet sein.

Die Gicht war früher bei den Hochöfen ganz allgemein offen, und durch sie entwichen die Hochofengase ins Freie und verbrannten ungenutzt; seit mehr als 60 Jahren sind die Öfen oben geschlossen, und die Leitung m gestattet, die Gichtgase abzunehmen und sie weiter zu verwerten.

Die Windzufuhr erfolgt durch die Windleitung OO_1, welche mit Steinen ausgesetzt ist — heißer Wind!

Die Erhitzung des Windes erfolgt in den sog. **Winderhitzern,** von welchem zu jedem Ofen mindestens 4 gehören, und die genau nach dem Prinzip der Siemensschen Regenerativfeuerung arbeiten und die Gebläseluft auf 700 bis 800° vorwärmen; diese Winderhitzer, nach ihrem Erfinder „**Cowper**" genannt, sind 4 nebeneinander angeordnete zylindrische hohe Türme — vgl. Fig. 266 — mit halbkugeliger Haube aus Schamottesteinen in einem luftdicht schließen-

den Eisenmantel; das Innere jedes solchen Cowpers ist in zwei senkrechte
Schächter unterteilt, von denen der eine, kleinere, Schacht q leer ist, während
der andere über einem engen Steinrost mit zahlreichen senkrecht aufgestellten
Röhren ausgekleidet ist, so daß nach dem Öffnen der Haube es leicht möglich ist, die einzelnen Rohre durchzubürsten und angesetzten Flugstaub usw.
zu entfernen.

Die zum Heißblasen bestimmten Gase treten unten in q ein, vermischen
sich mit der dort ebenfalls zutretenden Verbrennungsluft, streichen in q von
unten nach oben, wenden oben unter der Kappe des Cowpers und streichen
in s nach unten, die Verbrennungswärme an die Auskleidung und die Füllung
des Cowpers übertragend, welche auf diese Weise hoch erhitzt wird; schließlich entweichen sie in die Essen; sobald der Winderhitzer heiß geblasen ist,
schaltet man um, so daß aus der angedeuteten Luftleitung π die kalte Luft,
vom Gebläse kommend, nun den hocherhitzten Cowper durchstreicht, sich
dabei auf 700 bis 800° erwärmt und dann in hoch erhitztem Zustand über die
Windleitung und die Windformen dem Hochofen eingeblasen wird. Der
Wechsel der 4 Winderhitzer — Heißblasen: Anwärmen des Ofenwindes —
erfolgt mittels Umschaltklappen in der gleichen Weise, wie beim bereits beschriebenen Siemens-Regenerator. Man bläst gewöhnlich doppelt so lange
heiß, als man zur Heizung des Windes diesen durch den Cowper schickt.

Eine weitere Form der Schachtöfen sind die **Schachtöfen mit langer Flamme**
oder auch **Schachtflammöfen** genannt; während bei den erstbesprochenen
Schachtöfen mit kurzer Flamme, in welchen Brenngut und Brennstoff schichtenweise aufgegeben werden, das Brenngut in unmittelbare Berührung mit
dem Brennstoff gerät und die aus dem Brennstoff stammende Asche mit in das
Brenngut übernommen werden muß, ist bei diesen Schachtflammöfen die
Brennstoffumsetzung außerhalb des Ofens verlegt worden und die mineralischen
Beimengungen der Brennstoffe kommen hier nicht mehr mit dem Brenngut
zusammen; gegenüber den mit kurzer Flamme arbeitenden Schachtöfen
bieten die Flammschachtöfen eine Reihe von Vorteilen dadurch, daß sie eine
leichtere Regelung und Einstellung der Temperatur gestatten, daß sie ferner,
wie bereits erwähnt wurde, das Brenngut nicht mit der Brennstoffasche ver-
unreinigen, und nicht zuletzt auch dadurch, daß sie die Verwendung minderwertiger Brennstoffe für den Brennprozeß erlauben.

So ist man bereits bei den Kalkbrennöfen, z. B. in der Carbidindustrie,
die einen reinen Kalk benötigt, von den kurzflammigen Schachtöfen auf die
langflammigen übergegangen, in einfachster Weise dadurch, daß man dem
eigentlichen Brennschacht unten gewöhnlich drei Halbgasfeuerungen anbaute,
in denen auf einfachen Schrägrosten der niederwertige Brennstoff vergast
und das Gas mit der Verbrennungsluft im Ofenschacht, und zwar gewöhnlich
im ersten Drittel von unten, verbrannte; oder aber dadurch, daß man den
Brennofen als gasgefeuerten Ofen ausbildete und einen kleinen Gaserzeuger anbaute, wie dies Fig. 267 zeigt: der in diesem Fall zylindrische
Schacht $A\,B\,C$ ist mit dem oben aufgegebenen Brenngut gefüllt, in der Höhe
des ersten Drittels wird dann aus dem kleinen Gaserzeuger G, der in diesem

Falle mit Schornsteinzug arbeitet, wie der ganze Ofen selbst, der aber gegebenenfalls auch mit Überdruck betrieben werden kann, Generatorgas eingeführt; sowohl das Gas, wie die von unten durch das gebrannte Material streichende Luft erhalten zufolge der in B auftretenden starken Wärmeentwicklung genügenden Auftrieb, um den Ofen zu durchstreichen und über das Ventil A zu entweichen: durch Einstellung des letzteren ist es dann ohne weiteres möglich, den Verlauf des Verbrennungsvorgangs innerhalb weiter Grenzen zu regeln. Öfen dieser Art werden für eine ganze Reihe von Verwendungszwecken gebaut, unter anderem auch für das Brennen des Gipssteines, für das Abrösten der Quecksilbererze usw.

Für die richtige Führung des Brennvorganges in allen derartigen Öfen ist die Einstellung und örtliche Beibehaltung einer horizontalen Brennzone unbedingt notwendig; wandert sie, oder findet Verlagerung aus der Horizontalen statt, so arbeitet der Ofen ungleichmäßig und gibt dann auch kein gleichmäßig ausgegartes Erzeugnis; tritt schließlich „Randfeuer" auf, so kann es geschehen, daß neben weitgehend ausgebranntem Gut auch ungares Gut unten zur Austragung gelangt. Um dies zu vermeiden, ist es vor allem notwendig, daß das Brenngut hinsichtlich seiner Stückigkeit einheitlich beschaffen ist, weiter aber auch, daß das Ziehen des bereits garen Gutes am unteren Ofenende so erfolgt, daß das Nachrutschen frischen Brenngutes in die Brennzone gleichmäßig vor sich geht; je gleichmäßiger die Entnahme des Gargutes ist, desto größer ist die Sicherheit, die Brennzone fixiert zu erhalten; aus diesem Gesichtspunkt heraus hat man auch versucht, die Entleerung des Ofens zu einer stetigen zu machen, dadurch, daß man an der Austragsöffnung rotierende Austragsvorrichtungen anbrachte, welche bei jeder Drehung stets die gleiche Menge Gargut zum Austrag bringen; am einfachsten verwendet man hierzu als Austragsvorrichtungen geriffelte gegeneinander laufende Walzen oder auch horizontal schiebende Austragsvorrichtungen, die bei jedem Hub eine gewisse Menge des Brenngutes nach außen befördern und auf eine Schwinge abwerfen. Auf diese Bauarten soll hier nicht näher eingegangen werden.

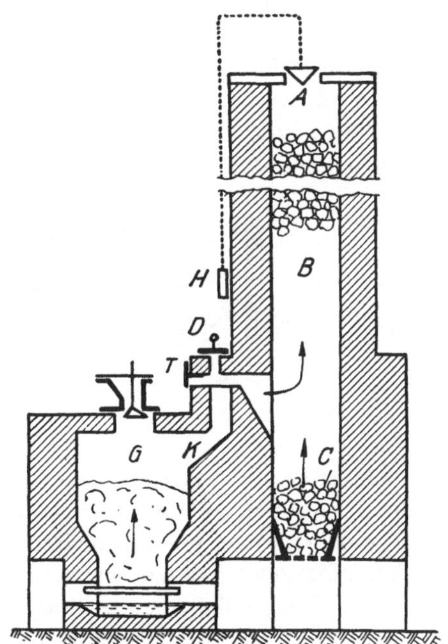

Fig. 267. Gasgefeuerter Schachtofen.

Die zuletzt besprochene Form der Schachtöfen leitet bereits — wie ja auch schon der Name: Flammschachtofen sagt — zu den **Flammöfen** über, die dadurch gekennzeichnet sind, daß das Brenngut der Einwirkung einer frei verbrennenden und mit dem Brenngut in innige Berührung tretenden Flamme unterliegt, wobei nicht allein die Wärmeübertragung durch Leitung, sondern auch die durch Strahlung eine besondere Rolle spielt.

Flammöfen können dann sowohl von Rostfeuern aus als — und das ist wohl die überwiegende Mehrzahl der Bauarten — durch Gasfeuerung beheizt werden, wobei die besonderen Vorteile der Gasfeuerung in diesem Falle neben der größeren Reinheit und leichteren Regulierbarkeit darin zu suchen sind, daß diese Art der Verbrennung es gestattet, mit einem minimalen Luftüberschuß auszukommen — neutrale Flamme — oder aber mit Luftüberschuß zu arbeiten — oxydierende Flamme — oder schließlich für bestimmte Zwecke absichtlich mit Luftmangel zu arbeiten und dann über eine reduzierende Flamme zu verfügen, die nicht nur der Wärmeübertragung dient, sondern auch gleichzeitig der Durchführung chemischer Reaktionen oder der Verhinderung von Oxydationsvorgängen im Brenngut.

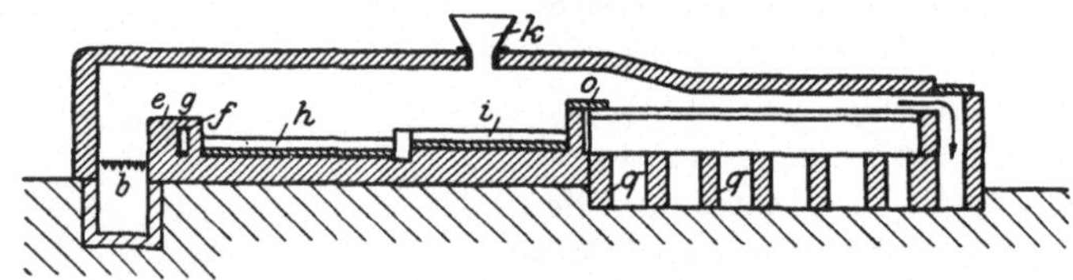

Fig. 268. Sodahandofen.

Je nach der Bauart dieser Flammöfen unterscheiden wir dann zwischen **Herdflammöfen mit feststehendem Herd, Flammöfen mit beweglichem Herd,** zu welchen auch die **Flammöfen mit rotierendem Herd** zu zählen sind, und **Flammöfen mit beweglichen Krählern.**

Die Wärmeübertragung findet bei diesen Öfen dadurch statt, daß die nach unten auf Schmelze oder Brenngut gerichtete Flamme ihre sehr hohe fühlbare Wärme derselben überträgt; neben der Konvektion spielt hier aber auch die Strahlung eine sehr wichtige Rolle, und die durch Strahlung übertragene Wärme geht bis zu 80 Proz. der insgesamt an das Brenngut abgegebenen; Kohlensäure und Wasserdampf sind die Hauptträger derselben, am stärksten wirken leuchtende Flammen, weshalb die Anwesenheit schwerer Kohlenwasserstoffe in den Heizgasen von erheblicher Bedeutung ist, im Gegensatz zu den nicht leuchtenden Flammen der gereinigten — Teerabscheidung — gewonnenen Brenngase; der in der leuchtenden Flamme feinst verteilte, durch Zersetzung von Kohlenwasserstoffen entstandene Ruß ist der stärkste Vermittler strahlender Wärmeübertragung.

Von den ungemein zahlreichen Sonderausführungen abgesehen, welche dann ganz bestimmten Zwecken der Verwendung angepaßt sind, soll hier die grundsätzliche Bauweise und Arbeitsweise solcher Flammöfen an einzelnen wenigen Beispielen aufgezeigt werden. Fig. 268 zeigt den alten **Sodahandofen** zum Schmelzen der Rohsoda, bei dem die Wärme der den Herd sehr heiß verlassenden Gase noch weiter ausgenutzt wird zum Eindampfen der Rohsodalauge.

Diese Öfen hatten zwei hintereinanderliegende feuerfest ausgemauerte und mit seitlichen Arbeitstüren versehene Herde h und i; das Rohgemisch wird durch den Fülltrichter k auf den rückwärtigen Herd geschüttet, hier vorgewärmt und dann auf den vorderen Herd gekrückt; dort schmilzt zuerst das Sulfat, dann wird die ganze Masse dünnflüssig und unter ständigem weiteren Umrühren wieder dickflüssig, um schließlich nach dem Garschmelzen durch die Arbeitstür aus dem Ofen herausgekrückt zu werden. Die heißen Feuergase steigen, wie in der Figur ersichtlich ist, vom Rost b auf, streichen über die Feuerbrücke e mit gußeiserner Platte f und dem Luftkanal g, weiterhin über die beiden Herde h und i und über die Schamotteplatte o über die Oberfläche der in der Pfanne befindlichen, zum Eindampfen bestimmten Lauge; q sind die Mauerpfeiler, auf denen die Pfanne aufruht; schließlich entweichen die weitgehend ausgenützten Gase nach unten in den Fuchs. Bei diesem von Hand aus betriebenen Ofen hängt sehr viel von der Geschicklichkeit des Arbeiters ab, auch läßt sich wegen des notwendigen häufigen Öffnens der Arbeitsöffnungen die Temperatur nur schwer halten, weshalb diese Öfen heute vielfach verlassen sind und durch die weiter unten zu besprechenden mechanischen Öfen ersetzt wurden.

Flammöfen mit rotierendem Herd, Telleröfen, andererseits **Flammöfen mit sog. Krählern, Krätzern** usw., werden speziell beim Abrösten von sulfidischen Erzen verwendet, wobei die Krähler oder Krätzer das sonst von Hand aus notwendige Durcharbeiten der Beschickung bewirken; insbesondere beim Abrösten von Pyrit werden derartige Öfen verwendet, wobei man eine ganze Anzahl von Herden übereinander anordnet — Etagenöfen —, in welchen das Erz von dem obersten bis zu dem untersten Herd durch die Rührvorrichtung herabbewegt wird, während die zum Abrösten notwendige Luft beim untersten Herd eintritt und im Gegenstrom zu den Erzen nach oben aufsteigt. Die Rührarme sind an der sog. Königswelle befestigt, sehr oft leicht abnehmbar und auswechselbar; um sie gegen chemischen Angriff zu schützen, werden sie gekühlt entweder durch Wasser, welches in ihnen zirkuliert, oder einfacher und ebenfalls mit bestem Erfolg dadurch, daß man Luft hindurchbläst.

Eine Form der Flammöfen, bei der aber die Trennung des Feuerraumes vom Erhitzungsraum noch strenger durchgeführt ist, sind die **Kammer- und Kanalöfen;** eine mechanische Bearbeitung des Brenngutes ist bei ihnen nicht möglich. Die Mehrzahl dieser Öfen spielt in der Tonwarenindustrie eine sehr wichtige Rolle, und je nach der Art der Flammenführung unterscheidet man Öfen mit aufsteigender Flamme: um den Umfang des Ofens sind mehrere Feuerungen vorgesehen, aus denen die heißen Verbrennungsgase unten in den Erhitzungsraum, die Kammer, eintreten und nach oben streichen und dann in die Esse abgehen; bei ihnen besteht die Gefahr, daß das Brenngut in den unteren Teilen des Ofens viel stärker und gegebenenfalls auch viel zu stark erhitzt wird und zum Erweichen kommt. Hierher gehören weiter eine ganze Reihe von Ofenkonstruktionen aus der Tonwarenindustrie, unter anderem auch der alte Ziegelbrennofen.

Ferner unterscheiden wir Öfen mit wagrechter Flammenführung: die heißen Feuergase durchstreichen den lang gebauten Ofen, indem sie an einer Schmalseite durch ein Gitterwerk verteilt eintreten und den Ofen an der anderen Schmalseite gegen die Esse zu verlassen. Voraussetzung ist die Möglichkeit langer Flammbildung, als fester Brennstoff kommt daher in erster Linie Holz in Frage, für welches diese Öfen auch ursprünglich gebaut wurden.

Die gleichmäßigste Wärmeverteilung ergeben die Öfen mit überschlagender Flamme; auch hier sind eine mehr oder minder große Anzahl von Feuerstellen um den Brennraum — die Kammer — außen herum angeordnet, die Feuergase steigen in vertikalen Kanälen nach oben, werden gegen die Decke der Kammer geleitet und wallen dann, von der Decke zurückgeworfen, in Schleierform durch die Brennkammer, welche sie in den unten angeordneten Feuerabzügen verlassen; die solcherart bewirkte Stauung der Flamme bewirkt bei hohem Wärmenutzungsgrad eine sehr gleichmäßige Verteilung der ganzen Wärme in der Brennkammer.

Der Querschnitt aller dieser Öfen kann praktisch von fast beliebiger Form sein; doch wird man berücksichtigen, daß die Abstrahlungs- und Leitungsverluste bei kreisförmigem Querschnitt am geringsten sind, weshalb man zur Erreichung hoher Temperaturen im Ofen — Porzellanindustrie — runde, zylindrische Öfen mit einer Anzahl gleichmäßig um die Peripherie der Kammer angeordneter Feuerungen verwendet und den Ofen in mehreren Etagen baut, wobei in der untersten Etage das Brennen bei der höchsten Temperatur vorgenommen wird, nach oben aufsteigend bei geringeren Temperaturen.

Zwei recht fühlbare Übelstände haften diesen Öfen noch an: zunächst ist die ganze Ofenmasse, welche ja mit erhitzt werden muß, ein Vielfaches der Masse des eigentlichen Brenngutes; die Wärmenutzung muß daher, bezogen auf das durchgesetzte Brenngut, sehr unbefriedigend ausfallen; zum zweiten muß dem Brenngut genügende Zeit zum langsamen Abkühlen gelassen werden, eine Zeit, die unter Umständen Wochen dauern kann.

Das Zusammenschalten mehrerer Öfen bietet eine Möglichkeit, hier teilweise Abhilfe zu schaffen dadurch, daß man die für den in Betrieb befindlichen Ofen notwendige Verbrennungsluft durch einen in Abkühlung befindlichen Ofen hindurchleitet und solcherart rasche und doch gleichmäßige Kühlung des Brenngutes in diesem Ofen mit der besseren Wärmeausnutzung und rascheren Anheizung im ersten Ofen verbindet; aber diese Art des Betriebes ist kompliziert und deshalb auch im Versuch steckengeblieben. Versuche, kontinuierlich arbeitende Öfen zu bauen, sind schon vor längerer Zeit unternommen worden, aber erst *Hoffmann* gelang die Lösung dieser Frage mit seinem **Ringofen**.

Ringöfen.

Dieser Ringofen besteht aus einem in sich geschlossenen ringförmigen Brennkanal, welcher in einzelne Kammern unterteilt ist, in denen die Flamme periodisch von einer zur anderen Kammer fortschreitet;

ursprünglich von kreisförmig-ringförmigem Grundriß ausgehend, ist man aber heute ganz allgemein zu Öfen von oblonger Form übergegangen.

Im Gegensatz zu den Schachtöfen, an deren Stelle der Ofen z. B. für das **Brennen von Kalkstein getreten ist, wandert bei diesen Ringöfen die Beheizung, während das Gut festliegt.**

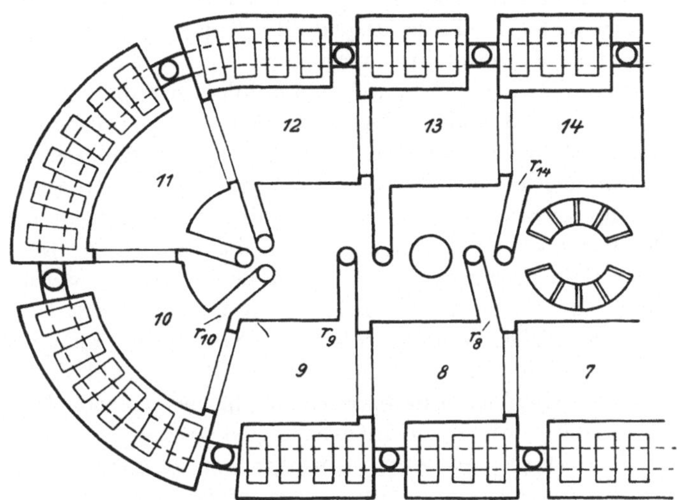

Fig. 269. Hoffmannscher Ringofen.

Die Beschreibung des **Hoffmannschen Ringofens** soll an Hand der schematischen Fig. 269 und 270 erfolgen. Der Ringofen besteht aus 10 bis 20 Kammern, welche gegeneinander durch Papierwände abgetrennt werden können, sofern sie nicht im Betrieb sind und dann einen zusammenhängenden

Brennkanal bilden; jede solche Abteilung hat einen Zugang T zum Füllen und Entleeren, der während des Betriebes zugemauert wird; und von jeder solchen Kammer führt ein Rauchkanal r_1 r_2 usw. zum Rauchsammler R, so zwar, daß jeder solcher

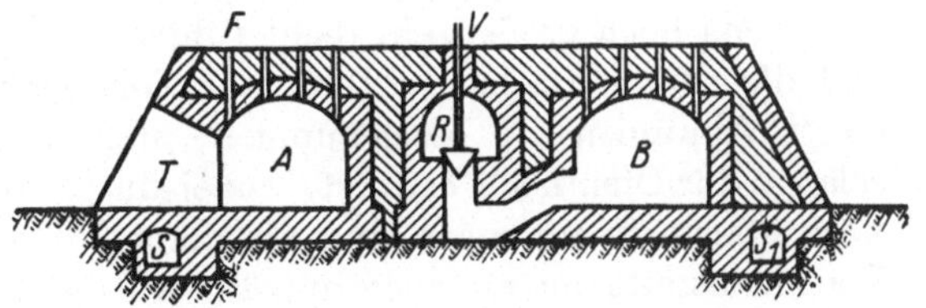

Fig. 270. Hoffmannscher Ringofen.

Kanal r_1, r_2 usw. durch einen Kegel oder durch einen Schieber abgeschlossen werden kann (vgl. den Aufriß! Fig. 270).

Zunächst werden die einzelnen Kammern mit dem Brenngut gefüllt, wobei aber darauf gesehen werden muß, daß unter den vertikalen Kanälen F immer senkrechte Schächte im Brenngut freibleiben: durch diese vertikalen Kanäle F wird von oben der Brennstoff — Kohlengruß — aufgegeben, dann werden die Öffnungen F mit Glocken verschlossen. Es sei z. B. Kammer 6 in Brand: die Verbrennungsluft strömt dann, von der inzwischen geöffneten

Kammer 1 kommend, über die Kammern 2 bis 5, wirkt kühlend auf das dort befindliche fertiggebrannte Gut, tritt vorgewärmt in Kammer 6 ein, verbrennt den Brennstoff daselbst, und die heißen Verbrennungsgase streichen durch die anschließenden Kammern, bis sie schließlich auf den zwischen Kammer 12 und 13 eingesetzten Papierschirm stoßen, dort nicht weiter können, sondern durch den Rauchkanal r_{12} in den Rauchsammler gelangen und entweichen; inzwischen wird die abgekühlte Kammer 1 entleert und mit Steinen neu gefüllt, dann schaltet man nach einer bestimmten Zeit, z. B. nach 12 Stunden, um, in der Weise, daß man mit dem Brennen nach 7 vorrückt; die gegen die Papierwand stoßenden Gase werden heißer, verbrennen die Wand und treten in die nächste Kammer ein, von hier aus wieder über den Rauchkanal dieser Kammer in das Freie entweichend; inzwischen ist Kammer 2 geöffnet gewesen, das Brenngut hat sich abgekühlt, wird gezogen, die Kammer neu beschickt, und nach 12 Stunden wandert die Erhitzung wieder um eine Kammer in der Reihenfolge derselben weiter und so fort. Geöffnet ist stets nur immer der Rauchschieber der letzten Kammer, welche von den Abgasen noch durchstrichen werden soll, und so schreitet Füllen, Entleeren und Brennen immer im Kreise stetig weiter. Die Anzahl der Kammern, welche man beim Abkühlen durchstreichen läßt, ist verschieden; während man beim Brennen von Ziegelsteinen eine größere Anzahl Kammern zur besseren Abkühlung bzw. zum Anwärmen zusammenfassen kann, verbietet sich das bei Zement und auch bei gebranntem Kalk, da derselbe aus der durchstreichenden Luft Kohlensäure wieder aufnehmen würde.

Für große Ringöfen arbeitet man gegebenenfalls mit zwei Feuerungen zugleich, welche immer durch eine gleiche Anzahl dazwischenliegender Kammern stetig im Ofen von Kammer zu Kammer wandern.

An Stelle des ringförmigen Grundrisses hat man auch Öfen — Mehrschenkelöfen — gebaut, bei welchen der Grundriß je nach der Anzahl der Schenkel sternförmig aussieht; bei gleicher bebauter Fläche wird dadurch die Leistung des Ofens noch größer, ein recht fühlbarer Übelstand dieser Öfen ist jedoch, daß die durchstreichende Luft das Gut nicht genügend abkühlt, und um dieses Abkühlen zu beschleunigen, muß man die Füllöffnungen aufreißen, solange der Ofen noch heiß ist, wobei durch die rasche Abkühlung im Mauerwerk starke Spannungen und als deren Folge Risse auftreten; auch ist die Wärmeausnützung nicht so günstig wie im Schachtbetrieb und der Brennstoffverbrauch beim Kalkbrennen im Ringofen gewöhnlich höher als beim Brennen im Schachtofen.

Man hat auch für Ringöfen die Gasfeuerung eingeführt, indem man das zur Beheizung verwendete Gas mit Rohrleitungen über die einzelnen Kammern in einer Hauptleitung verlegte und über den Kammern mittels der sog. „Gaspfeifen" aus Ton in das Innere der Kammer einleitete und dort zur Verbrennung brachte.

Ein weiterer Nachteil der Ringöfen ist auch das recht umständliche Ein- und Ausbringen des Brenngutes, und aus beiden Gründen werden die Ringofen immer mehr von den sog. **Tunnelöfen** verdrängt. Für diese **Kanalöfen** ist kennzeichnend, daß die Feuerung fixiert ist, eine feststehende Feuerungszone geschaffen wird: die zur Verbrennung notwendige Luft strömt an einem Ende das Kanals ein, am anderen Ende treten die Abgase aus, und das Brenngut wird dem Strom der Verbrennungsgase entgegengeführt. Dadurch wird die Wärmeabgabe auf einen kleinen Teil des Ofenmauerwerkes beschränkt, während sie beim Ringofen sich auf die ganze Mauermasse, die ja hier sehr groß ist, auswirkt und dadurch sehr fühlbare Wärmeverluste entstehen. Diese Kanalöfen arbeiten also nach dem umgekehrten Prinzip: während beim Ringofen das Brenngut ruht und die Beheizung wandert, wandert bei ihnen das Brenngut und die Beheizung bleibt ständig auf eine bestimmte Zone des Kanals festgelegt.

Kanalöfen wurden zuerst in der Glasfabrikation zur langsamen Abkühlung des Glases verwendet. Die Kanal- oder Tunnelöfen werden in erster Linie zum Brennen von Material verwendet, das seine Form beibehalten soll, also zum Brennen feuerfester Steine, keramischer Gegenstände, zum Brikettieren feinkörniger Erze in der Hüttenindustrie, aber auch zur Vornahme chemischer Reaktionen, wie der Tunnelofen in der Kalkstickstoffindustrie, bei welchen neben der einleitenden Erhitzung — die Reaktion verläuft dann später exotherm! — auch die Anlagerung von elementarem Stickstoff an das erhitzte Carbid bewerkstelligt werden soll.

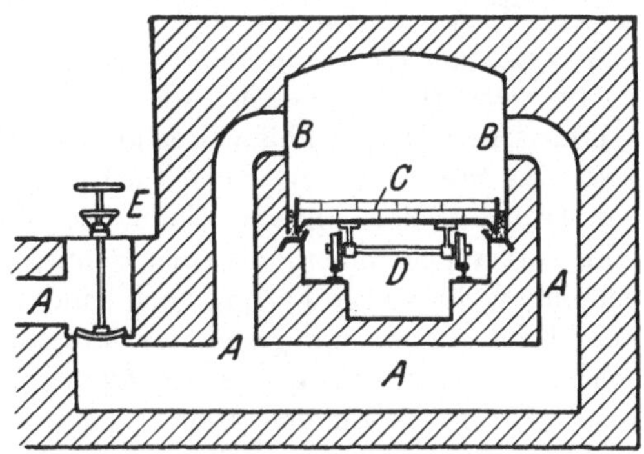

Fig. 271. Kanalofen.

Fig. 271 zeigt einen Schnitt durch den Ofen und durch den in ihm laufenden Wagen D, auf welchem sich das Brenngut befindet. Der Kanal besteht im Schnitt aus zwei Teilen, einem weiteren oberen und einem unteren Teil, in dem sich das eiserne Wagengestell auf Schienen bewegt; um diese gegen die Einwirkung der heißen Brenngase möglichst zu schützen, ist, wie in der Figur angedeutet, einem Eindringen der heißen Brenngase in den unteren Teil des Ofens dadurch vorgebeugt, daß der Wagen am Plateau eine Leiste trägt, welche in einer Sandrinne schleift; überdies ist die Wagenplattform mit einer Lage feuerfester Steine versehen. Trotzdem läßt sich eine Erwärmung der Wagenachsen und deren starke Beanspruchung, bzw. ein recht hoher Schmiermittelverbrauch, nicht vermeiden. Über die Art der Feuerung gibt Fig. 271 ebenfalls Aufschluß: am zweckmäßigsten erfolgt sie so, daß die Feuergase gleichmäßig von beiden Seiten des Ofens in den Brennraum eintreten und dann in der Richtung der Längsachse des Kanals abstreichen.

Daß man für Zwecke der Kohlenverschwelung ähnliche Bauarten versucht hat, sei hier nur erwähnt; in einem Falle wurde sogar der Versuch

unternommen, die Wärmeübertragung — die Heizung muß ja in diesem
Falle indirekt sein — zur Verschwelung der Kohle in dem Kanalofen in
der Weise vorzunehmen, daß man die in dünner Schicht ausgebreitete Kohle
auf einem aus eisernen Schalen bestehenden Transportband, welches auf einem
geheizten Bad aus geschmolzenem Blei schwamm, in den Ofen einbrachte.

Drehöfen.

Das Bestreben, bei stetigem Betrieb des Ofens eine möglichst gute Durchmischung des Brenngutes, weite Verkürzung der Brenndauer bei
möglichster Verringerung der Handarbeit zu erreichen, hat zum Bau der sog.
Drehöfen geführt, die zuerst in der Sodaindustrie Eingang gefunden haben.
Vor allen Dingen können diese Öfen zur Wärmebehandlung von feinkörnigen Stoffen, auch von sinternden und schmelzenden Stoffen Verwendung finden, für welche sich die Benutzung des Schachtofens verbietet zufolge der zu geringen Gasdurchlässigkeit des Brenngutes,
seinem Zusammenbacken und dem dadurch verhinderten Gasdurchgang
bzw. Stilliegen des Ofens überhaupt.

Im wesentlichen bestehen diese Öfen aus einer schwach geneigt verlegten
zylindrischen Trommel bis zu den größten Dimensionen, deren höher gelegenem
Ende das Brenngut aufgegeben wird, so daß es unter der drehenden Bewegung
der Trommel dem unteren Ende, wo die Feuerung einzieht, entgegenläuft
und, dort angekommen, mit einer Schurre entweder direkt ausgetragen wird,
oder aber, in vielen Fällen, noch eine Kühltrommel ganz ähnlicher Art
durchläuft, in welcher gegen das langsam durchstreichende Gut kalte Luft
geblasen wird. Die Länge des Drehtrommelrohres geht bis zu 100 m, normalerweise beträgt sie für eine Reihe von Öfen etwa 20 m, der Durchmesser der
größten Öfen steigt bis zu $3^1/_2$ m an, die Umdrehungszahl richtet sich nach
der Brenndauer, welche angewendet werden soll, sie ist aber auf jeden Fall
verhältnismäßig gering. Die Trommel ist auf Laufrollen aus Stahl gelagert, angetrieben wird sie durch einen aufgezogenen Zahnkranz und ein
Schneckengetriebe.

Die ältesten derartigen Öfen sind bereits vor langer Zeit in der Sodaindustrie — Revolverofen — angewendet worden, wo sie an Stelle der alten Handsodaöfen getreten sind; in Fig. 272 bedeutet a die dem Ofen vorgeschaltete
Rostfeuerung, welche nach dem Drehofen hin eine kreisrunde Öffnung c hat,
die in das sog. „Auge" mündet und mittels dieses mit dem Drehofen in Verbindung steht; dieses Auge b ist ein mit Schamotte gefütterter Eisenring, der
weder mit dem Ofen noch mit der Feuerung in fester Verbindung steht,
sondern frei zwischen diesen aufgehängt wird, so daß kleine Spalten offen
bleiben, durch welche während des Betriebes etwas Luft angesaugt wird, welche
die Verbrennung der aus a abziehenden Gase vollständig macht; durch Heben
mittels eines Flaschenzuges kann der Ring ausgefahren und durch einen neuen
ersetzt werden, wenn er verbrannt ist; die eigentliche Drehtrommel e ist ein
aus starkem Kesselblech gefertigter Zylinder, welcher innen mit feuerfesten
Steinen so ausgekleidet ist, daß sein Querschnitt nicht mehr zylindrisch ist,

sondern die Form eines Faßdurchschnittes aufweist; die Ausmauerung ist nicht glatt verlegt, sondern an zwei gegenüberliegenden Seitenlinien des Zylinders sind die Steine stehend ins Mauerwerk eingelassen, so daß sie aus der sonstigen Ausmauerung als Wendeleisten in den Innenraum der Trommel ragen und beim Umlauf derselben ein gutes Durchmischen des Trommelinhaltes, der Trommelbeschickung, herbeiführen. Ein Mannloch z, welches während des Betriebes geschlossen ist, gestattet die Füllung und Entleerung der Trommel. Die Trommel ist, wie bereits erwähnt wurde, ganz schwach gegen die Horizontale geneigt verlagert, so zwar, daß das Eintrittsende für die Beschickung etwas höher gelagert ist als das Austragsende. Dieses Austragsende ist ein kurzer Stutzen l mit kreisförmigem Querschnitt,

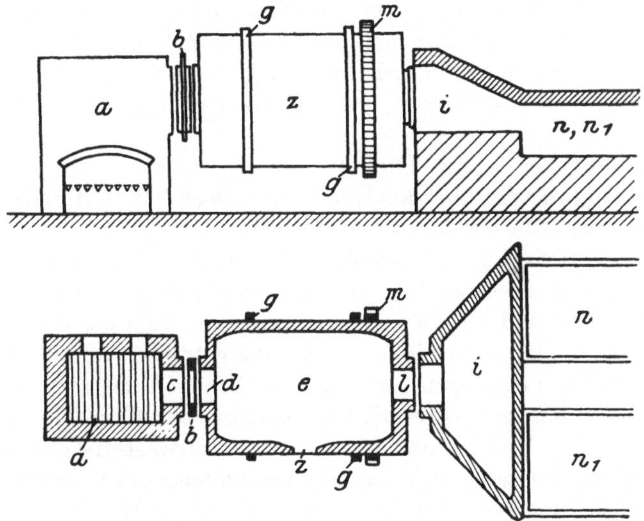

Fig. 272. Revolverofen.

welcher ohne weitere Dichtung an einen ebensolchen Stutzen anschließt und in den Staubabscheider i führt.

Um die Trommel drehbar zu machen, ist sie auf zwei gußeisernen glatten Spurringen g auf Rollen verlagert, der Antrieb erfolgt durch einen auf die Trommel aufgezogenen Zahnkranz m, welcher durch ein Schneckengetriebe in langsamen Umlauf versetzt wird.

Bei fast allen diesen Öfen wird die sehr hohe Abwärme der Abgase noch weiter ausgenutzt; in dem hier vorliegenden Falle dadurch, daß man diese Abgase als Oberfeuer auf die zwei angedeuteten Pfannen n, n' leitet und dort Rohsodalösung eindampft.

Die größeren derartigen Öfen nehmen Beschickungen bis zu 25 t auf, während die größten der alten Handsodaöfen mit Beschickungen von 250 bis 500 kg arbeiteten; das aus diesen Öfen gewonnene Produkt — die Rohsodaschmelze — ist viel gleichförmiger. Als Nachteil hat sich diese Gleichförmig-

keit bis zu einem gewissen Grad insofern ergeben, als die hier fast blasenfreie
und sehr dichte Masse sich viel schwerer auslaugen ließ als die blasige Masse
der alten Handöfen; durch Änderungen in der Beschickungsart hat man diesen
Übelstand aber bald beheben können.

In sehr großem Maße haben sich die **Drehöfen in der Zementindustrie**
eingeführt zur Gewinnung des Klinkers, der von solcher Gleichmäßigkeit
des Brandes in keinem anderen Ofensystem gewonnen werden kann; gewöhnlich sind zwei Trommeln übereinandergelagert, von denen die oben gelagerte
Trommel als Brennapparat dient, die untere hingegen als Kühltrommel bezeichnet wird, weil sie den aus dem oberen Ofen glühend herabfallenden Klinker aufnimmt und zur Abkühlung bringt; die Länge solcher moderner Öfen
beträgt 70 bis 100 m bei einer lichten Weite von etwa 3 m und einer Um-
drehungsgeschwindigkeit von einer Umdrehung in ein bis zwei Minuten;
während die Kühltrommel nur mit einem eisernen Schaufelwerk ausgerüstet
ist, wird die obere Brenntrommel durchgängig mit feuerfesten Steinen ausgekleidet, welche insbesondere in der Sinterzone sehr widerstandsfähig sein
muß.

Die Befeuerung derartiger Drehöfen erfolgt mit Kohlenstaub, flüssigen Brennstoffen oder aber auch mit Gas, doch hat sich der gasbefeuerte
Drehofen in der Zementindustrie eigentlich kaum einzubürgern vermocht,
wofür wohl in erster Linie wirtschaftliche Gesichtspunkte sprechen: bei der
Verwendung von Kohlenstaub — Brennstaubfeuerung — gelangt die Asche
mit in den Klinker, und ihrer Menge und Zusammensetzung muß bei Berechnung des „Satzes‘‘ durch Zuschläge Rechnung getragen werden; bei den gas-
befeuerten Drehöfen hingegen geht die Asche im Generator zugleich mit
einer bestimmten Menge verbrennlicher Substanz der Kohle in der Schlacke
verloren; im ersten Falle erhitzt demnach die Brennstoffasche die Zement-
ausbeute, und sie wird dann praktisch als Zement verkauft, während im zweiten
Falle ihre Beseitigung noch Kosten verursacht. Öl als Brennstoff kommt nur
dort in Frage, wo dasselbe sehr billig einsteht — Rußland, Vereinigte Staaten —,
während bei uns die überwiegende Mehrzahl der Drehöfen mit Kohlenstaub
als sog. „Brennstaubfeuerung‘‘ betrieben wird; die bei der Herstellung dieses
Brennstaubes gemachten jahrelangen Erfahrungen — Art der Vermahlung,
Wahl der Kohlenmühle, Lagerung und Transport des gemahlenen Brennstoffes — sind wichtig geworden für die weitere Entwicklung der Brennstaubfeuerung überhaupt, die ja heute in vielen Zweigen der Wärmetechnik
in noch immer zunehmendem Maß an Stelle der Rostfeuerung, aber auch an
Stelle der Gasfeuerung tritt.

Auf die Tatsache, daß speziell die Steinkohlenverschwelung sich
ebenfalls die konstruktiven Erfahrungen des Zementdrehofenbaues und
-betriebes zunutze machte und dann zum Bau der sog. „Schweldrehöfen‘‘
in verschiedenen Formen übergegangen ist, sei hier nur verwiesen, ebenso
auf die Tatsache, daß der Drehofen für eine ganze Anzahl von Wärmebehand-
lungsprozessen: Trocknen, Eindampfen, Brennen, Sintern, Agglomerieren
der Erze usw., auch sonst in breitestem Maße Anwendung gefunden hat.

Konverter.

Eine eigenartige Form von Öfen, die ebenfalls hier zu besprechen sind, sind die in der Metallindustrie üblichen Konverter; sie dienen zum Entkohlen des geschmolzenen Roheisens; das Bessemerverfahren, auch Windfrischen genannt, wird in den birnenförmigen Konvertern — siehe Fig. 273 — dadurch vorgenommen, daß Preßluft durch die flüssige Schmelze hindurchgeblasen wird; die Verbrennung des Si zu SiO_3 liefert dabei die notwendige Wärme zur Aufrechterhaltung des Prozesses. Der Konverter ist ein birnenförmiger Behälter für 15 bis 25 t Einsatz aus starkem Schmiedeeisen, der entweder mit kieselsäurereichem Futter — Bessemerkonverter — oder aber mit gebranntem Dolomit ausgekleidet ist — Thomaskonverter —; um die Mitte ist ein starker Stahlring i mit zwei Zapfen gelegt, auf einem der beiden Zapfen ist ein Zahnrad aufgekeilt, welches durch eine Zahnstange und einen mittels Druckwasser angetriebenen Kolben gedreht werden kann, um den Konverter zu kippen; der zweite Drehzapfen ist hohl, und durch ihn wird die Gebläseluft in den Windkasten e geleitet und tritt von diesem durch 100 bis 150 Bohrungen von 1 bis 3 cm Durchmesser in das Innere des Konverters ein.

Bei diesem Lufteinblasen oxydiert der Gebläsewind neben Eisen vorwiegend Silicium und Mangan, die Hauptmenge des im Eisen befindlichen Kohlenstoffes erst später; die Metalloxyde nehmen hierbei aus dem sauren Futter begierig Kieselsäure auf und bilden eine saure Schlacke. Bei Mangel an Silicium — basischer oder Thomasprozeß — ist der Phosphorgehalt des weißen Roheisens der Wärmevermittler.

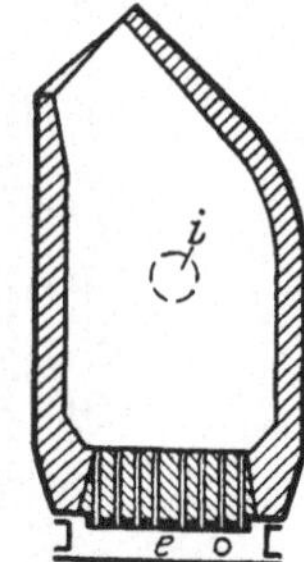

Fig. 273.
Konverter.

2. Öfen mit indirekter Heizung. Gefäßofen mit indirekter Heizung.

In allen jenen Fällen, in welchen das Heizgut nicht mit den Feuergasen in Berührung kommen soll, verwendet man Öfen mit indirekter Heizung, bei denen das eigentliche Brenngut in einem geschlossenen Gefäß sich befindet, welches von außen von den heißen Feuergasen umspült wird; die Wärmeausnutzung ist, wie bei allen indirekten Heizprozessen, schlechter. Die Mehrzahl dieser Öfen gehört zu den weiter unten zu besprechenden Muffelöfen, doch haben sich auch die Schachtöfen mit indirekter Beheizung für bestimmte Zwecke als zweckmäßig erwiesen.

Schachtöfen mit indirekter Beheizung sind zunächst die in der Braunkohlenverschwelung benützten Öfen, z. B. der sog. **Rolleofen**, bei welchem die Kohle in dünner Schicht zwischen der Heizfläche einerseits und der die Kohle begrenzenden und den Dampf- und Gasaustritt begünstigenden „Glocke" herabrieselt. Die Beheizung ist feststehend, das Gut wandert, aus kälteren in immer heißere Zonen übergehend, durch den Schacht hindurch.

Fig. 274 gibt eine schematische Darstellung des am meisten gebräuchlichen Rolleofens für die Verschwelung mulmiger Braunkohle zwecks Teergewinnung; er hat sich auch heute noch erhalten trotz der ihm anhaftenden recht fühlbaren Mängel.

Hier handelt es sich weniger darum, das Brenngut — die Kohle — vor
den Feuergasen zu schützen, als vielmehr die aus dem Brenngut entweichenden Gase und Dämpfe in reiner Form und unzersetzt
zu gewinnen, eine Ten-
denz, die ja alle Schwel- und
Verkokungsvorrichtungen
kennzeichnet; so sehen wir
denn auch andere Formen der
Beheizung hier übernommen,
z. B. die Erhitzung im Drehofen, aber auch hier stets aus
den oben angeführten Gründen mit indirekter Heizung
arbeitend; und wir nähern
uns andererseits der direkten
Beheizung wieder bei den
sog. „Spülgasschwelverfah-
ren", bei welchen der Wärmeträger, in diesem Falle heiße
inerte Gase, gegebenenfalls
auch Verbrennungsgase ohne
überschüssigen Sauerstoff,
wieder Abgas oder das durch
Abgas aufgeheizte Spülgas
ist, welches dann wieder direkt mit der Kohle in Wärmeaustausch tritt. Das grundlegende Prinzip einerseits des
Schachtofens, andererseits
des Drehofens ist also beibehalten und nur den besonderen Verwendungszwecken
des Ofens angepaßt, in diesem Falle durch indirekte
Heizung.

Der Rolleofen selbst, der
als ältester und lebenszähe-
ster Vertreter der Schwelöfen
auch heute noch eine unbe-
strittene Rolle spielt, sei anschließend kurz besprochen.

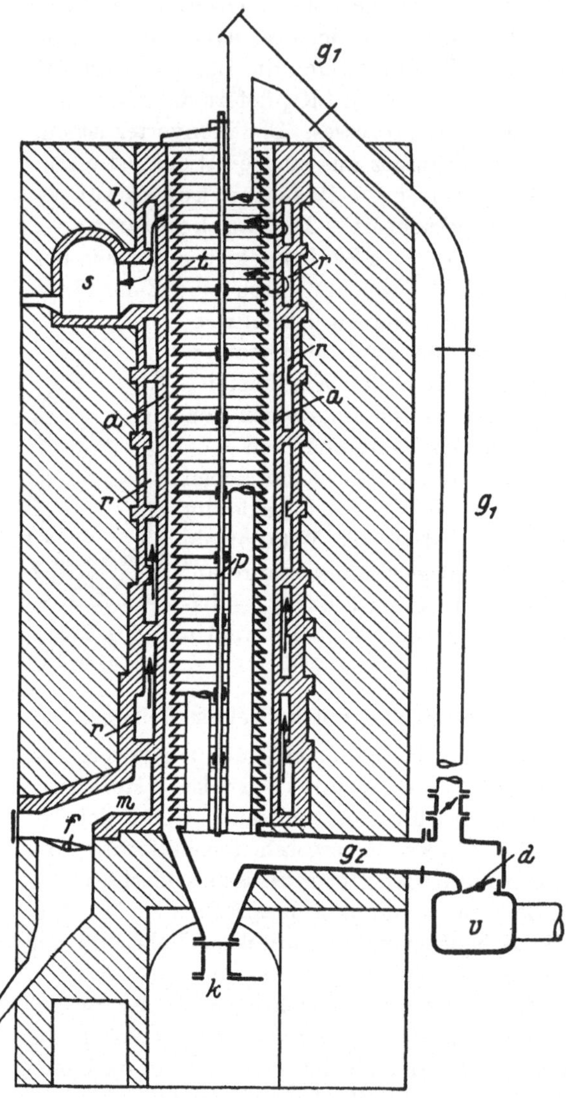

Fig. 274. Rolleofen.

In einen Zylindermantel a aus feuerfestem Material ist ein zweiter zylindrischer Mantel eingebaut, so daß zwischen beiden ein verhältnismäßig schmaler
zylindrischer Zwischenraum bleibt, der eigentliche Schwelraum, in welchem die Umsetzung des Brennstoffes vorgenommen wird. Und zwar ist dieser

Innenzylinder nicht aus einem Stück, sondern aus einer großen Anzahl von sog. Schwelglocken zusammengebaut, indem die nach unten kegelförmig auseinandergehenden tellerartigen einzelnen Glocken, die eigentlich Abschnitte von ganz flachen Kegeln aus Guß sind, in der angegebenen Weise übereinandergelagert werden: dadurch werden Rutschflächen für die langsam im Schacht absinkende Kohle gebildet, die Dämpfe können leicht in das Innere des Schwelzylinders austreten und werden dort abgesaugt, sowohl nach oben wie nach unten, während die Kohle und der aus ihr gebildete Koks immer weiter herabgleiten in dem Maße, in welchem unten im sog. „Kokshut" *k* durch Ziehen von Koks Raum für das Nachsinken geschaffen wird.

Dieser zylindrische Schwelschacht ist unten durch eine kegelförmige Verjüngung aus Eisen abgeschlossen, welche nicht mehr geheizt wird; nach oben ist der Ofenschacht offen, die notwendige Abdichtung wird dadurch bewirkt, daß Kohle darüber gehäuft wird: bei der dichten Lagerung der nassen Kohle und dem im Ofen herrschenden nur ganz geringen Überdruck oder Unterdruck genügt diese Abdichtung, um ein Austreten von Gas oder ein Einsaugen von Luft auszuschließen. *r* sind die Ringzüge, in welchen die von der Feuerung *f* über die Feuerbrücke *m* kommenden Verbrennungsgase aufsteigend den Ofen außen umspülen, um ihn schließlich über den Rauchgaskanal *s* zu verlassen; ein in demselben angeordneter Schieber gestattet die Einstellung des Ofenzuges und damit die Regulierung der Feuerung. Die Absaugung der Gase erfolgt sowohl nach unten wie auch von oben aus, beide Leitungen treffen in der Vorlage *v* zusammen, und eine dort angebrachte Hauptdrosselkappe *d* gestattet die Regelung der Absaugung so, daß sich der Druck im Ofen nur wenig vom äußeren Luftdruck entfernt. Um das Gewicht der äußeren Schwelglocken zu verteilen, sind einzelne Glocken in gewissen Abständen mit Trägern versehen und ruhen mit denselben auf der Ofenspindel *p* auf. Für die Beheizung kann hier, wie bei den Schachtöfen ja schon besprochen wurde, entweder Beheizung mit Feuergasen oder gegebenenfalls auch Beheizung mit Gas treten, hier arbeitet man gewöhnlich mit gemischter Feuerung und verbrennt das bei der Destillation der Kohle anfallende Gas gleich unter dem Ofen; die Kohlefeuerung vom Rost aus wird nur als Zusatzfeuerung betrieben bzw. zum Anheizen des Ofens verwendet.

Die Mehrzahl der Schwelöfen und Verkokungsöfen sind, soweit es sich nicht um Kammeröfen usw. handelt, von außen beheizte Schachtöfen oder auch Drehöfen.

3. Elektrische Öfen. Allgemeines über elektrische Heizung.

In den elektrischen Öfen wird die Erhitzung nicht durch das Ablaufen chemischer Umsetzungen wie bei der Verbrennung, sondern durch Umwandlung der elektrischen in Wärmeenergie vorgenommen, sei es zur Erhitzung von Stoffen allein, oder auch zur Einleitung bestimmter chemischer Umsetzungen zwischen ihnen, wobei auch hier wieder lediglich Hitzewirkung oder aber — **Elektrolyse im Schmelzzustande** — gleichzeitig chemische Auswirkung des elektrischen Stromes stattfinden kann.

Am einfachsten liegen die Verhältnisse für die sog. **Widerstandsheizung**: durchfließt ein Strom von der Stärke J in der Zeit t einen elektrischen Widerstand von der Größe W, wobei im Widerstand ein Spannungsabfall von E eintritt, so wird eine gewisse Wärme im Widerstand erzeugt, und zwar je Stunde:

für Gleichstrom: Wärme $Q = 864 \cdot E \cdot I$ cal ,

für Wechselstrom: Wärme $Q = 864 \cdot E \cdot I \cos\varphi$ cal ,

für Drehstrom: Wärme $Q = \sqrt{3} \cdot E \cdot I \cos\varphi \cdot 864$ cal ,

wobei $\cos\varphi$ der Koeffizient der Phasenverschiebung ist.

Die wesentlichste Eigenschaft der elektrischen Heizung ist die **stofflose Wärmeerzeugung**, irgendeine Umsetzung, ein Verbrauch von Stoffen findet nicht statt, und ebenso keine Bildung irgendwelcher Umsetzungsprodukte (Abgase). Für die ganz allgemeinen Möglichkeiten der Verwendung des elektrischen Stromes zur Erzielung von Heizwirkungen ist die Tatsache kennzeichnend, daß man praktisch wohl jeden anders gefeuerten Ofen ohne weiteres durch elektrische Heizung erwärmen kann, nicht aber umgekehrt. Gegenüber den bisher besprochenen Öfen mit Brennstoffheizung bietet der elektrische Ofen eine Reihe von wesentlichen und entscheidenden Vorteilen, die anschließend kurz besprochen seien.

Zunächst gestattet er die **Erzielung höchster Temperaturen**: sie sind praktisch nur begrenzt durch die Haltbarkeit der Stoffe, welche der Erhitzung unterworfen werden. Durch die später noch zu behandelnde **Begrenzung der Heizung auf den kleinsten Raum** zufolge der Tatsache, daß hier eine Wärmeabfuhr bzw. Wärmeverluste sich lediglich auf Ableitungs- und Ausstrahlungsverluste beschränken, daß mithin die dauernde Wärmeabfuhr der gewöhnlichen Heizung durch die laufend abströmenden Verbrennungsprodukte vermieden wird, ist die Möglichkeit der Erreichung so hoher Temperaturen gesichert. Diese Möglichkeit hat dem elektrischen Ofen zunächst das Gebiet der Reaktionen mit hohen Temperaturen gesichert.

Ein weiterer wesentlicher Vorteil der elektrischen Heizung ist in der **räumlichen Unabhängigkeit der Energiequelle vom Energieverbrauchsort** zu suchen: die heute gelöste Frage der elektrischen Fernübertragung größter Energiemengen auf weiteste Entfernungen bei durchaus tragbaren Energieverlusten macht den Energieverbraucher praktisch unabhängig vom Standort der Energie, sofern er elektrische Heizung verwendet: während die kohlenverbrauchende Heizung stets mehr oder minder an die Stätte der Kohlengewinnung bzw. an günstige Antransportgelegenheiten für den Brennstoff gebunden ist, spielt die räumliche Entfernung von Energieerzeugung und Energieverbraucher bei der elektrischen Heizung keine Rolle mehr, sofern die elektrische Energie nur an sich in genügend wohlfeiler Form einsteht; **der Rohstoff braucht nicht mehr der Energie nachzuziehen, sondern die leicht bewegliche Energie folgt dem Rohstoff**: gerade in dieser Hinsicht stehen der elektrischen Heizung noch Entwicklungsmöglichkeiten im weitesten Maße frei.

Für eine Menge von Arbeitsgängen der chemischen Industrie spielt aber auch die Reinlichkeit der elektrischen Heizung eine wesentliche Rolle: bietet hier schon der Übergang von der Rostfeuerung zur Gasfeuerung wertvolle Möglichkeiten, so werden dieselben doch erst bei der elektrischen Heizung zu geradezu idealen Bedingungen für die Erhitzung: die bei der elektrischen Heizung möglichen Verunreinigungen — in sehr geringem Umfang gegebenenfalls durch die Elektroden — spielen praktisch keine Rolle, die elektrische Heizung bietet von allen Möglichkeiten der Erhitzung die idealsten Bedingungen.

Es ist bereits oben darauf hingewiesen worden, daß die Begrenzung der Erhitzung auf einen verhältnismäßig sehr kleinen Raum die Erzielung hoher und höchster Temperaturen im Wege der elektrischen Erhitzung hier ohne weiteres gestattet.

Diese Möglichkeit der Begrenzung der Erhitzung hat aber noch eine Reihe weiterer sehr wichtiger Auswirkungen: sie allein gestattet den Bau von Apparaten, wie sie heute in der chemischen Industrie und in verwandten Zweigen derselben gang und gäbe sind und die dauernde Beherrschung höchster Temperaturen ermöglichen: diese hohen Temperaturen wirken wohl auf den Prozeß selbst aus, lassen aber praktisch die Gefäße und Apparate, in welchen er vollzogen wird, unberührt: wir verfügen über keine technisch brauchbaren Stoffe, welche auch nur annähernd jenen Temperaturen standhalten, wie sie im elektrischen Ofen in der Reaktionszone erzeugt werden; wir beherrschen den Prozeß aber trotzdem, weil wir die gewaltige Wärmewirkung eben auf den Prozeß selbst weitgehend beschränken können, so daß die Wärmebeanspruchung der umgebenden Apparateteile nur einen Bruchteil beträgt. Kennzeichnend hierfür ist die Tatsache, daß die größten elektrischen Öfen, so z. B. der Dreiphasenofen nach *Helfenstein* in Hafslund, für einen Umsatz von nicht weniger als 20000 PS gebaut und betrieben wurde, nichtsdestoweniger die Lebensdauer des Ofens größer ist als die einer Reihe von Öfen mit Feuerungen, die mit viel tiefer liegenden Temperaturen arbeiten.

Für die Erzielung höchster Temperaturen ebensosehr wie für die Erreichung sehr günstiger Wärmewirkungsgrade ist die Tatsache grundlegend, daß wir bei dieser Art der Heizung die Wärmewirkung direkt in die zu erhitzenden Stoffe sozusagen hinein verlegen können: wir führen die Wärme nicht von außen zu, sondern wir erzeugen sie erst an jener Stelle, an welcher wir ihre Auswirkung wünschen.

Nicht zuletzt spielen hier aber auch betriebstechnische und wirtschaftliche Momente herein: betriebstechnisch die Möglichkeit, mit genauer Dosierung der zugeführten Wärme zu arbeiten und deren Zufuhr in fast beliebigen Grenzen auf allereinfachste Weise durch Änderung der Stromstärke zu variieren; wirtschaftlich die heute erst stellenweise ausgenützte Möglichkeit, Überschußenergie, die an sich sehr billig einsteht, auf diese Weise zu verwerten.

Je nach der Stromart, welche zur Verwendung gelangt, unterscheidet man zwischen **Gleichstrom-** und **Wechselstrom-** bzw. **Drehstromöfen**, die letzteren wieder unterscheidend in **Einphasen-** oder **Mehrphasenöfen**, je nach der Schaltung der Öfen.

Den ursprünglich verwendeten **Gleichstromöfen** hafteten zwei Unzulänglichkeiten an: zum ersten ist die Umformung des Stromes nicht möglich, man muß also bei den vielfach bescheidenen Spannungen, welche in Frage kommen, direkt von der Gleichstrommaschine auf den Ofen arbeiten; zum zweiten ist die Weiterleitung solcher niedergespannter und dabei hochamperiger Ströme mit besonderen Schwierigkeiten verbunden und verlangt so große Leitungsquerdurchschnitte, daß aus diesem Grunde der Ofen immer nur unmittelbar neben dem Stromerzeuger betrieben werden konnte. Für die Erhitzung ist es dabei praktisch belanglos, ob man Gleichstrom oder ·Wechselstrom verwendet, hingegen muß Gleichstrom überall dort verwendet werden, wo die elektrische Heizung nicht Alleinzweck ist, sondern wo man gleichzeitig auch elektrolytische Umsetzungen durchführen will, wie z. B. bei der Abscheidung des Aluminiums.

Für den Betrieb der heute weitaus überwiegenden **Wechselstromöfen** spielt die „Phasenverschiebung", das ist die induktive Beeinflussung der Stromleiter untereinander, eine sehr wichtige Rolle; in den weiter oben gegebenen Formeln ist sie in üblicher Weise als $\cos \varphi$ eingesetzt, und der Wert dieses $\cos \varphi$ gibt in jedem Falle an, mit welchem Prozentsatz der möglichen Verfügbarkeit von Energie praktisch gerechnet werden kann; für gut gebaute und richtig betriebene Öfen soll der $\cos \varphi$ nicht unter 0,7 bis 0,8 absinken.

Nach der im Ofen zur Anwendung gelangenden Spannung unterscheidet man weiter zwischen den sog. **Niederspannungsöfen**, die mit max. etwa 180 V Spannung arbeiten, gewöhnlich aber mit geringeren Spannungen auslangen, und den **Hochspannungsöfen**, wie sie im besonderen zur Einleitung von Gasreaktionen verwendet werden — bis zu 10000 V —, und schließlich jenen Öfen, welche mit dunklen elektrischen Entladungen arbeiten und noch wesentlich höhere Spannungen bis zu 50000 V benützen.

Eine Übersicht der wichtigsten Öfen und ihrer Zuteilung zu einzelnen Gruppen gibt die nebenstehende Zusammenstellung, wobei stellenweise auch gleich auf die im Ofen durchzuführenden Prozesse hingedeutet wird.

Als typisches Beispiel des mit **direkter Widerstandsheizung** arbeitenden elektrischen Ofens sei hier zunächst der **Graphitofen** erwähnt, in welchem die Umwandlung von Kohle in hochprozentigen künstlichen Graphit, den sog. „Achesongraphit", vorgenommen wird. Er besteht im wesentlichen aus einem bis zu 9 m langen gemauerten Kanal, in welchem die Kohle, versehen mit Zuschlägen, welche durch intermediäre Carbidbildung katalytisch wirken, eingebracht wird; die beiden Stirnenden des langen Kanals tragen die aus Kohlen bestehenden Stromzuführungen und sind über die Ofenbeschickung zu einem elektrischen geschlossenen Kreislauf verbunden, welcher mit etwa 800 kW betrieben wird. Durch die sehr hochgehende Erhitzung tritt Umwandlung des amorphen Kohlenstoffes in seine graphitische Form ein, ein Großteil der Aschenbestandteile wird bei diesem Vorgang unter Bildung und anschließender Zerlegung von Carbiden in Freiheit gesetzt und entweicht aus der Beschickung.

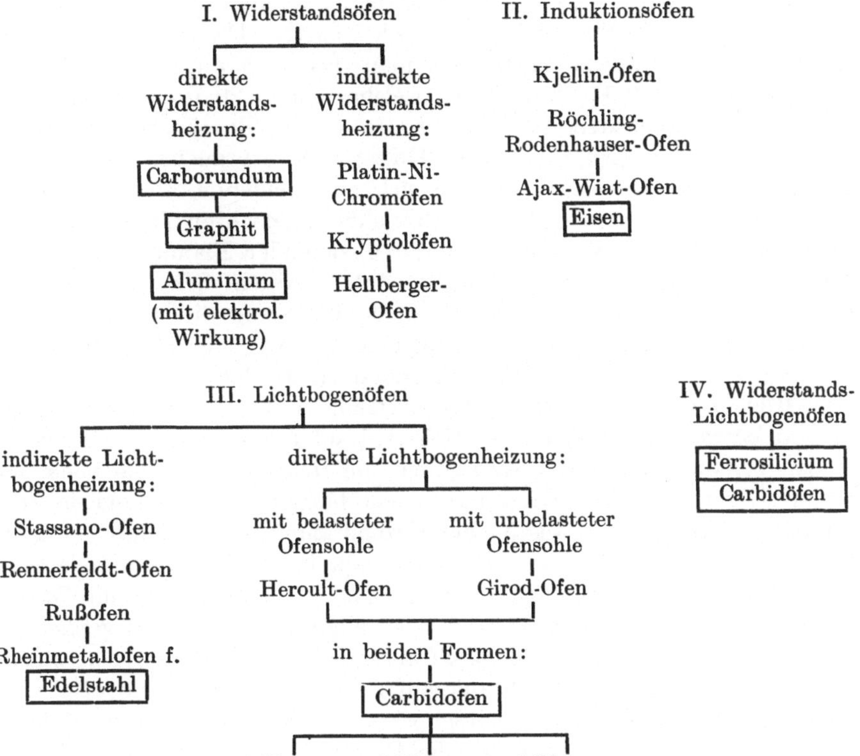

Auf ähnliche Weise arbeitet auch der **Carborundofen**: er besteht aus einer gemauerten Bodenplatte, über welche eine Sandschicht und auf diese das Reaktionsgemisch, eine Mischung von Sand, Koks, Sägemehl und etwas Kochsalz gebracht wird; die Seitenwände des Ofens bestehen aus lose aufeinander geschichteten Ziegelsteinen, der Ofen wird mit Stromstärken bis zu 10 000 A betrieben; die Bildung von SiC beginnt bei etwa 1650°, etwas über 1900° setzt die Bildung von krystallisiertem SiC ein, wesentlich höhere Temperaturen müssen vermieden werden, da oberhalb 2200° das bereits gebildete SiC unter Entweichen von Si in Dampfform und Zurückbleiben von Graphit wieder zerfällt.

Ebenfalls mit direkter Widerstandsheizung, zu der aber in diesem Falle noch die elektrolytische Wirkung des verwendeten Gleichstroms hinzutritt, arbeitet der **Aluminiumofen**: ein Gemisch von 80 bis 90 Proz. Kryolit und 10 bis 20 Proz. Tonerde wird im Ofen mittels Gleichstrom geschmolzen; der Ofen besteht aus viereckigen Kästen aus Eisenblech mit einer Fütterung aus gestampfter Kohlenmasse, welche mit dem einen Pol der Stromquelle, und zwar mit dem Minuspol verbunden ist, während der Pluspol an eine Reihe von Kohlenelektroden angeschlossen ist, welche von oben in das Bad — die Schmelze — eintauchen. Da sie bei Luftzutritt langsam abbrennen, werden sie immer wieder durch neue Kohlenblöcke ersetzt. Da reine Tonerde viel zu hoch schmelzen würde, verwendet man das oben angegebene Gemisch mit Zuschlägen von CaF_2, NaCl usw., welches bis zu 20 Proz. Tonerde auflöst, die dann der elektrolytischen Einwirkung des durchgehenden Gleichstromes unterworfen wird. Die durch Umsetzung verbrauchte Tonerde wird dauernd nachgegeben, das am Boden sich ausscheidende Aluminiummetall wird mittels einer Kelle oder besser mittels eines gelochten Tiegels aus Gußeisen ausgeschöpft, im Flammofen mit reduzierender Flamme geschmolzen und in Formen gegossen, in welchen es unter starkem Schwinden erstarrt. Die räumlichen Abmessungen und auch die Belastung dieser Öfen sind im Vergleich zu den später zu besprechenden elektrischen Öfen klein, die Stromausbeute kann mit etwa 80 Proz. angenommen werden.

Die **Öfen mit indirekter Widerstandsheizung** sind im allgemeinen k l e i n e Öfen und beschränken sich in der Mehrzahl auf Laborapparate. Hierher gehört der bekannte **Platinwiderstandsofen** von *Heraeus*, dann die nach dem gleichen Prinzip gebauten Öfen mit einem billigeren Widerstandsmaterial, vor allem mit Wicklungen aus Nickel-Chromdrähten und -bändern — Zekasdraht —, der **Kryptolofen** der Firma Krupp, bei welchem als Heizmasse, welche durch den Stromdurchgang hoch erhitzt werden kann und ihre Wärme dann an eingesetzte Tiegel, Röhren usw. abgibt, gestoßene Bogenlampenkohle verwendet wird, und schließlich auch der sog. **Hellbergerofen**, welcher aus einem Kohlentiegel besteht, der auf einer leitenden Bodenplatte steht, welche eine Stromzuführung besitzt, während die zweite Stromzuführung oben am Tiegelrand vorgesehen ist; der Ofentiegel kann gegebenenfalls auch mit nichtleitenden Stoffen — Schamotte — ausgefüttert werden, um Verunreinigungen des Schmelzgutes auszuschließen. In analoger Weise können auch Röhrenöfen durch Einspannen von dünnwandigen Kohlenrohren zwischen starken und gegebenenfalls gekühlten Elektrodenfassungen gebaut werden. Alle diese Öfen dienen mehr für Versuchszwecke, in der Technik haben sie zunächst keinen Eingang gefunden, erst einer Reihe neuer Arbeitsmethoden der chemischen Technik, so z. B. der Hochdrucksynthese, war es vorbehalten, der indirekten Widerstandsheizung ein technisches Arbeitsgebiet größten Maßstabes dadurch zu sichern, daß die elektrische Heizung es — wie bereits erwähnt — gestattet, die Heizung von Gasen usw. in das Reaktionsgefäß selbst hineinzuverlegen (vgl. nebenstehendes Schema Fig. 275).

Bei den anschließend zu besprechenden **Induktionsöfen** wird die Erhitzung dadurch vorgenommen, daß das S c h m e l z g u t s e l b s t a l s L e i t e r w i r k t, und zwar in der Weise, daß dieses Schmelzgut zum geschlossenen Sekundärkreis eines Niederspannungstransformators wird. Das Arbeitsprinzip des Ofens ist anschließend in Fig. 276 wiedergegeben: die Primärspule eines Transformators wird ringförmig von einer in sich geschlossenen horizontalen Herdrinne umgeben, so daß diese Herdrinne senkrecht zu dem Kraftlinienweg steht. Ist die Herdrinne mit l e i t e n d e m Material gefüllt, so wirkt sie als Sekundär-, also als Niederspannungswicklung des Transformators und wird geheizt; der wesentlichste Vorteil dieser elektrodenlosen Öfen ist wohl darin zu suchen, daß irgendeine Einwirkung des Elektrodenmateriales auf die Schmelze nicht stattfinden kann; dann darin, daß die Temperatur dieser Schmelze durch Regelung des Primärstromkreises bzw. der ihm aufgegebenen Energie innerhalb weiter Grenzen sehr leicht erfolgen kann, nicht zuletzt auch darin, daß unter der Einwirkung der Kraftlinien auch eine innige Durchmischung des Schmelzgutes, mithin eine sehr gleichmäßige Schmelze erzielt werden kann. Diesen Vorteilen stehen Nachteile gegenüber vor allem dadurch, daß der Ofen entweder

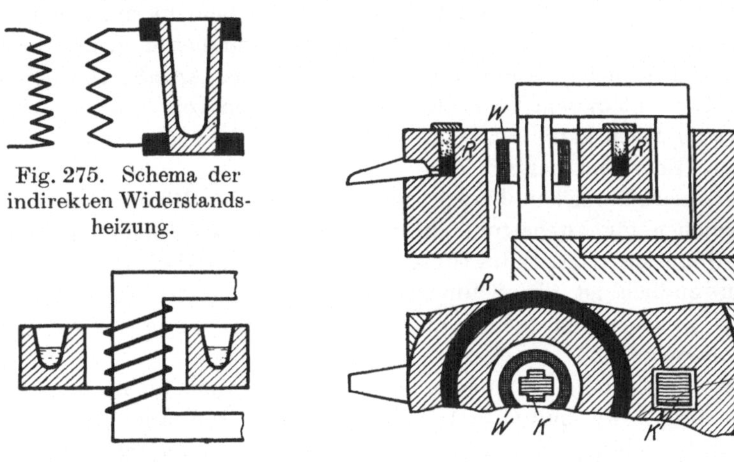

Fig. 275. Schema der
indirekten Widerstands-
heizung.

Fig. 276.
Schema des Induktionsofens.

Fig. 277. Kjellinofen.

mit einem flüssigen leitenden Einsatz oder mit einem Eisenring zunächst gefüllt werden muß, um dem Induktionsstrom die Möglichkeit der Ausbildung zu geben; weiter die Tatsache, daß die Schlacke als Nichtleiter nur indirekt durch die Abwärme aus dem leitenden Schmelzgut erhitzt wird, daß sie also niemals über die Temperatur des letzteren hinaus erhitzt werden kann; schließlich ergeben sich aber auch rein elektrisch gewisse Schwierigkeiten, auf die nicht näher eingegangen werden kann, dadurch, daß es notwendig ist, im Betrieb die Periodenzahl je nach der Menge des Einsatzes einzustellen, zu welchem Zweck besonders gebaute elektrische Maschinen für die Stromlieferung vorgesehen werden müssen.

In ganz schematischer Ausführung ist in Fig. 277 der Kjellinofen dargestellt, bei welchem die Primärwicklung in sehr vielen Windungen um den Eisenschenkel K des Magneten liegt und von einer feuerfesten Herdrinne R umschlossen wird. Das erste Anheizen muß entweder so erfolgen, daß flüssiges Eisen aufgegeben wird, oder durch das Einlegen eines Eisenringes in die Schmelzrinne, welcher schmilzt und den Sekundärstromkreis geschlossen hält,

worauf durch Induktion vom Primärkreis aus dauernd Wärme nachge-
liefert wird.

W sind die zahlreichen Primärwicklungen, R die Schmelzrinne, innerhalb der Primärwicklungen ist der Kern K aus Transformatoreisen verlegt,
der aus zahlreichen dünnenWeicheisenplatten gebildet wird und, wie die Figur
auch erkennen läßt, über den Ofenraum hinausgeht und ein Rechteck bildet;
während des Durchganges des Wechselstromes durch die primären Windungen
wird im eisernen Kern Magnetismus entwickelt, welcher fortwährend seine
Kraft und Richtung ändert und durch seine Einwirkung in dem zu einem
geschlossenen Kreis ausgebildeten Beschickungsinhalt der Schmelzringe
einen induzierten Wechselstrom niederer Spannung, aber sehr hoher Stromstärke auslöst; da das Bad nur in einer einzigen Schicht um den Eisenkern
liegt, kommt die in ihm erzeugte Stromstärke annähernd gleich der Stromstärke in der Primärwicklung multipliziert mit der Anzahl von deren Windungen. Der mit diesem Ofen erzielte Guß ist von vorzüglicher Beschaffenheit, wirtschaftlich kann der Ofen aber nur bei sehr geringen Kosten für die
elektrische Energie arbeiten.

Nach einem ähnlichen Prinzip arbeitet auch der **Röchling-Rodenhauser-
Ofen**, welcher für Drehstrom durchgebildet ist oder auch gegebenenfalls
als Kombination von Induktions- und Widerstandsheizung. Beim **Ajax-
Wiatofen** endlich ist die Schmelzrinne nicht mehr horizontal, sondern
vertikal gelagert und sichert eine gute Durchmischung des Schmelzgutes
im magnetischen Feld.

Die weitaus größte Bedeutung haben die anschließend zu besprechenden
Öfen für direkte wie indirekte **Lichtbogenheizung** bzw. auch für kombinierte
Widerstands-Lichtbogenheizung, die sich ja nicht immer scharf auseinander-
halten lassen, gewonnen. Von den indirekt arbeitenden Öfen mit Lichtbogenheizung zeigt Fig. 278 eine schematische Darstel-
lung: der Ofen ist ein Herdflammofen, dem die
zum Schmelzen notwendige Wärme mittels eines
Lichtbogens zugeführt wird, welcher oberhalb der
Beschickung brennt und seine Wärme auf diese
ausstrahlt; bei Einphasenstrom verwendet man
zwei solcher Elektroden, beim Übergang zum
Dreiphasenstrom drei Elektroden. Die Elektroden

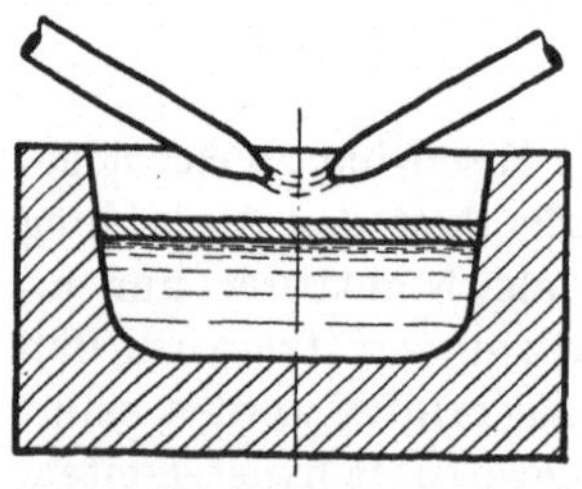

Fig. 278. Lichtbogenheizung. werden durch wassergekühlte Fassungen in
den Ofen eingeführt, ihr Nachschub erfolgt in dem
Maße, wie sie verbrennen, automatisch, der Abbrand ist ein hoher, weshalb man mitunter die schwerverbrennlichen Graphitelektroden verwendet.

Beim **Rennerfeltofen** — siehe Fig. 279 — ist über zwei horizontal gelagerte
Elektroden noch eine dritte, vertikal in den Ofenraum eingeführte, vorhanden,
welche den Lichtbogen nach unten, also auf die Beschickung bläst; auch hier
sind die Elektroden durch wassergekühlte Fassungen in den Ofenraum eingeführt, die beiden horizontalen Elektroden sind wippbar eingerichtet,

so daß ihr Abstand von der Badoberfläche beliebig eingestellt werden kann. Die Figur läßt erkennen, daß die Mittelelektrode größeren Querschnitt hat als die beiden Seitenelektroden, was notwendig ist im Hinblick darauf, daß bei der bei diesem Ofen üblichen Schaltung — Umformung von Drehstrom in dreidrähtigen Zweiphasenstrom — die Mittelelektrode erheblich stärker belastet ist als die beiden Horizontalelektroden.

Eine ähnliche Anordnung zeigt auch der Rußofen für Drehstrom, bei dem ebenfalls drei Elektroden in den Ofen eingeführt sind, so daß der Lichtbogen in der Mitte des Ofens über dem Ofenherd brennt.

Öfen für die direkte Lichtbogenheizung sind in erster Linie für die Ferrosiliciumschmelze und die Carbidschmelze gebaut worden; bahnbrechend für ihre Entwicklung sind die Arbeiten von *Helfenstein* geworden, durch

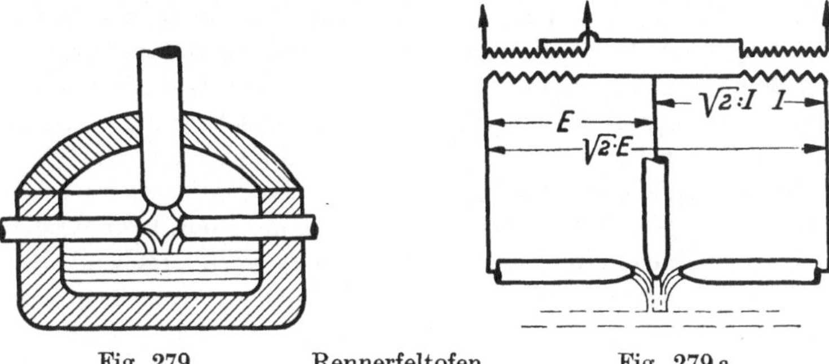

Fig. 279.   Rennerfeltofen.   Fig. 279 a.

den dann die Entwicklung auch zu ganz großen Öfen — Ofen in Hafslund für 20000 PS Stromaufnahme — gelangt ist, wenngleich man heute aus rein wirtschaftlichen Überlegungen heraus diese Öfen kaum über Leistungen von 6000 bis 12000 kW hinaus baut.

Das Arbeitsprinzip dieser Öfen besteht darin, daß man den elektrischen Strom in Form des Lichtbogens zwischen der Elektrode und der Ofensohle als zweite Elektrode, also durch die Mischung, welche zum Schmelzen gebracht werden soll, hindurchgehen läßt, oder aber auch in der Weise arbeitet, daß der Bogen von der einen Elektrode zur Mischung und in der flüssigen Schmelze zur anderen Elektrode geht, eine Belastung der Ofensohle durch den elektrischen Strom also nicht stattfindet.

Während alle alten Öfen zunächst mit dieser Belastung der Ofensohle arbeiteten, ist sie bei neuen Öfen vermieden, und zwar aus dem einfachen Grunde, weil die Ofensohle sowieso der empfindlichste Teil des elektrischen Lichtbogenofens ist, und weil namentlich bei höherer Belastung des Ofens die Sohle gekühlt werden muß; dies geschah zuerst durch Wasserkühlung, später durch einfache Luftkühlung; am besten aber unterbleibt die Belastung der Ofensohle überhaupt.

Helfensteins Arbeiten sind in doppelter Richtung bahnbrechend gewesen: zum ersten hat er die Frage der Ofenausmauerung und Ofenwandungen auf einfachste Weise dadurch gelöst, daß er an Stelle der früher gepanzerten Öfen einfach den Ofenraum so groß machte, daß sich zwangsläufig eine Schicht von angeschmolzener Beschickung als bester Schutz der Ofenwandungen ausbildet. Dadurch ist es möglich geworden, auch zu Einheiten größter Leistung überzugehen. Zum zweiten hat *Helfenstein* den **elektrischen Abstich** eingeführt und das frühere Prinzip der fixierten Abstichöffnung ganz aufgegeben: der Ofen kann jeweils in beliebiger Höhe abgestochen werden.

Eine grundsätzliche Bemerkung sei vorausgeschickt, ehe auf die Bauart und Betriebsweise dieser Öfen etwas näher eingegangen wird. Lichtbogenheizung und Widerstandsheizung, so verschieden sie zunächst erscheinen mögen, gehen langsam und ohne scharfe Trennungsmöglichkeit ineinander über. So kann man im gleichen Ofen, in dem man Carbid erschmolzen hat, auch Ferrosilicium schmelzen und wird lediglich durch Einstellung größerer Entfernungen und entsprechend veränderter Spannungen — in Anbetracht der verschiedenen Leitfähigkeit der Beschickung — dann zwangsläufig von der Lichtbogenheizung der Carbidschmelze zu der Widerstandsheizung der Ferrosiliciumschmelze gelangen.

Die Behandlung von Gasgemischen mit dem **Hochspannungslichtbogen** hat in der Fixierung des Luftstickstoffes vorübergehend die beherrschende Rolle gespielt, um sie später der direkten katalytischen Vereinigung von Wasserstoff und Stickstoff abzugeben.

Drei Formen der Behandlung von Gasgemischen — in diesem Falle von Sauerstoff-Stickstoffgemischen in Form von Luft, oder von Luft mit angereichertem Sauerstoffgehalt —, der **Birkeland Eydeofen**, der **Ofen der Badischen Anilin- und Sodafabrik** und der **Paulingofen**, seien hier kurz behandelt.

Bei dem Verfahren von *Birkeland-Eyde*, mit welchem die ersten Erfolge erzielt wurden, wird der nach Fig. 280 schematisch dargestellte Birkeland-Eyde-Ofen verwendet; der Ofen besteht aus einem flachzylindrischen eisernen Gehäuse *G*, welches innen mit feuerfestem Mauerwerk ausgekleidet ist, so zwar, daß dieses die Form eines großen Rades bildet; in ihm ruht ein Kern, ebenfalls aus feuerfestem Mauerwerk, welcher im Innern hohl ist und durch zahlreiche Kanäle *K* den von außen herankommenden Gasen den Zutritt zu dem Innenraum gestattet; die zur Verbrennung im Lichtbogen bestimmte Luft tritt dann unten durch die Zuführungen *a* ein, zieht hoch, verteilt sich über die Oberfläche des Kernmauerwerkes und tritt durch die zahlreichen Kanäle in den Hohlraum im Kern ein; in diesem Kern brennt der Hochspannungslichtbogen und wird durch die beiden Magnetschenkel *M* zu einer ganz flachen Scheibe innerhalb des im Kern ausgesparten scheibenförmigen Hohlraumes ausgeblasen: die zugeführte Luft gelangt in den Flammenbogen, die Umsetzung von Sauerstoff und Stickstoff findet statt, und die mit nitrosen Gasen angereicherte Luft tritt in den erweiterten Sammelkanal *K* über, der kreisförmig um den Hohlraum verlegt ist, und wird aus diesem abgesaugt.

Auf den beiden Magnetschenkeln M sind die Wicklungen W zur magnetischen Erregung angebracht, senkrecht zu den Magnetenden sind die Elektroden — in der Zeichnung durch e angedeutet — angebracht, welche aus wasserdurchflossenen, gekühlten Kupferrohren bestehen. Sie haben zwischen den beiden Spitzen einen Abstand von etwa 8 mm, zwischen denen der elektrische Funke

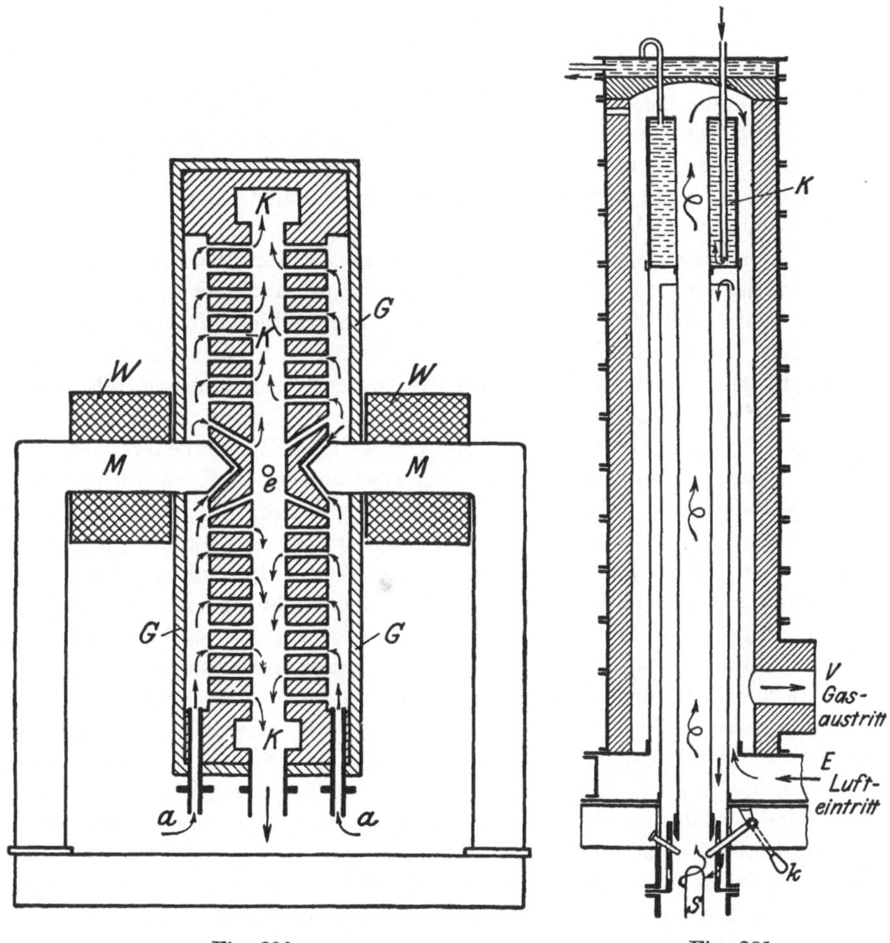

Fig. 280.
Ofen von Birkeland-Eyde.

Fig. 281.
Schoenherr-Ofen der B. A. S. F.

übertritt, um unter dem Einfluß des sehr starken Magnetfeldes zu der sogenannten „Sonne" ausgeblasen zu werden: die elektrische Entladung, die natürlich in zahlreichen einzelnen Funkenstrecken erfolgt, bietet sich dem Auge als geschlossene Flammenscheibe; ihr Durchmesser hängt von der Spannung an den Elektroden ab und erreicht bei den größten Öfen mit etwa 4000 kW Stromumsatz 3 m im Durchmesser.

Fig. 281 stellt in schematischer Ausführung den Ofen von Schoenherr der Badischen Anilin- und Sodafabrik vor. Bei ihm wird ebenfalls ein Hochspannungslichtbogen zwischen zwei, in diesem Fall aber übereinander angeordneten Elektroden verwendet, so zwar, daß der Bogen in der Senkrechten brennt; dadurch, daß dieser senkrecht brennende Lichtbogen im Innern eines Rohres erzeugt wird, ist es möglich, die auftretende Wirbelung der im Rohre befindlichen Gase — also des Reaktionsgemisches — zu einer starken Streckung des Bogens heranzuziehen: während der Bogen normalerweise bei zunehmender Entfernung der Elektroden nach dem Zünden wieder erlischt, bleibt er hier auch bei starkem Auseinanderziehen der Elektroden brennen, bzw. der beim Zünden auf kurze Entfernung — vgl. weiter unten — entstehende kurze Lichtbogen wird zu einer langen, im Rohr ruhig brennenden Flammensäule auseinandergezogen, in welcher dann die Umsetzung der Gase sich vollzieht.

Der Ofen besteht im wesentlichen aus vier konzentrischen Stahlrohren, von denen das äußerste etwa 1 m, das innerste nur mehr etwa 15 cm Durchmesser hat und den eigentlichen Reaktionsraum bildet. In ihm brennt der Lichtbogen; im unteren Rohrende ist die Elektrode S gut isoliert eingebaut, sie besteht aus einem starken Eisenstift, welcher von einem durch Wasser gekühlten Kupfermantel umgeben ist; da die Elektrode durch Metallverstäubung langsam abbrennt, muß sie von Zeit zu Zeit erneuert werden.

Die Gegenelektrode besteht aus dem eisernen Gefäß K am oberen Ende des Reaktionsrohres, welches durch fließendes Wasser dauernd gekühlt ist; normalerweise kann zwischen beiden Elektroden kein Stromübergang stattfinden; man zündet nun den Ofen in der Weise, daß mittels des kleinen Handhebels k Kurzschluß hergestellt wird: der Bogen springt zunächst zwischen der unteren Elektrode über den Handhebel auf das Reaktionsrohr über und wird durch die mit 50—100 cm Wasserdruck eingeblasene Luft — vergleiche deren Strömungsweg an Hand der Pfeile — zu einer langen Flammensäule ausgeblasen, die durch in der Zeichnung nicht vorgesehene Schaulöcher beobachtet und überwacht werden kann. Die eingeblasene Luft tritt unten bei E ein, steigt hoch, geht an der Außenwand des eigentlichen Reaktionsrohres wieder nieder, an der unteren Elektrode vorbei und streicht nun durch das eigentliche Reaktionsrohr im Flammenbogen hoch, wobei sich die Umsetzung vollzieht; unmittelbar nach dem Verlassen des Reaktionsraumes wird sie durch die obere, wassergekühlte Elektrode bereits gekühlt, streicht dem Mauerwerk des Ofens entlang wieder nach abwärts und verläßt den Ofen bei der Gasaustrittsöffnung V; damit ist das Arbeitsprinzip des Ofens gekennzeichnet, bezüglich der Einzelheiten der konstruktiven Durchführung — soweit sie bekannt geworden sind — muß auf die Fachliteratur verwiesen werden.

Zum Schluß sei noch auf das Pauling-Verfahren verwiesen, das auf dem Prinzip der Hörnerblitzlabeiter beruht, nach welchem ein zwischen zwei Elektroden gezündeter Hochspannungsbogen bei entsprechender Führung der Elektroden das Bestreben zeigt, hochzusteigen und dadurch wieder zu erlöschen; während des Hochsteigens findet dann eine sehr starke Vergrößerung der Oberfläche statt, welche für die chemische Umsetzung der im Bogenraum befindlichen Gase ausgenützt wird. Während demnach beim Birkeland-Eyde-Ofen die Vergrößerung der Funkenstrecke zwangsläufig eingestellt wird durch Verblasen des elektrischen Bogens im starken Magnetfeld, tritt sie hier wie beim Schoenherr-Ofen selbsttätig ein, hier durch den Auftrieb des elektrischen Bogens, dort durch die Wirbelung der Luft im Reaktionsrohr.

Fig. 282 zeigt in schematischer Darstellung die Bauart des Ofens: er besteht aus einem quadratisch aufgemauerten, dichten Ofengehäuse, welches zwei solcher Bögen aufnehmen kann; die dem bekannten Hörnerblitzableiter nachgebildeten Elektroden bestehen aus hohen Rohren aus Kupfer oder Eisen, welche zwecks Kühlung von Wasser dauernd durchflossen sind — vgl. Fig. 282a. Zum Zünden des Bogens dienen die Zündschneiden s, welche schematisch abgebildet sind; nach Annäherung dieser Zündschneiden wird der Ofen gezündet, der übergehende Lichtbogen steigt sofort hoch und erweitert sich zu einer stabil brennenden Flamme. Die Zündschneiden werden nun soweit auseinandergezogen, daß der Ofen bei der bestimmten Belastung — gewöhnlich 130—150 Ampere — brennt; bei einer Spannung von 4000—5000 Volt werden etwa 700—800 m³ Luft stündlich durch den Ofen geschickt, die dabei erreichte Flammenhöhe beträgt 1—1³/₄ m. Die erzielten Konzentrationen an nitrosen Gasen sind die gleichen wie beim Schoenherr-Ofen.

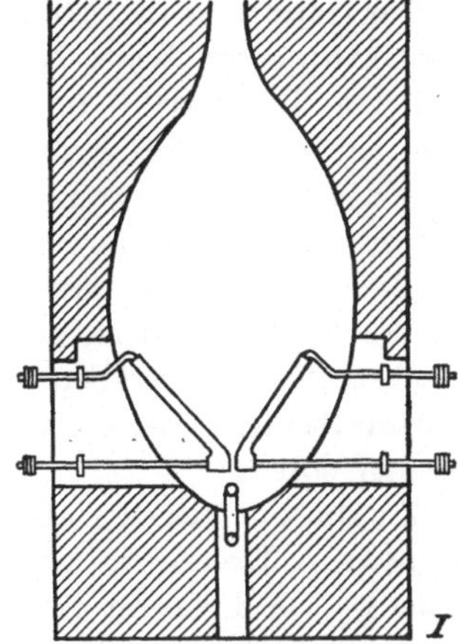

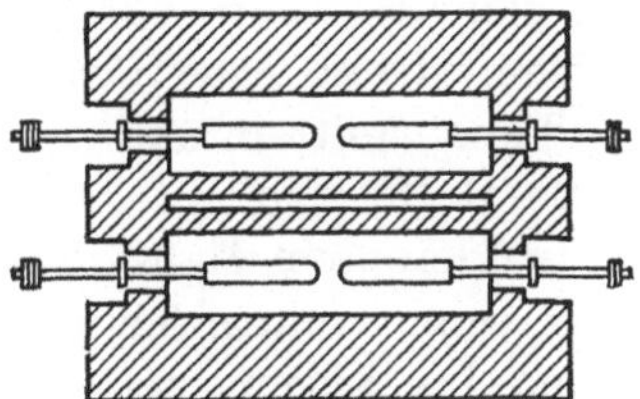

Fig. 282. Paulingofen.

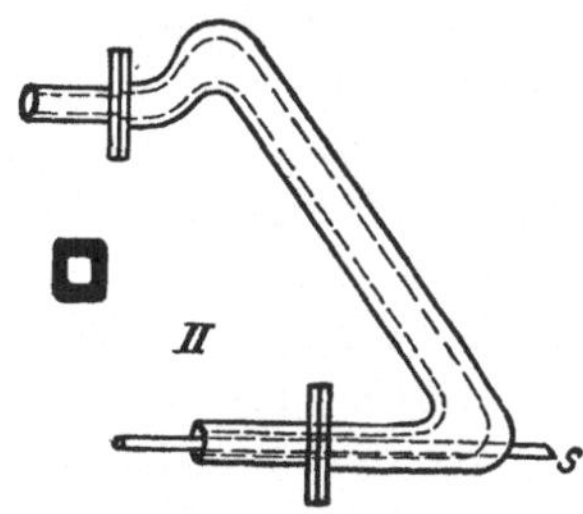

Fig. 282a. Elektrode mit Zündschneide s des Paulingofens.

C. Kältetechnik.

1. Kälteerzeugung.

Allgemeines. Kältemittel.

Die Verwendung von Kälte in Form von Eis oder Schnee zum Kühlen reicht bereits sehr weit zurück; eine sozusagen industrielle Anwendung von Kühlverfahren auf Temperaturen unterhalb der Wassertemperaturen ist aber erst möglich geworden durch die maschinelle Kälteerzeugung.

Vorher mußte man sich mit Kältemitteln behelfen, deren allgemeinstes das Natureis ist; heute beschränkt sich die Anwendung von Natureis — und auch von Kunsteis — im allgemeinen auf den Haushalt und kleine Betriebe, doch ist für gewisse Arbeitsgänge der chemischen Technik das Einwerfen von Eis in Lösungen, welche gekühlt werden sollen, oder in welchen die auftretende Reaktionswärme sofort unschädlich gemacht werden soll, beibehalten worden, so, um nur zwei Beispiele zu nennen, beim Diazotieren in der Farbstoffindustrie, sowie für gewisse Reaktionen in der Industrie der Riechstoffe — Ausfällen von Eugenol mit Schwefelsäure aus der Eugenolnatriumlösung z. B. —, wo auch an sich geringe Überhitzungen vermieden werden sollen.

Zu diesem ältesten aller im großen Maßstab verwendeten Kältemittel in Form von Eis ist in neuester Zeit ein neues hinzugetreten, besonders in Amerika, und das ist die Verwendung von fester, zu Blöcken gepreßter Kohlensäure, welche ganz ähnlich wie Eis gehandhabt werden, aber aus dem festen direkt in dampfförmigen Zustand übergehen und dabei auf den gleichen Rauminhalt naturgemäß eine viel größere Kälteerzeugung gestatten. Diese neue Form der Kühlung, im besonderen für den Transport von Lebensmitteln und deren Lagerung, dürfte in der Zukunft noch eine sehr große Rolle spielen.

In kleinerem Maßstab können auch die Kältemischungen von Bedeutung sein, wenngleich sie sich für die technische Durchführung von Prozessen im allgemeinen verbieten, da sie zu teuer sind; im Hinblick auf die große und wichtige Rolle, die sie aber im kleinen spielen, sollen sie hier ganz kurz behandelt werden. Es sind dies eutektische Mischungen von Eis mit Salzen oder Lösungen einerseits, andererseits die besonders zur Tiefenkühlung im kleinen Maßstab verwendeten Mischungen von fester Kohlensäure mit Flüssigkeiten: zu den erstgenannten zählt die allbekannte Kältemischung von Eis und Kochsalz, deren eutektische Temperatur bei —21° gelegen ist, so daß praktisch eine Kühlung bis auf etwa —18° erreicht wird; tritt an Stelle von Kochsalz Calciumchlorid, so liegt das Eutektikum bei —55°. Von Kältemischungen, deren eine Komponente feste Kohlensäure ist, sei hier die vielfach gebrauchte — Gasanalyse durch Verflüssigung — Mischung von fester Kohlensäure mit Äther zuerst genannt, die eine Kühlung bis auf —77° gestattet, welche dann durch Evakuieren bis auf —106° getrieben werden kann; ferner noch die Mischung von fester Kohlensäure mit Methyljodid, die Abkühlung bis zu —82° und im Vakuum bis auf —106° gestattet.

Kältemaschinen.

Künstliche Kälte wird heute in einer ganzen Reihe von Industrien in größtem Ausmaße benötigt und verbraucht; erwähnt sei hier vor allem die Nahrungsmittelindustrie: Kühlen von Kellern, von Lagerhallen, von Transportwagen, von Arbeitsräumen in Schlachthäusern, Molkereien; ferner das Kühlen der Munitionsräume in Kriegsschiffen, von Blumen zur Verzögerung

ihres Blühens, von künstlichen Eisbahnen; in der chemischen Industrie schließlich die Kühlung zwecks leichterer und vollständiger Auskrystallisation, zur
Abscheidung bestimmter Stoffe — Entparaffinieren von Ölen, beim Diazotieren in Form von zugegebenem Eis usw. Eine immer steigende Verwendung
hat die Kältetechnik dann auch gefunden im Bergbau beim Durchteufen
„schwimmenden Gebirges", das sind Schichten von feinem Schwimmsand,
die man erst dadurch zu beherrschen gelernt hat, daß man durch ganze Rohrsysteme, welche in diese Schichten und durch sie hindurch in festen Boden
geführt werden, den Schwimmsand zum Gefrieren bringt und durch die
gefrorene Masse genau so wie durch festes Erdreich den Schacht abteuft,

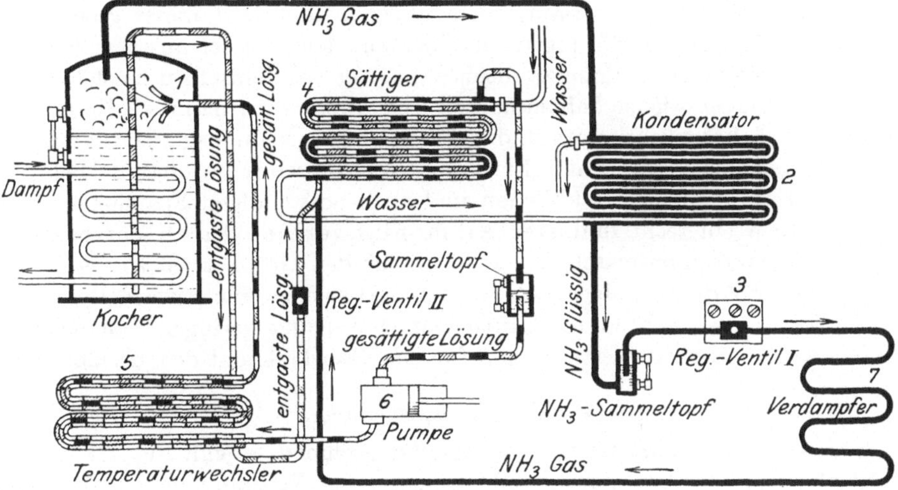

Fig. 283. Absorptionskältemaschine.

auskleidet und die Kühlung nachher wieder aufhebt. Eine ungemein wichtige
Rolle spielt die Kälteerzeugung auch in der Technik der Luft- und Gas-
verflüssigung bzw. -kompression.

In der überwiegenden Mehrzahl der genannten Fälle ist der Kälteverbrauch
ein dauernder bzw. immer wiederholter, und seine Größe verlangt die maschinelle Beistellung mit Hilfe der sog. Kälte- oder Eismaschinen. Wir unterscheiden zwei Systeme, von denen aber heute wohl nur noch das zuletzt zu
nennende allgemeine Verbreitung mehr besitzt, die sog. **Absorptionsmaschinen**
und die **Kompressionsmaschinen**. Der Grundsatz, nach welchem beide arbeiten,
ist der gleiche: beim Verdampfen irgendeiner Flüssigkeit wird
Wärme frei, und diese Wärme ist die gleiche, welche der Flüssigkeit vorher zugeführt werden muß, um sie zum Verdampfen zu
bringen.

Die Absorptionsmaschinen.

Bei ihnen (vgl. Fig. 283) dient eine wässerige Lösung von Ammoniak, und
zwar eine Lösung mit einem Gehalt von 36 Proz. Ammoniak, als Kälteflüssig-

keit; dieses wässerige Ammoniak wird in dem sog. „Kocher" auf etwa 130° erhitzt, das Ammoniakgas entweicht, tritt in einer Spannung von etwa 8 bis 10 Atm in den Kondensator über und wird dort durch Kühlung in flüssiger Form unter dem angegebenen Druck abgeschieden. Aus dem Kondensator tritt das flüssige Ammoniak über ein Reduzierventil in den Verdampfer ein; dieser Verdampfer ist als Rohrspirale oder Rohrschlange aus Eisen ausgebildet und in einem isolierten Gefäß gelagert, welches mit einer Kältelösung gefüllt ist, d. h. mit einer wässerigen Lösung eines Salzes — gewöhnlich $CaCl_2$ oder $MgCl_2$ —. Während das Ammoniak unter Entspannung in diesen Verdampfer eintritt, nimmt es die Verdampfungswärme aus dieser Kältelösung auf und kühlt diese mehr oder minder stark ab, entzieht derselben also Wärme und geht dabei wieder in Dampfform über; hierauf tritt dieses gasförmige Ammoniak in den sog. Sättiger, welcher mit dem Wasser aus dem Kocher bzw. mit der dünnen ammoniakalischen Lösung aus demselben beschickt ist, wird vom Wasser wieder aufgenommen und dieses wird dann wieder in den Kocher zurückgedrückt, worauf der Prozeß von neuem beginnen kann.

Die Maschine verbraucht sehr wenig Kraft, aber reichlich Dampf, überdies tritt bei den hier üblichen und auch notwendigen Spannungen von etwa 10 Atm ein recht fühlbarer Ammoniakverlust durch Zersetzung ein. Diese Absorptionsmaschinen arbeiten für den Großbetrieb zu teuer und sind daher für diesen aufgegeben worden; sie spielen eine gewisse Rolle nur noch bei der weitgehend mechanisierten Erzeugung geringer Kältemengen in den automatischen Eismaschinen für den Haushalt und den Kleinbetrieb.

Kompressionsmaschinen.

Die Wirkung dieser Kompressionskältemaschinen — vgl. Fig. 284 — beruht ebenfalls auf der starken Abkühlung beim Verdampfen von flüssigen Gasen, die auch hier wieder auf eine Kältelösung übertragen und durch diese nutzbar gemacht wird. Als solche Gase, die demnach in den flüssigen Zustand übergeführt werden müssen, kommen praktisch in Frage schwefelige Säure nach dem Vorschlag von *Pictet*, Ammoniak — Lindegesellschaft — und Kohlensäure nach *Windhausen*. Praktisch zur Durchführung gelangen heute nur mehr die mit Ammoniak und mit Kohlensäure arbeitenden Kältemaschinen, nachdem die Patente von *Pictet* von der Lindegesellschaft aufgekauft wurden und nicht mehr ausgeführt werden. Alle diese Maschinen

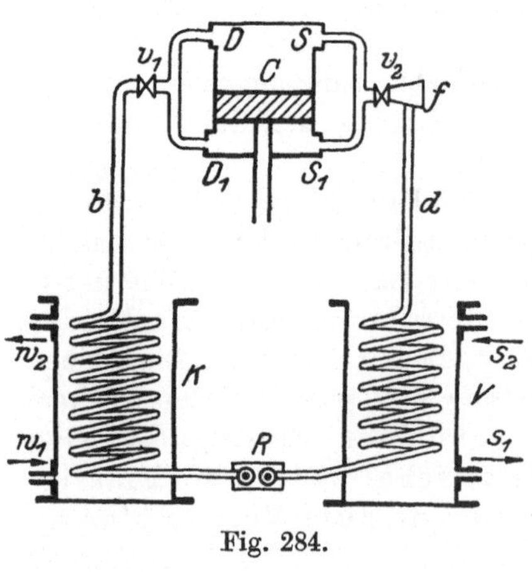

Fig. 284.

arbeiten in einem geschlossenen Kreislauf, irgendwelche Stoffverluste treten bei Dichthaltung der Maschinen nicht auf, der Verbrauch an den Gasen ist

demnach ein minimaler, und der gesamte Aufwand ist letzten Endes ein Kraftaufwand für die Komprimierung des Gases und die Abfuhr der Kompressionswärme im Kühlwasser.

Das geschlossene System — vgl. Fig. 284 — besteht aus drei Teilen: aus
dem Kompressor, welcher gleichzeitig saugt und drückt; derselbe drückt
das im System befindliche Gas dauernd in den Kondensator, welcher
durch fließendes Kühlwasser so gekühlt wird, daß in ihm die Verflüssigung
des Gases eintritt; die dabei auftretende Wärme wird — so weit die Kompressionswärme nicht bereits in dem ebenfalls gekühlten Kompressor zur Abführung gelangt — dauernd mit dem Kühlwasser des Kondensators entfernt;
dieser Kondensator ist durch ein Regulierventil mit dem Verdampfer verbunden, der — vgl. weiter unten — aus einem Rohrschlangensystem besteht,
welches in einer kältebeständigen wässerigen Lösung von $CaCl_2$,$MgCl_2$ usw.
gelagert ist: in diesem Verdampfer expandiert das verflüssigte Gas, die hierzu
notwendige Wärme wird über das Rohrsystem der dieses umgebenden kältebeständigen Lösung entzogen und diese weitgehend gekühlt; aus dem Verdampfer saugt der Kompressor das Gas wieder ab, unterstützt dadurch dessen
Verdampfung und drückt es über die Druckleitung wieder in den Kondensator zur Verflüssigung, so daß der Prozeß in einem ununterbrochenen
Kreislauf sich vollzieht.

Fig. 284 gibt eine schematische Skizze einer solchen Anlage: sie besteht
aus dem Kompressor C, dem Kondensator K, dem Verdampfer V und den
Leitungen a, b und dem zwischen Kondensator und Verdampfer geschalteten
Regulierventil R.

Der Kompressor C ist mit den Druckventilen D und D_1, sowie mit den
Saugventilen S und S_1 ausgestattet; man füllt nun das ganze geschlossene
System: Kompressor, Druckleitung b, Kondensator K über die Regulier-
ventilleitung R zum Verdampfer V, und über die Saugleitung d zum Kompressor zurück mit dem Gas, welches zur Verwendung gelangen soll, am einfachsten durch den Anschluß einer Stahlflasche mit dem komprimierten betreffenden Gas über einen in der Zeichnung nicht angegebenen Füllstutzen,
schließt wieder ab und läßt den Kompressor arbeiten, dabei sofort in K das
Kühlwasser anstellend, welches bei w_1 wie üblich unten eintritt und bei w_2
oben den Kondensator verläßt; dabei bleibt das Regulierventil zunächst
geschlossen; der Kompressor saugt das in V befindliche Gas an und drückt
es über die Druckleitung b in den Kondensator; ist genügend Füllgas vorhanden, so steigt schließlich der Druck in b und K so hoch, daß Verflüssigung
des Gases eintritt, andernfalls wird Gas nachgefüllt; hierauf öffnet man das
Regulierventil und läßt das verflüssigte Gas nach V übertreten und dort ex-
pandieren: die dabei auftretende Abkühlung wirkt auf die im Gefäß von V
befindliche kältebeständige Lösung aus und kühlt dieselbe ab. Der Vorgang
wird nun ständig aufrechterhalten, das Gas wird komprimiert, verflüssigt
in K, die dabei auftretende Kompressionswärme durch das Kühlwasser dauernd
entfernt; in V findet unter Expansion die Abkühlung der Kälteflüssigkeit
statt; v_1 und v_2 sind Absperrventile, f ein kleiner eingebauter Seiher.

Die in V bzw. in dem angedeuteten Mantelgefäß befindliche kältebeständige Lösung wird also immer weiter herabgekühlt; man kann nun entweder die Schlange V direkt verwenden, lagert sie dann aber gewöhnlich in horizontalen Windungen in einem größeren, gut isolierten viereckigen Kasten oder Trog; oder man pumpt die in dem Mantelgefäß von V befindliche, stark gekühlte Lauge mittels einer kleinen Pumpe um, so daß der in der Figur angedeutete Kreislauf eintritt: die kalte Lauge verläßt den Mantel von V unten, wird der Verwendung zugeführt und tritt nach Ausübung ihrer Kältewirkung wieder über s_2 oben in das Mantelgefäß von V zurück, um neuerlich gekühlt zu werden.

Verlegt man die Kühlleitung in einen Trog oder Kasten, so wird durch eine kleine eingebaute Propellerwelle für gute Durchmischung Sorge getragen; soll die kalte Lauge direkt zum Kühlen von Luft, z. B. in Räumen, verwendet werden, so verlegt man die Leitung unmittelbar unter der Decke des betreffenden Raumes, um die durch Abkühlung entstandene kalte Luft absinken zu lassen; in diesem Falle tritt gleichzeitig unter Eisbildung auf den Rohrleitungen eine Trocknung der Luft ein, deren Aufnahmefähigkeit für Wasserdampf ja mit sinkender Temperatur abnimmt. Bei richtiger Einstellung des Reduzierventiles arbeitet die Kältemaschine vollständig automatisch, ein Verlust an Gas kann nur durch Undichtigkeiten eintreten; soweit dieselben unvermeidlich sind, muß von Zeit zu Zeit etwas Gas nachgefüllt werden. Die Kältemaschinen arbeiten mit ziemlich hohem Kraftaufwand, ihre Lager bedürfen also guter Schmierung und Beaufsichtigung.

Soll die Kältemaschine zur Herstellung von Eis dienen, so werden in den Kühlkästen die bekannten schwach konischen Eisenblechzellen von viereckigem Querschnitt eingesetzt, mit Wasser gefüllt und gekühlt: zum Zweck der leichteren Entleerung kann man die Zellen vor dem Umstürzen einen Augenblick in siedendes Wasser tauchen.

In der gleichen Weise werden auch Öle „ausgefroren", so z. B. Pfefferminzöl zur Gewinnung des Menthols, Anisöldestillate zur Abscheidung des Anethols usw.

Wie bereits gesagt wurde, verfügen wir heute im allgemeinen wohl nur über die beiden Formen der Kohlensäure- und der Ammoniakkompressoren, während Kältemaschinen für flüssige schwefelige Säure nicht mehr gebaut werden. Die Frage, welcher der beiden Ausführungsarten der Vorzug zu geben ist, ist nicht ohne weiteres zu entscheiden, wenngleich auch die Tatsache der überwiegenden Verbreitung der Ammoniakkompressoren doch wohl die Stellungnahme der Praxis für diese Art von Kältemaschinen anzeigen mag.

Die Ammoniakkompressoren arbeiten bei einem Arbeitsdruck von etwa 8 bis 12 Atm, also bei verhältnismäßig sehr bescheidenen Drucken, wenn man bedenkt, daß die Kohlensäurekompressoren mit 60 bis 70 Atm arbeiten müssen. Ein weiterer Nachteil der Kohlensäurekompressoren ist wohl auch darin zu erblicken, daß sie Glycerin als Schmiermittel verwenden, dieses Glycerin aber auf der Druckseite gewisse Mengen Kohlensäure löst und auf der Saugseite wieder abgibt, so daß dadurch dauernd eine gewisse Verschlechterung des Wirkungsgrades in Kauf genommen werden muß. Diesen Nachteilen der Kohlensäurekältemaschinen steht bei den Ammoniakkompressoren der unter Umständen recht fühlbare Nachteil gegenüber, daß Undichtigkeiten bei den ersteren zwar einen Stoffverlust bedeuten, sonst aber in keiner Weise zur Gefährdung von Menschen und Material führen können, da die gesamte Kohlensäure einer solchen Anlage auch in kleinen Räumen die Luft noch nicht unatembar macht, während an sich geringe Undichtigkeiten sich bei den Ammoniakkompressoren sehr unangenehm auswirken, besonders auch dann, wenn sie sich in den Rohrschlangen ergeben und dadurch sich der Kenntnisnahme längere Zeit entziehen können.

Als Baustoff muß für die mit Ammoniakkompression arbeitenden Anlagen selbstverständlich Eisen verwendet und Messing und Rotguß vermieden werden. Die meisten Kompressoren sind mit Sicherheitsvorrichtungen ausgestattet, um eine unzulässige Druckbelastung auszuschließen. Sie lassen automatisch den Druck ab, sobald der Höchstdruck überschritten wird, oder sie stellen eine Verbindung zwischen Druck- und Saugseite her, wenn der Druck zu stark ansteigen würde, so z. B. bei zu stark gedrosseltem Reduzierventil.

2. Kältenutzung.

Über verschiedene Formen der Kältenutzung in Form von Kühlung und Kondensation ist bereits früher berichtet worden; dort handelte es sich um die Ausnutzung jener natürlichen Temperaturdifferenzen, die einerseits der Außenluft, anderseits dem Kühlwasser gegenüber vorhanden sind, mithin um praktisch recht eng begrenzte Temperaturgefälle und um Temperaturen, die kaum unter 10° herabgehen können.

Sowohl die Vergrößerung der Temperaturgefälle als auch die Einstellung wesentlich tieferer Temperaturen überhaupt hat erst die Kältetechnik gebracht, und wenn die sogenannten Kältemischungen auch die Einstellung tiefer Temperaturen gestatteten, so blieb doch infolge des hohen Preises die Anwendung derartiger Gemische auf den Versuch beschränkt und konnte für die Fabrikation nur ausnahmsweise in Frage kommen.

Erst die Kältetechnik, die Beherrschung und Erzeugung tieferer Temperaturen und die Abfuhr großer Wärmemengen durch die Kältemaschine gestattete uns die Vornahme einer Reihe von Umsetzungen physikalischer oder chemischer Art, in einer Reihe weiterer Fälle erlaubte sie uns auch, bisher schon bereits vorgenommene Umsetzungen — Auskrystallisieren fester Körper aus Lösungen, Abscheidung bestimmter Bestandteile aus Gasgemischen usw. — viel weiter zu treiben, als dies bisher möglich gewesen war. In einer ganzen Reihe von Fällen — es sei hier nur auf die Umsetzungen in der Sprengstoffindustrie, auf die Azotierung in der Farbenindustrie verwiesen — hat uns die Kältetechnik erst die Möglichkeit verschafft, die chemischen Umsetzungen in dem heute üblichen Maße in großen Einheiten vorzunehmen zufolge der nun möglich gewordenen raschen Abfuhr freiwerdender Umsetzungswärme.

Dabei kann die Anwendung der Kältetechnik sowohl direkt als indirekt erfolgen.

a) Direkte Anwendung der Kälte.

Bei ihr wird der Kälteträger — in erster Linie Eis — direkt mit den zu kühlenden Stoffen — Gasen oder Flüssigkeiten — zusammengebracht, die Umsetzung ist eine praktisch vollständige, und die gesamte Schmelzwärme des Eises — 79 Cal/kg — kann fast restlos der gewünschten Abkühlung zugute gebracht werden. In allen jenen Fällen, in welchen das dabei entstehende Schmelzwasser des Eises nichts schadet, ist die Zugabe von — vielfach klein-geschlagenem — Eis zu dem Umsetzungsgemisch die einfachste und auch wirtschaftlichste Form der Kühlung, und von ihr wird nicht nur in der Azotierung, sondern auch für eine große Anzahl anderer chemischer Umsetzungen, bei welchen große Wärmemengen frei werden, ausgiebig Gebrauch gemacht: Ausfällen des Eugenols aus einer Eugenolnatriumlösung zum Beispiel, Ausgießen von Schmelzen auf Eis, um die entstehenden großen Wärmemengen sofort abzubinden usw.

Viel größer aber ist die Rolle der direkten Kälteanwendung in der Industrie der Nahrungs- und Genußmittel, sowohl für die Lagerung als insbesondere für den Transport; während sich aber für die Lagerung der zu kühlenden Genußmittel immer mehr die indirekte Kühlung einführt — vgl. weiter unten: Kühlung von Gasen! —, ist die Kühlung der Transportmittel auch heute noch praktisch vollständig auf die Anwendung von Eis, mithin auf die direkte Kühlung eingestellt, wobei allerdings in der letzten Zeit vielfach ein Übergang von Eis als Kühlmittel zur festen, in Würfel gepreßten Kohlensäure wenigstens in Amerika sich vollzieht, da hier durch das Wegfallen des Schmelzwassers, durch die viel stärkere Speicherung der Kälte in der festen Kohlensäure und nicht zuletzt durch den erwünschten Luftausschluß wesentliche Vorteile gegenüber der Eiskühlung vorhanden sind.

b) Kühlung durch Kühlflächen.

Im chemischen Betrieb aber wird mit Ausnahme der oben ganz kurz gestreiften Fälle direkter Kühlung in erster Linie die **indirekte Kühlung**, der **Wärmeentzug über Kühlflächen**, immer beherrschend bleiben: er vollzieht sich nach dem weiter oben Mitgeteilten in der Weise, daß kältebeständigen Lösungen Wärme entzogen wird und diese **Kälteträger** dann in sogenannten Kühlleitungen in Umlauf gehalten werden und dabei der diese Kühlleitungen umgebenden Luft oder der sie umströmenden Flüssigkeit Wärme entziehen und sie auf die gewünschte Temperatur herabkühlen.

Die notwendige Vergrößerung der Kühlfläche führt dann zwangsläufig zur Anwendung von **Kühlschlangen** sowohl für die Kühlung von Gasen als auch für die Kühlung von Flüssigkeiten.

a′) Kühlung von Gasen.

Sie spielt zunächst die größte Rolle bei der Einstellung tiefer Temperatur in den sogenannten Kühlräumen, die dadurch erfolgt, daß die als Kälteträger verwendete Salzlösung — Natriumchloridlösung, Calciumchloridlösung oder Magnesiumchloridlösung — in eisernen Rohrschlangen an der Decke des Raumes geführt wird; als Richtungswert kann man annehmen, daß 1 m² Oberfläche bei Eisenrohr je 1° Temperaturunterschied die Übertragung bzw. Entziehung von 10 WE gestattet. Gleichzeitig mit der Kühlung der Luft findet eine Trocknung derselben statt, indem sich das in der Luft enthaltene Feuchtigkeitswasser beim Unterschreiten des Taupunktes in schneeförmiger Form auf dem Kälteüberträger ausscheidet. Für die im großen zu bewirkende Trocknung von Luft und anderen Gasen bietet dann die Kühlung auf tiefe Temperaturen oft die ein-fachste und bequemste Me-thode der Feuchtigkeitsent-fernung.

Luftverflüssigung.

Von größter Bedeutung ist die Kühlung von Gasen für die Verflüssigung der Gase insbesondere für die heute im größten Maßstab realisierte Luftverflüssi-gung geworden, bei welcher die notwendige Tiefkühlung nur durch Akkumulierung jener Kältemengen erreicht werden kann, welche bei der Entspannung der erst stark komprimierten Luft freige-macht werden.

Dabei kann die Entspan-nung der erst komprimierten Luft entweder unter Arbeits-leistung erfolgen — Prinzip der Luftverflüssigung nach *Claude* —, oder aber die notwendige Abkühlung der Luft wird lediglich durch Entspannung der vorher komprimierten und gekühlten Luft, also ohne Arbeitsleistung, vorgenommen — Luftverflüssigung nach dem Linde-Prinzip —, wobei die letztere Form die allgemeinere ist. Sie soll im nachstehenden an Hand einiger Skizzen kurz beschrieben werden, da die Verflüssigung der Gase und die Verwendung derselben heute in steigendem Umfang Eingang in der chemischen Industrie gefunden hat.

Fig. 285 stellt die einfachste Form eines solchen Apparates zur Gewinnung von Sauerstoff vor; die angesaugte und gereinigte Luft, welche frei von Kohlensäure und auch von Wasserdampf sein muß, da beide Stoffe bei den später in Frage kommenden Temperaturen fest werden und durch ihre Ausscheidung zu Rohrverstopfungen führen würden, wird in der aus der

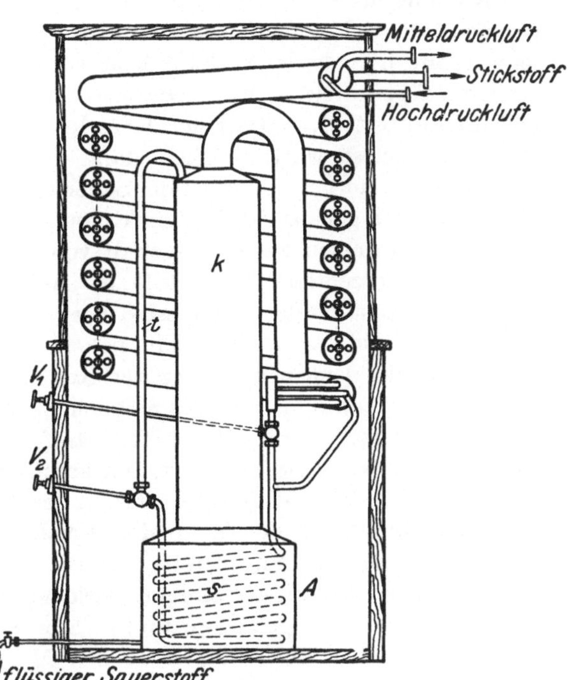

Fig. 285. Linde-Apparat.

Zeichnung ersichtlichen Form in eine Rohrspirale so geleitet, daß der aus der Kolonne im Beharrungszustand abziehende kalte Stickstoff sie stark abkühlt; sie gelangt dann nach dem Durchstreichen der Rohrschlange in eine im Gefäß A verlegte weitere Rohrschlange s; im normalen Betrieb ist dieses Gefäß A mit flüssigem Sauerstoff gefüllt, die komprimierte Luft wird demnach auf die Temperatur des flüssigen Sauerstoffes abgekühlt und verflüssigt; durch das Regulierventil v_2 wird Entspannung bis nahe an den normalen Druck vorgenommen, und die flüssige Luft steigt in der Leitung t hoch und wird der Kolonne als flüssige Luft von der Zusammensetzung der Außenluft aufgegeben; diese Kolonne K ist ganz nach Art der auch sonst üblichen Kolonnen mit irgendwelchen Füllkörpern gefüllt oder aber — namentlich bei größeren Apparaten — durch eine mehr oder minder große Anzahl von Siebböden so unterteilt, daß die herabrieselnde flüssige Luft in zahlreiche Einzelströme aufgelöst wird, welchen dann der aus dem Gefäß A aufsteigende flüssige bzw. dort verdampfende Sauerstoff entgegenstreicht, der ja durch die Schlange s geheizt wird. Der Kolonne wird also von oben flüssige Luft mit einem normalen Sauerstoffgehalt von 21% aufgegeben, während ihr von unten hochprozentiger Sauerstoff in gasförmigem Zustand zuströmt: ein Teil des Sauerstoffs geht in flüssige Form über, gleichzeitig geht ein Teil des flüssigen Stickstoffes aus der Flüssigkeit in A in Dampfform über, und bei entsprechender Dimensionierung der Kolonne und guter Waschwirkung derselben ist es dann ohne weiteres möglich, einen beliebig konzentrierten Sauerstoff zu gewinnen, während der Stickstoff, welcher oben abströmt, zunächst nicht über 93% angereichert werden kann. Es liegen die Verhältnisse ganz analog wie bei der Kolonnendestillation der Maische auf Sprit, bei welcher ja auch die Maische in der Mitte der Kolonne zugegeben wird, während der oberste Teil der Kolonne bereits mit reinem Alkohol berieselt wird.

Es ist also bei diesen einfach wirkenden Apparaten nicht möglich, zu reinem Stickstoff zu gelangen, und dies bedeutet nicht allein für die in der Stickstoffindustrie notwendigen großen Mengen von reinem Stickstoff — für die Kalkstickstoffsynthese soll der verwendete Stickstoff womöglich auch nicht Spuren von Sauerstoff enthalten — die Notwendigkeit des Baues vollkommen wirkender Kolonnen, sondern ist auch eine schwere wirtschaftliche Beeinträchtigung der industriellen Sauerstofferzeugung, da ja die im Stickstoff enthaltenen 7% Sauerstoff, entsprechend mindestens 30% der möglichen Sauerstoffausbeute, verloren gegeben werden müssen.

Man verwendet daher ganz allgemein, soweit es sich um industrielle Erzeugung handelt, Apparate mit zwei hintereinander geschalteten Rektifikationskolonnen, deren Wirkungsweise an Hand der Fig. 286 ebenfalls kurz besprochen sei.

In der ersten Säule wird die Luft in mehr oder weniger reinen Stickstoff und einen Sauerstoff zerlegt, dessen Gehalt zwischen 30 und 60% schwankt; die komprimierte und im Gegenstromapparat A gekühlte Luft tritt auch hier wieder in die Schlange C, die im Betrieb in flüssigem Sauerstoff liegt, und wird dort verflüssigt; die bei dieser Verflüssigung abgegebene Wärme wird vom flüssigen Sauerstoff im Gefäß aufgenommen und dieser dadurch zum Sieden gebracht, die Dämpfe steigen in der Säule B hoch; die in der Schlange verflüssigte Frischluft wird dann in genau der gleichen Weise, wie dies oben beschrieben ist, durch das Ventil H entspannt auf etwa 3—5 Atm., welcher Druck normalerweise in der Kolonne B herrscht, tritt bei b in die Kolonne ein, berieselt dieselbe und entzieht den aus dem unteren Gefäß aufsteigenden Dämpfen den Sauerstoff, so daß am oberen Ende der Kolonne B sich ein etwa 90 proz. Stickstoff sammelt und dort abströmt.

Über der Kolonne B ist eine zweite Kolonne G aufgebaut, welche ebenso wie bei B mit einem Sammelgefäß E abschließt, in welchem sich ein Kondensator F befindet, der auch hier wieder in dem flüssigen Sauerstoff gelagert ist, welcher sich in E befindet.

Die aus der Kolonne B aufsteigenden stickstoffreichen Dämpfe gelangen in den Kondensator F, welcher, wie bereits gesagt wurde, sich im normalen Betrieb in flüssigem Sauerstoff befindet, und kondensieren dort; durch die Leitung n steigt der angereicherte flüssige Stickstoff hoch, wird über N entspannt und tritt nun von oben in die zweite Kolonne G ein, als Flüssigkeit herabrieselnd und durchspült von dem aus E aufsteigenden Gas.

Das in E gebildete Kondensat fließt nun auf die Säule B zurück und reinigt dabei die aufsteigenden Dämpfe bis auf einen ungefähren Gehalt von etwa 4% Sauerstoff im Gas, während gleichzeitig das in der Kolonne B entstehende Kondensat sich weiter anreichert und in C sammelt.

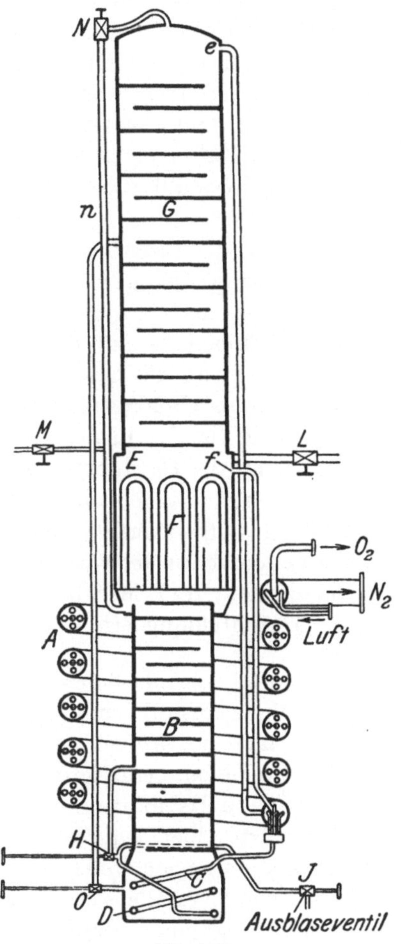

Fig. 286.
Rektifizierapparat mit 2 Kolonnen.

Der auf eine Reinheit von etwa 96% vorgereinigte Stickstoff wird nun aus E über die Leitung n und über das Reduzierventil N der oberen Kolonne G aufgegeben.

Der in E erzeugte Sauerstoff verläßt das Gefäß bei f und tritt dann in den Gegenstromapparat über, während der Stickstoff bei e austritt und ebenfalls durch den Gegenstromapparat geleitet wird, um seine Kälte noch vor dem Verlassen des Apparates an die neu hinzutretende komprimierte Luft abzugeben.

c) Krystallisieren.

Im Zusammenhang mit der Besprechung der Kältetechnik sei hier auch ausführlicher einer jener Vorgänge der chemischen Erzeugung besprochen, der von allergrößter Bedeutung ist: das Krystallisieren, die Abscheidung bestimmter Stoffe aus ihren übersättigten Lösungen durch Wärmeentzug.

Wenngleich auch die überwiegende Mehrzahl der Krystallisationsprozesse sich unter natürlicher Wärmeabfuhr durch die Außenluft oder gegebenenfalls unterstützt durch die Anwendung von Kühlwasser abspielt, so gehört der ganze Vorgang doch wohl organisch zusammen mit der Behandlung der Kältetechnik, und dies um so mehr, als künstliche Abkühlung im Sinne der eigentlichen Kältetechnik auch hier immer an Boden gewinnt und eine ganze Reihe von Krystallisationsprozessen sich auf die Nutzung künstlicher Kälte aufbauen.

Dabei ist der Prozeß der Krystallisation entweder in erster Linie auf die Abscheidung des gewünschten Stoffes aus seiner Lösung eingestellt oder aber — und dies gilt für die Mehrzahl der technisch gebräuchlichen Krystallisationen — auf die Trennung verschieden löslicher Stoffe bzw. Reinigung des gesuchten Stoffes durch Lösen der Rohsalze und Anreichern durch Umkrystallisieren. Entwicklungsgeschichtlich war das Jahr 1861 wichtig für die Entwicklung der Krystallisationsverfahren, in welchem *A. Frank* mit der Gewinnung des Kaliumchlorids aus den Staßfurter Abraumsalzen begann, maßgeblich für die ganze Entwicklung ist dann die Zuckerindustrie geworden, indem fast um die gleiche Zeit zum ersten Male der Vorschlag gemacht wurde, Wasserkühlung zur Unterstützung der Krystallisation heranzuziehen, und hier die Technik des Krystallisierens zuerst ihre großzügige Durchbildung erfahren hat.

a') Krystallisation im Ruhezustand.

Die allgemeinste Form der Krystallisation ist die bei ruhender Lösung, und sie wird auch heute noch viel in der chemischen Industrie angewendet. Man pumpt die heiße gesättigte Lauge in sogenannte Krystallisierkästen oder Krystallisierpfannen und läßt sie dort langsam abkühlen; die Kühlung tritt hier lediglich unter der Wärmeabgabe der Lösung an die Umgebung ein, nach vollzogener Krystallisation wird die Mutterlauge abgezogen, die Krystalle werden von den Gefäßwandungen losgeschlagen, abgeschleudert, gegebenenfalls noch in der Schleuder gedeckt und getrocknet. Kommt es auf die Ausbildung gleichmäßiger und regelmäßig geformter Krystalle nicht an, so können gegebenenfalls mehrere Krystallisationen hintereinander in einem Gefäß vorgenommen werden, indem nach dem Abziehen der Mutterlauge neue gesättigte Lösung in das Krystallisationsgefäß gepumpt wird, doch sinkt die Abkühlung und damit die Krystallisationsgeschwindigkeit sehr rasch ab.

Zur Ausbildung größerer und regelmäßiger Krystalle arbeitet man dann auch vielfach so, daß an Schnüren oder Metallstreifen krystallisiert wird: Über die — gewöhnlich rechteckig geformten und nicht zu hohen —

Krystallisierkästen werden lange Holzlatten gelegt und von diesen entweder beschwerte Schnüre oder — in der Industrie des Kaliummetabisulfits zum Beispiel — Streifen aus nicht zu dünnem Bleiblech eingehängt, die Krystallisation findet dann sowohl an den Wandungen der Krystallisiergefäße statt als auch — in besonders wohlausgebildeten Krystallen — an den eingehängten Streifen oder Schnüren.

Eine besondere Form der Krystallisation ist auch heute noch für die Gewinnung des Brechweinsteins üblich: Die heiße Lauge wird hier mittels kupferner Rohrleitungen oder Rinnen in einzelne ausgekochte Petrolfässer geleitet und dort sich selbst überlassen; gewöhnlich wird eine große Anzahl solcher Fässer verwendet, die zur Sicherstellung gegen Verluste durch Lecken der Fässer auf betoniertem geneigten Boden mit einem Sammelloch aufgestellt sind; sobald unter Abkühlung auf die Raumtemperatur Krystallisierung eingetreten ist, wird die in den Fässern stehende Mutterlauge mittels eines als Heber ausgebildeten starken Gummischlauches abgezogen und neue heiße gesättigte Lösung in die Fässer eingeführt; nach zwei- oder mehrmaliger Krystallisation werden die Fässer nach dem Abziehen der Mutterlauge von außen mit einem Binderschlägel geklopft, der auskrystallisierte Brechweinstein springt in dicken Krusten ab, diese werden grob zerschlagen, die anhaftende Mutterlauge abgeschleudert und die Krystalle getrocknet.

Alle diese Verfahren leiden unter dem Übelstand, daß sie ungleichmäßige Krystalle ergeben, vor allem aber, daß der Arbeitsgang zufolge der vielen Handarbeit ziemlich teuer ist, und daß bei dem Abschlagen der Krystalle von den Seitenwandungen der Gefäße vielfach Verunreinigungen in das Krystallisationsgut gelangen oder die Krystallisationsgefäße beschädigt werden. Überdies arbeiten sie zufolge der ganz langsamen Abkühlung mit hohem Zeitaufwand, besonders im Sommer, und müssen eine verhältnismäßig hohe Konzentration der Mutterlauge in den meisten Fällen in Kauf nehmen, entsprechend dem Sättigungsgrad bei der hier verhältnismäßig hochliegenden Außentemperatur.

b′) **Krystallisation durch Eindampfen bzw. unter künstlicher Kühlung.**

Eine viel weitergehende Abscheidung der gelösten Stoffe in krystallisierter Form ist möglich einmal dadurch, daß man unter Eindampfen arbeitet, oder vor allem durch die Herabsetzung der Krystallisationsendtemperatur unter Anwendung künstlicher Kühlung der ganzen Lösung.

Während die zuerst genannte Krystallisation unter Eindampfen bereits zur Krystallisation in Bewegung hinüberführt — vgl. weiter unten! — und nur sehr feinkörnige Krystalle ergibt — sie ist z. B. in Amerika für die Gewinnung des Speisesalzes in größtem Maßstab durchgeführt, hat sich bei uns aber eben zufolge der Feinkörnigkeit des gewonnenen Salzes nicht recht einbürgern können —, kann die Abkühlung der Lösungen gleichwohl die Gewinnung gut ausgebildeter Krystalle ermöglichen, wenn diese Abkühlung — und das gleiche gilt auch für die natürlich eintretende Abkühlung beim

Stehen an der Luft — nur genügend langsam geleitet wird, so daß nicht starke
Übersättigung der Lösung eintritt, die dann früher oder später zur Ausscheidung feinkörnigen Krystallisats führt.

Zu besonderer Vollkommenheit ist das Verkochen der Lösungen
zwecks Krystallisation bei dem sogenannten Kornkochen in der Zuckerindustrie ausgebildet.

Die künstliche Kühlung der Lösungen zwecks weitgehender Abscheidung der in ihr gelösten Stoffe kann durch Außenkühlung vorgenommen
werden oder auch durch Kühlung in der Flüssigkeit selbst. Den ersten
Fall zeigt in schematischer Darstellung die Fig. 287, bei welcher ein sogenanntes Eindampfgefäß zum
Krystallisiergefäß dadurch umgewandelt wird, daß in dem Heizmantel entsprechend temperiertes Wasser zirkuliert. Innenkühlung ist dann vielfach in der
Form angewendet worden, daß
man in die Krystallisiergefäße
dünnwandige, taschenartige Zellen einhängt, in welchen eine
Kühlflüssigkeit — gewöhnlich
Wasser — umläuft, wodurch an
der Außenwand der Zellen rasche
Krystallisation erreicht wird: die

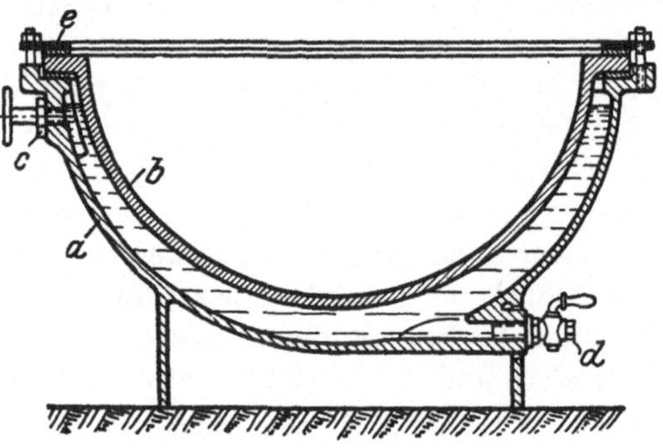

Fig. 287. Krystallisierschale.

Zellen werden dann von Zeit zu Zeit herausgenommen, die Krystallkruste
entfernt und die Zellen wieder in die zur Krystallisation bestimmte Flüssigkeit eingehängt.

Von wesentlichem Einfluß auf den Krystallisationsvorgang ist die Oberflächenbeschaffenheit der Wände der Krystallisationsgefäße.
Übt schon die Lage bzw. Stellung der Wandungen einen gewissen Einfluß
aus, so in viel höherem Maße deren Beschaffenheit: je rauher die Wandungen
sind, desto leichter setzen sich an ihnen Krystalle ab, desto mehr überwiegt
der Anteil der an den Wandungen abgeschiedenen Krystalle jene Menge,
die sich gegebenenfalls — zur Erzielung besser ausgebildeter Krystalle! — an
eingehängten Schnüren oder Streifen abscheiden; das Überziehen der Gefäßwandungen mit glatten Überzügen — lackierte, verzinnte, emaillierte Wandungen! — gestattet es dann, die Krystallbildung an den Gefäßwandungen
herabzudrücken, ein Vorgang, der auch heute noch bei der Gewinnung des
Kandiszuckers beobachtet wird, da die an den eingehängten Bindfaden erzielten
Krystalle wesentlich höher bewertet werden als die unscheinbaren Krystallkrusten von den Gefäßwandungen, die überdies auch oft — Krystalle, die sich
am Boden ausscheiden — durch Sinkstoffe aus der zur Krystallisation gebrachten Lösung mehr oder minder verunreinigt sind.

c') Krystallisation mit bewegter Lauge.

Findet die Krystallisation bei ruhender Lauge statt, so kann der notwendige Ausgleich in der Konzentration der Lauge nur durch Diffusion, mithin zeitlich langsam, erfolgen: In dem Maße, wie neue Lösung durch Diffusion an die Stelle der in der Umgebung der ausgeschiedenen Krystalle bereits erschöpften Lösung tritt, kann das Wachsen der Krystalle weiter vor sich gehen.

Durch die Bewegung der Lauge wird die Nachlieferung von Substanz viel rascher bewerkstelligt, gleichzeitig tritt aber auch eine wesentliche Verbesserung der Krystalle dadurch ein, daß bei gleichmäßiger Temperatur gearbeitet wird. Die in den gewöhnlichen Krystallisierkästen eintretende Abkühlung der Lauge bzw. das Abscheiden der Krystalle bei langsam absinkender Temperatur führt dazu, daß das Gefüge der zuletzt ausgeschiedenen Krystalle ganz anders ist, als das jener, welche sich aus der heißen Lauge zunächst an den Wandungen des Krystallisiergefäßes abscheiden. Diese Tatsache hat besondere Berücksichtigung bei der Gewinnung des Borax gefunden, der nur durch Krystallisation bei bewegter Lauge in der vielfach verlangten klarlöslichen Form gewonnen werden kann, bei welcher wohlausgebildete Krystalle gewonnen werden, welche nicht durch Grieß verunreinigt sind.

Bock (1899) hat zuerst von dieser Möglichkeit in großem Maßstabe Gebrauch gemacht, indem er sogenannte Konglomeratrinnen schuf, in welchen sich die Krystalle am Boden und an den Wandungen ausscheiden konnten, dabei aber zu ständigem weiteren Wachsen gebracht wurden dadurch, daß er der Rinne — Ausführungsformen bis zu 15 m Länge und auch darüber — ständig neue gesättigte Lauge zufließen ließ; es bilden sich dann die im Handel in erster Linie gefragten Drusen von wohlausgebildeten und zusammengewachsenen Krystallen.

In allergrößtem Umfang aber ist die Krystallisation bei bewegter Lauge in der Kaliindustrie verwendet worden, bei welcher es sich um die Bewältigung von Massenleistungen bei einem Minimum von Handarbeit handelt. An Stelle der Kasten, in welchen bei ruhender Lauge gearbeitet wurde, und die dann von Hand aus entleert werden mußten, trat der vollständige mechanisierte Betrieb dadurch, daß bei bewegter Lauge und mit kontinuierlicher Austragung der Krystalle gearbeitet wurde, Vorteile, deren Tragweite ohne weiteres klar werden wird, wenn man berücksichtigt, daß in modernen Anlagen in einer einzigen Krystallisierpfanne $300-400$ m^3 Kaliumchloridlauge täglich verarbeitet und dabei gegen 50000 kg Salz gewonnen werden, dessen Handhabung vollständig automatisch erfolgen kann.

Fig. 288 zeigt in schematisierter Form die Bauart und Wirkungsweise einer solchen Krystallisiervorrichtung. Die fast gesättigte Lauge wird der Pfanne mit einer Temperatur von $90-95°$ bei a zugeführt und bewegt sich durch die etwa 4 m breite und gegen 50 m lange Pfanne langsam hindurch; zur besseren Kühlung ist die Pfanne dann, wie in der Zeichnung angedeutet, auf Betonmauerwerk so gelagert, daß unter der Pfanne schlangenförmig Kanäle verlaufen, in welchen das Kühlwasser der Lauge entgegen — also in der

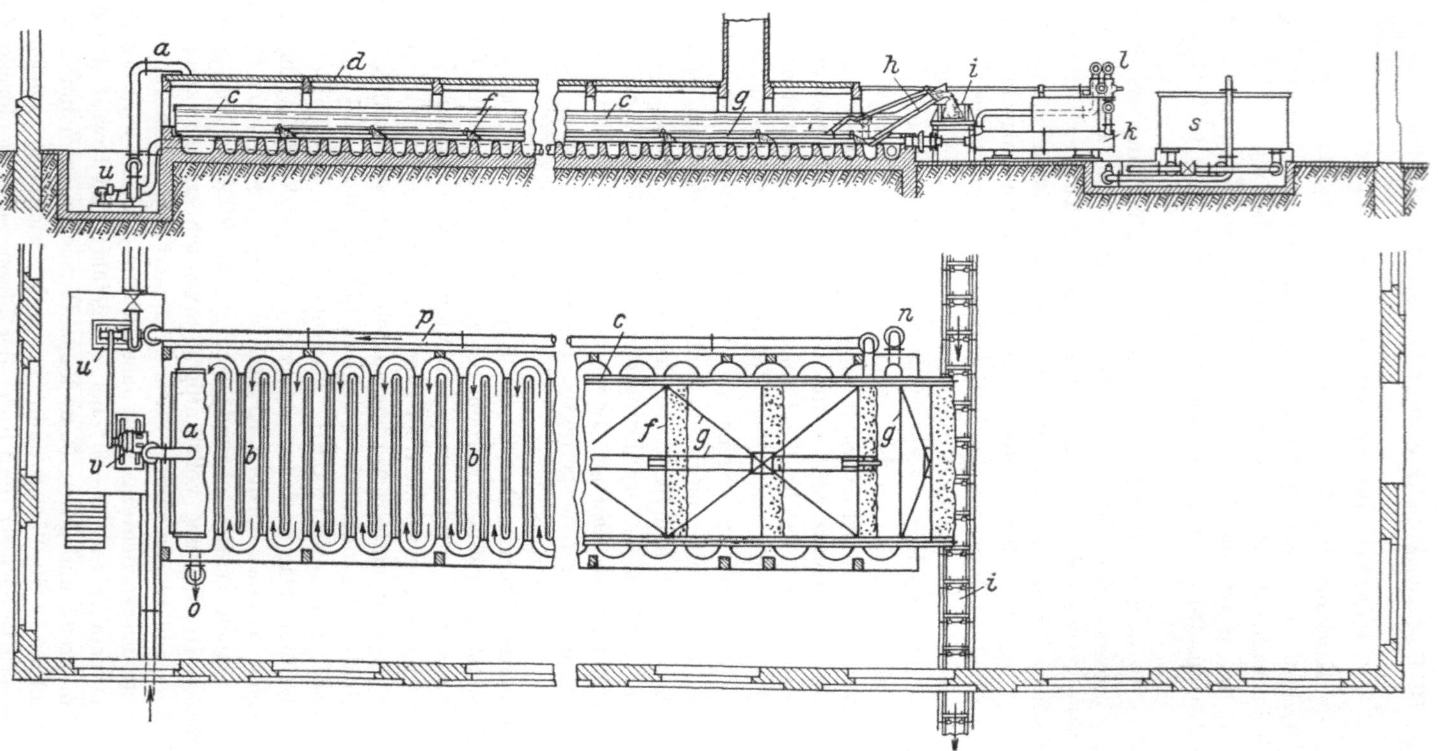

Fig. 288. Krystallisieranlage der Kaliindustrie.

Zeichnung vom rechten zum linken Ende der Pfanne — fließt, wodurch insbesondere starke Bodenkühlung der Lauge stattfindet. Zur Unterstützung der Verdampfung wird gleichzeitig über die Lauge Luft geblasen, die entstehenden Brüden werden gesammelt und durch einen Schlot ins Freie abgeführt. Am Austragende der Pfanne geht dieselbe in eine schräge Ebene über, und die in die Pfanne eingebaute Transportvorrichtung f kratzt die Krystallschichten am Boden und an den Wänden ab, schiebt sie auf diese schräge Ebene hinauf, läßt sie abtropfen und wirft sie dann in die Schleudervorrichtung ab, wo die letzte Abtrennung der Mutterlauge vom ausgeschiedenen Salz vorgenommen wird.

Im Hinblick auf die große wirtschaftliche Bedeutung richtiger Durchführung des Krystallisationsprozesses ist es begreiflich, daß die Zahl der hier

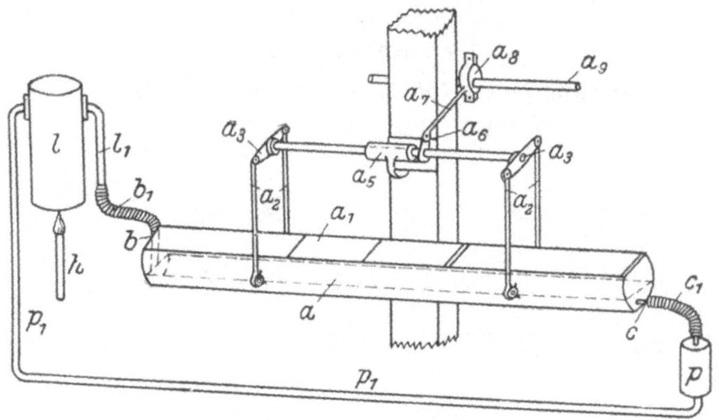

Fig. 289. Krystallisierwiege.

vorgeschlagenen neuen Lösungen Legion ist; gleichwohl haben sich nur wenige wirklich einführen können, bezüglich deren dann aber auf die Spezialliteratur verwiesen werden muß.

Nur zwei Formen der Krystallisation sollen hier noch besprochen werden, die Krystallisation in Bewegung und das sogenannte „Kaltrühren".

d') Krystallisation in Bewegung.

Maßgeblich für ihre Entwicklung waren die Feststellungen *L. Wulffs*, daß durch eine geregelte Bewegung beim Krystallisieren nicht nur keine Störung der Krystallisation eintritt, sondern vielmehr eine Ausgleichung der bei ruhender Lauge eintretenden schädlichen Dichteunterschiede stattfindet und dadurch sowohl raschere als auch vollkommenere Krystallisation erreicht werden kann. Die zielbewußte Durchführung seiner Ideen führte *Wulff* dann zur Konstruktion der sogenannten Krystallisierwiege, deren Wirkungsweise an Hand der Fig. 289 skizziert sei. Die Krystallisation findet in einer Rinne a statt, die rundlichen Querschnitt hat, und deren Einlauf bei b ist, während die erschöpfte Lauge bei c abgenommen wird. Zur Einstellung der Schaukelbewegung ist die Rinne mittels der Gelenkstangen a_2 an die

Arme a_3 einer im Lager a_5 drehbar liegenden Welle a_4 aufgehängt, welche durch den Arm a_6 mit der Stange a_7 des Exzenters a_8 an die Wellenleitung a_9 angeschlossen ist. Zulauf und Ablauf sind mittels biegsamer Rohre bewerkstelligt, die erschöpfte Lauge wird von der durch p angedeuteten Pumpvorrichtung aufgenommen und nach dem Löseapparat l gedrückt, der, wie in der Zeichnung angedeutet ist, geheizt wird; die Lauge wird in l wieder gesättigt, fließt der Rinne zu, krystallisiert usw.

Zur technisch zweckmäßigen Durchkonstruktion ist die *Wulff*sche Rinne dann durch *Bock* gelangt und hat sich für eine ganze Reihe von Krystallisationsprozessen, wo es sich um die Gewinnung besonders reiner Krystalle — Borax — oder besonders gut ausgebildeter Krystalle — z. B. Ferrocyannatrium — handelte, eingeführt.

<h3 align="center">e') Kaltrührer.</h3>

Unter Ausschaltung jeder Rücksichtnahme auf die Form der zu gewinnenden Krystalle arbeiten dann die sogenannten Kaltrührer, bei welchen

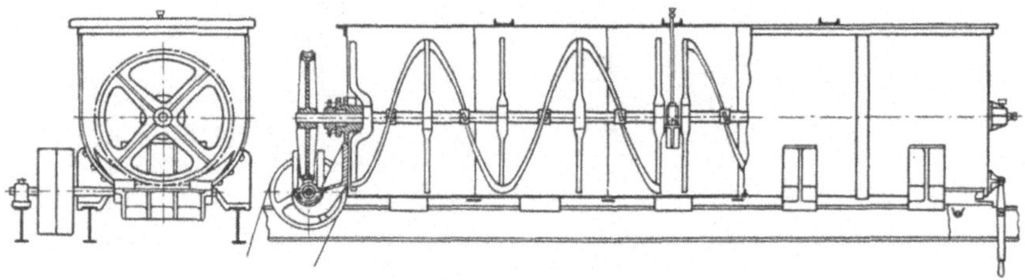

Fig. 290. Sudmaische.

durch Rührwerke der ganze Inhalt in Bewegung gehalten wird, um eine möglichst rasche Abfuhr der fühlbaren wie auch der Krystallisationswärme sicherzustellen. Die Rührwerke werden dann so ausgebildet, daß ein ständiges Abschaben und Abkratzen der an den Wandungen des Krystallisiergefäßes sich ausscheidenden Salzkrusten stattfindet, so daß deren Kühlwirkung voll erhalten bleibt.

Die Vernachlässigung der Krystallform ist zunächst überall dort möglich, wo es sich um Zwischenprodukte handelt, die nach vorgenommener Krystallisation im weiteren Fabrikationsgang sowieso der Auflösung wieder zugeführt werden müssen. Dann aber auch in einer Reihe von Fällen für Erzeugnisse, auf deren gröberes Korn oder besser ausgebildete Krystallform der Handel keinen Wert legt. Die Krystallisation verläuft unter diesen Umständen wesentlich rascher — die Zuckerkrystallisation in den sogenannten Sudmaischen, wie eine solche in Fig. 290 abgebildet ist und näherer Beschreibung wohl nicht bedarf, verläuft in etwa dem siebenten Teil der sonst üblichen Zeit! —, gleichzeitig werden reinere und aschenärmere Krystalle gewonnen, da die sonst oft vorhandenen Einschlüsse fremder Beimengen in großen Krystallen und Krystalldrusen in Wegfall kommen.

Fig. 291 zeigt einen solchen Kaltrührer, bemerkenswert ist die Aufhängung der Welle in dem Hängelager *c*, wodurch die Nachteile der Spur-
lager — Verschleiß zufolge der Anwesenheit der Krystallmasse, Verschmutzen
usw. — vermieden werden können. Die Rührarme *e* tragen, wie in der Zeichnung angedeutet ist, Bürsten *f*, die die an den Wandungen angesetzten Krystalle ständig entfernen, was mit den Rührarmen allein nicht bewerkstelligt

werden kann, da diese zufolge ihrer
starren Bauart stets in einem gewissen
Abstand von den Wandungen des Krystallisiergefäßes geführt werden müssen.
An Stelle des hier angedeuteten geschlossenen Kühlmantels tritt vielfach
die einfachere Berieselung des Apparates mit kaltem Wasser. Die speziell
in der Sprengstoffindustrie — Trini-
trotoluol — verwendeten Vakuum-
krystallisieranlagen arbeiten nach
dem gleichen Prinzip, nur daß hier
die Ausscheidung der Krystalle noch
dadurch beschleunigt wird, daß das
Lösungsmittel — im obenerwähnten
Fall Alkohol — zum Teil unter Vakuum verdampft wird, also zur Kühlung der Lösung noch deren Einengung
durch Abtreiben hinzutritt.

Schließlich ist noch zu erwähnen,
daß bei dieser Form der Krystallisation
an Stelle der Wasserkühlung mit ihrer
Beschränkung der Kühlung auf die Temperatur des Kühlwassers die künstliche Kühlung unter Anwendung
der Kältetechnik treten kann — vgl.
weiter oben! —, indem man der ersten

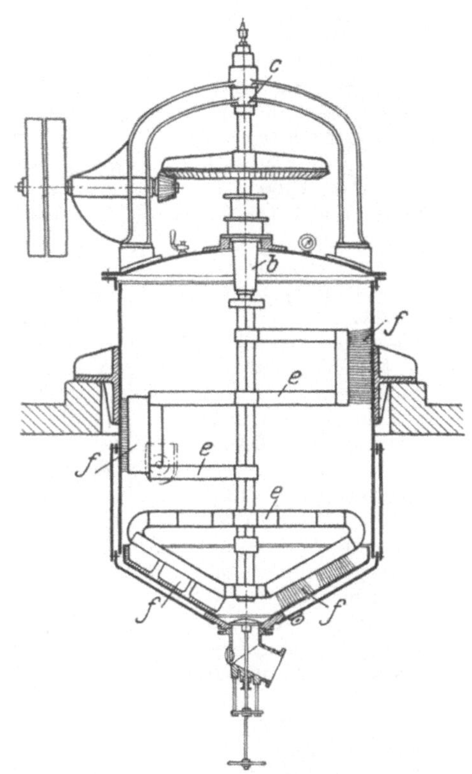

Fig. 291. Kaltrührer.

Kühlung unter Wasseranwendung eine zweite Stufe anschließt, in welcher
die Mutterlauge vom ersten Apparat in einem ganz analog gebauten zweiten
Apparat einer Tiefkühlung dadurch unterworfen wird, daß in diesem zweiten
Apparat eine Kühlschlange eingebaut ist, die als Expansionsgefäß für das
vorher komprimierte Ammoniak einer Ammoniakkühlanlage verwendet wird.
Derartige Aggregate finden insbesondere bei der Gewinnung des Kaliumchlorates Anwendung; durch die in der zweiten Abkühlungsstufe stattfindende Kühlung von etwa $+20$ auf $-10°$ werden sehr erhebliche Mengen
des Kaliumchlorates zur Abscheidung gebracht, die sonst nur auf dem viel
teureren Wege der Eindampfung gewonnen werden könnten.

Register.

Moderne

Hochvakuumpumpen

D. R. P.

Ansaugleistungen 0,3—250 cbm/St.

Vakua 1—1/1000000 mm Hg.

Über 20 Typen für Laboratorium und Betrieb

Rotierende Öl-Luftpumpen
D. R. P.

Quecksilber-Diffusionspumpen
D. R. P.

aus Stahl, Quarz, Glas

Ölprüfapparate • Vakuummeter
Funkeninduktoren
Photometer

•

Arthur Pfeiffer, Wetzlar 136
Fabrik physikalischer und chemischer Apparate

FELLNER & ZIEGLER

AKTIENGESELLSCHAFT

FRANKFURT A. M. -WEST

Spezialitäten:

Kompl. Drehofen-Anlagen
zum Brennen und Kalzinieren, zum
oxydierenden und redu-
zierenden Glühen und
Agglomerieren

Trocken-Anlagen

Trockentrommeln
für Innen- oder Außenbe-
heizung, mit oder ohne
Luftabschluß, zum Trock-
nen anorganischer und
organischer Stoffe, zum
Konzentrieren oder Ein-
dampfen von Laugen

**Hartzerkleinerungs-
Anlagen
Feinsicht-Anlagen
Schwel-Anlagen**
(System Fellner & Ziegler)
Schwelkohle G. m. b. H.,
Frankfurt a. M.-West

**Luft-
erhitzer**
Spezialguß
für die che-
mische In-
dustrie

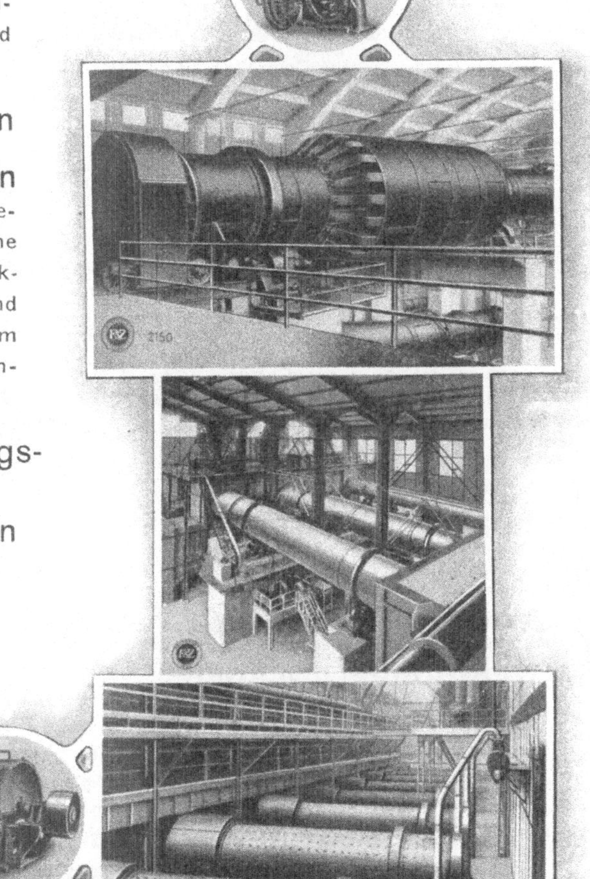

RASCHIG-RINGE

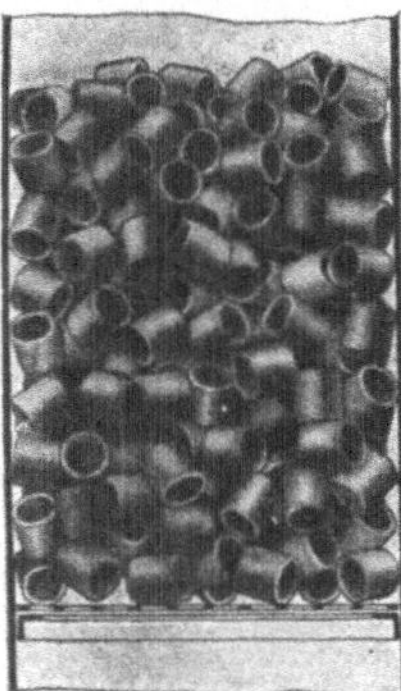

Beste Füllung für:

Absorptionstürme

Reaktionsgefäße

Destillierkolonnen

Entstaubungsanlagen

Kläreinrichtungen

DR. F. RASCHIG, LUDWIGSHAFEN A. RH.

SPRINGER-VERLAG BERLIN HEIDELBERG GMBH

CHEMISCHE TECHNOLOGIE DER NAHRUNGS- UND GENUSSMITTEL

Von

DR. R. STROHECKER

Mit 86 Figuren im Text. Geheftet RM 22.—, geb. RM 26.—

Apotheker-Zeitung: Es ist außerordentlich wichtig, daß das Buch von Strohecker erschienen ist, das in sehr geschickter Weise einen Überblick über das ganze große und wichtige Gebiet der Nahrungsmittelherstellung gibt und das vor allen Dingen auch die neuesten Erfahrungen und Rechtsprechung berücksichtigt. Der Verfasser hat ein ausgezeichnetes Geschick, in kurzen Worten das Wichtige zu sagen, und so ist in dem Werk fast jeder Satz inhaltsreich und wichtig, ohne dabei trocken und doktrinär zu wirken.

Zeitschrift für das gesamte Krankenhauswesen: Auf verhältnismäßig engem Raum gibt das Buch einen ausgezeichneten Überblick über diese weitverzweigten Gebiete und wendet sich damit nicht nur an den Nahrungsmittelchemiker und Chemiker, sondern an die verschiedensten Leserkreise, so daß es auch den technischen Vertretern der Nahrungsmittel- und verwandten Industrien und des Gewerbes, besonders aber den Leitern und Vorstehern von Kranken- und dergleichen Anstalten, wie überhaupt jedem Gebildeten, sehr willkommen sein wird. Mit vielem Fleiß und großer Sachkenntnis, flüssig geschrieben, dankenswerterweise auch mit einem Inhaltsverzeichnis und einem vollständigen Sachregister versehen, ist das Buch auch besonders für Anstaltsfachbibliotheken sehr zu empfehlen.

SPRINGER-VERLAG BERLIN HEIDELBERG GMBH

DIE WERKSTOFFE FÜR DEN BAU CHEMISCHER APPARATE

Von **Dr. A. Fürth**

Mit 72 Abbildungen im Text und auf 2 Tafeln und 37 Tabellen
Geheftet RM 18.—, gebunden RM 20.—

Chemisch-technische Rundschau und Anzeiger der Chemischen Industrie: Der Studierende und ganz besonders der Chemiker der Praxis kann hier vieles lernen und letzterer manche Verbesserung in seinem Betriebe durchführen. Auch wird er durch Prüfung den Wert für die Auswahl von Werkstoffen für die bestimmten Zwecke finden. Er wird erkennen, ob sich der betreffende Werkstoff zur Herstellung eines bestimmten Apparates überhaupt eignet, andererseits, ob er den geforderten Ansprüchen im Betriebe gewachsen sein wird. So ist denn das Buch als wertvolle Unterstützung sehr empfehlenswert.

Autogene Metallbearbeitung: Der Grundgedanke, der zur Schaffung dieses neuen Bandes der Chemischen Technologie (Herausgeber: Prof. Dr. A. B i n z , Berlin) geführt hat, bestand darin, ein zusammenfassendes Werk für die Stoffe zu schaffen, die speziell für den Bau chemischer Apparate Verwendung finden. Das flüssig und klar geschriebene Buch behandelt in einem ersten allgemeinen Teile die physikalischen Eigenschaften der Werkstoffe sowie ihre physikalische und chemische Prüfung, außerdem werden zwei kurze Abschnitte über Metallographie und Werkstoffprüfung vermittels Röntgenstrahlen angegliedert. Im zweiten speziellen Teile wird über Metalle, Nichtmetalle und Legierungen berichtet. Die Festigkeitseigenschaften der metallischen Werkstoffe nach vorhergehender Bearbeitung in heißem Zustande (Schmieden, Walzen, Schweißen) werden in dem Unterabschnitte „Prüfung der thermischen Eigenschaften" nur kurz erwähnt.
Sowohl der im praktischen Betriebe stehende Ingenieur als auch der mit Werkstofffragen sich beschäftigende Chemiker werden in dem Buche viel Wissenswertes finden. Für die Praxis verdient das Buch besondere Beachtung.

PHYSIKALISCH-CHEMISCHE GRUNDLAGEN DER CHEMISCHEN TECHNOLOGIE

Von **Dr. Georg-Maria Schwab**
Privatdozent an der Universität Würzburg

Mit 32 Abbildungen im Text. Geheftet RM 10.—, gebunden RM 12.50

Zeitschrift für Elektrochemie: Hier liegt ein Buch vor, für das entschieden ein dringendes Bedürfnis vorhanden ist. Die täglich wachsende Bedeutung der physikalischen Chemie und ihrer Anwendung in der Technik wird in der vorliegenden Monographie eindrucksvoll unterstrichen, das Interesse für das Gebiet sehr geschickt durch die Einteilung des Stoffes dadurch geweckt, daß nicht technische Verfahren aufgezählt werden und anschließend ihre Theorie erklärt wird, sondern daß umgekehrt einzelne Hauptgebiete der physikalischen Chemie in ihrer Theorie besprochen und damit im Zusammenhang einzelne Verfahren der Technik abgehandelt werden. — Studierende sowohl wie Chemiker der Praxis werden vom Durcharbeiten des vorliegenden Werkes reichen Gewinn haben.

Metallwirtschaft: Wenig mehr als 100 Seiten braucht der Autor, um die wichtigsten Tatsachen und Theorien der physikalischen Chemie in geschickter und flüssiger Form zu umreißen. Seinem Vorwort getreu, versucht er wenigstens die allerwichtigsten Grundlagen mehr als nur zu skizzieren. In ihnen liegt das Schwergewicht der Darstellung: Die Folgerungen sowie die sehr geschickt gewählten technischen Anwendungsbeispiele sind nur in kürzester Weise darangefügt, um dem technisch eingestellten Leser jedesmal sofort nach Überwindung weniger theoretischer Seiten zu zeigen, daß seine Mühe, sich grundlegende Tatsachen und Begriffe anzueignen, sich auch im Hinblick auf die Praxis gelohnt hat. — Dieses Buch von Schwab wird sich sicher durch seine ausgezeichnete lebendige Darstellung und durch die glückliche Wahl seines Inhaltes besonders bei den lernenden technischen Chemikern viele dauernde Freunde erwerben.

ALLGEMEINE ENERGIEWIRTSCHAFT

Eine kurze Übersicht

über die uns zur Verfügung stehenden Energieformen und Energiequellen

sowie die Möglichkeit, sie in Privat- und Volkswirtschaft,

im Gemeinde- und Staatsleben auszunützen

Von

HOFRAT ING. VON JÜPTNER

o. ö. Professor

Mit 22 Abbildungen im Text.   Geheftet RM 10.—; gebunden RM 12.50

Archiv für Wärmewirtschaft und Dampfkesselwesen: Ein großzügig angelegtes Buch, das einen tiefen Einblick gewährt in alles, was Arbeit zu leisten vermag. . . . In den hauptsächlichsten Teilen schwingt sich das Buch zu einer Größe der Auffassung auf, der gegenüber die kleinen Irrtümer verschwinden. Jeder, der das Buch liest, wird daher von seinem reichen Inhalt befriedigt sein.

Die Umschau: . . . ideenreich, fesselnd und originell, die Lektüre anregend und nutzbringend.

Auto-Technik: Das nicht umfangreiche Buch des ungemein geistvollen, längst nicht genügend bekannten österreichischen Forschers und Lehrers liest sich so leicht und flüssig wie Wiener Essays, und mahnt so ernst und so weitschauend wie ein Testament. Im Grunde enthält es einen Spaziergang durch die heutige technische, wirtschaftliche und politische Welt an Hand des Wilhelm Ostwaldschen energetischen Imperativs: ,,Vergeude keine Energie, sondern verwerte sie.'' Sinngemäß führt uns der Verfasser durch die vorhandenen Energiequellen (Kapitel 5—7) und beschaut sich diese sowohl hinsichtlich allgemeiner Gesichtspunkte (Kapitel 1—4) wie auch hinsichtlich der unmittelbaren Anwendung (Kapitel 8—10).

VOM
LABORATORIUMSPRAKTIKUM
ZUR PRAKTISCHEN WÄRMETECHNIK

Eine Art Lehrbuch für technisches Experimentieren,

Beobachten und Denken in der Energienutzung

Von

C. BLACHER

Dr. h. c., Ingenieur-Chemiker, ord. Prof. an der lettländischen Universität

Mit 89 Abbildungen im Text und auf 1 Tafel sowie 25 Tabellen

Geheftet RM 17.—; gebunden RM 18.50

Seifensieder-Zeitung: Der Verfasser nennt sein Werk bescheiden eine Art Lehrbuch für technisches Experimentieren, Beobachten und Denken in der Energienutzung. Dem Aufbau und der Behandlung des Stoffes nach ist es mehr; es ist ein Werk zum Nachschlagen und zur Weiterbildung sowohl für den reiferen Studenten als auch für den in der Praxis stehenden Chemiker und Ingenieur, wobei das Erfassen des Wesens der Prozesse und der in ihnen waltenden Naturgesetze den pädagogischen Schwerpunkt bilden sollen. Zum besseren Verständnis sind wertvolle Abbildungen, praktische Daten und Tabellen mit hineingenommen, die den Wert des Buches für Hochschule und Betrieb wirksam unterstreichen. . . . Die klare und knappe Ausdrucksweise, verbunden mit der Übersichtlichkeit bei der Behandlung dieses interessanten Spezialgebietes, machen das Werk von Blacher zu einem Freund des Betriebsleiters, weswegen es als Nachschlagebuch für die Praxis warm zu empfehlen ist.